普通高等教育"十一五"国家级规划教材
信息与通信工程专业核心教材

数字信号处理
——原理、实现及应用
（第4版）

高西全　丁玉美　编著

电子工业出版社
Publishing House of Electronics Industry
北京·BEIJING

内 容 简 介

本书为普通高等教育"十一五"国家级规划教材。

本书系统讲述数字信号处理的基本原理、算法及其实现方法。主要讲述时域离散信号与系统的基本概念和时域、频域的分析方法。重点介绍信号相关性的基本概念和信号相关函数及其应用、离散傅里叶变换及其快速算法、离散余弦变换及其 DFT 实现、数字滤波的基本概念与理论、数字滤波器的设计与实现方法。介绍模拟信号数字处理原理与方法、多采样率数字信号处理的基本理论和高效实现方法,数字信号处理的典型应用。

结合各章的内容,介绍相应的 MATLAB 信号处理工具箱函数,并给出用 MATLAB 阐述问题和求解计算问题的程序。各章中安排了丰富的例题、习题和上机题。

本书适合作为高等学校电子信息类专业和相近专业本科生教材,也可以作为相关专业科技人员的参考书。

未经许可,不得以任何方式复制或抄袭本书部分或全部内容。
版权所有,侵权必究。

图书在版编目(CIP)数据

数字信号处理:原理、实现及应用 / 高西全,丁玉美编著. —4 版. —北京:电子工业出版社,2022.6
ISBN 978-7-121-43402-0

Ⅰ.①数… Ⅱ.①高… ②丁… Ⅲ.①数字信号处理-高等学校-教材 Ⅳ.①TN911.72

中国版本图书馆 CIP 数据核字(2022)第 077235 号

责任编辑:韩同平
印　　刷:三河市鑫金马印装有限公司
装　　订:三河市鑫金马印装有限公司
出版发行:电子工业出版社
　　　　　北京市海淀区万寿路 173 信箱　邮编:100036
开　　本:787×1092　1/16　印张:19.25　字数:616 千字
版　　次:2006 年 7 月第 1 版
　　　　　2022 年 6 月第 4 版
印　　次:2024 年 2 月第 4 次印刷
定　　价:65.90 元

凡所购买电子工业出版社图书有缺损问题,请向购买书店调换。若书店售缺,请与本社发行部联系,联系及邮购电话:(010)88254888,88258888。

质量投诉请发邮件至 zlts@phei.com.cn,盗版侵权举报请发邮件至 dbqq@phei.com.cn。
本书咨询联系方式:010-88254525,hantp@phei.com.cn。

前　言

本书为普通高等教育"十一五"国家级规划教材。第 1、2、3 版分别于 2006 年、2010 年、2016 年出版。每次修订，都结合数字信号处理的实际应用需求和广大用户的建议和意见，并参考国内外近期出版的同类新教材，对本书内容进一步去粗取精，优化整体结构和内容编排，并适当增加新内容，以体现教材的先进性、教学适用性。本书自出版以来，承蒙广大师生的厚爱，先后被国内数十所大学选用，使用效果良好。

第 4 版仍然保持第 3 版的基本内容、体例结构和编写风格。具体做了以下几个方面的修订：

1. 更正了第 3 版中的编写错误，对原来叙述不完备或疏漏之处进行了补充。

2. 为了符合认知规律，使读者容易理解与接受，本书采用数学的方法推导出傅里叶反变换公式和逆 Z 变换公式。

3. 考虑到离散余弦变换（DCT）在电子信息领域，特别是在图像处理中的广泛应用，新编 3.5.4 节，介绍离散余弦变换及其离散傅里叶变换（DFT）实现。

本书的主要特色和特点：

（1）突出基本原理、基本概念与基本分析方法，选材精练。

随着科学技术的发展，数字信号处理的新内容很多，但限于篇幅、教学大纲及学时，教材选材必须少而精。只能选择理论成熟并有较强的实用价值的内容，且要以讲授基本原理、基本概念和基本分析方法为重点。本教材中的傅里叶变换和 Z 变换部分，重点仍是定义和物理概念，对性质部分的一些容易理解且推导证明简单的内容，用列表方式呈现，或者作为习题请读者自己推导。突出快速傅里叶变换（FFT）的思想和使用方法，略去分裂基 FFT 和离散哈德来变换（DHT）。数字滤波器部分重点放在设计原理与方法，以及如何用 MATLAB 进行设计与分析上。将网络结构、软件实现方法、量化效应等集中在一章中，以节约篇幅，重点放在各种实现结构的特点及各种量化效应的物理概念上。

（2）引入新内容和新分析方法。

多采样率数字信号处理广泛应用于通信与信号处理领域，为此本书进一步加强了多采样率数字信号处理的内容，主要讲授多采样率数字信号处理的基本原理、采样率变换系统的实现方法和高效实现网络结构等。在基本内容方面，增加了有关的系统分析内容和方法，引入系统的暂态输出和稳定输出的概念，介绍了系统到达稳定状态所需要的时间等重要的参考数据，分析证明了用单位阶跃响应测试系统稳定性的实用方法；给出了线性卷积和循环卷积的矩阵计算法，其原理简单且应用方便，更适合计算机编程处理；介绍了从模拟信号到时域离散信号采样频率的确定，弥补了过去只讲模拟信号到理想采样信号的不足。

（3）将数字信号处理的基础理论、滤波器设计等与 MATLAB 进行适当的结合。

美国 MathWork 公司推出的 MATLAB 是当前最优秀的科技应用软件，早在 20 世纪 90 年代就已成为国际公认的信号处理标准软件和仿真开发平台。国外数字信号处理的优秀教材或者参考书没有一本不使用 MATLAB 的。利用 MATLAB 可以使一些很难理解的抽象理论得到直观演示解释，解决各种复杂问题的分析与计算等难题。

本书各章的基本原理，均使用 MATLAB 释疑与实现。尤其 MATLAB 使复杂的数字滤波器设计的繁杂计算问题,变成了学生易接受、易实现的简单问题。

但是本书的主要内容仍然是数字信号处理的基本原理和基本分析方法,因此本书主要结合例题和习题介绍一些 MATLAB 程序。本书所有程序尽可能调用 MATLAB 信号处理工具箱函数解决问题,力求程序简单易读,从而保证了以数字信号处理基本理论为主线,以 MATLAB 作为学习理论的工具。既避免了有些作者将数字信号处理教材写成 MATLAB 编程教材的喧宾夺主现象,又能使读者利用 MATLAB 软件进行高效的上机实验、设计与仿真。

(4) 精心设计例题、习题与上机题。

大量的举例有利于帮助读者理解并掌握书中的基本理论,培养学生分析问题和解决问题的能力。本书重要的或者难理解的内容均有举例。本书中许多习题是经过几次编写教材,在多年的教学实践积累、改进、筛选的基础上形成的优选习题,另外还参考选用了许多国外优秀教材的例题和习题,其中一些是源于工程实际问题。

数字信号处理是一门理论和实际密切结合的课程,学生在使用本书学习的过程中,能够自始至终使用 MATLAB 在计算机上进行分析问题和求解问题,有利于提高学生分析、解决问题的能力,提高学生数字信号处理的理论水平。

(5) 分析、叙述问题条理清楚,逻辑性强,深入浅出。

数字信号处理离不开数学及数学公式的推导。在推导公式过程中侧重物理概念、分析方法和思路。有的公式推导太繁杂,仅提供最后结果,指出参考资料,并解释清楚结论。

本书共分 10 章。第 1~2 章主要叙述时域离散信号与系统时域分析和变换域分析的基本理论,并介绍几种特殊滤波器,是学习和应用数字信号处理的基础内容。第 3 章介绍离散傅里叶变换(DFT)及其快速算法(FFT)和应用。第 4 章讨论模拟信号数字处理的基本原理,包括采样定理、A/D 变换、D/A 变换、模拟信号数字处理系统的基本构成、线性模拟系统的数字模拟方法,以及用 DFT(FFT)对模拟信号进行谱分析的基本原理。第 5 章介绍确定性信号的相关函数的基本概念、定义、计算和工程应用举例,并简要介绍了能量谱和功率谱的概念,使学生建立信号相关性的基本概念,了解相关检测的基本原理及其应用领域。第 6~7 章主要介绍数字滤波的概念和滤波器设计与分析的原理和方法。第 6 章讨论模拟滤波器和 IIR 数字滤波器的设计方法。第 7 章叙述 FIR 数字滤波器的主要特点和设计方法。第 8 章首先介绍时域离散系统的各种实现结构,然后讨论数字信号处理中的量化效应,并分析了 A/D 变换器中的量化效应,各种实现结构的系数量化效应,以及滤波处理运算中的量化效应。第 9 章主要介绍多采样率数字信号处理的基本原理、采样率变换系统的实现方法和高效实现网络结构等。第 10 章为数字信号处理的几种基本应用举例。每章都结合基本内容,介绍了相应的 MATLAB 信号处理工具箱函数,并给出理论仿真和例题求解程序及运行结果。每章都配有大量的习题和上机题,题号后带有"*"的为上机题。上机题由授课教师根据具体教学情况适当选用。

本书第 1, 2, 4, 8, 10 章由丁玉美编写,其余各章由高西全编写。

本书的先修课程是工程数学、信号与系统、数字电路、微机原理和 MATLAB 语言等。本书参考学时数为 60 学时。如果在信号与系统课程中已讲授本书第 1 章和第 2 章的内容,则学时数可减少到 46 学时。第 9 章中多相滤波器结构和采样率转换系统的多级实现较难讲解,如果学时数紧张可以不讲,但要向学生说明这两种实现结构的优点及在实际中的重要性。对大专学生,可以只讲前 8 章,参考学时数为 60 学时。

本书在编写构思和选材过程中,参考了书后所列参考文献的一些编写思想,采用了其中一些内容、例题和习题，在此向这些教材的作者们表示诚挚的感谢！

为了便于教师授课和师生上机仿真实验，便于自学自测，作者免费提供本书电子课件、完整的程序集和习题解答电子版，最好由任课教师通过电子邮件向作者索取（xqgao@mail.xidian.edu.cn），也可以登录电子工业出版社华信教育资源网 www.hxedu.com.cn 下载。

由于作者水平所限，书中难免有不足和错误，欢迎广大读者指正。欢迎读者反馈宝贵建议和意见，交流教学体会和经验，以便不断修正错误，去粗取精，使本教材进一步完善和提高。

编著者
于西安电子科技大学

目　录

绪论 ··· (1)
　0.1　数字信号处理的基本内容 ··· (2)
　0.2　数字信号处理的实现方法 ··· (3)
　0.3　数字信号处理的主要优点 ··· (3)

第1章　时域离散信号和系统 ··· (5)
　1.1　引言 ··· (5)
　1.2　模拟信号、时域离散信号和数字信号 ··· (5)
　　1.2.1　时域离散信号和数字信号 ··· (6)
　　1.2.2　时域离散信号的表示方法 ··· (6)
　　1.2.3　常用时域离散信号 ·· (8)
　1.3　时域离散系统 ·· (11)
　　1.3.1　线性时不变时域离散系统 ··· (11)
　　1.3.2　线性时不变系统输出和输入之间的关系 ·· (12)
　　1.3.3　系统的因果性和稳定性 ··· (15)
　1.4　时域离散系统的输入输出描述法——线性常系数差分方程 ·· (17)
　　1.4.1　线性常系数差分方程 ··· (17)
　　1.4.2　线性常系数差分方程的递推解法 ·· (17)
　　1.4.3　用MATLAB求解差分方程 ··· (18)
　　1.4.4　应用举例——滑动平均滤波器 ·· (19)
　习题与上机题 ·· (21)

第2章　时域离散信号和系统的频域分析 ··· (25)
　2.1　引言 ··· (25)
　2.2　时域离散信号的傅里叶变换 ··· (25)
　　2.2.1　时域离散信号的傅里叶变换的定义 ·· (25)
　　2.2.2　周期信号的离散傅里叶级数 ··· (26)
　　2.2.3　周期信号的傅里叶变换 ··· (28)
　　2.2.4　时域离散信号傅里叶变换的性质 ·· (31)
　2.3　时域离散信号的Z变换 ··· (34)
　　2.3.1　时域离散信号Z变换的定义及其与傅里叶变换的关系 ····················· (34)
　　2.3.2　Z变换的收敛域与序列特性之间的关系 ·· (35)
　　2.3.3　逆Z变换 ··· (38)
　　2.3.4　Z变换的性质和定理 ··· (41)
　2.4　利用Z变换对信号和系统进行分析 ·· (44)
　　2.4.1　系统的传输函数和系统函数 ··· (44)
　　2.4.2　根据系统函数的极点分布分析系统的因果性和稳定性 ····················· (45)

        2.4.3　用 Z 变换求解系统的输出响应 ·· (46)
        2.4.4　系统稳定性的测定及稳定时间的计算 ··· (50)
        2.4.5　根据系统的零、极点分布分析系统的频率特性 ··· (52)
　　2.5　几种特殊滤波器 ··· (57)
        2.5.1　全通滤波器 ··· (57)
        2.5.2　最小相位滤波器 ·· (58)
        2.5.3　梳状滤波器 ··· (59)
        2.5.4　正弦波发生器 ··· (60)
　　习题与上机题 ··· (61)
第 3 章　离散傅里叶变换（DFT）及其快速算法（FFT） ··· (68)
　　3.1　离散傅里叶变换的定义及物理意义 ·· (68)
        3.1.1　DFT 定义 ··· (68)
        3.1.2　DFT 与 ZT、FT、DFS 的关系 ··· (69)
        3.1.3　DFT 的矩阵表示 ··· (71)
        3.1.4　用 MATLAB 计算序列的 DFT ·· (71)
　　3.2　DFT 的主要性质 ·· (73)
　　3.3　频域采样 ··· (80)
　　3.4　DFT 的快速算法——快速傅里叶变换（FFT） ··· (83)
        3.4.1　直接计算 DFT 的特点及减少运算量的基本途径 ··· (83)
        3.4.2　基 2 FFT 算法 ··· (83)
　　3.5　DFT（FFT）应用举例 ·· (89)
        3.5.1　用 DFT（FFT）计算两个有限长序列的线性卷积 ·· (90)
        3.5.2　用 DFT 计算有限长序列与无限长序列的线性卷积 ······································ (91)
        3.5.3　用 DFT 对序列进行谱分析 ·· (94)
        3.5.4　离散余弦变换及其 DFT 实现 ·· (96)
　　习题与上机题 ··· (98)
第 4 章　模拟信号数字处理 ·· (101)
　　4.1　模拟信号数字处理原理方框图 ·· (101)
　　4.2　模拟信号与数字信号的相互转换 ·· (101)
        4.2.1　时域采样定理 ··· (102)
        4.2.2　带通信号的采样 ··· (106)
        4.2.3　A/D 变换器 ··· (107)
        4.2.4　将数字信号转换成模拟信号 ·· (108)
　　4.3　对数字信号处理部分的设计考虑 ·· (111)
　　4.4　线性模拟系统的数字模拟 ·· (112)
　　4.5　模拟信号的频谱分析 ··· (114)
        4.5.1　公式推导及参数选择 ·· (114)
        4.5.2　用 DFT（FFT）对模拟信号进行谱分析的误差 ··· (115)
        4.5.3　用 DFT（FFT）对周期信号进行谱分析 ·· (118)

习题与上机题 (120)

第5章 信号的相关函数和功率谱 (122)

5.1 互相关函数和自相关函数 (122)
5.2 周期信号的相关性 (124)
5.3 相关函数的性质 (125)
5.3.1 互相关函数性质 (126)
5.3.2 自相关函数性质 (126)
5.4 输入输出信号的相关函数 (127)
5.5 信号的能量谱密度和功率谱密度 (127)
5.5.1 信号的能量谱 (128)
5.5.2 信号的功率谱 (128)
5.6 相关函数的应用 (129)
5.6.1 相关函数在雷达和主动声呐系统中的应用 (129)
5.6.2 使用相关函数检测物理信号隐含的周期性 (130)
5.7 用MATLAB计算相关函数 (132)
　　习题与上机题 (133)

第6章 IIR数字滤波器（IIRDF）设计 (135)

6.0 数字滤波器设计的基本概念 (135)
6.0.1 数字滤波器及其设计方法概述 (135)
6.0.2 数字滤波器的种类 (135)
6.0.3 理想数字滤波器 (136)
6.1 模拟滤波器设计 (138)
6.1.1 模拟滤波器设计指标 (139)
6.1.2 巴特沃思模拟低通滤波器设计 (140)
6.1.3 切比雪夫滤波器设计 (143)
6.1.4 椭圆滤波器 (146)
6.1.5 贝塞尔滤波器 (147)
6.1.6 用MATLAB设计模拟滤波器 (147)
6.1.7 五种类型模拟滤波器的比较 (153)
6.1.8 频率变换与高通、带通及带阻滤波器设计 (154)
6.2 IIR数字滤波器设计 (161)
6.2.1 用脉冲响应不变法设计IIRDF (162)
6.2.2 用双线性变换法设计IIRDF (167)
6.2.3 高通、带通和带阻IIRDF (171)
6.2.4 IIRDF的频率变换 (174)
　　习题与上机题 (177)

第7章 FIR数字滤波器（FIRDF）设计 (181)

7.1 线性相位FIRDF及其特点 (181)
7.2 用窗函数法设计FIRDF (186)
7.2.1 用窗函数法设计FIRDF的基本方法 (186)

7.2.2 窗函数法的设计性能分析 ……………………………………………………（187）
　　　7.2.3 典型窗函数介绍 ………………………………………………………………（189）
　　　7.2.4 用窗函数法设计 FIRDF 的步骤及 MATLAB 设计函数 …………………（195）
　7.3 利用频率采样法设计 FIRDF …………………………………………………………（199）
　　　7.3.1 频率采样设计法的基本概念 …………………………………………………（199）
　　　7.3.2 设计线性相位特性 FIRDF 时，频域采样 $H(k)$ 的设置原则 ……………（200）
　　　7.3.3 逼近误差及改进措施 …………………………………………………………（200）
　7.4 利用等波纹最佳逼近法设计 FIRDF ………………………………………………（204）
　　　7.4.1 等波纹最佳逼近法的基本思想 ………………………………………………（205）
　　　7.4.2 remez 和 remezord 函数介绍 ………………………………………………（207）
　　　7.4.3 FIR 希尔伯特变换器和 FIR 数字微分器设计 ……………………………（211）
　7.5 FIRDF 与 IIRDF 的比较 ……………………………………………………………（215）
　习题与上机题 ………………………………………………………………………………（216）

第 8 章 时域离散系统的实现 ……………………………………………………（219）
　8.1 引言 ……………………………………………………………………………………（219）
　8.2 FIR 网络结构 …………………………………………………………………………（220）
　　　8.2.1 FIR 直接型结构和级联型结构 ………………………………………………（220）
　　　8.2.2 线性相位结构 …………………………………………………………………（221）
　　　8.2.3 FIR 频率采样结构 ……………………………………………………………（222）
　　　8.2.4 FIR 滤波器的递归实现 ………………………………………………………（225）
　　　8.2.5 快速卷积法 ……………………………………………………………………（226）
　8.3 IIR 网络结构 …………………………………………………………………………（226）
　　　8.3.1 IIR 直接型网络结构 …………………………………………………………（226）
　　　8.3.2 IIR 级联型网络结构 …………………………………………………………（227）
　　　8.3.3 IIR 并联型网络结构 …………………………………………………………（228）
　　　8.3.4 转置型网络结构 ………………………………………………………………（229）
　8.4 格型网络结构 …………………………………………………………………………（229）
　　　8.4.1 全零点格型网络结构 …………………………………………………………（230）
　　　8.4.2 全极点格型网络结构 …………………………………………………………（233）
　8.5 用软件实现各种网络结构 ……………………………………………………………（235）
　8.6 数字信号处理中的量化效应 …………………………………………………………（237）
　　　8.6.1 量化及量化误差 ………………………………………………………………（237）
　　　8.6.2 A/D 变换器中的量化效应 ……………………………………………………（238）
　　　8.6.3 系数量化效应 …………………………………………………………………（239）
　　　8.6.4 运算中的量化效应 ……………………………………………………………（242）
　8.7 滤波器设计与分析工具 ………………………………………………………………（246）
　习题与上机题 ………………………………………………………………………………（251）

第 9 章 多采样率数字信号处理 …………………………………………………（255）
　9.1 引言 ……………………………………………………………………………………（255）
　9.2 整数因子抽取 …………………………………………………………………………（256）

9.3 整数因子内插 ···(258)
9.4 按有理数因子 I/D 的采样率转换 ··(260)
9.5 采样率转换滤波器的高效实现方法 ··(261)
    9.5.1 直接型 FIR 滤波器结构 ··(261)
    9.5.2 多相滤波器结构 ···(263)
9.6 采样率转换系统的多级实现 ···(266)
9.7 采样率转换器的 MATLAB 实现 ··(271)
9.8 采样率转换在数字语音系统中的应用 ···(272)
    9.8.1 数字语音系统中的信号采样过程及其存在的问题 ···························(272)
    9.8.2 数字语音系统中改进的 A/D 转换方案 ···(273)
    9.8.3 接收端 D/A 转换器的改进方案 ··(274)
习题与上机题 ··(276)

第 10 章 数字信号处理应用举例 ···(278)
10.1 引言 ···(278)
10.2 数字信号处理在双音多频拨号系统中的应用 ··(278)
10.3 数字信号处理在音乐信号处理中的应用 ··(284)
    10.3.1 时域处理 ··(284)
    10.3.2 频域处理 ··(287)

附录 A MATLAB 信号处理工具箱函数表 ···(291)
参考文献 ···(295)

绪　　论

随着计算机和信息学科的快速发展，数字信号处理的理论与应用得到了飞跃式的发展，现在已经形成一门极其重要的独立学科体系。数字信号处理是利用计算机或专用数字处理设备，采用数值计算的方法对信号进行处理的一门学科，它包括数据采集，以及对信号进行变换、分析、综合、滤波、估值与识别等加工处理，以便于提取信息和应用。与传统的模拟处理方法相比较，数字处理具有无法比拟的优点。数字信号处理系统可以对数字信号进行处理，也可以对模拟信号进行处理。当然，必须先将模拟信号变换成数字信号，才能用数字信号处理系统处理。

数字信号处理原理、实现和应用是本学科研究与发展的三个主要方面。数字信号处理应用非常广泛，涉及语音、雷达、声呐、地震、图像处理、通信系统、系统控制、生物医学工程、机械振动、遥感遥测、航空航天、电力系统、故障检测和自动化仪表等众多领域。显然，研究数字信号处理的应用一定要涉及各个应用领域的专门知识，所以，它不是本课程的学习重点。数字信号处理原理及其实现方法和技术是一门脱离具体应用学科的专业基础，是本课程学习的重点。

信号可以定义为携带信息的函数。信号一般分为确定性信号和随机信号（平稳随机信号和非平稳随机信号），两种信号都有一维信号和多维信号。确定性信号和随机信号处理的原理和方法也不同。随机信号处理基于随机过程、信号与系统和最优化理论，采用统计的方法进行分析和处理，这部分内容将在研究生课程中学习。本课程仅学习一维确定性信号处理的原理、实现和应用。

绝大部分一维信号是时间的函数，信号又可分为模拟信号（即连续信号）、时域离散信号、幅度离散信号和数字信号。模拟信号的幅度（信号值）和自变量（时间）都取连续值，如麦克风输出的语音信号，温度信号等。时域离散信号的幅度取连续值，但自变量取离散值，如气象站定时测量的温度信号，数字电话系统每隔 0.125 ms 对语音信号的采样信号。幅度离散信号的幅度取离散值，但自变量取连续值，如多进制数字幅度调制信号就是典型的幅度离散信号。数字信号的幅度和自变量都取离散值，数字信号的幅度可以用有限位二进制数表示。所以，时域离散信号可以看成对模拟信号的时域等间隔采样信号，对时域采样信号的幅度量化（离散化）的结果是数字信号。一般将能够直接处理模拟信号、时域离散信号和数字信号的系统分别称为模拟系统、时域离散系统和数字系统。

用数字处理系统处理模拟信号的原理方框图如图 0.1 所示。在工程实际中，将采样和量化编码两部分集成在一起，称为模数转换器，其功能是将模拟信号变换成数字信号。量化编码器的作用是将采样得到的每个信号样值变换成有限位二进制编码。

随着计算机和专用数字处理系统的字长不断增加，模数转换器的量化误差、数字处理系统的系统参数量化误差，以及处理过程中的运算误差越来越小，如果忽略这些误差，模数转换器就与采样等价，数字处理系统与时域离散系统等价，则图 0.1 可以简化成图 0.2，即用时域离散系统处理模拟信号的原理方框图。

图 0.1 清楚地说明了工程实际中所用的数字信号处理系统的构成，而图 0.2 只是一种理论

模型。因为时域离散线性时不变系统分析与设计理论已完全成熟，所以，通常根据要求先设计图 0.2 中的时域离散系统，再根据对信号处理的精度要求，选取合适的量化位数，对采样信号 $x(n)$ 和时域离散线性时不变系统的参数进行量化，就将时域离散系统变成了数字系统。因此，本课程主要学习图 0.2 中所涉及的理论与实现方法，并介绍图 0.1 中的量化误差效应。由于量化误差与量化位数（字长）直接相关，所以又将量化误差效应称为有限字长效应。

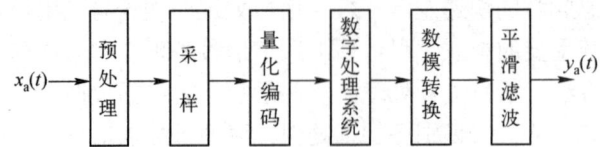

图 0.1 用数字系统处理模拟信号的原理方框图

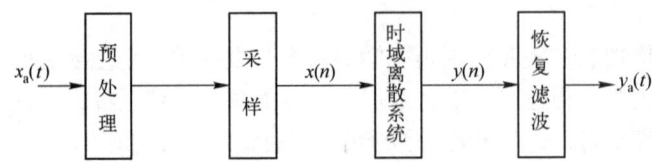

图 0.2 用时域离散系统处理模拟信号的原理方框图

0.1 数字信号处理的基本内容

确定性数字信号处理的基本理论主要包括如下内容：

（1）模拟信号的预处理（又称预滤波或者前置滤波）：滤除输入模拟信号中的无用频率成分和噪声，避免采样后发生频谱混叠失真；

（2）模拟信号的时域采样与恢复：模数转换技术，采样定理，量化误差分析等；

（3）时域离散信号与系统的分析：信号的表示与运算，各种变换（傅里叶变换、Z 变换和离散傅里叶变换），时域离散信号与系统的时域和频域的描述与分析；

（4）数字信号处理中的快速算法：快速傅里叶变换，快速卷积等；

（5）模拟滤波器和数字滤波器分析、设计与实现；

（6）多采样率信号处理技术：采样率转换系统的基本原理及其高效实现方法。

上述六个方面的基本内容也是本课程的基本内容。随着通信技术、电子技术、计算机和超大规模集成电路技术的飞速发展，数字信号处理的理论也在不断地丰富与完善，各种新理论和新算法不断出现，特别是关于平稳随机信号和非平稳随机信号处理的现代信号处理理论的研究更加活跃。本课程作为一门专业基础课，所学的内容仅是学习现代信号处理理论和专门技术的基础。

应当注意，数字信号处理的理论、算法和实现方法这三者是密不可分的。把一个好的信号处理理论应用于工程实际，需要相应的算法以便使信号处理高速高效，并使实现系统简单易行。所以，除了上述基本理论，数字信号处理算法及其实现技术也是极其重要的研究内容。例如，频谱分析和滤波是最基本的信号处理，频谱分析就是计算信号的离散傅里叶变换（DFT），滤波实质上就是计算两个信号的卷积。快速傅里叶变换（FFT）的提出使频谱分析和滤波处理的速度提高几百倍。所以，国际上将 1965 年发表第一篇快速傅里叶变换论文作为数字信号处理学科的一个里程碑。数字信号处理算法不是本课程的重点，读者建立有关算法的概念就可以了，算法一般要结合具体理论和具体信号处理系统进行研究和改进。

0.2 数字信号处理的实现方法

数字信号处理的实现方法一般分为软件实现、专用硬件实现和软硬件结合实现，每种实现方法各有特点。例如，一阶时域离散线性时不变系统可以用如下差分方程描述：

$$y(n) = ay(n-1) + x(n)$$

后面会看到：当 0<a<1 时，系统为低通滤波器；当 –1<a<0 时，系统为高通滤波器。软件实现就是在通用计算机上编程序求解差分方程，得到对输入信号 $x(n)$ 的滤波处理结果 $y(n)$。用硬件实现的原理方框图如图 0.3 所示，由一个加法器、一个乘法器和一个延时器构成。

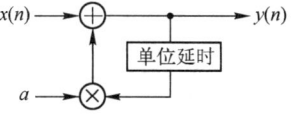

图 0.3 一阶时域离散线性时不变系统的硬件实现

下面介绍数字信号处理的三种实现方法及其特点。

（1）软件实现：在通用计算机上编程序实现各种复杂的处理算法。程序可以由处理者开发，也可以使用信号处理程序库中现成的程序。软件处理的最大优点是灵活，开发周期短。其缺点是处理速度慢。所以多用于处理算法研究、教学实验和一些对处理速度要求较低的场合。

（2）专用硬件实现：采用加法器、乘法器和延时器构成的专用数字网络，或用专用集成电路实现某种专用的信号处理功能。如调制解调器、快速傅里叶变换芯片、数字滤波器芯片等。这种实现方法的主要优点是处理速度快，缺点是不灵活，开发周期长。适用于要求高速实时处理的一些专用设备，这些设备一旦定型，就不再改动，便于大批生产。如数字电视接收机中的高速处理单元。

（3）软硬件结合实现：依靠通用单片机或数字信号处理专用单片机（DSP）的硬件资源，配置相应的信号处理软件，实现工程实际中的各种信号处理功能。如数字控制系统和智能仪器设备等。DSP 芯片内部带有硬件乘法器、累加器，采用流水线工作模式和并行结构，并配有适合信号处理运算的高效指令。由于这种实现方法集中了软件实现和专用硬件实现的优点，高速、灵活、开发周期短，因此 DSP 技术及其应用已成为信号处理学科研究的中心内容之一。

0.3 数字信号处理的主要优点

模拟信号处理系统只能对信号进行一些常规的简单处理，而数字信号处理是用数值运算的方法实现对信号的处理，可以用计算机进行很多复杂的处理。所以，相对于模拟信号处理，数字信号处理有很多优点，主要优点归纳如下：

（1）灵活性好。数字信号适合用计算机处理，也可以用可编程器件（如通用单片机、DSP、可编程逻辑器件等）实现，通过编程很容易改变数字信号处理系统的参数，从而使系统实现各种不同的处理功能。灵活性还体现在数字系统容易实现时分复用、码分复用等，如数字电话系统中就采用了时分复用技术。

（2）稳定可靠，不存在阻抗匹配问题。只要设计正确，就可以确保数字系统稳定工作。稳定可靠的另一种含义是指数字系统的特性不易随使用条件（如温度等）的变化而变化。由于各级数字系统之间是通过数据进行耦合的，所以不存在模拟电路中的阻抗匹配问题。例如，用两个程序模块实现某种信号处理功能，将第一级程序的处理结果数据作为第二级程序的输入数据。

（3）处理精度高。用模拟电路计算对数时，达到1%的精度都很困难，而且模拟电路内部和外部噪声也影响处理精度。数字系统的处理精度由系统字长（二进制位数）决定，计算机和DSP的字长由8位提高到16、32和64位，可以选择合适的字长满足各种精度要求。另外，数字系统工作在二进制状态，所以基本不受内部噪声的干扰。

（4）便于加解密。随着信息安全要求越来越高，加解密算法越来越复杂，只有数字处理才能解决这种问题。

（5）便于大规模集成化、小型化。由于数字电路对电路参数的一致性要求低，组成数字系统的基本单元和基本模块具有高度的一致性，所以便于大规模集成和大规模生产。从而使数字系统体积小、重量轻、性能价格比高。

（6）便于自动化，多功能化。数字系统很容易根据各种状态自动执行相应的操作，并且一个系统可以实现多种功能。例如，手机可以完成通话、发短信、玩游戏、日常事务管理和上网等多种功能。

（7）可以实现模拟系统无法实现的复杂处理功能。模拟系统只能对信号进行一些简单的处理，如放大、滤波、经典的调制与解调等。但是，数字系统可以实现很多模拟系统无法实现的现代处理功能。例如，解卷积、时分复用、特高选择性滤波、严格的线性相位特性、复杂的数学运算、信号的任意存取、各种复杂的处理与变幻（电视系统中的多画面、各种特技效果、特殊的音响和配音效果等）。

由于上述优点，数字信号处理理论与实现技术成为近40年来经久不衰的研究热点，使本学科成为发展最快，新理论与新技术层出不穷，应用领域最广泛的新学科之一。现在，本学科已经形成一门理论体系完整的独立学科。

数字信号处理理论及其实现与应用技术的内容非常丰富和广泛，涉及微积分、随机过程、高等代数、数值分析、复变函数和各种变换（傅里叶变换、Z变换、离散傅里叶变换、小波变换、……）等数学工具，数字信号处理的理论基础包括网络理论、信号与系统等，其实现技术又涉及计算机、DSP技术、微电子技术、专用集成电路设计、神经网络和程序设计等方面。通信、雷达、人工智能、模式识别、航空航天、图像处理等，都是数字信号处理的应用领域。由此可见，要从事数字信号处理理论研究和应用开发工作，需要学习的知识很多。本书作为数字信号处理的基础教材，主要讨论数字信号处理的基本原理和基本分析方法，作为今后学习上述专门知识和技术的基础。

第1章 时域离散信号和系统

1.1 引　　言

数字信号处理是用数值计算的方法对信号进行处理的一门科学。数字信号处理系统可以对数字信号进行处理，也可以对模拟信号进行处理。对于后者的处理当然要在处理系统中增加模数转换器，将模拟信号转换成数字信号，如果需要还要用数模转换器将处理后的数字信号转换成模拟信号。

在数字信号处理中涉及三种不同形式的信号，即模拟信号、时域离散信号和数字信号。模拟信号是信号幅度和时间均取连续值的信号。时域离散信号是信号幅度取连续值，而时间取离散值的信号，也可以看成是模拟信号的时域离散采样。数字信号则是信号幅度和自变量均取离散值的信号，可以看成是信号幅度离散化的时域离散信号。简单地说，数字信号就是一些二进制编码序列。

针对以上三种信号，相应地有三种信号处理系统，即模拟系统、时域离散系统和数字系统。简单地说，系统所处理的信号的类型就是系统的类型。当然还存在一种数字和模拟的混合系统，例如第4章要介绍的模拟信号数字处理系统。

本章是全书的理论基础，主要学习时域离散信号的表示方法和典型信号、线性时不变系统的时域分析及线性常系数差分方程。

1.2　模拟信号、时域离散信号和数字信号

虽然数字信号处理系统最终要处理的是数字信号，但是实际中遇到的信号多数是模拟信号。下面举例说明如何将模拟信号转换成时域离散信号和数字信号，以及它们之间的不同。

例 1.2.1　已知模拟信号是一个正弦波，即 $x_a(t) = 0.9\sin 50\pi t$，试将它转换成时域离散信号和数字信号。

解：将模拟信号转换成时域离散信号要经过等间隔采样，采样频率必须是模拟信号最高频率的2倍以上（关于采样理论将在第4章介绍）。该正弦信号的频率是 25 Hz，周期是 0.04 s。选择采样频率 F_s=200 Hz，采样间隔 $T=1/F_s$=0.005 s。对 $x_a(t)$ 进行等间隔采样，即将 $t = nT$，代入到 $x_a(t) = 0.9\sin 50\pi t$ 中，得到

$$x(n) = x_a(t)|_{t=nT} = 0.9\sin 50\pi nT$$

式中，$n = \{\cdots,0,1,2,3,\cdots\}$。将 n 代入上式中，得到

$$x(n) = \{\cdots,\ 0,\ 0.9\sin 50\pi T,\ 0.9\sin 100\pi T,\ 0.9\sin 150\pi T,\ \cdots\}$$

上式中，$x(n)$ 称为时域离散信号，这里的 n 表示第 n 个采样点，且只能取整数，非整数无意义。按照上式算出的序列值一般有无限位小数。如果用四位二进制数表示 $x(n)$ 的幅度，二进制数第一位表示符号位，该二进制编码形成的信号用 $x[n]$ 表示，那么 $x[n]=\{\cdots,\ 0.000,\ 0.101,\ 0.111,\ 0.101,\ 0.000,\ 1.101,\ 1.111,\ 1.101,\ \cdots\}$，这里 $x[n]$ 称为数字信号。

该例题说明，时域离散信号可以通过等间隔采样得到，如果将它的每一个序列值经过有限位的二进制编码，得到一个用二进制编码表示的序列，该序列就是数字信号。毫无疑问，这种信号适合用计算机进行处理。

1.2.1 时域离散信号和数字信号

因为数字信号是对时域离散信号的幅度进行有限位的二进制编码、量化形成的，因此从数值上讲数字信号和时域离散信号之间是有差别的。如果将例 1.2.1 中的数字信号 $x[n]$ 再换算成十进制，则

$$x[n]=\{\cdots, 0.0, 0.625, 0.875, 0.625, 0.000, -0.625, -0.875, -0.625, \cdots\}$$

很明显 $x(n)$ 和 $x[n]$ 之间有差别，这种差别的大小与二进制编码的位数有关。如果用 8 位二进制编码表示 $x(n)$，则 $x[n]=\{\cdots, 0.0000000, 0.1010001, 0.1110011, 0.1010001, 0.0000000, 1.1010001, 1.1110011, 1.1010001, \cdots\}$ 再换算成十进制，则

$$x[n]=\{\cdots, 0.0, 0.6328, 0.8884, 0.6328, 0.0000, -0.6328, -0.8884, -0.6328, \cdots\}$$

很清楚，用 8 位二进制编码比用 4 位二进制编码表示的数字信号更接近于时域离散信号。显然随着二进制编码位数增加，两者的差别越来越小。如果采用 32 位，这时数字信号和时域离散信号的幅度值在数值上相差无几，误差可以忽略，认为是相等的，只是信号形式不同。由于现在计算机的精度很高，位数可以高达 32 或 64 位，因此用软件处理数字信号时，可以不考虑这种误差的影响。但是如果用硬件实现，由于二进制编码位数直接影响设备的复杂性和成本的高低，位数不可能很高，要考虑这种误差的影响。

1.2.2 时域离散信号的表示方法

时域离散信号的来源一般有两类，最多的一类是由模拟信号通过采样得到的，如模拟信号用 $x_a(t)$ 表示，采样频率为 F_s，采样间隔 $T=1/F_s$，得到的时域离散信号用下式表示

$$x(n) = x_a(t)|_{t=nT} = x_a(nT) \qquad -\infty < n < \infty \tag{1.2.1}$$

另外一类是通过实验测试得到的，例如每天上午 8 点检测病人的血压，共测试了五天，舒张压均正常，收缩压不正常，仅记录收缩压并用 $x(n)$ 表示，$x(n)=\{155, 161, 150, 165, 168\}$，$n$ 取值为 $\{0, 1, 2, 3, 4\}$，这里 $x(n)$ 就是时域离散信号。

不管时域离散信号是如何产生的，时域离散信号都是一串有序的数据序列，因此时域离散信号也称为序列。

1. 时域离散信号表示方法

时域离散信号有三种表示方法：
（1）用集合符号表示序列

数的集合，用集合符号 {·} 表示。时域离散信号是一组有序的数集合，可表示成集合。例如，例 1.2.1 中

$$x(n)=\{\cdots, 0.0, 0.6364, 0.900, 0.6364, \underline{0.0000}, -0.6364, 0.9000, -0.6364, \cdots\}$$

式中，$n=\{\cdots, -1, 0, 1, 2, \cdots\}$，带下画线的元素表示 $n=0$ 点的序列值。

（2）用公式表示序列

例如 $\qquad x(n) = a^{|n|} \qquad 0 < a < 1, \quad -\infty < n < \infty$

（3）用图形表示

例如，时域离散信号 $x(n) = (-1)^n$，它的图形表示如图 1.2.1(a)所示。这是一种很直观的表示方法。

为了醒目，常常在每一条竖线的顶端加一个小黑点。

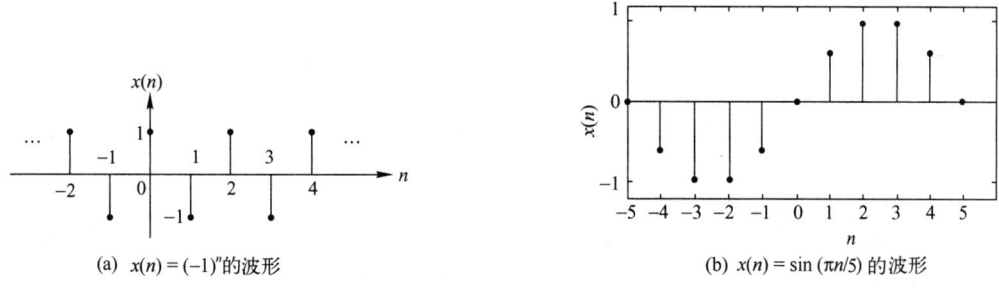

(a) $x(n) = (-1)^n$ 的波形　　　　　　　　　(b) $x(n) = \sin(\pi n/5)$ 的波形

图 1.2.1　用图形表示时域离散信号

2. MATLAB 语言中序列的表示*

MATLAB 用两个参数向量 x 和 n 表示有限长序列 $x(n)$，x 是 $x(n)$ 的样值向量，n 是位置向量（相当于图形表示方法中的横坐标 n），n 与 x 长度相等，向量 n 的第 m 个元素 n(m) 表示样值 x(m) 的位置。位置向量 n 一般都是单位增向量，产生语句为：n=ns:nf；其中 ns 表示序列 $x(n)$ 的起始点，nf 表示序列 $x(n)$ 的终止点。这样将有限长序列 $x(n)$ 记为：$\{x(n); n = ns:nf\}$。

例如，$x(n) = \{-0.0000, -0.5878, -0.9511, -0.9511, -0.5878, \underline{0.0000}, 0.5878, 0.9511, 0.9511, 0.5878, 0.0000\}$，相应的 $n = \{-5, -4, -3, \cdots, 5\}$，所以序列 $x(n)$ 的 MATLAB 表示如下

　　n = −5:5；
　　x = [−0.0000, −0.5878, −0.9511, −0.9511, −0.5878, $\underline{0.0000}$, 0.5878, 0.9511, 0.9511, 0.5878, 0.0000];

这里 $x(n)$ 的 11 个样值是正弦序列的采样值，即
$$x(n) = \sin(\pi n/5), \quad n = -5, -4, \cdots, 0, \cdots, 4, 5$$
所以，也可以用计算的方法产生序列的样值向量，即

　　n = −5:5；x = sin(pi*n/5);

这样用 MATLAB 表示 $x(n)$ 的程序如下：

```
%fig121b.m: 用 MATLAB 表示序列
n = -5:5;               %位置向量 n 从−5 到 5
x = sin(pi*n/5);        %计算序列向量 x(n)的 11 个样值
subplot(3, 2, 1);stem(n, x, '.');line([-5, 6], [0, 0])
axis([-5, 6, -1.2, 1.2]);xlabel('n');ylabel('x(n)')
```

运行程序，输出波形如图 1.2.1(b)所示。由此可见，用 MATLAB 表示序列与图形表示法是等价的，以位置向量 n 为横坐标，以序列样值向量 x 为纵坐标，就可以绘制出序列 $x(n)$ 的波形图。

---

* 本书中 MATLAB 程序中的文字符号及其涉及对程序和运行结果进行解释的文字符号，统一用白正体表示。

以上介绍的序列表示方法,要根据实际情况灵活运用,对于一般序列,包括由实际信号采样得到的序列,或者是一些没有明显规律的数据,可以用集合和图表示。

1.2.3 常用时域离散信号

下面介绍一些常用的重要信号。

1. 单位脉冲序列

$$\delta(n) = \begin{cases} 1 & n = 0 \\ 0 & n \neq 0 \end{cases} \quad (1.2.2)$$

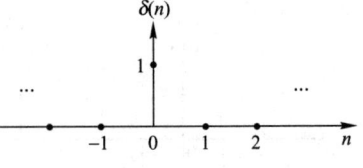

图 1.2.2 单位脉冲序列

单位脉冲序列也称为单位采样序列。特点是仅在 $n = 0$ 处取值为 1,其他均为零。它的波形如图 1.2.2 所示。

2. 单位阶跃序列

$$u(n) = \begin{cases} 1 & n \geqslant 0 \\ 0 & n < 0 \end{cases} \quad (1.2.3)$$

单位阶跃序列的特点是只有在 $n \geqslant 0$ 时,它才取非零值 1,当 $n<0$ 时,均取零值。其波形如图 1.2.3 所示。$u(n)$ 可以用单位脉冲序列表示为

$$u(n) = \sum_{m=0}^{\infty} \delta(n-m) = \sum_{m=-\infty}^{n} \delta(m) \quad (1.2.4)$$

3. 矩形序列

$$R_N(n) = \begin{cases} 1 & 0 \leqslant n \leqslant N-1 \\ 0 & \text{其他} \end{cases} \quad (1.2.5)$$

上式中的下标 N 称为矩形序列的长度。例如:当 $N=4$ 时,矩形序列 $R_4(n)$ 如图 1.2.4 所示。

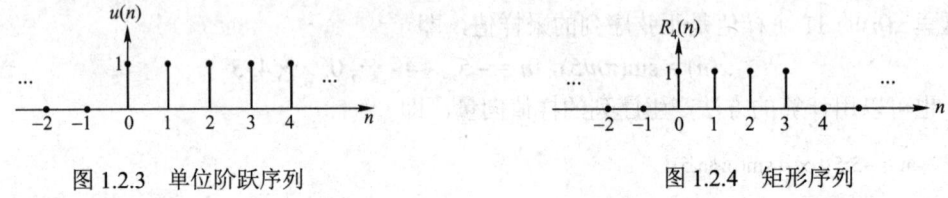

图 1.2.3 单位阶跃序列　　　　　　　图 1.2.4 矩形序列

4. 实指数序列

$$x(n) = a^n u(n)$$

式中,a 取实数,$u(n)$ 起着使 $x(n)$ 在 $n<0$ 时幅度值为零的作用。a 的大小直接影响序列波形。如果 $0<a<1$,$x(n)$ 的值随着 n 加大会逐渐减小;如果 $a>1$,$x(n)$ 的值则随着 n 的加大而加大。两种情况的波形如图 1.2.5 所示。一般把绝对值 $|x(n)|$ 随着 n 的加大而减小的序列称为收敛序列,而把绝对值 $|x(n)|$ 随着 n 的加大而加大的序列称为发散序列。

5. 正弦序列与复指数序列

假设模拟信号是一个正弦信号,即 $x_a(t) = A\sin(\Omega t + \theta)$,对它以等间隔 T 进行采样,得到时域离散信号 $x(n)$,即

$$x(n) = A\sin(\Omega nT + \theta)$$

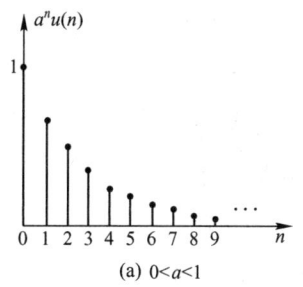
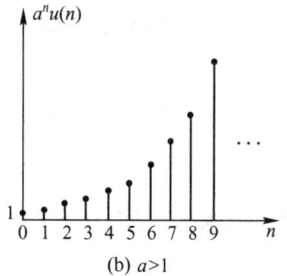

图 1.2.5 实指数序列

令 $$\omega = \Omega T \tag{1.2.6}$$

得到 $$x(n) = A\sin(\omega n + \theta) \tag{1.2.7}$$

式（1.2.7）的 $x(n)$ 称为正弦序列，式中 ω 称为正弦序列的频率。由式（1.2.6）可知，ω 和 Ω 不相同，Ω 的量纲是弧度/秒，ω 的量纲是弧度，为了区别，称 ω 为数字频率。本书中统一用 Ω 表示模拟信号的角频率，用 f 表示模拟信号的频率，用 ω 表示数字域的数字频率，也可以简称频率。上面 ω 和 Ω 之间的关系可以推论到一般情况，如果对一般模拟信号进行采样，采样频率高于模拟信号的最高频率的 2 倍以上，则该模拟信号模拟角频率 Ω 和通过采样得到的时域离散信号的数字频率 ω 之间服从式（1.2.6）的关系。这个关系很重要，以后的章节中将会陆续应用。

复指数序列用下式表示

$$x(n) = e^{j\omega n} \tag{1.2.8}$$

式中，ω 是数字频率。用欧拉公式将上式展开，得到

$$x(n) = \cos\omega n + j\sin\omega n$$

由于正弦序列（余弦序列）和复指数序列中的 n 只能取整数，因此下列关系式成立

$$e^{j(\omega+2\pi M)n} = e^{j\omega n}, \quad \cos[(\omega+2\pi M)n] = \cos\omega n, \quad \sin[(\omega+2\pi M)n] = \sin\omega n$$

上式中 M 取整数，所以对数字频率而言，正弦序列和复指数序列都是以 2π 为周期的周期信号，通常只考虑 ω 的主值区 $[-\pi, \pi]$ 或者 $[0, 2\pi]$。

6. 周期序列

如果序列满足下式，则称为周期序列。

$$x(n) = x(n+N) \quad -\infty < n < \infty \tag{1.2.9}$$

规定周期序列的周期为满足上式的最小的正整数 N。图 1.2.6 中的 $x(n)$ 是一个周期序列，满足式（1.2.9）的 N 有 7, 14, 21, 28 等，其周期为 7。

图 1.2.6 周期序列

下面讨论关于正弦序列（余弦序列）的周期性。前面讲过，如果 n 一定，ω 作为变量时，它是以 2π 为周期的函数。但当 ω 一定，n 作为变量时，正弦序列是否是周期序列？答案是不

一定，如果是周期序列，则要求正弦序列的频率满足一定条件。

设
$$x(n) = A\sin(\omega n + \varphi) \tag{1.2.10}$$

式中，A, ω, φ 均为常数。将上式中的 n 用 $n+N$ 代替，得到

$$x(n+N) = A\sin(\omega n + \omega N + \varphi) \tag{1.2.11}$$

如果是周期序列，要求式（1.2.10）和式（1.2.11）相等，即

$$A\sin(\omega n + \varphi) = A\sin(\omega n + \omega N + \varphi)$$

观察上式，因为正弦函数是以 2π 为周期的，因此要求 ωN 是 2π 的整数倍，即 $\omega N = 2\pi M$，得

$$N = \frac{2\pi}{\omega}M \tag{1.2.12}$$

上式中 M 取正整数。另外，由周期序列的定义，序列 $x(n+N)$ 中的 N 只能取正整数，因此得到结论：只有 $\frac{2\pi}{\omega}M$ 是一个正整数，正弦序列 $x(n)$ 才是周期序列。一般定义满足式（1.2.11）的最小正整数的值 N 为周期。下面用例题说明。

例 1.2.2 $x(n) = \sin\left(\dfrac{\pi}{4}n\right)$，分析其周期性。

解：上面序列的数字频率 $\omega = \pi/4$，$2\pi/\omega = 8$，因此 $x(n)$ 是周期序列。满足式（1.2.11）的整数有 $\{8, 16, 24, 32, \cdots\}$，周期取最小正整数 8，$x(n)$ 的周期是 8（M 取 1）。该信号的波形如图 1.2.7 所示。

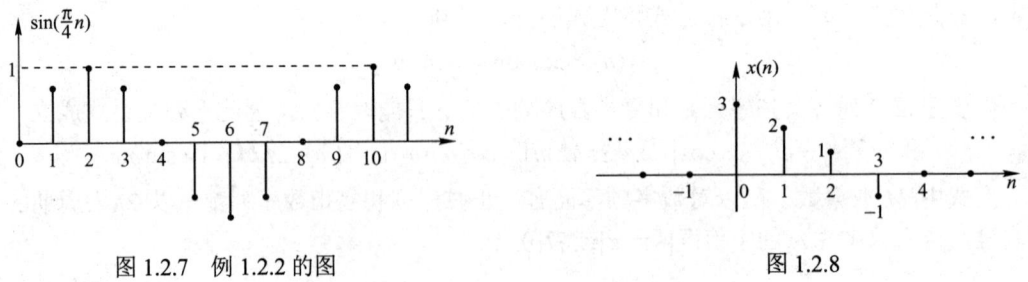

图 1.2.7 例 1.2.2 的图　　　　　　　　图 1.2.8

例 1.2.3 $x(n) = \sin\left(\dfrac{1}{4}n\right)$，分析其周期性。

解：该序列的频率 $\omega = 1/4$，$2\pi/\omega = 8\pi$，这是一个无理数，M 取任何整数，都不会使 $2\pi M/\omega$ 变成整数，因此这是一个非周期序列。

以上关于正弦序列是否是周期序列的分析，也适合复指数序列和余弦序列。下面介绍如何用公式表示任意序列。这里任意序列包括有规律或者无规律的序列，它们均可以用单位脉冲序列的移位加权和表示。具体公式为

$$x(n) = \sum_{m=-\infty}^{\infty} x(m)\delta(n-m) \tag{1.2.13}$$

在式（1.2.13）中，只有在 $m=n$ 处，$\delta(n-m)=1$，所以，对任何 n，式（1.2.13）的右边都等于 $x(n)$。例如，图 1.2.8 所示的序列用式（1.2.13）表示为

$$x(n) = 3\delta(n) + 2\delta(n-1) + \delta(n-2) - \delta(n-3)$$

1.3 时域离散系统

数字信号处理通过对输入信号的运算达到处理的目的,设这种运算关系用 T[·] 表示,那么输出信号 $y(n)$ 和输入信号 $x(n)$ 之间的关系可描述为

$$y(n) = T[x(n)] \qquad (1.3.1)$$

其方框图如图 1.3.1 所示。

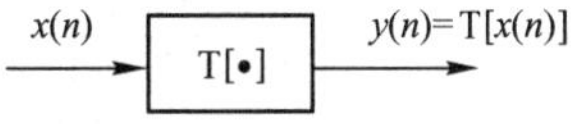

下面介绍在时域离散系统中常用的线性时不变系统。

图 1.3.1 时域离散系统

1.3.1 线性时不变时域离散系统

线性时不变时域离散系统的特点是系统具有线性性质和时不变特性。

1. 线性性质

线性性质表现在系统满足线性叠加原理。如果 $x_1(n)$ 和 $x_2(n)$ 分别作为系统的输入时,系统的输出分别用 $y_1(n)$ 和 $y_2(n)$ 表示,即

$$y_1(n) = T[x_1(n)], \quad y_2(n) = T[x_2(n)]$$

假设 $x(n) = ax_1(n) + bx_2(n)$,如果系统的输出 $y(n)$ 服从下式

$$y(n) = T[x(n)] = T[ax_1(n) + bx_2(n)] = ay_1(n) + by_2(n) \qquad (1.3.2)$$

则该系统服从线性叠加原理,或者说该系统是线性系统。上式中 a 和 b 是常数。

非线性系统不服从线性叠加原理。例如输出和输入的关系为

$$y(n) = [x(n)]^2$$

如果

$$x(n) = ax_1(n) + bx_2(n)$$

则

$$y(n) = [ax_1(n) + bx_2(n)]^2 \neq [ax_1(n)]^2 + [ax(n)]^2$$

显然,不服从线性叠加原理,因此是一个非线性系统。非线性系统不属于本书讨论的内容。

2. 时不变特性

如果系统对输入信号的运算关系 T[·] 在整个运算过程中不随时间变化,则称该系统是时不变系统。如果系统的输出 $y(n) = T[x(n)]$,输入信号移位 n_0,即输入信号为 $x(n-n_0)$ 时,按照时不变特性,系统的输出为

$$y_1(n) = T[x(n-n_0)] = y(n-n_0) \qquad (1.3.3)$$

上式说明时不变系统的输出随输入信号移位而移位,且保持波形不变。如果运算关系 T[·] 在整个运算过程中随时间变化,则是时变系统。例如 $y(n) = nx(n)$,该系统可看成是一个将输入信号放大 n 倍的放大器,放大倍数随 n 变化,毫无疑问是一个时变系统。

例 1.3.1 假设系统输出 $y(n)$ 和输入 $x(n)$ 服从下面关系

$$y(n) = ax(n) + b$$

式中,a,b 是常数,试分析该系统是否是线性时不变系统。

解:(1)令 $x_1(n) = x(n-n_0)$

则 $y_1(n) = T[x(n-n_0)] = ax(n-n_0) + b = y(n-n_0)$

由推导结果说明该系统是时不变系统。

（2）令
$$x(n) = x_2(n) + x_3(n)$$
则
$$y_2(n) = \mathrm{T}[x_2(n)] = ax_2(n) + b, \quad y_3(n) = \mathrm{T}[x_3(n)] = ax_3(n) + b$$
$$y(n) = \mathrm{T}[x(n)] = \mathrm{T}[x_2(n) + x_3(n)] = ax_2(n) + ax_3(n) + b$$
$$\neq \mathrm{T}[x_2(n)] + \mathrm{T}[(x_3(n)]$$

结果表明该系统不服从线性叠加原理，不是线性系统，而是一个非线性时不变系统。如果令 $b = 0$，则可以证明它是一个线性时不变系统。

1.3.2 线性时不变系统输出和输入之间的关系

设系统输入 $x(n) = \delta(n)$，系统输出 $y(n)$ 的初始状态为零，这时系统输出用 $h(n)$ 表示，即
$$h(n) = \mathrm{T}[\delta(n)] \tag{1.3.4}$$
则称 $h(n)$ 为系统的单位脉冲响应。也就是说单位脉冲响应 $h(n)$ 是系统对 $\delta(n)$ 的零状态响应，它表征了系统的时域特性。单位脉冲响应也称单位取样响应。按照式（1.2.13），对任意输入信号 $x(n)$，系统输出为
$$y(n) = \mathrm{T}\left[\sum_{m=-\infty}^{\infty} x(m)\delta(n-m)\right]$$
利用系统服从线性叠加原理得到
$$y(n) = \sum_{m=-\infty}^{\infty} \mathrm{T}[x(m)\delta(n-m)] = \sum_{m=-\infty}^{\infty} x(m)\mathrm{T}[\delta(n-m)]$$
利用系统时不变性质，式中 $\mathrm{T}[\delta(n-m)] = h(n-m)$，因此得到
$$y(n) = \sum_{m=-\infty}^{\infty} x(m)h(n-m) = x(n) * h(n) \tag{1.3.5}$$

上式的运算关系称为卷积运算，式中的*代表两个序列卷积运算。如果已知系统的 $h(n)$ 和输入信号 $x(n)$，可以按照式（1.3.5）计算输出 $y(n)$。下面介绍求解 $y(n)$ 的方法。

按照式（1.3.5），卷积运算过程是，将 $x(n)$ 中的 n 换成 m，将 $h(n)$ 中的 n 换成 $n-m$，相同 m 的序列值相乘后，再对乘积序列求和得到。下面结合例题介绍三种计算方法，一种是图解法或者列表法，另一种是用 MATLAB 计算两个有限长序列的卷积，第三种是直接按照卷积公式的求解法或简称解析法。

例 1.3.2 设 $x(n) = 2\delta(n) + \delta(n-1) - 2\delta(n-2)$，$h(n) = \delta(n) + 2\delta(n-1) - \delta(n-2)$
求 $y(n) = x(n) * h(n)$。

解：
$$y(n) = \sum_{m=-\infty}^{\infty} x(m)h(n-m)$$

（1）图解法

首先画出 $x(m)$ 和 $h(m)$ 的波形，如图 1.3.2(a)、(b)所示。将 $h(m)$ 翻转 180°，得到 $h(-m)$ 的波形（$n=0$），如图 1.3.2(c)所示。将 $h(-m)$ 和 $x(m)$ 对应相乘，再相加，得到 $y(0)=2$。将 $h(-m)$ 右移一位，得到 $h(1-m)$ 波形（$n = 1$），如图 1.3.2(d)所示。再将 $h(1-m)$ 和 $x(m)$ 对应相乘，并相加，得到 $y(1)=5$。依次类推，得到 $y(n)$ 的波形，如图 1.3.2(f)所示。

其实上面的图解法，可以用列表法代替。如表 1.3.1 所示，$x(m)$ 和 $h(m)$ 用第二行和第三行表示。令 $n = 0$，$h(n-m) = h(-m)$，将 $h(m)$ 以 $m = 0$ 为中心翻转 180°，得到 $h(-m)$，即表中

的第四行,相当于图 1.3.2(c)。将第四行上下对应值相乘再相加,得到 y(0)=2。将第四行向右移一位,得到第五行,即 h(1−m),相当于图 1.3.2(d)。将第五行和第二行上下对应值相乘再相加,得到 y(1)=5。下面依次类推,得到全部的 y(n),画出它的波形,和图 1.3.2(f) 是一样的。比较起来这种列表法要简单一些,勉去了要画太多的过程图。

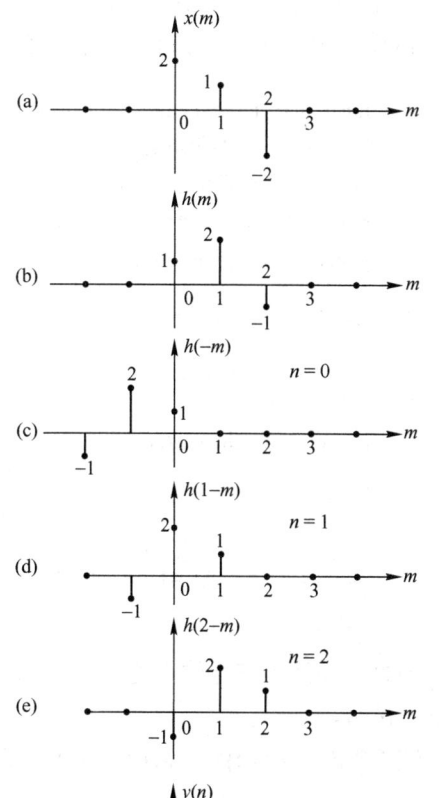

表 1.3.1　线性卷积列表法表示

m	−2	−1	0	1	2	3	4	5	6	
x(m)			2	1	−2					
h(m)				1	2	−1				
h(−m)	−1	2	1							y(0)=2
h(1−m)		−1	2	1						y(1)=5
h(2−m)			−1	2	1					y(2)=−2
h(3−m)				−1	2	1				y(3)=−5
h(4−m)					−1	2	1			y(4)=2
h(5−m)						−1	2	1		y(5)=0

注:未写数值的 h(m) 和 x(m) 为 0。

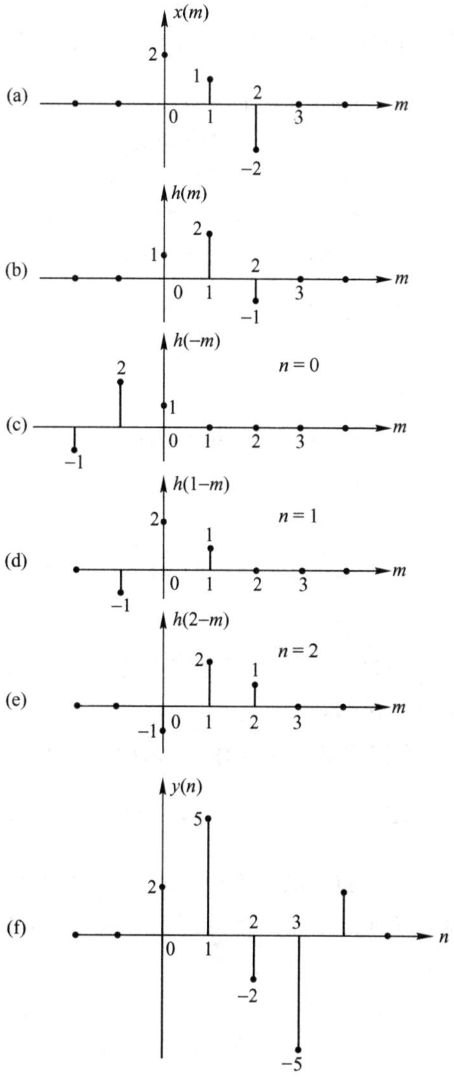

(2) 用 MATLAB 计算两个有限长序列的卷积

MATLAB 信号处理工具箱提供了 conv 函数,该函数用于计算两个有限长序列的线性卷积和两个多项式相乘。

C=conv(A, B) 用于计算两个有限长序列向量 A 和 B 的卷积。如果向量 A 和 B 的长度分别为 N 和 M,则卷积结果序列向量 C 的长度为 $N+M-1$。如果向量 A 和 B 为两个多项式的系数,则 C 就是这两个多项式乘积的系数。应当注意,conv 函数默认 A 和 B 表示的两个序列都是从 0 开始,所以不需要位置向量。当然默认卷积结果序列 C 也是从 0 开始,即卷积结果也不提供特殊的位置信息。

图 1.3.2　例 1.3.2 图

例 1.3.2 中的两个序列满足上述条件,直接调用 conv 函数求解例 1.3.2 的卷积计算程序 ep132.m 如下:

```
%ep132.m: 例 1.3.2 的计算程序
xn=[2, 1, −2];hn=[1, 2, −1];
yn=conv(xn, hn);
```

运行结果:yn=[2, 5, −2, −5, 2],与图解法和列表法计算结果相同。

显然,当两个序列不是从 0 开始时,必须对 conv 函数稍加扩展,形成通用卷积函数。设两个位置向量已知的序列:{ $x(n)$; nx=nxs:nxf}, { $h(n)$; nh=nhs:nhf},要求计算卷积:$y(n) = h(n) * x(n)$,以及 $y(n)$ 的位置向量 ny。下面介绍计算卷积的通用卷积函数 convu。

根据线性卷积原理知道，$y(n)$ 的起始点 nys 和终止点 nyf 分别为：nys = nhs + nxs, nyf = nhf + nxf。调用 conv 函数写出通用卷积函数 convu 如下：

```
function [y, ny]=convu(h, nh, x, nx)
%convu 通用卷积函数，y 为卷积结果序列向量，ny 是 y 的位置向量
%h 和 x 是有限长序列，nh 和 nx 分别是 h 和 x 的位置向量
nys=nh(1)+nx(1);nyf=nh(end)+nx(end);   %end 表示最后一个元素的下标
y=conv(h, x);ny=nys:nyf;
```

如果 $h(n) = x(n) = R_5(n+2)$，则调用 convu 函数计算 $y(n) = h(n) * x(n)$ 的程序如下：

```
h=ones(1, 5); nh=-2:2;
x=h; nx=nh;
[y, ny]=convu(h, nh, x, nx)
```

运行结果：

y =[1   2   3   4   5   4   3   2   1]
ny=[-4 -3 -2 -1   0   1   2   3   4]

（3）解析法

如果已知两个信号的表达式（封闭表达式），可以直接按照式（1.3.5）计算其卷积，下面举例说明。

例 1.3.3 设 $x(n) = a^n u(n)$，$h(n) = R_4(n)$，求 $y(n) = x(n) * h(n)$。

解：
$$y(n) = h(n) * x(n) = \sum_{m=-\infty}^{\infty} R_4(m) a^{n-m} u(n-m)$$

要计算上式，关键是根据求和号内的两个信号的非零值区间，确定求和的上、下限。根据 $u(n-m)$，得到 $n \geqslant m$ 时，才能取非零值；根据 $R_4(m)$，得到 $0 \leqslant m \leqslant 3$ 时，取非零值。那么 m 要同时满足下面两式：

$$m \leqslant n, \quad 0 \leqslant m \leqslant 3$$

才能使 $y(n)$ 取非零值。这样 m 的取值范围和 n 有关系，必须将 n 进行分段然后计算。

（1）$n<0$，$y(n)=0$。

（2）$0 \leqslant n \leqslant 3$，非零值范围为 $0 \leqslant m \leqslant n$，因此

$$y(n) = \sum_{m=0}^{n} a^{n-m} = a^n \frac{1-a^{-n-1}}{1-a^{-1}}$$

（3）$4 \leqslant n$，非零区间为 $0 \leqslant m \leqslant 3$，因此

$$y(n) = \sum_{m=0}^{3} a^{n-m} = a^n \frac{1-a^{-4}}{1-a^{-1}}$$

写成统一表达式为
$$y(n) = \begin{cases} 0 & n < 0 \\ a^n \dfrac{1-a^{-n-1}}{1-a^{-1}} & 0 \leqslant n \leqslant 3 \\ a^n \dfrac{1-a^{-4}}{1-a^{-1}} & 4 \leqslant n \leqslant \infty \end{cases}$$

下面介绍卷积运算中的重要性质。

（1）任意序列与单位脉冲序列的卷积等于该序列本身，而如果卷积一个移位 n_0 的单位脉冲序列，即将该序列移位 n_0，用公式表示为

$$x(n) = x(n) * \delta(n) \tag{1.3.6}$$
$$x(n-n_0) = x(n) * \delta(n-n_0) \tag{1.3.7}$$

（2）卷积运算服从交换律、结合律和分配律，用公式表示为

交换律： $\quad y(n) = x(n) * h(n) = h(n) * x(n) \tag{1.3.8}$

结合律： $\quad x(n) * [h_1(n) * h_2(n)] = [x(n) * h_1(n)] * h_2(n) \tag{1.3.9}$

分配律： $\quad x(n) * [h_1(n) + h_2(n)] = x(n) * h_1(n) + x(n) * h_2(n) \tag{1.3.10}$

以上公式请读者按照卷积公式自己证明。

例 1.3.4 如图 1.3.3(a)所示，系统 $h_1(n)$ 和 $h_2(n)$ 级联，设

$$x(n) = u(n), \quad h_1(n) = \delta(n) - \delta(n-4), \quad h_2(n) = a^n u(n), \quad |a| < 1$$

求系统的输出 $y(n)$。

解：系统 $h_1(n)$ 的输出用 $m(n)$ 表示，可以先求 $m(n)$，再求 $y(n)$。

$$\begin{aligned}
m(n) &= x(n) * h_1(n) = u(n) * [\delta(n) - \delta(n-4)] \\
&= u(n) * \delta(n) - u(n) * \delta(n-4) \\
&= u(n) - u(n-4) \\
&= R_4(n)
\end{aligned}$$

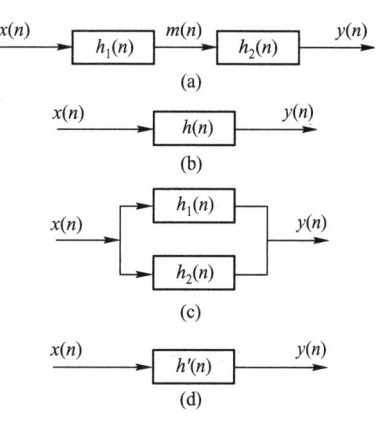

图 1.3.3　例 1.3.4 图

$$\begin{aligned}
y(n) &= m(n) * h_2(n) = R_4(n) * a^n u(n) \\
&= a^n u(n) * [\delta(n) + \delta(n-1) + \delta(n-2) + \delta(n-3)] \\
&= a^n u(n) + a^{n-1} u(n-1) + a^{n-2} u(n-2) + a^{n-3} u(n-3)
\end{aligned}$$

级联系统的等效系统如图 1.3.3(b)所示。

因为 $\quad y(n) = m(n) * h_2(n) = x(n) * h_1(n) * h_2(n)$
$\quad\quad\quad\quad = x(n) * h(n)$

所以，等效系统的单位脉冲响应为

$$h(n) = h_1(n) * h_2(n)$$

同样可以推导出两个系统 $h_1(n)$ 和 $h_2(n)$ 并联，其等效系统的单位脉冲响应为 $h'(n) = h_1(n) + h_2(n)$，如图 1.3.3(c)、(d)所示。

1.3.3　系统的因果性和稳定性

1．系统的因果性

系统的因果性即系统的可实现性。如果系统 n 时刻的输出取决于 n 时刻及 n 时刻以前的输入信号，而和 n 时刻以后的输入信号无关，则该系统是可实现的，是因果系统。如果 n 时刻的输出还和 n 时刻以后的输入信号有关，在时间上违背了因果性，系统无法实现，该系统是非因果系统。利用这一概念可以判断系统的因果性。例如输出 $y(n)$ 和输入 $x(n)$ 之间满足关系式 $y(n) = x(n) + x(n+1)$，此式表明，n 时刻的输出 $y(n)$ 和 n 时刻及 $n+1$ 时刻的输入信号有关，$n+1$ 时刻的信号值没有加到系统，因此不可能得到系统的输出，说明该系统是非因果系统。

除了利用因果性的概念判断系统是否是因果系统外，还可以用系统的单位脉冲响应判

断。系统具有因果性的充要条件是，系统的单位脉冲响应满足下式

$$h(n) = 0, \quad n < 0 \tag{1.3.11}$$

该条件不作证明，仅在概念上说明。单位脉冲响应是系统输入为 $\delta(n)$ 时，系统的零状态输出响应。而 $\delta(n)$ 只有在 $n=0$ 时，才取非零值 1；当 $n<0$ 时，$\delta(n)=0$。因此因果可实现系统在 $n<0$ 时，不可能有非零输出。因此只有满足式（1.3.11）的系统才是因果系统。一般将满足式（1.3.11）的序列称为因果序列，因果系统的单位脉冲响应必然是因果序列。

值得说明的是，非因果模拟系统不能实现，但对于非因果的数字系统却可以利用存储功能，延时实现，或者延时近似实现。例如非因果数字系统的单位脉冲响应如图 1.3.4(a)所示，输入信号如图 1.3.4(b)所示，在理论上该系统的输出波形如图 1.3.4(d)所示。实际中可以将单位脉冲响应进行存储，输入信号加入时，和已存储的单位脉冲响应进行卷积，得到的输出波形如图 1.3.4(e)所示，这相当于将非因果的单位脉冲序列延时成因果序列，如图 1.3.4(c)所示，当然输出波形也延时了。

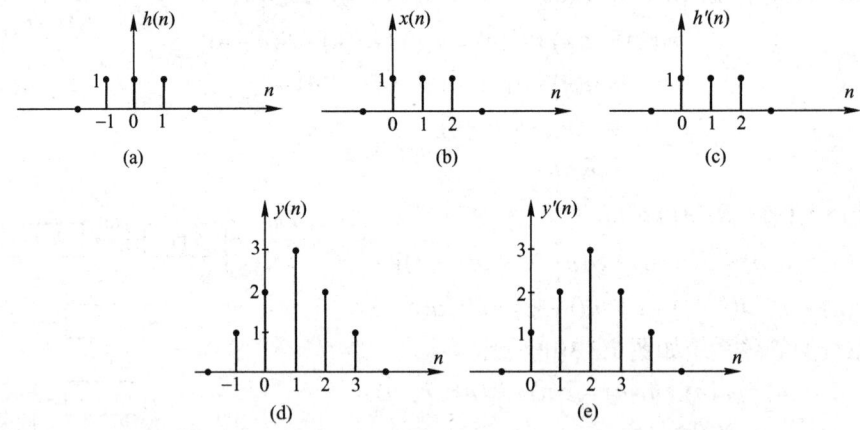

图 1.3.4　非因果系统的延时实现

2. 系统的稳定性

所谓系统的稳定性是指系统对任意有界的输入，都能得到有界的输出。如果系统不稳定，尽管输入很小，系统的输出会无限制地增长，使系统发生饱和、溢出。因此设计系统时一定要避免系统的不稳定性。

对于一个线性时不变系统，系统稳定的充分必要条件是系统的单位脉冲响应绝对可和，用公式表示如下：

$$\sum_{n=-\infty}^{\infty} |h(n)| < \infty \tag{1.3.12}$$

简单证明如下。

如果输入信号有界，即 $|x(n)| < p$，p 是某一个常数，输出 $y(n)$ 满足下式

$$|y(n)| = \left| \sum_{k=-\infty}^{\infty} h(k)x(n-k) \right| \leq p \sum_{k=-\infty}^{\infty} |h(k)| < \infty$$

因此输入有界，系统的单位脉冲响应满足式（1.3.12），输出一定有界。即证明了系统稳定的

充分条件是单位脉冲响应绝对可和。反过来，如果系统单位脉冲响应不服从绝对可和的条件，将证明系统不稳定。假设对于任意的大数 M，存在 n_1，使

$$\sum_{n=0}^{n_1} |h(n)| > M$$

输入信号有界，如下式

$$x(n_1-k) = \begin{cases} 1 & h(k) \geqslant 0 \\ -1 & h(k) < 0 \end{cases}$$

则输出

$$y(n_1) = \sum_{k=0}^{n_1} h(k)x(n_1-k) = \sum_{k=0}^{n_1} |h(k)| > M$$

这样输出可能会任意大，系统不稳定。即证明了系统的单位脉冲响应绝对可和是系统稳定的必要条件。

根据以上介绍的稳定概念，检查系统是否稳定，可以检查系统单位脉冲响应是否满足绝对可和的条件。实际中，如何用实验信号测定系统是否稳定，是个重要问题，显然不可能对所有有界输入都检查是否得到有界输出。第 2 章将证明只要用单位阶跃序列作为输入信号，如果输出趋于常数（包括零），系统一定稳定，否则系统不稳定。不必对所有有界输入都进行实验。

1.4 时域离散系统的输入输出描述法——线性常系数差分方程

描述一个系统可以不管系统内部的结构如何，将系统看成一个黑盒子，只描述系统的输出和输入之间的关系，这种描述法被称为输入输出描述法。在模拟系统中用微分方程描述系统的输入输出关系，在时域离散系统中用差分方程对系统进行描述。当然还有一种方法是将系统内部的结构和输入输出联系起来，即状态变量描述法。这种方法需要状态方程和输出方程两个方程对系统进行描述，限于篇幅本书略去这种描述法，请读者参考其他有关书籍。

线性时不变系统经常用线性常系数差分方程进行描述，本书主要学习这类差分方程。

1.4.1 线性常系数差分方程

一个 N 阶线性常系数差分方程用下式描述：

$$y(n) = \sum_{i=0}^{M} b_i x(n-i) - \sum_{i=1}^{N} a_i y(n-i) \tag{1.4.1}$$

或

$$\sum_{i=0}^{N} a_i y(n-i) = \sum_{i=0}^{M} b_i x(n-i), \quad a_0 = 1 \tag{1.4.2}$$

式中，$x(n)$ 和 $y(n)$ 分别表示系统的输入和输出，系数 a_i 和 b_i 均为常数，且 $x(n-i)$ 和 $y(n-i)$ 只有一次幂，也没有相互交叉的相乘项，故称为线性常系数差分方程。差分方程的阶数用方程中 $y(n-i)$ 项中 i 的最大值和最小值之差确定。在式（1.4.1）或式（1.4.2）中，i 的最大值是 N，最小值是 0，因此是 N 阶差分方程。

1.4.2 线性常系数差分方程的递推解法

已知系统的输入信号和描述系统的线性常系数差分方程，求解系统的输出有三种方法，

即经典解法、递推解法和 Z 变换解法。经典解法类似于模拟系统中的微分方程解法，比较麻烦，因此很少采用，本书不作介绍。Z 变换解法在第 2 章学习，本章仅介绍递推解法及其 MATLAB 求解法。

观察式（1.4.1），如果已知输入信号，求 n 时刻的输出，需要知道输入信号 $x(n)$，以及 n 时刻以前的 N 个输出信号值：$y(n-1), y(n-2), y(n-3), \cdots, y(n-N)$。这 N 个输出信号值称为初始条件，说明解 N 阶差分方程需要 N 个初始条件。

观察式（1.4.1），这是一个递推方程，如果已知输入信号和 N 个初始条件，可以先求出 n 时刻的输出，再将该公式中的 n 用 $n+1$ 代替，求出 $n+1$ 时刻的输出，依次类推，求出各时刻的输出。这就是用递推法解差分方程的原理。

例 1.4.1 已知系统的差分方程用下式描述：
$$y(n) = ay(n-1) + x(n)$$
式中，$x(n) = \delta(n)$，初始条件 $y(-1)=1$，用递推法求系统 $n \geq 0$ 的输出。

解：由 $y(n) = ay(n-1) + \delta(n)$，可得

$n = 0$ $y(0) = ay(-1) + \delta(0) = 1+a$

$n = 1$ $y(1) = ay(0) + \delta(1) = (1+a)a$

$n = 2$ $y(2) = ay(1) + \delta(2) = (1+a)a^2$

$\vdots$ $\vdots$

最后得到 $y(n) = (1+a)a^n u(n)$

如果已知系统的差分方程，用递推法求系统的单位脉冲响应，应该设初始条件为零，输入信号 $x(n) = \delta(n)$，此时系统的单位脉冲响应等于输出，即 $h(n)=y(n)$。该例中，令 $y(-1)=0$，得到 $h(n) = y(n) = a^n u(n)$。

这种递推法最大的优点是计算简单，适合用计算机求解。但如果复杂时不易总结出封闭公式。

1.4.3 用 MATLAB 求解差分方程

MATLAB 信号处理工具箱提供的 filter 函数，可以实现线性常系数差分方程的递推求解，调用格式如下：

    yn=filter(B, A.xn, xi)
    xi=filtic(B, A, ys, xs)

调用参数中 xn 是输入信号向量，B 和 A 是系统差分方程，即式（1.4.2）的系数向量，有
$$B = [b_0, b_1, \cdots, b_M], \quad A = [a_0, a_1, \cdots, a_N]$$
其中 $a_0 = 1$，如果 $a_0 \neq 1$，则 filter 用 a_0 对系数向量 B 和 A 归一化。

xi 是和初始条件有关的向量，用 xi = filtic(B, A, ys, xs) 函数计算，其中 ys 和 xs 是初始条件向量，即 ys=[$y(-1), y(-2), y(-3), \cdots, y(-N)$]，xs=[$x(-1), x(-2), x(-3), \cdots, x(-M)$]。如果 xn 是因果序列，则 xs=0，调用时可默认 xs。用 filtic(B, A, ys, xs) 函数计算出的 xi 称为等效初始条件的输入向量。

因此 MATLAB 信号处理工具箱提供的 filter(B, A, xn, xi) 函数计算出的 yn 向量，和输入信号及系统的初始状态有关，一般称为系统的全响应。如果系统的初始条件为零，就默认 xi=0，调用格式为

```
yn=filter(B, A, xn)
```

这样计算出的 yn 称为系统的零状态响应。

例 1.4.1 的 MATLAB 求解程序 ep141.m 如下：

```
%ep141.m: 调用 filter 解差分方程 y(n) −ay(n−1)=x(n)
a=0.8;ys=1;                %设差分方程系数 a=0.8,初始状态: y(−1)=1
xn=[1, zeros(1, 30)];      %x(n)为单位脉冲序列,长度 N=31
B=1;A=[1, −a];             %差分方程系数
xi=filtic(B, A, ys);       %xi 是等效初始条件的输入序列
yn=filter(B, A, xn, xi);   %调用 filter 解差分方程,求系统输出信号 y(n)
n=0:length(yn)−1;
subplot(3, 2, 1);stem(n, yn, '.')
title('(a)');xlabel('n');ylabel('y(n)')
```

程序中取差分方程系数 a=0.8 时，得到系统输出 $y(n)$ 如图 1.4.1(a)所示，与例 1.4.1 的解析递推结果完全相同。如果令初始条件 y(−1)=0（仅修改程序中 ys=0），则得到系统输出 $y(n)=h(n)$，如图 1.4.1(b)所示。

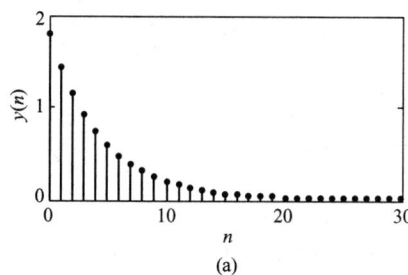
(a)

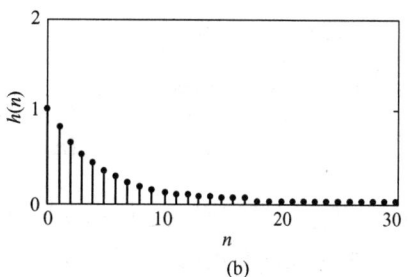
(b)

图 1.4.1　例 1.4.1 求解程序输出波形

1.4.4　应用举例——滑动平均滤波器

作为本章的应用举例，介绍一种简单的滤波器，即滑动平均滤波器。该滤波器起对输入信号进行平滑的作用，相当于一个低通滤波器，滤除高频分量，而保留低频分量。这种滤波器是取输入信号的最近的几个值，进行算术平均。一个五项平均的滑动平均滤波器的差分方程为

$$y(n) = \frac{1}{5}[x(n) + x(n-1) + x(n-2) + x(n-3) + x(n-4)] \quad (1.4.3)$$

上式是取五项进行平均，称为五项滑动平均滤波器，当然还可以有六项、七项等滑动平均滤波器。如果将上式中的 $x(n)$ 用 $\delta(n)$ 代替，可以得到该滤波器的单位脉冲响应，即

$$h(n) = \frac{1}{5}[\delta(n) + \delta(n-1) + \delta(n-2) + \delta(n-3) + \delta(n-4)] \quad (1.4.4)$$

$h(n)$ 的波形如图 1.4.2 所示，这是一个宽度为 5 的矩形序列。可以类推六项和七项滑动平均滤波器的 $h(n)$ 为宽度为 6 和 7 的矩形序列。

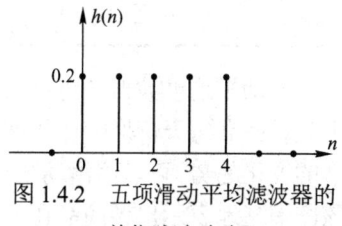

图 1.4.2　五项滑动平均滤波器的单位脉冲响应

如果让一个快速变化的信号通过五项滑动平均滤波器，

得到的是相对变化缓慢的输出信号。平均的项数越多，则得到变化越缓慢的输出信号。求解差分方程可以用递推法，也可用卷积法。

例1.4.2 已知五项滑动平均滤波器的输入信号为 $x(n)$，其波形如图1.4.3(a)所示。求该滤波器的输出 $y(n)$。

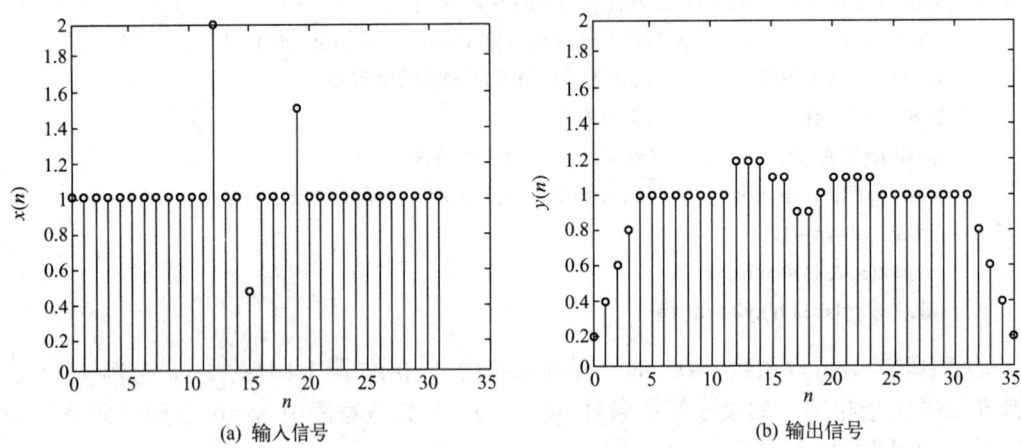

图 1.4.3 例 1.4.2 的输入及输出信号波形

解：由前面知道五项滑动平均滤波器的单位脉冲响应用式（1.4.4）表示。已知输入信号，用卷积法求输出。输出信号为

$$y(n) = \sum_{k=-\infty}^{\infty} x(k)h(n-k)$$

表 1.4.1 所示的是用列表法计算卷积。计算时，表中 $x(k)$ 不动，$h(k)$ 反转后变成 $h(-k)$，$h(n-k)$ 则随着 n 的加大而向右滑动，每滑动一次，将 $h(n-k)$ 和 $x(k)$ 对应相乘，再相加平均，得到相应的 $y(n)$。"滑动平均"清楚地表明了这种计算过程。最后得到的输出波形如图 1.4.3(b) 所示。该图清楚地说明滑动平均滤波器可以消除信号中的快速变化，使波形变化缓慢。

表 1.4.1 例 1.4.2 用列表法解卷积

$x(k)$					1.0	1.0	1.0	1.0	1.0	1.0	1.0	1.0	2.0	
$h(k)$					0.2	0.2	0.2	0.2						
$h(-k)$	0.2	0.2	0.2	0.2	0.2									$y(0)=0.2$
$h(1-k)$		0.2	0.2	0.2	0.2	0.2								$y(1)=0.4$
$h(2-k)$			0.2	0.2	0.2	0.2	0.2							$y(2)=0.6$
$h(3-k)$				0.2	0.2	0.2	0.2	0.2						$y(3)=0.8$
$h(4-k)$					0.2	0.2	0.2	0.2	0.2					$y(4)=1.0$
$h(5-k)$						0.2	0.2	0.2	0.2	0.2				$y(5)=1.0$

滑动平均滤波器还可以用来寻找快速变化数据中的变化趋势，例如图 1.4.4(a) 所示为一年中某种商品每天价格的变化波形，波形中存在许多快速变化。如果要求出该商品在一年中价格的变化趋势，可以用滑动平均滤波器完成。图 1.4.5(b) 为经过九项滑动平均滤波器后的波形，该图清楚地表示出该商品在一年中的变化趋势。

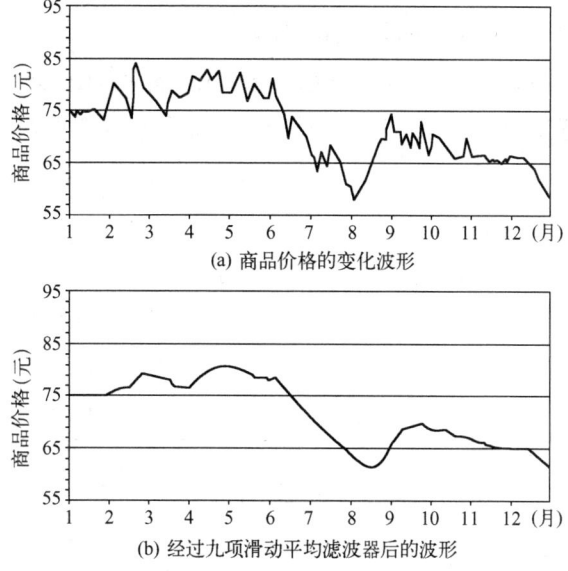

(a) 商品价格的变化波形

(b) 经过九项滑动平均滤波器后的波形

图 1.4.4 一年中某商品的价格变化及变化趋势

习题与上机题

1.1 用单位脉冲序列及其加权和表示图 P1.1 所示的序列。

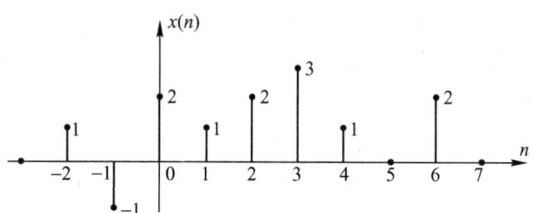

图 P1.1

1.2 给定信号
$$x(n) = \begin{cases} 2n+4 & -4 \leqslant n \leqslant -1 \\ 4 & 0 \leqslant n \leqslant 4 \\ 0 & 其他 \end{cases}$$

(1) 画出 $x(n)$ 的波形，标出各序列值；
(2) 试用延迟的单位脉冲序列及其加权和表示 $x(n)$ 序列；
(3) 令 $x_1(n) = 2x(n-2)$，画出 $x_1(n)$ 的波形；
(4) 令 $x_2(n) = x(2-n)$，画出 $x_2(n)$ 的波形。

1.3 判断下面信号中，哪一个是周期信号，如果是周期信号，求出它的周期。

(1) $\sin 1.2n$ (2) $\sin 9.7\pi n$ (3) $e^{j1.6\pi n}$ (4) $\cos(3\pi n/7)$

(5) $A\cos\left(\dfrac{3}{7}\pi n - \dfrac{\pi}{8}\right)$ (6) $e^{j\left(\frac{1}{8}n-\pi\right)}$

1.4 对图 P1.1 给出的 $x(n)$，要求：

(1) 画出 $x(-n)$ 的波形；
(2) 计算 $x_e(n) = \dfrac{1}{2}[x(n) + x(-n)]$，并画出 $x_e(n)$ 的波形；

(3) 计算 $x_o(n) = \frac{1}{2}[x(n) - x(-n)]$，并画出 $x_o(n)$ 的波形；

(4) 令 $x_1(n) = x_e(n) + x_o(n)$，将 $x_1(n)$ 和 $x(n)$ 进行比较，你能得出什么结论？

1.5 以下序列是系统的单位脉冲响应 $h(n)$，试说明系统是否为因果的和稳定的。

(1) $\frac{1}{n^2}u(n)$ (2) $\frac{1}{n!}u(n)$ (3) $3^n u(n)$ (4) $3^n u(-n)$

(5) $0.3^n u(n)$ (6) $0.3^n u(-n-1)$ (7) $\delta(n+4)$

1.6 假设系统的输入和输出之间的关系分别如下式所示，试分析系统是否为线性时不变系统？

(1) $y(n) = 3x(n) + 8$ (2) $y(n) = x(n-1) + 1$

(3) $y(n) = x(n) + 0.5x(n-1)$ (4) $y(n) = nx(n)$

1.7 如图 P1.7 所示，求：

(1) 根据串、并联系统的原理直接写出总的系统单位脉冲响应 $h(n)$；

(2) 设 $h_1(n) = 4 \times 0.5^n [u(n) - u(n-3)]$

$h_2(n) = h_3(n) = (n+1)u(n)$

$h_4(n) = \delta(n-1)$

$h_5(n) = \delta(n) - 4\delta(n-3)$

试求总的系统单位脉冲响应 $h(n)$，并推出 $y(n)$ 和输入 $x(n)$ 之间的关系。

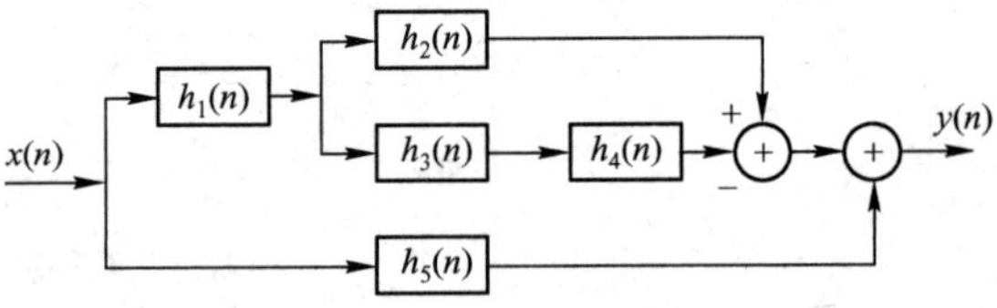

1.8 由三个因果线性时不变系统串联而成的系统如图 P1.8(a)所示。已知分系统 $h_2(n) = u(n) - u(n-2)$。整个系统的单位脉冲响应如图 P1.8(b)所示。

(1) 求分系统单位脉冲响应 $h_1(n)$；

(2) 如果输入 $x(n) = \delta(n) - \delta(n-1)$，求该系统的输出 $y(n)$。

1.9 计算并画出图 P1.9 所示信号的卷积 $x(n) * h(n)$ 的波形。

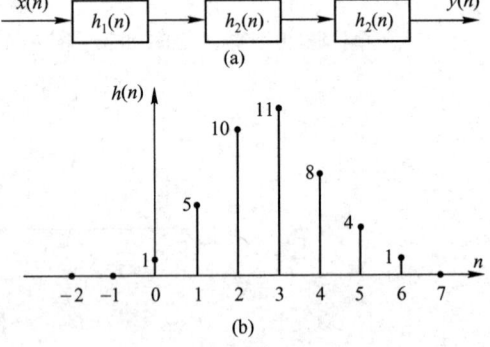

图 P1.7

图 P1.8

1.10 证明线性卷积服从交换率、结合率和分配率，即证明下面等式成立：

(1) $x(n) * h(n) = h(n) * x(n)$

(2) $x(n) * [h_1(n) * h_2(n)] = [x(n) * h_1(n)] * h_2(n)$

(3) $x(n) * [h_1(n) + h_2(n)] = x(n) * h_1(n) + x(n) * h_2(n)$

1.11 已知系统的输入信号 $x(n)$ 和单位脉冲响应 $h(n)$，试求系统的输出信号 $y(n)$。

(1) $x(n) = R_5(n)$ $h(n) = R_4(n)$

(2) $x(n) = \delta(n) - \delta(n-2)$ $h(n) = 2R_4(n)$

(3) $x(n) = \delta(n-2)$ $h(n) = 0.5^n R_3(n)$

(4) $x(n) = R_5(n)$ $h(n) = 0.5^n u(n)$

(5) $x(n) = \begin{cases} \frac{1}{3}n & 0 \leq n \leq 6 \\ 0 & \text{其他} \end{cases}$ $h(n) = \begin{cases} 1 & -2 \leq n \leq 2 \\ 0 & \text{其他} \end{cases}$

(6) $x(n) = \begin{cases} a^n & -3 \leq n \leq 5 \\ 0 & \text{其他} \end{cases}$ $h(n) = \begin{cases} 1 & 0 \leq n \leq 4 \\ 0 & \text{其他} \end{cases}$

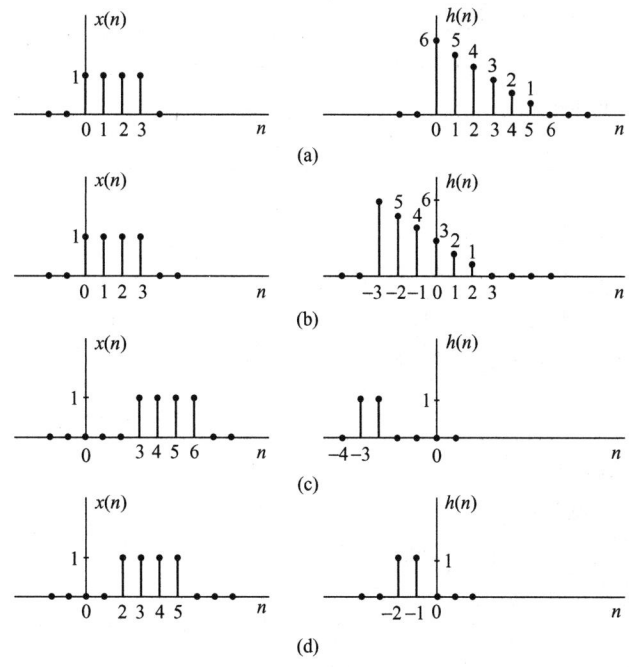

图 P1.9

1.12 如果线性时不变系统的输入和输出分别为：

（1） $x_1(n) = \begin{cases} 0,\ 0,\ 3 & n=0,\ 1,\ 2 \\ 0 & 其他 \end{cases}$ $y_1(n) = \begin{cases} 0,\ 1,\ 0,\ 2 & n=0,\ 1,\ 2,\ 3 \\ 0 & 其他 \end{cases}$

（2） $x_2(n) = \begin{cases} 0,\ 0,\ 0,1 & n=0,\ 1,\ 2,\ 3 \\ 0 & 其他 \end{cases}$ $y_2(n) = \begin{cases} 1,\ 2,\ 1 & n=-1,\ 0,\ 1 \\ 0 & 其他 \end{cases}$

试求出相应的系统单位脉冲响应。

1.13 已知因果系统的差分方程为
$$y(n) = 0.5y(n-1) + x(n) + 0.5x(n-1)$$
求系统的单位脉冲响应 $h(n)$。

1.14 设系统的差分方程为
$$y(n) = ay(n-1) + x(n) \quad 0 < a < 1 \quad y(-1)=0$$
分析系统是否是线性时不变系统。

1.15 习题 1.6 和习题 1.14 都是由差分方程分析系统的线性时不变性质，为什么习题 1.6 没给出初始条件，而习题 1.14 给出了初始条件？

1.16 设系统的单位脉冲响应 $h(n) = \dfrac{3}{8} \times 0.5^n u(n)$，系统的输入 $x(n)$ 是一些观察数据，设 $x(n) = \{x_0, x_1, x_2, \cdots, x_k, \cdots\}$，试用递推法求系统的输出 $y(n)$。

1.17 如果线性时不变系统的单位脉冲响应为
$$h(n) = a^n u(n) \quad |a| < 1$$
求系统的单位阶跃响应。

1.18 已知系统的单位脉冲响应 $h(n)$ 和输入信号 $x(n)$ 分别为
$$h(n) = a^n u(n) \quad x(n) = u(n) - u(n-10)$$
求系统的响应。

1.19 已知系统用下面差分方程描述
$$y(n) = 0.7y(n-1) + 2x(n) - x(n-2)$$
（1）求系统的单位脉冲响应；
（2）求系统的单位阶跃响应。

1.20* 已知两个系统的差分方程分别为
（1）$y(n) = 0.6y(n-1) - 0.08y(n-2) + x(n)$
（2）$y(n) = 0.7y(n-1) - 0.1y(n-2) + 2x(n) - x(n-2)$
分别求这两个系统的单位脉冲响应和单位阶跃响应（只求前 30 个序列的值）。

1.21* 已知系统的差分方程和输入信号分别为
$$y(n) + \frac{1}{2}y(n-1) = x(n) + 2x(n-2) \qquad x(n) = \{1,2,3,4,2,1\}$$
用递推法计算系统的零状态响应。

1.22* 系统的差分方程为
$$y(n) = -a_1 y(n-1) - a_2 y(n-2) + bx(n)$$
式中 $a_1 = -0.8, a_2 = 0.64, b = 0.866$。
（1）编写求解系统单位脉冲响应 $h(n)(0 \leq n \leq 49)$ 的程序，并画出 $h(n)$。
（2）编写求解系统零状态单位阶跃响应 $s(n)(0 \leq n \leq 100)$ 的程序，并画出 $s(n)$。
（3）利用（1）中的 $h(n)$ 中的一段形成一个新的系统，该系统的单位脉冲响应为
$$h_{\text{FIR}}(n) = \begin{cases} h(n) & 0 \leq n \leq 14 \\ 0 & \text{其他} \end{cases}$$
编写求解这个新系统的单位阶跃响应的程序。
（4）比较（2）和（3）中求得的单位阶跃响应的特点。

1.23* 在图 P1.23 中，有四个分系统 T_1, T_2, T_3 和 T_4，分别用下面的单位脉冲响应或者差分方程描述：

T_1： $h_1(n) = \begin{cases} 1, \frac{1}{2}, \frac{1}{4}, \frac{1}{8}, \frac{1}{16}, \frac{1}{32} & n=0,1,2,3,4,5 \\ 0 & \text{其他} \end{cases}$

T_2： $h_2(n) = \begin{cases} 1,1,1,1,1,1 & n=0,1,2,3,4,5 \\ 0 & \text{其他} \end{cases}$

T_3： $y_3(n) = \frac{1}{4}x(n) + \frac{1}{2}x(n-1) + \frac{1}{4}x(n-2)$

T_4： $y(n) = 0.9y(n-1) - 0.81y(n-2) + v(n) + v(n-1)$

编写程序计算整个系统的单位脉冲响应 $h(n), 0 \leq n \leq 99$。

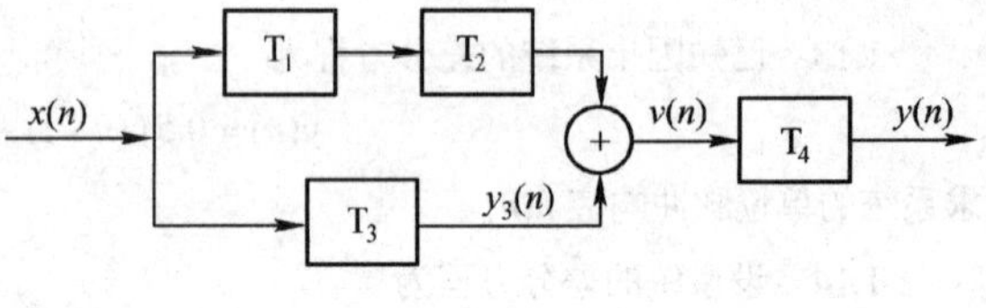

1.24 （a）写出三项滑动平均滤波器的差分方程和单位脉冲响应。
（b）* 设三项滑动平均滤波器的输入信号为 $\sin(n\pi/6)u(n)$，画出该滤波器的输入和输出的前 15 个序列值。

1.25* 假设五项滑动平均滤波器的输入信号如图 P1.25 所示，画出该滤波器输出的前 16 个序列值的波形，并说明该滤波器对输入信号起什么作用。

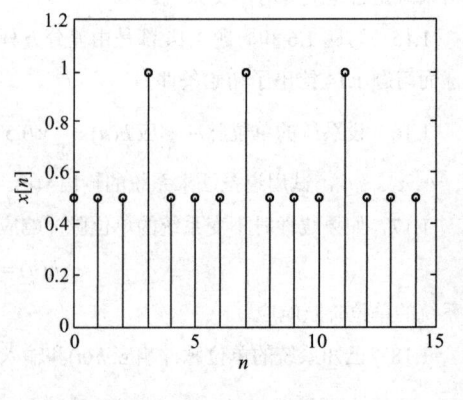

图 P1.23

图 P1.25

第2章 时域离散信号和系统的频域分析

2.1 引 言

对信号和系统进行分析研究可以在时间域，也可以在频率域进行。在时间域中，时域离散信号（序列）$x(n)$是序数 n 的函数，这里 n 可看成时间参量。时域离散系统的单位脉冲响应直接描述系统在时间域的特性。而线性常系数差分方程则描述了在时间域中，时域离散系统的输入输出关系。当然已知线性常系数差分方程可以求出系统的单位脉冲响应。线性常系数差分方程和单位脉冲响应都是对系统在时间域中的描述方法。

在时间域对信号和系统进行分析和研究，比较直观，物理概念清楚，但仅在时间域分析和研究并不完善，有很多问题在时间域分析和研究不方便，或者说研究起来困难。例如有两个序列，从波形上看，一个变化快，另一个变化慢，但都混有噪声，希望分别用滤波器滤除噪声，但又不能损伤信号。从信号波形观察，时域波形变化快，意味着含有更高的频率，因此两种信号的频谱结构不同，那么对滤波器的通带范围要求也不同。为了设计合适的滤波器，需要分析信号的频谱结构，这样应该将时域信号转换到频率域，分析它的频域特性，再进行处理就容易多了。时域采样定理在频域证明很容易，但在时域无法证明。

对时域离散信号和系统进行频域分析需要两种数学工具，即傅里叶变换和 Z 变换。傅里叶变换把信号从时间域转换到实频域，而 Z 变换作为傅里叶变换的推广，将信号从时间域转换到复频域。两种变换各有特点，都很重要。

2.2 时域离散信号的傅里叶变换

时域离散信号的傅里叶变换不同于模拟信号的傅里叶变换，首先时域离散信号的自变量 n 只能取整数，不能进行积分运算。频域函数是数字频率 ω 的连续函数，且以 2π 为周期，这也和模拟信号的傅里叶变换不同。但在信号处理中它们所起的作用和许多性质是一样的。

2.2.1 时域离散信号的傅里叶变换的定义

定义
$$X(\mathrm{e}^{\mathrm{j}\omega}) = \sum_{n=-\infty}^{\infty} x(n)\mathrm{e}^{-\mathrm{j}\omega n} \tag{2.2.1}$$

为时域离散信号 $x(n)$ 的傅里叶变换，简称 FT（Fourier Transform）。上式成立的条件是序列 $x(n)$ 绝对可和，或者说序列的能量有限，即满足下面公式：

$$\sum_{n=-\infty}^{\infty} |x(n)| < \infty \tag{2.2.2}$$

对于不满足式（2.2.2）的信号，例如 $u(n)$ 及一些周期信号等，可以引入奇异函数，使它们的傅里叶变换可以表示出来。

为了得到傅里叶反变换公式，对式（2.2.1）两边同时乘以$e^{j\omega n}$，并进行积分：

$$\int_{-\pi}^{\pi} X(e^{j\omega})e^{j\omega n}d\omega = \int_{-\pi}^{\pi}\sum_{m=-\infty}^{\infty}x(m)e^{-j\omega m}e^{j\omega n}d\omega = \sum_{m=-\infty}^{\infty}x(m)\int_{-\pi}^{\pi}e^{j\omega(n-m)}d\omega$$

由于 $\int_{-\pi}^{\pi}e^{j\omega(n-m)}d\omega = \int_{-\pi}^{\pi}[\cos\omega(n-m)+j\sin\omega(n-m)]d\omega = \begin{cases}2\pi, & m=n \\ 0, & m\neq n\end{cases}$

所以，$\int_{-\pi}^{\pi}X(e^{j\omega})e^{j\omega n}d\omega = 2\pi x(n)$，由此可得傅里叶反变换公式：

$$x(n) = \text{IFT}[X(e^{j\omega})] = \frac{1}{2\pi}\int_{-\pi}^{\pi}X(e^{j\omega})e^{j\omega n}d\omega \tag{2.2.3}$$

式（2.2.1）和式（2.2.3）组成一对傅里叶变换公式。

这里要注意，式（2.2.1）的求和是在$(-\infty,\infty)$区间进行的，式（2.2.3）的积分区间是在$[-\pi,\pi]$区间进行的，它们不同于模拟信号的傅里叶正、反变换。

例 2.2.1 求矩形序列$R_N(n)$的傅里叶变换。

解：$R(e^{j\omega}) = \text{FT}[R_N(n)] = \sum_{n=-\infty}^{\infty}R_N(n)e^{-j\omega n} = \sum_{n=0}^{N-1}e^{-j\omega n}$

$$= \frac{1-e^{-j\omega N}}{1-e^{-j\omega}} = \frac{e^{-j\omega N/2}(e^{j\omega N/2}-e^{-j\omega N/2})}{e^{-j\omega/2}(e^{j\omega/2}-e^{-j\omega/2})}$$

$$= e^{-j(N-1)\omega/2}\frac{\sin(\omega N/2)}{\sin(\omega/2)} \tag{2.2.4}$$

将傅里叶变换写成 $R(e^{j\omega}) = |R(e^{j\omega})|e^{j\arg[R(e^{j\omega})]}$

式中，$|R(e^{j\omega})|$称为信号的幅频特性，$\arg[R(e^{j\omega})]$称为信号的相频特性。假设$N=4$，则矩形序列$R_N(n)$的幅频特性和相频特性如图 2.2.1 所示。

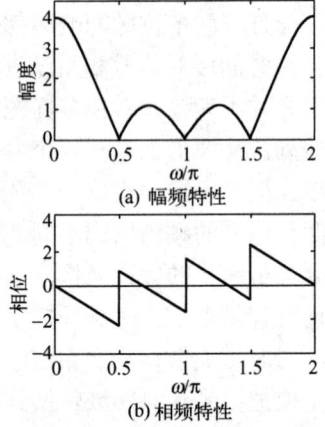

图 2.2.1 矩形序列$R_4(n)$的幅频特性和相频特性

图 2.2.1 表明，矩形序列的低频分量大大高于高频分量，如果将矩形序列作为滤波器的单位脉冲响应，则该滤波器具有低通滤波器的特征。前一章讲的滑动平均滤波器的单位脉冲响应正是矩形序列，这里就解释了为什么滑动平均滤波器对输入信号具有平滑作用，起低通滤波器的作用。

因为周期信号不服从傅里叶变换存在的条件，即不服从式（2.2.2），但是可以将它用傅里叶级数表示。也可以引入奇异函数，用奇异函数表示它们的傅里叶变换。

2.2.2 周期信号的离散傅里叶级数

设$\tilde{x}(n)$是以N为周期的周期序列，因为序列具有周期性，可以展成离散傅里叶级数，即

$$\tilde{x}(n) = \sum_{k=0}^{N-1}a_k e^{j\frac{2\pi}{N}kn} \tag{2.2.5}$$

式中，a_k是离散傅里叶级数的系数。为求系数a_k，将上式两边乘以$e^{-j\frac{2\pi}{N}mn}$，并对n在一个周期N中求和，得到

$$\sum_{n=0}^{N-1}\tilde{x}(n)e^{-j\frac{2\pi}{N}mn} = \sum_{n=0}^{N-1}\left[\sum_{k=0}^{N-1}a_k e^{j\frac{2\pi}{N}kn}\right]e^{-j\frac{2\pi}{N}mn}$$

将上式右边的两个求和号交换位置，得到

$$\sum_{n=0}^{N-1}\tilde{x}(n)\mathrm{e}^{-\mathrm{j}\frac{2\pi}{N}mn} = \sum_{k=0}^{N-1}a_k\sum_{n=0}^{N-1}\mathrm{e}^{\mathrm{j}\frac{2\pi}{N}(k-m)n}$$

式中
$$\sum_{n=0}^{N-1}\mathrm{e}^{\mathrm{j}\frac{2\pi}{N}(k-m)n} = \frac{1-\mathrm{e}^{\mathrm{j}\frac{2\pi}{N}(k-m)N}}{1-\mathrm{e}^{\mathrm{j}\frac{2\pi}{N}(k-m)}} = \frac{1-\mathrm{e}^{\mathrm{j}2\pi(k-m)}}{1-\mathrm{e}^{\mathrm{j}\frac{2\pi}{N}(k-m)}} = \begin{cases} N & k=m \\ 0 & k\neq m \end{cases} \qquad (2.2.6)$$

因此得到
$$a_k = \frac{1}{N}\sum_{n=0}^{N-1}\tilde{x}(n)\mathrm{e}^{-\mathrm{j}\frac{2\pi}{N}kn} \qquad -\infty < k < \infty \qquad (2.2.7)$$

上式中，k 和 n 均取整数，当 k 变化时，$\mathrm{e}^{-\mathrm{j}\frac{2\pi}{N}kn}$ 是周期为 N 的周期函数，所以 a_k 是以 N 为周期的周期序列，即

$$a_k = a_{k+lN} \qquad (2.2.8)$$

令
$$\tilde{X}(k) = Na_k \qquad (2.2.9)$$

将式（2.2.7）代入上式，得到

$$\tilde{X}(k) = \sum_{n=0}^{N-1}\tilde{x}(n)\mathrm{e}^{-\mathrm{j}\frac{2\pi}{N}kn} \qquad -\infty < k < \infty \qquad (2.2.10)$$

这里 $\tilde{X}(k)$ 是以 N 为周期的周期序列。一般称 $\tilde{X}(k)$ 为 $\tilde{x}(n)$ 的离散傅里叶级数系数，用 DFS（Discrete Fourier Series）表示，即 $\tilde{X}(k)$=DFS[$\tilde{x}(n)$]。

由式（2.2.5）和式（2.2.9）得到

$$\tilde{x}(n) = \frac{1}{N}\sum_{k=0}^{N-1}\tilde{X}(k)\mathrm{e}^{\mathrm{j}\frac{2\pi}{N}kn} \qquad -\infty < n < \infty \qquad (2.2.11)$$

将式（2.2.10）和式（2.2.11）写在一起，称为离散傅里叶级数对。

$$\tilde{X}(k) = \mathrm{DFS}[\tilde{x}(n)] = \sum_{n=0}^{N-1}\tilde{x}(n)\mathrm{e}^{-\mathrm{j}\frac{2\pi}{N}kn} \qquad -\infty < k < \infty \qquad (2.2.12)$$

$$\tilde{x}(n) = \mathrm{IDFS}[\tilde{X}(k)] = \frac{1}{N}\sum_{k=0}^{N-1}\tilde{X}(k)\mathrm{e}^{\mathrm{j}\frac{2\pi}{N}kn} \qquad -\infty < n < \infty \qquad (2.2.13)$$

这里 $\tilde{X}(k)$ 和 $\tilde{x}(n)$ 均是以 N 为周期的序列。式（2.2.13）具有明显的物理意义，它表示将周期序列分解成 N 次谐波，第 k 次谐波的频率是 $\omega_k = \frac{2\pi}{N}k$，$k=0,1,2,3,\cdots,N-1$，谐波的幅度为 $\frac{1}{N}|\tilde{X}(k)|$，相位是 $\arg[\tilde{X}(k)]$。其中 $k=0$，表示直流分量，直流分量的幅度是 $\tilde{X}(0) = \frac{1}{N}\sum_{n=0}^{N-1}\tilde{x}(n)$。

例 2.2.2 设 $x(n) = R_4(n)$，将 $x(n)$ 以 $N=8$ 为周期进行周期延拓，得到周期序列 $\tilde{x}(n)$，$\tilde{x}(n)$ 的波形如图 2.2.2(a)所示。试求 $\tilde{X}(k)$，并画出它的幅频特性。

解：
$$\tilde{X}(k) = \sum_{n=0}^{7}x(n)\mathrm{e}^{-\mathrm{j}\frac{2\pi}{8}kn} = \sum_{n=0}^{3}\mathrm{e}^{-\mathrm{j}\frac{\pi}{4}kn} = \frac{1-\mathrm{e}^{-\mathrm{j}\frac{\pi}{4}k\times 4}}{1-\mathrm{e}^{-\mathrm{j}\frac{\pi}{4}k}} = \frac{1-\mathrm{e}^{-\mathrm{j}\pi k}}{1-\mathrm{e}^{-\mathrm{j}\frac{\pi}{4}k}}$$

$$= \frac{\mathrm{e}^{-\mathrm{j}\frac{\pi}{2}k}\left(\mathrm{e}^{\mathrm{j}\frac{\pi}{2}k} - \mathrm{e}^{-\mathrm{j}\frac{\pi}{2}k}\right)}{\mathrm{e}^{-\mathrm{j}\frac{\pi}{8}k}\left(\mathrm{e}^{\mathrm{j}\frac{\pi}{8}k} - \mathrm{e}^{-\mathrm{j}\frac{\pi}{8}k}\right)}$$

$$= \mathrm{e}^{-\mathrm{j}\frac{3}{8}\pi k} \frac{\sin\frac{\pi}{2}k}{\sin\frac{\pi}{8}k} \qquad (2.2.14)$$

$$\left|\tilde{X}(k)\right| = \left|\frac{\sin\frac{\pi}{2}k}{\sin\frac{\pi}{8}k}\right| \qquad (2.2.15)$$

画出它的幅频特性如图 2.2.2(b)所示。

上图表明周期性信号的频谱是离散线状谱，如果该信号的周期是 N，$\tilde{X}(k)$ 就以 N 为周期，且每个周期有 N 条谱线。

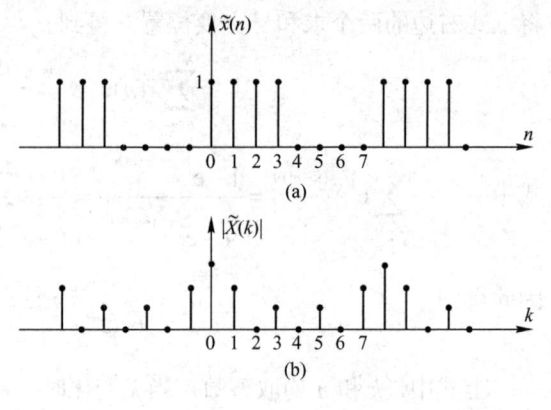

图 2.2.2　例 2.2.2 图

2.2.3　周期信号的傅里叶变换

1. 复指数序列的傅里叶变换表达式

在模拟系统中，$x_a(t) = \mathrm{e}^{\mathrm{j}\Omega_0 t}$ 的傅里叶变换是在 $\Omega = \Omega_0$ 处的一个冲激，强度是 2π，即

$$X_a(\mathrm{j}\Omega) = \mathrm{FT}(\mathrm{e}^{\mathrm{j}\Omega_0 t}) = \int_{-\infty}^{\infty} \mathrm{e}^{\mathrm{j}\Omega_0 t}\mathrm{e}^{-\mathrm{j}\Omega t}\mathrm{d}t = 2\pi\delta(\Omega - \Omega_0) \qquad (2.2.16)$$

对于时域离散系统中的复指数序列 $\mathrm{e}^{\mathrm{j}\omega_0 n}$，仍假设它的傅里叶变换是在 $\omega = \omega_0$ 处的一个冲激，强度为 2π，但还要考虑到时域离散信号傅里叶变换的周期性，因此 $\mathrm{e}^{\mathrm{j}\omega_0 n}$ 的傅里叶变换应写成

$$X(\mathrm{e}^{\mathrm{j}\omega}) = \mathrm{FT}[\mathrm{e}^{\mathrm{j}\omega_0 n}]$$

$$= \sum_{r=-\infty}^{\infty} 2\pi\delta(\omega - \omega_0 - 2\pi r) \qquad (2.2.17)$$

图 2.2.3　$x(n) = \mathrm{e}^{\mathrm{j}\omega_0 n}$ 的傅里叶变换

复指数序列的傅里叶变换如图 2.2.3 所示。

式（2.2.17）仅是一种假设，如果该假设成立，应该检查它的傅里叶反变换是否唯一地等于 $\mathrm{e}^{\mathrm{j}\omega_0 n}$，为此将式（2.2.17）代入式（2.2.3），得

$$\frac{1}{2\pi}\int_{-\pi}^{\pi} X(\mathrm{e}^{\mathrm{j}\omega})\mathrm{e}^{\mathrm{j}\omega n}\mathrm{d}\omega$$

$$= \frac{1}{2\pi}\int_{-\pi}^{\pi}\sum_{r=-\infty}^{\infty} 2\pi\delta(\omega - \omega_0 - 2\pi r)\mathrm{e}^{\mathrm{j}\omega n}\mathrm{d}\omega$$

观察图 2.2.3，在 $[-\pi,\pi]$ 区间，仅包括一个单位冲激函数，因此等式右边是 $\mathrm{e}^{\mathrm{j}\omega_0 n}$，最后得

$$\mathrm{e}^{\mathrm{j}\omega_0 n} = \frac{1}{2\pi}\int_{-\pi}^{\pi} X(\mathrm{e}^{\mathrm{j}\omega})\mathrm{e}^{\mathrm{j}\omega n}\mathrm{d}\omega = \mathrm{IFT}[X(\mathrm{e}^{\mathrm{j}\omega})]$$

即证明了假设是正确的，式（2.2.17）应该是 $\mathrm{e}^{\mathrm{j}\omega_0 n}$ 的傅里叶变换。

2. 一般周期序列 $\tilde{x}(n)$ 的傅里叶变换

假设 $\tilde{x}(n)$ 的周期为 N，首先将它用离散傅里叶级数表示，即

$$\tilde{x}(n) = \frac{1}{N}\sum_{k=0}^{N-1} \tilde{X}(k)\mathrm{e}^{\mathrm{j}\frac{2\pi}{N}kn} \qquad -\infty < n < \infty$$

上式求和号中，每一项都是复指数序列，按照式（2.2.17），其中第 k 项，即 k 次谐波 $\frac{1}{N}\tilde{X}(k)\mathrm{e}^{\mathrm{j}\frac{2\pi}{N}kn}$ 的傅里叶变换表示为

$$\mathrm{FT}\left[\frac{1}{N}\tilde{X}(k)\mathrm{e}^{\mathrm{j}\frac{2\pi}{N}kn}\right] = \frac{2\pi}{N}\tilde{X}(k)\sum_{r=-\infty}^{\infty}\delta\left(\omega - \frac{2\pi}{N}k - 2\pi r\right)$$

周期序列 $\tilde{x}(n)$ 由 N 次谐波组成，因此它的傅里叶变换可表示成

$$X(\mathrm{e}^{\mathrm{j}\omega}) = \mathrm{FT}[\tilde{x}(n)] = \sum_{k=0}^{N-1}\frac{2\pi}{N}\tilde{X}(k)\sum_{r=-\infty}^{\infty}\delta\left(\omega - \frac{2\pi}{N}k - 2\pi r\right)$$

式中，$k = 0,1,2,\cdots,N-1$，$r = \cdots,-3,-2,-1,0,1,2,\cdots$，$\tilde{X}(k)$ 以 N 为周期，而 r 变化时，使 δ 函数频率变化 $2\pi r$，因此如果让 k 在区间 $(-\infty,\infty)$ 变化，上式中的两个求和号可以简化成一个求和号，$\tilde{x}(n)$ 的傅里叶变换用下式表示：

$$X(\mathrm{e}^{\mathrm{j}\omega}) = \mathrm{FT}[\tilde{x}(n)] = \frac{2\pi}{N}\sum_{k=-\infty}^{\infty}\tilde{X}(k)\delta\left(\omega - \frac{2\pi}{N}k\right) \tag{2.2.18}$$

上式就是一般周期序列的傅里叶变换表达式。式（2.2.18）说明，周期序列的傅里叶变换由在 $\omega = \frac{2\pi}{N}k$ 处的冲激函数组成，$-\infty < k < \infty$，冲激函数的强度为 $\frac{2\pi}{N}\tilde{X}(k)$，式中 $\tilde{X}(k)$ 是周期序列的离散傅里叶级数的系数，用式（2.2.12）计算。

周期序列的傅里叶变换仍以 2π 为周期，而且一个周期中只有 N 个用冲激函数表示的谱线。

例 2.2.3 求例 2.2.2 中周期序列 $\tilde{x}(n)$ 的傅里叶变换。

解：首先求出周期序列 $\tilde{x}(n)$ 离散傅里叶级数系数，由例 2.2.2，得到

$$\tilde{X}(k) = \mathrm{e}^{-\mathrm{j}\frac{3}{8}\pi k}\frac{\sin\frac{\pi}{2}k}{\sin\frac{\pi}{8}k}$$

将上式代入式（2.2.18）中，得到该周期序列的傅里叶变换为

$$X(\mathrm{e}^{\mathrm{j}\omega}) = \frac{2\pi}{N}\sum_{k=-\infty}^{\infty}\mathrm{e}^{-\mathrm{j}\frac{3}{8}\pi k}\frac{\sin\frac{\pi}{2}k}{\sin\frac{\pi}{8}k}\delta\left(\omega - \frac{2\pi}{N}k\right) \tag{2.2.19}$$

它的幅频特性为

$$\left|X(\mathrm{e}^{\mathrm{j}\omega})\right| = \frac{2\pi}{N}\sum_{k=-\infty}^{\infty}\left|\frac{\sin\frac{\pi}{2}k}{\sin\frac{\pi}{8}k}\right|\delta\left(\omega - \frac{2\pi}{N}k\right) \tag{2.2.20}$$

该周期序列及其幅频特性的波形如图 2.2.4 所示。将图 2.2.4 和图 2.2.2 进行比较，它们的幅频特性的包络形状是一样的，但表示方法不同，傅里叶变换用奇异函数表示，是用一些带箭头的竖线段表示的。然而它们都能表示周期序列的频谱结构。

例 2.2.4 令 $\tilde{x}(n) = \cos\omega_0 n$，$2\pi/\omega_0$ 为有理数，求其傅里叶变换。

解：将 $\tilde{x}(n)$ 用欧拉公式展开为

$$\tilde{x}(n) = \frac{1}{2}(\mathrm{e}^{\mathrm{j}\omega_0 n} + \mathrm{e}^{-\mathrm{j}\omega_0 n})$$

由

$$\mathrm{FT}[\mathrm{e}^{\mathrm{j}\omega_0 n}] = \sum_{r=-\infty}^{\infty}2\pi\delta(\omega - \omega_0 - 2\pi r)$$

得余弦序列的傅里叶变换为

$$X(e^{j\omega}) = FT[\cos\omega_0 n]$$
$$= \frac{1}{2} \times 2\pi \sum_{r=-\infty}^{\infty} [\delta(\omega-\omega_0-2\pi r) + \delta(\omega+\omega_0-2\pi r)]$$
$$= \pi \sum_{r=-\infty}^{\infty} [\delta(\omega-\omega_0-2\pi r) + \delta(\omega+\omega_0-2\pi r)] \qquad (2.2.21)$$

上式表明，余弦信号的傅里叶变换是在 $\omega=\pm\omega_0$ 处的冲激函数，强度为 π，同时以 2π 为周期进行周期性延拓，如图 2.2.5 所示。

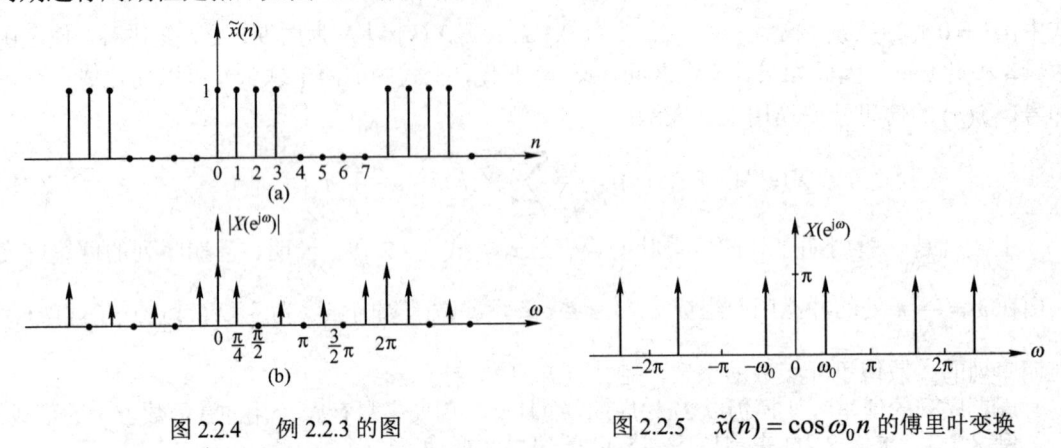

图 2.2.4　例 2.2.3 的图

图 2.2.5　$\tilde{x}(n)=\cos\omega_0 n$ 的傅里叶变换

对于正弦序列 $\tilde{x}(n)=\sin\omega_0 n$，$2\pi/\omega_0$ 为有理数，它的傅里叶变换为

$$X(e^{j\omega}) = FT[\sin\omega_0 n] = -j\pi \sum_{r=-\infty}^{\infty} [\delta(\omega-\omega_0-2\pi r) - \delta(\omega+\omega_0-2\pi r)] \qquad (2.2.22)$$

表 2.2.1 示出了一些基本序列的傅里叶变换，供读者参考。

表 2.2.1　基本序列的傅里叶变换

序列 $x(n)$	傅里叶变换 $X(e^{j\omega})$
$\delta(n)$	1
$a^n u(n)$，$\|a\|<1$	$(1-ae^{-j\omega})^{-1}$
$R_N(n)$	$e^{-j\omega(N-1)/2}\sin(\omega N/2)/\sin(\omega/2)$
1	$2\pi\sum_{r=-\infty}^{\infty}\delta(\omega-2\pi r)$
$e^{j\omega_0 n}$，$2\pi/\omega_0$ 为有理数	$2\pi\sum_{r=-\infty}^{\infty}\delta(\omega-\omega_0-2\pi r)$
$\cos(\omega_0 n)$，$2\pi/\omega_0$ 为有理数	$\pi\sum_{r=-\infty}^{\infty}[\delta(\omega-\omega_0-2\pi r)+\delta(\omega+\omega_0-2\pi r)]$
$\sin(\omega_0 n)$，$2\pi/\omega_0$ 为有理数	$-j\pi\sum_{r=-\infty}^{\infty}[\delta(\omega-\omega_0-2\pi r)-\delta(\omega+\omega_0-2\pi r)]$
$u(n)$*	$(1-e^{-j\omega})^{-1}+\sum_{r=-\infty}^{\infty}\pi\delta(\omega-2\pi r)$

*见习题 2.6。

2.2.4 时域离散信号傅里叶变换的性质

时域离散信号傅里叶变换有很多重要的性质，其中一些性质和模拟信号傅里叶变换性质相似，证明也简单，如表 2.2.2 所示。表中 $x(n), y(n), h(n)$ 的傅里叶变换分别用 $X(e^{j\omega})$, $Y(e^{j\omega})$, $H(e^{j\omega})$ 表示。

表 2.2.2 时域离散序列傅里叶变换的性质

序　列	傅里叶变换	说　明
$x(n)$	$X(e^{j\omega})=X(e^{j(\omega+2\pi r)})$	$r=0,\pm1,\pm2,\cdots$。周期性
$ax(n)+by(n)$	$aX(e^{j\omega})+bY(e^{j\omega})$	a 和 b 是常数。线性性质
$x(n-n_0)$	$e^{-j\omega n_0}X(e^{j\omega})$	移位性质
$e^{j\omega_0 n}x(n)$	$X(e^{j(\omega-\omega_0)})$	频移性质
$y(n)=x(n)*h(n)$	$Y(e^{j\omega})=X(e^{j\omega})H(e^{j\omega})$	时域卷积定理
$y(n)=x(n)h(n)$	$Y(e^{j\omega})=\dfrac{1}{2\pi}H(e^{j\omega})*X(e^{j\omega})$	频域卷积定理
$x^*(n)$	$X^*(e^{-j\omega})$	
$nx(n)$	$j[dX(e^{j\omega})/d\omega]$	频域微分性质
$x_r(n)$	$X_e(e^{j\omega})$（$X(e^{j\omega})$ 的共轭对称分量）	$x_r(n)$ 是实数序列
$jx_i(n)$	$X_o(e^{j\omega})$（$X(e^{j\omega})$ 的共轭反对称分量）	$x_i(n)$ 是实数序列
$x(n)=x_r(n)+jx_i(n)$	$X(e^{j\omega})=X_e(e^{j\omega})+X_o(e^{j\omega})$	
$x_e(n)$	$X_R(e^{j\omega})$（实函数）	$x_e(n)$ 是共轭对称序列
$x_o(n)$	$jX_I(e^{j\omega})$（虚函数）	$x_o(n)$ 是共轭反对称序列
$x(n)=x_e(n)+x_o(n)$	$X(e^{j\omega})=X_R(e^{j\omega})+jX_I(e^{j\omega})$	
$\displaystyle\sum_{n=-\infty}^{\infty}|x(n)|^2=\dfrac{1}{2\pi}\int_{-\pi}^{\pi}\left|X(e^{j\omega})\right|^2 d\omega$		巴塞伐尔（Parseval）定理

注：下标 e, o 分别表示共轭对称和共轭反对称，下标 r, i 分别表示实部和虚部，下标 R, I 分别表示傅里叶变换的实部与虚部。

下面重点介绍时域离散信号的傅里叶变换的周期性质、频域卷积定理及傅里叶变换的共轭对称性质。

1. 傅里叶变换的周期性

时域离散信号的傅里叶变换以 2π 为周期，即下式成立

$$X(e^{j\omega})=X(e^{j(\omega+2\pi M)})\qquad M\text{ 为整数}\qquad(2.2.23)$$

因此在对信号进行频域分析时，只分析一个周期就可以了。在时域离散信号傅里叶变换周期性基础上，下面分析一个不同于模拟信号频域分析中的重要概念。

对于时域离散信号，同样 $\omega=0$ 指的是信号的直流分量，由于以 2π 为周期，那么 $\omega=0$ 和 2π 的整数倍处都表示信号的直流分量，也就是说信号的直流和低频分量集中在 $\omega=0$ 和 $\omega=2\pi$ 整数倍附近。离 $\omega=0$ 和 2π 最远的地方应该是最高频率，因此最高频率应该是 π，也就是说信号最高频率应该集中在 π 附近。例如 $x(n)=\cos\omega n$，当 $\omega=2\pi M$（$M=0,\pm1,\pm2,\cdots$）时，它的时域波形如图 2.2.6(a)所示，此时序列幅

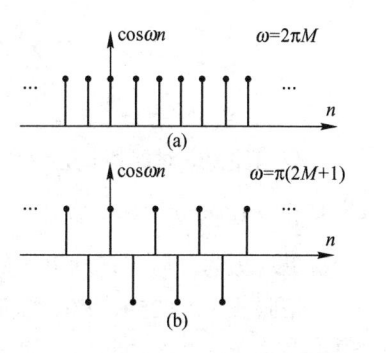

图 2.2.6 $x(n)=\cos\omega n$ 的波形

度没有变化，保持一个常数。如果 $\omega = \pi(2M+1)$，它的波形如图 2.2.6(b)所示，此时序列幅度总是从最大值跳到最小值，再从最小值跳到最大值，这应该属于变化最快的正弦信号。

由于序列的傅里叶变换具有周期性，因此经常将 $x(n)$ 的傅里叶变换写成 $X(e^{j\omega})$，而不是 $X(j\omega)$，以表示它的周期性。

2. 频域卷积定理

假设 $X(e^{j\omega}) = \text{FT}[x(n)]$，$H(e^{j\omega}) = \text{FT}[h(n)]$，$y(n) = x(n)h(n)$

则
$$Y(e^{j\omega}) = \frac{1}{2\pi} X(e^{j\omega}) * H(e^{j\omega}) = \frac{1}{2\pi} \int_{-\pi}^{\pi} H(e^{j\theta}) X(e^{j(\omega-\theta)}) d\theta \tag{2.2.24}$$

证明：
$$Y(e^{j\omega}) = \sum_{n=-\infty}^{\infty} x(n)h(n) e^{-j\omega n} = \sum_{n=-\infty}^{\infty} x(n) \left[\frac{1}{2\pi} \int_{-\pi}^{\pi} H(e^{j\theta}) e^{j\theta n} d\theta \right] e^{-j\omega n}$$

交换积分和求和的次序，得到

$$Y(e^{j\omega}) = \frac{1}{2\pi} \int_{-\pi}^{\pi} H(e^{j\theta}) \left[\sum_{n=-\infty}^{\infty} x(n) e^{-j(\omega-\theta)n} \right] d\theta$$

$$= \frac{1}{2\pi} \int_{-\pi}^{\pi} H(e^{j\theta}) X(e^{j(\omega-\theta)}) d\theta$$

$$= \frac{1}{2\pi} H(e^{j\omega}) * X(e^{j\omega})$$

该定理表明在时域两序列相乘，转换到频域服从卷积关系。此定理也称为调制定理。下面举例说明调制的作用。

例 2.2.5 设 $\text{FT}[x(n)] = X(e^{j\omega})$，$y(n) = e^{j\pi n} = (-1)^n$，求 $w(n) = x(n)y(n)$ 的傅里叶变换。

解：按照式（2.2.17），$y(n)$ 的傅里叶变换为

$$Y(e^{j\omega}) = \text{FT}[e^{j\pi n}] = \sum_{r=-\infty}^{\infty} 2\pi\delta[\omega - (2r+1)\pi]$$

$Y(e^{j\omega})$ 的波形如图 2.2.7(a)所示。假设 $X(e^{j\omega})$ 的波形如图 2.2.7(b)所示。

$$W(e^{j\omega}) = \frac{1}{2\pi} X(e^{j\omega}) * Y(e^{j\omega})$$

$$= \frac{1}{2\pi} \int_{-\pi^+}^{\pi^+} X(e^{j(\omega-\theta)}) \sum_{r=-\infty}^{\infty} 2\pi\delta[\theta - (2r+1)\pi] d\theta$$

$$= X(e^{j(\omega-\pi)}) \tag{2.2.25}$$

应当注意，对离散谱，应考虑在 2π 区间上积分，若按 $\int_{-\pi}^{\pi} F(\omega) d\omega$ 计算，就会多积分一个频点"$-\pi$"，其结果与频移性质所得结果矛盾。

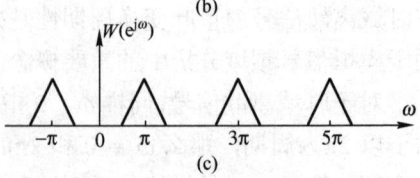

图 2.2.7 例 2.2.5 图

按照式（2.2.25），$W(e^{j\omega})$ 谱形状如图 2.2.7(c)所示。将图 2.2.7(c)和图 2.2.7(b)进行对比，相当于将 $X(e^{j\omega})$ 移动了 π，或者说将 $x(n)$ 信号调制到 $y(n)$ 信号上。这个结果也可以从频移性质得到。

由例 2.2.5 还可以得到结论，任意一个序列被 $(-1)^n$ 相乘，相当于将该序列的奇数序列值乘以 -1，在频域就将 $X(e^{j\omega})$ 平移了 π，相当于将 $x(n)$ 的高频段和低频段相互交换了位置。

3. 傅里叶变换的对称性

一般不特殊说明，序列 $x(n)$ 就是复序列，用下标 r 表示它的实部，用下标 i 表示它的虚部，即 $x(n) = x_r(n) + jx_i(n)$。复序列中有共轭对称序列和共轭反对称序列，分别用下标 e 和 o 表示。共轭对称序列 $x_e(n)$ 满足下式

$$x_e(n) = x_e^*(-n) \tag{2.2.26}$$

复共轭反对称序列 $x_o(n)$，则满足下式

$$x_o(n) = -x_o^*(-n) \tag{2.2.27}$$

共轭对称序列 $x_e(n)$ 的实部是偶函数，即 $x_{er}(n) = x_{er}(-n)$；虚部是奇函数，即 $x_{ei}(n) = -x_{ei}(-n)$。复共轭反对称序列 $x_o(n)$ 的实部是奇函数，即 $x_{or}(n) = -x_{or}(-n)$，虚部则是偶函数，即 $x_{oi}(n) = x_{oi}(-n)$。上面关于共轭对称的有关概念是在时域定义的，在频域也有类似共轭对称的概念，如果频域函数 $X_e(e^{j\omega})$ 满足下式，即具有共轭对称性质。

$$X_e(e^{j\omega}) = X_e^*(e^{-j\omega}) \tag{2.2.28}$$

如果频域函数 $X_o(e^{j\omega})$ 满足下式，即具有共轭反对称性质。

$$X_o(e^{j\omega}) = -X_o^*(e^{-j\omega}) \tag{2.2.29}$$

下面介绍一般序列傅里叶变换的对称性质。

一般序列可表示为

$$x(n) = x_r(n) + jx_i(n) \tag{2.2.30}$$

其实部 $x_r(n)$ 的傅里叶变换用下式表示

$$FT[x_r(n)] = \sum_{n=-\infty}^{\infty} x_r(n) e^{-j\omega n}$$

将上式右边的 ω 加负号，再将右边取共轭，右边表达式不变，说明实序列的傅里叶变换具有共轭对称性质，用 $X_e(e^{j\omega})$ 表示。很容易证明 j 乘以实数序列 $x_i(n)$ 的傅里叶变换具有共轭反对称性质，用 $X_o(e^{j\omega})$ 表示。这样

$$X(e^{j\omega}) = FT[x(n)] = FT[x_r(n) + jx_i(n)]$$
$$= X_e(e^{j\omega}) + X_o(e^{j\omega}) \tag{2.2.31}$$

式中 $\qquad X_e(e^{j\omega}) = \sum_{n=-\infty}^{\infty} x_r(n) e^{-j\omega n} \qquad X_o(e^{j\omega}) = \sum_{n=-\infty}^{\infty} jx_i(n) e^{-j\omega n}$

最后得到结论：一般序列的傅里叶变换分成共轭对称分量和共轭反对称分量两部分，其中共轭对称分量对应序列的实部，而共轭反对称分量对应序列的虚部（包括 j）。

如果将序列分成共轭对称与共轭反对称两部分，即

$$x(n) = x_e(n) + x_o(n) \tag{2.2.32}$$

下面分析将序列这样分成两部分以后，傅里叶变换具有的性质。由式（2.2.32）得到

$$x^*(-n) = x_e^*(-n) + x_o^*(-n) = x_e(n) - x_o(n) \tag{2.2.33}$$

再由式（2.2.32）和式（2.2.33）得到

$$x_e(n) = \frac{1}{2}[x(n) + x^*(-n)] \tag{2.2.34}$$

$$x_o(n) = \frac{1}{2}[x(n) - x^*(-n)] \qquad (2.2.35)$$

分别求上面两式的 FT，得到

$$\mathrm{FT}[x_e(n)] = \frac{1}{2}[X(\mathrm{e}^{\mathrm{j}\omega}) + X^*(\mathrm{e}^{\mathrm{j}\omega})] = \mathrm{Re}[X(\mathrm{e}^{\mathrm{j}\omega})] = X_R(\mathrm{e}^{\mathrm{j}\omega}) \qquad (2.2.36)$$

$$\mathrm{FT}[x_o(n)] = \frac{1}{2}[X(\mathrm{e}^{\mathrm{j}\omega}) - X^*(\mathrm{e}^{\mathrm{j}\omega})] = \mathrm{jIm}[X(\mathrm{e}^{\mathrm{j}\omega})] = \mathrm{j}X_I(\mathrm{e}^{\mathrm{j}\omega}) \qquad (2.2.37)$$

因此
$$X(\mathrm{e}^{\mathrm{j}\omega}) = \mathrm{FT}[x_e(n) + x_o(n)] = X_R(\mathrm{e}^{\mathrm{j}\omega}) + \mathrm{j}X_I(\mathrm{e}^{\mathrm{j}\omega}) \qquad (2.2.38)$$

最后得到结论：傅里叶变换的实部对应序列的共轭对称部分，而它的虚部（包括 j）对应序列的共轭反对称部分。

如果将序列的傅里叶变换写成

$$X(\mathrm{e}^{\mathrm{j}\omega}) = \left|X(\mathrm{e}^{\mathrm{j}\omega})\right|\mathrm{e}^{\mathrm{j}\arg[X(\mathrm{e}^{\mathrm{j}\omega})]} \qquad \arg[X(\mathrm{e}^{\mathrm{j}\omega})] = \arctan\frac{X_I(\mathrm{e}^{\mathrm{j}\omega})}{X_R(\mathrm{e}^{\mathrm{j}\omega})}$$

当 $x(n)$ 为实序列时，上式中幅度特性 $\left|X(\mathrm{e}^{\mathrm{j}\omega})\right|$ 显然具有偶对称性质，相位特性 $\arg[X(\mathrm{e}^{\mathrm{j}\omega})]$ 具有奇对称性质（请读者自己证明）。

实际中经常遇到的是实序列，因此实序列傅里叶变换的对称性质尤为重要。实序列相当于一般序列中只有实部，没有虚部，因此实序列的傅里叶变换具有共轭对称性质，即它的实部是偶函数，虚部是奇函数。当然它的幅度特性也是偶对称函数，相位特性是奇函数。

如果实序列是偶对称的，其傅里叶变换应该是实偶对称函数；如果实序列是奇对称的，其傅里叶变换是奇对称的且是纯虚函数（作为习题，请读者自己证明）。

2.3 时域离散信号的 Z 变换

在模拟系统中用傅里叶变换进行频域分析，拉普拉斯变换作为傅里叶变换的推广，对信号进行复频域分析。在数字域中用序列傅里叶变换进行频域分析，Z 变换则是其推广，用于对信号进行复频域分析。傅里叶变换和 Z 变换都是数字信号处理中的重要数学工具。

2.3.1 时域离散信号 Z 变换的定义及其与傅里叶变换的关系

1. Z 变换的定义

定义序列 $x(n)$ 的 Z 变换为

$$X(z) = \sum_{n=-\infty}^{\infty} x(n)z^{-n} \qquad (2.3.1)$$

式中，z 是复变量，它所在的复平面称为 Z 平面。这里求和限是 $\pm\infty$，故也称为双边 Z 变换。另外针对因果序列定义的单边 Z 变换的求和限是 $0\sim\infty$。本书如不另外说明均指双边 Z 变换。

按照定义，Z 变换实际是复变量 z 的幂级数，只有当该幂级数收敛时，Z 变换才有意义。Z 变换存在的充分条件用下式表示。

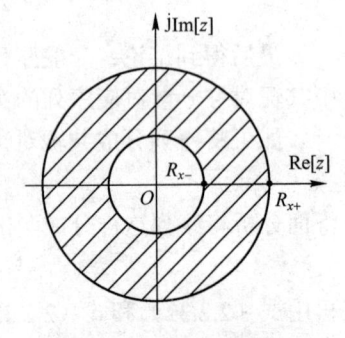

图 2.3.1 Z 变换的收敛域

$$\sum_{n=-\infty}^{\infty}\left|x(n)z^{-n}\right| = \sum_{n=-\infty}^{\infty}|x(n)||z|^{-n} < \infty \qquad (2.3.2)$$

使 Z 变换存在的 $|z|$ 的取值域，称为 $X(z)$ 的收敛域。收敛域一般用环状域表示，即 $R_{x-} < |z| < R_{x+}$，R_{x-} 和 R_{x+} 分别称为收敛域的最小收敛半径和最大收敛半径。如图 2.3.1 所示，图中斜线部分为收敛域。这里 R_{x-} 可以小到 0（包括 0），R_{x+} 可以大到 ∞（包括 ∞）。

序列的 Z 变换仅在收敛域存在，因此用 Z 变换对信号进行频域分析时，收敛域是不可缺少的一部分。

例 2.3.1 设 $x(n) = a^n u(n)$，求它的 Z 变换，并确定收敛域。

解：
$$X(z) = \sum_{n=-\infty}^{\infty} a^n u(n) z^{-n} = \sum_{n=0}^{\infty}(az^{-1})^n$$

为使 $X(z)$ 收敛，要求 $\sum_{n=0}^{\infty}\left|az^{-1}\right|^n < \infty$，即 $|az^{-1}| < 1$，解得 $|z| > |a|$，这样得到

$$X(z) = \frac{1}{1-az^{-1}} \qquad |z| > |a|$$

$|z| > |a|$ 就是该 Z 变换的收敛域。

2. Z 变换和傅里叶变换之间的关系

令式（2.3.1）中的 $z = re^{j\omega}$，得到

$$X(re^{j\omega}) = \sum_{n=-\infty}^{\infty} x(n) r^{-n} e^{-j\omega n} = \sum_{n=-\infty}^{\infty}[x(n)r^{-n}]e^{-j\omega n} \qquad (2.3.3)$$

式中，r 是 z 的模，ω 是它的相位，也是数字频率。按照上式，$X(re^{j\omega})$ 就是序列 $x(n)$ 乘以实指数序列 r^{-n} 后的傅里叶变换。如果 $r = |z| = 1$，Z 变换则变成傅里叶变换，即

$$X(z)\big|_{z=e^{j\omega}} = \sum_{n=-\infty}^{\infty} x(n) e^{-j\omega n} = \text{FT}\{x(n)\} \qquad (2.3.4)$$

$r=1$ 指 Z 平面上的单位圆，因此傅里叶变换就是 Z 平面单位圆上的 Z 变换。当然单位圆上的 Z 变换必须存在，否则傅里叶变换不存在，或者说单位圆必须被包含在收敛域当中。例如，例 2.3.1 中，$a = 1$，即变成求单位阶跃序列的 Z 变换。它的 Z 变换为

$$X(z) = \sum_{n=-\infty}^{\infty} u(n) z^{-n} = \frac{1}{1-z^{-1}}$$

收敛域为 $|z| > 1$，但收敛域 $|z| > 1$ 不包含单位圆，即在单位圆上 Z 变换不存在，傅里叶变换也不存在，当然不能用式（2.3.4）求它的傅里叶变换。至于单位阶跃序列的傅里叶变换，可参考表 2.2.1，作为习题请读者自己推导或证明。

2.3.2 Z 变换的收敛域与序列特性之间的关系

一般 Z 变换是一个有理函数，其分子和分母都用 z 的多项式表示，分子多项式的根称为 Z 变换的零点，分母多项式的根称为 Z 变换的极点。极点处的 Z 变换不存在，因此收敛域中不可能有极点，收敛域也总是以极点为界。

序列可以分成有限长序列、右序列、左序列及双边序列等四种情况，它们的收敛域各有特点，掌握这些特点对分析、应用 Z 变换很有帮助。

1. 有限长序列 Z 变换的收敛域

如果序列 $x(n)$ 从 n_1 到 n_2（$n_2 > n_1$）的序列值不全为零，其他区间序列值为零，这种序列称为有限长序列。它的 Z 变换为

$$X(z) = \sum_{n=n_1}^{n_2} X(n) z^{-n}$$

上式是对有限项求和，除去两个特殊点 0 和 ∞ 暂不考虑以外，在整个 Z 平面上都收敛，即收敛域为 $0 < |z| < \infty$。在 0 和 ∞ 这两个点上是否收敛与 n_1、n_2 的取值有关，具体收敛域为：$n_1 < 0, n_2 \leqslant 0$ 时，$0 \leqslant |z| < \infty$；$n_1 < 0, n_2 > 0$ 时，$0 < |z| < \infty$；$n_1 \geqslant 0, n_2 > 0$ 时，$0 < |z| \leqslant \infty$。

2. 右序列 Z 变换的收敛域

如果序列在 $n \geqslant n_1$ 时，序列值不全为零，而在其他区间均为零，该序列称为右序列。右序列的 Z 变换为

$$X(z) = \sum_{n=n_1}^{\infty} x(n) z^{-n} = \sum_{n=n_1}^{-1} x(n) z^{-n} + \sum_{n=0}^{\infty} x(n) z^{-n}$$

式中 $n_1 \leqslant -1$。上式最右边第一项是有限序列的 Z 变换，收敛域为 $0 \leqslant |z| < \infty$。第二项为因果序列的 Z 变换，其收敛域为 $R_{x-} < |z| \leqslant \infty$。将两个收敛域相与，得到它的收敛域为 $R_{x-} < |z| < \infty$。如果 $x(n)$ 是因果序列，即设 $n_1 \geqslant 0$，它的收敛域是 $R_{x-} < |z| \leqslant \infty$。

3. 左序列 Z 变换的收敛域

如果序列在 $n \leqslant n_1$ 时，序列值不全为零，而在其他区间均为零，则该序列称为左序列。左序列的 Z 变换为

$$X(z) = \sum_{n=-\infty}^{n_1} x(n) z^{-n} = \sum_{n=-\infty}^{-1} x(n) z^{-n} + \sum_{n=0}^{n_1} x(n) z^{-n}$$

式中，$n_1 \geqslant 0$。上式右边第一项的收敛域为 $0 \leqslant |z| < R_{x+}$，第二项的收敛域为 $0 < |z| \leqslant \infty$，将两个收敛域相与，得到左序列的收敛域为 $0 < |z| < R_{x+}$。如果 $n_1 < 0$，则收敛域为 $0 \leqslant |z| < R_{x+}$。

4. 双边序列 Z 变换的收敛域

如果序列在 $-\infty \sim \infty$ 有非零值，则称为双边序列，它的 Z 变换为

$$X(z) = \sum_{n=-\infty}^{\infty} x(n) z^{-n} = \sum_{n=-\infty}^{-1} x(n) z^{-n} + \sum_{n=0}^{\infty} x(n) z^{-n}$$

上式中右边第一项是左序列的 Z 变换，收敛域为 $0 \leqslant |z| < R_{x+}$，第二项是右序列的 Z 变换，收敛域为 $R_{x-} < |z| \leqslant \infty$，使两个域相与，得到双边序列的收敛域为 $R_{x-} < |z| < R_{x+}$。这几种序列的收敛域如表 2.3.1 所示。

表 2.3.1 序列的收敛域

序　　列	收　敛　域	0 和 ∞ 特殊点的收敛
有限长序列 $n_1 \leqslant n \leqslant n_2$	$0 < \|z\| < \infty$ 0 和 ∞ 点另外考虑	$n_1 \geqslant 0$，0 点不收敛，∞ 点收敛 $n_2 < 0$，0 点收敛，∞ 点不收敛 $n_1 < 0$，$n_2 > 0$，0 和 ∞ 点均不收敛
右序列 $n_1 \leqslant n \leqslant \infty$	$R_{x-} < \|z\| < \infty$ 0 和 ∞ 点另外考虑	$n_1 \geqslant 0$，0 点不收敛，∞ 点收敛 $n_1 < 0$，0 与 ∞ 点均不收敛
左序列 $-\infty \leqslant n \leqslant n_1$	$0 < \|z\| < R_{x+}$ 0 和 ∞ 点另外考虑	$n_1 \geqslant 0$，0 与 ∞ 点均不收敛 $n_1 < 0$，0 点收敛，∞ 点不收敛
双边序列	$R_{x-} < \|z\| < R_{x+}$	
因果序列	$R_{x-} < \|z\| \leqslant \infty$	

例 2.3.2　求 $x(n) = R_N(n)$ 的 Z 变换及其收敛域。

解：$x(n) = R_N(n)$ 是一个有限长序列，它的非零值区间是 $n=0 \sim N-1$，是因果序列，根据上面的分析它的收敛域应是：$0 < |z| \leqslant \infty$。下面先求它的 Z 变换。

$$X(z) = \sum_{n=-\infty}^{\infty} R_N(n) z^{-n} = \sum_{n=0}^{N-1} z^{-n} = \frac{1-z^{-N}}{1-z^{-1}} \tag{2.3.5}$$

观察分母多项式，$z=1$ 是 Z 变换的极点，但同时也是它的零点，抵消后，$z=1$ 处仍然收敛，因此，收敛域为 $0 < |z| \leqslant \infty$。

例 2.3.3　求 $x(n) = -a^n u(-n-1)$ 的 Z 变换及其收敛域。

解：这是一个左序列，当 $n \geqslant 0$ 时，序列值为零。

$$X(z) = \sum_{n=-\infty}^{\infty} -a^n u(-n-1) z^{-n} = \sum_{n=-1}^{-\infty} -a^n z^{-n} = \sum_{n=1}^{\infty} -a^{-n} z^n$$

如果 $X(z)$ 存在，则要求 $|a^{-1}z| < 1$，得到收敛域为 $|z| < |a|$。在收敛域中，该 Z 变换为

$$X(z) = \frac{-a^{-1}z}{1+a^{-1}z} = \frac{1}{1-az^{-1}} \qquad |z| < |a|$$

将例 2.3.3 和例 2.3.1 进行比较，两者 Z 变换的函数表达式一样，但收敛域不同，对应的原序列也不同，因此正确地确定收敛域很重要。

例 2.3.4　$x(n) = a^{|n|}$，a 为实数，求其 Z 变换及它的收敛域。

解：这是一个双边序列，收敛域应该是环状域。

$$X(z) = \sum_{n=-\infty}^{\infty} a^{|n|} z^{-n} = \sum_{n=0}^{\infty} a^n z^{-n} + \sum_{n=-1}^{-\infty} a^{-n} z^{-n}$$

$$= \sum_{n=0}^{\infty} a^n z^{-n} + \sum_{n=1}^{\infty} a^n z^n$$

上式中，第一部分是一个因果序列的 Z 变换，要求 $|az^{-1}| < 1$，得到收敛域为 $|a| < |z| \leqslant \infty$；第二部分要求 $|az| < 1$，得到收敛域为 $|z| < |a|^{-1}$。取它们收敛域的公共部分，最后得到收敛域为 $|a| < |z| < |a|^{-1}$。在该环状域中，Z 变换为

$$X(z) = \frac{1}{1-az^{-1}} + \frac{az}{1-az} = \frac{1-a^2}{(1-az)(1-az^{-1})} \qquad |a| < |z| < |a|^{-1} \tag{2.3.6}$$

观察环状域，要求$|a|<1$，否则收敛域不存在，此时$x(n)=a^{|n|}$是一个收敛序列，其波形和收敛域如图2.3.2所示。

因为收敛域是$|a|<|z|<|a|^{-1}$，一定包含单位圆，傅里叶变换存在，直接求出

$$X(\mathrm{e}^{\mathrm{j}\omega})=X(z)\big|_{z=\mathrm{e}^{\mathrm{j}\omega}}=\frac{1-a^2}{(1-a\mathrm{e}^{\mathrm{j}\omega})(1-a\mathrm{e}^{-\mathrm{j}\omega})}$$

一些常见序列的Z变换及其收敛域如表2.3.2所示。

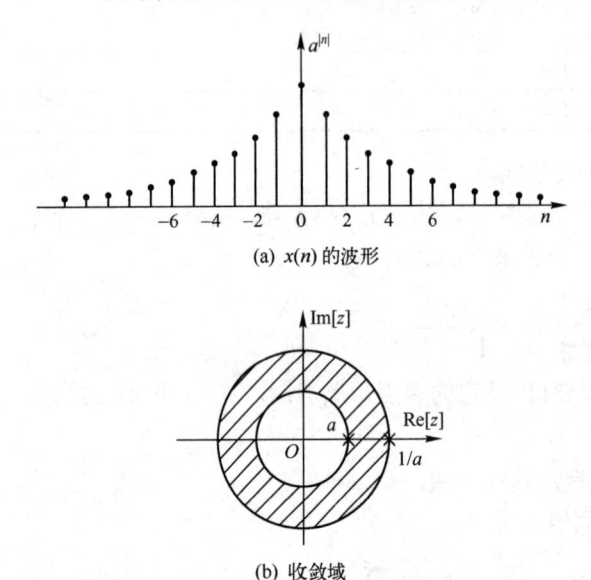

图2.3.2 例2.3.4图

表2.3.2 常见序列的Z变换及其收敛域

序 列	Z 变 换	收 敛 域
$\delta(n)$	1	$0\leqslant|z|\leqslant\infty$
$u(n)$	$\dfrac{1}{1-z^{-1}}$	$1<|z|\leqslant\infty$
$a^n u(n)$	$\dfrac{1}{1-az^{-1}}$	$|a|<|z|\leqslant\infty$
$-a^n u(-n-1)$	$\dfrac{1}{1-az^{-1}}$	$0\leqslant|z|<|a|$
$R_N(n)$	$\dfrac{1-z^{-N}}{1-z^{-1}}$	$0<|z|\leqslant\infty$
$nu(n)$	$\dfrac{z^{-1}}{(1-z^{-1})^2}$	$1<|z|\leqslant\infty$
$na^n u(n)$	$\dfrac{az^{-1}}{(1-az^{-1})^2}$	$|a|<|z|\leqslant\infty$
$\mathrm{e}^{\mathrm{j}\omega_0 n}u(n)$	$\dfrac{1}{1-\mathrm{e}^{\mathrm{j}\omega_0}z^{-1}}$	$1<|z|\leqslant\infty$
$\sin(\omega_0 n)u(n)$	$\dfrac{z^{-1}\sin\omega_0}{1-2z^{-1}\cos\omega_0+z^{-2}}$	$1<|z|\leqslant\infty$
$\cos(\omega_0 n)u(n)$	$\dfrac{1-z^{-1}\cos\omega_0}{1-2z^{-1}\cos\omega_0+z^{-2}}$	$1<|z|\leqslant\infty$

2.3.3 逆Z变换

已知序列的Z变换及其收敛域，求原序列，称为求逆Z变换（IZT）。求逆Z变换有三种方法。

（1）部分分式展开法。原理是将Z变换的有理分式展成简单的部分分式，通过查表2.3.2得到原序列。

（2）围线积分法。这是一种常用的方法，将重点介绍。

（3）幂级数法。观察定义式（2.3.1），Z变换是z的负幂级数，原序列就是它的系数。一般Z变换是两个多项式之比，因此将这两个多项式进行长除，得到一个z的负幂级数，该级数的系数就是原序列。这种方法原理简单，但使用不方便，本书不介绍。

1. 部分分式法

假设$X(z)$有N个一阶极点，可展成如下部分分式：

$$X(z)=A_0+\sum_{m=1}^{N}\frac{A_m z}{z-z_m} \tag{2.3.7}$$

$$\frac{X(z)}{z}=\frac{A_0}{z}+\sum_{m=1}^{N}\frac{A_m}{z-z_m} \tag{2.3.8}$$

观察上式，$X(z)/z$ 在 $z=0$ 的极点，留数等于系数 A_0，在 $z=z_m$ 的极点，留数等于系数 A_m，即

$$A_0 = \text{Res}\left[\frac{X(z)}{z}, 0\right] \tag{2.3.9}$$

$$A_m = \text{Res}\left[\frac{X(z)}{z}, z_m\right] \tag{2.3.10}$$

例 2.3.5 已知 $X(z) = \dfrac{5z^{-1}}{1+z^{-1}-6z^{-2}}$，$2<|z|<3$，用部分分式法求其逆 Z 变换。

解：
$$X(z) = \frac{5z^{-1}}{1+z^{-1}-6z^{-2}} = \frac{5z}{z^2+z-6}$$

得
$$\frac{X(z)}{z} = \frac{5}{z^2+z-6} = \frac{5}{(z-2)(z+3)} = \frac{A_1}{z-2} + \frac{A_2}{z+3}$$

$$A_1 = \text{Res}\left[\frac{X(z)}{z}, 2\right] = \frac{5}{(z-2)(z+3)}(z-2)\bigg|_{z=2} = 1$$

$$A_2 = \text{Res}\left[\frac{X(z)}{z}, -3\right] = \frac{5}{(z-2)(z+3)}(z+3)\bigg|_{z=-3} = -1$$

于是可得
$$\frac{X(z)}{z} = \frac{1}{z-2} - \frac{1}{z+3}$$

$$X(z) = \frac{1}{1-2z^{-1}} - \frac{1}{1+3z^{-1}}$$

上式可以通过查表 2.3.2 得到原序列。但我们知道收敛域不同，即使同一个 z 函数也可以有不同的原序列对应，因此根据给定的收敛域，应正确地确定每个分式的收敛域。该例的收敛域是 $2<|z|<3$，因此第一个分式的收敛域应取 $|z|>2$，查表 2.3.2，得到第一个分式对应的原序列是 $2^n u(n)$。第二个分式的收敛域应取 $|z|<3$，查表 2.3.2，得到第二个分式对应的原序列是 $(-3)^n u(-n-1)$。最后得到 $X(z)$ 的原序列为

$$x(n) = 2^n u(n) + (-3)^n u(-n-1)$$

2. 围线积分法

为了导出逆 Z 变换的围线积分公式，重写 $x(n)$ 的 Z 变换定义式（2.3.1）如下：

$$X(z) = \sum_{n=-\infty}^{\infty} x(n) z^{-n}, \quad R_{x-}<|z|<R_{x+}$$

对上式两端乘以 z^{n-1}，n 为任一整数，并在 $X(z)$ 的收敛域上进行围线积分，得

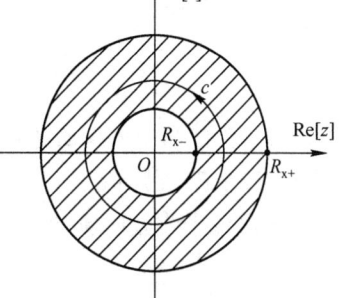

图 2.3.3 围线积分路径

$$\oint_c X(z) z^{n-1} \mathrm{d}z = \oint_c \left[\sum_{m=-\infty}^{\infty} x(m) z^{-m}\right] z^{n-1} \mathrm{d}z = \sum_{m=-\infty}^{\infty} x(m) \oint_c z^{n-m-1} \mathrm{d}z$$

式中积分路径 c 是 $X(z)$ 收敛域中一条包围原点的逆时针方向的闭合围线，如图 2.3.3 所示。根据复变函数理论中的柯西公式，只有当 $n-m-1=-1$，即 $m=n$ 时，$\oint_c z^{n-m-1} \mathrm{d}z = 2\pi \mathrm{j}$，否则，$\oint_c z^{n-m-1} \mathrm{d}z = 0$。考虑到 m 是整数，所以，上式右边的求和式中除了 $m=n$，其余各项全为零，于是有

$$\oint_c X(z)z^{n-1}\mathrm{d}z = 2\pi\mathrm{j}x(n)$$

所以
$$x(n) = \mathrm{IZT}[X(z)] = \frac{1}{2\pi\mathrm{j}}\oint_c X(z)z^{n-1}\mathrm{d}z \tag{2.3.11}$$

式（2.3.11）就是逆 Z 变换公式。

直接计算围线积分是比较麻烦的，下面介绍用留数定理求逆 Z 变换的方法。

令 $F(z) = X(z)z^{n-1}$，$F(z)$ 在围线 c 内的极点用 z_k 表示，假设有 M 个极点。根据留数定理

$$x(n) = \frac{1}{2\pi\mathrm{j}}\oint_c F(z)\mathrm{d}z = \sum_{k=1}^{M}\mathrm{Res}[F(z), z_k] \tag{2.3.12}$$

式中，$\mathrm{Res}[F(z), z_k]$ 表示被积函数 $F(z)$ 在极点 z_k 的留数。求逆 Z 变换就是求围线 c 内所有极点的留数之和。如果极点 z_k 是单阶极点，根据留数定理，极点的留数用下式计算

$$\mathrm{Res}[F(z), z_k] = (z - z_k)F(z)\Big|_{z=z_k} \tag{2.3.13}$$

如果极点 z_k 是 N 阶极点，根据留数定理，极点的留数用下式计算

$$\mathrm{Res}[F(z), z_k] = \frac{1}{(N-1)!}\frac{\mathrm{d}^{N-1}}{\mathrm{d}z^{N-1}}[(z - z_k)^N F(z)]\Big|_{z=z_k} \tag{2.3.14}$$

上式表明求多阶极点的留数比较麻烦，可以根据留数辅助定理改求围线 c 以外的极点的留数之和，使问题简单化。如果 $F(z)$ 在 Z 平面上有 N 个极点，围线 c 内有 N_1 个极点，用 z_{1k} 表示，围线 c 外有 N_2 个极点，用 z_{2k} 表示，$N = N_1 + N_2$。根据留数辅助定理下式成立

$$\sum_{k=1}^{N_1}\mathrm{Res}[F(z), z_{1k}] = -\sum_{k=1}^{N_2}\mathrm{Res}[F(z), z_{2k}] \tag{2.3.15}$$

上式成立的条件是，式（2.3.11）中，被积函数 $F(z) = X(z)z^{n-1}$ 分母的阶次比分子的阶次高二阶或二阶以上。假设 $X(z) = Q(z)/P(z)$，$P(z)$ 和 $Q(z)$ 分别是 z 的 N 阶和 M 阶多项式，那么式（2.3.15）成立的条件是

$$N - M - n + 1 \geqslant 2 \tag{2.3.16}$$

或者
$$n \leqslant N - M - 1 \tag{2.3.17}$$

这样在求逆 Z 变换时，如果上面条件满足，围线 c 内有多阶极点，可以利用式（2.3.15），改求围线 c 外的极点的留数之和。

例 2.3.6 已知 $X(z) = (1 - az^{-1})^{-1}$，收敛域为 $|z| > |a|$，求其逆 Z 变换 $x(n)$。

解：由于收敛域包含 ∞ 点，可以推想 $x(n)$ 是一个因果序列。

$$F(z) = X(z)z^{n-1} = \frac{1}{1 - az^{-1}}z^{n-1} = \frac{z^n}{z - a}$$

式中，$F(z)$ 的极点和 n 的取值有关，为此将 n 分成两部分，一部分是 $n \geqslant 0$，此时 $z=0$ 不是极点，另一部分是 $n<0$，此时 $z=0$ 是一个 n 阶极点。

当 $n \geqslant 0$ 时，$F(z)$ 的极点是 $z=a$，它是围线 c 内的极点，因此

$$x(n) = \mathrm{Res}[F(z), a] = (z - a)\frac{z^n}{(z-a)}\Big|_{z=a} = a^n$$

由于收敛域包含 ∞ 点，这是一个因果序列，因果序列的序列值在 $n<0$ 时，全取零值，即 $x(n)=0$。

最后可得逆 Z 变换为
$$x(n) = a^n u(n)$$

为了熟悉求逆 Z 变换的方法，下面用留数定理求 $n<0$ 时的 $x(n)$，检验 $x(n)$ 是否等于零。

当 $n<0$ 时，$F(z)$ 的极点为 $z=0$ 和 a，其中 $z=0$ 是一个 n 阶极点，由收敛域知道这两个极点全在围线 c 内，因为多阶极点的留数不易求得，改求围线 c 以外的极点的留数。因为 $X(z)$ 的 $N=M=1$，所以，当 $n \leqslant -1$ 时，满足式（2.3.17），可以用求围线 c 以外的极点的留数代替求围线 c 内的留数。但是围线 c 外没有极点，因此得到同样的结果：当 $n<0$ 时，$x(n)=0$。

例 2.3.7 设 $X(z) = \dfrac{1-a^2}{(1-az)(1-az^{-1})}$，$|a|<|z|<|a|^{-1}$，$|a|<1$。试求 $X(z)$ 的逆 Z 变换。

解：根据收敛域是环状域，原序列是双边序列。

$$F(z) = X(z)z^{n-1} = \frac{1-a^2}{(1-az)(1-az^{-1})} z^{n-1} = \frac{1-a^2}{-a(z-a)(z-a^{-1})} z^n$$

同上例，将 n 分成 $n \geqslant 0$ 和 $n<0$ 两部分考虑。

当 $n \geqslant 0$ 时，$F(z)$ 的极点为 $z=a, a^{-1}$，但围线 c 内只有极点 $z=a$，因此得到

$$x(n) = \operatorname{Res}[F(z), a] = (z-a) \frac{1-a^2}{-a(z-a)(z-a^{-1})} z^n \bigg|_{z=a} = a^n$$

当 $n<0$ 时，$F(z)$ 的极点为 $z=0, a, a^{-1}$，围线 c 以内的极点是 $z=0, a$，其中 $z=0$ 是一个多阶极点，为此改求围线 c 以外的极点的留数，围线 c 以外只有单阶极点 $z=a^{-1}$，因此得到

$$x(n) = -\operatorname{Res}[F(z), a^{-1}] = -(z-a^{-1}) \frac{1-a^2}{-a(z-a)(z-a^{-1})} z^n \bigg|_{z=a^{-1}} = a^{-n}$$

所以

$$x(n) = \begin{cases} a^n & n \geqslant 0 \\ a^{-n} & n<0 \end{cases} = a^{|n|}$$

在上面解题的过程中，当 $n<0$ 时，$z=0$ 是一个多阶极点，为避免求多阶极点的留数，改求围线 c 外极点的留数，可以验证，当 $n<0$ 时，该例题满足式（2.3.17）。

2.3.4　Z 变换的性质和定理

Z 变换和傅里叶变换一样有许多重要的性质和定理，它们在数字信号处理中是很有价值的数学工具。本节对这些性质和定理进行综述，并举例说明它们的应用。

Z 变换具有线性、序列移位、时间反转、乘以指数序列、Z 域微分、共轭序列的 Z 变换等性质，还有时域卷积定理、复卷积定理、初值定理、终值定理和巴塞伐尔定理，如表 2.3.3 所示。

表 2.3.3　Z 变换的性质和定理

性　质	序　列	Z 变换公式	收　敛　域
	$x(n)$	$X(z)$	$R_{x-}<|z|<R_{x+}$
	$y(n)$	$Y(z)$	$R_{y-}<|z|<R_{y+}$
	$w(n)$	$W(z)$	$R_{w-}<|z|<R_{w+}$
线性	$w(n)=ax(n)+by(n)$ 式中 a, b 是常数	$W(z)=aX(z)+bY(z)$	$R_{w-}<|z|<R_{w+}$ $R_{w+}=\min[R_{x+},R_{y+}]$ $R_{w-}=\max[R_{x-},R_{y-}]$
序列移位	$x(n-n_0)$，$n_0 \geqslant 0$	$z^{-n_0}X(z)$	$R_{x-}<|z|<R_{x+}$，当 n_0 改变序列因果性时，收敛域要具体考虑
时间反转	$x(-n)$	$X(1/z)$	$R_{x+}^{-1}<|z|<R_{x-}^{-1}$

续表

性 质	序 列	Z变换公式	收 敛 域
乘以指数序列	$a^n x(n)$, a 是常数	$X(a^{-1}z)$	$\|a\|R_{x-} < \|z\| < \|a\|R_{x+}$
Z域微分	$nx(n)$	$-z\dfrac{\mathrm{d}X(z)}{\mathrm{d}z}$	$R_{x-} < \|z\| < R_{x+}$
共轭序列	$x^*(n)$	$X^*(z^*)$	$R_{x-} < \|z\| < R_{x+}$
时域卷积定理	$w(n) = x(n) * y(n)$	$W(z) = X(z)Y(z)$	$R_{w-} < \|z\| < R_{w+}$ $R_{w+} = \min[R_{x+}, R_{y+}]$ $R_{w-} = \max[R_{x-}, R_{y-}]$
复卷积定理	$w(n) = x(n)y(n)$	$W(z) = \dfrac{1}{2\pi \mathrm{j}} \oint_c X(v) Y\left(\dfrac{z}{v}\right) \dfrac{\mathrm{d}v}{v}$	$R_{x-}R_{y-} < \|z\| < R_{x+}R_{y+}$ $\max\left[R_{x-}, \|z\|/R_{y+}\right] < \|v\| < \min\left[R_{x+}, \|z\|/R_{y-}\right]$
初值定理	$x(0) = \lim\limits_{z \to \infty} X(z)$		$x(n)$ 是因果序列
终值定理	$\lim\limits_{n \to \infty} x(n) = \lim\limits_{z \to 1}(z-1)X(z)$		$X(z)$ 在单位圆上只能有一个一阶极点，其他极点均在单位圆内
巴塞伐尔定理	$\sum\limits_{n=-\infty}^{\infty} x(n) y^*(n) = \dfrac{1}{2\pi \mathrm{j}} \oint_c X(v) Y^*\left(\dfrac{1}{v^*}\right) \dfrac{\mathrm{d}v}{v}$		$\max\left[R_{x-}, 1/R_{y+}\right] < \|v\| < \min\left[R_{x+}, 1/R_{y-}\right]$ $R_{x-}R_{y-} < 1 < R_{x+}R_{y+}$

例 2.3.8 求序列 $x(n) = r^n \cos(\omega_0 n) u(n)$ 的 Z 变换及其收敛域。

解： $x(n) = r^n \cos(\omega_0 n) u(n) = \dfrac{r^n}{2}[\mathrm{e}^{\mathrm{j}\omega_0 n} + \mathrm{e}^{-\mathrm{j}\omega_0 n}]u(n)$

利用线性性质，得到

$$X(z) = \mathrm{ZT}[x(n)] = \dfrac{1}{2}\left(\dfrac{1}{1 - r\mathrm{e}^{\mathrm{j}\omega_0}z^{-1}} + \dfrac{1}{1 - r\mathrm{e}^{-\mathrm{j}\omega_0}z^{-1}}\right)$$

$$= \dfrac{1 - (r\cos\omega_0)z^{-1}}{1 - (2r\cos\omega_0)z^{-1} + r^2 z^2} \quad |z| > |r|$$

例 2.3.9 设 $x(n)$ 是因果序列，收敛域为 $|z| > R_x$，求 $y(n) = \sum\limits_{m=0}^{n} x(m)$ 的 Z 变换及其收敛域。

解： $x(n)$ 是因果序列，可以表示为

$$x(n) = \sum_{m=0}^{n} x(m) - \sum_{m=0}^{n-1} x(m) = y(n) - y(n-1)$$

对上式进行 Z 变换并应用移位性质，得到

$$X(z) = Y(z) - z^{-1}Y(z)$$

因此

$$Y(z) = \dfrac{1}{1 - z^{-1}} X(z)$$

已知 $X(z)$ 的收敛域为 $|z| > R_x$，但 $Y(z)$ 有一个极点在 $z = 1$，且 $y(n)$ 是因果序列，$Y(z)$ 的收敛域应该是 $|z| > \max[R_x, 1]$。

例 2.3.10 已知 $X(z) = \lg(1 + az^{-1}), |z| > |a|$，求其反变换。

解： 首先利用微分性质将这个非有理函数的 Z 变换转换成有理函数表达式

$$-z \dfrac{\mathrm{d}X(z)}{\mathrm{d}z} = \dfrac{az^{-1}}{1 + az^{-1}} \quad |z| > |a|$$

根据微分性质 $\mathrm{ZT}[nx(n)] = -z \dfrac{\mathrm{d}X(z)}{\mathrm{d}z} = \dfrac{az^{-1}}{1 + az^{-1}}$

因为
$$\text{IZT}\left[\frac{a}{1+az^{-1}}\right]=a(-a)^n u(n)$$

式中，IZT 表示逆 Z 变换。按照移位性质
$$\text{IZT}\left[\frac{az^{-1}}{1+az^{-1}}\right]=a(-a)^{n-1}u(n-1)=nx(n)$$

因此得到
$$x(n)=\frac{(-1)^{n-1}a^n}{n}u(n-1)$$

例 2.3.11 假设系统的单位脉冲响应 $h(n)=a^n u(n)$，$|a|<1$，输入序列 $x(n)=u(n)$，求系统输出序列 $y(n)$。

解：因为 $y(n)=h(n)*x(n)$，按照时域卷积定理 $Y(z)=H(z)X(z)$。

$$H(z)=\text{ZT}[a^n u(n)]=\frac{1}{1-az^{-1}} \qquad |z|>|a|$$

$$X(z)=\text{ZT}[u(n)]=\frac{1}{1-z^{-1}} \qquad |z|>1$$

$$Y(z)=\frac{1}{(1-z^{-1})(1-az^{-1})} \qquad |z|>1$$

$$F(z)=Y(z)z^{n-1}=\frac{z^{n+1}}{(z-a)(z-1)}$$

因为输入和输出均是因果序列，因此当 $n<0$ 时，$y(n)=0$。当 $n\geqslant 0$ 时，有
$$y(n)=\text{Res}[F(z),a]+\text{Res}[F(z),1]$$
$$=(z-a)\frac{z^{n+1}}{(z-a)(z-1)}\bigg|_{z=a}+(z-1)\frac{z^{n+1}}{(z-a)(z-1)}\bigg|_{z=1}$$
$$=\frac{a^{n+1}}{a-1}+\frac{1}{1-a}=\frac{1-a^{n+1}}{1-a}$$

最后得
$$y(n)=\frac{1-a^{n+1}}{1-a}u(n)$$

例 2.3.12 假设 $X(z)=\text{ZT}[x(n)]=\dfrac{1}{1-z^{-1}}$，$|z|>1$

$$Y(z)=\text{ZT}[y(n)]=\frac{1-a^2}{(1-az^{-1})(1-az)} \qquad |a|<|z|<|a^{-1}|$$

$w(n)=x(n)y(n)$，求 $W(z)=\text{ZT}[w(n)]$ 及其收敛域。

解：此题简单的解法是先用逆 Z 变换求出 $x(n)$ 和 $y(n)$，即
$$x(n)=u(n), \qquad y(n)=a^{|n|}$$

得到
$$w(n)=a^{|n|}u(n)=a^n u(n)$$

则
$$W(z)=\frac{1}{1-az^{-1}} \qquad |a|<|z|$$

为了熟悉复卷积定理，下面用复卷积定理求解。按照该定理，两信号在时域相乘，转换到频域，则满足复卷积的关系。公式为
$$W(z)=\frac{1}{2\pi\text{j}}\oint_c X(v)Y\left(\frac{z}{v}\right)\frac{\text{d}v}{v}$$

将 $X(z)$ 和 $Y(z)$ 代入上式，得到

$$W(z) = \frac{1}{2\pi j} \oint_c \frac{1-a^2}{(1-av^{-1})(1-av)} \frac{1}{1-\frac{v}{z}} \frac{dv}{v}$$

上式是在 v 平面上的围线积分，v 平面上的收敛域是

$$\max\left[R_{x-}, \frac{|z|}{R_{y+}}\right] < |v| < \min\left[R_{x+}, \frac{|z|}{R_{y-}}\right]$$

$X(z)$ 的收敛域为：$|a| < |z| < |a^{-1}|$，$R_{x-} = |a|$，$R_{x+} = |a^{-1}|$；$Y(z)$ 的收敛域为：$|z| > 1$，$R_{y-} = 1$，$R_{y+} = \infty$。得到 v 平面上的收敛域为：$\max\big[|a|, 0\big] < |v| < \min\big[|a^{-1}|, |z|\big]$。

根据被积函数 $W(z)$，v 平面上的极点为 a, a^{-1}, z，但在 v 平面围线 c 以内的极点只有 a。

令

$$F(z) = X(v) y\left(\frac{z}{v}\right) v^{-1}$$

得到

$$W(z) = \text{Res}[F(z), a] = \frac{1}{1-az^{-1}}$$

$W(z)$ 的收敛域由下式决定：$R_{x-} R_{y-} < |z| < R_{x+} R_{y+}$，即 $|a| < |z| \leqslant \infty$。

另外可以直接利用复卷积定理证明表 2.3.3 中的巴塞伐尔定理（见本章习题 2.33）。如果令 $x(n) = y(n)$，可推出傅里叶变换中的巴塞伐尔定理。如果 $x(n)$ 是实序列，则 $X(e^{-j\omega}) = X^*(e^{j\omega})$，可以将巴塞伐尔定理表示成

$$\sum_{n=-\infty}^{\infty} |x(n)|^2 = \frac{1}{2\pi j} \oint_c X(z) X(z^{-1}) \frac{dz}{z} \tag{2.3.18}$$

注意上式中 $X(z)$ 的收敛域一定包含单位圆。

2.4 利用 Z 变换对信号和系统进行分析

傅里叶变换和 Z 变换都是对信号和系统进行分析的重要数学工具。信号的频域分析指的是信号的傅里叶变换，Z 变换则是分析域更为扩大的一种变换。相对来说 Z 变换比傅里叶变换的应用更广泛，许多问题用 Z 变换进行分析和求解很方便，概念更清楚。

2.4.1 系统的传输函数和系统函数

系统的时域特性用它的单位脉冲响应 $h(n)$ 表示，如果对 $h(n)$ 进行傅里叶变换，得到

$$H(e^{j\omega}) = \sum_{n=-\infty}^{\infty} h(n) e^{-j\omega n} \tag{2.4.1}$$

一般称 $H(e^{j\omega})$ 为系统的传输函数，它表征系统的频率响应特性，所以又称为系统的频率响应函数。

如果将 $h(n)$ 进行 Z 变换，得到

$$H(z) = \sum_{n=-\infty}^{\infty} h(n) z^{-n} \tag{2.4.2}$$

一般称 $H(z)$ 为系统的系统函数，它表征系统的复频域特性。如果 $H(z)$ 的收敛域包含单位圆 $|z| = 1$，则 $H(e^{j\omega})$ 和 $H(z)$ 之间的关系为

$$H(\mathrm{e}^{\mathrm{j}\omega}) = H(z)\big|_{z=\mathrm{e}^{\mathrm{j}\omega}} \tag{2.4.3}$$

因此系统的传输函数是系统单位脉冲响应在单位圆上的 Z 变换。它们之间有区别，但有时为了简单，也可以都称为传输函数。

为了说明系统传输函数的意义，设系统的输入 $x(n)$ 是单一频率的复指数序列，即 $x(n) = \mathrm{e}^{\mathrm{j}\omega_0 n}$，$n \geqslant 0$，在后面可推出对于因果稳定系统，其稳态输出为

$$y_{ss}(n) = \mathrm{e}^{\mathrm{j}\omega_0 n} H(\mathrm{e}^{\mathrm{j}\omega_0}) \tag{2.4.4}$$

式中
$$H(\mathrm{e}^{\mathrm{j}\omega}) = |H(\mathrm{e}^{\mathrm{j}\omega})| \mathrm{e}^{\mathrm{j}\arg[H(\mathrm{e}^{\mathrm{j}\omega})]} \tag{2.4.5}$$

上式中 $|H(\mathrm{e}^{\mathrm{j}\omega})|$ 称为幅频特性，$\arg[H(\mathrm{e}^{\mathrm{j}\omega})]$ 称为相频特性。式（2.4.4）和式（2.4.5）说明，系统的输出仍然是同一频率的复指数序列，但信号的幅度和相位由系统的传输函数决定，即传输函数起改变复指数序列的幅度和相位的作用。如果输入是一般信号 $x(n)$，根据傅里叶变换的时域卷积定理，输出信号 $y(n)$ 的频谱函数为

$$Y(\mathrm{e}^{\mathrm{j}\omega}) = X(\mathrm{e}^{\mathrm{j}\omega}) H(\mathrm{e}^{\mathrm{j}\omega}) \tag{2.4.6}$$

输出信号的幅频特性和相频特性取决于输入信号的频谱特性和系统的传输函数，这里传输函数仍然起改变输入信号频谱结构的作用，所以，通常又将 $H(\mathrm{e}^{\mathrm{j}\omega})$ 称为系统的"频率响应函数"。例如通过设计不同的频率响应函数可以实现对信号进行放大、滤波、相位均衡等功能。

2.4.2 根据系统函数的极点分布分析系统的因果性和稳定性

如果系统用 N 阶差分方程表示，即

$$y(n) = \sum_{i=0}^{M} b_i x(n-i) - \sum_{i=1}^{N} a_i y(n-i) \tag{2.4.7}$$

将上式进行 Z 变换，得到系统的系统函数

$$H(z) = \frac{Y(z)}{X(z)} = \frac{\sum_{i=0}^{M} b_i z^{-i}}{\sum_{i=0}^{N} a_i z^{-i}}, \quad a_0 = 1 \tag{2.4.8}$$

将上式进行因式分解，得到

$$H(z) = A \frac{\prod_{r=1}^{M}(1 - c_r z^{-1})}{\prod_{r=1}^{N}(1 - d_r z^{-1})} \tag{2.4.9}$$

式中，c_r 是 $H(z)$ 的零点，d_r 是它的极点，A 是常数。A 仅决定幅度大小，不影响频率特性的实质。系统函数的零、极点分布都会影响系统的频率特性，而影响系统的因果性和稳定性的只是极点分布。下面进行分析。

系统的因果性指的是系统的可实现性，如果系统可实现，它的单位脉冲响应一定是因果序列，因果序列 Z 变换的收敛域为 $R_{x-} < |z| \leqslant \infty$。换句话说，因果序列 Z 变换的极点均集中在以 R_{x-} 为半径的圆内。因此得到结论，因果系统的系统函数的极点均在某个圆内，收敛域包含 ∞ 点。

如果系统稳定，则要求 $\sum_{n=-\infty}^{\infty}|h(n)| < \infty$，按照 Z 变换的定义

$$\sum_{n=-\infty}^{\infty}|h(n)| = \sum_{n=-\infty}^{\infty}\left|h(n)z^{-n}\right|\bigg|_{z=1} < \infty$$

因此得到结论：系统稳定时，系统函数的收敛域一定包含单位圆，或者说系统函数的极点不能位于单位圆上。

综上所述，得出系统因果稳定的条件：$H(z)$ 的极点应集中在单位圆内。

例 2.4.1 已知系统函数 $H(z) = \dfrac{1-a^2}{(1-az)(1-az^{-1})}$，$|a|<1$，试分析该系统的因果性和稳定性。

解：该系统有两个极点，即 $z=a$ 和 $z=a^{-1}$，极点分布如图 2.4.1 所示。根据系统极点分布情况，系统的因果性和稳定性有三种情况，分别分析如下：

（1）收敛域取 $|a^{-1}|<|z|\leqslant\infty$。由于收敛域包含 ∞ 点，因此系统是因果系统。但由于 $a^{-1}>1$，收敛域不包含单位圆，因此系统不稳定。可以求出系统的单位脉冲响应为 $h(n)=(a^n-a^{-n})u(n)$。观察该式，$h(n)$ 确实是因果序列，但是一个发散序列，系统不稳定。

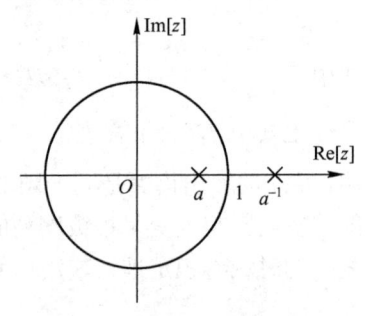

图 2.4.1 例 2.4.1 的极点分布

（2）收敛域取 $a<|z|<a^{-1}$。由于收敛域包含单位圆，系统稳定；但收敛域不包含 ∞ 点，系统不是因果系统。在例 2.3.7 中，已求出 $h(n)=a^{|n|}$，这是一个双边序列，也说明系统稳定但不是因果系统。

（3）收敛域取 $|z|<|a|$。因为收敛域既不包含 ∞ 点，也不包含单位圆，因此系统既不稳定也不是因果系统。可以求出单位脉冲响应 $h(n)=(a^{-n}-a^n)u(-n-1)$。由单位脉冲响应也可证实系统是非因果不稳定系统。

系统函数收敛域不同，则有不同的因果稳定性质。实际中系统稳定总是指因果稳定系统，因此说系统稳定就表示极点全集中在单位圆内。工程实际中的系统均是因果系统，所以其 $H(z)$ 的收敛域唯一。

2.4.3 用 Z 变换求解系统的输出响应

在第 1 章中曾用递推法求解出系统的输出，只要知道系统的差分方程和初始条件，很容易求出系统的输出。本节介绍利用 Z 变换求解系统的输出响应，包括零状态响应与零输入响应，以及稳态响应和暂态响应。另外还将介绍用 MATLAB 求解系统输出的方法。

1. 零状态响应与零输入响应

如果系统的 N 阶差分方程为式（2.4.7），输入信号 $x(n)$ 是因果序列，即当 $n<0$ 时，$x(n)=0$，系统初始条件为 $y(-1),y(-2),\cdots,y(-N)$。对式（2.4.7）进行 Z 变换时，注意对于移位因果序列的 Z 变换要用单边 Z 变换，公式为

$$\text{ZT}[y(n-m)u(n)] = z^{-m}\left[Y(z) + \sum_{l=-m}^{-1} y(l)z^{-l}\right] \qquad (2.4.10)$$

按照上式对式（2.4.7）进行 Z 变换，得到

$$Y(z) = \frac{\sum_{i=0}^{M}b_i z^{-i}}{\sum_{i=0}^{N}a_i z^{-i}} X(z) - \frac{\sum_{i=1}^{N}a_i z^{-i}\sum_{l=-i}^{-1}y(l)z^{-l}}{\sum_{i=0}^{N}a_i z^{-i}} \qquad (2.4.11)$$

上式中等号右边第一项与初始状态无关,只与输入信号有关系,称为系统的零状态响应;而第二部分与输入信号无关,只与系统初始状态有关系,则称为零输入响应。其实零状态响应就是直接对式(2.4.7)的双边 Z 变换得到的输出。$Y(z)$ 包括零状态响应与零输入响应,所以称为全响应。系统输出响应一般指全响应。下面举例说明。

例 2.4.2 已知系统的差分方程为 $y(n) = by(n-1) + x(n)$,$|b|<1$。输入信号为 $x(n) = a^n u(n)$,$|a| \leqslant 1$。初始条件为 $y(-1)=2$。求系统的输出响应。

解:对给定的输入信号和差分方程进行 Z 变换得到

$$X(z) = ZT[a^n u(n)] = \frac{1}{1 - az^{-1}}$$

$$Y(z) = bz^{-1}Y(z) + by(-1) + X(z)$$

代入初始条件并整理得

$$Y(z) = \frac{2b + X(z)}{1 - bz^{-1}} = \frac{2b}{1 - bz^{-1}} + \frac{1}{(1 - az^{-1})(1 - bz^{-1})}$$

上式的收敛域取 $|z| > \max(|a|, |b|)$,得到系统输出为

$$y(n) = 2b^{n+1}u(n) + \frac{1}{a-b}(a^{n+1} - b^{n+1})u(n)$$

式中,第一项是零输入解,第二项为零状态解。

下面介绍用 MATLAB 求系统输出响应。

1.4.3 节介绍的 filter 函数和 filtic 函数可以求解差分方程。我们知道,系统函数与差分方程是等价的,系统函数的系数就是差分方程的系数。所以,根据系统函数的系数和初始条件,通过调用 filter 函数和 filtic 函数可以方便地求系统输出响应。下面是调用 filter 和 filtic 函数求系统输出响应的通用程序。

```
B=[b0, b1, …, bM];A=[a0, a1, …, aN];    %设置H(z)的分子和分母多项式系数向量 B 和 A
xn=input('x(n)=');                       %输入信号 x(n)
ys=[y(-1), y(-2), …, y(-N)];             %设置初始条件
xi=filtic(B, A, ys);                     %由初始条件计算等效初始条件输入序列 xi,设 x(n)为因
                                         %果序列,因此默认 xs
yn=filter(B, A, xn, xi);                 %调用 filter 求系统输出信号 y(n), n≥0
```

下面用 MATLAB 求解例 2.4.2。本例的系统函数 $H(z) = 1/(1-bz^{-1})$,所以 $H(z)$ 的分子、分母多项式系数向量 $B=1$, $A=[1, -b]$。求系统输出的程序 ep242.m 如下:

```
%ep242.m:例 2.4.2 调用 filter 函数和 filtic 函数求系统输出响应
clear all;close all
b=input('b=');                   %输入差分方程系数 b
a=input('a=');                   %输入信号 x(n)的参数 a
B=1;A=[1, -b];                   %H(z)的分子、分母多项式系数 B、A
n=0:31;xn=a.^n;                  %计算产生输入信号 x(n)的 32 个样值 a^nR_{32}(n)
ys=input('ys=');                 %初始条件 y(-1)=2
xi=filtic(B, A, ys)              %计算等效初始条件的输入序列 xi
yn=filter(B, A, xn, xi);         %调用 filter 解差分方程,求系统输出信号 y(n)
subplot(3, 2, 1);stem(n, yn, '. ');
xlabel('n');ylabel('y(n) ');axis([0, 32, 0, max(yn)+0.5])
```

运行程序,并输入不同的参数 b、a 和 ys = y(-1),得到系统输出 $y(n)$ 如图 2.4.2 所示。其

中，图(a)和(b)分别为 $b=0.8$ 时，系统对 $x(n)=0.8^n u(n)$ 和 $x(n)=u(n)$ 的全响应，图(c)和(d)分别为 $b=0.8$ 和 $b=-0.8$ 时，系统对 $x(n)=u(n)$ 的零状态响应。

2. 稳态响应和暂态响应

假设系统处于零状态，或者说在式（2.4.11）中仅考虑第一部分，系统输出为
$$Y(z)=H(z)X(z)$$
$$y(n)=\text{IZT}[Y(z)]$$
令
$$y_{ss}(n)=\lim_{n\to\infty}y(n)$$

式中，$y_{ss}(n)$ 称为系统的稳态响应。如果系统不稳定，$y_{ss}(n)$ 将会无限制增长，而和输入信

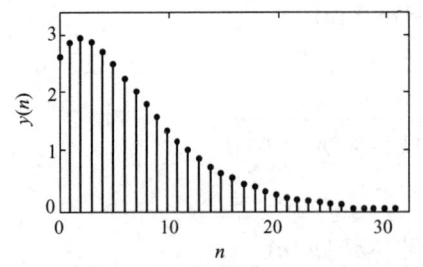

(a) $x(n)=0.8^n u(n)$，系统全响应($b=0.8$, $a=0.8$, $y(-1)=2$)

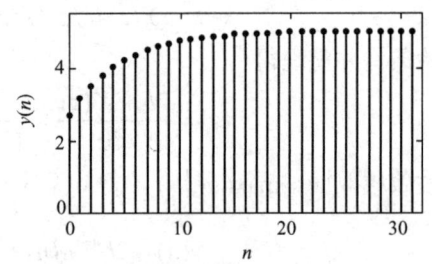

(b) $x(n)=u(n)$，系统全响应($b=0.8$, $a=1$, $y(-1)=2$)

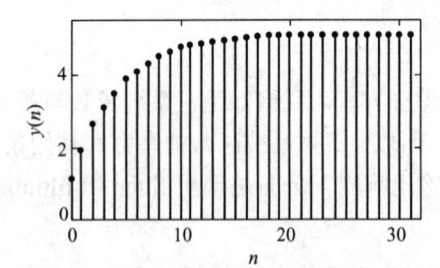

(c) $x(n)=u(n)$，系统零状态响应($b=0.8$, $a=1$, $y(-1)=0$)

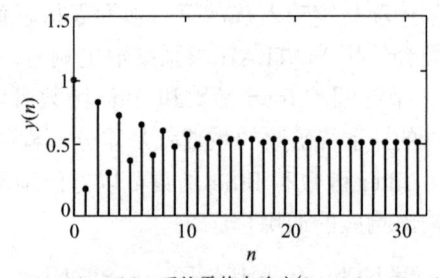

(d) $x(n)=u(n)$，系统零状态响应($b=-0.8$, $a=1$, $y(-1)=0$)

图 2.4.2 例 2.4.2 系统输出响应

号无关。如果系统稳定，稳态响应 $y_{ss}(n)$ 取决于输入信号和系统的频域特性。下面以 $x(n)=Au(n)$ 为例来证明这一结论。

$$X(z)=\text{ZT}[x(n)]=\frac{A}{1-z^{-1}}$$

$$Y(z)=H(z)X(z)=H(z)\frac{A}{1-z^{-1}}$$

式中，A 是常数。将上式展成部分分式，得到

$$Y(z)=\frac{r}{1-z^{-1}}+[\text{由 }H(z)\text{ 的极点形成的部分分式}] \quad (2.4.12)$$

式中
$$r=H(z)\frac{Az}{z-1}(z-1)\Big|_{z=1}=AH(1)$$

如果系统稳定，那么系统 $H(z)$ 的极点均在单位圆内，式（2.4.12）中方括号部分对应的时间序列一定是收敛序列，当 $n\to\infty$ 时，该序列会趋于零，由后面的例题也可以说明这一结论。此时稳态响应为

$$y_{ss}(n)=\lim_{n\to\infty}[y(n)]=AH(1)\times 1^n=AH(1)$$

上式说明稳态响应与输入信号及系统的频率特性有关。如果系统不稳定，有的极点不在单位圆内，式（2.4.12）中的方括号部分对应的时域序列是发散序列，当 $n\to\infty$ 时，会趋于无限大，此时输出与输入信号无关。式（2.4.12）中的方括号部分称为系统的暂态响应。下面举例说明。

例 2.4.3 已知系统的输入信号 $x(n)=u(n)$，系统函数为

$$H(z)=\frac{2z^{-1}-z^{-2}}{(1-2z^{-1})(1+0.5z^{-1})}$$

求系统的输出响应。

解：系统的输出 $$Y(z)=H(z)X(z)=\frac{2z^{-1}-z^{-2}}{(1-2z^{-1})(1+0.5z^{-1})}\frac{1}{1-z^{-1}}$$

将上式进行部分分式展开，得到

$$Y(z)=\frac{-2/3}{1-z^{-1}}+\frac{6/5}{1-2z^{-1}}+\frac{-8/15}{1+0.5z^{-1}}$$

取收敛域 $|z|>2$，输出响应为

$$y(n)=-\frac{2}{3}\times 1^n+\left[\frac{6}{5}\times 2^n-\frac{8}{15}\times(-0.5)^n\right] \quad n\geqslant 0$$

上式中第一项是由输入信号引起的，方括号中的部分是系统的极点 2 和 –0.5 引起的，显然极点 2 在单位圆外，会使系统不稳定，当 $n\to\infty$ 时，输出趋近于无限大。如果将系统的极点 2 换成 0.8，变成另一个系统 $H_1(z)$，此时系统的极点为 0.8 和 –0.5，再进行推导，得到

$$H_1(z)=\frac{2z^{-1}-z^{-2}}{(1-0.8z^{-1})(1+0.5z^{-1})}$$

$$Y_1(z)=H_1(z)X(z)=\frac{2z^{-1}-z^{-2}}{(1-0.8z^{-1})(1+0.5z^{-1})}\frac{1}{1-z^{-1}}$$

$$Y_1(z)=\frac{10/3}{1-z^{-1}}+\left[\frac{-30/13}{1-0.8z^{-1}}+\frac{-40/39}{1+0.5z^{-1}}\right]$$

上式中方括号中的部分是由单位圆内的极点 0.8 和 –0.5 形成的，当 $n\to\infty$ 时，稳态响应为

$$y_{1ss}(n)=\lim_{n\to\infty}y_1(n)=\frac{10}{3}\times 1^n=\frac{10}{3}$$

注意 $H_1(z)|_{z=1}=10/3$，因此证实如果系统稳定，输入单位阶跃序列 $u(n)$，系统的稳态响应为 $H_1(1)$。

如果已知系统稳定，求系统对于 $u(n)$ 的稳态输出是很简单的问题。假设一个二阶系统为

$$H(z)=\frac{z^{-2}}{1+\alpha z^{-1}+\beta z^{-2}}=\frac{1}{z^2+\alpha z+\beta}$$

对于 $u(n)$ 的稳态输出为 $$y_{ss}(n)=H(z)|_{z=1}=\frac{1}{1+\alpha+\beta}$$

如果已知系统的差分方程，且系统稳定，也可用下面方法求系统对于 $u(n)$ 的稳态输出。$H(z)$ 对应的差分方程为

$$y(n)+\alpha y(n-1)+\beta y(n-2)=x(n-2)$$

式中，$x(n)=u(n)$，当 $n\to\infty$ 时，$y(n)\approx y(n-1)\approx y(n-2)=y_{ss}$，$x(n-2)=1$，因此得到

$$y_{ss}(n)(1+\alpha+\beta)=1$$

$$y_{ss}(n) = \frac{1}{1+\alpha+\beta}$$

结果和用系统函数求出的一样。例 2.4.3 中的 $H(z)$ 是不稳定系统，因此不能使用这种方法。

对于
$$H_1(z) = \frac{2z^{-1} - z^{-2}}{(1-0.8z^{-1})(1+0.5z^{-1})}$$

已验证过这是一个稳定系统，该系统对于 $u(n)$ 的稳态输出为

$$y_{ss}(n) = \frac{2-1}{(1-0.8)(1+0.5)} = \frac{10}{3}$$

例 2.4.4 假设因果稳定系统的传输函数和系统函数分别用 $H(\mathrm{e}^{\mathrm{j}\omega})$ 和 $H(z)$ 表示，$A(\omega) = \left|H(\mathrm{e}^{\mathrm{j}\omega})\right|$ 表示系统的幅频特性，$\theta(\omega) = \arg[H(\mathrm{e}^{\mathrm{j}\omega})]$ 表示其相频特性，即 $H(\mathrm{e}^{\mathrm{j}\omega}) = A(\omega)\mathrm{e}^{\mathrm{j}\theta(\omega)}$。输入 $x(n) = \cos(\omega_0 n)u(n)$。求系统的稳态响应 $y_{ss}(n)$。

解：为了求余弦序列的稳态输出，先求复正弦序列 $\mathrm{e}^{\mathrm{j}\omega_0 n}$ 的稳态输出。

令 $x(n) = \mathrm{e}^{\mathrm{j}\omega_0 n}u(n)$，它的 Z 变换为 $X(z) = \dfrac{1}{1 - \mathrm{e}^{\mathrm{j}\omega_0}z^{-1}}$，那么输出

$$Y(z) = H(z)X(z) = \frac{H(z)}{1 - \mathrm{e}^{\mathrm{j}\omega_0}z^{-1}}$$

将上式进行部分分式展开，得到

$$Y(z) = \frac{r}{1 - \mathrm{e}^{\mathrm{j}\omega_0}z^{-1}} + [\text{由 } H(z) \text{ 引起的其他项}] \tag{2.4.13}$$

式中 $r = H(z)\big|_{z=\mathrm{e}^{\mathrm{j}\omega_0}} = H(\mathrm{e}^{\mathrm{j}\omega_0}) = A(\omega_0)\mathrm{e}^{\mathrm{j}\theta(\omega_0)}$

因为系统因果稳定，极点集中在单位圆内，当 $n \to \infty$ 时，$H(z)$ 的极点引起的部分趋于零，因此系统的稳态输出为式（2.4.13）中的右边第一部分的逆 Z 变换，即

$$y_{ss}(n) = \lim_{n \to \infty} y(n) = \mathrm{IZT}\left[\frac{r}{1 - \mathrm{e}^{\mathrm{j}\omega_0}z^{-1}}\right]$$
$$= r\mathrm{e}^{\mathrm{j}\omega_0 n} = H(\mathrm{e}^{\mathrm{j}\omega_0})\mathrm{e}^{\mathrm{j}\omega_0 n} = A(\omega_0)\mathrm{e}^{\mathrm{j}[\omega_0 n + \theta(\omega_0)]} \tag{2.4.14}$$

由上式得出结论：对于因果稳定系统，输入复指数序列的稳态响应仍然是同一频率的复指数序列，但幅度和相位决定于在 ω_0 处的传输函数。因为余弦序列是复指数序列的实部，且系统的单位取样响应 $h(n)$ 是实序列，因此得到因果系统对于余弦序列的稳态输出为

$$y_{css}(n) = \mathrm{Re}[y_{ss}(n)] = A(\omega_0)\cos[\omega_0 n + \theta(\omega_0)] \tag{2.4.15}$$

请读者推导，当输入为 $x(n) = \sin(\omega_0 n)$ 时，相应的稳态输出为

$$y_{sss}(n) = A(\omega_0)\sin[\omega_0 n + \theta(\omega_0)] \tag{2.4.16}$$

2.4.4 系统稳定性的测定及稳定时间的计算

实际中系统的稳定是一个很重要的问题，设计中要保证系统稳定，工程实际中要对系统进行稳定性测试。另外当系统开始工作时，系统的输出中可能存在暂态效应，如何确定系统已进入稳态工作，也是一个实际问题。

1. 判断极点是否在单位圆内确定系统的稳定性

如果已知系统函数，判断系统的稳定性的一种方法是检查它的极点是否在单位圆内，下面举例说明。

例 2.4.5 已知系统函数如下式，判断系统是否稳定。

$$H(z) = \frac{(z+10)(z-5)}{2z^4 - 2.98z^3 + 0.17z^2 + 2.3418z - 1.5147}$$

解：求出四个极点为：$0.7 \pm 0.6i$，-0.9，0.99，其中两个实数极点明显在单位圆内，两个复数极点的模为 $\sqrt{0.7^2 + (\pm 0.6)^2} = 0.92 < 1$，也在单位圆内，因此该系统是稳定的。

如果系统函数分母多项式阶数较高（如 3 阶以上），用手工计算，判定系统是否稳定不是一件简单的事情。用 MATLAB 函数判定则很简单，判定程序如下：

```
%stability: 系统稳定性判定程序
A=input('A= ')          %输入 H(z)的分母多项式系数
P=roots(A);             %求 H(z)的极点
M=max(abs(P));          %求所有极点模的最大值
if M<1 disp('系统稳定'), else, disp('系统不稳定'), end
```

请注意，这里要求 $H(z)$ 是正幂有理分式。运行程序，输入 $H(z)$ 的分母多项式系数向量 A，第二行求出极点，第三行得到所有极点模的最大值 M，第四行判断 M 值，如果 $M<1$ 则显示"系统稳定"，否则显示"系统不稳定"。如果输入例 2.4.5 中 $H(z)$ 的分母多项式系数 $[2 \ -2.98 \ 0.17 \ 2.3418 \ -1.5147]$，则程序输出如下：

P =   − 0.9000   0.7000 + 0.6000i   0.7000 − 0.6000i   0.9900

因此系统稳定。

2．用单位阶跃信号进行测试

前面已经证明，在系统的输入端加入单位阶跃序列，如果系统稳定，随着 n 的增大，输出接近一个常数；如果系统不稳定，随着 n 的增大，输出幅度会无限制增大或者保持振荡。这一结论可以作为实际测试系统稳定性的方法。

3．系统稳定时间的确定

如果系统稳定，输入是一个阶跃序列，从数学上讲，只有当 $n \to \infty$ 时，才能结束暂态响应。但工程上只要系统输出中暂态响应幅度减小到最大值的 1%，即可以认为系统达到稳定。

为了简化分析，假设 $H(z)$ 有一个实数极点 ρ_1 和一对复极点 $\rho_2 e^{j\omega_0}$ 和 $\rho_2 e^{-j\omega_0}$，系统的输入是一个单位阶跃序列，系统的输出为

$$y(n) = k_1 \rho_1^n + k_2 \rho_2^n \sin(\omega_0 n + k_3) + 稳态响应$$

式中，k_1, k_2, k_3 为常数。暂态响应如用 $y_1(n)$ 表示，则

$$y_1(n) = k_1 \rho_1^n + k_2 \rho_2^n \sin(\omega_0 n + k_3)$$

如果系统稳定，ρ_1 和 ρ_2 的绝对值小于 1，那么当 $n \to \infty$ 时，系统输出的暂态响应会趋于零，趋于零的速度和 ρ_1，ρ_2 的绝对值有关。

设 $\rho = \max\left[|\rho_1|, |\rho_2|\right]$

定义　　　　时间常数 $= -1/\ln \rho$　　　　（2.4.17）

因为 $0 \le \rho < 1$，时间常数是一个正数。

定义　　　　$\alpha = \lfloor -4.5/\ln \rho \rfloor$　　　　（2.4.18）

表 2.4.1　ρ, α 和 ρ^α 的曲型值

ρ	α	ρ^α
0.99	448	0.011
0.95	88	0.011
0.9	43	0.011
0.8	21	0.009
0.5	7	0.007
0.3	4	0.008

式中，$\lfloor \ \rfloor$ 表示大于 $-4.5/\ln\rho$ 的最小整数。通过验证，用式（2.4.18）计算的 α 值，可以近似地等于到达暂态峰值的 1% 所需的采样点数。例如 $\rho=0.95$，$\alpha=\lfloor 87.7 \rfloor=88$，当 $n \geqslant 88$ 时，$\rho^\alpha \leqslant 0.011=1.1\%$，说明到达稳态值大致需要 88 个采样间隔。表 2.4.1 中列出了一些典型值，以及相应的 ρ^α 值。

利用上面的公式或者表 2.4.1，可粗略计算出系统到达稳态值的时间。例如 $\rho=0.95$ 时，采样间隔 $T=0.01$ s，计算出系统达到稳定所需要的时间为 0.88 s。在例 2.4.2 中，系统的极点为 $b=0.8$，$\alpha=21$，估计 21 个采样间隔后达到稳定（见图 2.4.2(d)）。

工程中会对系统的稳定时间提出要求，上面用以计算稳定时间的方法可以用作参考。

2.4.5 根据系统的零、极点分布分析系统的频率特性

系统用 N 阶差分方程描述，系统函数如式（2.4.9）所示，重写如下

$$H(z)=A\frac{\prod_{r=1}^{M}(1-c_r z^{-1})}{\prod_{r=1}^{N}(1-d_r z^{-1})} \qquad A=\frac{b_0}{a_0} \qquad (2.4.19)$$

式中，c_r 和 d_r 分别是系统函数的零点和极点，共有 M 个零点和 N 个极点。系统的频响特性主要取决于系统函数的零极点分布，系数 A 只影响幅度大小。下面介绍如何用几何方法分析研究零极点分布对系统频率响应特性的影响。将式（2.4.19）分子、分母同乘以 z^{N+M}，得到

$$H(z)=Az^{N-M}\frac{\prod_{r=1}^{M}(z-c_r)}{\prod_{r=1}^{N}(z-d_r)}$$

上式中如果 $(N-M)<0$，z^{N-M} 表示延时 $(N-M)$ 个单位，$N-M>0$，则表示超前 $(N-M)$ 个单位。

设系统稳定，将 $z=e^{j\omega}$ 代入上式，得到

$$H(e^{j\omega})=Ae^{j\omega(N-M)}\frac{\prod_{r=1}^{M}(e^{j\omega}-c_r)}{\prod_{r=1}^{N}(e^{j\omega}-d_r)} \qquad (2.4.20)$$

对于 $z=e^{j\omega}$，在 Z 平面上可以用坐标原点 O 到单位圆上 B 点的矢量 $\overrightarrow{OB}$ 表示，该矢量的长度是 1，相角 ω 就是和水平坐标之间的夹角。当频率 ω 由 0 连续增大，经过 π 再到 2π 时，矢量 $\overrightarrow{OB}$ 便围绕坐标原点逆时针旋转一圈，如图 2.4.3(a)所示。对于极点 $z=d_r$，在 Z 平面上则用坐标原点 O 到 d_r 的矢量 $\overrightarrow{Od_r}$ 表示。相应的零点 c_r 用 $\overrightarrow{Oc_r}$ 表示。对于 $e^{j\omega}-d_r$，则用从极点 d_r 到单位圆上一点 B 的矢量 $\overrightarrow{d_rB}$ 表示，该矢量称为极点矢量。极点矢量的长度用 $\overline{d_rB}$ 表示，矢量的相位，就是矢量 $\overrightarrow{d_rB}$ 和水平坐标之间的夹角，用 β_r 表示。对于零点，有零点矢量，用 $\overrightarrow{c_rB}$ 表示，零点矢量的长度用 $\overline{c_rB}$ 表示，相位用 α_r 表示。零极点矢量如图 2.4.3(b)所示。

将零极点矢量用下式表示

$$\overrightarrow{c_rB}=\overline{c_rB}e^{j\alpha_r}, \qquad \overrightarrow{d_rB}=\overline{d_rB}e^{j\beta_r}$$

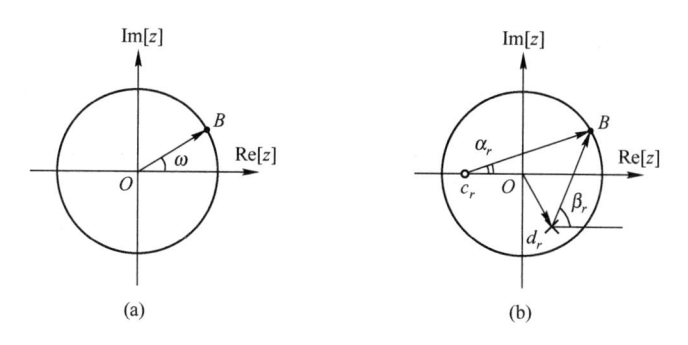

图 2.4.3 用矢量表示零极点

用上面两式表示式（2.4.20），得到

$$H(e^{j\omega}) = Ae^{j\omega(N-M)} \frac{\prod_{r=1}^{M} \overrightarrow{c_r B}}{\prod_{r=1}^{N} \overrightarrow{d_r B}} = |H(e^{j\omega})| e^{j\varphi(\omega)} \tag{2.4.21}$$

$$|H(e^{j\omega})| = |A| \frac{\prod_{r=1}^{M} \overline{c_r B}}{\prod_{r=1}^{N} \overline{d_r B}} \tag{2.4.22}$$

$$\varphi(\omega) = \omega(N-M) + \sum_{r=1}^{M} \alpha_r - \sum_{r=1}^{N} \beta_r \tag{2.4.23}$$

式（2.4.22）说明，系统的幅频特性等于系统零点矢量长度之积除以极点矢量长度之积。式（2.4.23）说明，相频特性等于 $\omega(N-M)$ 与零点矢量的相角之和减去极点矢量的相角之和（设 $A>0$）。当频率 ω 由 0 变化到 2π 时，这些零、极点矢量的终点 B 沿单位圆旋转一周，零、极点矢量的长度和相角不断变化，按照式（2.4.22）和式（2.4.23）可以计算出幅频特性和相频特性。但工程中用的最多的是，利用式（2.4.22）定性分析估计幅频特性。下面举例说明。

例 2.4.6 设一阶系统的差分方程如下式，试定性分析系统的幅频特性。

$$y(n) = by(n-1) + x(n) \qquad 0<b<1$$

解：由系统的差分方程得到系统函数为

$$H(z) = \frac{1}{1-bz^{-1}} = \frac{z}{z-b}$$

系统的零点是 $z=0$，极点是 $z=b$，零极点分布如图 2.4.4(a)所示。取单位圆上一点 B，可以画出极点矢量和零点矢量，当 B 点从 $\omega=0$ 开始，沿单位圆逆时针转一圈时，观察极点矢量长度和零点矢量长度的变化。因为零点是在坐标原点，当频率 ω 变化时，零点矢量的长度始终保持为 1，它对幅频特性没有影响。但当 $\omega=0$ 时，极点矢量长度最短，所以幅度值最大；当 $\omega=\pi$ 时，极点矢量长度最长，幅度值最小；而且幅频特性对 $\omega=\pi$ 对称。这样定性画出它的幅频特性如图 2.4.4(b)所示。幅频特性的峰值在极点矢量长度最短的地方，即 $\omega=0$ 处，谷值在极点矢量最长的地方，即 $\omega=\pi$ 处。很明显，峰值为 $1/(1-b)$，谷值为 $1/(1+b)$，b 点越靠近单位圆，它的峰值越尖锐。

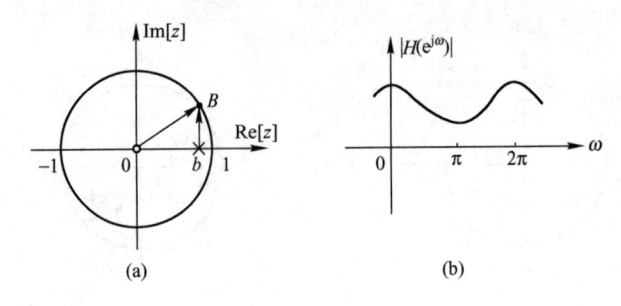

图 2.4.4　例 2.4.6 图

例 2.4.7　已知系统函数 $H(z)=1-z^{-N}$，试定性画出系统的幅频特性。

解：
$$H(z)=1-z^{-N}=\frac{z^N-1}{z^N}$$

系统的极点是 $z=0$，是一个 N 阶极点。分子是一个 N 阶多项式，有 N 个零点，即

$$z_k=\mathrm{e}^{\mathrm{j}\frac{2\pi}{N}k}\qquad k=0,1,2,\cdots,N-1$$

上式表明，N 个零点等间隔地分布在单位圆上。假设 $N=8$，零极点分布如图 2.4.5(a)所示。由于极点在坐标原点，当 ω 变化时，极点矢量长度始终不变，而且是 1，分析时可以不考虑。当频率从 $\omega=0$ 开始增加，每遇到一个零点，幅度为零。因为单位圆上的零点是圆对称的，在两个零点的中点幅度最大，形成峰值。幅度谷值点的频率为

$$\omega_k=(2\pi/N)k,\quad k=0,1,2,\cdots,N-1$$

定性画出该系统的幅频特性如图 2.4.5(b)所示。因为有 N 个等幅度的峰，一般将具有这种特点的滤波器称为梳状滤波器。

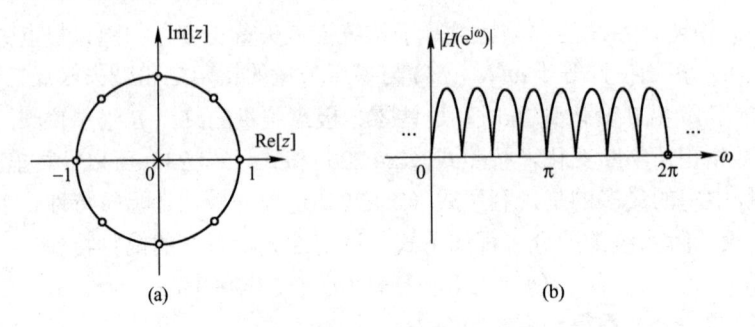

图 2.4.5　例 2.4.7 图

例 2.4.8　定性分析并画出矩形序列的幅频特性。

解： 令 $x(n)=R_N(n)$

$$X(z)=\mathrm{ZT}[R_N(n)]=\sum_{n=-\infty}^{\infty}R_N(n)z^{-n}=\sum_{n=0}^{N-1}z^{-n}=\frac{1-z^{-N}}{1-z^{-1}}=\frac{z^N-1}{z^{N-1}(z-1)}$$

上式中，分子是一个 N 阶多项式，和例 2.4.7 一样，有 N 个零点，即

$$z_k=\mathrm{e}^{\mathrm{j}\frac{2\pi}{N}k}\qquad k=0,1,2,\cdots,N-1$$

极点有两个，一个是 $z=0$，这是一个 $N-1$ 阶极点，另一个是 $z=1$。观察上式当 $k=0$ 时，$z=1$ 也是零点，那么该处的零、极点相互抵消。设 $N=8$，该系统的零极点分布如图 2.4.6(a)所示。

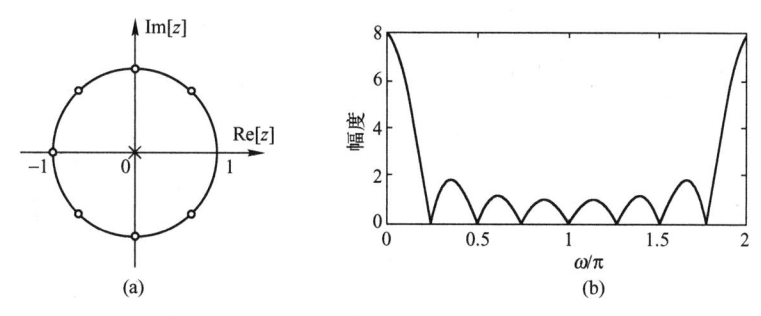

图 2.4.6 $N=8$ 矩形序列零极点分布及幅频特性

当从 $\omega=0$ 开始逆时针旋转时，每遇到一个零点，幅频特性等于零。幅频特性为零的频率为
$$\omega_k = (2\pi/N)k, \quad k=1,2,\cdots,N-1$$
每两个零点之间有一个峰值，由于这些零点并不是圆对称的，因此这些峰不一样高。相对来说，在 $\omega=0$ 处所有的零点矢量长度之积最大，而在 $\omega=\pi$ 两边所有零点矢量长度之积要小一些。因此幅频特性在 $\omega=0$ 的峰值最大，而在 $\omega=\pi$ 两边的峰值最小。这样该系统的幅频特性如图 2.4.6(b)所示。

通过以上例题的分析，可以总结出零极点分布对幅频特性的影响：

（1）系统函数的极点主要影响幅频特性的峰值，峰值频率在极点附近。极点越靠近单位圆，峰值越高越尖锐。如果极点在单位圆上，则幅度为 ∞，系统不稳定。

（2）系统函数的零点主要影响幅频特性的谷值，谷值频率在零点附近。零点越靠近单位圆，谷值越接近零。当零点处在单位圆上时，谷值为零。

（3）处于坐标圆点的零、极点不影响幅频特性。

利用这种方法对幅频特性进行分析时，需要找出零极点的分布，根据分布可以得到幅频特性，找到幅频特性的峰值点和谷值点的频率。但是，这种方法仅对低阶系统有效，对高阶系统，一般零、极点多，而且零、极点之间相互影响，使关系复杂，不容易画出较准确的幅频特性曲线，不容易找到准确的峰值、谷值频率。

下面介绍用 MATLAB 计算零、极点及频率响应。首先介绍 MATLAB 工具箱中两个函数 zplane 和 freqz 的功能和调用格式。

- zplane——绘制 $H(z)$ 的零、极点图。其调用格式为

    zplane(z, p)

绘制出列向量 z 中的零点（以符号"o"表示）和列向量 p 中的极点（以符号"×"表示），同时画出参考单位圆，并在多阶零点和极点的右上角标出其阶数。如果 z 和 p 为矩阵则 zplane 以不同的颜色分别绘出 z 和 p 各列中的零点和极点。

    zplane(B, A)

绘制出系统函数 $H(z)$ 的零极点图。其中 B 和 A 为 $H(z)=B(z)/A(z)$ 的分子和分母多项式系数向量。假设系统函数 $H(z)$ 用下式表示

$$H(z) = \frac{B(z)}{A(z)} = \frac{B(1)+B(2)z^{-1}+\cdots+B(M)z^{-(M-1)}+B(M+1)z^{-M}}{A(1)+A(2)z^{-1}+\cdots+A(N)z^{-(N-1)}+A(N+1)z^{-N}} \quad (2.4.24)$$

$$B=[B(1) \quad B(2) \quad B(3) \quad \cdots \quad B(M+1)]$$
$$A=[A(1) \quad A(2) \quad A(3) \quad \cdots \quad A(N+1)]$$

- freqz——计算 $H(z)$ 的频率响应。其调用格式为

H = freqz(B, A, w)

计算由向量 w 指定的数字频率点上数字滤波器 $H(z)$ 的频率响应 $H(e^{j\omega})$，结果存于 H 向量中。B 和 A 仍为系数向量（同上）。

[H, w]= freqz(B, A, M)

计算出 M 个频率点上的频率响应，存放在 H 向量中，M 个频率存放在向量 w 中。freqz 函数自动将这 M 个频率点均匀设置在频率范围 $[0, \pi]$ 上。

[H, w] = freqz(B, A, M, 'whole')

自动将这 M 个频点均匀设置在频率范围 $[0, 2\pi]$ 上。

默认 w 和 M 时 freqz 自动选取 512 个频率点计算。不带输出向量的 freqz 函数将自动绘出固定格式的幅频响应和相频响应曲线。所谓固定格式是指频率范围为 $[0, \pi]$，频率和相位是线性坐标，幅频响应为对数坐标。当然，还可以由频率响应向量 H 得到幅频响应函数和相频响应函数：

$$|H(e^{j\omega})| = \text{abs}(H) \tag{2.4.25}$$

$$\varphi(\omega) = \text{angle}(H) \tag{2.4.26}$$

式中，abs 函数的功能是对复数求模，对实数求绝对值；angle 函数的功能是求复数的相角。

其他几种调用格式可用命令 help 查阅。

例 2.4.9 已知系统函数 $H(z) = 1-z^{-N}$，试用 MATLAB 绘出 8 阶梳状滤波器的零极点图、幅频响应和相频响应曲线。

解：将 $H(z)$ 写成下式

$$H(z) = 1 - z^{-N} = \frac{z^N - 1}{z^N}$$

写出调用 zplane 和 freqz 求解本例的程序 ep249.m 如下：

```
%ep249.m: 例 2.4.9 求解程序
B = [1 0 0 0 0 0 0 0 -1];A=1;          %设置系统函数系数向量 B 和 A
subplot(2, 2, 1);zplane(B, A);          %绘制零极点图
[H, w]=freqz(B, A);                     %计算频率响应
subplot(2, 2, 2);plot(w/pi, abs(H));    %绘制幅频响应曲线
xlabel('\omega/ \pi');ylabel('|H(e^j^\omega| ');axis([0, 1, 0, 2.5])
subplot(2, 2, 4);plot(w/pi, angle(H));  %绘制相频响应曲线
xlabel('\omega/ \pi');ylabel('\phi(\omega)');
```

运行上面的程序，绘制出 8 阶梳状滤波器的零极点图和幅频特性、相频特性如图 2.4.7 所示。

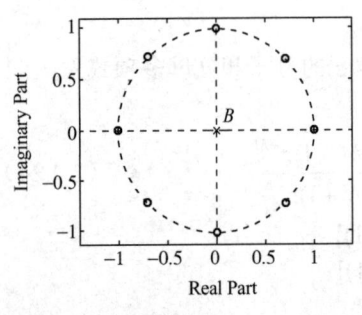

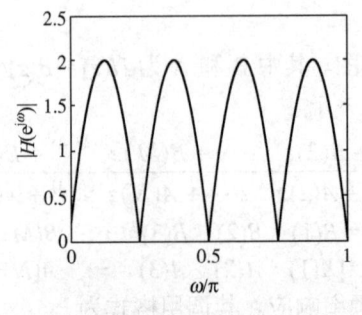

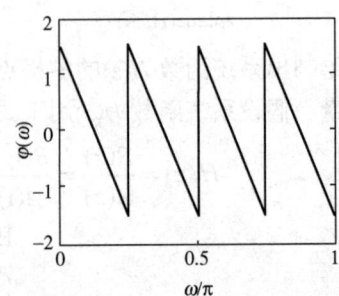

图 2.4.7　8 阶梳状滤波器的零极点图和幅频响应曲线、相频响应曲线

2.5 几种特殊滤波器

本节介绍几种特殊滤波器，包括全通滤波器、最小相位滤波器和梳状滤波器。这些滤波器具有特殊的系统函数，设计过程简单，实现电路简单，处理速度快，并有工程实际价值。更重要的是，这些滤波器不适合采用普通滤波器的设计方法设计（如果用普通方法设计，可能使系统复杂很多）。

2.5.1 全通滤波器

如果滤波器的幅度特性在整个频带 $[0,2\pi]$ 上均等于常数，或者等于 1，即

$$|H(e^{j\omega})| = 1 \qquad 0 \leqslant \omega \leqslant 2\pi \tag{2.5.1}$$

则该滤波器称为全通滤波器。信号通过全通滤波器后，其输出的幅度特性保持不变，仅相位发生变化，因此全通滤波器也称为纯相位滤波器。

全通滤波器的系统函数的一般形式为

$$H(z) = \frac{\sum_{k=0}^{N} a_k z^{-N+k}}{\sum_{k=0}^{N} a_k z^{-k}} \tag{2.5.2}$$

或者写成二阶滤波器形式

$$H(z) = \prod_{i=1}^{L} \frac{z^{-2} + a_{1i}z^{-1} + a_{2i}}{a_{2i}z^{-2} + a_{1i}z^{-1} + 1} \tag{2.5.3}$$

上面两式的系数均是实数，而且分子、分母的系数相同，仅排列顺序相反。

下面证明式（2.5.2）的幅度特性为 1。

$$H(z) = \frac{\sum_{k=0}^{N} a_k z^{-N+k}}{\sum_{k=0}^{N} a_k z^{-k}} = z^{-N} \frac{\sum_{k=0}^{N} a_k z^k}{\sum_{k=0}^{N} a_k z^{-k}} = z^{-N} \frac{D(z^{-1})}{D(z)} \tag{2.5.4}$$

因为上式中系数是实数，因此

$$D(z^{-1})\big|_{z=e^{j\omega}} = D(e^{-j\omega}) = D^*(e^{j\omega})$$

$$|H(e^{j\omega})| = \left|\frac{D^*(e^{j\omega})}{D(e^{j\omega})}\right| = 1 \tag{2.5.5}$$

即证明了式（2.5.2）是全通滤波器的系统函数。下面分析该滤波器的零极点分布特性。

式（2.5.4）表明，它的零点和极点互成倒易关系，如果 z_k 是它的零点，那么 $p_k = z_k^{-1}$ 就是它的极点。因为 $D(z^{-1})$ 和 $D(z)$ 的系数是实数，零点和极点均以共轭对形式出现：z_k 是零点，z_k^* 也是零点，$p_k = z_k^{-1}$ 是极点，$p_k^* = (z_k^{-1})^*$ 也是极点，形成四个极零点一组的形式。

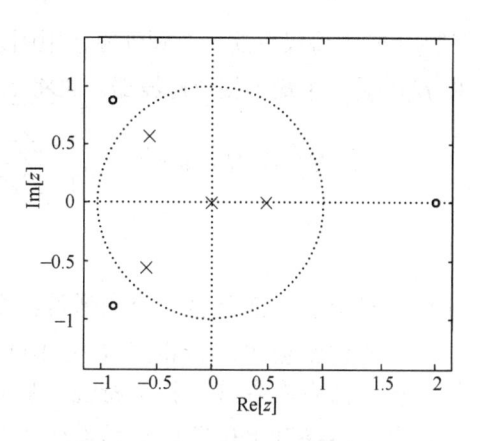

图 2.5.1 全通滤波器的零极点分布

当然如果零点在单位圆上，或者零点是实数，则以两个一组的形式出现。极零点的分布如图 2.5.1 所示。

如果将零点 z_k 和极点 $p_k^* = (z_k^{-1})^*$ 组成一对，零点 z_k^* 和极点 $p_k = z_k^{-1}$ 组成一对，则全通滤波器的系统函数可以表示成

$$H(z) = \prod_{k=1}^{N} \frac{z^{-1} - z_k}{1 - z_k^* z^{-1}} \tag{2.5.6}$$

显然式（2.5.6）中的零点和极点互为共轭倒易关系。式（2.5.6）中的 N 称为阶数。当 $N=1$ 时，零极点均为实数，系统函数为

$$H(z) = \frac{z^{-1} - a}{1 - az^{-1}}, \quad a \text{ 为实数} \tag{2.5.7}$$

全通滤波器一般用作相位校正。如果要求设计一个线性相位滤波器，可以直接设计一个线性相位 FIR 滤波器，也可以先设计一个满足幅频特性的 IIR 滤波器，再级联一个全通滤波器进行相位校正，使总的相位特性是线性的。但设计这样的全通滤波器不是一件容易的事情。所以，要求严格的线性相位特性时，一般选用 FIR 滤波器。

2.5.2 最小相位滤波器

因果稳定的滤波器的全部极点必须位于单位圆内，但零点可以位于任意位置。对于全部零点位于单位圆内的因果稳定滤波器，称为最小相位滤波器，系统函数用 $H_{\min}(z)$ 表示。而对于全部零点位于单位圆外的因果稳定滤波器，称为最大相位滤波器，系统函数用 $H_{\max}(z)$ 表示。零点既不全在单位圆内，也不全在单位圆外的称为混合相位滤波器。

最小相位滤波器有以下重要性质：

（1）任何一个因果稳定的滤波器 $H(z)$ 均可以用一个最小相位滤波器和一个全通滤波器 $H_{ap}(z)$ 级联构成，即

$$H(z) = H_{\min}(z) H_{ap}(z) \tag{2.5.8}$$

证明：假设 $H(z)$ 仅有一个零点在单位圆外，零点为 $z = z_0^{-1}$，$|z_0| < 1$，$H(z)$ 可用下式表示

$$H(z) = H_1(z)(z^{-1} - z_0) \tag{2.5.9}$$

因为上式中将仅有的一个圆外零点用因式 $(z^{-1} - z_0)$ 表示，$H_1(z)$ 的全部零点都在单位圆内，所以 $H_1(z)$ 是一个最小相位滤波器。再将上式的分子、分母同乘以 $(1 - z_0^* z^{-1})$，即

$$H(z) = H_1(z)(z^{-1} - z_0) \frac{1 - z_0^* z^{-1}}{1 - z_0^* z^{-1}} = \underbrace{[H_1(z)(1 - z_0^* z^{-1})]}_{\text{最小相位滤波器}} \underbrace{\left(\frac{z^{-1} - z_0}{1 - z_0^* z^{-1}} \right)}_{\text{全通滤波器}} \tag{2.5.10}$$

显然上式中后半部分是一个全通滤波器，而 $(1 - z_0^* z^{-1})$ 的根在单位圆内，因此前半部分仍是最小相位滤波器。再将式（2.5.10）中的前半部分和式（2.5.8）比较，它们的幅频特性一样，前者具有最小相位特性，后者没有，相当于将后者单位圆外的零点 $z = z_0^{-1}$ 以共轭倒易关系搬到单位圆内，零点变成 z_0^*。这样可以得到一个重要结论：凡是将零点（或者极点）以共轭倒易关系从单位圆外（内）搬到单位圆内（外），滤波器的幅频特性保持不变，而相位特性会发生变化。对于一般滤波器可以利用这一结论，用共轭倒易关系将所有单位圆外的零点搬到单位圆内，构成最小相位滤波器。最后证明了式（2.5.8）的

正确性。

（2）对同一系统函数幅频特性相同的所有因果稳定系统中，最小相位系统的相位延迟最小。

同一个系统函数，利用共轭倒易关系可以将零点在单位圆内外进行相互转移，得到若干幅频特性相同的滤波器，但其中全部零点均在单位圆内的是最小相位系统。因为任一系统均可以用式（2.5.8）表示，而且可以证明式（2.5.8）中的全通滤波器 $H_{ap}(z)$ 在 $0 \leqslant \omega < \pi$ 区间具有负相位[3]。因此，$H(z)$ 比 $H_{min}(z)$ 多一个负相位，负相位代表延迟，说明在幅度特性相同的条件下，最小相位滤波器具有最小的相位延迟。因此把最小相位系统称为最小相位延迟系统更合适。

（3）最小相位系统保证它的逆系统因果稳定。

给定一个因果稳定系统 $H(z)=B(z)/A(z)$，定义它的逆系统为

$$H^{-1}(z) = \frac{1}{H(z)} = \frac{A(z)}{B(z)}$$

显然原系统的极点变成了逆系统的零点，原系统的零点变成了逆系统的极点。因此只有当因果稳定系统 $H(z)$ 是最小相位系统时，它的逆系统 $H^{-1}(z)$ 才是因果稳定的。当然该逆系统也是一个最小相位系统。最小相位系统保证它的逆系统因果稳定这一性质，使最小相位系统在解卷积及信号预测等数字信号处理中有重要的作用。

例 2.5.1 确定下面 FIR 系统的零点，并指出系统是最小、最大相位系统还是混合相位系统。

$$H_1(z) = 6 + z^{-1} - z^{-2} \qquad H_2(z) = 1 - z^{-1} - 6z^{-2}$$

$$H_3(z) = 1 - \frac{5}{2}z^{-1} - \frac{3}{2}z^{-2} \qquad H_4(z) = 1 + \frac{5}{3}z^{-1} - \frac{2}{3}z^{-2}$$

解：将各系统函数因式分解，可得到它们的零点并进而判定系统的性质。

$H_1(z)$：$z_{1,2} = -1/2, 1/3$，为最小相位系统。

$H_2(z)$：$z_{1,2} = -2, 3$，为最大相位系统。

$H_3(z)$：$z_{1,2} = -1/2, 3$，为混合相位系统。

$H_4(z)$：$z_{1,2} = -2, 1/3$，为混合相位系统。

2.5.3 梳状滤波器

假设系统函数是 $H(z)$，频率响应函数为 $H(e^{j\omega})$，$H(e^{j\omega})$ 以 2π 为周期。如果将 $H(z)$ 的变量 z 用 z^N 代替，得到 $H(z^N)$，频率响应函数为 $H(e^{j\omega N})$，此时 $H(e^{j\omega N})$ 以 $2\pi/N$ 为周期，相当于将原来的 $H(e^{j\omega})$ 压缩到 $0 \sim 2\pi/N$ 区间中，而且 N 个周期中的波形一样。利用这种性质可以构成各种梳状滤波器。下面用例题说明。

例 2.5.2 已知 $H(z) = \dfrac{1-z^{-1}}{1-az^{-1}}$，$0<a<1$，利用该系统函数形成 $N=8$ 的梳状滤波器。

解：$H(z)$ 的零点是 1，极点是 a，是一个高通滤波器，画出它的零极点分布和幅频特性曲线如图 2.5.2(a)和(b)所示。将 $H(z)$ 的变量 z 用 z^N 代替，得到

$$H(z^N) = \frac{1-z^{-N}}{1-az^{-N}} \qquad (2.5.11)$$

式中，$N=8$，零点为 $z_k = e^{j\frac{2\pi}{8}k}$，$k=0, 1, 2, \cdots, 7$；极点为 $p_k = \sqrt[8]{a}e^{j\frac{2\pi}{8}k}$，$k=0, 1, 2, \cdots, 7$。画出它的零极点分布和幅频特性曲线如图 2.5.2(c)和(d)所示。显然梳状滤波器的名字取自幅频特性的形状。

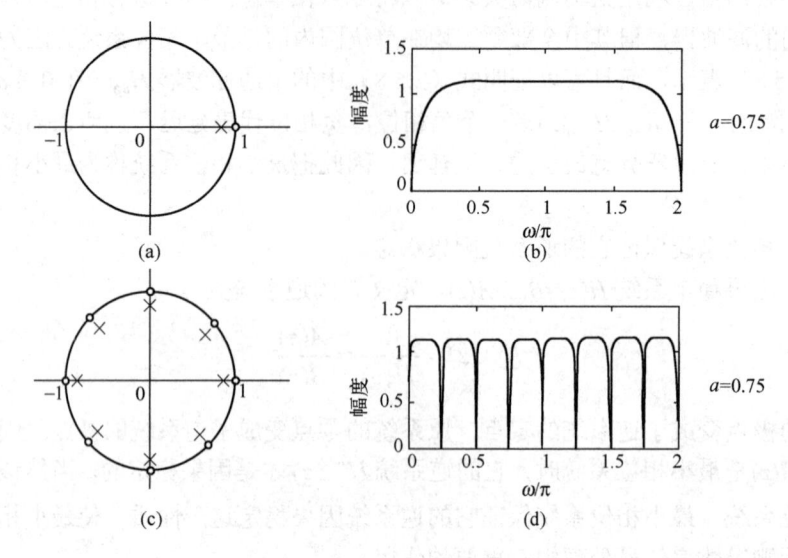

图 2.5.2　例 2.5.2 图

在例 2.4.7 中，曾介绍了一种梳状滤波器，其系统函数为 $H(z) = 1 - z^{-N}$，实际上该系统函数是由函数（$1 - z^{-1}$）通过将变量 z 用 z^N 代替得到的。和例 2.5.2 中的梳状滤波器比较，形状都是梳状的，但后者的幅度特性的过渡带比较窄，或者说比较陡峭，有利于消除点频信号而又不损伤其他信号。原因是后者的系统函数中增加了 N 个极点，极点很靠近零点，使幅度在离开零点后迅速上升，很快达到最大值。

例 2.5.3　设计一个梳状滤波器，用于滤除心电图信号中的 50 Hz 及其谐波 100 Hz 干扰，设采样频率为 200 Hz。

解：采用前面介绍的梳状滤波器，系统函数为

$$H(z) = \frac{1 - z^{-N}}{1 - az^{-N}}$$

上式中有两个参数需要选择，N 的大小决定于要滤除的点频的位置，a 要尽量靠近 1。由采样频率算出 50 Hz 及其谐波 100 Hz 所对应的数字频率分别为：

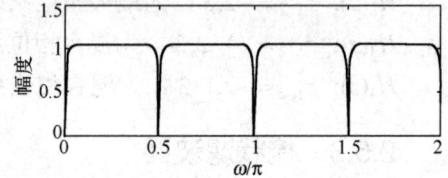

图 2.5.3　例 2.5.3 图

$2\pi \times 50 \times 1/200 = \pi/2$ 和 $2\pi \times 100 \times 1/200 = \pi$，零点频率为 $2\pi k / N$，$k = 0, 1, 2, \cdots, N-1$。由 $2\pi / N = \pi/2$，求出 $N=4$。设 $a=0.9$，梳状滤波器的幅度特性如图 2.5.3 所示。

2.5.4　正弦波发生器

滤波器系统函数的极点必须保证全部集中在单位圆内，否则不能保证它的因果稳定性。如果有极点在单位圆上，则可以形成一个正弦波发生器。下面介绍正弦波发生器的基本原理及实现结构。

假设有两个系统函数，即

$$H_1(z) = \frac{Y_1(z)}{X(z)} = \frac{(\sin\omega_0)z^{-1}}{1-2(\cos\omega_0)z^{-1}+z^{-2}} \quad (2.5.12)$$

$$H_2(z) = \frac{Y_2(z)}{X(z)} = \frac{1-(\cos\omega_0)z^{-1}}{1-2(\cos\omega_0)z^{-1}+z^{-2}} \quad (2.5.13)$$

令 $x(n) = A\delta(n)$，$X(z) = A$，得到

$$Y_1(z) = \frac{A(\sin\omega_0)z^{-1}}{1-2(\cos\omega_0)z^{-1}+z^{-2}}$$

$$Y_2(z) = \frac{A[1-(\cos\omega_0)z^{-1}]}{1-2(\cos\omega_0)z^{-1}+z^{-2}}$$

查表 2.3.2，可得上面两式对应的时域信号分别为

$$y_1(n) = A\sin(\omega_0 n)u(n) \quad (2.5.14)$$
$$y_2(n) = A\cos(\omega_0 n)u(n) \quad (2.5.15)$$

上面两式说明系统函数 $H_1(z)$ 和 $H_2(z)$ 在 $x(n)=A\delta(n)$ 的激励下可以分别产生正弦波和余弦波。按照式（2.5.12）和式（2.5.13）得到系统的极点为 $p_{1,2}=e^{\pm j\omega_0}$，这正是在单位圆上的两个极点，极点的相角为 ω_0。这样 $H_1(z)$ 和 $H_2(z)$ 可以分别称为正弦波发生器和余弦波发生器。数字正弦波发生器实现结构如图 2.5.4 所示，共需要两个乘法器、两个加法器和两个单位延时器。运行时要用 $x(n)=A\delta(n)$ 作激励；也可以令图中 $v(n)$ 的起始条件为 $v(0)=A$，$v(-1)=0$，$v(-2)=0$，来代替输入信号 $x(n)=A\delta(n)$。

在实际应用中有时需要两个正交相位正弦波，可以将 $H_1(z)$ 和 $H_2(z)$ 进行组合，同时产生正弦波和余弦波，实现结构如图 2.5.5 所示。

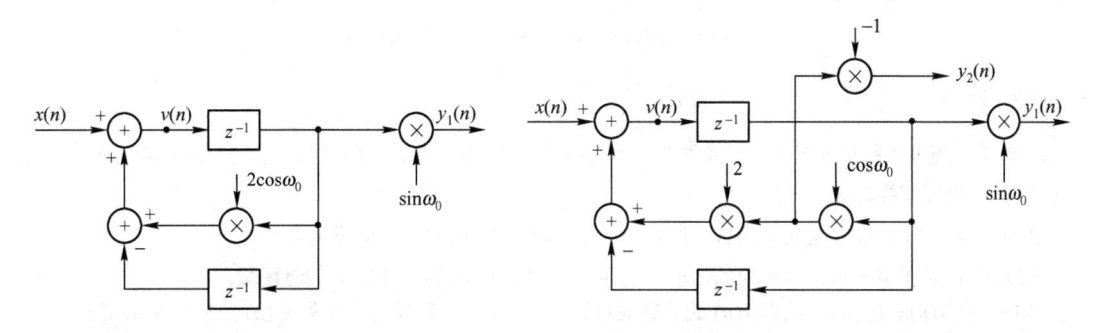

图 2.5.4 数字正弦波发生器　　　　图 2.5.5 数字正弦波、余弦波发生器

正弦波发生器除了上面介绍的方法以外，还可以用软件查表法实现。即预先将随 n 变化的各个序列值计算出来，存入寄存器中，运行时随着 n 的变化再逐个将相应的序列值取出来。

习题与上机题

2.1 试求以下序列的傅里叶变换。

（1） $x_1(n) = \delta(n-3)$　　　　（2） $x_2(n) = \frac{1}{2}\delta(n+1)+\delta(n)+\frac{1}{2}\delta(n-1)$

（3） $x_3(n) = a^n u(n)$　　$0<a<1$　　（4） $x_4(n) = u(n+3)-u(n-4)$

2.2 设 $X(e^{j\omega})$ 是 $x(n)$ 的傅里叶变换，利用傅里叶变换的定义或者性质，求下列序列的傅里叶变换。

（1） $x(n)-x(n-1)$　　（2） $x^*(n)$　　（3） $x^*(-n)$　　（4） $x(2n)$

(5) $nx(n)$ (6) $x^2(n)$ (7) $y(n)=\begin{cases}x(n/2) & n\text{ 为偶数}\\ 0 & n\text{ 为奇数}\end{cases}$

2.3 假设信号 $x(n)=\begin{cases}-1,2,-3,2,-1 & n=-2,-1,0,1,2\\ 0 & \text{其他}\end{cases}$

它的傅里叶变换用 $X(e^{j\omega})$ 表示，不具体计算 $X(e^{j\omega})$，计算下面各值。

(1) $X(e^{j0})$ (2) $\angle X(e^{j\omega})$ (3) $\int_{-\pi}^{\pi}X(e^{j\omega})d\omega$ (4) $X(e^{j\pi})$ (5) $\int_{-\pi}^{\pi}|X(e^{j\omega})|^2 d\omega$

2.4 证明：若 $x(e^{j\omega})$ 是 $x(n)$ 的傅里叶变换，$x_k(n)=\begin{cases}x\left(\dfrac{n}{k}\right) & n/k\text{ 为整数}\\ 0 & \text{其他}\end{cases}$

则 $X_k(e^{j\omega})=X(e^{jk\omega})$。

2.5 设图 P2.5 所示的序列 $x(n)$ 的 FT 用 $X(e^{j\omega})$ 表示，不直接求出 $X(e^{j\omega})$，完成下列运算。

(1) $X(e^{j0})$ (2) $\int_{-\pi}^{\pi}X(e^{j\omega})d\omega$ (3) $X(e^{j\pi})$

(4) 确定并画出傅里叶变换为 $R_e(X(e^{j\omega}))$ 的时间序列 $x_e(n)$

(5) $\int_{-\pi}^{\pi}|X(e^{j\omega})|^2 d\omega$ (6) $\int_{-\pi}^{\pi}\left|\dfrac{dX(e^{j\omega})}{d\omega}\right|^2 d\omega$

2.6 设 $x(n)=u(n)$，证明 $x(n)$ 的 FT 为

$$X(e^{j\omega})=\dfrac{1}{1-e^{-j\omega}}+\pi\sum_{r=-\infty}^{\infty}\delta(\omega-2\pi r)$$

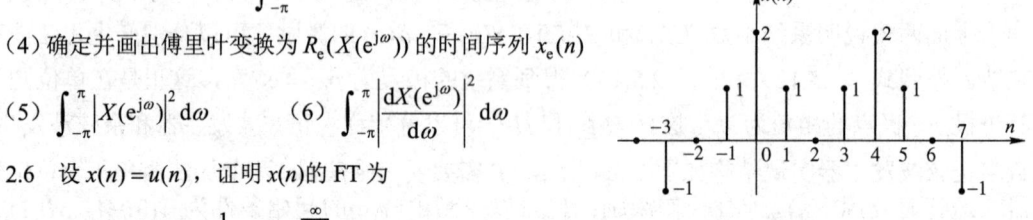

图 P2.5

2.7 线性时不变系统的传输函数为 $H(e^{j\omega})=|H(e^{j\omega})|e^{j\theta(\omega)}$，如果单位脉冲响应 $h(n)$ 为实数序列，试证明输入 $x(n)=A\cos(\omega_0 n+\varphi)$ 时，系统的稳态响应为

$$y(n)=A|H(e^{j\omega_0})|\cos[\omega_0 n+\varphi+\theta(\omega_0)]$$

2.8 设 $x(n)=\begin{cases}1 & n=0,1\\ 0 & \text{其他}\end{cases}$

将 $x(n)$ 以 8 为周期进行周期延拓，形成周期序列 $\tilde{x}(n)$，画出 $x(n)$ 和 $\tilde{x}(n)$ 的波形，求出 $\tilde{x}(n)$ 的离散傅里叶级数 $\tilde{X}(k)$ 和傅里叶变换的表示式。

2.9 证明：(1) $x(n)$ 是实偶函数，则对应的傅里叶变换 $X(e^{j\omega})$ 是实偶函数。

(2) $x(n)$ 是实奇函数，则对应的傅里叶变换 $X(e^{j\omega})$ 是纯虚数，且是 ω 的奇函数。

2.10 设 $x(n)=R_4(n)$，试求 $x(n)$ 的共轭对称序列 $x_e(n)$ 和共轭反对称序列 $x_o(n)$，并分别用图表示。

2.11 设 $x(n)=a^n u(n)$，$0<a<1$，分别求出其偶对称序列 $x_e(n)$ 和奇对称序列 $x_o(n)$ 的傅里叶变换。

2.12 若序列 $h(n)$ 是实因果序列，已知傅里叶变换的实部为 $H_R(e^{j\omega})=1+\cos\omega$，求序列 $h(n)$ 及其傅里叶变换 $H(e^{j\omega})$。

2.13 若序列 $h(n)$ 是实因果序列，$h(0)=1$，其傅里叶变换的虚部为 $H_I(e^{j\omega})=-\sin\omega$，求序列 $h(n)$ 及其傅里叶变换 $H(e^{j\omega})$。

2.14 如果 $h(n)$ 是实序列，证明：$H^*(e^{j\omega})=H(e^{-j\omega})$。

2.15 假设 $x(n)$ 是实数序列，其傅里叶变换用 $X(e^{j\omega})$ 表示。又知 $y(n)$ 的傅里叶变换为

$$Y(e^{j\omega})=\text{FT}[y(n)]=\dfrac{1}{2}[X(e^{j\omega/2})+X(-e^{j\omega/2})]$$

试求序列 $y(n)$。

2.16 已知 $y(n)=x_1(n)*x_2(n)*x_3(n)$，证明：

(1) $\sum_{n=-\infty}^{\infty} y(n) = \left[\sum_{n=-\infty}^{\infty} x_1(n)\right]\left[\sum_{n=-\infty}^{\infty} x_2(n)\right]\left[\sum_{n=-\infty}^{\infty} x_3(n)\right]$

(2) $\sum_{n=-\infty}^{\infty} (-1)^n y(n) = \left[\sum_{n=-\infty}^{\infty} (-1)^n x_1(n)\right]\left[\sum_{n=-\infty}^{\infty} (-1)^n x_2(n)\right]\left[\sum_{n=-\infty}^{\infty} (-1)^n x_3(n)\right]$

2.17 假设序列 $x_1(n), x_2(n), x_3(n), x_4(n)$ 分别如图 P2.17 所示，其中 $x_1(n)$ 的傅里叶变换用 $X_1(e^{j\omega})$ 表示，试用 $X_1(e^{j\omega})$ 表示其他三个序列的傅里叶变换。

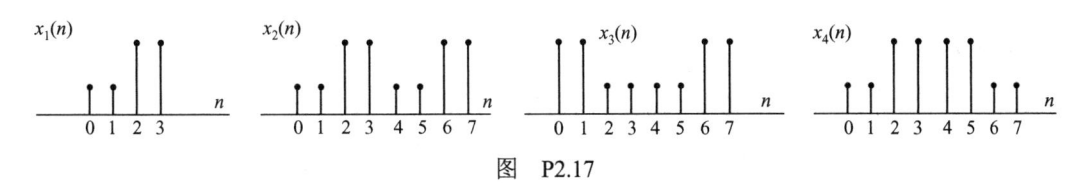

图 P2.17

2.18 求出下面系统的频率响应，并画出它们的幅频特性。

(1) $y(n) = \frac{1}{2}[x(n) + x(n-1)]$ (2) $y(n) = \frac{1}{2}[x(n) - x(n-1)]$

(3) $y(n) = \frac{1}{2}[x(n+1) - x(n-1)]$ (4) $y(n) = \frac{1}{2}[x(n+1) + x(n-1)]$

(5) $y(n) = x(n-4)$

2.19 若系统的差分方程为 $y(n) = x(n) + x(n-4)$。

(1) 计算并画出它的幅频特性；

(2) 计算系统对以下输入的响应：

$$x(n) = \cos\frac{\pi}{2}n + \cos\frac{\pi}{4}n \qquad -\infty < n < \infty$$

(3) 利用 (1) 的幅频特性解释得到的结论。

2.20 如果滤波器的差分方程为 $y(n) = 0.9y(n-1) + bx(n)$。

(1) 确定 b，使 $|H(e^{j0})| = 1$；

(2) 确定频率 ω_0，使 $|H(e^{j\omega_0})| = 1/\sqrt{2}$；

(3) 该滤波器是低通、带通还是高通滤波器？

(4) 如果差分方程为 $y(n) = -0.9y(n-1) + 0.1x(n)$，重复 (2) 和 (3)。

2.21 求以下各序列的 Z 变换和相应的收敛域，并画出相应的零极点分布图。

(1) $x(n) = \begin{cases} 6, 7, -3 & n = 0, 1, 2 \\ 0 & 其他 \end{cases}$ (2) $x(n) = \begin{cases} (1/2)^n & n \geq 5 \\ 0 & n \leq 4 \end{cases}$

(3) $\delta(n - n_0)$ n_0 为常数，$n_0 \geq 0$ (4) $2^{-n} u(n)$

(5) $-2^{-n} u(-n-1)$ (6) $2^{-n}[u(n) - u(n-10)]$

(7) $x(n) = R_N(n)$ $N = 4$ (8) $x(n) = Ar^n \cos(\omega_0 n + \varphi) u(n)$ $0 < r < 1$

(9) $x(n) = \begin{cases} n & 0 \leq n \leq N \\ 2N - n & N+1 \leq n \leq 2N \\ 0 & 其他 \end{cases}$ 式中 $N = 4$

2.22 假设 $x(n)$ 的 Z 变换用 $X(e^{j\omega})$ 表示，试用 $X(e^{j\omega})$ 表示序列 $y(n) = \sum_{k=-\infty}^{n} x(k)$ 的 Z 变换。

（提示：计算 $y(n)-y(n-1)$ 与 $x(n)$ 的关系）

2.23 已知 $$X(z)=\frac{3}{1-0.5z^{-1}}+\frac{2}{1-2z^{-1}}$$

（1）根据零极点分布，可以选择哪几种收敛域？

（2）求出对应各种收敛域的序列表达式。

2.24 已知 $$X(z)=\frac{1}{1-1.5z^{-1}+0.5z^{-2}}$$

求所有可能对应的原信号。

2.25 用部分分式法求以下函数的逆 Z 变换。

（1）$X(z)=\dfrac{1-\frac{1}{3}z^{-1}}{1-\frac{1}{4}z^{-2}}$ $\quad |z|>\dfrac{1}{2}$ （2）$X(z)=\dfrac{1-2z^{-1}}{1-\frac{1}{4}z^{-2}}$ $\quad |z|<\dfrac{1}{2}$

2.26 求下面各 Z 变换表达式所对应的因果序列。

（1）$X(z)=\dfrac{1+3z^{-1}}{1+3z^{-1}+2z^{-2}}$ （2）$X(z)=\dfrac{1}{1-z^{-1}-\frac{1}{2}z^{-2}}$ （3）$X(z)=\dfrac{z^{-6}+z^{-7}}{1-z^{-1}}$

（4）$X(z)=\dfrac{1-2z^{-2}}{1-z^{-2}}$ （5）$X(z)=\dfrac{1-\frac{1}{2}z^{-1}}{1+\frac{1}{2}z^{-1}}$

2.27 求以下函数的逆 Z 变换。

（1）$z^{-1}+5z^{-3}+6z^{-5}$ $\quad |z|>0$ （2）$X(z)=\dfrac{0.75}{(1-0.5z)(1-0.5z^{-1})}$ $\quad 0.5<|z|<2$

（3）$X(z)=\dfrac{0.75}{(1-0.5z)(1-0.5z^{-1})}$ $\quad 2<|z|$ （4）$X(z)=\dfrac{0.75}{(1-0.5z)(1-0.5z^{-1})}$ $\quad |z|<0.5$

2.28 已知 $x(n)=a^n u(n)$，$0<a<1$，分别求以下 Z 变换及其收敛域。

（1）$x(n)$ （2）$nx(n)$ （3）$a^{-n}u(-n)$

2.29 系统分别用下面的差分方程描述，试求系统的稳态输出。

（1）$y(n)-0.9y(n-1)=0.05u(n)$ $\quad y(n)=0,\ n\leqslant -1$

（2）$y(n)-0.9y(n-1)=0.05u(n)$ $\quad y(-1)=1;\ y(n)=0,\ n<-1$

2.30 设系统由下面差分方程描述：
$$y(n)=y(n-1)+y(n-2)+x(n-1)$$

（1）求系统的系统函数 $H(z)$，并画出极零点分布图；

（2）限定系统是因果的，写出 $H(z)$ 的收敛域，并求出其单位脉冲响应 $h(n)$；

（3）限定系统是稳定的，写出 $H(z)$ 的收敛域，并求出其单位脉冲响应 $h(n)$。

2.31 利用复卷积定理证明下式（巴塞伐尔定理）成立：
$$\sum_{n=-\infty}^{\infty}x(n)y^*(n)=\frac{1}{2\pi j}\oint X(v)Y^*\left(\frac{1}{v^*}\right)\frac{dv}{v}$$

式中 $\quad X(z)=\text{ZT}[x(n)] \quad R_{x-}<|z|<R_{x+}$

$\quad Y(z)=\text{ZT}[y(n)] \quad R_{y-}<|z|<R_{y+}$

$$\max\left[R_{x-}, \frac{1}{R_{y+}}\right] < |v| < \min\left[R_{x+}, \frac{1}{R_{y-}}\right] \qquad R_{x-}R_{y-} < 1 < R_{x+}R_{y+}$$

2.32 利用复卷积定理证明下式（巴塞伐尔定理）成立：

$$\sum_{n=-\infty}^{\infty}|x(n)|^2 = \frac{1}{2\pi}\int_{2\pi}|X(\mathrm{e}^{\mathrm{j}\omega})|^2\mathrm{d}\omega$$

式中，$X(\mathrm{e}^{\mathrm{j}\omega}) = \mathrm{FT}[x(n)]$。

2.33 已知线性因果网络用下面的差分方程描述：

$$y(n) = 0.9y(n-1) + x(n) + 0.9x(n-1)$$

（1）求网络的系统函数 $H(z)$ 及其单位脉冲响应 $h(n)$；

（2）写出网络传输函数 $H(\mathrm{e}^{\mathrm{j}\omega})$ 的表达式，并定性画出其幅频特性曲线；

（3）设输入 $x(n) = \mathrm{e}^{\mathrm{j}\omega_0 n}$，求稳态输出 $y_{ss}(n)$。

2.34 已知网络的输入和单位脉冲响应分别为 $x(n) = a^n u(n), h(n) = b^n u(n)$，$|a|<1$，$|b|<1$。试求网络的全响应输出 $y(n)$，以及稳态输出 $y_{ss}(n)$。

2.35 已知系统输入信号 $x(n) = u(n)$，系统函数 $H(z) = \dfrac{3z^{-1}-z^{-2}}{(1-0.9z^{-1})(1+0.6z^{-1})}$。

（1）求系统的输出 $y(n)$；　　　　　　（2）求稳定时间及稳态响应 $y_{ss}(n)$。

2.36 设因果稳定系统 $H(\mathrm{e}^{\mathrm{j}\omega})$ 的输入信号 $x(n) = \sin(\omega_0 n)$，求系统的稳态输出 $y_{ss}(n)$。

2.37* 假设系统函数为

$$H(z) = \frac{(z+9)(z-3)}{3z^4 - 3.98z^3 + 1.17z^2 + 2.3418z - 1.5147}$$

试用 MATLAB 语言判断系统是否稳定。

2.38* 假设系统函数为

$$H(z) = \frac{z^2 + 5z - 50}{2z^4 - 2.98z^3 + 0.17z^2 + 2.3418z - 1.5147}$$

（1）用极点分布判断系统是否稳定；

（2）用输入单位阶跃序列 $u(n)$ 检查系统是否稳定；

（3）如果系统稳定，求出系统对于 $u(n)$ 的稳态输出和稳定时间。

2.39 四个稳定系统的系统函数分别为

（a）$H(z) = \dfrac{z^{-2}}{1 - 0.5z^{-1} + 0.3z^{-2}}$　　　　　　（b）$H(z) = \dfrac{z^{-2}}{1 - 0.7z^{-1} + 0.7z^{-2}}$

（c）$H(z) = \dfrac{1 - 0.5z^{-2}}{1 - 0.4z^{-1} + 0.5z^{-2}}$　　　　　（d）$H(z) = \dfrac{1 - 0.25z^{-1} + z^{-2}}{1 - 1.4z^{-1} + 0.5z^{-2}}$

试分别求出各系统对于单位阶跃序列的稳态输出。

2.40* 假设滤波器的系统函数为

$$H(z) = \frac{0.8z^{-2}}{1 - 0.5z^{-1} - 0.3z^{-2}}$$

（1）判定系统是否稳定；

（2）求出系统对于单位阶跃序列的全响应输出，并画出其波形。

2.41* 下面四个二阶网络的系统函数具有一样的极点分布：

$$H_1(z) = \frac{1}{1-1.6z^{-1}+0.9425z^{-2}} \qquad H_2(z) = \frac{1-0.3z^{-1}}{1-1.6z^{-1}+0.9425z^{-2}}$$

$$H_3(z) = \frac{1-0.8z^{-1}}{1-1.6z^{-1}+0.9425z^{-2}} \qquad H_4(z) = \frac{1-1.6z^{-1}+0.8z^{-2}}{1-1.6z^{-1}+0.9425z^{-2}}$$

试用 MATLAB 语言，研究零点分布对于单位脉冲响应的影响。要求：

（1）分别画出各系统的零极点分布图。

（2）分别求出各系统的单位脉冲响应，并画出其波形。

（3）分析零点分布对于单位脉冲响应的影响。

2.42 设线性时不变系统的系统函数为

$$H(z) = \frac{1-a^{-1}z^{-1}}{1-az^{-1}} \qquad a\ \text{为实数}$$

（1）在 Z 平面上用几何法证明该系统是全通网络，即 $|H(e^{j\omega})|$ 为常数；

（2）参数 a 如何取值才能使系统因果稳定，并画出极零点分布及收敛域。

2.43 若序列 $h(n)$ 是因果序列，其傅里叶变换的实部为

$$H_R(e^{j\omega}) = \frac{1-a\cos\omega}{1+a^2-2a\cos\omega} \qquad 0<a<1$$

求序列 $h(n)$ 及其傅里叶变换 $H(e^{j\omega})$。

2.44 若序列 $h(n)$ 是实因果序列，$h(0)=1$，其傅里叶变换的虚部为

$$H_I(e^{j\omega}) = \frac{-a\sin\omega}{1+a^2-2a\cos\omega} \qquad 0<a<1$$

求序列 $h(n)$ 及其傅里叶变换 $H(e^{j\omega})$。

2.45 证明：对应图 P2.45 零极点分布的系统是全通滤波器。

2.46 在图 P2.46 中，当系统 $H_1(z)$ 是：（1）低通滤波器，截止频率为 ω_c，（2）高通滤波器，截止频率为 ω_c 时，问系统 $H(z)$ 分别是什么滤波器，并确定它的单位脉冲响应。

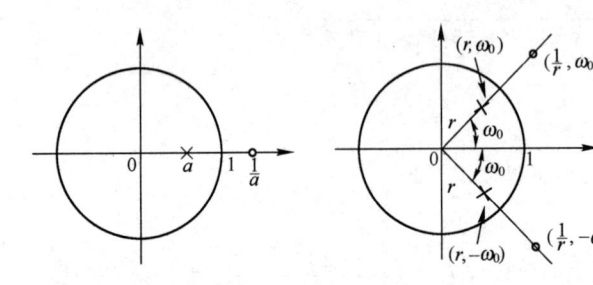

(a) 一阶全通滤波器的零极点图　　(b) 二阶全通滤波器的零极点图

图　P2.45　　　　　　　　　　　　　　　　　图　P2.46

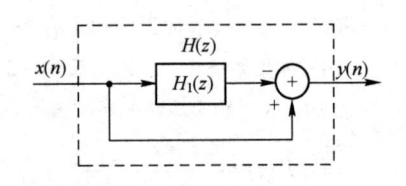

2.47 某系统用下面的差分方程描述

$$y(n) = x(n) - 0.95x(n-6)$$

（1）画出系统的零极点分布图；　　（2）根据零极点分布定性画出幅度特性曲线；

（3）确定它的因果可逆系统的系统函数；　　（4）根据零极点分布定性画出可逆系统的幅度特性曲线。

2.48 证明下面结论的正确性。

（1）两个最小相位序列的卷积总是最小相位序列。

（2）两个最小相位序列的和总是最小相位序列。

2.49 设有限长最小相位序列用 $h_{\min}(n)$，$0 \leq n \leq N$ 表示，$h_{\max}(n) = h_{\min}(N - n)$，$0 \leq n \leq N$。证明 $h_{\max}(n)$ 是最大相位序列。

2.50 如果 $h_{\min}(n)$ 是最小相位序列，序列 $h(n)$ 是因果序列。假设 $h(n)$ 和 $h_{\min}(n)$ 具有相等的幅度特性，即 $|H_{\min}(e^{j\omega})| = |H(e^{j\omega})|$。试利用初值定理证明：$|h_{\min}(0)| > |h(0)|$。

2.51 图P2.51示出了一种用查表法产生正弦信号的方框图，方法是将正弦信号的一个周期的样本，即 $x(n) = \sin\dfrac{2\pi}{N}n$，$n=0, 1, 2, 3, \cdots, N-1$，预先进行存储，再按照采样周期 $T = 1/F_s$，顺序将 N 个样本取出，送到理想 D/A 转换器，得到一个周期的连续正弦信号。如果按照周期 N 重复上面的过程，便可得到连续的正弦信号。

（1）说明通过改变 $T=1/F_s$，可以调节连续正弦信号的频率。
（2）如果取出样本的间隔不变，能否改变连续正弦信号的频率？

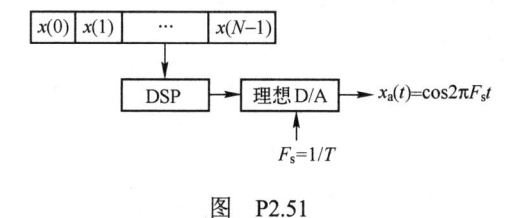

图 P2.51

第3章 离散傅里叶变换（DFT）及其快速算法（FFT）

序列的傅里叶变换和 Z 变换都是时域离散信号与系统分析与设计的重要数学工具。但是这两种变换结果都是连续函数，无法用计算机进行处理。离散傅里叶变换（DFT，Discrete Fourier Transform）也是一种将有限长时域离散信号变换到频域的变换，但变换结果是对时域离散信号的频谱的等间隔采样。这样，序列经过 DFT 后，频域函数也被离散化了，使数字信号的处理也可以在频域用计算机进行处理，大大增加了数字信号处理的灵活性。更重要的是 DFT 有多种快速算法，这些快速算法可使处理速度提高几个数量级。因此在信号处理中，DFT 具有重要的理论意义和实用价值。

本章主要讨论 DFT 的定义、物理意义、基本性质，以及 DFT 的快速算法和 DFT 的基本应用等内容。

3.1 离散傅里叶变换的定义及物理意义

3.1.1 DFT 定义

设序列 $x(n)$ 长度为 M，定义 $x(n)$ 的 N 点 DFT 为

$$X(k) = \text{DFT}[x(n)]_N = \sum_{n=0}^{N-1} x(n) e^{-j\frac{2\pi}{N}kn}, \quad k = 0, 1, \cdots, N-1$$

式中，N 称为离散傅里叶变换区间长度，要求 $N \geqslant M$。为书写简单，令 $W_N = e^{-j\frac{2\pi}{N}}$，因此通常将 N 点 DFT 表示为

$$X(k) = \text{DFT}[x(n)]_N = \sum_{n=0}^{N-1} x(n) W_N^{kn}, \quad k = 0, 1, \cdots, N-1 \tag{3.1.1}$$

定义 $X(k)$ 的 N 点离散傅里叶逆变换（IDFT，Inverse Discrete Fourier Transform）为

$$x(n) = \text{IDFT}[X(k)]_N = \frac{1}{N} \sum_{k=0}^{N-1} X(k) W_N^{-kn}, \quad n = 0, 1, \cdots, N-1 \tag{3.1.2}$$

式（3.1.1）和式（3.1.2）表明，有限长序列 $x(n)$ 的 N 点 DFT 结果 $X(k)$ 是长度为 N 的频域离散序列。

例 3.1.1 $x(n) = R_8(n)$，分别计算 $x(n)$ 的 8 点、16 点 DFT。

解：$x(n)$ 的 8 点 DFT 为

$$X(k) = \sum_{n=0}^{7} R_8(n) W_8^{kn} = \sum_{n=0}^{7} e^{-j\frac{2\pi}{8}kn} = \begin{cases} 8, & k = 0 \\ 0, & k = 1, 2, 3, 4, 5, 6, 7 \end{cases}$$

$x(n)$ 的 16 点 DFT 为

$$X(k) = \sum_{n=0}^{7} W_{16}^{kn} = \frac{1 - W_{16}^{k8}}{1 - W_{16}^{k}} = \frac{1 - e^{-j\frac{2\pi}{16}8k}}{1 - e^{-j\frac{2\pi}{16}k}}$$

$$= \mathrm{e}^{-\mathrm{j}\frac{7\pi}{16}k} \frac{\sin\frac{\pi}{2}k}{\sin\frac{\pi}{16}k}, \quad k = 0, 1, 2, \cdots, 15$$

8 点 DFT 和 16 点 DFT 的模如图 3.1.1(b)、(c)所示。图中还画出了 32 点 DFT 的模，如图 3.1.1(d)所示。结果说明，DFT 的变换区间长度 N 不同，DFT 的变换结果便不同，所以，变换区间的长度 N 是 DFT 的一个参数。

另外图 3.1.1(a)中所示的是 $x(n) = R_8(n)$ 的傅里叶变换的模 $|X(\mathrm{e}^{\mathrm{j}\omega})|$，这是一个连续函数的曲线。将上面得到的 $|X(k)|$ 曲线与 $|X(\mathrm{e}^{\mathrm{j}\omega})|$ 比较，就会发现 $X(k)$ 刚好就是对 $X(\mathrm{e}^{\mathrm{j}\omega})$ 在频率区间$[0, 2\pi]$上的 N 等间隔采样，这种关系在 3.1.2 节将得到证明。当变换区间 N 较大时，例如该例题中 $N = 32$ 时，$|X(k)|$ 的包络就接近 $|X(\mathrm{e}^{\mathrm{j}\omega})|$ 的曲线。

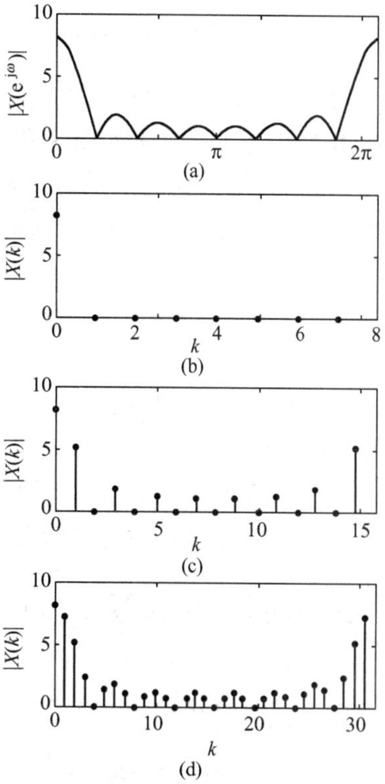

3.1.2 DFT 与 ZT、FT、DFS 的关系

离散傅里叶变换有明确的物理意义，下面通过比较序列的 DFT、FT、ZT，并将 DFT 与周期序列的 DFS 联系起来，阐述 DFT 的物理意义。

图 3.1.1 $|X(\mathrm{e}^{\mathrm{j}\omega})|$ 与 $|X(k)|$ 的关系

1. DFT 和 FT、ZT 之间的关系

假设序列 $x(n)$ 的长度为 M，$N \geqslant M$，将 N 点 DFT 和 FT、ZT 的定义重写如下：

$$X(z) = \mathrm{ZT}[x(n)] = \sum_{n=0}^{M-1} x(n) z^{-n}$$

$$X(\mathrm{e}^{\mathrm{j}\omega}) = \mathrm{FT}[x(n)] = \sum_{n=0}^{M-1} x(n) \mathrm{e}^{-\mathrm{j}\omega n}$$

$$X(k) = \mathrm{DFT}[x(n)]_N = \sum_{n=0}^{M-1} x(n) W_N^{kn}, \quad k = 0, 1, \cdots, N-1$$

比较上面三式，得到 DFT 和 FT、ZT 的关系式：

$$X(k) = X(z)\Big|_{z = \mathrm{e}^{\mathrm{j}\frac{2\pi}{N}k}}, \quad k = 0, 1, 2, \cdots, N-1 \tag{3.1.3}$$

$$X(k) = X(\mathrm{e}^{\mathrm{j}\omega})\Big|_{\omega = \frac{2\pi}{N}k}, \quad k = 0, 1, 2, \cdots, N-1 \tag{3.1.4}$$

上面两式说明：（1）序列的 N 点 DFT 是序列的 Z 变换在单位圆上的 N 点等间隔采样，频率采样间隔为 $2\pi/N$；（2）序列的 N 点 DFT 是序列的傅里叶变换在频率区间$[0, 2\pi]$上的 N 点等间隔采样，采样间隔为 $2\pi/N$，这就是 DFT 的物理意义。这两点实质是一样的，因为序列的傅里叶变换就是序列的 Z 变换在单位圆上的取值。按照以上结论，不难解释图 3.1.1 中因为变换区间 N 不同，得到了不同的变换结果。

2. DFT 和 DFS 之间的关系

DFS 表示周期序列的离散傅里叶级数，DFT 是有限长序列的离散傅里叶变换，对比 DFS 和 DFT 的定义，会发现 DFS 和 DFT 之间有密切的关系。

首先利用长度为 M 的有限长序列 $x(n)$ 构造一个周期序列。将 $x(n)$ 以 N 为周期进行周期延拓，形成周期为 N 的周期序列 $\tilde{x}_N(n)$，用下式表示

$$\tilde{x}_N(n) = \sum_{m=-\infty}^{\infty} x(n+mN) \tag{3.1.5}$$

$$x_N(n) = \tilde{x}_N(n) R_N(n) \tag{3.1.6}$$

毫无疑问，当 $N \geqslant M$ 时，上式中的 $x_N(n)$ 就是 $x(n)$，即 $x_N(n) = x(n)$。这样 $\tilde{x}_N(n)$ 是 $x(n)$ 以 N 为周期的延拓序列，而 $x(n)$ 是 $\tilde{x}_N(n)$ 的主值区序列。

图 3.1.2(a) 和 (b) 示出了一种 $x(n)$ 及其周期延拓序列 $\tilde{x}_N(n)$ 的波形，图中 $M=6$, $N=8$。

写出周期序列 $\tilde{x}_N(n)$ 的 DFS 以及有限长序列 $x(n)$ 的 DFT 如下：

$$\tilde{X}(k) = \mathrm{DFS}[\tilde{x}_N(n)] = \sum_{n=0}^{M-1} \tilde{x}_N(n) W_N^{kn}$$

$$= \sum_{n=0}^{M-1} x(n) W_N^{kn} \quad -\infty < k < \infty$$

$$X(k) = \mathrm{DFT}[x(n)]_N = \sum_{n=0}^{M-1} x(n) W_N^{kn}, \ k=0, 1, \cdots, N-1$$

比较上面两式，发现它们右边的函数形式一样，但 k 的定义域不同，$X(k)$ 只是 $\tilde{X}(k)$ 的主值区序列，或者说 $X(k)$ 以 N 为周期进行周期延拓即是 $\tilde{X}(k)$，用下面两式表示二者的关系：

$$\tilde{X}(k) = \sum_{m=-\infty}^{\infty} X(k+mN) \tag{3.1.7}$$

$$X(k) = \tilde{X}(k) R_N(k) \tag{3.1.8}$$

式（3.1.5）～式（3.1.8）说明了 DFT 和 DFS 之间的关系。这些关系式成立的条件是 $N \geqslant M$，即 DFT 的变换区间 N 不能小于 $x(n)$ 的长度 M。

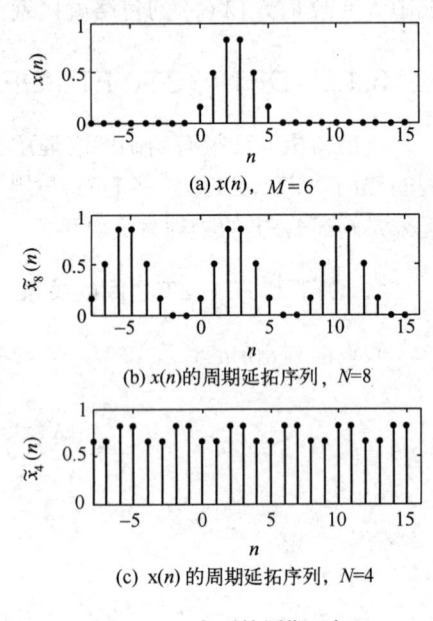

图 3.1.2 序列的周期延拓

如果该条件不满足，按照式（3.1.5）将 $x(n)$ 进行延拓时，$\tilde{x}_N(n)$ 中将发生时域混叠，如图 3.1.2(c) 所示。由式（3.1.8）得到的 $X(k)$ 不再是 $x(n)$ 的 DFT，这时以上讲的 DFS 和 DFT 之间的关系不再成立。

式（3.1.5）、式（3.1.7）是周期延拓序列的一种通用表示方法。当 $N \geqslant M$ 时，周期延拓序列也可以用求余的符号表示，即

$$\tilde{x}_N(n) = \sum_{m=-\infty}^{\infty} x(n+mN) = x((n))_N$$

$$\tilde{X}(k) = \sum_{m=-\infty}^{\infty} X(k+mN) = X((k))_N$$

式中，$((n))_N$ 表示模 N 对 n 求余。如果 $n = mN+n_0$，$0 \leq n_0 \leq N-1$，m 为整数，则 $((n))_N = n_0$。

由式（2.2.18）可得
$$X(\mathrm{e}^{j\omega}) = \mathrm{FT}[\tilde{x}_N(n)] = \frac{2\pi}{N}\sum_{k=-\infty}^{\infty}\tilde{X}(k)\delta\left(\omega - \frac{2\pi}{N}k\right)$$

上式表明周期延拓序列 $\tilde{x}_N(n)$ 的频谱特性完全由 $\tilde{x}_N(n)$ 的 DFS 系数 $\tilde{X}(k)$ 确定，所以 $X(k)$ 真正表示的是 $\tilde{x}_N(n)$ 的频谱特性，只是幅度差一个常数因子（$2\pi/N$）。例如，例 3.1.1 中 8 点 DFT 表示 $R_8(n)$ 以 8 为周期的周期延拓序列的频谱中只有零频率成分（直流成分），该周期延拓序列正是一个直流序列。

3.1.3 DFT 的矩阵表示

式（3.1.1）定义的离散傅里叶变换也可以表示成矩阵形式
$$\boldsymbol{X} = \boldsymbol{D}_N \boldsymbol{x} \tag{3.1.9}$$

式中，$\boldsymbol{X}$ 是 N 点 DFT 频域序列向量：
$$\boldsymbol{X} = [X(0)\ X(1)\ \cdots\ X(N-2)\ X(N-1)]^\mathrm{T} \tag{3.1.10}$$

$\boldsymbol{x}$ 是时域序列向量：
$$\boldsymbol{x} = [x(0)\ x(1)\ \cdots\ x(N-2)\ x(N-1)]^\mathrm{T} \tag{3.1.11}$$

$\boldsymbol{D}_N$ 称为 N 点 DFT 矩阵，定义为
$$\boldsymbol{D}_N = \begin{bmatrix} 1 & 1 & 1 & \cdots & 1 \\ 1 & W_N^1 & W_N^2 & \cdots & W_N^{N-1} \\ 1 & W_N^2 & W_N^4 & \cdots & W_N^{2(N-1)} \\ \vdots & \vdots & \vdots & \ddots & \vdots \\ 1 & W_N^{N-1} & W_N^{2(N-1)} & \cdots & W_N^{(N-1)(N-1)} \end{bmatrix} \tag{3.1.12}$$

式（3.1.2）定义的离散傅里叶逆变换也可以表示为矩阵形式：
$$\boldsymbol{x} = \boldsymbol{D}_N^{-1} \boldsymbol{X} \tag{3.1.13}$$

$\boldsymbol{D}_N^{-1}$ 称为 N 点 IDFT 矩阵，定义为
$$\boldsymbol{D}_N^{-1} = \frac{1}{N}\begin{bmatrix} 1 & 1 & 1 & \cdots & 1 \\ 1 & W_N^{-1} & W_N^{-2} & \cdots & W_N^{-(N-1)} \\ 1 & W_N^{-2} & W_N^{-4} & \cdots & W_N^{-2(N-1)} \\ \vdots & \vdots & \vdots & \ddots & \vdots \\ 1 & W_N^{-(N-1)} & W_N^{-2(N-1)} & \cdots & W_N^{-(N-1)(N-1)} \end{bmatrix} \tag{3.1.14}$$

比较式（3.1.14）和式（3.1.12）可得到如下关系式：
$$\boldsymbol{D}_N^{-1} = \frac{1}{N}\boldsymbol{D}_N^* \tag{3.1.15}$$

式中，*表示对 $\boldsymbol{D}_N$ 中各元素取复共轭。

根据上述 DFT 和 IDFT 的矩阵表示式，直接利用 MATLAB 矩阵运算功能很容易编写程序计算 DFT 和 IDFT。但直接计算 DFT 计算量很大，计算速度太慢。下面介绍的 MATLAB 函数 fft 采用快速傅里叶变换算法，可以使 DFT 的运算量减小几个数量级。

3.1.4 用 MATLAB 计算序列的 DFT

MATLAB 提供了用快速傅里叶变换算法 FFT 计算 DFT 的函数 fft（见 3.4 节介绍），其调用格式如下：

Xk = fft (xn, N);

调用参数 xn 为被变换的时域序列向量，N 是 DFT 变换区间长度，当 N 大于 xn 的长度时，fft 函数自动按式（3.1.11）在 xn 后面补零。函数返回 xn 的 N 点 DFT 变换结果向量 Xk。当 N 小于 xn 的长度时，fft 函数计算 xn 的前面 N 个元素构成的序列的 N 点 DFT，忽略 xn 后面元素。

Ifft 函数计算 IDFT，其调用格式与 fft 函数相同，请读者查阅 help 文件。

例 3.1.2 设 $x(n) = R_8(n)$，$X(e^{j\omega}) = FT[x(n)]$。分别计算 $X(e^{j\omega})$ 在频率区间$[0, 2\pi]$上的 32 点和 64 点等间隔采样，并绘制幅频特性图和相频特性图。

解：由 DFT 与傅里叶变换的关系知道，$X(e^{j\omega})$ 在频率区间$[0, 2\pi]$上的 32 点和 64 点等间隔采样，分别是 $x(n)$ 的 32 点和 64 点 DFT。调用 fft 函数求解本例的程序如下：

```
%例3.1.2 DFT 的 MATLAB 计算程序:ep312.m
xn=[1 1 1 1 1 1 1 1];                %输入时域序列向量 xn=R8(n)
Xk32=fft(xn, 32);                    %计算 xn 的 32 点 DFT
Xk64=fft(xn, 64);                    %计算 xn 的 64 点 DFT
%以下为绘图部分
k=0:31;wk=2*k/32;                    %产生 32 点 DFT 对应的采样点频率（关于π归一化值）
subplot(2, 2, 1);stem(wk, abs(Xk32), '.'); %绘制 32 点 DFT 的幅频特性图
title('(a)32 点 DFT 的幅频特性图');xlabel('ω/π');ylabel('幅度')
subplot(2, 2, 3);stem(wk, angle(Xk32), '.');   %绘制 32 点 DFT 的相频特性图
title('(b)32 点 DFT 的相频特性图');
xlabel('ω/π');ylabel('相位');axis([0, 2, −3.5, 3.5])
k=0:63;wk=2*k/64;                    %产生 64 点 DFT 对应的采样点频率（关于π 归一化值）
subplot(2, 2, 2);stem(wk, abs(Xk64), '.'); %绘制 64 点 DFT 的幅频特性图
title('(c)64 点 DFT 的幅频特性图');xlabel('ω/π');ylabel('幅度')
subplot(2, 2, 4);stem(wk, angle(Xk64), '.');  %绘制 64 点 DFT 的相频特性图
title('(d)64 点 DFT 的相频特性图');
xlabel('ω/π');ylabel('相位');axis([0, 2, −3.5, 3.5])
```

程序运行结果如图 3.1.3 所示。由图可见，$x(n)$ 的 64 点 DFT 的幅度包络已经很接近 $x(n)$ 的幅频特性曲线了。由该程序可见，绘图部分的篇幅太大，所以后面的程序一般省略绘图部分。读者可以从教材程序集中得到完整的程序。

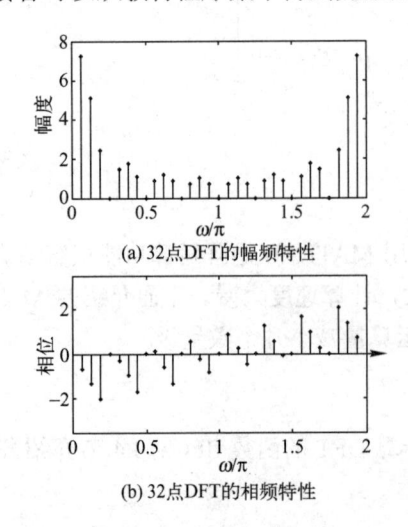

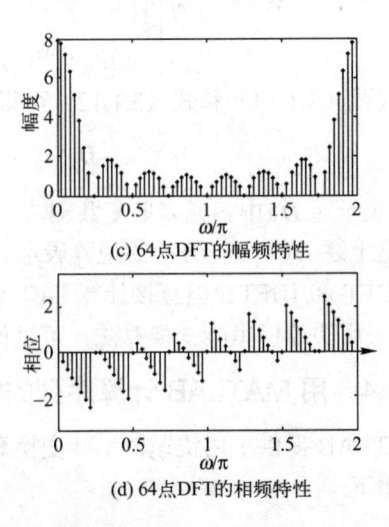

图 3.1.3 DFT 的幅频特性和相频特性图

3.2　DFT 的主要性质

与序列的傅里叶变换类似，DFT 也有许多重要的性质。其中一些性质本质上与傅里叶变换的相应性质相同，但是某些其他性质稍微有些差别。DFT 的绝大部分性质可以用 MATLAB 验证。

1. 线性性质

设有限长序列 $x_1(n)$ 和 $x_2(n)$ 的长度分别为 N_1 和 N_2，$x(n) = ax_1(n) + bx_2(n)$，a 和 b 为常数。则

$$X(k) = \text{DFT}[x(n)]_N = aX_1(k) + bX_2(k), \quad k = 0, 1, 2, \cdots, N-1 \tag{3.2.1}$$

式中，$N \geqslant \max[N_1, N_2]$，$X_1(k) = \text{DFT}[x_1(n)]_N$，$X_2(k) = \text{DFT}[x_2(n)]_N$。

可以直接用 DFT 定义式证明该性质，请读者练习证明。

2. DFT 的隐含周期性

式（3.1.1）和式（3.1.2）定义了一对 N 点离散傅里叶变换，其中只定义了 $X(k)$ 和 $x(n)$ 在变换区间上的 N 个值。如果使式（3.1.1）中 k 的取值域为 $[-\infty, \infty]$，就会发现 $X(k)$ 是以 N 为周期的，即

$$X(k + mN) = X(k) \tag{3.2.2}$$

称 $X(k)$ 的这一特性为 DFT 的隐含周期性。

证明：
$$X(k) = \text{DFT}[x(n)]_N = \sum_{n=0}^{N-1} x(n) W_N^{kn}$$

$$X(k + mN) = \sum_{n=0}^{N-1} x(n) W_N^{(k+mN)n} = \sum_{n=0}^{N-1} x(n) W_N^{kn} = X(k)$$

我们还可以从 DFT 与傅里叶变换的关系来理解 DFT 的隐含周期性。如前面所述，N 点 DFT 的原始定义，即式（3.1.1）表示对 $X(e^{j\omega})$ 在频率区间 $[0, 2\pi]$ 上的 N 点等间隔采样。因为 $X(e^{j\omega})$ 是以 2π 为周期的，所以，当式（3.1.1）中的 k 扩展为整数域时，$X(k)$ 表示在频率区间 $(-\infty, \infty)$ 上以采样间隔 $2\pi/N$ 对 $X(e^{j\omega})$ 的等间隔采样，这时 $X(k)$ 必然以 N 为周期。

3. 循环移位性质

（1）有限长序列的循环移位

设序列 $x(n)$ 的长度为 M，对 $x(n)$ 以 N（$N \geqslant M$）为周期进行周期延拓，得到

$$\tilde{x}_N(n) = x((n))_N \tag{3.2.3}$$

定义 $x(n)$ 的循环移位序列为

$$y(n) = \tilde{x}_N(n+m) R_N(n) = x((n+m))_N R_N(n) \tag{3.2.4}$$

式（3.2.4）表示将序列 $x(n)$ 以 N 为周期进行周期延拓，再左移 m 个单位并取主值序列，就得到 $x(n)$ 的循环移位序列 $y(n)$。图 3.2.1(a)、(b)、(c) 和 (d) 分别示出了 $x(n)$、$\tilde{x}_N(n)$、$\tilde{x}_N(n+m)$ 和 $y(n)$。图中 $M=6$，$N=8$，$m=2$。由图中所示的循环移位过程和结果可见，$y(n)$ 就是将 $x(n)$ 左移 m 个单位，移出区间 $[0, N-1]$ 的序列值依次从 $n = N-1$ 点移入，所以称之为循环移位。当 $m<0$ 时，向右循环移位 m 个单位。

（2）循环移位性质

设序列 $x(n)$ 长度为 M，$x(n)$ 的循环移位序列为
$$y(n) = x((n+m))_N R_N(n), \quad N \geq M$$
$$X(k) = \text{DFT}[x(n)]_N$$

则
$$Y(k) = \text{DFT}[y(n)]_N = W_N^{-km} X(k) \quad (3.2.5)$$

证明：
$$Y(k) = \sum_{n=0}^{N-1} x((n+m))_N W_N^{kn}, \quad k = 0, 1, \cdots, N-1$$

令 $l = n + m$，得到
$$Y(k) = \sum_{l=m}^{N-1+m} x((l))_N W_N^{k(l-m)} = W_N^{-km} \sum_{l=m}^{N-1+m} x((l))_N W_N^{kl}$$

因为 $x((l))_N W_N^{kl}$ 是以 N 为周期的，对其在任何一个周期求和是相等的，即
$$\sum_{l=m}^{N-1+m} x((l))_N W_N^{kl} = \sum_{l=0}^{N-1} x((l))_N W_N^{kl} = \sum_{l=0}^{N-1} x(l) W_N^{kl} = X(k)$$

所以
$$Y(k) = \text{DFT}[y(n)]_N = W_N^{-km} X(k)$$

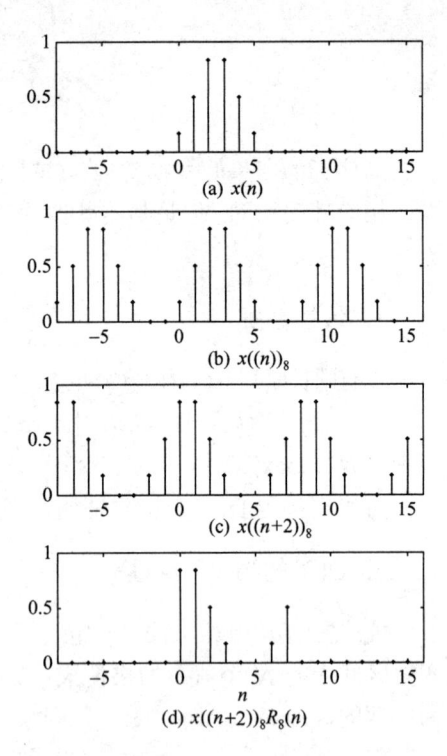

图 3.2.1 序列的循环移位过程示意图

4. 复共轭序列的 DFT

假设用 $x^*(n)$ 表示 $x(n)$ 的复共轭序列，长度为 N，且 $X(k) = \text{DFT}[x(n)]_N$，则
$$\text{DFT}[x^*(n)] = X^*(N-k), \quad k = 0, 1, 2, \cdots, N-1 \quad (3.2.6)$$

式中，$X(N) = X(0)$。

证明：将 DFT 的定义，即式（3.1.1）中的 k 用 $N-k$ 代替，并取共轭，得到
$$X^*(N-k) = \left[\sum_{n=0}^{N-1} x(n) W_N^{(N-k)n}\right]^* = \sum_{n=0}^{N-1} x^*(n) W_N^{kn} = \text{DFT}[x^*(n)]_N$$

用类似的方法还可以证明下式成立
$$\text{DFT}[x^*(N-n)]_N = X^*(k), \quad k = 0, 1, \cdots, N-1 \quad (3.2.7)$$

式中，$x(N) = x(0)$。

5. DFT 的共轭对称性

前面介绍了序列傅里叶变换（FT）的共轭对称性，DFT 也有类似的共轭对称性质。但 FT 中的共轭对称是指对坐标原点的共轭对称，在 DFT 中指的是对变换区间的中心，即 $N/2$ 点的共轭对称。下面先介绍有限长共轭对称的基本概念，然后介绍 DFT 的共轭对称性。

（1）有限长共轭对称序列和共轭反对称序列

假设有限长序列 $x_{ep}(n)$ 满足下式
$$x_{ep}(n) = x_{ep}^*(N-n) \quad n = 0, 1, 2, \cdots, N-1 \quad (3.2.8)$$

则称 $x_{ep}(n)$ 为共轭对称序列。如果有限长序列 $x_{op}(n)$ 满足下式
$$x_{op}(n) = -x_{op}^*(N-n) \quad n = 0, 1, 2, \cdots, N-1 \quad (3.2.9)$$

则称其为共轭反对称序列。将 $n = 1, 2, \cdots, N-1$ 代入上面两式，容易看出这里均指关于 $n = N/2$ 点的共轭对称或共轭反对称，称之为"中心对称"，即

$$x_{ep}\left(\frac{N}{2}-n\right) = x_{ep}^*\left(\frac{N}{2}+n\right), \quad x_{op}\left(\frac{N}{2}-n\right) = -x_{op}^*\left(\frac{N}{2}+n\right)$$

任一有限长序列 $x(n)$ 都可以用它的共轭对称分量和共轭反对称分量之和表示，即

$$x(n) = x_{ep}(n) + x_{op}(n) \tag{3.2.10}$$

下面推导 $x_{ep}(n)$ 和 $x_{op}(n)$ 与原序列 $x(n)$ 的关系。将上式中的 n 用 $N-n$ 代替，并两边取共轭，得到

$$x^*(N-n) = x_{ep}^*(N-n) + x_{op}^*(N-n) = x_{ep}(n) - x_{op}(n)$$

由上面两式得到 $x_{ep}(n)$ 和 $x_{op}(n)$ 与原序列 $x(n)$ 的关系为

$$x_{ep}(n) = \frac{1}{2}[x(n) + x^*(N-n)] \tag{3.2.11}$$

$$x_{op}(n) = \frac{1}{2}[x(n) - x^*(N-n)] \tag{3.2.12}$$

（2）DFT 的共轭对称性质

假设序列 $x(n)$ 长度为 N，其 N 点 DFT 用 $X(k)$ 表示。下面讨论 DFT 的共轭对称性质。

① 将序列 $x(n)$ 分成实部和虚部，相应 $x(n)$ 的 DFT 分成共轭对称和共轭反对称两部分。即

$$x(n) = x_r(n) + jx_i(n)$$
$$X(k) = X_{ep}(k) + X_{op}(k)$$

式中，$x_r(n) = \text{Re}[x(n)]$，$x_i(n) = \text{Im}[x(n)]$，则

$$X_{ep}(k) = \text{DFT}[x_r(n)]_N \tag{3.2.13}$$

$$X_{op}(k) = \text{DFT}[jx_i(n)]_N \tag{3.2.14}$$

证明：首先证明式（3.2.13）的正确性。

因为
$$x_r(n) = \frac{1}{2}[x(n) + x^*(n)]$$

对上式进行 DFT，得到

$$\text{DFT}[x_r(n)] = \frac{1}{2}\text{DFT}[x(n) + x^*(n)] = \frac{1}{2}\{\text{DFT}[x(n)] + \text{DFT}[x^*(n)]\}$$
$$= \frac{1}{2}\{X(k) + X^*(N-k)\} = X_{ep}(k)$$

用同样方法可以证明，式（3.2.14）也是正确的。

② 将序列 $x(n)$ 分成共轭对称和共轭反对称两部分，相应 $x(n)$ 的 DFT 分成实部和虚部两部分，即

$$x(n) = x_{ep}(n) + x_{op}(n)$$
$$X(k) = X_r(k) + jX_i(k)$$

式中，$X_r(k) = \text{Re}[X(k)]$，$X_i(k) = \text{Im}[X(k)]$，则

$$X_r(k) = \text{DFT}[x_{ep}(n)]_N \tag{3.2.15}$$

$$jX_i(k) = \text{DFT}[x_{op}(n)]_N \tag{3.2.16}$$

证明：首先证明式（3.2.15）的正确性。

因为
$$x_{ep}(n) = \frac{1}{2}[x(n) + x^*(N-n)]$$

所以
$$DFT[x_{ep}(n)] = \frac{1}{2}DFT[x(n) + x^*(N-n)]$$
$$= \frac{1}{2}\{DFT[x(n)] + DFT[x^*(N-n)]\}$$
$$= \frac{1}{2}\{X(k) + X^*(k)\} = \text{Re}[X(k)] = X_r(k)$$

用同样方法可以证明式（3.2.16）的正确性。

③ 实信号 DFT 的特点

- 设 $x(n)$ 是长度为 N 的实序列，其 N 点 DFT 用 $X(k)$ 表示，则由式（3.2.13）知道 $X(k)$ 具有共轭对称性质，即

$$X(k) = X^*(N-k) \tag{3.2.17}$$

- 如果将 $X(k)$ 写成极坐标形式 $X(k) = |X(k)|e^{j\theta(k)}$，由共轭对称性质，说明 $X(k)$ 的模关于 $k = N/2$ 点偶对称，相位关于 $k = N/2$ 点奇对称，即

$$|X(k)| = |X(N-k)|, \quad \theta(k) = -\theta(N-k)$$

利用 DFT 的共轭对称性质可以减小实序列的 DFT 计算量。一种情况是利用计算一个复序列的 N 点 DFT，很容易求得两个不同的实序列的 N 点 DFT；另一种情况是实序列的 $2N$ 点 DFT，可以用复序列的 N 点 DFT 得到。

先介绍第一种情况。设 $x_1(n)$ 和 $x_2(n)$ 是实序列，长度均为 N，用它们构成一个复序列

$$x(n) = x_1(n) + jx_2(n)$$

对上式进行 N 点 DFT，得到

$$X(k) = DFT[x(n)] = X_{ep}(k) + X_{op}(k)$$

利用式（3.2.13）和式（3.2.14）得到

$$X_1(k) = DFT[x_1(n)]_N = X_{ep}(k) = \frac{1}{2}[X(k) + X^*(N-k)] \tag{3.2.18}$$

$$X_2(k) = DFT[x_2(n)]_N = -jX_{op}(k) = \frac{1}{2j}[X(k) - X^*(N-k)] \tag{3.2.19}$$

这样只计算一个 N 点 DFT，得到 $X(k)$，用上面两式容易得到两个实序列的 N 点 DFT。显然，计算一个 N 点 DFT 需要 N^2 次复数乘法运算，再按照上面两式计算 $X_1(k)$ 和 $X_2(k)$ 则不再需要乘法。但如果分别计算它们的 DFT 则需要 $2N^2$ 次乘法，因此复乘次数减少了一半。

下面介绍第二种情况。实序列的 $2N$ 点 DFT，可以用复序列的 N 点 DFT 得到。

设 $v(n)$ 是一个长度为 $2N$ 的实序列，首先分别用 $v(n)$ 中的偶数点和奇数点形成两个长度为 N 的新序列 $x_1(n)$ 和 $x_2(n)$，即

$$x_1(n) = v(2n), \quad 0 \leqslant n \leqslant N-1$$
$$x_2(n) = v(2n+1), \quad 0 \leqslant n \leqslant N-1$$

再由 $x_1(n)$ 和 $x_2(n)$ 构造长度为 N 的复序列 $x(n)$，即

$$x(n) = x_1(n) + jx_2(n), \quad 0 \leqslant n \leqslant N-1$$

计算 $x(n)$ 的 N 点 DFT，因为 $x_1(n)$ 和 $x_2(n)$ 均是实序列，利用式（3.2.18）和式（3.2.19）得到 $X_1(k)$ 和 $X_2(k)$。最后由 $X_1(k)$ 和 $X_2(k)$ 可以得到实序列 $v(n)$ 的 $2N$ 点 DFT，即 $V(k)$。

3.4.2 节基 2FFT 中将证明由 $X_1(k)$ 和 $X_2(k)$ 计算 $V(k)$ 的公式为

$$\left.\begin{array}{l}V(k)=X_1(k)+W_{2N}^k X_2(k) \\ V(k+N)=X_1(k)-W_{2N}^k X_2(k)\end{array}\right\}, \quad k=0, 1, \cdots, N-1$$

直接计算 $V(k)$ 的 $2N$ 个值需要 $(2N)^2=4N^2$ 次乘法，但采用这种方法，计算 $\mathrm{DFT}[x(n)]_N$ 需要 N^2 次乘法，由 $X_1(k)$ 和 $X_2(k)$ 计算 $V(k)$ 只需要 N 次乘法，总乘法次数为 N^2+N，当 $N \gg 1$ 时近似为 N^2 次，节省近 3/4 的乘法运算量。

6．循环卷积定理

时域循环卷积定理是 DFT 中很重要的定理，具有很强的实用性。已知系统输入和系统的单位脉冲响应，计算系统的输出，以及 FIR 滤波器用 FFT 实现等，都是该定理的重要应用。下面首先介绍循环卷积的概念，然后介绍循环卷积定理及计算循环卷积的方法。

（1）两个有限长序列的循环卷积

设序列 $h(n)$ 和 $x(n)$ 的长度分别为 N 和 M。$h(n)$ 与 $x(n)$ 的 L 点循环卷积定义为

$$y_c(n)=\left[\sum_{m=0}^{L-1}h(m)x((n-m))_L\right]R_L(n) \tag{3.2.20}$$

式中，L 称为循环卷积的长度，$L \geq \max[N, M]$。上式显然与第 1 章介绍的线性卷积不同，为了区别线性卷积，用 $\circledast$ 表示循环卷积，用 $\text{\textcircled{L}}$ 表示 L 点循环卷积，即 $y_c(n)=h(n)\text{\textcircled{L}}x(n)$。

观察式（3.2.20），$x((n-m))_L$ 是以 L 为周期的周期信号，n 和 m 的变化区间均是 $[0, L-1]$，因此直接计算该式比较麻烦。计算机中采用矩阵相乘的方法计算该式，下面介绍如何用矩阵计算表示循环卷积的公式。

当 $n=0, 1, 2, \cdots, L-1$ 时，由 $x(n)$ 形成序列：$\{x(0), x(1), \cdots, x(L-1)\}$。

令 $n=0, m=0, 1, \cdots, L-1$，由式（3.2.20）中 $x((n-m))_L$ 形成 $x(n)$ 的循环倒相序列为：

$$\{x((0))_L, x((-1))_L, x((-2))_L, \cdots, x((-L+1))_L\}=\{x(0), x(L-1), x(L-2), \cdots, x(1)\}$$

与 $x(n)$ 形成的序列进行对比，相当于将第一个序列值 $x(0)$ 不动，将后面的序列反转 180°再放在 $x(0)$ 的后面。这样形成的序列称为序列 $x(n)$ 的循环倒相序列。

令 $n=1, m=0, 1, \cdots, L-1$，由式（3.2.20）中 $x((n-m))_L$ 形成的序列为：

$$\{x((1))_L, x((0))_L, x((-1))_L, \cdots, x((-L+2))_L\}=\{x(1), x(0), x(L-1), \cdots, x(2)\}$$

观察上式右端序列，它相当于 $x(n)$ 的循环倒相序列向右循环移一位，即向右移一位，移出区间 $[0, L-1]$ 的序列值再从左边移进。

再令 $n=2, m=0, 1, \cdots, L-1$，此时得到的序列又是上面的序列向右循环移一位。依次类推，当 n 和 m 均从 0 变化到 $L-1$ 时，得到一个关于 $x((n-m))_L$ 的矩阵如下

$$\begin{bmatrix} x(0) & x(L-1) & x(L-2) & \cdots & x(1) \\ x(1) & x(0) & x(L-1) & \cdots & x(2) \\ x(2) & x(1) & x(0) & \cdots & x(3) \\ \vdots & \vdots & \vdots & \ddots & \vdots \\ x(L-1) & x(L-2) & x(L-3) & \cdots & x(0) \end{bmatrix}$$

上面矩阵称为 $x(n)$ 的 L 点"循环卷积矩阵",其特点是:(1)第一列是 $\{x(0), x(1), \cdots, x(L-1)\}$ 的循环倒相序列。注意如果 $x(n)$ 的长度 $M<L$,则需要在 $x(n)$ 末尾补 $L-M$ 个零。(2)第一行以后的各行均是前一行向右循环移一位形成的。(3)矩阵的各主对角线上的序列值均相等。

有了上面介绍的循环卷积矩阵,就可以写出式(3.2.20)的矩阵形式如下

$$\begin{bmatrix} y(0)_c \\ y(1)_c \\ y(2)_c \\ \vdots \\ y(L-1)_c \end{bmatrix} = \begin{bmatrix} x(0) & x(L-1) & x(L-2) & \cdots & x(1) \\ x(1) & x(0) & x(L-1) & \cdots & x(2) \\ x(2) & x(1) & x(0) & \cdots & x(3) \\ \vdots & \vdots & \vdots & \ddots & \vdots \\ x(L-1) & x(L-2) & x(L-3) & \cdots & x(0) \end{bmatrix} \begin{bmatrix} h(0) \\ h(1) \\ h(2) \\ \vdots \\ h(L-1) \end{bmatrix} \quad (3.2.21)$$

按照上式,可以在计算机上用矩阵相乘的方法计算两个序列的循环卷积,这里关键是先形成循环卷积矩阵。上式中如果 $h(n)$ 的长度 $N<L$,则需要在 $h(n)$ 末尾补 $L-N$ 个零。

例 3.2.1 计算下面给出的两个长度为 4 的序列 $h(n)$ 与 $x(n)$ 的 4 点和 8 点循环卷积。

$$h(n) = \{h(0), h(1), h(2), h(3)\} = \{1, 2, 0, 1\}$$
$$x(n) = \{x(0), x(1), x(2), x(3)\} = \{2, 2, 1, 1\}$$

解:按照式(3.2.21)写出 $h(n)$ 与 $x(n)$ 的 4 点循环卷积矩阵形式为

$$y_c(n) = h(n) \textcircled{4} x(n)$$

$$\begin{bmatrix} y_c(0) \\ y_c(1) \\ y_c(2) \\ y_c(3) \end{bmatrix} = \begin{bmatrix} 2 & 1 & 1 & 2 \\ 2 & 2 & 1 & 1 \\ 1 & 2 & 2 & 1 \\ 1 & 1 & 2 & 2 \end{bmatrix} \begin{bmatrix} 1 \\ 2 \\ 0 \\ 1 \end{bmatrix} = \begin{bmatrix} 6 \\ 7 \\ 6 \\ 5 \end{bmatrix}$$

$h(n)$ 与 $x(n)$ 的 8 点循环卷积矩阵形式为

$$y_c(n) = h(n) \textcircled{8} x(n)$$

$$\begin{bmatrix} y_c(0) \\ y_c(1) \\ y_c(2) \\ y_c(3) \\ y_c(4) \\ y_c(5) \\ y_c(6) \\ y_c(7) \end{bmatrix} = \begin{bmatrix} 2 & 0 & 0 & 0 & 0 & 1 & 1 & 2 \\ 2 & 2 & 0 & 0 & 0 & 0 & 1 & 1 \\ 1 & 2 & 2 & 0 & 0 & 0 & 0 & 1 \\ 1 & 1 & 2 & 2 & 0 & 0 & 0 & 0 \\ 0 & 1 & 1 & 2 & 2 & 0 & 0 & 0 \\ 0 & 0 & 1 & 1 & 2 & 2 & 0 & 0 \\ 0 & 0 & 0 & 1 & 1 & 2 & 2 & 0 \\ 0 & 0 & 0 & 0 & 1 & 1 & 2 & 2 \end{bmatrix} \begin{bmatrix} 1 \\ 2 \\ 0 \\ 1 \\ 0 \\ 0 \\ 0 \\ 0 \end{bmatrix} = \begin{bmatrix} 2 \\ 6 \\ 5 \\ 5 \\ 4 \\ 1 \\ 1 \\ 0 \end{bmatrix}$$

$h(n)$ 和 $x(n)$ 及其 4 点和 8 点循环卷积结果分别如图 3.2.2(a)、(b)、(c)和(d)所示。请读者计算验证本例的 8 点循环卷积结果等于 $h(n)$ 与 $x(n)$ 的线性卷积结果。后面将证明,当循环卷积区间长度 L 大于或等于 $y(n) = h(n)*x(n)$ 的长度时,循环卷积结果 $y_c(n)$ 就等于线性卷积 $y(n)$。

(a) $h(n)$波形

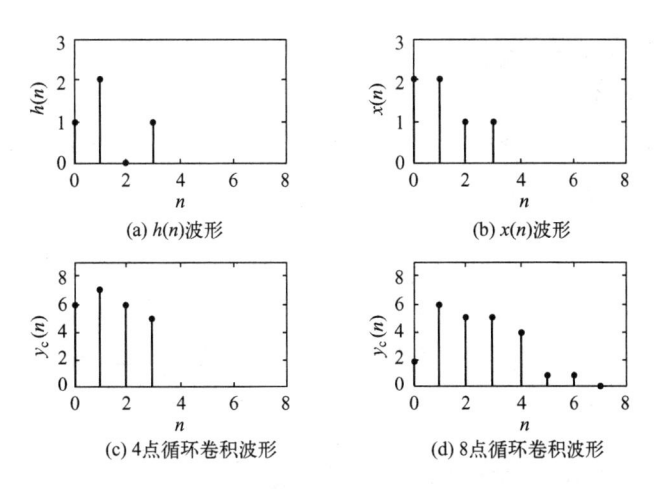

(b) $x(n)$波形

(c) 4点循环卷积波形

(d) 8点循环卷积波形

图 3.2.2　序列及其循环卷积波形

（2）DFT 的时域循环卷积定理

设 $h(n)$ 和 $x(n)$ 长度分别为 N 和 M，$y_c(n)$ 为序列 $h(n)$ 和 $x(n)$ 的 L 点循环卷积，即

$$y_c(n) = h(n) \text{①} x(n)$$

则

$$Y_c(k) = \text{DFT}[y_c(n)]_L = H(k)X(k), \quad k = 0,1,2,\cdots,L-1 \tag{3.2.22}$$

式中

$$H(k) = \text{DFT}[h(n)]_L, \quad X(k) = \text{DFT}[x(n)]_L$$

证明：

$$y_c(n) = \left[\sum_{m=0}^{L-1} h(m) x((n-m))_L\right] R_L(n)$$

$$Y_c(k) = \sum_{n=0}^{L-1} y_c(n) W_L^{kn} = \sum_{n=0}^{L-1} \sum_{m=0}^{L-1} h(m) x((n-m))_L W_L^{kn}$$

$$= \sum_{m=0}^{L-1} h(m) W_L^{km} \sum_{n=0}^{L-1} x((n-m))_L W_L^{k(n-m)}$$

令 $j = n-m$，则

$$Y_c(k) = H(k) \sum_{j=-m}^{L-1-m} x((j))_L W_L^{kj}$$

因为 $x((j))_L W_L^{kj}$ 是以 L 为周期的，所以对其在任何一个周期上的求和是相等的，取求和区间为主值区间得到

$$Y_c(k) = H(k) \sum_{j=0}^{L-1} x((j))_L W_L^{kj} = H(k) \sum_{j=0}^{L-1} x(j) W_L^{kj} = H(k) X(k)$$

时域循环卷积定理表明，DFT 将时域循环卷积关系变换成频域的相乘关系。根据时域循环卷积定理计算两个序列循环卷积运算的方框图如图 3.2.3 所示。

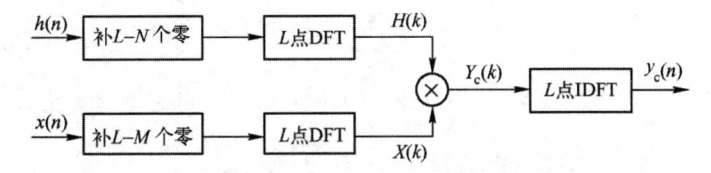

图 3.2.3　用 DFT 计算两个有限长序列 L 点循环卷积的运算方框图

（3）DFT 的频域循环卷积定理

设 $h(n)$ 和 $x(n)$ 长度分别为 N 和 M，并且
$$y_m(n) = h(n)x(n), \quad H(k) = \text{DFT}[h(n)]_L, \quad X(k) = \text{DFT}[x(n)]_L$$

则
$$Y_m(k) = \text{DFT}[y_m(n)]_L = \frac{1}{L} H(k) \textcircled{L} X(k)$$

$$= \frac{1}{L} \left[\sum_{j=0}^{L-1} H(j) X((k-j))_L \right] R_L(k) \tag{3.2.23}$$

式中，$L \geq \max[N, M]$。DFT 的频域循环卷积定理的证明留作习题，请读者证明。

7. 离散巴塞伐尔定理

设长度为 N 的序列 $x(n)$ 的 N 点 DFT 为 $X(k)$，则
$$\sum_{n=0}^{N-1} |x(n)|^2 = \frac{1}{N} \sum_{k=0}^{N-1} |X(k)|^2 \tag{3.2.24}$$

证明：
$$\sum_{n=0}^{N-1} |x(n)|^2 = \sum_{n=0}^{N-1} x(n) x^*(n) = \sum_{n=0}^{N-1} \frac{1}{N} \sum_{k=0}^{N-1} X(k) W_N^{-kn} x^*(n)$$

$$= \frac{1}{N} \sum_{k=0}^{N-1} X(k) \sum_{n=0}^{N-1} x^*(n) W_N^{-kn} = \frac{1}{N} \sum_{k=0}^{N-1} X(k) \left[\sum_{n=0}^{N-1} x(n) W_N^{kn} \right]^*$$

$$= \frac{1}{N} \sum_{k=0}^{N-1} X(k) X^*(k) = \frac{1}{N} \sum_{k=0}^{N-1} |X(k)|^2$$

3.3 频域采样

我们知道，对模拟信号进行时域等间隔采样，则时域采样信号的频谱是原模拟信号频谱的周期延拓函数。时域采样定理告诉我们，仅对带限信号，当采样频率大于或等于奈奎斯特采样频率时，可以由时域离散采样信号恢复原来的连续信号，而不丢失任何信息。根据时域和频域的对偶原理可以断定，对时域序列 $x(n)$ 的连续频谱函数在频域等间隔采样，则采样得到的离散频谱对应的时域序列必然是原序列 $x(n)$ 的周期延拓序列。而且仅对时域有限长序列，当满足频域采用定理时，才能由频域离散采样恢复原来的连续频谱函数（或原时域序列）。简言之，时域采样，频域周期延拓，频域采样，时域周期延拓。

本节讨论频域采样概念，证明上述论断，导出频域采样定理和频域内插公式。

1. 频域采样与频域采样定理

设任意序列 $x(n)$ 的 Z 变换为
$$X(z) = \sum_{n=-\infty}^{\infty} x(n) z^{-n}$$

而且 $X(z)$ 的收敛域包含单位圆。以 $2\pi/N$ 为采样间隔，在单位圆上对 $X(z)$ 进行等间隔采样得到
$$\tilde{X}_N(k) = X(z) \Big|_{z=e^{j\frac{2\pi}{N}k}} = \sum_{n=-\infty}^{\infty} x(n) e^{-j\frac{2\pi}{N}kn} \tag{3.3.1}$$

实质上，$\tilde{X}_N(k)$ 是对 $x(n)$ 的频谱函数 $X(e^{j\omega})$ 的等间隔采样。因为 $X(e^{j\omega})$ 以 2π 为周期，

所以 $\tilde{X}_N(k)$ 是以 N 为周期的频域序列。根据离散傅里叶级数理论，$\tilde{X}_N(k)$ 必然是一个周期序列 $\tilde{x}_N(n)$ 的 DFS 系数。下面推导 $\tilde{x}_N(n)$ 与原序列 $x(n)$ 的关系。根据式（2.2.13）得到

$$\tilde{x}_N(n) = \text{IDFS}[\tilde{X}_N(k)] = \frac{1}{N}\sum_{k=0}^{N-1}\tilde{X}_N(k)e^{j\frac{2\pi}{N}kn}$$

将式（3.3.1）代入上式得到

$$\tilde{x}_N(n) = \text{IDFS}[\tilde{X}_N(k)] = \frac{1}{N}\sum_{k=0}^{N-1}\left(\sum_{m=0}^{N-1}x(m)e^{-j\frac{2\pi}{N}km}\right)e^{j\frac{2\pi}{N}kn} = \sum_{m=-\infty}^{\infty}x(m)\frac{1}{N}\sum_{k=0}^{N-1}e^{j\frac{2\pi}{N}k(n-m)}$$

因为

$$\frac{1}{N}\sum_{k=0}^{N-1}e^{j\frac{2\pi}{N}k(n-m)} = \begin{cases}1, & m=n+iN, i\text{ 为整数} \\ 0, & m\text{ 为其他值}\end{cases}$$

所以

$$\tilde{x}_N(n) = \text{IDFS}[\tilde{X}_N(k)] = \sum_{i=-\infty}^{\infty}x(n+iN) \tag{3.3.2}$$

式（3.3.2）说明频域采样 $\tilde{X}_N(k)$ 所对应的时域周期序列 $\tilde{x}_N(n)$ 是原序列 $x(n)$ 的周期延拓序列，延拓周期为 N。根据 DFT 与 DFS 之间的关系知道，分别截取 $\tilde{x}_N(n)$ 和 $\tilde{X}_N(k)$ 的主值序列

$$x_N(n) = \tilde{x}_N(n)R_N(n) = \sum_{i=-\infty}^{\infty}x(n+iN)R_N(n) \tag{3.3.3}$$

$$X_N(k) = \tilde{X}_N(k)R_N(k) = X(z)\Big|_{z=e^{j\frac{2\pi k}{N}}}, \quad k=0,1,2,\cdots,N-1 \tag{3.3.4}$$

则 $x_N(n)$ 和 $X_N(k)$ 构成一对 DFT：

$$X_N(k) = \text{DFT}[x_N(n)]_N \tag{3.3.5}$$

$$x_N(n) = \text{IDFT}[X_N(k)]_N \tag{3.3.6}$$

式（3.3.4）表明 $X_N(k)$ 是对 $X(z)$ 在单位圆上的 N 点等间隔采样，即对 $X(e^{j\omega})$ 在频率区间 $[0, 2\pi]$ 上的 N 点等间隔采样。式（3.3.3）～式（3.3.6）说明，$X_N(k)$ 对应的时域有限长序列 $x_N(n)$ 就是原序列 $x(n)$ 以 N 为周期的周期延拓序列的主值序列。

综上所述，可以总结出频域采样定理：

如果原序列 $x(n)$ 长度为 M，对 $X(e^{j\omega})$ 在频率区间 $[0, 2\pi]$ 上等间隔采样 N 点，得到 $X_N(k)$，则仅当采样点数 $N \geqslant M$ 时，才能由频域采样 $X_N(k)$ 恢复 $x(n)=\text{IDFT}[X_N(k)]_N$，否则将产生时域混叠失真，不能由 $X_N(k)$ 恢复原序列 $x(n)$。

该定理告诉我们，只有当时域序列 $x(n)$ 为有限长时，以适当的采样间隔对其频谱函数 $X(e^{j\omega})$ 采样，才不会丢失信息。

例 3.3.1 长度为 40 的三角形序列 $x(n)$ 及其频谱函数 $X(e^{j\omega})$ 如图 3.3.1(b) 和 (a) 所示。对 $X(e^{j\omega})$ 在频率区间 $[0, 2\pi]$ 上等间隔采样 32 点和 64 点，得到 $X_{32}(k)$ 和 $X_{64}(k)$，如图 3.3.1(c) 和 (e) 所示。计算得到 $x_{32}(n) = \text{IDFT}[X_{32}(k)]_{32}$ 和 $x_{64}(n) = \text{IDFT}[X_{64}(k)]_{64}$，如图 3.3.1(d) 和 (f) 所示。由于实序列的 DFT 满足共轭对称性，所以图中的频域图仅画出 $[0, \pi]$ 上的幅频特性波形。

本例中 $x(n)$ 的长度 $M=40$。从图中可以看出，当采样点数 $N=32<M$ 时，$x_{32}(n)$ 确实等于原三角序列 $x(n)$ 以 32 为周期的周期延拓序列的主值序列。由于存在时域混叠失真，所以 $x_{32}(n) \neq x(n)$；当采样点数 $N=64>M$ 时，无时域混叠失真，$x_{64}(n) = \text{IDFT}[X_{64}(k)] = x(n)$。

2. 频域内插公式

所谓频域内插公式，就是用频域采样 $X(k)$ 表示 $X(z)$ 和 $X(e^{j\omega})$ 的公式。后续章节会看到，

频域内插公式是 FIR 数字滤波器的频率采样结构和频率采样设计法的理论依据。

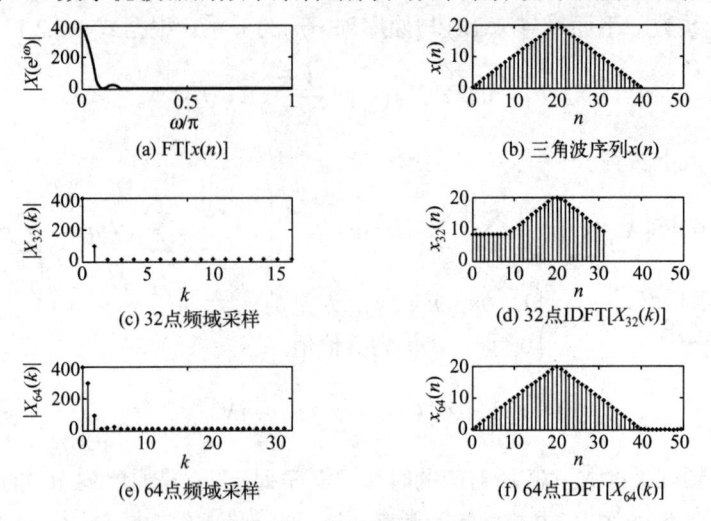

图 3.3.1 频域采样定理验证

设序列 $x(n)$ 的长度为 M，在 Z 平面单位圆上对 $X(z)$ 的采样点数为 N，且满足频域采样定理（$N \geq M$）。则有

$$X(z) = \sum_{n=0}^{N-1} x(n) z^{-n} \tag{3.3.7}$$

$$X(k) = X(z)\big|_{z=e^{j\frac{2\pi}{N}k}}, \quad k = 0, 1, 2, \cdots, N-1$$

$$x(n) = \text{IDFS}[X(k)]_N = \frac{1}{N} \sum_{k=0}^{N-1} X(k) W_N^{-kn}, \quad n = 0, 1, 2, \cdots, N-1 \tag{3.3.8}$$

将式（3.3.8）代入式（3.3.7）得到

$$X(z) = \sum_{n=0}^{N-1} \left[\frac{1}{N} \sum_{k=0}^{N-1} X(k) W_N^{-kn} \right] z^{-n} = \frac{1}{N} \sum_{k=0}^{N-1} X(k) \sum_{n=0}^{N-1} (W_N^{-k} z^{-1})^n$$

$$= \frac{1}{N} \sum_{k=0}^{N-1} X(k) \frac{1 - W_N^{-kN} z^{-N}}{1 - W_N^{-k} z^{-1}} \tag{3.3.9a}$$

式中，$W_N^{-kN} = 1$。所以

$$X(z) = \frac{1 - z^{-N}}{N} \sum_{k=0}^{N-1} \frac{X(k)}{1 - W_N^{-k} z^{-1}} \tag{3.3.9b}$$

令

$$\varphi_k(z) = \frac{1}{N} \frac{1 - z^{-N}}{1 - W_N^{-k} z^{-1}} \tag{3.3.10}$$

则

$$X(z) = \sum_{k=0}^{N-1} X(k) \varphi_k(z) \tag{3.3.11}$$

式（3.3.9b）和式（3.3.11）称为用 $X(k)$ 表示 $X(z)$ 的 z 域内插公式。$\varphi_k(z)$ 称为 z 域内插函数。式（3.3.9b）将用于构造 FIR、DF 的频率采样结构。将 $z = e^{j\omega}$ 带入式（3.3.9a）并化简，得到用 $X(k)$ 表示 $X(e^{j\omega})$ 的内插公式和内插函数 $\varphi(\omega)$：

$$X(e^{j\omega}) = \sum_{k=0}^{N-1} X(k) \varphi\left(\omega - \frac{2\pi}{N} k \right) \tag{3.3.12}$$

$$\varphi(\omega) = \frac{1}{N} \frac{\sin(\omega N/2)}{\sin(\omega/2)} e^{-j\omega(N-1)/2} \quad (3.3.13)$$

式（3.3.12）和式（3.3.13）将用于 FIR 数字滤波器的频率采样设计法的误差分析。

3.4 DFT 的快速算法——快速傅里叶变换（FFT）

影响数字信号处理发展的最主要因素之一是处理速度。DFT 使计算机在频域处理信号成为可能，但是当 N 很大时，直接计算 N 点 DFT 的计算量非常大。快速傅里叶变换（FFT，Fast Fourier Transform）可使实现 DFT 的运算量下降几个数量级，从而使数字信号处理的速度大大提高。自从 1965 年第一篇 DFT 快速算法的论文发表以来，人们已经研究出多种 FFT 算法，它们的复杂度和运算效率各不相同。本章主要介绍最基本的基 2 FFT 算法及其编程方法。

3.4.1 直接计算 DFT 的特点及减少运算量的基本途径

长度为 N 的序列 $x(n)$ 的 N 点 DFT 为

$$X(k) = \mathrm{DFT}[x(n)]_N = \sum_{n=0}^{N-1} x(n) W_N^{kn} \quad k = 0, 1, \cdots, N-1$$

由上式可知，计算 $X(k)$ 的每一个值需要计算 N 次复数乘法和 $N-1$ 次复数加法，那么计算 $X(k)$ 的 N 个值需要 N^2 次复数乘法和 $(N-1) \times N$ 次复数加法运算。当 $N \gg 1$ 时，N 点 DFT 的复数乘法和复数加法运算次数均与 N^2 成正比。当 N 增大时，运算量迅速增大。例如，当 $N = 2^{10}$ 时，$N^2 = 2^{20} = 1\,048\,576$。为了将 DFT 应用于各种实时信号处理的工程实际中，必须减少其运算量。

由于 N 点 DFT 的运算量随 N^2 增长，因此，当 N 较大时，减少运算量的途径之一就是将 N 点 DFT 分解为几个较短的 DFT 进行计算，则可大大减少其运算量。例如，分解为 M 个 N/M 点 DFT，则复数乘法运算量为 $(N/M)^2 \times M = N^2/M$，下降到原来的 $1/M$。后面会看到，经过某种运算，可由这 M 个 DFT 的运算结果得到原来要计算的 N 点离散傅里叶变换 $X(k)$。另外，可根据 W_N^m 的周期性和对称性减少 DFT 的运算量。

W_N^m 的周期性：
$$W_N^{m+lN} = e^{-j\frac{2\pi}{N}(m+lN)} = e^{-j\frac{2\pi}{N}m} = W_N^m \quad (3.4.1)$$

W_N^m 的对称性：
$$\left(W_N^{N-m}\right)^* = W_N^m \quad (3.4.2)$$

$$W_N^{m+\frac{N}{2}} = -W_N^m \quad (3.4.3)$$

快速傅里叶变换就是不断地将长序列的 DFT 分解为短序列的 DFT，并利用 W_N^m 的周期性和对称性及其一些特殊值来减少 DFT 运算量的快速算法。本节要介绍的基 2 FFT 算法是最基本的快速算法，程序最简单，它只用到将长序列 DFT 分解和 W_N^m 的对称性、周期性。

3.4.2 基 2 FFT 算法

基 2 FFT 要求 DFT 变换区间长度 $N = 2^M$，M 为自然数。基 2 FFT 算法又分为两类：时域抽取法 FFT（Decimation In Time FFT），简称为 DIT-FFT；频域抽取法 FFT（Decimation In Frequency FFT），简称为 DIF-FFT。本节介绍 DIT-FFT 算法。

1. DIT-FFT 算法

序列 $x(n)$ 的 N 点 DFT 为

$$X(k) = \mathrm{DFT}[x(n)]_N = \sum_{n=0}^{N-1} x(n) W_N^{kn} \qquad k = 0, 1, \cdots, N-1$$

将上面的和式按 n 的奇偶性分解为

$$X(k) = \sum_{n\text{为偶数}} x(n) W_N^{kn} + \sum_{n\text{为奇数}} x(n) W_N^{kn}$$

$$= \sum_{l=0}^{N/2-1} x(2l) W_N^{k2l} + \sum_{l=0}^{N/2-1} x(2l+1) W_N^{k(2l+1)}$$

令 $x_1(l) = x(2l)$, $x_2(l) = x(2l+1)$，因为 $W_N^{2kl} = W_{N/2}^{kl}$，所以上式可写成

$$X(k) = \sum_{l=0}^{N/2-1} x_1(l) W_{N/2}^{kl} + W_N^k \sum_{l=0}^{N/2-1} x_2(l) W_{N/2}^{kl} \qquad k = 0, 1, \cdots, N-1 \qquad (3.4.4)$$

式（3.4.4）说明，按 n 的奇偶性将 $x(n)$ 分解为两个 $N/2$ 长的序列 $x_1(l)$ 和 $x_2(l)$，则 N 点 DFT 可分解为两个 $N/2$ 点 DFT 来计算。用 $X_1(k)$ 和 $X_2(k)$ 分别表示 $x_1(l)$ 和 $x_2(l)$ 的 $N/2$ 点 DFT，即

$$X_1(k) = \mathrm{DFT}[x_1(l)]_{N/2} = \sum_{l=0}^{N/2-1} x_1(l) W_{N/2}^{kl} \qquad k = 0, 1, \cdots, \frac{N}{2} - 1 \qquad (3.4.5)$$

$$X_2(k) = \mathrm{DFT}[x_2(l)]_{N/2} = \sum_{l=0}^{N/2-1} x_2(l) W_{N/2}^{kl} \qquad k = 0, 1, \cdots, \frac{N}{2} - 1 \qquad (3.4.6)$$

将式（3.4.5）和式（3.4.6）代入式（3.4.4），并利用 $W_N^{k+\frac{N}{2}} = -W_N^k$ 和 $X_1(k)$、$X_2(k)$ 的隐含周期性可得到

$$\left.\begin{array}{l} X(k) = X_1(k) + W_N^k X_2(k) \\ X\left(k + \dfrac{N}{2}\right) = X_1(k) - W_N^k X_2(k) \end{array}\right\} \qquad k = 0, 1, \cdots, \frac{N}{2} - 1 \qquad (3.4.7)$$

这样，就将 N 点 DFT 的计算分解为计算两个 $N/2$ 点离散傅里叶变换 $X_1(k)$ 和 $X_2(k)$，再计算式（3.4.7）。为了将如上分解过程用运算流图表示，以便估计其运算量，观察运算规律，总结编程方法，先介绍一种描述式（3.4.7）的蝶形图。蝶形图及其运算功能如图 3.4.1 所示。

当 $N = 2^3 = 8$ 时，用蝶形图表示第一次时域奇偶抽取分解及式（3.4.7）的运算流图如图 3.4.2 所示。根据图 3.4.2 可以求得第一次分解后的运算量。图 3.4.2 包括两个 $N/2$ 点 DFT

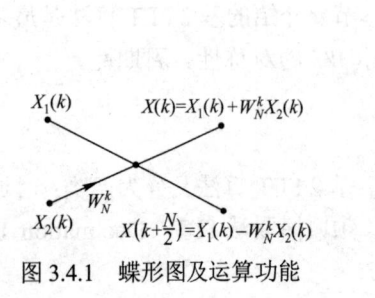

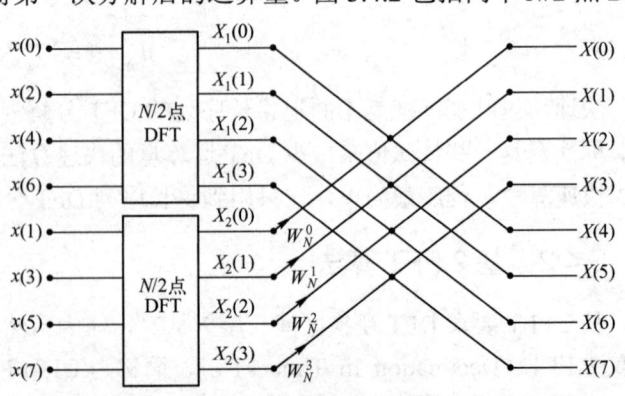

图 3.4.1 蝶形图及运算功能　　　　图 3.4.2 8 点 DFT 一次时域抽取分解运算流图

和 $N/2$ 个蝶形，每个 $\frac{N}{2}$ 点 DFT 需要 $\left(\frac{N}{2}\right)^2$ 次复数乘法和 $\left(\frac{N}{2}-1\right)\frac{N}{2}$ 次复数加法运算，每个蝶形只有一次复数乘法运算和两次复数加法运算。所以，总的复数乘法次数为

$$\left(\frac{N}{2}\right)^2 \times 2 + \frac{N}{2} = \frac{N}{2}(N+1)\bigg|_{N \gg 1} \approx \frac{N^2}{2}$$

总的复数加法次数为

$$\left(\frac{N}{2}-1\right)\frac{N}{2} \times 2 + \frac{N}{2} \times 2 = \frac{N^2}{2}$$

由此可见，经过一次抽取分解，当 $N \gg 1$ 时，使 N 点 DFT 的运算量近似下降一半。所以，应当继续分解下去。将每个 $N/2$ 点 DFT 分解为 2 个 $N/4$ 点 DFT，……，依次类推，经过 M 级时域奇偶抽取，可分解为 N 个 1 点 DFT 和 M 级蝶形运算，每级有 $N/2$ 个蝶形。而 1 点 DFT 就是 1 点时域序列本身。根据 $W_{N/m}^k = W_N^{km}$ 得到 $N=8$ 点 DIT-FFT 的运算流图如图 3.4.3 所示。图中 A 是一个数组，用于存放输入序列和各级蝶形的计算结果，在后面编程时要用到。

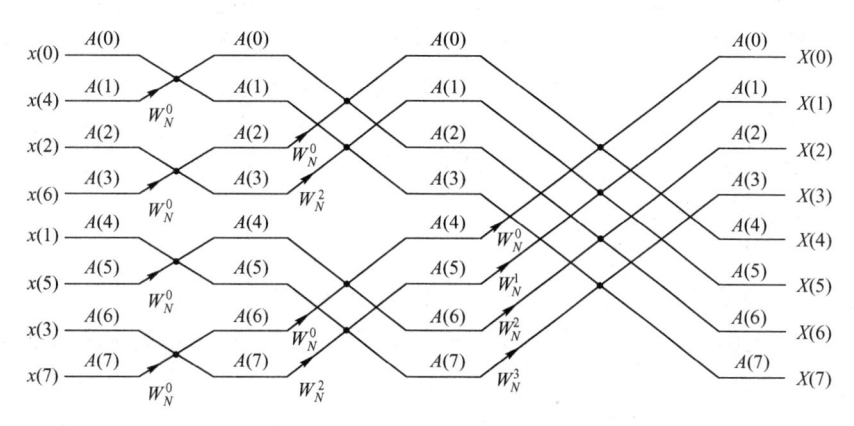

图 3.4.3 8 点 DIT-FFT 运算流图

2. DIT-FFT 的运算效率

DIT-FFT 的运算效率指直接计算 DFT 的运算量与 DIT-FFT 的运算量之比。由图 3.4.3 可见，$N=2^M$ 时，其 DIT-FFT 运算流图由 M 级蝶形构成，每级有 $N/2$ 个蝶形。因此，每级需要 $N/2$ 次复数乘法运算和 N 次复数加法运算，M 级蝶形所需复数乘法次数 $C_M(2)$ 和复数加法次数 $C_A(2)$ 分别为

$$C_M(2) = \frac{N}{2}M = \frac{N}{2}\log_2 N \quad (3.4.8)$$

$$C_A(2) = NM = N\log_2 N \quad (3.4.9)$$

直接计算 N 点 DFT 的复数乘法次数为 N^2，复数加法次数为 $(N-1)N$。当 $N \gg 1$ 时，$N^2/C_M(2) \gg 1$，所以 N 越大，DIT-FFT 运算效率越高。DIT-FFT 算法与 DFT 所需乘法次数与 N 的关系曲线如图 3.4.4 所示。

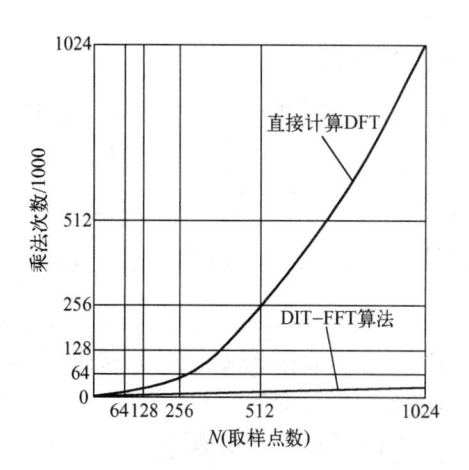

图 3.4.4 DIT-FFT 与 DFT 所需乘法次数比较曲线

例如，$N=2^{10}=1024$ 时，DIT-FFT 的运算效率为

$$\frac{\text{DFT 的乘法次数}}{\text{DIT-FFT 的乘法次数}} = \frac{N^2}{C_M(2)} = \frac{1024^2}{\frac{1024}{2} \times 10} = 204.8$$

而当 $N=2^{11}=2048$ 时有

$$\frac{N^2}{C_M(2)} = \frac{N^2}{\frac{N}{2}M} = \frac{2N}{M} = \frac{2 \times 2048}{11} \approx 372.37$$

3. DIT-FFT 的运算规律及编程思想

为了最终写出 DIT-FFT 运算程序或设计出硬件实现电路，下面介绍它的运算规律。

（1）原位计算

由图 3.4.3 可以看出，DIT-FFT 的运算过程很有规律。$N=2^M$ 点的 FFT 共进行 M 级运算，每级由 $N/2$ 个蝶形运算组成。同一级中，每个蝶形的两个输入数据只对计算本蝶形有用，而且每个蝶形的输入、输出数据结点又同在一条水平线上，这就意味着计算完一个蝶形后，所得输出数据可立即存入原输入数据所占用的存储单元。这样，经过 M 级运算后，原来存放输入序列数据的 N 个存储单元($A(0), A(1), \cdots, A(N-1)$)中便依次存放 $X(k)$ 的 N 个值。这种利用同一存储单元存储蝶形计算输入、输出数据的方法称为原位（址）计算。原位计算可节省大量内存，从而使设备成本降低。

（2）旋转因子的变化规律

如上所述，N 点 DIT-FFT 运算流图中，每级都有 $N/2$ 个蝶形。每个蝶形都要乘以因子 W_N^p，因为 $|W_N^p|=1$，方向随 p 在单位圆上旋转，所以称其为旋转因子，p 称为旋转因子的指数。但各级的旋转因子和循环方式都有所不同。为了编写计算程序，应先找出旋转因子 W_N^p 与运算级数的关系。用 L 表示从左到右的运算级数（$L=1, 2, \cdots, M$）。观察图 3.4.3 不难发现，第 L 级共有 2^{L-1} 个不同的旋转因子。$N=2^3=8$ 时各级旋转因子表示如下：

$L=1$ 时 $\qquad W_N^p = W_N^{4J} = W_{N/4}^J = W_{2^L}^J \qquad J=0$

$L=2$ 时 $\qquad W_N^p = W_N^{2J} = W_{N/2}^J = W_{2^L}^J \qquad J=0,1$

$L=3$ 时 $\qquad W_N^p = W_N^J = W_{2^L}^J \qquad J=0,1,2,3$

对 $N=2^M$ 的一般情况，第 L 级的旋转因子为

$$W_N^p = W_{2^L}^J \qquad J=0,1,2,\cdots,2^{L-1}-1$$

由于 $\qquad 2^L = 2^M \times 2^{L-M} = N \times 2^{L-M}$

所以 $\qquad W_N^p = W_{N \times 2^{L-M}}^J = W_N^{J \times 2^{M-L}} \qquad J=0,1,2,\cdots,2^{L-1}-1 \qquad (3.4.10)$

$$p = J \times 2^{M-L} \qquad (3.4.11)$$

这样，就可以按式（3.4.10）和式（3.4.11）确定第 L 级运算的旋转因子（实际编程序时，L 为最外层循环变量）。

（3）蝶形运算规律

设序列 $x(n)$ 经时域抽选（倒序）后，存入数组 A 中。如果蝶形运算的两个输入数据相距 B 个点，应用原位计算，则蝶形运算可表示成如下形式：

$$A_L(J) \Leftarrow A_{L-1}(J) + A_{L-1}(J+B)W_N^p$$
$$A_L(J+B) \Leftarrow A_{L-1}(J) - A_{L-1}(J+B)W_N^p$$

式中 $p = J \times 2^{M-L}$; $J = 0, 1, \cdots, 2^{L-1} - 1$; $L = 1, 2, \cdots, M$

下标 L 表示第 L 级运算，$A_L(J)$ 则表示第 L 级运算后数组元素 $A(J)$ 的值（即第 L 级蝶形的输出数据）。而 $A_{L-1}(J)$ 表示第 L 级运算前 $A(J)$ 的值（即第 L 级蝶形的输入数据）。如果要用实数运算完成上述蝶形运算，可按下面的算法进行。

设
$$T = A_{L-1}(J+B)W_N^p = T_R + jT_I$$
$$A_{L-1}(J) = A_R'(J) + jA_I'(J)$$

式中，下标 R 表示取实部，I 表示取虚部。则
$$T_R = A_R'(J+B)\cos\frac{2\pi}{N}p + A_I'(J+B)\sin\frac{2\pi}{N}p$$
$$T_I = A_I'(J+B)\cos\frac{2\pi}{N}p - A_R'(J+B)\sin\frac{2\pi}{N}p$$

设
$$A_L(J) = A_R(J) + jA_I(J)$$
$$A_L(J+B) = A_R(J+B) + jA_I(J+B)$$

则 $A_R(J) = A_R'(J) + T_R$, $A_I(J) = A_I'(J) + T_I$
$A_R(J+B) = A_R'(J) - T_R$, $A_I(J+B) = A_I'(J) - T_I$

（4）编程思想及程序框图

仔细观察图 3.4.3，还可归纳出一些对编程有用的运算规律：第 L 级中，每个蝶形的两个输入数据相距 $B = 2^{L-1}$ 个点；同一旋转因子对应着间隔为 2^L 点的 2^{M-L} 个蝶形。

总结上述运算规律，便可采用下述运算方法。先从输入端（第 1 级）开始，逐级进行，共进行 M 级运算。在进行第 L 级运算时，依次求出 $B = 2^{L-1}$ 个不同的旋转因子，每求出一个旋转因子，就计算完它对应的所有 2^{M-L} 个蝶形。这样，我们可用三重循环程序实现 DIT-FFT 运算，程序框图如图 3.4.5 所示。程序运行后，数组 A 中存放的是 $x(n)$ 的 N 点 DFT，即 $X(k)=A(k)$。

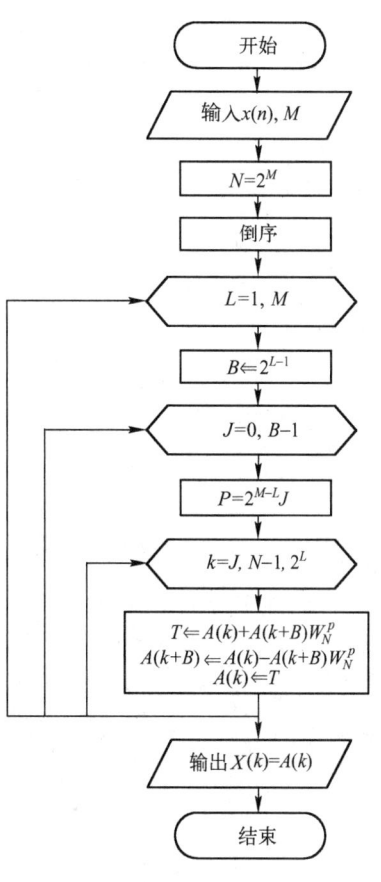

图 3.4.5 DIT-FFT 运算程序框图

请注意，第 J 个旋转因子对应的第 1 个蝶形的第 1 个输入为 $A(J)$，所以，最内层循环计算第 J 个旋转因子 W_N^p 对应的 2^{M-L} 个蝶形的变量 k 初值为 J。

另外，DIT-FFT 算法的输出 $X(k)$ 为自然顺序，但为了适应原位计算，其输入序列不是按 $x(n)$ 的自然顺序排序，这种经过 $M-1$ 次偶奇抽选后的排序称为序列 $x(n)$ 的倒序（倒位）。因此，在运算之前应先对序列 $x(n)$ 进行倒序。程序框图中的倒序框就是完成这一功能的。下面介绍倒序算法。

（5）序列的倒序

DIT-FFT 算法的输入序列的排序看起来似乎很乱，但仔细分析就会发现这种倒序是很有规律的。由于 $N = 2^M$，因此顺序数可用 M 位二进制数（$n_{M-1}n_{M-2}\cdots n_1n_0$）表示。$M$ 次偶奇时域抽选过程如图 3.4.6 所示。第一次按最低位 n_0 的 0 和 1 将 $x(n)$ 分解为偶、奇两组，第二次又按次低位 n_1 的 0 和 1 值分别对偶、奇组分解；依次类推，第 M 次按 n_{M-1} 位分解，最后所

得二进制倒序数如图 3.4.6 右边所示。表 3.4.1 列出了 $N = 8$ 时以二进制数表示的顺序数和倒序数。由表显而易见，只要将顺序数（$n_2n_1n_0$）的二进制位倒置，则得到对应的二进制倒序值（$n_0n_1n_2$），因此称之为"倒序"。按这一规律，用硬件电路和汇编语言程序产生倒序数很容易。但用高级语言程序实现时，直接倒置二进制数位是不行的，因此必须找出产生倒序数的十进制运算规律。由表 3.4.1 可见，自然顺序数 I 增加 1，是在顺序数的二进制数最低位加 1，逢 2 向左进位。而倒序数则是在 M 位二进制数最高位加 1，逢 2 向右进位。例如，在（000）最高位加 1，则得（100），而（100）最高位为 1，所以最高位加 1 要向次高位进位，其实质是将最高位变为 0，再在次高位加 1。用这种算法，可以从当前任一倒序值求得下一个倒序值。

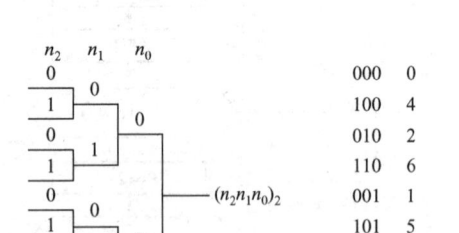

图 3.4.6 形成倒序的树状图（$N = 2^3$）

表 3.4.1 顺序和倒序二进制数对照表

顺 序		倒 序	
十进制数 I	二 进 制 数	二 进 制 数	十进制数 J
0	0 0 0	0 0 0	0
1	0 0 1	1 0 0	4
2	0 1 0	0 1 0	2
3	0 1 1	1 1 0	6
4	1 0 0	0 0 1	1
5	1 0 1	1 0 1	5
6	1 1 0	0 1 1	3
7	1 1 1	1 1 1	7

为了叙述方便，用 J 表示当前倒序数的十进制数值。对于 $N=2^M$，M 位二进制数最高位的权值为 $N/2$，且从左向右二进制位的权值依次为 $N/4, N/8, \cdots, 2, 1$。因此，最高位加 1 相当于十进制运算 $J+N/2$。如果最高位是 0（$J<N/2$），则直接由 $J+N/2$ 得到下一个倒序值；如果最高位是 1（$J \geqslant N/2$），则要将最高位变成 0（$J \Leftarrow J-N/2$），次高位加 1（$J+N/4$）。但次高位加 1 时，同样要判断 0、1 值，如果为 0（$J<N/4$），则直接加 1（$J \Leftarrow J+N/4$），否则将次高位变成 0（$J \Leftarrow J-N/4$），再判断下一位；依次类推，直到完成最高位加 1，逢 2 向右进位的运算。

形成倒序 J 后，将原数组 A 中存放的输入序列重新按倒序排列。设原输入序列 $x(n)$ 先按自然顺序存入数组 A 中。例如，对 $N=8$, $A(0), A(1), A(2), \cdots, A(7)$ 中依次存放着 $x(0)$, $x(1), \cdots, x(7)$。对 $x(n)$ 的重新排序（倒序）规律如图 3.4.7 所示。倒序的程序框图如图 3.4.8 所示，图中的虚线框内是完成图 3.4.7 中计算倒序值的运算流程。由图 3.4.7 可见，第一个序列值 $x(0)$ 和最后一个序列值 $x(N-1)$ 不需要重排；当 $I=J$ 时，不需要交换，当 $I \neq J$ 时，$A(I)$ 与 $A(J)$ 交换数据。所以图 3.4.8 中，顺序数 I 的起始、终止值分别为 1 和 $N-2$；倒序数 J 的起始值为 $N/2$。另外，为了避免再次调换前面已调换过的一对数据，框图中只对 $I<J$ 的情况调换 $A(I)$ 和 $A(J)$ 的内容。

在基 2FFT 算法中，还有一种频域抽取法 FFT，简称 DIF-FFT，它的运算效率和 DIT-FFT 一样，不再介绍。

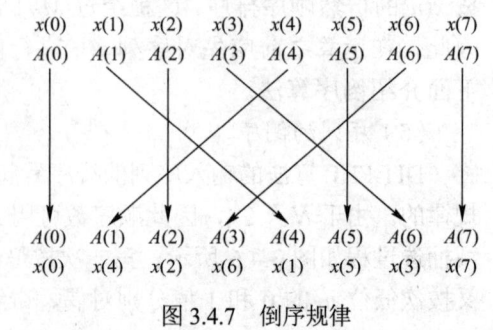

图 3.4.7 倒序规律

4. IDFT 的高效算法

上述 FFT 算法流图也可以用于计算 IDFT。比较 DFT 和 IDFT 的运算公式：

$$X(k) = \text{DFT}[x(n)] = \sum_{n=0}^{N-1} x(n) W_N^{kn}$$

$$x(n) = \text{IDFT}[X(k)] = \frac{1}{N} \sum_{n=0}^{N-1} X(k) W_N^{-kn}$$

只要将 DFT 运算式中的因子 W_N^{kn} 改为 W_N^{-kn}，最后乘以 $1/N$，就是 IDFT 的运算公式。所以，只要将上述的 DIT–FFT 算法中的旋转因子 W_N^p 改为 W_N^{-p}，最后的输出再乘以 $1/N$，就可以用来计算 IDFT。如果流图的输入是 $X(k)$，则输出就是 $x(n)$。

如果希望直接调用 FFT 子程序计算 IFFT，则可用下面的方法：

由于

$$x(n) = \frac{1}{N} \sum_{k=0}^{N-1} X(k) W_N^{-kn}$$

$$x^*(n) = \frac{1}{N} \sum_{k=0}^{N-1} X^*(k) W_N^{kn}$$

对上式两边同时取共轭，得到

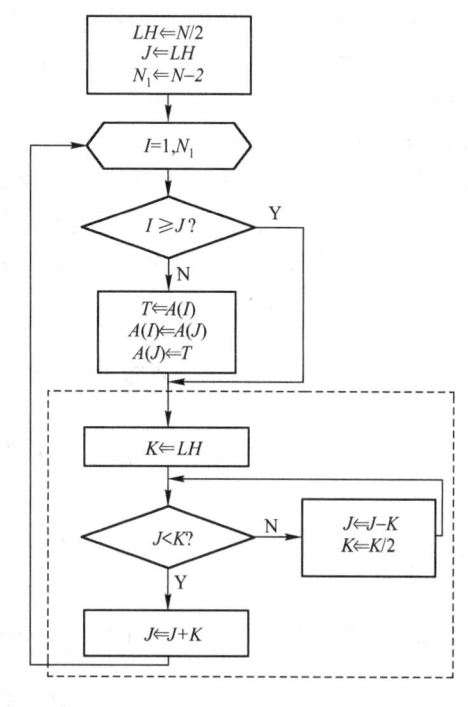

图 3.4.8 倒序程序框图

$$x(n) = \frac{1}{N} \left[\sum_{k=0}^{N-1} X^*(k) W_N^{kn} \right]^* = \frac{1}{N} \{\text{DFT}[X^*(k)]\}^*$$

这样，可以先将 $X(k)$ 取共轭，然后直接调用 FFT 子程序，或者送入 FFT 专用硬件设备进行 FFT 运算，最后对 FFT 结果取共轭并乘以 $1/N$ 得到序列 $x(n)$。这种方法虽然用了两次取共轭运算，但可以与 FFT 公用同一子程序，因而用起来很方便。

应当说明，快速傅里叶变换算法是信号处理领域重要的研究课题，现在已提出的快速算法有多种，且还在不断研究探索新的快速算法。由于教材篇幅所限，本章仅介绍了算法最简单、编程最容易的 DIT-FFT 算法原理及程序框图，使读者建立快速傅里叶变换的基本概念，了解研究 FFT 算法的主要途径和编程思路。其他高效快速算法请读者参考文献[3, 15]。例如乘法次数接近理论最小值的分裂基算法，适合对实信号进行实数域变换的离散哈特莱变换（DHT），基 4 FFT，基 8 FFT，基 r FFT，混合基 FFT，以及进一步减少运算量的途径等内容，在信号处理工程实际中都是有用的。

3.5　DFT（FFT）应用举例

DFT 因为具有快速算法 FFT，应用非常广泛，限于篇幅，这里仅介绍 DFT 在线性卷积和频谱分析两方面的应用。

3.5.1 用DFT（FFT）计算两个有限长序列的线性卷积

线性卷积是信号处理中的重要运算，当序列 $x(n)$ 通过单位脉冲响应为 $h(n)$ 的线性时不变系统时，输出序列 $y(n)$ 和 $h(n)$、$x(n)$ 之间服从线性卷积关系，即 $y(n)=h(n)*x(n)$。

当 $h(n)$ 或 $x(n)$ 序列较长时，直接计算线性卷积的时间会很长，满足不了实时处理的要求，为此希望用 FFT 计算线性卷积。前面曾介绍了时域循环卷积定理，图 3.2.3 所示的是用 DFT 计算时域循环卷积的方框图，当然图中的 DFT 和 IDFT 均使用 FFT 计算。线性卷积和循环卷积不同，但是在一定的条件下，可以用循环卷积代替线性卷积，那么就可以按照图 3.2.3 用 FFT 计算线性卷积。下面先分析线性卷积结果和循环卷积结果相等的条件。

设 $h(n)$ 长度为 N，$x(n)$ 长度为 M，$y(n)$ 和 $y_c(n)$ 分别表示 $h(n)$ 与 $x(n)$ 的线性卷积和 L 点循环卷积，$L \geq \max[N,M]$，有

$$y(n) = h(n) * x(n) = \sum_{m=0}^{N-1} h(m)x(n-m) \tag{3.5.1}$$

$$y_c(n) = h(n) \ⓁⓁ x(n) = \sum_{m=0}^{N-1} h(m)x((n-m))_L R_L(n) \tag{3.5.2}$$

在式（3.5.2）中

$$x((n-m))_L = \sum_{i=-\infty}^{\infty} x(n-m+iL) \tag{3.5.3}$$

因此

$$y_c(n) = \sum_{m=0}^{N-1} h(m) \sum_{i=-\infty}^{\infty} x(n-m+iL) R_L(n)$$

$$= \sum_{i=-\infty}^{\infty} \left[\sum_{m=0}^{N-1} h(m)x(n-m+iL) \right] R_L(n) \tag{3.5.4}$$

将上式与式（3.5.1）对比，方括号部分就是移位 iL 的线性卷积 $y(n+iL)$，因此得到

$$y_c(n) = \sum_{i=-\infty}^{\infty} y(n+iL) R_L(n) \tag{3.5.5}$$

式（3.5.5）说明，L 点循环卷积 $y_c(n)$ 等于线性卷积 $y(n)$ 以 L 为周期的周期延拓序列的主值序列。由于 $y(n)$ 长度为 $N+M-1$，所以，只有当 $L \geq N+M-1$ 时，式（3.5.5）给出的周期延拓无混叠，才能使 $y_c(n)=y(n)$。$L \geq N+M-1$ 是循环卷积结果和线性卷积结果相等的充要条件。只要满足该条件，就可以用图 3.2.3 的方框图计算线性卷积。

当 $L \geq N+M-1$ 时，按照图 3.2.3 计算线性卷积，且图中的 DFT 和 IDFT 均用快速算法，把这种方法称为快速卷积法。可以证明[11]，当 $M=N \geq 32$ 时，这种快速卷积法的运算量小于直接计算线性卷积的运算量，例如 $N=M=4096$ 时，快速卷积法的乘法运算次数仅为直接计算的 1%。实际滤波过程中，$h(n)$ 是设计好的滤波器系数，固定不变，所以 $H(k)=\text{DFT}[h(n)]$ 提前计算并存储，乘法运算次数又降低了 $0.5L\log_2 L$ 次，计算效率更高。

例 3.5.1 设 $x(n) = R_{10}(n)$，$h(n) = R_6(n)$，用计算机验证式（3.5.5），并验证用 DFT 计算线性卷积的条件是 $L \geq N+M-1=15$。

解： 直接计算线性卷积可用第 1 章介绍的 MATLAB 函数 conv，用 FFT 计算线性卷积则按照图 3.2.3 示出的运算方框图进行。$x(n)$ 和 $h(n)$ 线性卷积的长度为 $N+M-1=15$，选择循环卷积的长度 $L=13$ 和 15 两种情况。

调用 MATLAB 函数 fft、ifft 和 conv 求解例 3.5.1 的程序如下：

```
% 例 3.5.1 快速卷积计算及式（3.5.5）验证程序: ep351.m
xn=ones(1, 10);            %设置 x(n)=R10(n)
hn=ones(1, 6);             %设置 h(n)=R6(n)
%调用 conv 计算线性卷积
yn=conv(hn, xn);
L=length(yn);ny=0:L-1;
subplot(3, 2, 1), stem(ny, yn, '.');
ylabel('y(n)');xlabel('n');title('(a) y(n)=h(n)*x(n)')
%L=15,按图 3.2.3 用 DFT 计算序列线性卷积
L1=15;
Xk=fft(xn, L1);            %L1 点 FFT[x(n)]
Hk=fft(hn, L1);            %L1 点 FFT[h(n)]
Yck=Xk.*Hk;                %频域相乘得 Yc(k)
yc1n=ifft(Yck, L1);        %L1 点 IFFT 得到 15 点循环卷积结果 yc(n)
nyc1=0:L1-1;
subplot(3, 2, 3), stem(nyc1, yc1n, '.');
ylabel('yc(n)');xlabel('n');title('(b) yc(n)=IDFT[H(k) X(k)] , L=15')
%L=13,按图 3.2.3 用 DFT 计算序列循环卷积
L2=13;
以下程序与 L=15 时完全相同，略去
```

程序运行结果如图 3.5.1 所示。直接调用 conv 函数计算得到 $x(n)$ 和 $h(n)$ 的线性卷积 $y(n)$ 如图 3.5.1(a)所示。$L=15$ 和 13，按图 3.2.3 计算，得到循环卷积 $y_c(n)$ 分别如图 3.5.1(b) 和(c)所示。由图可见，当 $L\geq15$ 时，按图 3.2.3 确实可正确地计算线性卷积，而 $L=13$ 时， $L<N+M-1$，满足式（3.5.5），发生了时域混叠，此时循环卷积后的波形不同于线性卷积的波形。

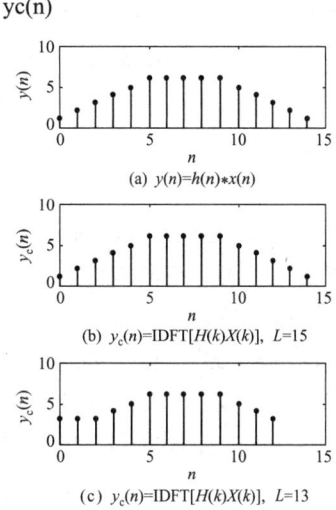

图 3.5.1 循环卷积与线性卷积的关系

3.5.2 用 DFT 计算有限长序列与无限长序列的线性卷积

上一节介绍的是用 FFT 计算两个有限长序列的线性卷积，而实际中经常遇到系统的单位脉冲响应是有限长的，但输入序列可能很长或者无限长。例如地震监测信号和数字电话系统中的数字语音信号都可以看成是很长或者无限长序列。本节研究对这种情况如何用 FFT 计算线性卷积。

针对该问题的实用算法有两种：重叠相加法和重叠保留法。限于篇幅，本节仅讨论重叠相加法的基本原理与计算过程。

重叠相加法的基本思想是，将 $x(n)$ 分段，每段长度为 M，然后依次计算各段与 $h(n)$ 的卷积，再由各段的卷积结果得到 $y(n)$。分段与计算过程如图 3.5.2 所示。

不失一般性，假设 $h(n)$ 和 $x(n)$ 是因果序列，对 $x(n)$ 进行分段，每段长为 M，则 $x(n)$ 可以表示为如下形式：

$$x(n) = \sum_{i=0}^{\infty} x_i(n - iM) \tag{3.5.6}$$

$$x_i(n) = x(n + iM) R_M(n), \quad i = 0, 1, 2, \cdots \tag{3.5.7}$$

那么
$$y(n) = h(n)*x(n) = \sum_{i=0}^{\infty} h(n)*x_i(n-iM)$$

$$y(n) = \sum_{i=0}^{\infty} y_i(n-iM) \tag{3.5.8}$$

式中
$$y_i(n) = h(n)*x_i(n) \tag{3.5.9}$$

$y_i(n)$ 的长度为 $L=N+M-1$。按照图 3.2.3 用 L 点 FFT 和 IFFT 计算 $y_i(n)$，再按式（3.5.8）求和，得到 $y(n) = h(n)*x(n)$。下面介绍计算过程。

每一个 $y_i(n)$ 的长度均为 $L = N+M-1$，因为 $M<L$，按照式（3.5.8）进行相加时，相邻的 $y_i(n-iM)$ 就有重叠部分相加。例如，$y_0(n)$ 和 $y_1(n)$ 长度均为 $N+M-1$，定义区间都是 $0 \leqslant n \leqslant N+M-2$，所以式（3.5.8）中的 $y_1(n-M)$ 的定义区间是 $M \leqslant n \leqslant 2M+N-2$。这就意味着 $y_0(n)$ 与 $y_1(n-M)$ 之间有 $N-1$ 个采样重叠，重叠区间为 $M \leqslant n \leqslant M+N-2$。同样道理，$y_1(n-M)$ 与 $y_2(n-2M)$ 之间也有 $N-1$ 个采样重叠，重叠区间为 $2M \leqslant n \leqslant 2M+N-2$。依次类推，$y_{i-1}[n-(i-1)M]$ 与 $y_i(n-iM)$ 之间也有 $N-1$ 个采样重叠，重叠区间为 $iM \leqslant n \leqslant (iM+N-2)$。因此，在重叠区间 $iM \leqslant n \leqslant (iM+N-2)$ 上，式（3.5.8）将 $y_{i-1}[n-(i-1)M]$ 与 $y_i(n-iM)$ 的对应采样（实际上是 $y_{i-1}(n)$ 最后 $N-1$ 个元素与 $y_i(n)$ 最前面 $N-1$ 个元素）相加，得到该区间相应点 $y(n)$ 的采样值。在非重叠区间 $(i-1)M+N-1 \leqslant n \leqslant iM-1$ 上，$y(n) = y_{i-1}[n-(i-1)M]$。

重叠相加法的分段和相加过程如图 3.5.2 所示。图中 $h(n)$ 的长度 $N=5$，$x(n)$ 的长度很长，对 $x(n)$ 进行分段，每段长度 $M=10$，图中仅示出了 $x(n)$ 的前 4 段，以及各段和 $h(n)$ 的卷积结果。由图可见，$y_0(n)$ 最后 $N-1 = 4$ 个采样与 $y_1(n-M)$ 最前面 4 个采样重叠。同样 $y_1(n-M)$ 与 $y_2(n-2M)$ 之间也有 4 个采样重叠。式（3.5.8）的计算顺序如下：

$$y(n) = y_0(n), \qquad 0 \leqslant n \leqslant 9$$
$$y(n) = y_0(n) + y_1(n-10), \qquad 10 \leqslant n \leqslant 13$$
$$y(n) = y_1(n-10), \qquad 14 \leqslant n \leqslant 19$$
$$y(n) = y_1(n-10) + y_2(n-20), \qquad 20 \leqslant n \leqslant 23$$
$$y(n) = y_2(n-20), \qquad 24 \leqslant n \leqslant 29$$
$$\vdots$$

最后将工程实际中重叠相加法的计算步骤总结如下（设 $M > N$）。

（1）计算并保存 $H(k)=\text{DFT}[h(n)]_L$，$L=N+M-1$，$i=0$；

（2）读入 $x_i(n)$ 并计算 $X_i(k) = \text{DFT}[x_i(n)]_L$；

（3）$Y_i(k) = H(k)X_i(k)$；

（4）$y_i(n) = \text{IDFT}[Y_i(k)]_L$，$n=0, 1, 2, \cdots, L-1$；

（5）计算 $y(iM + n) = \begin{cases} y_{i-1}(M+n) + y_i(n), & 0 \leqslant n \leqslant N-2 \\ y_i(n), & N-1 \leqslant n \leqslant M-1 \end{cases}$

（6）$i = i + 1$，返回（2）。

应当说明，一般 $x(n)$ 是因果序列，假设初始条件 $y_{-1}(n) = 0$。

MATLAB 信号处理工具箱中提供了一个函数 fftfilt，该函数采用重叠相加法实现线性卷积的计算。调用格式为

　　　　y=fftfilt(h, x, M)

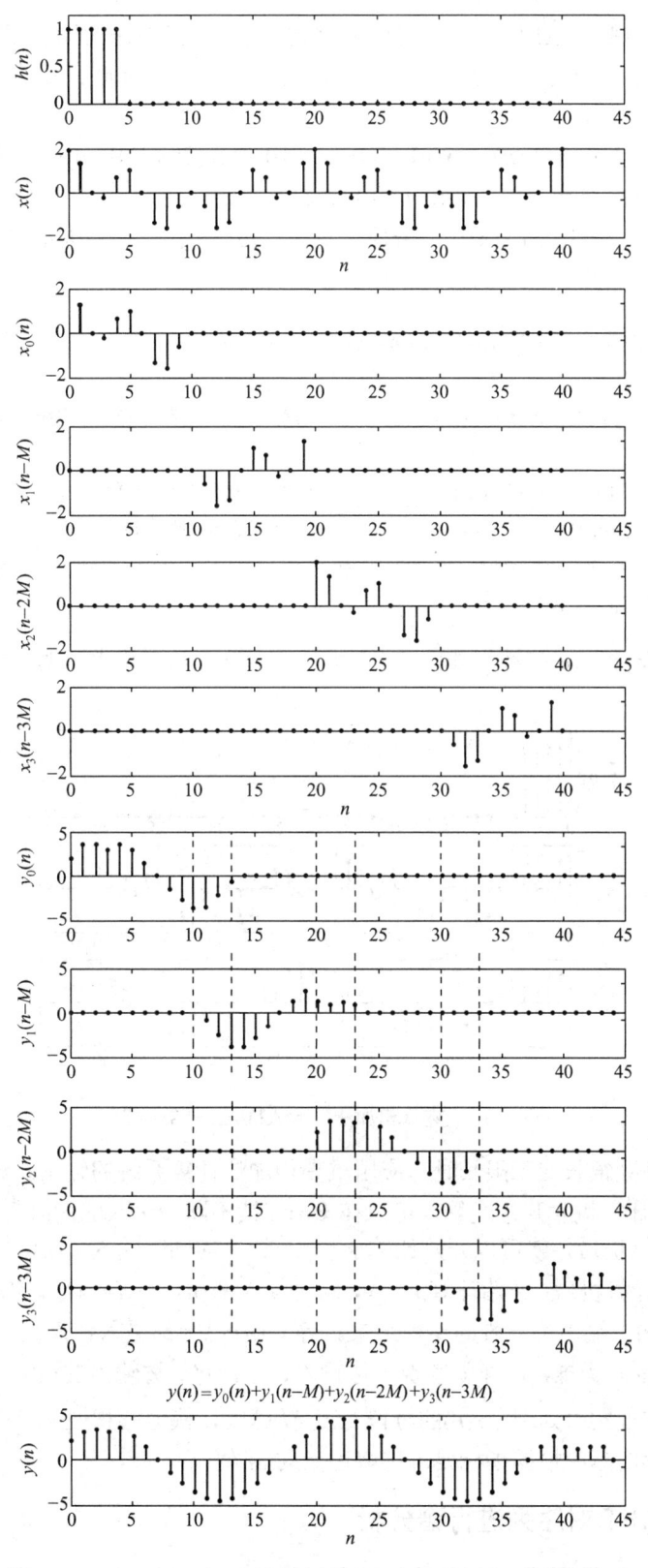

图 3.5.2 重叠相加法时域波形

其中，h 是系统单位脉冲响应向量，x 是输入序列向量，y 是系统的输出序列向量（h 与 x 的卷积结果），M 是由用户选择的输入序列 x 的分段长度，默认 M 时，默认输入序列 x 的分段长度 M=512。

例 3.5.2 假设 $h(n)=R_5(n)$，$x(n)=[\cos(\pi n/10)+\cos(2\pi n/5)]u(n)$。用重叠相加法实现 $y(n)=h(n)*x(n)$。并画出 $h(n)$、$x(n)$ 和 $y(n)$ 的波形。

解：$h(n)$ 的长度 $N=5$，对 $x(n)$ 进行分段，每段长度 $M=10$。计算 $h(n)$ 和 $x(n)$ 的线性卷积的 MATLAB 程序如下。

```
%例 3.5.2 重叠相加法的 MATLAB 实现程序: ep352.m
L=41;N=5;M=10;
hn=ones(1, N);hn1=[hn zeros(1, L-N)];    %产生 h(n)，补零是为了绘图好看
n=0:L-1;
xn=cos(pi*n/10)+cos(2*pi*n/5);           %产生 x(n)的 L 个样值
yn=fftfilt(hn, xn, M);                   %调用 fftfilt 计算卷积
%================================================
%以下绘图部分省略
```

画出 $h(n)$、$x(n)$ 和 $y(n)$ 的波形如图 3.5.3 所示。请读者从理论上证明 $y(n)$ 的稳态波形是单一频率的正弦波。

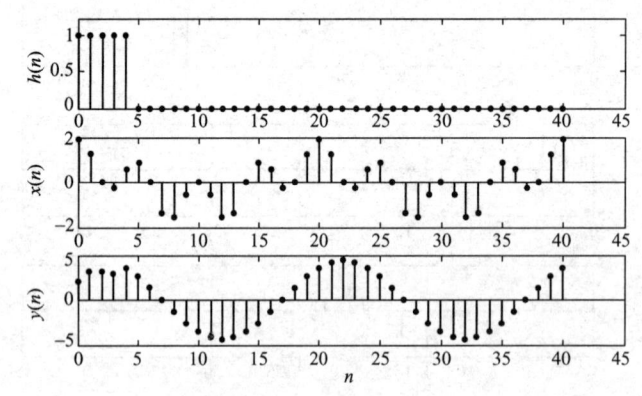

图 3.5.3 重叠相加法的 MATLAB 计算结果

一般当输入序列很长或无限长时，应用重叠相加法计算系统的输出。计算时不必等全部 $x(n)$ 序列的值进入计算机才开始运算，可以在 $x(n)$ 连续不断地进入的同时，进行运算并输出。只要 $x_0(n)$ 进入计算机后，就可以开始计算 $y_0(n)$，计算的同时输入 $x_1(n)$。$y_0(n)$ 计算完，在 $x_1(n)$ 也全部进入计算机后，开始计算 $y_1(n)$，同时读入 $x_2(n)$。$y_1(n)$ 计算完，将 $y_0(n)$ 和 $y_1(n)$ 的前 $N-1$ 个值相加，输出第一段的卷积结果。等 $x_2(n)$ 已全部进入计算机，开始计算 $y_2(n)$，同时输入 $x_3(n)$。依次类推，这样就实现了边输入、边计算、边输出的运算，如果计算机的运算速度快，可以实现实时处理。$x(n)$ 的分段长度 M 越大，快速卷积效率越高，但输出时延也越大。所以，工程实际中根据指标要求选取适当的 M 值。

3.5.3 用 DFT 对序列进行谱分析

可以用 DFT 对时域离散信号和连续信号进行谱分析。本节只讨论有限长序列的频谱分析，对无限长序列和连续信号的谱分析放在 4.5.2 节介绍。

我们知道，如果有限长序列 $x(n)$ 的长度为 M，则该序列的 N（$M \leq N$）点 DFT 就是它的频谱函数 $X(e^{j\omega})$ 在频率区间 $[0, 2\pi]$ 上的 N 点等间隔采样。DFT 又有快速算法，所以经常用 DFT（FFT）对有限长序列进行谱分析。具体方法如下：

（1）根据频率分辨率要求确定 DFT 变换区间长度 N。频率分辨率是指频谱分析中能够分辨的两个相邻频率点谱线的最小间距。在数字频率域，如果要求频率分辨率为 D 弧度，而 N 点 DFT 意味着频谱采样间隔为 $2\pi/N$，即 DFT 能够实现的频率分辨率为 $2\pi/N$，因此要求 $2\pi/N \leq D$，即 $N_{\min} = 2\pi/D$，当然还要满足 $N \geq x(n)$ 的长度。另外为满足基 2FFT 对点数 N 的要求，一般取 $N = 2^M$（M 为正整数）。

（2）计算 $X(k) = \text{DFT}[x(n)]_N$，并由 $X(k)$ 绘制频谱图。注意，这里自变量 k 所对应的数字频率 $\omega_k = 2\pi k/N$，绘图时，最好用数字频率作为横坐标变量。

例 3.5.3 假设 $x(n) = 0.5^n R_{10}(n)$，用 DFT 分析 $x(n)$ 的频谱，频率分辨率为 0.02π rad，要求画出幅频特性曲线和相频特性曲线。

解：（1）根据频率分辨率求 N。

因为 $2\pi/N \leq 0.02\pi$，即 $N \geq 100$，取 $N = 100$。

（2）计算 $x(n)$ 的 N 点 DFT：

$$X(k) = \text{DFT}[x(n)] = \sum_{n=0}^{N-1} x(n) W_N^{kn}, \quad k = 0, 1, \cdots, N-1$$

$$= \sum_{n=0}^{9} 0.5^n W_{100}^{kn} = \frac{1 - 0.5^{10} W_{100}^{10k}}{1 - 0.5 W_{100}^k}, \quad k = 0, 1, \cdots, 99$$

$X(e^{j\omega_k})$ 的幅频特性和相频特性曲线如图 3.5.4(a) 和 (b) 所示。

(a) 100点DFT的幅频特性曲线

(c) 16点DFT的幅频特性曲线

(b) 100点DFT的相频特性曲线

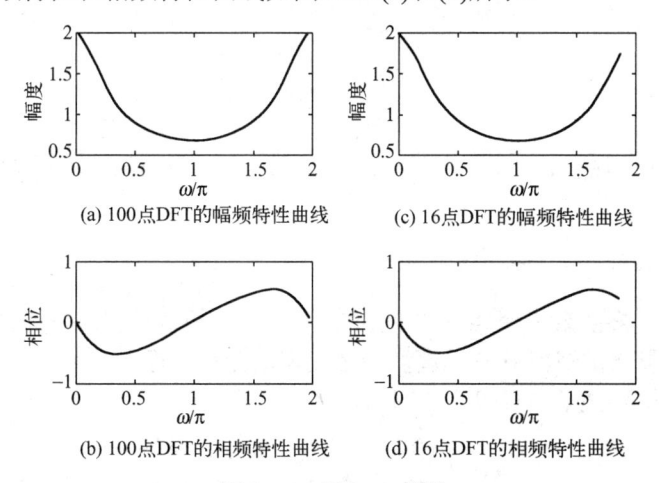

(d) 16点DFT的相频特性曲线

图 3.5.4 例 3.5.3 的图

由图 3.5.4 可见，$x(n)$ 的频谱变化很缓慢，所以用 DFT 对该信号进行谱分析时，频率分辨率可以再低一些（即 N 小一些）也可以得到正确的频谱。当 $N=16$ 时，频率分辨率为 $\pi/8$，幅频特性和相频特性曲线如图 3.5.4(c) 和 (d) 所示，与 $N=100$ 的情况相差很小。

进行频谱分析时，要先确定 DFT 的变换点数 N，一般根据对频谱分析的分辨率要求确定 N。如果不知道对分辨率要求，可以根据信号的一些先验知识选择分辨率。例如知道信号中有两个谱峰的间距为 B，可以初步确定分辨率为 $B/2$，然后按照实验进行调整。如果对信号的特点一无所知，只好任意取一个 N 值，作 DFT，然后再适当增大 N，再作 DFT，比较两次计算的频谱，如果相差较大，则再增大分析点数 N，这样实验下去，直到分析点数增加前后频谱图的差异满足要求为止。

对无限长序列 $x(n)$ 作谱分析，则需要将 $x(n)$ 截取一段，再用 DFT 作谱分析，但得到的是近似谱。其具体分析方法和分析误差将在第 4 章介绍。

3.5.4 离散余弦变换及其 DFT 实现

1. 离散余弦变换

离散傅里叶变换公式为 $X(k) = \sum_{n=-\infty}^{\infty} x(n) W_N^{kn}$，其核函数 W_N^{kn} 是复周期序列，因而，即使 $x(n)$ 是实序列，$X(k)$ 一般也是复序列。复数运算比实数运算复杂得多，这也是导致 DFT 运算量较大的原因之一。在寻求 DFT 快速算法的同时，发展出一种实数域的正交变换——离散余弦变换（Discrete Cosine Transform，DCT），其变换核为余弦序列，变换为实数运算，计算速度较快，且可利用 DFT（即 FFT）高效实现。DCT 具有能量集中（压缩）的突出特点，仅用少数几个变换系数就能表征原信号的几乎全部特征，因此在数据压缩、图像压缩和语音压缩中得到广泛应用。在图像压缩领域，DCT 是 JPEG 和 MPEG 等数据压缩标准的重要基础。

长度为 N 的有限长实序列 $x(n)$ 的离散余弦变换记为 $X_c(k)$，定义如下：

$$X_c(k) = \text{DCT}[x(n)] = \sqrt{\frac{2}{N}} c(k) \sum_{n=0}^{N-1} x(n) \cos\left[\frac{(2n+1)k\pi}{2N}\right] \quad (3.5.10)$$

其中

$$c(k) = \begin{cases} 1/\sqrt{2}, & k=0 \\ 1, & 1 \leqslant k \leqslant N-1 \end{cases} \quad (3.5.11)$$

离散余弦反变换为

$$x(n) = \text{IDCT}[X_c(k)] = \sqrt{\frac{2}{N}} \sum_{k=0}^{N-1} c(k) X_c(k) \cos\left[\frac{(2n+1)k\pi}{2N}\right] \quad (3.5.12)$$

2. 离散余弦变换的 FFT 实现

在工程实际中，离散余弦变换可利用 FFT 算法进行快速计算。下面介绍利用 DFT（即 FFT）实现 N 点有限长实序列 $x(n)$ 的离散余弦变换的计算过程。

首先将 $x(n)$ 扩展为 $2N$ 点有限长序列 $y(n)$：

$$y(n) = \begin{cases} x(n), & 0 \leqslant n \leqslant N-1 \\ x(2N-n-1), & N \leqslant n \leqslant 2N-1 \end{cases} \quad (3.5.13)$$

例如，$x(n) = \{1,2,3,4,5\}$，$x(n)$ 的长度 $N=5$，则按照式（3.5.13）扩展出的 $2N$ 点有限长序列 $y(n) = \{1,2,3,4,5,5,4,3,2,1\}$。由此例可以直观地看出扩展的具体方法，并知道 $y(n)$ 必然是中心对称序列。应当注意，如果需要对序列进行补零处理，以满足特定的长度（$2N$）需求，则必须先对 $x(n)$ 补零，再进行扩展处理，以确保 $y(n)$ 满足中心对称。

对 $y(n)$ 进行 $2N$ 点 DFT：

$$Y(k) = \sum_{n=0}^{2N-1} y(n) W_{2N}^{kn} = \sum_{n=0}^{N-1} x(n) W_{2N}^{kn} + \sum_{n=N}^{2N-1} x(2N-n-1) W_{2N}^{kn} \quad (3.5.14)$$

令
$$Y_1(k) = \sum_{n=0}^{N-1} x(n) W_{2N}^{kn}, \quad Y_2(k) = \sum_{n=N}^{2N-1} x(2N-n-1) W_{2N}^{kn}$$

对 $Y_2(k)$，令 $m = 2N - n - 1$，则有

$$Y_2(k) = \sum_{m=0}^{N-1} x(m) W_{2N}^{k(2N-m-1)} = \sum_{m=0}^{N-1} x(m) W_{2N}^{-km} W_{2N}^{-k} \qquad (3.5.15)$$

因而
$$Y(k) = Y_1(k) + Y_2(k) = W_{2N}^{-k/2} \sum_{n=0}^{N-1} x(n) [W_{2N}^{kn} W_{2N}^{k/2} + W_{2N}^{-kn} W_{2N}^{-k/2}] \qquad (3.5.16)$$

由欧拉公式，式（3.5.16）中

$$[W_{2N}^{kn} W_{2N}^{k/2} + W_{2N}^{-kn} W_{2N}^{-k/2}] = e^{-j\frac{(2n+1)k\pi}{2N}} + e^{j\frac{(2n+1)k\pi}{2N}} = 2\cos\left[\frac{(2n+1)k\pi}{2N}\right]$$

所以
$$Y(k) = 2 W_{2N}^{-k/2} \sum_{n=0}^{N-1} x(n) \cos\left[\frac{(2n+1)k\pi}{2N}\right], \quad k = 0,1,2,\cdots,2N-1 \qquad (3.5.17)$$

比较式（3.5.17）和式（3.5.10）可得到 $x(n)$ 的离散余弦变换为

$$X_c(k) = \begin{cases} \dfrac{1}{2\sqrt{N}} Y(k), & k = 0 \\ \dfrac{1}{\sqrt{2N}} W_{2N}^{k/2} Y(k), & 1 \leqslant k \leqslant N-1 \end{cases} \qquad (3.5.18)$$

由式（3.5.17）有
$$W_{2N}^{k/2} Y(k) = 2 \sum_{n=0}^{N-1} x(n) \cos\left[\frac{(2n+1)k\pi}{2N}\right], \quad k = 0,1,2,\cdots,2N-1$$

而
$$Y_1(k) = \sum_{n=0}^{N-1} x(n) W_{2N}^{kn} = W_{2N}^{-k/2} \sum_{n=0}^{N-1} x(n) W_{2N}^{kn} W_{2N}^{k/2} = W_{2N}^{-k/2} \sum_{n=0}^{N-1} x(n) e^{-j\frac{(2n+1)k\pi}{2N}}$$

$$W_{2N}^{k/2} Y_1(k) = W_{2N}^{k/2} \sum_{n=0}^{N-1} x(n) W_{2N}^{kn} = \sum_{n=0}^{N-1} x(n) e^{-j\frac{(2n+1)k\pi}{2N}}$$

$$\mathrm{Re}\left[W_{2N}^{k/2} Y_1(k)\right] = \mathrm{Re}\left[W_{2N}^{k/2} \sum_{n=0}^{N-1} x(n) W_{2N}^{kn}\right] = \mathrm{Re}\left[\sum_{n=0}^{N-1} x(n) e^{-j\frac{(2n+1)k\pi}{2N}}\right]$$

$$= \sum_{n=0}^{N-1} x(n) \cos\left[\frac{(2n+1)k\pi}{2N}\right] = \frac{1}{2} W_{2N}^{k/2} Y(k)$$

因此，可以用 $2\mathrm{Re}\left[W_{2N}^{k/2} Y_1(k)\right]$ 替换式（3.5.18）中的 $W_{2N}^{k/2} Y(k)$，并代入 $Y(0) = 2\sum_{n=0}^{N-1} x(n)$，进一步将式（3.5.18）改写为

$$X_c(k) = \begin{cases} \dfrac{1}{\sqrt{N}} \sum_{n=0}^{N-1} x(n), & k = 0 \\ \sqrt{\dfrac{2}{N}} \mathrm{Re}\left[W_{2N}^{k/2} \sum_{n=0}^{N-1} x(n) W_{2N}^{kn}\right], & 1 \leqslant k \leqslant N-1 \end{cases} \qquad (3.5.19)$$

综上所述，可得出利用 DFT（即 FFT）实现 N 点有限长实序列 $x(n)$ 的离散余弦变换的计算过程如下：

（1）将 $x(n)$ 扩展为 $2N$ 点有限长实序列 $y(n)$；

（2）求 $2N$ 点离散傅里叶变换 $Y_1(k) = \sum_{n=0}^{N-1} x(n) W_{2N}^{kn}$；

（3）计算 $\sqrt{\dfrac{2}{N}} \operatorname{Re}\left[W_{2N}^{k/2} Y_1(k)\right]$，得到 $X_c(k)$。

这一处理过程的核心是第（2）步的 DFT 运算，通常用 FFT 进行快速计算，大大提高了 DCT 的变换速度，使其满足工程实际中的数据压缩速度要求。对于 IDCT，也可以由 $Y(k)$ 求 $2N$ 点 IDFT 得到 $y(n)$，再从 $y(n)$ 中截取前面 N 点，得到 $x(n)$。

习题与上机题

说明：下面各题中的 DFT 和 IDFT 计算均可以调用 MATLAB 函数 fft 和 ifft 计算。

3.1 在变换区间 $0 \leqslant n \leqslant N-1$ 内，计算以下序列的 N 点 DFT。

(1) $x(n) = 1$ 　　　　　　　　　　　　(2) $x(n) = \delta(n)$

(3) $x(n) = \delta(n-m),\ 0 < m < N$ 　　(4) $x(n) = R_m(n),\ 0 < m < N$

(5) $x(n) = e^{j\frac{2\pi}{N}mn},\ 0 < m < N$ 　(6) $x(n) = e^{j\omega_0 n}$

(7) $x(n) = \cos\left(\dfrac{2\pi}{N}mn\right),\ 0 < m < N$ 　(8) $x(n) = \sin\left(\dfrac{2\pi}{N}mn\right),\ 0 < m < N$

(9) $x(n) = \cos(\omega_0 n)$ 　　　　　　(10) $x(n) = nR_N(n)$

(11) $x(n) = \begin{cases} 1, & n\ \text{为偶数} \\ 0, & n\ \text{为奇数} \end{cases}$

3.2 已知下列 $X(k)$，求 $x(n) = \text{IDFT}[X(k)]_N$。

(1) $X(k) = \delta(k)$ 　　(2) $X(k) = W_N^{mk},\ 0 < m < N$ 　　(3) $X(k) = R_N(k)$

(4) $X(k) = \begin{cases} \dfrac{N}{2}e^{j\theta}, & k = m \\ \dfrac{N}{2}e^{-j\theta}, & k = N-m \\ 0, & \text{其他}\ k \end{cases}$ 　(5) $X(k) = \begin{cases} -\dfrac{N}{2}je^{j\theta}, & k = m \\ \dfrac{N}{2}je^{-j\theta}, & k = N-m \\ 0, & \text{其他}\ k \end{cases}$

其中，m 为整数，$0 < m < N/2$。

3.3 证明 DFT 的频域循环卷积定理。

3.4* 已知序列向量 $x(n) = \{\underline{1},\ 2,\ 3,\ 3,\ 2,\ 1\}$。

(1) 求出 $x(n)$ 的傅里叶变换 $X(e^{j\omega})$，画出幅频特性和相频特性曲线；

(2) 计算 $x(n)$ 的 N（$N \geqslant 6$）点离散傅里叶变换 $X(k)$，画出幅频特性和相频特性曲线；

(3) 将 $X(e^{j\omega})$ 和 $X(k)$ 的幅频特性和相频特性曲线分别画在同一幅图中，验证 $X(k)$ 是 $X(e^{j\omega})$ 的等间隔采样，采样间隔为 $2\pi/N$；

(4) 计算 $X(k)$ 的 N 点 IDFT，验证 DFT 和 IDFT 的唯一性。

3.5 设 $X(k) = \text{DFT}[x(n)]_N$，用 $X(k)$ 表示下面两个序列的 N 点 DFT。

$$x_c(n) = x(n)\cos\left(\dfrac{2\pi mn}{N}\right)R_N(n) \qquad x_s(n) = x(n)\sin\left(\dfrac{2\pi mn}{N}\right)R_N(n)$$

3.6 已知实序列 $x(n)$ 的 8 点 DFT 的前 5 个值为 0.25, 0.125−j0.3018, 0, 0.125−j0.0518, 0。

(1) 求 $X(k)$ 的其余 3 点的值；

(2) $x_1(n) = \displaystyle\sum_{m=-\infty}^{+\infty} x(n+5+8m)R_8(n)$，求 $X_1(k) = \text{DFT}[x_1(n)]_8$；

(3) $x_2(n) = x(n)e^{j\pi n/4}$，求 $X_2(k) = \text{DFT}[x_2(n)]_8$。

3.7 试利用 DFT 和 IDFT 的定义证明离散巴塞伐尔定理：

$$\sum_{n=0}^{N-1}|x(n)|^2 = \frac{1}{N}\sum_{k=0}^{N-1}|X(k)|^2$$

其中，$X(k) = \text{DFT}[x(n)]_N$。

3.8* 给定两个序列向量：$\boldsymbol{x}_1(n)=[2, 1, 1, 2]$，$\boldsymbol{x}_2(n)=[1, -1, -1, 1]$。

（1）直接在时域计算 $\boldsymbol{x}_1(n)$ 与 $\boldsymbol{x}_2(n)$ 的卷积；

（2）用 DFT 计算 $\boldsymbol{x}_1(n)$ 与 $\boldsymbol{x}_2(n)$ 的卷积，验证 DFT 的时域卷积定理。

3.9 证明频域循环移位性质。设
$$X(k) = \text{DFT}[x(n)]_N, \quad Y(k) = \text{DFT}[y(n)]_N = X((k+m))_N R_N(k)$$

证明：$y(n) = \text{IDFT}[Y(k)]_N = W_N^{mn} x(n)$。

3.10 已知 $x(n)$ 长度为 N，$X(k) = \text{DFT}[x(n)]_N$，并定义
$$y(n) = \begin{cases} x(n), & 0 \leqslant n \leqslant N-1 \\ 0, & N \leqslant n \leqslant mN-1 \end{cases}, \quad Y(k) = \text{DFT}[y(n)]_{mN}$$

M 为正整数，确定 $Y(k)$ 与 $X(k)$ 的关系。

3.11 假设 $f(n) = x(n) + \text{j}y(n)$，$x(n)$ 和 $y(n)$ 是长度为 N 的实序列，$F(k) = \text{DFT}[f(n)]_N$。

（1）如果已知 $F_r(k) = \text{Re}[F(k)]$，$F_i(k) = \text{Im}[F(k)]$，请求出用 $F_r(k)$ 和 $F_i(k)$ 表示序列 $x(n)$ 和 $y(n)$ 的 N 点 DFT 的表示式。

（2）已知 $F_e(k) = [F(k) + F^*(N-k)]/2$，$F_o(k) = [F(k) - F^*(N-k)]/2$
试用 $F_e(k)$ 和 $F_o(k)$ 表示 $x(n)$ 和 $y(n)$ 的 N 点 DFT。

3.12 已知 $x(n) = a^n u(n), 0 < a < 1$，$X(z) = \text{ZT}[x(n)]$，对 $X(z)$ 在单位圆上采样 N 点，得到
$$\hat{X}(k) = X(z)\big|_{z=\text{e}^{\text{j}\frac{2\pi}{N}k}}, k = 0, 1, 2, \cdots, N-1$$

求 $\hat{x}(n) = \text{IDFT}[\hat{X}(k)]_N$。

3.13 设 $X(k) = \text{DFT}[x(n)]_N$，并定义
$$\hat{X}(k) = \begin{cases} X(k), & 0 \leqslant k \leqslant k_c, N - k_c \leqslant k \leqslant N-1 \\ 0, & k_c < k < N - k_c \end{cases}$$

求证 $\hat{x}(n) = \text{IDFT}[\hat{X}(k)]_N$ 与 $x(n)$ 的关系式，并说明这一过程对 $x(n)$ 产生什么影响。

3.14* 已知序列 $h(n) = R_4(n)$，$x(n) = nR_4(n)$。

（1）计算 $y_c(n) = h(n) ④ x(n)$；

（2）计算 $y_c(n) = h(n) ⑧ x(n)$ 和 $y(n) = h(n) * x(n)$。

3.15 $x(n)$、$x_1(n)$ 和 $x_2(n)$ 分别如图 P3.15(a)、(b)和(c)所示，已知 $X(k) = \text{DFT}[x(n)]_8$。求 $X_1(k) = \text{DFT}[x_1(n)]_8$ 和 $X_2(k) = \text{DFT}[x_2(n)]_8$。

[注：用 $X(k)$ 表示 $X_1(k)$ 和 $X_2(k)$]

3.16 已知有限长序列 $x(n) = nR_5(n)$，$X(k) = \text{DFT}[x(n)]_6$。

（1）设 $S(k) = \text{DFT}[s(n)]_6 = W_6^{-2} X(k)$，求序列 $s(n)$；

（2）设 $Y(k) = \text{DFT}[y(n)]_6 = \text{Re}[X(k)]$，求序列 $y(n)$；

（3）设 $v(k) = \text{DFT}[v(n)]_6 = \text{jIm}[X(k)]$，求序列 $v(n)$。

3.17 已知有限长序列 $x_1(n) = nR_5(n)$，$x_2(n) = \delta(n-1)$，$x_3(n) = \delta(n)$，$X_1(k), X_2(k), X_3(k)$ 分别为以上序列的 5 点 DFT。

（1）确定序列 $y(n)$，使 $Y(k) = \text{DFT}[y(n)]_5 = X_1(k)X_2(k)$；

（2）判断是否存在满足 $X_3(k) = X_1(k)S(k)$ 的序列 $s(n)$？如果存在，请给出求 $s(n)$ 的方法。

3.18 （1）设序列 $x(n) = \{1, 2, \underline{3}, 2, 1, 0\}$，求 $x(n)$ 的傅里叶变换 $X(\text{e}^{\text{j}\omega})$；

图 P3.15

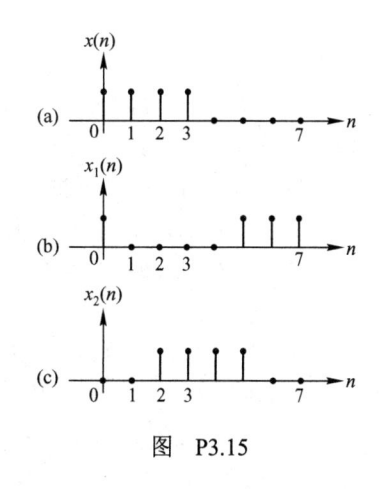

（2）设序列 $v(n) = \{\underline{3}, 2, 1, 0, 1, 2\}$，求 $V(k) = \text{DFT}[v(n)]_6$；

（3）请解释 $V(k)$ 与 $X(e^{j\omega})$ 之间的关系。

3.19 设 $x(n)$ 是长度为 N 的因果序列，且

$$X(e^{j\omega}) = \text{FT}[x(n)], \quad y(n) = \left[\sum_{m=-\infty}^{\infty} x(n+mM)\right] R_M(n), \quad Y(k) = \text{DFT}[y(n)]_M$$

试确定 $Y(k)$ 与 $X(e^{j\omega})$ 的关系式。

3.20* 验证频域采样定理。设时域离散信号为

$$x(n) = \begin{cases} a^{|n|}, & |n| \leqslant L \\ 0, & |n| > L \end{cases}$$

其中 $a = 0.9$，$L = 10$。

（1）计算并绘制信号 $x(n)$ 的波形。

（2）证明：$X(e^{j\omega}) = \text{FT}[x(n)] = x(0) + 2\sum_{n=1}^{L} x(n)\cos\omega n$。

（3）按照 $N=30$ 对 $X(e^{j\omega})$ 采样得到 $C_k = X(e^{j\omega})\big|_{\omega = \frac{2\pi}{N}k}$，$k = 0, 1, 2, \cdots, N-1$。

（4）计算并图示周期序列 $\tilde{x}(n) = \dfrac{1}{N}\sum_{k=0}^{N-1} C_k e^{j(2\pi/N)kn}$，试根据频域采样定理解释序列 $\tilde{x}(n)$ 与 $x(n)$ 的关系。

（5）计算并图示周期序列 $\tilde{y}(n) = \sum_{m=-\infty}^{\infty} x(n+mN)$，比较 $\tilde{x}(n)$ 与 $\tilde{y}(n)$，验证（4）中的解释。

（6）对 $N=15$，重复（3）～（5）。

3.21 设 $x(n)$ 是长度为 20 的因果序列，$h(n)$ 是长度为 8 的因果序列。

$X(k) = \text{DFT}[x(n)]_{20}$，$H(k) = \text{DFT}[h(n)]_{20}$，$Y_c(k) = H(k)X(k)$，$y_c(n) = \text{IDFT}[Y_c(k)]_{20}$，$y(n) = h(n) * x(n)$

试确定在哪些点上 $y_c(n) = y(n)$，并解释为什么？

3.22* 选择合适的变换区间长度 N，用 DFT 对下列信号进行谱分析，画出幅频特性和相频特性曲线。

（1）$x_1(n) = 2\cos(0.2\pi n)R_{10}(n)$；　　（2）$x_2(n) = \sin(0.45\pi n)\sin(0.55\pi n)R_{51}(n)$；

（3）$x_3(n) = 2^{-|n|}R_{21}(n+10)$。

3.23 如果用数字信号处理专用芯片计算一次复数乘法需要 20 ns，计算一次复数加法需要 5 ns，用于直接计算 1024 点 DFT 需要多少时间？采用 FFT 算法需要多少时间？照这样计算，用 FFT 快速卷积对信号进行滤波处理，估算可以实时处理的信号的带宽。

3.24 设 $x(n)$ 和 $y(n)$ 是长度为 N 的实序列，已知 $X(k) = \text{DFT}[x(n)]_N$，$Y(k) = \text{DFT}[y(n)]_N$。现在希望根据 $X(k)$ 和 $Y(k)$ 求 $x(n)$ 和 $y(n)$，为了提高运算效率，试设计一种算法，用一次 N 点 IFFT 来完成。

3.25 设 $x(n)$ 是长度为 $2N$ 的实序列，已知 $X(k) = \text{DFT}[x(n)]_{2N}$。根据 DFT 的共轭对称性和 DIT-FFT 的思想，求解下面的问题。

（1）设计用一次 N 点 FFT 完成计算 $X(k)$ 的高效算法。

（2）如果知道 $X(k)$，设计用一次 N 点 IFFT 实现从 $X(k)$ 计算 $x(n)$ 的高效算法。

第4章 模拟信号数字处理

数字信号处理相对模拟信号处理有许多优点,且有些处理功能是模拟信号处理所不能完成的。但实际中很多信号源产生的信号都是时间连续信号,希望将模拟信号转换到数字域,利用数字信号处理完成一些更高质量或者模拟信号处理所不能完成的功能。例如,电视中的视频特技,就是利用了数字系统的存储功能、坐标转换等运算完成的。模拟信号处理系统不具有这种存储和运算功能,只有将模拟电视信号转换成数字图像信号,在数字域完成数字特技后,再转换到模拟域,才能形成电视中眼花缭乱的视频特技。而且数字信号处理的精度高,利用这一特点可制成各种高精度电子仪器,如频率计、多功能存储示波器等。

模拟信号数字处理的内容很多,本章仅介绍它的一般问题,共有四部分内容。第一部分内容是用数字信号处理的方法实现模拟信号处理的基本原理。第二部分是时域采样定理,该定理解决了如何不失真地将模拟信号转变成数字信号的问题。第三部分介绍如何用数字网络模拟模拟网络。最后介绍用 FFT 对模拟信号进行频域分析的原理和误差。

4.1 模拟信号数字处理原理方框图

模拟信号数字处理原理方框图如图 4.1.1 所示。数字信号处理不同于模拟信号处理方法,它采用对信号进行运算的方法对信号进行处理,因此必须通过采样和量化编码将模拟信号转换成数字信号。图 4.1.1 中的模数转换器(ADC,Analog Digital Converter)完成模拟信号到数字信号的转换。原理方框图中的核心部分是数字信号处理部分,它具体完成对信号处理的功能,例如要求对模拟信号进行低通滤波,这里就是用一个数字低通滤波器完成低通滤波的作用。数字信号处理部分的输出信号仍然是数字信号,如果需要转换成模拟信号,则通过一个数模转换器,即图 4.1.1 中的 DAC(Digital Analog Converter),转换成模拟信号。另外图中的预滤波和平滑滤波都是采用了模拟低通滤波器,所起的作用将在后面介绍。

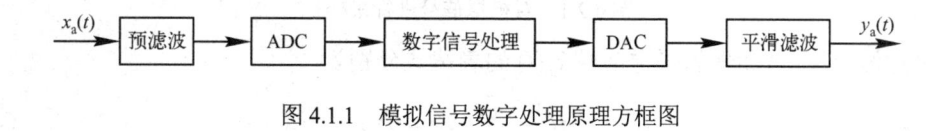

$x_a(t)$ → 预滤波 → ADC → 数字信号处理 → DAC → 平滑滤波 → $y_a(t)$

图 4.1.1 模拟信号数字处理原理方框图

4.2 模拟信号与数字信号的相互转换

模拟信号数字处理中,模拟信号和数字信号之间的相互转换是不可缺少的部分,要求相互转换过程中不能丢失有用的信息。将模拟信号转换成数字信号的核心问题是,如何合理地选择采样频率:如果选择得过低,会使信号失真(即丢失信息);如果选择得太高,会使数据量太大,处理时间长,系统成本增大等。由数字信号转换到模拟信号的核心问题是,如何解决在相邻的采样序列值之间插值的问题。

4.2.1 时域采样定理

首先介绍通过等间隔的理想采样将模拟信号转变成理想采样信号，如果要求不丢失信息，必须满足的时域采样定理。然后介绍将模拟信号转变成时域离散信号时，如果要求不丢失信息，也必须满足时域采样定理。

1. 理想采样信号与时域采样定理

假设让模拟信号 $x_a(t)$ 通过一个电子开关 S，S 每隔时间 T 合上一次，合上时间为 τ，且 $\tau \ll T$，电子开关的输出 $\hat{x}'_a(t)$ 如图 4.2.1(a)所示，它相当于模拟信号被一串周期为 T、宽度为 τ 的矩形脉冲串 $p_\tau(t)$ 调制，这样 $\hat{x}'_a(t) = x_a(t)p_\tau(t)$。如果让 $\tau \to 0$，并保持每个脉冲的面积为 1，则形成理想采样，此时上面的脉冲串用单位冲激串 $p_\delta(t)$ 代替，输出为 $\hat{x}_a(t) = x_a(t)p_\delta(t)$，这里 $\hat{x}_a(t)$ 称为理想采样信号。$x_a(t)$、$p_\delta(t)$ 和 $\hat{x}_a(t)$ 的波形如图 4.2.1(b)所示。下面分析理想采样信号的频谱与模拟信号频谱的关系。

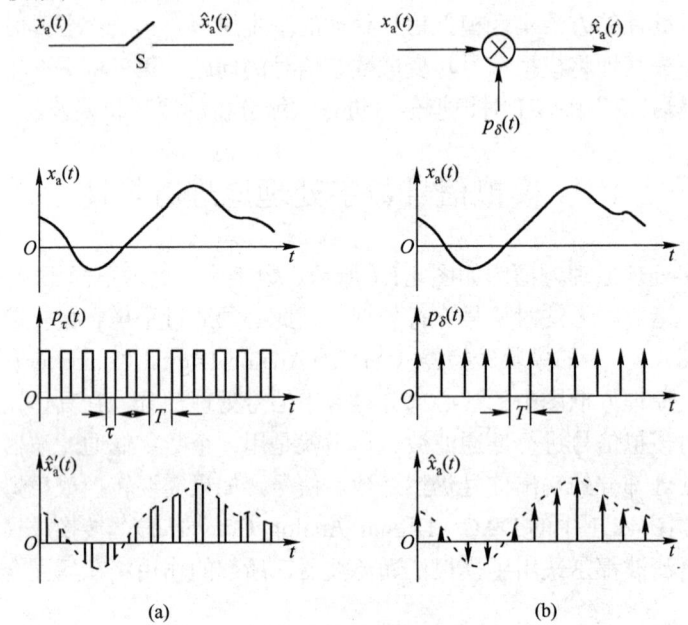

图 4.2.1 对模拟信号进行采样

单位冲激串 $p_\delta(t)$ 和理想采样信号 $\hat{x}_a(t)$ 的表达式分别为

$$p_\delta(t) = \sum_{n=-\infty}^{\infty} \delta(t-nT) \tag{4.2.1}$$

$$\hat{x}_a(t) = x_a(t)p_\delta(t) = \sum_{n=-\infty}^{\infty} x_a(t)\delta(t-nT) \tag{4.2.2}$$

上式中只有当 $t=nT$ 时，才有非零值，因此也可以写成

$$\hat{x}_a(t) = \sum_{n=-\infty}^{\infty} x_a(nT)\delta(t-nT) \tag{4.2.3}$$

在对上式进行傅里叶变换以前，首先假设

$$X_a(j\Omega) = \text{FT}[x_a(t)] \qquad \hat{X}_a(j\Omega) = \text{FT}[\hat{x}_a(t)] \qquad P_\delta(j\Omega) = \text{FT}[p_\delta(t)]$$

这里 $p_\delta(t)$ 是周期性单位冲激信号,周期是 T,它的傅里叶变换是强度为 $2\pi/T$ 的周期性冲激串,周期为 Ω_s,用公式表示为

$$P_\delta(j\Omega) = \frac{2\pi}{T} \sum_{m=-\infty}^{\infty} \delta(\Omega - m\Omega_s) \tag{4.2.4}$$

式中
$$\Omega_s = 2\pi/T = 2\pi F_s$$

这里 T 称为采样间隔,Ω_s 称为采样角频率,F_s 称为采样频率。根据傅里叶变换的时域卷积定理,对式(4.2.2)进行傅里叶变换,得到

$$\begin{aligned}
\hat{X}_a(j\Omega) = FT[\hat{x}_a(t)] &= \frac{1}{2\pi} X_a(j\Omega) * P_\delta(j\Omega) \\
&= \frac{1}{2\pi} \frac{2\pi}{T} \sum_{k=-\infty}^{\infty} X_a(j\Omega) * \delta(\Omega - k\Omega_s) \\
&= \frac{1}{T} \sum_{k=-\infty}^{\infty} X_a(j\Omega - jk\Omega_s)
\end{aligned} \tag{4.2.5}$$

上式表明,理想采样信号的频谱是原模拟信号的频谱沿频率轴每隔 Ω_s 出现一次,或者说理想采样信号的频谱是原模拟信号的频谱以 Ω_s 为周期,进行周期性延拓形成的。

假设 $x_a(t)$ 是带限信号,即它的频谱集中在 $0 \sim \Omega_c$ 之间,最高角频率是 Ω_c,以采样频率 F_s 对它进行理想采样,得到的理想采样信号的频谱用 $\hat{X}_a(j\Omega)$ 表示。式(4.2.5)表明,$\hat{X}_a(j\Omega)$ 是模拟信号频谱 $X_a(j\Omega)$ 的周期延拓,延拓周期为 Ω_s。如果 $\Omega_s \geq 2\Omega_c$,则 $X_a(j\Omega)$、$P_\delta(j\Omega)$ 和 $\hat{X}_a(j\Omega)$ 的示意图如图 4.2.2 所示。

一般称式(4.2.5)中 $k=0$ 时的频谱为基带谱,它和原模拟信号的频谱是一样的。此时用一个低通滤波器对理想采样信号进行低通滤波,如果该低通滤波器的传输函数如下式

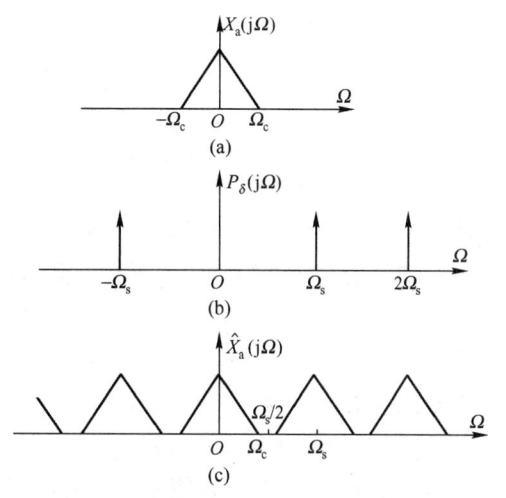

图 4.2.2 采样信号的频谱

$$G(j\Omega) = \begin{cases} T, & |\Omega| < \Omega_s/2 \\ 0, & |\Omega| \geq \Omega_s/2 \end{cases} \tag{4.2.6}$$

便可以无失真地把原模拟信号恢复出来。这种理想采样的恢复如图 4.2.3 所示。但如果 $\Omega_s < 2\Omega_c$,则理想采样信号的频谱变成如图 4.2.4 所示的波形,此时基带谱和相邻的重复谱将发生混叠,无法再用上述的低通滤波器将原模拟信号恢复出来。因此条件 $\Omega_s \geq 2\Omega_c$ 是选择采样频率的重要依据。

一般称 $\Omega_s/2$ 为折叠角频率,它的意义是信号的最高频率不能超过该频率,否则超过该频率的频谱部分会以 $\Omega_s/2$ 为中心反折叠回去,造成频谱混叠现象。也说明频谱混叠现象总产生在 $\Omega_s/2$ 附近(注意在图 4.2.4 中,$\Omega_s/2$ 附近的叠加应该是复量相加,这里只是示意图)。

综上所述,将采样定理总结如下:

对模拟信号 $x_a(t)$ 进行等间隔理想采样,形成理想采样信号 $\hat{x}_a(t)$,理想采样信号的频谱是模拟信号的频谱以采样频率为周期进行周期性延拓形成的,用式(4.2.5)表示。设模拟信号 $x_a(t)$ 是带限信号,最高角频率为 Ω_c,如果采样角频率 $\Omega_s \geq 2\Omega_c$,那么让理想采样信号 $\hat{x}_a(t)$ 通过一个增益为 T、截止角频率为 $\Omega_s/2$ 的低通滤波器 $G(j\Omega)$,可以唯一地恢复出原来的

模拟信号 $x_a(t)$。如果 $\Omega_s < 2\Omega_c$，会造成频谱混叠现象，不可能无失真地从理想采样信号中恢复出原来的模拟信号。

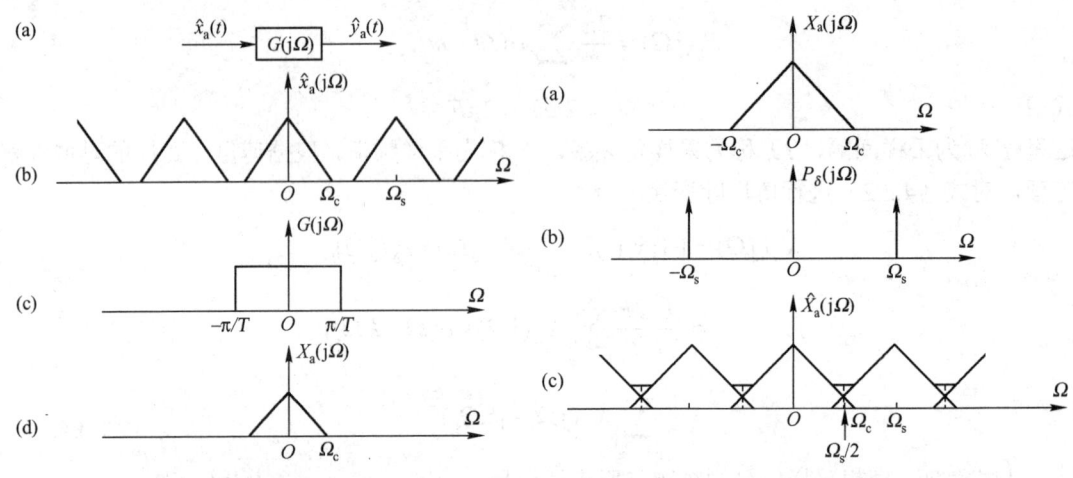

图 4.2.3 理想采样的恢复

图 4.2.4 采样信号频谱中的频谱混叠现象

2. 时域离散信号与时域采样定理

上面由模拟信号和理想采样信号的频谱关系，分析推导出了时域采样定理。同样，由模拟信号和时域离散信号（也称为时域采样序列）的频谱关系可以证明，如果采样得到的时域离散信号不丢失信息，采样频率的选择必须服从上面推导出的时域采样定理。

模拟信号通过等间隔 T 采样得到时域离散信号为

$$x(n) = x_a(t)\big|_{t=nT} = x_a(nT)$$

将 $x_a(t)$、$\hat{x}_a(t)$、$x(n)$ 分别称为模拟信号、理想采样信号、时域离散信号，它们的波形示意图如图 4.2.5 所示。注意 $x_a(t)$、$\hat{x}_a(t)$ 在整个时间轴 t 上有定义，而 $x(n)$ 仅在 n 轴的整数点上有定义。

为了得到时域离散信号和相应的模拟信号的频谱关系，先由理想采样信号的频谱推导开始。

按照式（4.2.3），理想采样信号用下式表示

$$\hat{x}_a(t) = \sum_{n=-\infty}^{\infty} x_a(nT)\delta(t-nT)$$

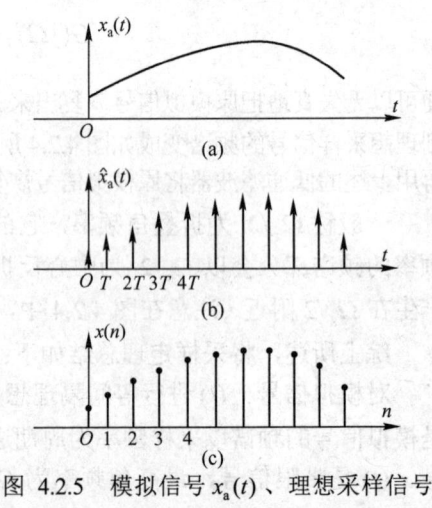

对上式进行傅里叶变换得到

$$\begin{aligned}
\hat{X}_a(j\Omega) &= \int_{-\infty}^{\infty} \hat{x}_a(t) e^{-j\Omega t} dt \\
&= \int_{-\infty}^{\infty} \left[\sum_{n=-\infty}^{\infty} x_a(nT)\delta(t-nT)\right] e^{-j\Omega t} dt \\
&= \sum_{n=-\infty}^{\infty} x_a(nT) \int_{-\infty}^{\infty} \delta(t-nT) e^{-j\Omega t} dt \\
&= \sum_{n=-\infty}^{\infty} x_a(nT) e^{-j\Omega nT} \int_{-\infty}^{\infty} \delta(t-nT) dt \\
&= \sum_{n=-\infty}^{\infty} x_a(nT) e^{-j\Omega nT}
\end{aligned} \quad (4.2.7)$$

图 4.2.5 模拟信号 $x_a(t)$、理想采样信号 $\hat{x}_a(t)$ 和采样序列 $x(n)$ 的波形

而时域离散信号 $x(n)$ 的傅里叶变换用下式表示

$$X(\mathrm{e}^{\mathrm{j}\omega}) = \sum_{n=-\infty}^{\infty} x(n)\mathrm{e}^{-\mathrm{j}\omega n} \qquad (4.2.8)$$

比较式（4.2.7）和式（4.2.8），在数值上 $x(n) = x_\mathrm{a}(nT)$，$\omega = \Omega T$，得到

$$X(\mathrm{e}^{\mathrm{j}\Omega T}) = \hat{X}_\mathrm{a}(\mathrm{j}\Omega) \qquad (4.2.9)$$

式（4.2.9）就是采样序列的傅里叶变换和理想采样信号傅里叶变换之间的关系。将式（4.2.5）代入式（4.2.9），得到

$$X(\mathrm{e}^{\mathrm{j}\Omega T}) = \frac{1}{T} \sum_{k=-\infty}^{\infty} X_\mathrm{a}(\mathrm{j}\Omega - \mathrm{j}k\Omega_\mathrm{s}) \qquad (4.2.10)$$

式中，$\Omega_\mathrm{s} = 2\pi F_\mathrm{s} = 2\pi/T$。上式也可以表示成

$$X(\mathrm{e}^{\mathrm{j}\omega}) = \frac{1}{T} \sum_{k=-\infty}^{\infty} X_\mathrm{a}\left(\mathrm{j}\frac{\omega - 2\pi k}{T}\right) \qquad (4.2.11)$$

式（4.2.10）或者式（4.2.11）就是时域离散信号频谱和相应的模拟信号频谱之间的关系。这两个公式不同点仅在于式（4.2.10）水平轴用 Ω 作变量，而式（4.2.11）则用 ω 作变量，它们之间的关系为 $\omega = \Omega T$。

由式（4.2.10）可见，采样序列的频谱也是模拟信号的频谱周期性延拓形成的，延拓周期是 Ω_s，所以信号的最高频率仍不能超过 $\Omega_\mathrm{s}/2$，否则也会发生频率混叠现象。在数字域，用数字频率 ω_s 表示延拓周期，$\omega_\mathrm{s} = \Omega_\mathrm{s} T = \frac{2\pi}{T}T = 2\pi$，因此序列的频谱 $X(\mathrm{e}^{\mathrm{j}\omega})$ 仍以 2π 为周期，与折叠频率 $\Omega_\mathrm{s}/2$ 对应的数字频率是 π。

最后得到结论：对模拟信号采样得到的时域离散信号仍服从时域采样定理，即采样频率必须大于等于模拟信号最高频率的 2 倍以上，才能不丢失信息，否则也会因产生频谱混叠现象而丢失信息。

将模拟信号转换成时域离散信号，关键是确定采样频率。从不丢失信息角度出发，采样频率应该高一些，但如果选择的太高，带来的副作用是数据量太大，运算时间加长，占用存储空间大，设备成本昂贵。因此应按照采样定理合理地选择采样频率。如果已知信号的最高频率为 Ω_c，选择采样频率 $\Omega_\mathrm{s} \geq 2\Omega_\mathrm{c}$，考虑到高于 Ω_c 的高频分量并不完全等于零，或者说高于 Ω_c 的部分可能存在一些杂散频谱，为防止频谱混叠，可选 $\Omega_\mathrm{s} = (3 \sim 4)\Omega_\mathrm{c}$。如果不知道信号的最高频率，假定选择采样频率为 Ω_s，那么信号的最高频率不能超过 $\Omega_\mathrm{s}/2$，此时应该在采样以前对模拟信号进行预滤波。预滤波器就是一个模拟低通滤波器，该滤波器的阻带截止频率为 $\Omega_\mathrm{s}/2$。这也是图 4.1.1 中加预滤波器的原因。该滤波器也称为抗混叠滤波器。

3. 正弦信号采样

正弦信号不管是在理论研究还是在实际信号处理的应用中，都是非常重要的，因此，对正弦信号的采样也是信号处理理论中必须考虑的问题。设模拟正弦信号的表达式如下

$$x_\mathrm{a}(t) = A\sin(\Omega_0 t + \varphi) = A\sin(2\pi f_0 t + \varphi) \qquad (4.2.12)$$

对正弦信号采样得到

$$x(n) = x_\mathrm{a}(nT) = A\sin(2\pi f_0 nT + \varphi) \qquad (4.2.13)$$

按照时域采样定理，对该信号采样，只要采样频率 $F_\mathrm{s} = 1/T = 2f_0$ 就满足采样定理，应该不

会丢失信息。但实际上并非完全如此。当 $\varphi=0$ 时，以采样频率 $F_s=2f_0$ 采样时，则一个周期内的两个采样值都是 0，显然不包含原正弦信号的任何信息；当 $\varphi=\pi/2$ 时，一个周期内的两个采样值分别是 A 和 $-A$，从采样信号 $x(n)$ 可以恢复原正弦信号 $x_a(t)$；当 φ 未知时，由 $x(n)$ 无法恢复 $x_a(t)$。本节不对正弦信号的采样做更深入的研究，仅给出三点结论：

（1）对式（4.2.12）表示的正弦信号，若 $F_s=2f_0$，当 $\varphi=0$ 时，不能从采样信号 $x(n)$ 恢复原正弦信号 $x_a(t)$；当 $\varphi=\pi/2$ 时，可以从采样信号 $x(n)$ 恢复原正弦信号 $x_a(t)$；当 φ 已知，且 $0<\varphi<\pi/2$ 时，从采样信号 $x(n)$ 恢复出的是 $x_a'(t)=A\sin\varphi\cos(\Omega_0 t)$，经过移位和幅度变换，仍可得到原正弦信号 $x_a(t)$；当 φ 未知时，根本无法由 $x(n)$ 恢复 $x_a(t)$。

（2）从数学角度分析，式（4.2.12）表示的正弦信号在恢复时有三个未知参数，分别是振幅 A、角频率 Ω_0 和初相位 φ，所以，只要保证在一个周期内均匀采样三点，即可由采样信号 $x(n)$ 准确恢复原正弦信号 $x_a(t)$。所以，对正弦信号，只要采样频率 $F_s=3f_0$ 就不会丢失信息。

（3）对采样后的正弦序列做截断处理时，截断长度必须是此正弦序列周期的整数倍，才不会产生频谱泄漏。这一点在 4.5.3 节进行详细分析。

例 4.2.1 已知 $x_a(t)=\cos 2\pi f_0 t$，$f_0=50\,\text{Hz}$，采样频率 $F_s=200\,\text{Hz}$，对 $x_a(t)$ 进行采样，得到时域离散信号 $x(n)$，求 $x(n)$ 的频谱。

解：对 $x_a(t)=\cos 2\pi f_0 t$ 进行采样，得到序列 $x(n)$ 为

$$x(n)=\cos\omega_0 n \qquad \omega_0=2\pi f_0 T=2\pi f_0/F_s=\pi/2$$

因为采样频率 $F_s=200\,\text{Hz}$，信号频率 $f_0=50\,\text{Hz}$，得到的 $x(n)$ 是余弦周期序列，由例 2.2.4 中求出的余弦序列的频谱公式（2.2.21）可以直接得到

$$X(\mathrm{e}^{\mathrm{j}\omega})=\pi\sum_{k=-\infty}^{\infty}\left[\delta\left(\omega-\frac{\pi}{2}-2\pi k\right)+\delta\left(\omega+\frac{\pi}{2}-2\pi k\right)\right]$$

下面再对模拟信号频谱以采样频率进行周期延拓，即用式（4.2.11）的方法求解。

$$X_a(\mathrm{j}\Omega)=\mathrm{FT}[x_a(t)]=\pi[\delta(\Omega-2\pi f_0)+\delta(\Omega+2\pi f_0)]$$

将上式代入式（4.2.11）中，得到

$$X(\mathrm{e}^{\mathrm{j}\omega})=\frac{\pi}{T}\sum_{k=-\infty}^{\infty}[\delta(\omega F_s-2\pi f_0-k\cdot 2\pi F_s)+\delta(\omega F_s+2\pi f_0-k\cdot 2\pi F_s)]$$

$$=\pi\sum_{k=-\infty}^{\infty}\left[\delta\left(\omega-2\pi\frac{f_0}{F_s}-2\pi k\right)+\delta\left(\omega+2\pi\frac{f_0}{F_s}-2\pi k\right)\right]$$

$$=\pi\sum_{k=-\infty}^{\infty}\left[\delta\left(\omega-\frac{\pi}{2}-2\pi k\right)+\delta\left(\omega+\frac{\pi}{2}-2\pi k\right)\right]$$

上面第二步用到了单位冲激函数的性质 $\delta(a\omega)=\dfrac{1}{a}\delta(\omega)$。模拟信号及其采样序列的频谱如图 4.2.6 所示。

4.2.2 带通信号的采样

如图 4.2.7(a) 所示，带通信号的频谱分布在某个频段中，最高频率用 f_h 表示，最低频率用 f_l 表示，带宽用 $f_B=f_h-f_l$ 表示，中心频率用 f_0 表示。一般这种带通信号的中心频率都比较高，而带宽相对比较窄，例如通信和广播中的各种传输信号。如

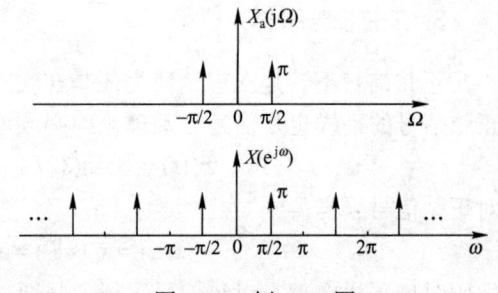

图 4.2.6 例 4.2.1 图

果按照采样定理对这类信号进行采样,由于中心频率很高,采样频率将会很高。下面将要说明,如果最高频谱 f_h 是带宽 f_B 的整数倍,以采样频率 $F_s = 2f_B$ 进行采样,则不会产生频谱混叠,而采样频率却大大降低了。

假定信号的最高频率 f_h 是其带宽 f_B 的整数倍,即 $f_h = Kf_B$,式中 K 是正整数,采样频率为带宽的 2 倍,即 $F_s = 2f_B$。采样以后形成理想采样信号,它的频谱将是原模拟信号的频谱以采样频率为周期进行的周期延拓,如图 4.2.7(b)所示($K=4$)。显然采样频率降低很多,且没有

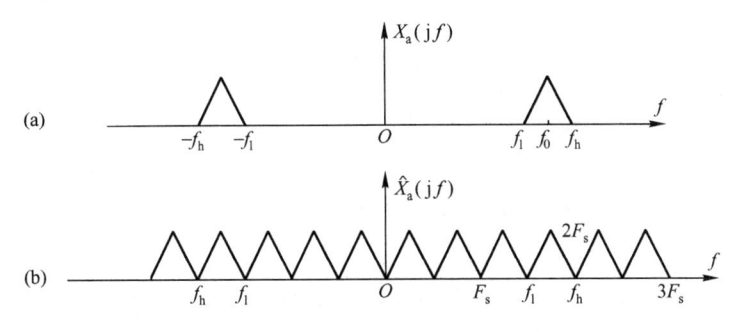

图 4.2.7 $f_h = 4f_B$,$F_s = 2f_B$ 时,带通信号的采样频谱

频谱混叠现象,条件是 $f_h = Kf_B$,K 为整数。很明显,如果由理想采样信号恢复其原来的带通信号,只要经过一个频率响应为

$$H_p(jf) = \begin{cases} T & f_l < |f| < f_h \\ 0 & 其他 \end{cases}$$

的理想带通滤波器就可完成。

如果 $f_h = Kf_B$ 的条件不满足,即 $r = f_h/f_B$ 不是整数,可以保持 f_h 不变,将信号占据的带宽展宽,最低频率降低到 f_l',$f_B' = f_h - f_l'$,选择 f_l' 使 $r' = f_h/f_B'$ 为整数,显然 r' 是小于 r 的最大整数。例如,图 4.2.8 中,信号的 $f_h = 4$ kHz,$f_B = 3/2$ kHz,$r = f_h/f_B = 8/3$,取小于 r 的最大整数,即 $r' = 2$,此时 $f_B' = f_h/r' = 2$ kHz,显然已经将带宽展宽了。取采样频率 $F_s = 2f_B' = 4$ kHz。图 4.2.8(a)是原模拟带通信号的频谱,用 4 kHz 采样后,得到的理想采样信号的频谱如图 4.2.8(b)所示。

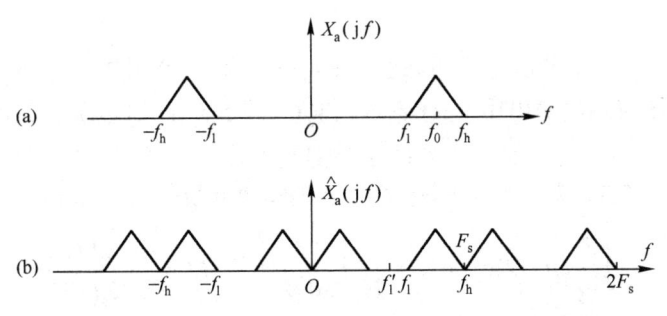

图 4.2.8 $r = f_h/f_B$ 不是整数时对带通信号的采样

4.2.3 A/D 变换器

将模拟信号转换成数字信号由 A/D 变换器完成,A/D 变换器的原理方框图如图 4.2.9 所示。图中首先对模拟信号进行等间隔采样,得到一串在采样点上的样本数

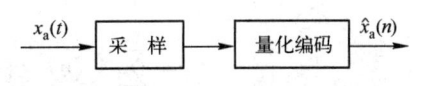

图 4.2.9 A/D 变换器原理方框图

据，然后对这些数据进行量化编码。设 A/D 变换器有 b 位，则 A/D 变换器的输出就是 b 位的二进制数字信号。

假设模拟信号 $x_a(t) = \sin(2\pi ft + \pi/8)$，式中 $f = 50$ Hz，选采样频率 $F_s = 200$ Hz，将 $t = nT = n/F_s$ 代入 $x_a(t)$ 中，得到

$$x_a(nT) = \sin(2\pi f nT + \pi/8) = \sin\left(\frac{1}{2}\pi n + \frac{\pi}{8}\right)$$

当 $n = \cdots, 0, 1, 2, 3, \cdots$ 时，得到采样序列（保持小数点后 6 位）为

$$x(n) = \{\cdots, 0.382683, 0.923879, -0.382683, -0.923879, \cdots\}$$

如果 A/D 变换器按照 6 位进行量化编码，即上面的采样序列均用 6 位二进制码表示，其中 1 位表示符号，那么形成的数字信号为

$$\hat{x}(n) = \{\cdots, 0.01100, 0.11101, 1.01100, 1.11101, \cdots\}$$

如果将上面的数字信号再用十进制数表示，则

$$\hat{x}(n) = \{\cdots, 0.37500, 0.90625, -0.37500, -0.90625, \cdots\}$$

显然量化编码以后的采样序列 $\hat{x}(n)$ 和原 $x(n)$ 不同，它们之间的误差称为量化误差。A/D 变换器中因量化编码产生的量化误差及其量化效应将在第 8 章进行分析。

4.2.4 将数字信号转换成模拟信号

在模拟信号数字处理中如果需要输出的是模拟信号，应该将处理完的数字信号再转换成模拟信号。转换时，首先要经过解码，将数字信号变成采样序列，再经过插值与平滑滤波才能转换成模拟信号。具体是用 D/A 变换器和一个低通滤波器完成的。在介绍 D/A 变换器以前，首先介绍如何用理想采样信号恢复模拟信号，即理想恢复。

1. 理想恢复

按照式（4.2.5），理想采样信号的频谱是模拟信号的频谱以采样频率为周期，周期性延拓形成的，如果采样频率满足采样定理，它的基带谱和相邻的重复谱没有混叠，完全可以用一个理想低通滤波器将基带谱滤出来，如图 4.2.3 所示。下面推导如何用 $\hat{x}_a(t)$ 恢复原模拟信号 $x_a(t)$。

理想采样信号 $\hat{x}_a(t)$ 通过理想低通滤波器 $G(j\Omega)$，$G(j\Omega)$ 用式（4.2.6）表示，$G(j\Omega)$ 的单位冲激响应用 $g(t)$ 表示，输出用 $y_a(t)$ 表示。$y_a(t)$ 等于 $\hat{x}_a(t)$ 和 $g(t)$ 的线性卷积，即

$$y_a(t) = \hat{x}_a(t) * g(t) \tag{4.2.14}$$

式中，$\hat{x}_a(t)$ 用式（4.2.3）表示，$g(t)$ 等于 $G(j\Omega)$ 的傅里叶反变换，即

$$g(t) = \frac{1}{2\pi}\int_{-\infty}^{\infty} G(j\Omega)e^{j\Omega t}d\Omega = \frac{1}{2\pi}\int_{-\Omega_s/2}^{\Omega_s/2} Te^{j\Omega t}d\Omega = \frac{\sin(\Omega_s t/2)}{\Omega_s t/2} \tag{4.2.15}$$

将式（4.2.15）代入式（4.2.14），得到

$$y_a(t) = \int_{-\infty}^{\infty}\hat{x}_a(\tau)g(t-\tau)d\tau = \sum_{n=-\infty}^{\infty}\int_{-\infty}^{\infty} x_a(nT)\delta(\tau - nT)g(t - \tau)d\tau$$

$$= \sum_{n=-\infty}^{\infty} x_a(nT)g(t - nT) = \sum_{n=-\infty}^{\infty} x_a(nT)\frac{\sin[\pi(t-nT)/T]}{\pi(t-nT)/T} \tag{4.2.16}$$

因为满足采样定理，因此得到

$$x_a(t) = y_a(t) = \sum_{n=-\infty}^{\infty} x_a(nT) \frac{\sin[\pi(t-nT)/T]}{\pi(t-nT)/T} \quad (4.2.17)$$

式（4.2.17）中，当 n 变化时，$x_a(nT)$ 是一串离散的采样值，而 $x_a(t)$ 是 t 取连续值的模拟信号，式（4.2.17）通过 $g(t)$ 函数把 $x_a(t)$ 和 $x_a(nT)$ 联系起来。

$g(t)$ 的波形如图4.2.10所示，其特点是 $t=0$ 时，$g(0)=1$，而 $t=nT$，n 取不等于零的整数时，$g(t)=0$。这样在式（4.2.17）中，$g(t-nT)$ 保证了在各采样点上，恢复的 $x_a(t)$ 等于原采样值，而在采样点之间，则是各采样值乘以 $g(t-nT)$ 的波形伸展叠加而成的，如图4.2.11所示。这样 $g(t)$ 函数具体起了在采样点之间连续插值的作用，一般被称为插值函数。式（4.2.17）称为插值公式。

因为理想低通滤波器是非因果不可实现的，故称为理想恢复。这种理想恢复虽不可实现，但恢复的信号没有失真，确实是一种理想插值、理想恢复。

2. D/A 变换器

D/A 变换器具体完成解码和将采样序列转换成时域连续信号的功能。解码即是将二进制编码变成具体的信号值。假设 x 的值用 M 位（其中符号位占1位）二进制编码表示：$x = (x_0 x_1 x_2 x_3 \cdots x_{M-1})_2$，$x_i$ 取值为 1 或 0，x_0 表示符号位。解码需要完成下面的运算：

$$x = (-1)^{x_0} \sum_{i=1}^{M-1} x_i 2^{-i}$$

例如，$x=(0.1010)_2=0.625$，这种解码运算可用精度高、稳定性高的电阻网络实现，限于篇幅，不再介绍这部分内容。

经过解码，将数字信号转变成时域离散信号。由时域离散信号再通过插值才能恢复成模拟信号。插值的方法可以有常数内插、一阶多项式和二阶多项式内插等。最简单的是用常数内插，方法是将前一个采样序列值进行保持，一直到下一个采样序列值到来，再跳到新的采样值并保持。常数内插具体用零阶保持器完成，零阶保持器的单位冲激响应 $h(t)$

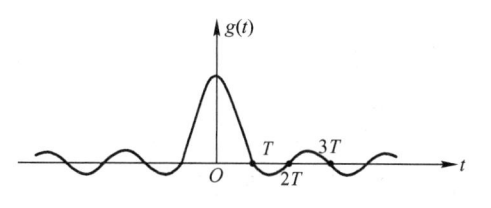

图 4.2.10 $g(t)$ 的波形

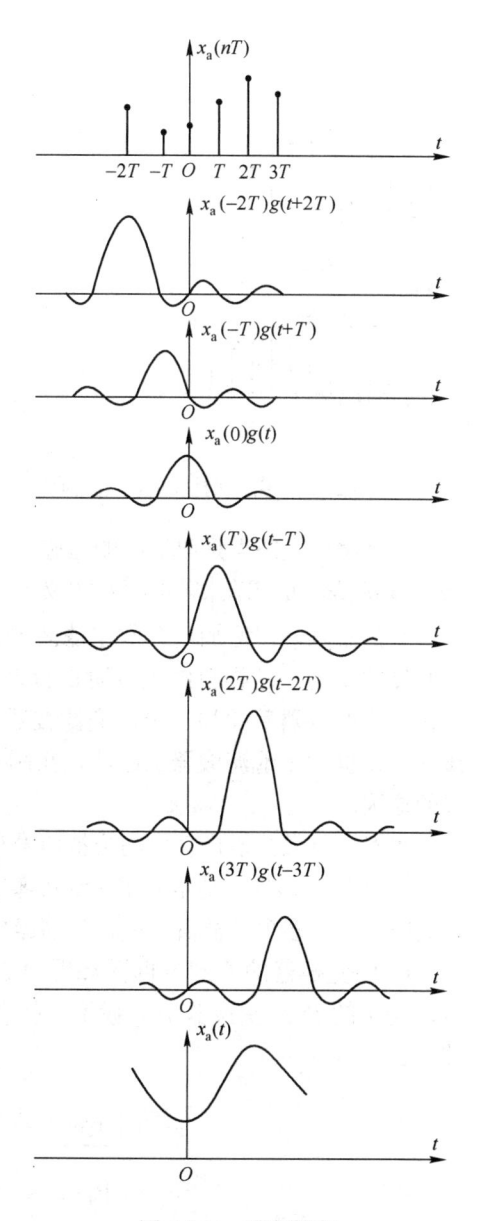

图 4.2.11 理想恢复

及其输出波形 $x'_a(t)$ 如图 4.2.12 所示。下面分析零阶保持器的性质。

对零阶保持器的单位冲激响应 $h(t)$ 进行傅里叶变换，得到它的传输函数为

$$H(j\Omega) = \int_{-\infty}^{\infty} h(t)e^{-j\Omega t}dt = \int_{0}^{T} e^{-j\Omega t}dt = T\frac{\sin(\Omega T/2)}{\Omega T/2}e^{-j\Omega T/2} \quad (4.2.18)$$

它的幅度特性和相位特性如图 4.2.13 所示。该图表明零阶保持器是一个低通滤波器，能够起恢复模拟信号的作用。为了和理想恢复进行对比，图中用虚线画出了相应的理想低通滤波器的幅度特性。通过对比，说明零阶保持器和理想恢复有明显的差别：（1）在 $|\Omega| \leqslant \pi/T$ 区域，幅度不够平坦，会造成信号的失真，影响在一些高保真系统中的应用。（2）$|\Omega| > \pi/T$ 的区域增加了很多的高频分量，表现在时域上，就是恢复出的模拟信号是台阶形的。

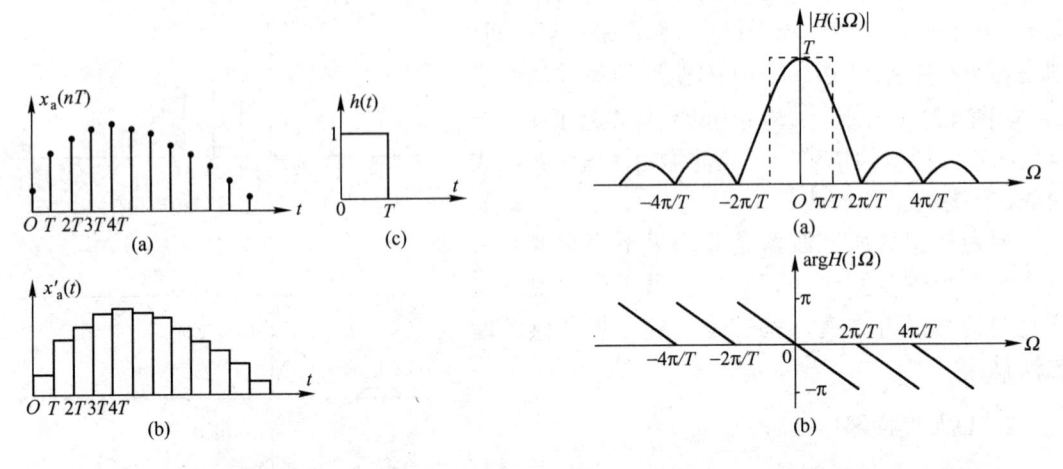

图 4.2.12 零阶保持器的输出波形

图 4.2.13 零阶保持器的频率特性

为克服以上缺点采取下面的措施。观察式（4.2.18），零阶保持器的幅度特性是 $\text{Sa}(x) = \sin x/x$ 函数，造成在 $|\Omega| \leqslant \pi/T$ 区域，随频率增加，幅度下降。为克服这一缺点，可以在 D/A 变换器以前，增加一个数字滤波器，该滤波器的幅度特性恰是 $\text{Sa}(x)$ 的倒数，起提升高频幅度的作用，这样再经过零阶保持器，就可以保持幅度不下降，满足高保真的要求。另外在零阶保持器后面加一个低通滤波器，滤除这些多余的高频分量，起对信号平滑的作用。该滤波器也称平滑滤波器。这就是在图 4.1.1 的系统方框图中，D/A 变换器后面要加平滑滤波的原因。

虽然零阶保持器恢复出的模拟信号有失真，但简单，易实现，成本低，工程中一般使用的 D/A 变换器器件，都是采用了这种零阶保持器。如果要求更精确地恢复，可以采用一阶多项式或者二阶多项式插值，但相应的器件结构要复杂一些，成本要提高。

D/A 变换器的原理方框图如图 4.2.14 所示。图中的平滑滤波就是一个低通模拟滤波器，购买的 D/A 变换器中一般不包括它，应该在 D/A 变换器的后面再加一个低通平滑滤波器。

图 4.2.14 D/A 变换器的原理方框图

4.3 对数字信号处理部分的设计考虑

数字信号处理部分的设计要求,取决于对模拟信号的处理要求。虽然模拟信号处理系统和数字信号处理系统中信号形式及处理方法都不一样,但设计要求是相近的。例如模拟信号处理中,要求对模拟信号进行低通滤波,需要根据要求设计一个低通滤波器;在数字信号处理中,同样要求对数字信号进行低通滤波,需要设计的是数字低通滤波器。下面将通过实际举例进行说明。在举例之前先介绍模拟域的频率 f 和数字域的频率 ω 之间的关系。

如果一个时域离散信号是由模拟信号采样得来的,且采样满足采样定理,该时域离散信号的数字频率和模拟信号的模拟频率之间的关系为 $\omega=\Omega T$,或者 $\omega=\Omega/F_s$,在一些文献中经常使用归一化频率 $f'=f/F_s$,或者 $\Omega'=\Omega/\Omega_s$,$\omega'=\omega/(2\pi)$。模拟频率和数字频率之间的定标关系如图 4.3.1 所示。这里模拟信号的最高频率为 $0.5F_s$,为了提高模拟信号的频率分析范围,必须提高采样频率 F_s。

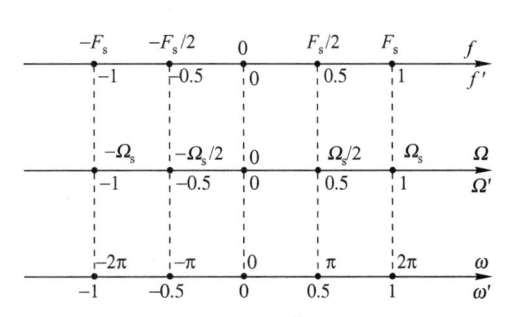

图 4.3.1 模拟频率和数字频率之间的定标关系

例 4.3.1 图 4.3.2 表示的是在钢琴上敲击若干键,得到的声音的频谱曲线,频率范围为 250~2500 Hz。其中 C,E 和 G 表示的是敲击中央 C,E 和 G 键时发出声音的基本频率分量。试将 C,E,G 三个基本音提出来,并将 G 键的基本音衰减 0.707 倍,使这三个琴键的声音基本平衡。

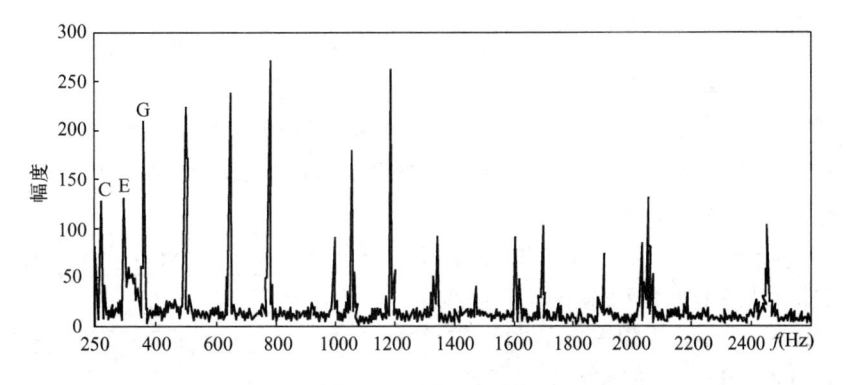

图 4.3.2 例 4.3.1 图

解:观察图 4.3.2,C,E,G 的基本频率分别为 262, 330 和 392 Hz。按照题意,如果用模拟信号处理方法,需要设计一个模拟低通滤波器,滤出 C,E 和 G 三个基本音,低通滤波器的截止频率设为 456 Hz。G 键基本频率为 392 Hz,因此要求将该频率的幅度衰减 0.707 倍(即衰减 3 dB),这样要求低通滤波器在通带内单调下降,3 dB 截止频率 $f_{3dB}=392$ Hz。

采用模拟信号数字处理时,要求设计一个数字低通滤波器,对该数字低通滤波器的要求和上面对模拟低通滤波器的要求一样,但边界频率要转换成相应的数字频率。另外数字滤波器的前、后分别要加 A/D 和 D/A 变换器、抗混叠的低通滤波器和最后的平滑滤波器。该例题的系统方框图如图 4.3.3 所示。下面介绍对系统方框图中各部分的要求。

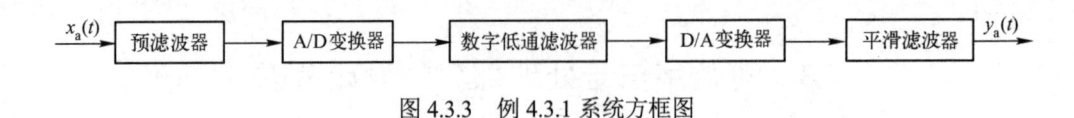

预滤波器 → A/D变换器 → 数字低通滤波器 → D/A变换器 → 平滑滤波器

图 4.3.3　例 4.3.1 系统方框图

（1）预滤波器：这是一个模拟低通滤波器，作用是防止信号折叠频率以上的频率分量引起频谱混叠，造成信号失真。根据题意，模拟低通滤波器的截止频率为 456 Hz，选择采样频率 $F_s = 2 \times 456 = 912$ Hz，预滤波器截止频率 $f_s = 456$ Hz。

（2）A/D 变换器：要求采样频率 $F_s = 912$ Hz，编码位数选 8 位。

（3）数字低通滤波器：数字低通滤波器的截止频率为

$$\omega_s = \frac{\Omega_s}{F_s} = \frac{2\pi f_s}{F_s} = \frac{2\pi \times 456}{912} = \pi \text{ rad}$$

3dB 截止频率为

$$\omega_{3dB} = \frac{2\pi f_{3dB}}{F_s} = \frac{2\pi \times 392}{912} = 0.86\pi \text{ rad}$$

C，E 和 G 键的模拟频率为 262，330 和 392 Hz，相应的数字频率分别为 0.57π，0.72π 和 0.86π。要求在 $0 \sim 0.80\pi$ 频带内幅度平稳，在 $0.80\pi \sim 0.90\pi$ 频带幅度单调下降，在 0.86π 处下降 –3dB，在 ω_s 处下降 – 40 dB。

（4）D/A 变换器：选择 8 位，采样频率为 912 Hz 以上。

（5）平滑滤波器：这也是一个模拟低通滤波器，最高截止频率决定于数字信号处理后的信号最高频率。该例题应该选择截止频率为 456 Hz。

4.4　线性模拟系统的数字模拟

线性模拟系统的数字模拟指的是用数字系统模拟线性模拟系统的外部特性。当然模拟系统和数字系统处理方法不一样，也无法对系统内部进行模拟。

线性模拟系统的数字模拟方框图如图 4.4.1 所示。线性模拟系统的传输函数用 $H_a(j\Omega)$ 表示，单位冲激响应用 $h_a(t)$ 表示，输入和输出分别用 $x_a(t)$ 和 $y_a(t)$ 表示。数字系统的传输函数用 $H(e^{j\omega})$ 表示，其输入和输出分别用 $x(n)$ 和 $y(n)$ 表示。数字系统的前、后加了 A/D 变换器和 D/A 变换器，使总的输入和输出信号仍然是模拟信号 $x_a(t)$ 和 $y_a(t)$。模拟系统的数字模拟就是要求图 4.4.1(a) 中虚线方框图与图(b)的 $H_a(j\Omega)$ 等效。下面分析如何完成模拟系统的数字模拟。

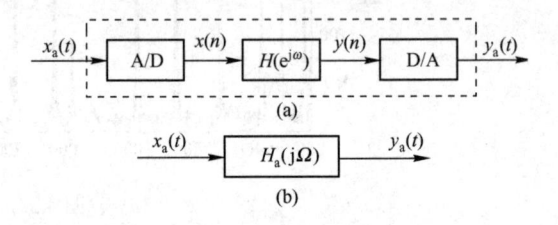

图 4.4.1　线性模拟系统的数字模拟

假设 $x_a(t)$ 是带限信号，采样频率满足采样定理。为了叙述简单，假设 D/A 变换器是理想恢复，相当于是一个理想低通滤波器 $G(j\Omega)$，$x_a(t)$，$y_a(t)$ 和 $x(n)$，$y(n)$ 之间满足下式

$$\begin{cases} x(n) = x_a(nT) = x_a(t)|_{t=nT} \\ y(n) = y_a(nT) = y_a(t)|_{t=nT} \end{cases} \quad (4.4.1)$$

下面主要分析 $H(e^{j\omega})$ 和 $H_a(j\Omega)$ 之间的关系。

将已经推导出的式（4.2.11）重写如下：

$$X(\mathrm{e}^{\mathrm{j}\omega}) = \frac{1}{T}\sum_{k=-\infty}^{\infty} X_a\left(\mathrm{j}\frac{\omega}{T} - \mathrm{j}k\frac{2\pi}{T}\right) \tag{4.4.2}$$

上式表明采样序列的傅里叶变换和原模拟信号的傅里叶变换之间的关系。而理想采样信号和原模拟信号之间的关系为式（4.2.5），重写如下：

$$\hat{X}_a(\mathrm{j}\Omega) = \frac{1}{T}\sum_{k=-\infty}^{\infty} X_a(\mathrm{j}\Omega - \mathrm{j}k\Omega_s) \tag{4.4.3}$$

比较式（4.4.2）和式（4.4.3），采样序列的傅里叶变换和理想采样信号的傅里叶变换满足下面两式：

$$X(\mathrm{e}^{\mathrm{j}\omega}) = \hat{X}_a(\mathrm{j}\Omega)\big|_{\Omega=\omega/T} \tag{4.4.4}$$

$$\omega = \Omega T \tag{4.4.5}$$

$x(n)$ 和 $y(n)$ 的傅里叶变换满足下式：

$$Y(\mathrm{e}^{\mathrm{j}\omega}) = H(\mathrm{e}^{\mathrm{j}\omega})X(\mathrm{e}^{\mathrm{j}\omega}) \tag{4.4.6}$$

因为 D/A 变换器等效为理想低通滤波器，将 $y(n)$ 看成是 $y_a(t)$ 的采样，理想采样信号 $\hat{y}_a(t)$ 的傅里叶变换 $\hat{Y}_a(\mathrm{j}\Omega)$ 和 $y(n)$ 的傅里叶变换 $Y(\mathrm{e}^{\mathrm{j}\omega})$ 应满足式（4.4.4），即

$$Y(\mathrm{e}^{\mathrm{j}\omega}) = \hat{Y}_a(\mathrm{j}\Omega)\big|_{\Omega=\omega/T} \tag{4.4.7}$$

将式（4.4.5）代入式（4.4.6），得到

$$Y(\mathrm{e}^{\mathrm{j}\Omega T}) = H(\mathrm{e}^{\mathrm{j}\Omega T})X(\mathrm{e}^{\mathrm{j}\Omega T}) \tag{4.4.8}$$

上式等号左边 $Y(\mathrm{e}^{\mathrm{j}\Omega T})$ 是理想采样信号 $\hat{y}_a(t)$ 的频谱。$\hat{y}_a(t)$ 通过理想低通滤波器 $G(\mathrm{j}\Omega)$，其输出 $y_a(t)$ 的傅里叶变换为

$$Y_a(\mathrm{j}\Omega) = Y(\mathrm{e}^{\mathrm{j}\Omega T})G(\mathrm{j}\Omega) = H(\mathrm{e}^{\mathrm{j}\Omega T})X(\mathrm{e}^{\mathrm{j}\Omega T})G(\mathrm{j}\Omega)$$

将式（4.4.2）代入上式，得到

$$Y_a(\mathrm{j}\Omega) = \sum_{r=-\infty}^{\infty} X_a(\mathrm{j}\Omega - \mathrm{j}\Omega_s r)H(\mathrm{e}^{\mathrm{j}\Omega T})G(\mathrm{j}\Omega)$$

因为采样频率满足采样定理，$G(\mathrm{j}\Omega)$ 可以无失真地将基带信号恢复出来，而 $G(\mathrm{j}\Omega)$ 的通带截止频率为 π/T，因此得到

$$Y_a(\mathrm{j}\Omega) = X_a(\mathrm{j}\Omega)H(\mathrm{e}^{\mathrm{j}\Omega T}) \qquad |\Omega| \leqslant \pi/T$$

则等效模拟滤波器的传输函数为

$$H_a(\mathrm{j}\Omega) = \frac{Y_a(\mathrm{j}\Omega)}{X_a(\mathrm{j}\Omega)} = H(\mathrm{e}^{\mathrm{j}\Omega T}) \qquad |\Omega| \leqslant \pi/T \tag{4.4.9}$$

式中，$H(\mathrm{e}^{\mathrm{j}\Omega T}) = H(\mathrm{e}^{\mathrm{j}\omega})\big|_{\omega=\Omega T}$。所以

$$H(\mathrm{e}^{\mathrm{j}\omega}) = H_a(\mathrm{j}\Omega)\big|_{\Omega=\omega/T} \qquad |\omega| \leqslant \pi \tag{4.4.10}$$

式（4.4.9）和式（4.4.10）表明了数字系统的传输函数和模拟系统的传输函数之间的关系。这里主要是数字频率和模拟频率之间的转换关系 $\omega = \Omega T$。显然按照已得到的概念，数字系统的单位脉冲响应和模拟系统的单位冲激响应的关系应为

$$h(n) = h_a(t)|_{t=nT} = h_a(nT) \qquad (4.4.11)$$

最后得到的结论是，如果已知模拟系统的传输函数或单位冲激响应，要求用一个数字系统进行模拟，可以用式（4.4.10）、式（4.4.11）将模拟系统的传输函数和系统的单位冲激响应直接转换成数字系统的传输函数或者单位脉冲响应，然后再根据数字系统的系统函数或者单位脉冲响应，具体设计数字系统。但要注意数字模拟系统中，要求采样频率满足采样定理，以及 $x_a(t)$ 是带限信号。如果要想用数字滤波器模拟一个模拟高通滤波器，则无论用多高的采样频率，都会因为频谱混叠而无法进行模拟。在滤波器设计的内容中，会讲到一种数字滤波器的设计方法，即脉冲响应不变法，可以满足数字模拟系统设计要求，从原理上讲可以完成模拟系统数字模拟，但要注意其中的频谱混叠现象，具体设计请参考第 6 章。

4.5 模拟信号的频谱分析

对模拟信号进行频谱分析，就是计算信号的傅里叶变换。但模拟信号及其傅里叶变换都是连续函数，显然不能用计算机进行数值计算。而 DFT（FFT）是一种时域、频域均离散化的变换，适合数值运算，因此需要通过时域采样把模拟信号变成时域离散信号，然后用 DFT（FFT）进行频谱分析。

4.5.1 公式推导及参数选择

假设模拟信号 $x_a(t)$ 的持续时间（观察时间）为 T_p，它的傅里叶变换为

$$X_a(jf) = \mathrm{FT}[x_a(t)] = \int_{-\infty}^{\infty} x_a(t) e^{-j2\pi f t} dt \qquad (4.5.1)$$

$X_a(jf)$ 的最高频率是 f_c。用高于 $2f_c$ 的采样频率 F_s 对该模拟信号进行采样，得到 $x_a(nT)$，在 T_p 时间中共采样 N 点。对上式作零阶近似（$t=nT$，$dt=T$）得到

$$X_a(jf) = T \sum_{n=0}^{N-1} x_a(nT) e^{-j2\pi f nT} \qquad (4.5.2)$$

再对 $X_a(jf)$ 进行等间隔采样，设在 $[0, F_s]$ 区间同样采样 N 点，采样间隔为 F，得到

$$F = \frac{F_s}{N} = \frac{1}{NT} \qquad (4.5.3)$$

因为在 T_p 时间内共采样 N 点，采样间隔为 T，因此 $NT=T_p$，这样

$$F = 1/T_p \qquad (4.5.4)$$

将 $f=kF$ 及式（4.5.3）代入式（4.5.2）中，得到

$$X_a(jkF) = T \sum_{n=0}^{N-1} x_a(nT) e^{-j\frac{2\pi}{N}kn} \qquad 0 \leqslant k \leqslant N-1$$

令 $X(k) = X_a(jkF)$，$x(n) = x_a(nT)$，则

$$X(k) = T \sum_{n=0}^{N-1} x(n) e^{-j\frac{2\pi}{N}kn} = T\, \mathrm{DFT}[x(n)] \qquad 0 \leqslant k \leqslant N-1 \qquad (4.5.5)$$

上式表明由模拟信号时域采样得到 N 点采样序列，经过 DFT（FFT），再乘以 T，就是模拟信号在频域的采样。式中 $X(k)$ 代表在 $[0, 2\pi]$ 区间上第 k 点的采样值，对应模拟频域就是

$(0, F_s)$ 区间上第 k 点的采样值，k 对应的模拟频率为 $f = kF = \dfrac{F_s}{N}k = \dfrac{1}{NT}k$。最后以 f 为自变量（横坐标），以 $X(k)$ 为函数值，绘制出 $|X(k)|$ 的包络曲线，就是 $x_a(t)$ 的幅频特性曲线，绘制 $X(k)$ 的相位包络曲线，就是 $x_a(t)$ 的相频特性曲线。由式（4.5.5）还可以得到

$$x(n) = \frac{1}{T}\text{IDFT}[X(k)] \qquad 0 \leqslant n \leqslant N-1 \qquad (4.5.6)$$

式（4.5.5）和式（4.5.6）组成一对 DFT，由 $X(k)$ 经 DFT 反变换，再除以 T，得到原采样序列。

在对模拟信号进行频谱分析时，有几个重要的参数要选择，即采样频率 F_s、频率分辨率 F、频谱分析范围及采样点数 N。采样频率 F_s 决定于信号的最高截止频率，因此需要预先知道信号的最高截止频率。F 是频率域的采样间隔，是用 DFT 分析频谱时，能够分辨的两个频率分量最小的间隔，因此称 F 为频率分辨率。显然 F 应根据频谱分析的要求确定。信号的最高频率不应该超过 $F_s/2$，因此频谱分析范围是 $F_s/2$。采样点数 N 和对信号的观测时间 T_p 有关，但 T_p 又和频率分辨率有关。下面给出几个参考公式

$$F_{s\min} = 2f_c \qquad (4.5.7)$$
$$N_{\min} = F_{s\min}/F \qquad (4.5.8)$$
$$T_{p\min} = 1/F \qquad (4.5.9)$$

为使用 FFT，要求变换点数服从 2 的整数幂，可通过增加采样点数实现。实际中，模拟信号 $x_a(t)$ 一般为无限长，为提高频率分辨率，又照顾到谱分析范围不减小，必须增长观测时间 T_p。

例 4.5.1 对模拟信号进行频谱分析，要求谱分辨率 $F \leqslant 10 \text{ Hz}$，信号最高频率 $f_c = 2.5 \text{ kHz}$。试计算最小的记录时间 $T_{p\min}$、最大的采样间隔 $T_{\max}$、最少的采样点数 $N_{\min}$ 及谱分析范围。如果信号的最高频率不变，采样频率不能降低，如何改变参数将谱分辨率提高 1 倍。

解：
$$T_{p\min} = 1/F = 1/10 = 0.1 \text{ s}$$
$$T_{\max} = 1/F_{s\min} = 1/(2 \times 2500) = 0.2 \times 10^{-3} \text{ s}$$
$$N_{\min} = F_{s\min}/F = 2 \times 2500/10 = 500$$

要将频率分辨率提高 1 倍，采样频率又不允许降低，只有通过增加记录时间，增加采样点数实现。最小记录时间和最少采样点数计算如下

$$T_{p\min} = 1/F = 1/5 = 0.2 \text{ s}$$
$$N_{\min} = 2f_c/F = 2 \times 2500/5 = 1000$$

实际中采样频率可以选择为信号最高频率的 3~4 倍，采样点数要满足 2 的整数幂。以上给出的仅是几个供参考的临界值。

4.5.2 用 DFT（FFT）对模拟信号进行谱分析的误差

用 DFT（FFT）对模拟信号进行谱分析的误差来源有以下几个方面。

1. 频谱混叠

如果采样频率 F_s 不满足采样定理，会在 $0.5F_s$ 附近引起频谱混叠，造成频谱分析误差。

一般模拟信号只要有不连续点，它的频谱函数总会拖着很长的尾巴，并不是锐截止的，因此采样频率要选择得适当高一些，但总还会存在轻微的频谱混叠。另外信号中总含有或多或少的干扰或噪声，这也是引起频谱混叠的原因。在进行谱分析时，应该注意因频谱混叠引起的误差。

2．截断效应

模拟信号的傅里叶变换是在 $\pm\infty$ 区间上的一种积分运算，实际中观察到的模拟信号一般是有限长的，没有观察到的部分只能认为是零，这相当于将模拟信号截取一部分进行分析。即使能得到无限长的模拟信号，也只能截断，因为 DFT（FFT）是一种有限点的离散傅里叶变换。因截断引起的误差现象称为截断效应。下面进行分析。

假设对模拟信号进行采样得到采样序列 $x(n)$，对它截取一段，长度为 N，得到采样序列

$$x_N(n) = x(n)R_N(n)$$

式中，$R_N(n)$ 起对信号截断的作用，一般称它为矩形窗。对上式进行傅里叶变换，得到

$$X_N(e^{j\omega}) = \frac{1}{2\pi} X(e^{j\omega}) * R_{fN}(e^{j\omega})$$

式中

$$X(e^{j\omega}) = \mathrm{FT}[x(n)]$$

$$R_{fN}(e^{j\omega}) = \mathrm{FT}[R_N(n)] = e^{-j\omega\frac{N-1}{2}} \frac{\sin(\omega N/2)}{\sin(\omega/2)}$$

$$= R_{fN}(\omega) e^{j\varphi(\omega)}$$

式中 $R_{fN}(\omega) = \dfrac{\sin(\omega N/2)}{\sin(\omega/2)}$，$\varphi(\omega) = -\omega\dfrac{N-1}{2}$

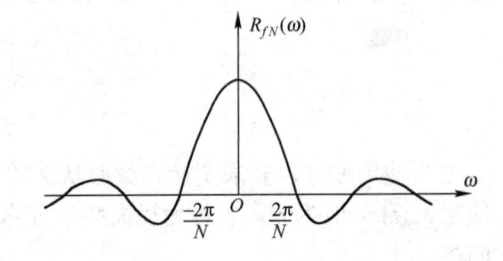

图 4.5.1 矩形窗的幅度谱

矩形窗的幅度谱 $R_{fN}(\omega)$ 如图 4.5.1 所示，它有一个主瓣，主瓣旁边有许多旁瓣，主瓣的宽度为 $4\pi/N$。显然因为信号的频谱与矩形窗的频谱函数进行卷积，使截断后的信号的频谱波形不同于原来的频谱，产生了误差。例如，$x(n) = \cos(\omega_0 n)$，$\omega_0 = \pi/4$，它的理论频谱应该是在 $\pm\omega_0$ 处的两条谱线，并以 2π 为周期进行延拓，波形如图 4.5.2(a) 所示，用矩形窗将 $x(n)$ 截断后的幅度谱如图 4.5.2(b) 所示。比较截断前、后的幅度谱，主要有两方面的差别：

（1）泄漏。原来的离散谱线向两边展宽，展宽的宽度和矩形窗的长度有关，一般矩形窗的长度越长，展宽就越窄。这种将谱线展宽的现象称为频谱泄漏。泄漏会使频谱模糊，谱的分辨率降低。如果有两个信号的中心频率离得很近，在频域会因为泄漏现象使两个信号分辨不开，即降低了谱分辨率。

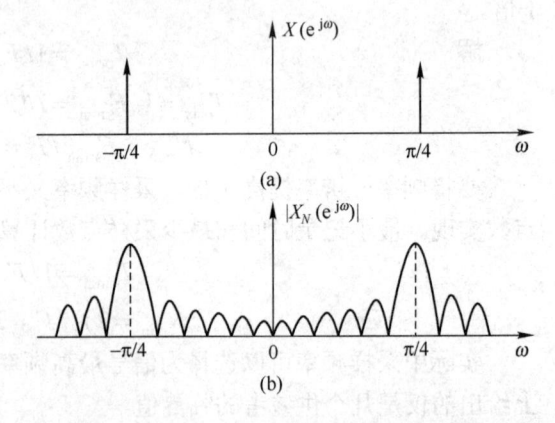

图 4.5.2　$x(n) = \cos(\omega_0 n)$ 加矩形窗前、后的幅度谱

（2）谱间干扰。因为矩形窗函数的频谱存在很多旁瓣，和主信号频谱卷积以后形成了许多旁瓣，这些旁瓣起着谱间干扰的作用。假设观测信号中有两个不同频率的信号，即一个强信号一个弱信号，因为谱间干扰，可能强信号的旁瓣掩盖了弱信号的主瓣，这样就忽略了弱信号的存在。或者弱信号本不存在，误把强信号的旁瓣看成是一个信号，造成假信号。一般情况下谱

间干扰也起着降低谱分辨率的作用。泄漏和谱间干扰统称为信号的截断效应。

如何减轻截断效应，提高谱分析的分辨率及精确性是一个重要问题。可以通过改变窗函数的形状，提高窗函数主瓣的能量，压低旁瓣的幅度，减轻谱间干扰，但这样会增加主瓣的宽度，又会减小谱的分辨率。有关各种窗函数的问题可参考后面要介绍的 FIR 滤波器，更进一步解决这一问题的内容留待研究生课程中进行。

3. 栅栏效应

一般信号的频谱是频率的连续函数（周期信号除外），但用 DFT（FFT）计算出的频谱是离散谱，当 DFT 的点数较多时，离散谱的包络才接近于信号的频谱，这只能是近似的。N 点 DFT（FFT）得到的只是 N 个采样点上的频谱值，两点之间的频谱值是不知道的，就好像被栅栏遮住一样，因此这种现象被称为栅栏效应。为了减轻栅栏效应可以增多 DFT（FFT）的变换点数，即对信号频谱进行更多点的采样。如果采样点数不能再增多，可以通过在信号尾部加零的方法加大 DFT（FFT）的变换点数。应当注意，补零只能减轻栅栏效应，但不能提高频率分辨率。频率分辨率由截断长度和窗函数形状确定。

用 DFT（FFT）对采样序列进行频谱分析的误差，除了可能产生频谱混叠现象以外，截断效应和栅栏效应和模拟信号的情况一样，不再重复。

例 4.5.2　理想低通滤波器的幅度特性如图 4.5.3(b)所示，频谱函数用公式表示为

$$H_a(jf) = \begin{cases} e^{-j2\pi f\alpha} & |f| \leqslant 0.5 \text{ Hz} \\ 0 & \text{其他} \end{cases}$$

理想低通滤波器的单位冲激响应为

$$h_a(t) = \int_{-\infty}^{\infty} H(jf)e^{j2\pi ft}df = \int_{-0.5}^{0.5} e^{-j2\pi f\alpha} e^{j2\pi ft}df = \frac{\sin[\pi(t-\alpha)]}{\pi(t-\alpha)}$$

其波形如图 4.5.3(a)所示。用 DFT 对 $h_a(t)$ 进行频谱分析，并和原来的频谱曲线进行比较。

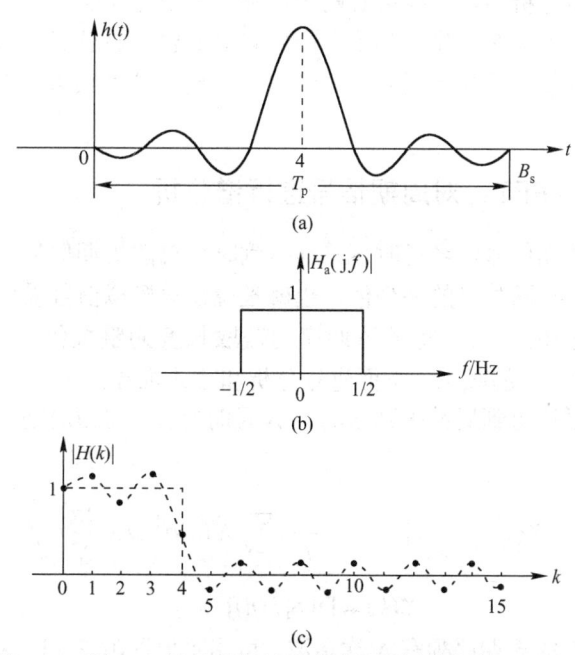

图 4.5.3　用 DFT 计算理想低通滤波器的频谱曲线（$\alpha=4$ s）

解：假设 $T_p=8$ s，采样间隔 $T=0.25$ s（即采样频率 $F_s=4$ Hz），采样点数 $N=T_p/T=32$；此时频率采样间隔 $F=1/(NT)=0.125$ Hz。对观测时间 T_p 内的这一段信号进行采样，得到32点的采样序列为

$$h(n) = \frac{\sin[\pi(nT-\alpha)]}{\pi(nT-\alpha)} R_{32}(n) \tag{4.5.10}$$

再对上式进行 32 点的 DFT，得到

$$H(k) = T\,\mathrm{DFT}[h(n)]$$
$$= T\sum_{n=0}^{31} h(n)\mathrm{e}^{-\mathrm{j}\frac{2\pi}{32}kn}, \quad k=0,1,2,\cdots,31$$

上式中的 $H(k)$ 即是采样序列 $h(n)$ 的频谱从 0 到 2π 的 32 点采样值，$H(k)$ 的幅度特性如图 4.5.3(c) 所示，包络如图中的虚线所示。这里的 k 所对应的数字频率为 $\omega_k = \frac{2\pi}{32}k$。对应的模拟信号的频率为

$$f_k = \frac{\omega_k F_s}{2\pi} = \frac{F_s}{32}k, \quad k=0,1,2,\cdots,31$$

具体数值为：0, 0.125, 0.25, 0.50, 0625, ⋯, 3.875，单位是 Hz。将图 4.5.3(c) 的包络波形与原来未截断信号的幅度谱，即图 4.5.3(b) 所示幅度谱比较，可以清楚地看到由于截断引起的误差。这些误差表现在：（1）滤波器的通带和阻带内均产生波动。本来阻带频率分量为零，现在由于截断，阻带内产生了频谱分量。一般将这种现象称为高频泄漏或称为吉布斯（Gibbs）效应。（2）频谱下降边沿变得平滑。观察式（4.5.10），截断效应是由于原来的单位脉冲响应乘上了一个矩形序列 $R_{32}(n)$ 形成的，如果要减小截断效应的影响，可以将 $R_{32}(n)$ 的波形修正成其他波形，这部分内容将在 FIR 滤波器一章专门介绍。

在对连续信号的谱分析中，主要关心两个指标，一个是前面介绍的分辨率，另一个是谱分析的范围。如果采样频率 F_s 一定，为了不产生频谱混叠，要求信号的最高频率 $f_c \leqslant 0.5F_s$，因此对模拟信号进行频谱分析的范围为 $0 \sim 0.5F_s$。如果要扩大频谱分析范围，只有增加采样频率。

4.5.3 用 DFT（FFT）对周期信号进行谱分析

如果模拟信号是周期信号，经过时域采样得到时域离散周期信号，简称周期序列。周期序列的每一个周期中有相同数目的序列值，也就是说在对模拟信号采样时，要求在模拟信号的每个周期中采样相同的点数。将该周期序列截取长度为整数倍周期的一段，进行 DFT（FFT），可以得到模拟信号的频谱。下面进行分析和公式推导。

假设由模拟信号采样得到周期序列 $\tilde{x}(n)$，其周期为 N，对 $\tilde{x}(n)$ 进行 FT，由式（2.2.18）得到 $\tilde{x}(n)$ 的频谱为

$$X(\mathrm{e}^{\mathrm{j}\omega}) = \mathrm{FT}[\tilde{x}(n)] = \frac{2\pi}{N}\sum_{k=-\infty}^{\infty} \tilde{X}(k)\delta\left(\omega - \frac{2\pi}{N}k\right)$$

式中

$$\tilde{X}(k) = \mathrm{DFS}[\tilde{x}(n)]$$

由此可见，以 N 为周期的周期序列有 N 次谐波，可用主值区 $[0, 2\pi]$ 上的 N 条谱线表示。第 k

条谱线位于 $\omega_k = \dfrac{2\pi k}{N}$ 处，谱线的强度为 $\dfrac{2\pi}{N}\tilde{X}(k)$。如果截取 $\tilde{x}(n)$ 的主值区，得到

$$x(n) = \tilde{x}(n)R_N(n)$$

再对 $x(n)$ 进行 N 点 DFT，得到

$$X(k) = \text{DFT}[x(n)] = \tilde{X}(k)R_N(k)$$

因此，可以截取 $\tilde{x}(n)$ 的主值区，作 N 点 DFT，用得到的 $X(k)$ 表示 $\tilde{x}(n)$ 的频谱。

如果截取 $\tilde{x}(n)$ 的 m 个周期，长度为 $M=mN$，得到 $x_M(n) = \tilde{x}(n)R_M(n)$，并对它进行 M 点的 DFT，得到 $X_M(k) = \text{DFT}[x_M(n)]$，$X_M(k)$ 也可以表示 $\tilde{x}(n)$ 的频谱，下面进行推导。

$$x_M(n) = \tilde{x}(n)R_M(n)$$

对上式进行 DFT，得到

$$X_M(k) = \text{DFT}[x_M(n)] = \sum_{n=0}^{M-1} x_M(n) e^{-j\frac{2\pi}{M}kn}$$

$$= \sum_{n=0}^{mN-1} \tilde{x}(n) e^{-j\frac{2\pi}{mN}kn} \qquad k=0,1,2,3,\cdots,mN-1$$

令 $n = n' + rN$，$r = 0, 1, 2, 3, \cdots, m-1$，$n' = n - rN = 0, 1, 2, 3, \cdots, N-1$。这样当 $r=0$ 时，n 的变化区间是 $[0, N-1]$；当 $r=1$ 时，n 的变化区间是 $[N, 2N-1]$；当 $r=2$ 时，n 的变化区间是 $[2N, 3N-1]$。于是将上式中的一个求和号变成了两个求和号，即

$$X_M(k) = \sum_{r=0}^{m-1} \sum_{n'=0}^{N-1} \tilde{x}(n' + rN) e^{-j\frac{2\pi(n'+rN)k}{mN}}$$

$$= \sum_{r=0}^{m-1} \left[\sum_{n'=0}^{N-1} \tilde{x}(n') e^{-j2\pi\frac{k}{N m}n'} \right] e^{-j2\pi\frac{k}{m}r}$$

$$= \sum_{r=0}^{m-1} \left[\sum_{n'=0}^{N-1} x(n') e^{-j\frac{2\pi}{N}\frac{k}{m}n'} \right] e^{-j2\pi\frac{k}{m}r}$$

令

$$X\left(\frac{k}{m}\right) = \sum_{n'=0}^{N-1} x(n') e^{-j\frac{2\pi}{N}\frac{k}{m}n'}$$

得到

$$X_M(k) = X(k/m) \sum_{r=0}^{m-1} e^{-j2\pi\frac{k}{m}r}$$

因为

$$\sum_{r=0}^{m-1} e^{-j2\pi\frac{k}{m}r} = \begin{cases} m & k/m \text{ 为整数} \\ 0 & k/m \text{ 为其他值} \end{cases}$$

所以

$$X_M(k) = \begin{cases} mX(k/m) & k/m \text{ 为整数} \\ 0 & k/m \text{ 为其他值} \end{cases} \qquad (4.5.11)$$

当 k/m 为整数，设 $k/m = l$，即 $k = lm$，$l = 0, 1, 2, \cdots, N-1$ 时，$X(k/m)$ 就是前面对 $\tilde{x}(n)$ 的主值区作的 N 点 DFT。因此只要对 $\tilde{x}(n)$ 截取整数倍周期的长度 $M=mN$，作 M 点 DFT，得到的 $X_M(k)$ 就完全可以表示 $\tilde{x}(n)$ 的频谱，只是幅度增加了 m 倍，但不影响频谱的实质。

对于模拟周期信号用 DFT（FFT）作谱分析，仍然要求截取的长度是周期的整数倍。另外采样频率要满足采样定理，满足每个周期中采样的点数相等，这样得到的序列才是周期序列。

如果对于模拟信号或者序列截取的一段不是周期的整数倍，则会出现非常大的谱分析误

差。下面用例题说明。

例 4.5.3 假设模拟信号 $x_a(t) = \cos(2\pi f t + \varphi)$，式中，$f$=2 kHz，$\varphi = \pi/4$，试用 DFT（FFT）分析它的频谱。

解：这是一个周期信号，信号的周期 $T = 1/f = 0.5$ ms。其最小采样频率 F_{smin}= 4 kHz。取 F_s=16 kHz，取测试时间为一个周期，即 0.5 ms，采样点数 N=16 kHz/2 kHz=8，也就是说在一个周期中采样了 8 点。得到的序列用下式表示

$$x(n) = x_a(nT_s) = \cos(2\pi f n T_s + \varphi)$$

式中，采样间隔 $T_s = 1/F_s$，$2\pi f T_s = \pi/4$，代入上式，得到

$$x(n) = \cos\left(\frac{\pi}{4}n + \frac{\pi}{4}\right) \qquad n=0, 1, 2, 3, \cdots, 7$$

对上式可以进行 8 点的 DFT 计算，得到 $X(k)$，它的幅度曲线如图 4.5.4(a)所示。8 点的数字频率为 $\omega_i = 2\pi i/8$，i=0, 1, 2, $\cdots$, 7；对应的模拟频率为 $f_i = \omega_i F_s/2\pi = 2i$ kHz。当 i = 0, 1, 2, $\cdots$, 7 时，具体的模拟频率为 f_i = 0, 2, 4, $\cdots$, 14 kHz。信号刚好在 f=2 kHz（k=1）的谱线上。

如果对该周期信号不按照周期的整数倍截取，假设取 0.75 ms，仍按 F_s=16 kHz 进行采样，共采样 12 点，作 12 点 DFT，得到 $X(k)$ 的幅度曲线如图 4.5.4(b)所示。由图中看到频谱图不再是一条谱线，和理论曲线有较大的差别，如果用该波形确定余弦波的频率，则只能进行估计。算出 k = 1 的模拟频率是 f = 1.33 kHz，k = 2 的模拟频率是 f = 2.67 kHz，如果用最大幅度值确定，则 f = 2.67 kHz，显然误差很大。这种现象就是长序列截断后形成的截断效应。

如果不知道周期信号的周期，又要求比较精确地测试它的频谱，可以采取下面的方法。

首先计算周期信号的自相关函数，确定信号的周期 N 再按 N 的整数倍截取信号，进行频谱分析。自相关函数内容见第五章。

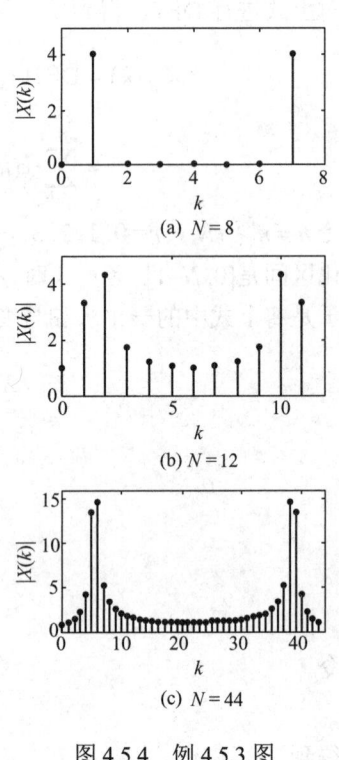

图 4.5.4 例 4.5.3 图

习题与上机题

4.1 有一连续信号 $x_a(t) = \cos(2\pi f t + \varphi)$，式中 f = 20 Hz，$\varphi = \pi/2$。

（1）求出 $x_a(t)$ 的周期；

（2）用采样间隔 T = 0.02 s 对 $x_a(t)$ 进行采样，写出理想采样信号 $\hat{x}_a(t)$ 的表达式；

（3）画出对应 $\hat{x}_a(t)$ 的时域离散信号（序列）$x(n)$ 的波形，并求出 $x(n)$ 的周期。

4.2 设模拟信号 $x_a(t) = \cos(2\pi f_1 t + \varphi_1) + \cos(2\pi f_2 t + \varphi_2)$，式中 f_1 = 2 kHz，f_2 = 3 kHz，φ_1, φ_2 是常数。

（1）为将该模拟信号 $x_a(t)$ 转换成时域离散信号 $x(n)$，最小采样频率 F_{smin} 应取多少？

（2）如果采样频率 F_s =10 kHz，求 $x(n)$ 的最高频率是多少？

（3）设采样频率 F_s =10 kHz，写出 $x(n)$ 的表达式。

4.3 对 $x(t) = \cos 2\pi t + \cos 5\pi t$ 进行理想采样，采样间隔 T=0.25 s，得到 $\hat{x}(t)$，再让 $\hat{x}(t)$ 通过理想低通滤

波器 $G(j\Omega)$，即

$$G(j\Omega) = \begin{cases} 0.25 & |\Omega| \leqslant 4\pi \\ 0 & |\Omega| > 4\pi \end{cases}$$

（1）写出 $\hat{x}(t)$ 的表达式；

（2）求出理想低通滤波器的输出信号 $y(t)$。

4.4* 设 $x_a(t) = x_1(t) + x_2(t) + x_3(t)$，式中，$x_1(t) = \cos 8\pi t$，$x_2(t) = \cos 16\pi t$，$x_3(t) = \cos 20\pi t$。

（1）如用 FFT 对 $x_a(t)$ 进行频谱分析，问采样频率 F_s 和采样点数 N 应如何选择，才能精确地求出 $x_1(t)$、$x_2(t)$ 和 $x_3(t)$ 的中心频率？为什么？

（2）按照所选择的 f_s 和 N，对 $x_a(t)$ 进行采样，得到 $x(n)$，进行 FFT，得到 $X(k)$。画出 $|X(k)|$ 的曲线图，并标出 $x_1(t)$、$x_2(t)$ 和 $x_3(t)$ 各自的峰值所对应的 k 值分别是多少？

4.5 设 $x_a(t)$ 是带有干扰的模拟信号，有用的信号频率范围为 0～40 kHz，干扰主要在 40 kHz 以上，试用数字信号处理方式对输入信号进行低频滤波，达到滤除干扰的目的。要求画出该数字信号处理系统原理方框图，求出每个分框图的主要指标。

4.6 假设模拟信号的最高频率为 f_r =1 kHz，要求分辨率 F=100 Hz，用 FFT 对其进行谱分析。试问：

（1）最小记录时间是多少？　　（2）最大采样间隔是多少？　　（3）最少的采样点数是多少？

4.7* 假设模拟信号 $x_a(t) = \cos(2\pi f t + \varphi)$，式中，$f$=4 kHz，$\varphi = \pi/8$。用 FFT 分析它的频谱，试问：

（1）采样频率取多高？　　　　（2）观察时间取多长？

（3）FFT 的变换区间取多少？　（4）画出 $x_a(t)$ 幅度谱。

4.8* 假设模拟信号为

$$x_a(t) = \cos(2\pi f_1 t + \varphi_1) + \cos(2\pi f_2 t + \varphi_2)$$

式中，$f_1 = 4$ kHz，$\varphi_1 = \pi/8$，$f_2 = 3$ kHz，$\varphi_2 = \pi/4$。用 FFT 分析它的频谱，试问：

（1）采样频率取多高？　　　　（2）观察时间取多长？

（3）FFT 的变换区间取多少？　（4）画出 $x_a(t)$ 的幅度谱。

4.9 假设带通信号的最高频率为 5 kHz，最低频率为 4 kHz，试确定采样频率，并画出采样信号的频谱示意图；如果将最低频率改为 3.7 kHz，采样频率应取多少？并画出采样信号的频谱示意图。

4.10* 对于模拟信号 $x_a(t) = 1 + \cos 100\pi t$，试用 MATLAB 语言分析该信号的频率特性，并打印其幅度特性。试分析误差来源，以及如何减小误差。

第 5 章 信号的相关函数和功率谱

在检测技术中,相关检测已经发展成一个独立的分支,并引起人们的广泛关注。相关函数的估计和计算是经典谱估计和现代谱估计的基础。相关函数是与卷积十分类似的数学运算,与卷积运算一样,相关运算也涉及两个信号序列。但卷积主要关心对其中一个信号的处理功能和处理效果,例如除去其中的干扰噪声。而相关运算是研究两个信号的相似性,或一个信号经过延迟后与原信号的相似性,以实现对信号的检测、识别与信息提取。

本章主要介绍确定性信号的相关函数的定义、性质与应用。但实际中,相关函数是描述随机信号的重要统计量,在随机信号的分析与处理中有着重要作用。有关随机信号相关函数和功率谱的估计理论和方法见参考文献[12]。

5.1 互相关函数和自相关函数

定义
$$r_{xy}(m) = \sum_{n=-\infty}^{\infty} x(n)y(n-m) \tag{5.1.1}$$

为信号 $x(n)$ 和 $y(n)$ 的互相关函数[①]。从式(5.1.1)可见,将 $x(n)$ 保持不动,将 $y(n)$ 右移 m 个采样周期得到 $y(n-m)$,再将 $x(n)$ 与 $y(n-m)$ 相乘并求和,则得到 $r_{xy}(m)$ 在 m 时刻的值,反映了 $x(n)$ 与 $y(n-m)$ 两个波形的相似程度。

与序列卷积运算相比较,相关运算仅缺少了将 $y(n)$ 翻转变成 $y(-n)$ 的步骤,其他运算过程完全相同。所以

$$r_{xy}(m) = x(n) * y(-n)\big|_{n=m} \tag{5.1.2}$$

因此,用于卷积的计算过程和程序都可以直接用于计算序列的相关函数。将 $y(n)$ 翻转变成 $y(-n)$,再调用卷积函数计算 $x(m)*y(-m)$,则得到 $x(n)$ 和 $y(n)$ 的互相关函数 $r_{xy}(m)$。

如果式(5.1.1)中 $y(n)=x(n)$,则上面定义的互相关函数变成 $x(n)$ 的自相关函数,记为 $r_{xx}(m)$,即

$$r_{xx}(m) = \sum_{n=-\infty}^{\infty} x(n)x(n-m) \tag{5.1.3}$$

自相关函数表示了信号 $x(n)$ 与其自身移位后的 $x(n-m)$ 的相似程度。为了表示简单,下面将自相关函数记为 $r_x(m)$。

$$r_x(0) = \sum_{n=-\infty}^{\infty} x^2(n) \triangleq E_x \tag{5.1.4}$$

式(5.1.4)说明,$r_x(0)$ 表示 $x(n)$ 的能量,记为 E_x。当 $E_x < \infty$ 时,信号 $x(n)$ 称为能量信号;当 $E_x = \infty$ 时,信号 $x(n)$ 称为能量无限信号。对能量无限信号,我们主要研究其平均功率。信号 $x(n)$ 的功率定义为

[①] 互相关函数也可以定义为 $r_{xy}(m) = \sum_{n=-\infty}^{\infty} x(n)y(n+m)$,二者本质是相同的。式(5.1.1)更便于工程上借用卷积算法和程序进行计算。

$$P_x = \lim_{N \to \infty} \frac{1}{2N+1} \sum_{n=-N}^{N} |x(n)|^2 \tag{5.1.5}$$

当 $P_x < \infty$ 时，称 $x(n)$ 为功率信号。功率信号是工程实际和理论研究中的常用信号，如周期信号。

当输入序列是有限长序列，或只能获得无限长序列的有限个序列值时，通常将互相关和自相关函数表示成有限和的形式。特别是当 $x(n)$ 和 $y(n)$ 是长度为 N 的因果序列时，互相关和自相关函数可以表示为

$$r_{xy}(m) = \begin{cases} \sum_{n=m}^{N-1} x(n)y(n-m), & 0 \leqslant m < N \\ \sum_{n=0}^{N-|m|-1} x(n)y(n-m), & -N < m < 0 \\ 0, & m \text{为其他值} \end{cases} \tag{5.1.6}$$

$$r_x(m) = \begin{cases} \sum_{n=m}^{N-1} x(n)x(n-m), & 0 \leqslant m < N \\ \sum_{n=0}^{N-|m|-1} x(n)x(n-m), & -N < m < 0 \\ 0, & m \text{为其他值} \end{cases} \tag{5.1.7}$$

上述对相关函数的定义都是针对实信号的，如果 $x(n)$ 和 $y(n)$ 是复信号，其相关函数也是复信号，定义式（5.1.1）和（5.1.3）应该为

$$r_{xy}(m) = \sum_{n=-\infty}^{\infty} x(n)y^*(n-m) \tag{5.1.8}$$

$$r_x(m) = \sum_{n=-\infty}^{\infty} x(n)x^*(n-m) \tag{5.1.9}$$

在后面的讨论中，如果不做特别说明，$x(n)$ 和 $y(n)$ 一律都视为实信号。

例 5.1.1 设信号为 $x(n) = a^n u(n), 0 < a < 1$。求其自相关函数。

解：由于 $x(n)$ 是无限时宽的，所以，$r_x(m)$ 也是无限时宽的。下面分 $m \geqslant 0$ 和 $m < 0$ 两种情况来求解。

当 $m \geqslant 0$ 时，由图 5.1.1 可见，

$$r_x(m) = \sum_{n=m}^{\infty} x(n)x(n-m) = \sum_{n=m}^{\infty} a^n a^{n-m} = a^{-m} \sum_{n=m}^{\infty} (a^2)^n$$

因为 $a < 1$，无限级数收敛，所以有

$$r_x(m) = a^{-m} \sum_{n=m}^{\infty} (a^2)^n = \frac{a^m}{1-a^2}, \quad m \geqslant 0$$

当 $m < 0$ 时，由图 5.1.1 可见

$$r_x(m) = \sum_{n=0}^{\infty} x(n)x(n-m) = \sum_{n=0}^{\infty} a^n a^{n-m} = a^{-m} \sum_{n=0}^{\infty} (a^2)^n = \frac{a^{-m}}{1-a^2}, \quad m < 0$$

因为 $m<0$ 时，$a^{-m}=a^{|m|}$，于是，$r_x(m)$ 的上述两段表示式可以合并为

$$r_x(m)=\frac{a^{|m|}}{1-a^2}, \quad -\infty<m<\infty \quad (5.1.10)$$

自相关函数 $r_x(m)$ 如图 5.1.1 所示。由图可以观察到，$r_x(m)$ 是偶对称函数，即 $r_x(-m)=r_x(m)$。后面会证明，自相关函数都是偶函数。

例 5.1.2 已知序列 $x(n)$ 和 $y(n)$ 分别为

$x(n)=\{\cdots,0,0,2,\underline{1},3,7,1,2,-3,0,0,\cdots\}$

$y(n)=\{\cdots,0,0,1,\underline{-1},2,-2,4,1,-2,5,0,0,\cdots\}$

求 $x(n)$ 和 $y(n)$ 的互相关函数 $r_{xy}(m)$。

解：序列 $x(n)$ 和 $y(n)$ 均为有限长序列，但不是因果序列，所以不能直接套用式（5.1.6），必须用式（5.1.1）计算。

（1）当 $m=0$ 时 $r_{xy}(m)=\sum_{n=-\infty}^{\infty}x(n)y(n)$

乘积序列

$v_0(n)=x(n)y(n)=\{\cdots,0,0,2,1,6,-14,4,2,6,0,0,0,\cdots\}$

对 n 的所有值，对乘积序列各项求和，可得

$r_{xy}(m)=\sum_{n=-\infty}^{\infty}v_0(n)=2+1+6-14+4+2+6=7$

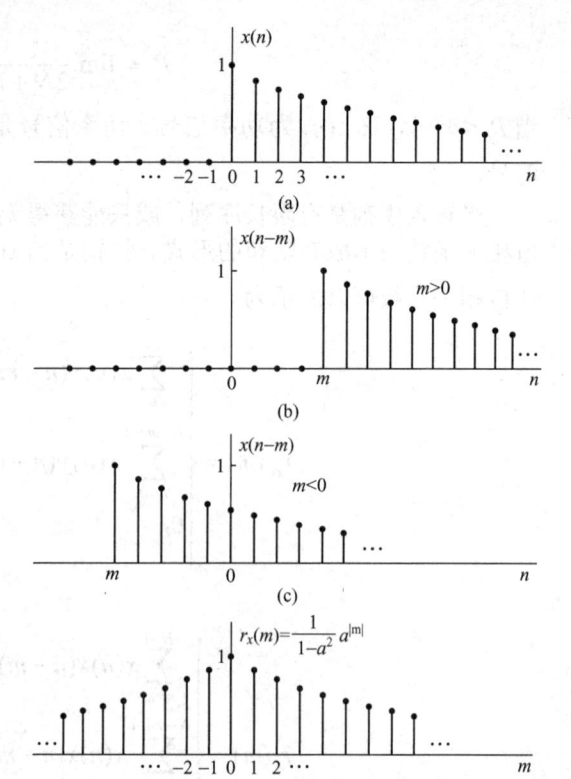

图 5.1.1 信号 $x(n)=a^n u(n)$ 的自相关函数运算示意图

（2）当 $m>0$ 时，只要将 $y(n)$ 相对 $x(n)$ 向右平移 m 个时间单位，得到 $y(n-m)$，再计算乘积序列 $v_m(n)=x(n)y(n-m)$，最后求和 $r_x(m)=\sum_{n=-\infty}^{\infty}v_m(n)$ 可得

$r_{xy}(1)=13; \quad r_{xy}(2)=-18; \quad r_{xy}(3)=16; \quad r_{xy}(4)=-7;$

$r_{xy}(5)=5; \quad r_{xy}(6)=-3; \quad r_{xy}(m)=0; \quad m\geq 7$

（3）当 $m<0$ 时，只要将 $y(n)$ 相对 $x(n)$ 向左平移 $|m|$ 个采样间隔，再进行同样的计算可得

$r_{xy}(-1)=0; \quad r_{xy}(-2)=33; \quad r_{xy}(-3)=-14; \quad r_{xy}(-4)=36;$

$r_{xy}(-5)=19; \quad r_{xy}(-6)=-9; \quad r_{xy}(-7)=10; \quad r_{xy}(m)=0; \quad m\leq -8$

综上可得 $x(n)$ 和 $y(n)$ 的互相关函数 $r_{xy}(m)$ 为

$r_{xy}(m)=\{0,0,10,-9,19,36,-14,33,0,\underline{7},13,-18,16,-7,5,-3,0,0\}$

5.2 周期信号的相关性

在 5.1 节中定义了能量信号的互相关函数和自相关函数。在工程实际中，常常涉及功率信号的相关性。下面讨论功率信号，特别是周期信号的相关性。

设 $x(n)$ 和 $y(n)$ 是两个功率信号，其互相关函数定义为

$$r_{xy}(m) = \lim_{N\to\infty} \frac{1}{2N+1} \sum_{n=-N}^{N} x(n)y(n-m) \tag{5.2.1}$$

当 $y(n) = x(n)$ 时，功率信号的自相关函数定义为

$$r_x(m) = \lim_{N\to\infty} \frac{1}{2N+1} \sum_{n=-N}^{N} x(n)x(n-m) \tag{5.2.2}$$

特别是，如果 $x(n)$ 和 $y(n)$ 是两个周期为 N 的周期信号，则式（5.2.1）和式（5.2.2）中有限区间上的平均值就等于一个周期上的平均值，因此，式（5.2.1）和式（5.2.2）就可以简化为

$$r_{xy}(m) = \frac{1}{N} \sum_{n=0}^{N-1} x(n)y(n-m) \tag{5.2.3}$$

$$r_x(m) = \frac{1}{N} \sum_{n=0}^{N-1} x(n)x(n-m) \tag{5.2.4}$$

由周期信号的定义可得

$$r_x(m+N) = \frac{1}{N} \sum_{n=0}^{N-1} x(n)x(n-m-N) = \frac{1}{N} \sum_{n=0}^{N-1} x(n)x(n-m) = r_x(m) \tag{5.2.5}$$

所以，周期为 N 的周期信号的自相关函数也是以 N 为周期的。这样，如果一个周期信号的周期未知，我们可以根据其自相关函数的周期性质，就能估计其周期。

例 5.2.1 已知 $x(n) = \sin(\omega n)$，其周期为 N，即 $\omega = 2\pi/N$，求 $x(n)$ 的自相关函数。

解：由式（5.2.4）得

$$\begin{aligned}
r_x(m) &= \frac{1}{N} \sum_{n=0}^{N-1} \sin(\omega n)\sin(\omega(n-m)) \\
&= \frac{1}{N} \sum_{n=0}^{N-1} \sin(\omega n)[\sin(\omega n)\cos(\omega m) - \cos(\omega n)\sin(\omega m)] \\
&= \frac{1}{N} [\cos(\omega m) \sum_{n=0}^{N-1} \sin^2(\omega n) - \sin(\omega m) \sum_{n=0}^{N-1} \sin(\omega n)\cos(\omega n)]
\end{aligned}$$

由于第二项中 $\sum_{n=0}^{N-1} \sin(\omega n)\cos(\omega n) = 0$，第一项中

$$\sum_{n=0}^{N-1} \sin^2(\omega n) = \frac{1}{2} \sum_{n=0}^{N-1} [1 - \cos(2\omega n)] = \frac{N}{2}$$

所以

$$r_x(m) = \frac{1}{2}\cos(\omega m)$$

由此可见，正弦序列的自相关函数是同频率的余弦序列，显然自相关函数与原序列周期相同。

5.3 相关函数的性质

互相关函数和自相关函数都有很重要的性质，这些性质可以使很多问题的分析和判断更加简单。本节中，假设两个信号 $x(n)$ 和 $y(n)$ 均为能量信号，其能量分别为 $r_x(0) = \sum_{n=-\infty}^{\infty} x^2(n) = E_x$ 和 $r_y(0) = \sum_{n=-\infty}^{\infty} y^2(n) = E_y$。

5.3.1 互相关函数性质

性质 1 $r_{xy}(m)$ 不是偶函数,而且 $r_{xy}(m) \neq r_{yx}(m)$,但有

$$r_{xy}(m) = r_{yx}(-m) \tag{5.3.1}$$

证明:$r_{xy}(m) = \sum\limits_{n=-\infty}^{\infty} x(n)y(n-m) = \sum\limits_{k=-\infty}^{\infty} x(k+m)y(k) = \sum\limits_{n=-\infty}^{\infty} y(k)x(k+m) = r_{yx}(-m)$

性质 2 $r_{xy}(m)$ 满足

$$\left| r_{xy}(m) \right| \leqslant \sqrt{r_x(0)r_y(0)} = \sqrt{E_x E_y} \tag{5.3.2}$$

证明:生成线性组合序列

$$ax(n) + by(n-m)$$

其中,a 和 b 为任意常数,m 为整数(表示延时)。该线性组合序列的能量可以表示为

$$\begin{aligned}
&\sum_{n=-\infty}^{\infty} [ax(n) + by(n-m)]^2 \\
&= a^2 \sum_{n=-\infty}^{\infty} x^2(n) + b^2 \sum_{n=-\infty}^{\infty} y^2(n-m) + 2ab \sum_{n=-\infty}^{\infty} x(n)y(n-m) \\
&= a^2 r_x(0) + b^2 r_y(0) + 2ab r_{xy}(m)
\end{aligned} \tag{5.3.3}$$

我们知道能量是非负的,所以下式成立

$$a^2 r_x(0) + b^2 r_y(0) + 2ab r_{xy}(m) \geqslant 0 \tag{5.3.4}$$

假设 $b \neq 0$,则式(5.3.4)两边除以 b^2 得

$$r_x(0)\left(\frac{a}{b}\right)^2 + 2r_{xy}(m)\left(\frac{a}{b}\right) + r_y(0) \geqslant 0$$

把上式看成关于 $\left(\dfrac{a}{b}\right)$ 的一元二次方程,其三个系数为 $r_x(0)$、$2r_{xy}(m)$ 和 $r_y(0)$。由于方程非负,所以二次判别式非正,即

$$4[r_{xy}^2(m) - r_x(0)r_y(0)] \leqslant 0$$

由上式可得互相关函数满足的条件:

$$\left| r_{xy}(m) \right| \leqslant \sqrt{r_x(0)r_y(0)} = \sqrt{E_x E_y}$$

如果互相关函数中任一信号或两个信号的幅度增大或缩小,其互相关函数的形状不会改变,只是其幅度随之发生变化。由于相关函数幅度并不重要,所以为了检测判决方便,实际中通常把互相关函数和自相关函数归一化到[-1,1]上。为此,定义归一化互相关函数为

$$\rho_{xy}(m) = \frac{r_{xy}(m)}{\sqrt{r_x(0)r_y(0)}} = \frac{r_{xy}(m)}{\sqrt{E_x E_y}} \tag{5.3.5}$$

性质 3
$$\lim_{m \to \infty} r_{xy}(m) = 0 \tag{5.3.6}$$

式(5.3.6)说明,将 $y(n)$ 相对 $x(n)$ 移至无穷远处,则二者无相关性。这是因为一般能量信号都是有限非零时宽的,所以,当 $m \to \infty$ 时,$x(n)$ 和 $y(n-m)$ 的非零区不重叠,则式(5.3.6)成立。

5.3.2 自相关函数性质

性质 1 若 $x(n)$ 是实信号,$r_x(m)$ 是实偶函数,即

$$r_x(m) = r_x(-m) \tag{5.3.7}$$

当式（5.3.1）中 $y(n)=x(n)$ 时，即可得式（5.3.7）。若 $x(n)$ 是复信号，则 $r_x(m)$ 是共轭对称函数，即 $r_x(m)=r_x^*(-m)$。

性质2 $r_x(m)$ 在 $m=0$ 时取得最大值，即 $r_x(0)\geqslant r_x(m)$。

证明：令式（5.3.2）中 $y(n)=x(n)$，则 $|r_x(m)|\leqslant \sqrt{r_x(0)r_x(0)}=r_x(0)$，因此满足 $r_x(0)\geqslant r_x(m)$。

同样道理，定义归一化自相关函数为

$$\rho_x(m)=r_x(m)/r_x(0)=r_x(m)/E_x \tag{5.3.8}$$

性质3 对能量信号 $x(n)$，将 $x(n)$ 相对自身移至无穷远处，则二者不相关。即

$$\lim_{m\to\infty}r_x(m)=0 \tag{5.3.9}$$

5.4 输入输出信号的相关函数

本节讨论时域离散线性时不变系统输出信号与输入信号的互相关函数。假设系统输入信号 $x(n)$ 的自相关函数 $r_x(m)$ 已知，系统单位脉冲响应为 $h(n)$，系统输出信号为

$$y(n)=h(n)*x(n)=\sum_{k=-\infty}^{\infty}h(k)x(n-k)$$

由式（5.1.2），输出信号与输入信号的互相关函数可表示为

$$\begin{aligned}r_{yx}(m)&=y(m)*x(-m)=h(m)*x(m)*x(-m)\\&=h(m)*[x(m)*x(-m)]\\&=h(m)*r_x(m)\end{aligned} \tag{5.4.1}$$

由式（5.4.1）可见，输出信号与输入信号的互相关函数等于系统单位脉冲响应 $h(n)$ 与输入信号自相关函数 $r_x(m)$ 的卷积。所以，$r_{yx}(m)$ 可以看成线性时不变系统对输入序列 $r_x(m)$ 的响应输出，如图5.4.1所示。

在式（5.1.2）中令 $x(n)=y(n)$，再利用卷积的性质，可以得到系统输出信号的自相关函数 $r_y(m)$。

$$\begin{aligned}r_y(m)&=y(m)*y(-m)=[h(m)*x(m)]*[h(-m)*x(-m)]\\&=[h(m)*h(-m)]*[x(m)*x(-m)]\\&=r_h(m)*r_x(m)\end{aligned} \tag{5.4.2}$$

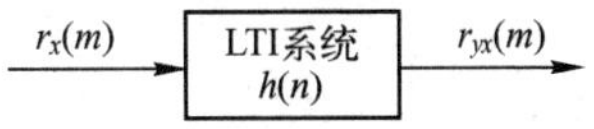

图5.4.1 $r_{yx}(m)$ 的输入输出关系

如果系统稳定，则 $h(n)$ 为能量信号，$r_h(m)$ 存在。这样，如果 $r_x(m)$ 存在，则 $r_y(m)$ 存在，即输出信号也是能量信号。在式（5.4.2）中令 $m=0$，可得输出信号的能量：

$$r_y(0)=\sum_{n=-\infty}^{\infty}r_h(n)r_x(n) \tag{5.4.3}$$

式（5.4.3）以相关函数的形式给出了输出信号的能量。实际上，本节所得输入输出信号的相关函数关系式对于能量信号和功率信号都适用。

5.5 信号的能量谱密度和功率谱密度[①]

在工程实际中，可能需要分析信号的频率成分。例如，在多普勒雷达系统中，通过分析发射信号和接收信号之间的频移，可以得到目标的速度信息。又如，分析信号中干扰噪声所

---

① 本节内容可作为本科生选讲内容，也可跳过，留在随机信号处理课中讲授。

在的频段以便将其滤除。在音频压缩中,通过谱分析决定压缩策略。

表征物理现象的各种信号,可以分为确知信号和随机信号两大类。对于确知信号,可以用信号的傅里叶频谱描述,但对于类似噪声的随机信号,如语音信号中的浊音,其傅里叶变换不存在,只能通过统计平均的方法,用其功率谱描述。即从有限的信号采样中估计出信号的功率谱。功率谱估计(简称谱估计)分为经典谱估计和现代谱估计,经典谱估计又分为周期图法和自相关法。自相关法是先估计观测信号的自相关函数,再对自相关函数进行傅里叶变换得到功率谱。所以信号的相关函数是谱估计的基础。谱估计属于随机信号处理的内容,一般在研究生课程中学习,或工作中研究。

本节仅介绍能量谱密度和功率谱密度的基本概念和定义,并直接给出有关重要结论,相应的理论证明推导和具体的估计方法留在研究生课程中介绍,读者也可以参考有关随机信号处理的书。

5.5.1 信号的能量谱

假设 $x(n)$ 是实能量信号,对 $x(n)$ 的自相关函数进行傅里叶变换,得

$$\mathrm{FT}[r_x(m)] = \sum_{m=-\infty}^{\infty} r_x(m)\mathrm{e}^{-\mathrm{j}\omega m} = \sum_{m=-\infty}^{\infty}\left[\sum_{n=-\infty}^{\infty}x(n)x(n-m)\right]\mathrm{e}^{-\mathrm{j}\omega m} = \sum_{n=-\infty}^{\infty}x(n)\sum_{m=-\infty}^{\infty}x(n-m)\mathrm{e}^{-\mathrm{j}\omega m}$$

令 $k = n - m$,上式变为

$$\mathrm{FT}[r_x(m)] = \sum_{n=-\infty}^{\infty} x(n)\mathrm{e}^{-\mathrm{j}\omega n}\sum_{k=-\infty}^{\infty}x(k)\mathrm{e}^{\mathrm{j}\omega k} = X(\mathrm{e}^{\mathrm{j}\omega})X^*(\mathrm{e}^{\mathrm{j}\omega}) = \left|X(\mathrm{e}^{\mathrm{j}\omega})\right|^2$$

根据傅里叶变换的唯一性,有

$$r_x(m) = \mathrm{IFT}[\left|X(\mathrm{e}^{\mathrm{j}\omega})\right|^2] = \frac{1}{2\pi}\int_{-\pi}^{\pi}\left|X(\mathrm{e}^{\mathrm{j}\omega})\right|^2\mathrm{e}^{\mathrm{j}\omega m}\mathrm{d}\omega$$

$$r_x(0) = \frac{1}{2\pi}\int_{-\pi}^{\pi}\left|X(\mathrm{e}^{\mathrm{j}\omega})\right|^2\mathrm{d}\omega \tag{5.5.1}$$

由于 $r_x(0)$ 是信号 $x(n)$ 的能量,所以,式(5.5.1)说明 $x(n)$ 的能量谱密度(简称为能量谱)为 $\left|X(\mathrm{e}^{\mathrm{j}\omega})\right|^2$,将能量谱记为 $G_x(\omega)$,即 $x(n)$ 的自相关函数与 $x(n)$ 的能量谱构成一对傅里叶变换。

$$G_x(\omega) = \mathrm{FT}[r_x(m)] = \left|X(\mathrm{e}^{\mathrm{j}\omega})\right|^2 \tag{5.5.2}$$

$$r_x(m) = \mathrm{IFT}[G_x(\omega)] = \frac{1}{2\pi}\int_{-\pi}^{\pi}G_x(\omega)\mathrm{e}^{\mathrm{j}\omega m}\mathrm{d}\omega \tag{5.5.3}$$

由上述结论可知,自相关函数仅保留了信号的幅频信息,而丢失了相位信息。所以,不能从 $G_x(\omega)$ 或 $r_x(m)$ 回复原信号 $x(n)$。由式(5.5.2)可见 $G_x(\omega)$ 是非负的。

设 LTI 系统的输入为 $x(n)$,输出为 $y(n)$,由式(5.4.2)及傅里叶变换的时域卷积定理,可得到输出能量谱与输入能量谱的关系:

$$G_y(\omega) = \mathrm{FT}[r_y(m)] = \left|H(\mathrm{e}^{\mathrm{j}\omega})\right|^2 G_x(\omega) \tag{5.5.4}$$

对稳定系统,$\left|H(\mathrm{e}^{\mathrm{j}\omega})\right|^2$ 存在,由此,从频域也证明了能量信号通过稳定系统后,其输出响应仍是能量信号。

5.5.2 信号的功率谱

设 $x(n)$ 是平稳随机序列,其自相关函数为

$$r_x(m) = E[x(n)x(n-m)] \tag{5.5.5}$$

其中 $E[\cdot]$ 表示统计平均。对于确定性功率信号，自相关函数定义见式（5.2.2）。根据维纳-辛钦定理，当 $x(n)$ 的均值为零时，自相关函数 $r_x(m)$ 与功率谱密度 $P_x(\omega)$ 是一对傅里叶变换，即

$$P_x(\omega) = \text{FT}[r_x(m)] = \sum_{m=-\infty}^{\infty} r_x(m)e^{-j\omega m} \tag{5.5.6}$$

$$r_x(m) = \text{IFT}[P_x(\omega)] = \frac{1}{2\pi}\int_{-\pi}^{\pi} P_x(\omega)e^{j\omega m} d\omega \tag{5.5.7}$$

维纳-辛钦定理揭示了从时间角度描述随机信号的统计规律和从频率角度描述随机信号的统计规律之间的关系。

下面解释为什么将 $P_x(\omega)$ 称为 $x(n)$ 的功率谱密度。在式（5.5.7）中令 $m=0$，则

$$r_x(0) = \frac{1}{2\pi}\int_{-\pi}^{\pi} P_x(\omega) d\omega \tag{5.5.8}$$

对比式（5.2.2）和式（5.1.5）知道，$r_x(0)$ 表示 $x(n)$ 的平均功率，所以，式（5.5.8）表明 $P_x(\omega)$ 就是 $x(n)$ 的功率谱密度，简称功率谱。随机信号处理中的功率谱估计就是研究根据有限的观测数据估计功率谱的各种有效方法。工程上可以根据 $P_x(\omega)$ 判断信号的有无及其频域信息。

当 $x(n)$ 是实信号时，$r_x(m)$ 是实偶函数，故 $P_x(\omega)$ 也是实偶函数，即

$$P_x(-\omega) = P_x(\omega) \tag{5.5.9}$$

另外，与能量谱一样，功率谱 $P_x(\omega)$ 也是非负的，且不包含相位信息。

5.6 相关函数的应用

如前所述，相关运算的目的是衡量两个信号之间的相似程度，并提取相关的有用信息。相关函数的应用很广，在雷达、声呐、数字通信、地质和其他科学和工程领域，信号的相关性分析都有广泛的应用。例如噪声中信号的检测，信号中隐含周期性的检测，信号相关性的检测，信号延时时间的测量等。

5.6.1 相关函数在雷达和主动声呐系统中的的应用

假设信号序列 $x(n)$ 和 $y(n)$ 是我们需要比较的两路信号，在雷达和主动声呐系统中，$x(n)$ 一般是发射信号的采样，而 $y(n)$ 表示接收端 A/D 变换器输出的信号。如果目标是空间某个被雷达或声呐搜索的目标物体，则接收信号 $y(n)$ 由发射信号被目标反射，并经加性噪声污染后的延迟信号组成。雷达目标检测示意图如图 5.6.1 所示。

接收信号 $y(n)$ 可以表示为

$$y(n) = ax(n-D) + w(n) \tag{5.6.1}$$

其中，a 是衰减因子，表示发射信号 $x(n)$ 在发射和反射信道中的损失，D 是延迟量（假设 D 为采样间隔的整数倍）。$w(n)$ 表示天线接收到的加性噪声以及接收机前端电子器件或放大器产生的噪声。如果在雷达或声呐搜索空间没有目标，则接收信号 $y(n)$ 仅含有噪声信号 $w(n)$。

通常称 $x(n)$ 为发射信号或参考信号，称 $y(n)$ 为接收信号或观测信号。雷达探测的目的是通过比较 $x(n)$ 和 $y(n)$，判断目标是否存在。如果存在，则通过求延

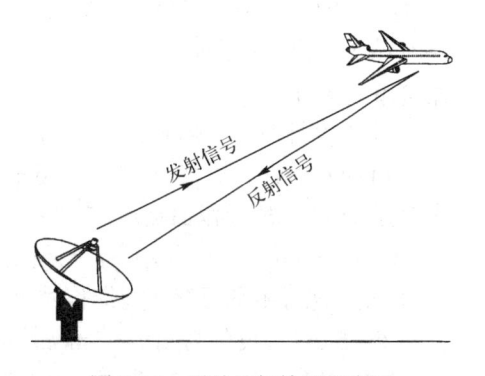

图 5.6.1 雷达目标检测示意图

迟 D 来确定目标的距离。工程实际中，由于受加性噪声的严重污染，已经不可能从 $y(n)$ 的波形判断目标是否存在，正是相关函数提供了良好的检测方法。

$$r_{yx}(m) = \sum_{n=-\infty}^{\infty} y(n)x(n-m) = \sum_{n=-\infty}^{\infty} [ax(n-D)+w(n)]x(n-m)$$
$$= \sum_{n=-\infty}^{\infty} ax(n-D)x(n-m) + \sum_{n=-\infty}^{\infty} w(n)x(n-m) \quad (5.6.2)$$
$$= ar_x(m-D) + r_{wx}(m)$$

由于信号 $x(n)$ 与噪声 $w(n)$ 相关性很小，即 $r_{wx}(m)$ 非常小，所以当目标不存在时，无反射信号，$r_{yx}(m) = r_{wx}(m) \approx 0$；当目标存在时，$r_{yx}(m) \approx ar_x(m-D)$，当 $m=D$ 时，$r_{yx}(m)$ 取得最大值，$r_{yx}(m) = r_{yx}(D) \approx ar_x(0) = aE_x$。这时雷达检测到目标，并根据 $r_{yx}(m)$ 取得最大值的 m 值换算出目标距离。

5.6.2 使用相关函数检测物理信号隐含的周期性

在实际应用中，自相关函数可以用来检测被随机噪声污染的观测物理信号 $y(n)$ 隐含的周期性。

$$y(n) = x(n) + w(n) \quad (5.6.3)$$

其中，$x(n)$ 是一个未知周期 N 的周期信号，$w(n)$ 表示加性随机干扰噪声。假定观测到 $y(n)$ 的 M 个采样值，观测区间为 $0 \leqslant n \leqslant M-1$，且 $M \gg N$。实际计算时，可以将 $y(n)$ 看做长度为 M 的因果序列，并引入归一化因子 $1/M$，则 $y(n)$ 的自相关函数为

$$r_y(m) = \frac{1}{M} \sum_{n=0}^{M-1} y(n)y(n-m)$$
$$= \frac{1}{M} \sum_{n=0}^{M-1} [x(n)+w(n)][x(n-m)+w(n-m)]$$
$$= \frac{1}{M} \sum_{n=0}^{M-1} x(n)x(n-m) + \frac{1}{M} \sum_{n=0}^{M-1} x(n)w(n-m) +$$
$$\frac{1}{M} \sum_{n=0}^{M-1} w(n)x(n-m) + \frac{1}{M} \sum_{n=0}^{M-1} w(n)w(n-m)]$$
$$= r_x(m) + r_{xw}(m) + r_{wx}(m) + r_w(m) \quad (5.6.4)$$

式（5.6.4）右边有四项，第一项为 $x(n)$ 的自相关函数 $r_x(m)$，由于 $x(n)$ 是周期序列，所以 $r_x(m)$ 也是周期序列，且周期与 $x(n)$ 相同。从而在 $m=0, N, 2N, \cdots$ 时，$r_x(m)$ 会周期性地出现较大峰值。但随着 m 接近 M 值，峰值会逐渐减小，这是因为 $y(n)$ 是长度为 M 的有限长序列，以至于当 m 接近 M 值时，乘积序列 $x(n)x(n-m)$ 中大多数点为零。因此，当 $m > M/2$ 时，通常就不再计算了。

由于设计时，一般使信号 $x(n)$ 与干扰噪声 $w(n)$ 完全不相关，所以，式（5.6.4）右边的 $r_{xw}(m)$ 和 $r_{wx}(m)$ 相对很小。式（5.6.4）右边第四项为干扰噪声的自相关函数 $r_w(m)$，由于干扰噪声 $w(n)$ 一般近似白噪声，所以，只有在 $m=0$ 时出现峰值 $r_w(0)$，但会迅速衰减到很小。所以，当 $m > 0$ 时，只有 $r_x(m)$ 周期性出现较大峰值，根据这一特点，我们就可以从干扰噪声中检测出 $y(n)$ 中是否存在周期信号 $x(n)$，并确定其周期 N。

例 5.6.1 设信号 $x(n) = \sin(\pi n/5)$，$0 \leqslant n \leqslant 199$，$x(n)$ 与加性噪声 $w(n)$ 混合在一起，$w(n)$ 是在 $[-A/2, A/2]$ 上均匀分布的白噪声序列，A 为分布参数。观测序列是

$y(n) = x(n) + w(n)$。求自相关函数 $r_y(m)$，并确定信号 $x(n)$ 的周期。

解：本例中，假设仅知道已被噪声污染的观测信号 $y(n)$ 的 200 个采样值，而且 $y(n)$ 中包含一周期信号 $x(n)$，但并不知道其周期是多少。现在要通过计算 $y(n)$ 的自相关函数确定 $x(n)$ 的周期。噪声 $w(n)$ 的功率 P_w 由分布参数 A 决定，由本书 8.6.1 节的式(8.6.4)可知，$P_w = A^2/12$，信号 $x(n)$ 的功率 $P_x = 1/2$，因此信噪比（SNR）为

$$\frac{P_x}{P_w} = \frac{1/2}{A^2/12} = \frac{6}{A^2}$$

通常，SNR 以对数表示：$\text{SNR} = 10\lg(P_x/P_w)$，单位为 dB。当 $\text{SNR} = 10\lg(P_x/P_w) = 1$ dB 时，$A = \sqrt{6/10^{0.1}}$；当 $\text{SNR} = 10\lg(P_x/P_w) = 5$ dB 时，$A = \sqrt{6/10^{0.5}}$。

在 5.7 节中，将编写程序 ep561.m，并运行可产生 SNR=1 dB 时的噪声 $w(n)$、观测信号 $y(n) = x(n) + w(n)$ 和 $y(n)$ 的自相关函数 $r_y(m)$ 分别如图 5.4.2(a)、(b)和(c)所示。SNR=5 dB 时的噪声 $w(n)$、观测信号 $y(n) = x(n) + w(n)$ 和 $y(n)$ 的自相关函数 $r_y(m)$ 分别如图 5.4.3(a)、(b)和(c)所示。

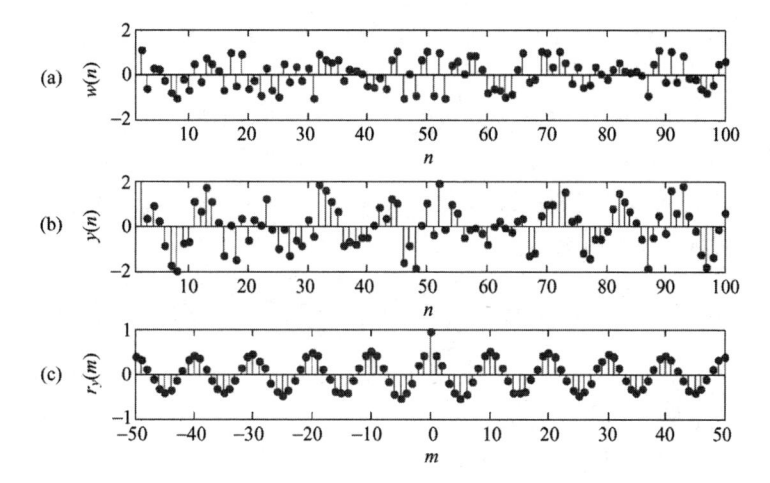

图 5.6.2 干扰噪声、周期信号和观测信号波形（SNR=1dB）

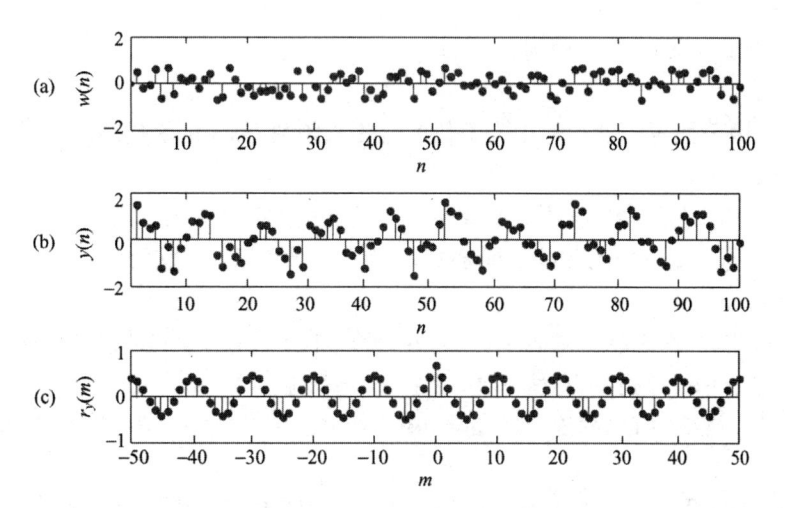

图 5.6.3 干扰噪声、周期信号和观测信号波形（SNR=5dB）

从图 5.6.2(b)可看出，由于干扰噪声影响，很难从观测信号 $y(n)$ 确定 $x(n)$ 的周期。但从图 5.6.2(c)可看出，除了 $m=0$ 处出现很大峰值以外，$r_y(m)$ 是以 10 为周期的，这正是 $y(n)$ 中周期信号 $x(n)$ 的自相关函数导致的，所以，可以确定 $x(n)$ 的周期为 10。$r_y(0)$ 的峰值是由白噪声 $w(n)$ 的自相关函数导致的。

从图 5.6.3(b)可看出，即使噪声功率较小，观测信噪比达到 5 dB，我们也很难直接从观测信号 $y(n)$ 确定 $x(n)$ 的周期。但观察 $y(n)$ 的自相关函数很容易确定 $x(n)$ 的周期。

另外，MATLAB 中的 rand 函数每次运行产生的随机信号可能不相同，所以程序 ep561.m 每次运行时产生的 $w(n)$ 和 $y(n)$ 波形可能不相同。

5.7 用 MATLAB 计算相关函数

MATLAB 包含多个可以产生各种常用信号的工具箱函数，例如 rand 和 randn 函数可以产生两种白噪声序列。此外，还包含多个实现各种计算的函数，例如与本章有关的 xcorr 函数可以计算相关函数。下面先介绍 rand 函数和 xcorr 函数，最后编写程序求解例 5.6.1。

（1）rand

rand 函数用于产生均值为 0.5，幅度在[0,1]上均匀分布的伪随机序列，在数字信号处理中常用于近似均匀分布的白噪声信号 $w(n)$。理想的白噪声信号 $w(n)$ 的功率谱是一个常数，其自相关函数 $r_w(m) = \sigma^2 \delta(m)$，即仅在 $m=0$ 时 $r_w(m)$ 有值，m 取其他值时皆为零。其中，σ^2 是 $w(n)$ 的方差，即 $w(n)$ 的平均功率。

$$\sigma^2 = \frac{1}{N}\sum_{n=0}^{N-1}[w(n) - m_a]^2 \tag{5.7.1}$$

式中 m_a 表示 $w(n)$ 的均值。rand 函数产生的 $w(n)$ 的功率 $\sigma^2 = 1/12$，$m_a = 0.5$。

rand 函数的调用格式如下：

w=rand(N)　　　产生 N 维列向量 w；
w=rand(M,N)　　产生 $M \times N$ 维矩阵 w。

请读者注意，另一个函数 randn 可产生均值为 0，方差（功率）为 1，服从高斯分布的白噪声，其调用格式与 rand 函数相同。

（2）xcorr

xcorr 函数用于计算信号的互相关函数或自相关函数。xcorr 函数的两种调用格式如下：

① rxy= xcorr (x,y)

计算序列 x 和 y 的互相关函数。如果 x 和 y 的长度都是 N，则 r_{xy} 的长度为 $2N-1$；如果 x 和 y 的长度不相等，则将短的序列后面补零，再按照长度相同方法计算。

② rx= xcorr (x, M, 'flag')

计算序列 x 自相关函数。M 表示自相关函数 r_x 的单边长度，总长度为 $2M+1$；flag 是定标标志，若 flag=biased，则表示有偏估计，需将 $r_x(m)$ 都除以 N，如式（5.2.4）；若 flag=unbiased，则表示无偏估计，需将 $r_x(m)$ 都除以 $(N-\text{abs}(m))$。若 flag 缺省，则 r_x 不定标。M 和 flag 同样适用于求互相关。

求解例 5.6.1 的程序为 ep561.m，程序运行结果如图 5.6.2 和图 5.6.3 所示。

%例 5.6.1 求解程序 ep561.m

```
clear
N=200;M=50;                 %设置信号和噪声序列长度 N, y(n)自相关函数单边长度 M
A1=sqrt(6/10^0.1);          %SNR=1dB 时，计算噪声分布参数 A
n=0:N-1;
w=A1*(rand(1,N)-0.5);       %产生白噪声，均值为零，在[-A1/2,A1/2]上均匀分布
x=sin(pi*n/5);              %产生信号 x(n)的 200 个值
y=x+w;                      %y(n)=x(n)+w(n)
ry=xcorr(y,M,'biased');     %计算 y(n)自相关函数的 2M+1 个值
m=-M:M;                     %自相关函数的 2M+1 个值对应的自变量 m=-M,...,0,...M
figure(1)
subplot(3,1,1);stem(n,w,'.');axis([1,100,-2,2]);
xlabel('n');ylabel('w(n)');title('(a)')
subplot(3,1,2);stem(n,y,'.');axis([1,100,-2,2]);
xlabel('n');ylabel('y(n)');title('(b)')
subplot(3,1,3);stem(m,ry,'.');
xlabel('m');ylabel('ry(m)');title('(c)')
%=========================================================
A2=sqrt(6/10^0.5);          %SNR=5dB 时，计算噪声分布参数 A
w=A2*(rand(1,N)-0.5);       %产生白噪声，均值为零，在[-A2/2,A2/2]上均匀分布
y=x+w;                      %y(n)=x(n)+w(n)
ry=xcorr(y,M,'biased');     %计算 y(n)自相关函数的 2M+1 个值
m=-M:M;                     %自相关函数的 2M+1 个值对应的自变量 m=-M,...,0,...M
figure(2)
subplot(3,1,1);stem(n,w,'.');axis([1,100,-2,2]);
xlabel('n');ylabel('w(n)');title('(a)')
subplot(3,1,2);stem(n,y,'.');axis([1,100,-2,2]);
xlabel('n');ylabel('y(n)');title('(b)')
subplot(3,1,3);stem(m,ry,'.');
xlabel('m');ylabel('ry(m)');title('(c)')
```

习题与上机题

5.1 已知序列 $x_1(n) = a^n u(n)$, $x_2(n) = u(n) - u(n-N)$，分别求它们的自相关函数，并证明二者都是偶对称的实序列。

5.2 设 $x(n) = e^{-nT}, n = 0,1,2,\cdots,\infty$, T 为采样间隔。求 $x(nT)$ 的自相关函数 $r_x(mT)$。

5.3 已知 $x(n) = A\sin(2\pi f_1 nT) + B\sin(2\pi f_2 nT)$，其中 A, B, f_1, f_2 均为常数。求 $x(n)$ 的自相关函数 $r_x(m)$。

5.4* 设 $x(n) = A\sin(\omega n) + w(n)$，其中 $\omega = \pi/6$, $w(n)$ 是均匀分布的白噪声。

（1）调用 MATLAB 函数 rand，产生均匀分布，均值为 0，功率 $P=0.1$ 的白噪声信号 $w(n)$，画出 $w(n)$ 的时域波形，并求 $w(n)$ 的自相关函数 $r_w(m)$，画出 $r_w(m)$ 的波形。

（2）欲使 $x(n)$ 的信噪比为 10 dB，试确定 A 的值，编程产生 $x(n)$，画出 $x(n)$ 的时域波形，并求 $x(n)$ 的自相关函数 $r_x(m)$，画出 $r_x(m)$ 的波形，最后从 $r_x(m)$ 的波形确定 $x(n)$ 中正弦序列的周期 N。

5.5* 雷达中延迟的估计。设 $x_a(t)$ 是雷达发射信号，$y_a(t)$ 是雷达接收信号，$y_a(t) = ax_a(t-t_d) + w_a(t)$，$w_a(t)$ 是加性随机噪声。在接收机端根据采样定理对 $x_a(t)$ 和 $y_a(t)$ 进行采样和数字化处理，估算出延时 t_d，最终换算出目标距离。采样得到的信号序列为

$$x(n) = x_a(nT)$$

$$y(n) = y_a(nT) = ax_a(nT - DT) + w_a(nT) \triangleq ax(n - D) + w_a(n)$$

(1) 简述通过求互相关函数 $r_{yx}(m)$ 估计延迟 D 的原理和方法。

(2) 假设 $x(n)$ 为 13 位巴克码序列：
$$x(n) = \{+1, +1, +1, +1, +1, -1, -1, +1, +1, -1, +1, -1, +1\}$$
$w(n)$ 是高斯随机序列，均值 $m_a = 0$，功率 $\sigma^2 = 0.01$。对于 $a=0.9$，$D=20$，编写程序产生序列 $y(n)$，要求 $y(n)$ 长度为 200，并画出 $x(n)$ 和 $y(n)$ 波形。

(3) 计算并画出互相关函数 $r_{yx}(m)$，$0 \leqslant m \leqslant 59$，并根据 $r_{yx}(m)$ 波形估计延迟 D 的值。

(4) 对于 $\sigma^2 = 0.1$ 和 $\sigma^2 = 1$，重复（2）和（3）。

第6章 IIR 数字滤波器（IIRDF）设计

6.0 数字滤波器设计的基本概念

6.0.1 数字滤波器及其设计方法概述

数字滤波是指，通过对输入信号进行数值运算，让输入信号中有用的频率成分以较高的保真度通过，滤除（阻止）某些无用的频率成分，实现对输入信号的选频处理。实现这种处理的数字硬件系统或程序模块称为数字滤波器。当然，除了选频处理，滤波器还可以实现对输入信号的多种处理。例如，信号检测、微分、希尔伯特变换、频谱校正等处理。本章主要介绍选频型滤波器的设计。

数字滤波器是通过对输入信号的数值运算来实现滤波处理的，与模拟滤波器相比较，其突出优点是：处理精度高、稳定性好、体积小、实现方法灵活，不存在阻抗匹配问题，可以实现模拟滤波器无法实现的特殊滤波功能。

数字滤波器通常分为无限长单位脉冲响应数字滤波器（IIRDF，Infinite Impulse Response Digital Filter）和有限长单位脉冲响应数字滤波器（FIRDF，Finite Impulse Response Digital Filter）。这两种滤波器的设计方法和性能特点也截然不同，本书将分两章分别讲述它们的设计方法。IIR 数字滤波器的设计方法有两类：间接设计法和直接设计法。间接设计法是借助模拟滤波器设计方法进行设计的，先根据数字滤波器设计指标设计相应的过渡模拟滤波器，再将过渡模拟滤波器转换成数字滤波器。直接设计法是在时域或频域直接设计数字滤波器。

由于模拟滤波器设计理论非常成熟，而且有多种性能优良的典型滤波器可供选择（例如，下面要学习的巴特沃思、切比雪夫和椭圆滤波器等），设计公式和图表完善，而且许多实际应用需要模拟滤波器的数字仿真。所以间接设计法得到广泛应用。而直接设计法要求解联立方程组，必须采用计算机辅助设计。在计算机普及的今天，各种设计方法都有现成的设计程序（或设计函数）可供调用。所以，只要掌握了滤波器基本设计原理，在工程实际中采用计算机辅助设计滤波器是很容易的。

本章主要介绍模拟滤波器设计，IIR 数字滤波器的间接设计法，并简要介绍相应的 MATLAB 工具箱函数。

6.0.2 数字滤波器的种类

数字滤波器的种类很多，但总的来说可以分成两大类，一类是经典滤波器，另一类可称为现代滤波器。经典滤波器一般指的是用线性系统构成的滤波器，本书介绍的滤波器属于经典滤波器。现代滤波器的理论建立在随机信号处理的理论基础上，它利用了随机信号内部的统计特性对信号进行滤波、检测或估值等，例如卡尔曼滤波器、自适应滤波器等，这一部分内容留在研究生课程中进行介绍。下面介绍经典滤波器的分类。

（1）从滤波特性方面考虑，数字滤波器可分成数字高通、数字低通、数字带通和数字带阻等滤波器，这些滤波器的滤波性质都反映在它们的名称上，不再赘述。

（2）从实现方法上考虑，将滤波器分为 IIR 数字滤波器和 FIR 数字滤波器。IIR 滤波器的单位脉冲响应为无限长，网络中有反馈回路。FIR 滤波器的单位脉冲响应是有限长的，一般网络中没有反馈回路。IIR 滤波器的系统函数用下式表示

$$H(z) = \frac{\sum_{r=0}^{M} b_r z^{-r}}{1 - \sum_{r=1}^{N} a_r z^{-r}} \tag{6.0.1}$$

IIR 滤波器的系统函数一般是一个有理分式，分母多项式决定滤波器的反馈网络。FIR 滤波器的系统函数用下式表示

$$H(z) = \sum_{n=0}^{N-1} h(n) z^{-n} \tag{6.0.2}$$

上式中的 $h(n)$ 就是 FIR 滤波器的单位脉冲响应。这两种滤波器的设计方法不同，运算结构也不同，因此在后面的滤波器设计及滤波器实现中将按照 IIR 和 FIR 两种滤波器分别进行研究。

6.0.3 理想数字滤波器

理想数字滤波器是一类很重要的滤波器，对信号进行滤波可以达到最理想的效果，但是它不可能具体实现，只能近似实现。设计时把理想滤波器作为逼近标准。

1. 理想数字滤波器的特点及分类

理想数字滤波器有三个重要特点：（1）在滤波器的通带内幅度为常数（非零），在阻带内幅度为零；（2）具有线性相位；（3）单位脉冲响应是非因果无限长序列。

为了说明理想数字滤波器的前两个特点，假设有一个信号 $x(n)$，它的频率分量分布在 $\omega_1 < \omega < \omega_2$ 中，让这个信号通过一个频率响应为

$$H(e^{j\omega}) = \begin{cases} Ce^{-j\omega n_0} & \omega_1 < |\omega| < \omega_2 \\ 0 & \text{其他} \end{cases} \tag{6.0.3}$$

的理想数字滤波器，式中，C 和 n_0 是常数。滤波器的幅频特性为

$$|H(e^{j\omega})| = C \tag{6.0.4}$$

滤波器的相频特性为
$$\varphi(\omega) = -\omega n_0 \tag{6.0.5}$$

$\varphi(\omega)$ 是频率 ω 的线性函数，称为线性相位。将上式对 ω 求导，得到群时延为

$$\tau_g(\omega) = -\frac{d\varphi(\omega)}{d\omega} = n_0 \tag{6.0.6}$$

群时延为常数表示输入信号中的所有频率分量的时间延迟相同。信号通过该滤波器后，其输出的频谱应为

$$Y(\mathrm{e}^{\mathrm{j}\omega}) = X(\mathrm{e}^{\mathrm{j}\omega})H(\mathrm{e}^{\mathrm{j}\omega}) = \begin{cases} CX(\mathrm{e}^{\mathrm{j}\omega})\mathrm{e}^{-\mathrm{j}\omega n_0}, & \omega_1 < |\omega| < \omega_2 \\ 0, & \text{其他} \end{cases} \quad (6.0.7)$$

将上式进行傅里叶反变换，得到该滤波器的输出信号为

$$y(n) = Cx(n-n_0) \quad (6.0.8)$$

因此，滤波器的输出信号相对输入信号，仅是幅度放大了 C 倍，时间延迟了 n_0，这表示输出信号相对输入信号没有发生失真。因此通带内幅度特性是常数，并且具有线性相位，是信号通过理想滤波器波形不失真的充要条件。

下面介绍理想滤波器的单位脉冲响应的特点。

假设理想低通滤波器的频率响应为

$$H(\mathrm{e}^{\mathrm{j}\omega}) = \begin{cases} \mathrm{e}^{-\mathrm{j}\omega n_0} & |\omega| \leqslant \omega_\mathrm{c} \\ 0 & \omega_\mathrm{c} < |\omega| \leqslant \pi \end{cases} \quad (6.0.9)$$

式中，n_0 是一个正整数，ω_c 称为通带截止频率。它的幅度特性如图 6.0.1(a)所示，相位特性如图 6.0.1(b)所示。

该滤波器的单位脉冲响应为

$$\begin{aligned} h(n) &= \frac{1}{2\pi}\int_{-\pi}^{\pi}H(\mathrm{e}^{\mathrm{j}\omega})\mathrm{e}^{\mathrm{j}\omega n}\mathrm{d}\omega \\ &= \frac{1}{2\pi}\int_{-\omega_\mathrm{c}}^{\omega_\mathrm{c}}\mathrm{e}^{-\mathrm{j}\omega n_0}\mathrm{e}^{\mathrm{j}\omega n}\mathrm{d}\omega \\ &= \frac{\sin[(n-n_0)\omega_\mathrm{c}]}{(n-n_0)\pi} \end{aligned} \quad (6.0.10)$$

假设 $n_0=5$，$\omega_\mathrm{c}=\pi/4$，画出它的波形如图 6.0.1(c)所示。显然当 $n<0$ 时，$h(n) \neq 0$，它的单位脉冲响应是一个无限长的非因果序列，因此理想低通物理不可实现。

图 6.0.1 理想低通滤波器频率特性及单位脉冲响应

根据滤波器的频率特性，理想滤波器分为低通、高通、带通及带阻滤波器。它们的幅度特性如图 6.0.2 所示。注意幅度特性仍以 2π 为周期，图中仅画出了 $0\sim2\pi$ 一个周期。这些理想滤波器都具有前面介绍的理想滤波器的特点，都是物理不可实现的。

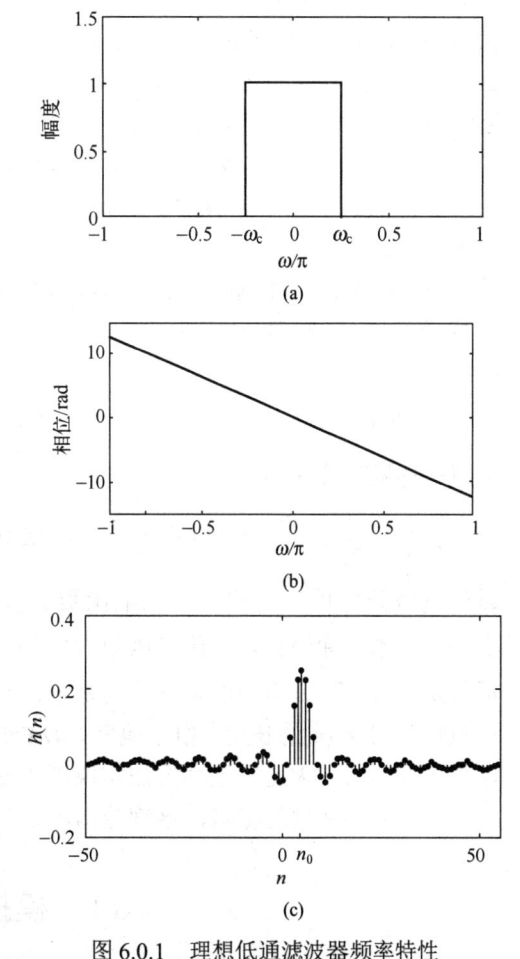

(a) 理想低通　　(b) 理想高通　　(c) 理想带通　　(d) 理想带阻

图 6.0.2 理想滤波器的幅度特性

2. 理想滤波器的近似实现

因为理想滤波器的单位脉冲响应是非因果序列，因此理想滤波器不能物理实现，但可以近似实现。观察图6.0.1(c)，如果将 n_0 取的大一些，$h(n)$ 的波形向右移动，使 $n<0$ 部分的幅度比较小，可以忽略，将 $h(n)$ 变成因果序列。如果仍要保持滤波器具有线性相位特性（参考FIR滤波器设计一章），应该使 $h(n)$ 对中心最大值对称。本来 $h(n)$ 就是对中心对称的序列，因此只要截取中间幅度最大的部分，并使两边对中间最大值对称即可。图6.0.3(a)所示为理想低通滤波器的单位脉冲响应，图5.2.3(b)所示就是理想低通滤波器的近似实现。这样处理以后，单位脉冲响应不仅是一个因果序列，而且具有线性相位。下面分析截断后的单位脉冲响应使滤波器特性发生的变化。

截断以后的单位脉冲响应用 $h_N(n)$ 表示，它相当于原来的单位脉冲响应乘上一个矩形序列 $R_N(n)$，即

$$h_N(n) = h(n)R_N(n) \quad (6.0.11)$$

相应的傅里叶变换为

$$H_N(\mathrm{e}^{\mathrm{j}\omega}) = \frac{1}{2\pi} H(\mathrm{e}^{\mathrm{j}\omega}) * R_N(\mathrm{e}^{\mathrm{j}\omega}) \quad (6.0.12)$$

显然近似处理以后滤波器的频响函数 $H_N(\mathrm{e}^{\mathrm{j}\omega})$

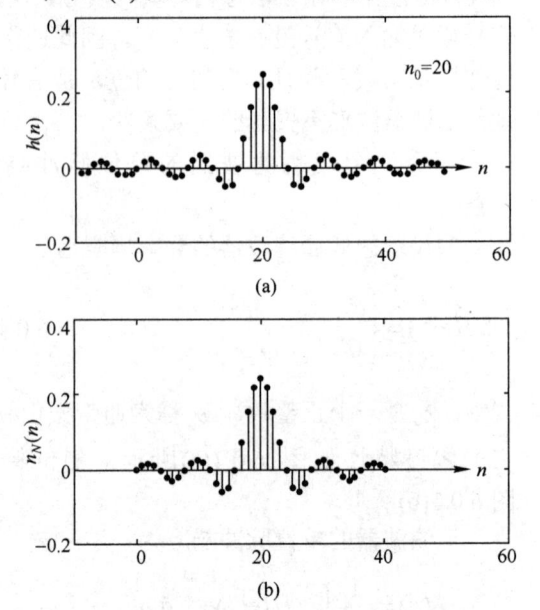

图6.0.3 理想低通滤波器的近似实现

不同于理想低通滤波器的传输函数 $H(\mathrm{e}^{\mathrm{j}\omega})$，主要不同在于：（1）通带中的幅度产生了波动，不再是常数；（2）阻带的幅度不再是零；（3）原来没有过渡带，现在产生了过渡带。如果加长矩形序列 $R_N(n)$ 的长度，相应地使 $h_N(n)$ 的长度加长，这些差别会减小。但如果选择 n_0 太大，也是不现实的。因此用这种方法实现理想滤波器，只能是一种近似实现。对于截断单位脉冲响应对滤波器特性的影响，这部分内容请参考FIR滤波器设计一章。

6.1 模拟滤波器设计

模拟滤波器（AF，Analog Filter）设计本不属于数字信号处理内容，但考虑到设计IIR滤波器要用到这部分内容，但大三的学生一般都没有学过，为方便读者，本节简要介绍AF设计的基本概念和五种典型AF的设计公式，略去繁杂的公式推导。选频型滤波器又分为低通、高通、带通和带阻滤波器，但各种滤波器设计都是基于低通滤波器设计。所以，重点介绍低通AF设计方法与设计公式，然后简要介绍从低通到高通、带通和带阻滤波器的频率变换。

模拟滤波器的一般设计过程如下：
（1）根据信号处理要求确定设计指标；
（2）选择滤波器类型；
（3）计算滤波器阶数；
（4）通过查表或计算确定滤波器系统函数 $H_a(s)$；

（5）综合实现并装配调试。

第（5）步属于网络综合课程的内容。下面首先介绍模拟滤波器设计指标，然后分别介绍五种典型模拟滤波器的设计方法与公式。

6.1.1 模拟滤波器设计指标

模拟滤波器和数字滤波器的设计指标（滤波性能要求）都是在频域给出。为了叙述方便，我们用 $H_a(s)$ 表示模拟滤波器系统函数，用 $H_a(j\Omega)$ 表示模拟滤波器频率响应函数（传输函数）。

模拟滤波器的滤波特性用幅频特性和相频特性描述，但几种典型的 AF 的相位特性是已知的，所以一般只给出对幅频特性的要求，不考虑相位特性。如果对相位特性有特殊要求，例如要求线性相位，则需另外考虑。下面以低通模拟滤波器为例，介绍模拟滤波器设计指标。

如第 5 章所述，理想低通滤波器的滤波性能是最好的，但是工程实际中不能实现。实际中，无法做到有限阶滤波器的通带和阻带的幅频响应特性为常数特性，所以只能用可以接受的误差容限描述对通带和阻带幅频响应特性的要求。另外，通带和阻带之间允许有平滑滚降的过渡带。低通滤波器的幅频响应 $|H_a(j\Omega)|$ 及其指标描述如图 6.1.1 所示。

由图 6.1.1 可见，允许通带 $[0, \Omega_p]$ 内幅度有波纹，最大逼近误差用下式描述

$$1/\sqrt{1+\varepsilon^2} \leq |H_a(j\Omega)| \leq 1, \quad |\Omega| \leq \Omega_p \quad (6.1.1)$$

阻带 $[\Omega_s, \infty]$ 幅度以最大误差 $1/A$ 逼近理想低通的零幅度，即要求

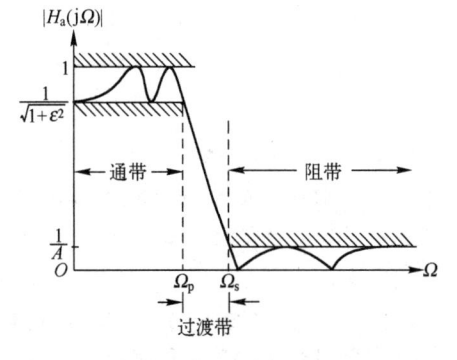

$$|H_a(j\Omega)| \leq 1/A, \quad \Omega_s \leq |\Omega| \leq \infty \quad (6.1.2)$$

图 6.1.1 典型模拟低通滤波器幅频特性及其指标描述

Ω_p 和 Ω_s 分别称为通带边界频率和阻带边界频率。通带和阻带内的最大误差通常称为波纹幅度。通带和阻带波纹分别由波纹幅度参数 ε 和 A 决定。ε 的值越小，通带波纹幅度越小；而 A 的值越大，则阻带波纹幅度越小。通常以分贝（dB）表示波纹，用 α_p 表示通带最大衰减（或称为通带峰值波纹），用 α_s 表示阻带最小衰减，即

$$\alpha_p = -20\lg\left(\frac{1}{\sqrt{1+\varepsilon^2}}\right) = 10\lg(1+\varepsilon^2) \text{ dB} \quad (6.1.3)$$

$$\alpha_s = -20\lg\left(\frac{1}{A}\right) = 20\lg A \text{ dB} \quad (6.1.4)$$

显然，α_p 越小通带逼近常数 1 的误差就越小，α_s 越大阻带逼近常数 0 的误差就越小。设计指标常常以通带边界频率 Ω_p、通带最大衰减 α_p、阻带边界频率 Ω_s 和阻带最小衰减 α_s 给出。这时由式（6.1.3）和式（6.1.4）可以求得

$$\varepsilon = \sqrt{10^{\alpha_p/10} - 1} \quad (6.1.5)$$

$$A = 10^{\alpha_s/20} \quad (6.1.6)$$

工程实际中习惯用所谓的损耗函数（或称为衰减函数）$\alpha(\Omega)$ 来描述滤波器的幅频响应特性，即

$$\alpha(\Omega) = -20\lg|H_a(j\Omega)| = -10\lg|H_a(j\Omega)|^2 \tag{6.1.7}$$

当 $\alpha(\Omega) = 3$ dB 时的边界频率称为 3 dB 截止频率，通常用 Ω_c 表示，这是一个重要的滤波器参数。应当注意，损耗函数 $\alpha(\Omega)$ 和幅频特性函数 $|H(j\Omega)|$ 是滤波器幅频响应特性的两种描述方法。

损耗函数的优点是，对幅频响应 $|H_a(j\Omega)|$ 的取值进行了非线性压缩，放大了小的幅度，从而可以同时观察通带和阻带幅频特性的变化情况。可以用图 6.1.2 来说明其优点。图 6.1.2(a) 所示的幅频响应函数完全看不清阻带内取值较小的波纹，而图 6.1.2(b) 所示的损耗函数则能很清楚地显示出阻带波纹变化曲线。为了使损耗函数曲线幅度与幅频特性函数曲线形状对应（通带幅度高，阻带幅度低），所画出的损耗函数曲线是 $-\alpha(\Omega) \sim \Omega$ 曲线，全书相同。

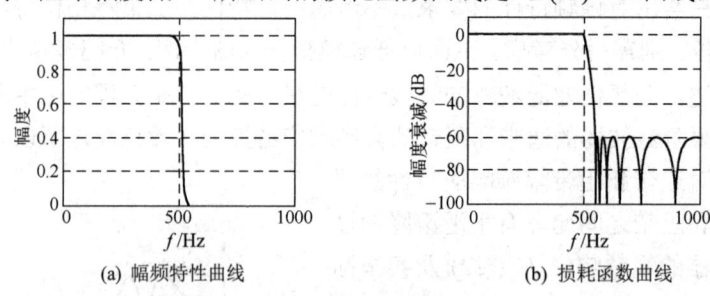

(a) 幅频特性曲线　　　　(b) 损耗函数曲线

图 6.1.2　幅频响应与损耗函数曲线的比较

在模拟滤波器理论中，还定义了两个附加参数。

第一个附加参数称为过渡比或选择性参数，其定义为通带边界频率 Ω_p 和阻带边界频率 Ω_s 之比，通常用 k 表示，即

$$k = \Omega_p / \Omega_s \tag{6.1.8}$$

k 值越接近于 1，过渡带越窄（选择性越好）。对低通滤波器，$k<1$。

第二个附加参数称为偏离参数，用 k_1 表示，定义为

$$k_1 = \frac{\varepsilon}{\sqrt{A^2 - 1}} \tag{6.1.9}$$

ε 越小，同时 A 越大时，k_1 才越小，则通带和阻带的波纹就越小。所以 k_1 表示滤波器通带和阻带偏离所逼近常数的精度。一般 $k_1 \ll 1$。

综上所述，滤波器的技术指标的特点是，通带内衰减要小于常数 α_p，阻带内衰减要大于常数 α_s，但对通带和阻带频响曲线的形状没有具体要求。我们把这种特性要求称为片段常数特性要求，片段指通带和阻带，常数指通带最大衰减 α_p 和阻带最小衰减 α_s。对低通滤波器而言，其技术指标完全由 Ω_p、α_p、Ω_s 和 α_s 四个常数确定。

应当注意，对给定的设计指标，滤波器的设计结果不是唯一的。下面介绍的巴特沃思、切比雪夫和椭圆滤波器等都可以满足片段常数指标要求，所以要根据其他附加要求选择滤波器类型。五种常用滤波器的特点在 6.1.7 节介绍。

6.1.2　巴特沃思模拟低通滤波器设计

本节讨论巴特沃思逼近方法和巴特沃思模拟低通滤波器的设计。

N 阶巴特沃思模拟低通滤波器的幅度平方函数为

$$|H_a(j\Omega)|^2 = \frac{1}{1 + (\Omega/\Omega_c)^{2N}} \tag{6.1.10}$$

容易证明，在 $\Omega = 0$ 点，$|H_a(j\Omega)|^2$ 的 n（$n<2N$）阶导数等于零。因此说巴特沃思模拟低通滤

波器在 $\Omega=0$ 点具有最大平坦幅度。巴特沃思滤波器的损耗函数为

$$\alpha(\Omega) = -20\lg|H_a(j\Omega)| = 10\lg\left(\frac{1}{|H_a(j\Omega)|^2}\right) = 10\lg\left[1+\left(\frac{\Omega}{\Omega_c}\right)^{2N}\right] \quad (6.1.11)$$

显然，$\alpha(0)=0$，$\alpha(\Omega_c)=10\lg 2=3.0103 \approx 3$ dB。所以 Ω_c 是 3 dB 截止频率。又因为对正频率，幅度平方（或幅频响应）函数的导数总是负值，所以巴特沃思模拟低通滤波器的幅频响应随 Ω 的增大而单调下降。对几种不同的阶数 N，给出归一化（$\Omega_c=1$）巴特沃思低通滤波器的幅频响应曲线如图 6.1.3 所示。由图可见，阶数 N 越大，滤波器幅频响应特性越逼近理想低通特性。

综上所述，巴特沃思滤波器的特性完全由 3 dB 截止频率 Ω_c 和阶数 N 这两个参数确定。参数 Ω_c 和 N 由所给通带边界频率 Ω_p、通带最小幅度（$1/\sqrt{1+\varepsilon^2}$）、阻带边界频率 Ω_s 和阻带最大波纹（$1/A$）共同决定。因为巴特沃思低通滤波器幅频响应曲线单调下降，所以通带边界频率 Ω_p 点必然达到通带最小幅度 $1/\sqrt{1+\varepsilon^2}$，阻带边界频率 Ω_s 点必然达到阻带最大幅度 $1/A$。所以从式（6.1.10）得到

$$|H_a(j\Omega_p)|^2 = \frac{1}{1+(\Omega_p/\Omega_c)^{2N}} = \frac{1}{1+\varepsilon^2} \quad (6.1.12)$$

$$|H_a(j\Omega_s)|^2 = \frac{1}{1+(\Omega_s/\Omega_c)^{2N}} = \frac{1}{A^2} \quad (6.1.13)$$

由上面二式得到

$$(\Omega_p/\Omega_s)^N = \frac{\varepsilon}{\sqrt{A^2-1}}$$

所以

$$N = \frac{\lg\left(\varepsilon/\sqrt{A^2-1}\right)}{\lg(\Omega_p/\Omega_s)} = \frac{\lg k_1}{\lg k} \quad (6.1.14)$$

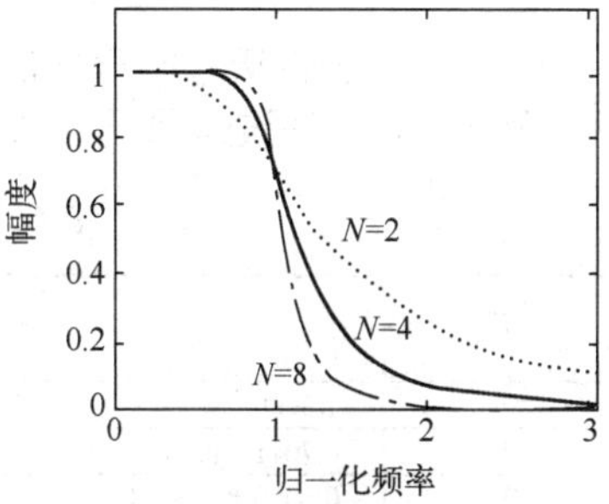

图 6.1.3　不同阶数巴特沃思低通滤波器的幅频响应

因为阶数 N 必须是整数，所以实际的阶数取大于等于上式计算所得 N 值的最小整数。将取整后的 N 值代入式（6.1.12）或式（6.1.13）求出 3 dB 截止频率 Ω_c。

由式（6.1.12）求得

$$\Omega_c = \frac{\Omega_p}{\varepsilon^{1/N}} \quad (6.1.15)$$

由式（6.1.13）求得

$$\Omega_c = \frac{\Omega_s}{(A^2-1)^{1/2N}} \quad (6.1.16)$$

用式（6.1.15）和式（6.1.16）求得的 Ω_c 均满足指标要求，只是取整数后的阶数 N 一般都有富裕。所以用式（6.1.15）求 Ω_c 时，设计的滤波器通带指标刚好满足要求，阻带指标有富裕；用式（6.1.16）求 Ω_c 时，阻带指标刚好满足要求，通带指标有富裕。实际设计时根据工程需求灵活选择。MATLAB 信号处理工具箱函数 buttord 按式（6.1.16）计算 Ω_c。

应当说明，如果以通带最大衰减 α_p 和阻带最小衰减 α_s 给出设计指标，则用式（6.1.5）和式（6.1.6）求出波纹幅度参数 ε 和 A，再代入式（6.1.14）、式（6.1.15）或式（6.1.16）计算 N 和 Ω_c。

巴特沃思模拟低通滤波器的系统函数也完全由 3 dB 截止频率 Ω_c 和阶数 N 确定。

$$H_a(s) = \frac{\Omega_c^N}{D_N(s)} \quad (6.1.17)$$

式中，分母 $D_N(s)$ 称为 N 阶巴特沃思多项式。$D_N(s)$ 有三种常用形式：

$$D_N(s) = B_N(s) = s^N + \sum_{k=0}^{N-1} b_k s^k \quad (6.1.18)$$

$$D_N(s) = \prod_{k=1}^{N}(s - \Omega_c p_k), \qquad p_k = e^{j\pi\left(\frac{1}{2} + \frac{2k-1}{2N}\right)} \tag{6.1.19}$$

$$D_N(s) = \prod_{k=1}^{\lfloor N/2 \rfloor} B_k(s), \qquad B_k(s) = s^2 + b_{k1}s + b_{k0} \tag{6.1.20}$$

式（6.1.20）中，$\lfloor N/2 \rfloor$ 表示大于等于 $N/2$ 的最小整数。以上三种形式中的系数可以通过计算得到，但当 N 较大时计算量太大。为了方便，归一化（$\Omega_c=1$）N 阶巴特沃思多项式系数已制成表格，见表 6.1.1。式（6.1.19）中的 p_k 就是归一化 N 阶巴特沃思模拟低通滤波器系统函数的极点，直接可以查表得到。由式（6.1.19）可知，p_k 均匀分布在单位圆的左半平面的半圆上。对一般情况，查表得到归一化 N 阶巴特沃思多项式 $D'_N(p)$。归一化 N 阶巴特沃思模拟低通滤波器的系统函数为

$$G(p) = 1/D'_N(p) \tag{6.1.21}$$

式中，$D'_N(p) = D_N\left(\dfrac{s}{\Omega_c}\right)\bigg|_{\frac{s}{\Omega_c}=p}$，$p = \eta + j\lambda$ 称为归一化复变量，$\lambda = \Omega/\Omega_c$ 称为归一化频率，通常称 $G(p)$ 为巴特沃思归一化低通原型系统函数。然后通过去归一化得到所要设计的 N 阶巴特沃思模拟低通滤波器系统函数

表 6.1.1 归一化 N 阶巴特沃思多项式系数

极点位置 阶数 N	$P_{0,N-1}$	$P_{1,N-2}$	$P_{2,N-3}$	$P_{3,N-4}$	P_4
1	−1.0000				
2	−0.7071±j0.7071				
3	−0.5000±j0.8660	−1.0000			
4	−0.3827±j0.9239	−0.9239±j0.3827			
5	−0.3090±j0.9511	−0.8090±j0.5878	−1.0000		
6	0.2588±j0.9659	−0.7071±j0.7071	−0.9659±j0.2588		
7	−0.2225±j0.9749	−0.6235±j0.7818	−0.9010±j0.4339	−1.0000	
8	0.1951±j0.9808	0.5556±j0.8315	−0.8315±j0.5556	−0.9808±j0.1951	
9	−0.1736±j0.9848	−0.5000±j0.8660	−0.7660±j0.6428	−0.9397±j0.3420	−1.0000

分母多项式 阶数 N	$D'(p) = p^N + b_{N-1}p^{N-1} + b_{N-2}p^{N-2} + \cdots + b_1 p + b_0$								
	b_0	b_1	b_2	b_3	b_4	b_5	b_6	b_7	b_8
1	1.0000								
2	1.0000	1.4142							
3	1.0000	2.0000	2.0000						
4	1.0000	2.6131	3.4142	2.613					
5	1.0000	3.2361	5.2361	5.2361	3.2361				
6	1.0000	3.8637	7.4641	9.1416	7.4641	3.8637			
7	1.0000	4.4940	10.0978	14.5918	14.5918	10.0978	4.4940		
8	1.0000	5.1258	13.1371	21.8462	25.6884	21.8642	13.1371	5.1258	
9	1.0000	5.7588	16.5817	31.1634	41.9864	41.9864	31.1634	16.5817	5.7588

分母因式 阶数 N	$D'(p) = B'_1(p)B'_2(p)B'_3(p)B'_4(p)B'_5(p)$
1	$(p+1)$
2	$(p^2+1.4142p+1)$
3	$(p^2+p+1)(p+1)$
4	$(p^2+0.7654p+1)(p^2+1.8478p+1)$
5	$(p^2+0.6180p+1)(p^2+1.6180p+1)(p+1)$
6	$(p^2+0.5176p+1)(p^2+1.4142p+1)(p^2+1.9319p+1)$
7	$(p^2+0.4450p+1)(p^2+1.2470p+1)(p^2+1.8019p+1)(p+1)$
8	$(p^2+0.3902p+1)(p^2+1.1111p+1)(p^2+1.6629p+1)(p^2+1.9616p+1)$
9	$(p^2+0.3473p+1)(p^2+p+1)(p^2+1.5321p+1)(p^2+1.8794p+1)(p+1)$

$$H_a(s) = G(p)\big|_{p=s/\Omega_c} \tag{6.1.22}$$

用 MATLAB 很容易设计巴特沃思模拟滤波器（见 6.1.6 节）。

下面举例说明巴特沃思低通滤波器的设计步骤。

例 6.1.1 设计模拟低通滤波器。要求幅频特性单调下降，通带边界频率 f_p=1 kHz，通带最大衰减 α_p=1 dB，阻带边界频率 f_s=5 kHz，阻带最小衰减 α_s=40 dB。

解：（1）根据幅频特性单调下降要求，应选择巴特沃思滤波器。

（2）计算阶数 N 和 3 dB 截止频率 Ω_c。首先用式（6.1.5）和式（6.1.6）求出波纹幅度参数为

$$\varepsilon = \sqrt{10^{\alpha_p/10}-1} = \sqrt{10^{1/10}-1} = 0.508847, \quad A = 10^{\alpha_s/20} = 100$$

由式（6.1.8）和式（6.1.9）得到

$$k = \frac{\Omega_p}{\Omega_s} = 0.2, \quad k_1 = \frac{\varepsilon}{\sqrt{A^2-1}} = \frac{0.50885}{\sqrt{9999}} = 0.00508875$$

再将 k 和 k_1 代入式（6.1.14）和式（6.1.16）得到

$$N = \frac{\lg k_1}{\lg k} = 3.2811, \quad \text{取整数 } N=4$$

$$\Omega_c = \frac{\Omega_s}{(A^2-1)^{1/2N}} = \frac{2\pi f_s}{9999^{1/8}} = 9934.7125 \text{ rad/s}$$

（3）求系统函数。查表 6.1.1 得到归一化 4 阶巴特沃思多项式为

$$D_4'(p) = (p^2 + 0.7654p + 1)(p^2 + 1.8478p + 1)$$

将 $D_4'(p)$ 和 Ω_c 代入式（6.1.22）得到系统函数

$$H_a(s) = \frac{1}{D_N'(s/\Omega_c)} = \frac{\Omega_c^4}{(s^2 + 0.7654\Omega_c s + \Omega_c^2)(s^2 + 1.8478\Omega_c s + \Omega_c^2)}$$

$$= \frac{9.7414 \times 10^{15}}{(s^2 + 7.6040 \times 10^3 s + 9.8699 \times 10^7)(s^2 + 1.8357 \times 10^4 s + 9.8699 \times 10^7)}$$

当然也可以查表得到式（6.1.18）和式（6.1.19）所表示的归一化 4 阶巴特沃思多项式 $D_4'(p)$。本例所选形式去归一化的计算最简单，而且适合工程实际中常用的级联实现结构（见第 8 章）。

6.1.3 切比雪夫滤波器设计

切比雪夫（Chebyshev）滤波器有两种类型。切比雪夫 I 型滤波器的幅频特性在通带为等波纹，在阻带为单调下降。切比雪夫 II 型的幅频特性在阻带为等波纹，在通带为单调下降。本节简要介绍切比雪夫 I 型和切比雪夫 II 型低通滤波器的设计公式。

1. 切比雪夫 I 型滤波器

N 阶切比雪夫 I 型模拟低通滤波器 $H_a(s)$ 的幅度平方函数为

$$|H_a(j\Omega)|^2 = \frac{1}{1+\varepsilon^2 C_N^2(\Omega/\Omega_p)} \tag{6.1.23}$$

式中，ε 为小于 1 的正数，表示通带波纹幅度参数。令归一化频率 $\lambda = \Omega/\Omega_p$，$C_N(\lambda)$ 是 N 阶切比雪夫多项式：

$$C_N(\lambda) = \begin{cases} \cos(N \operatorname{arc}\cos\lambda), & |\lambda| \leq 1 \\ \cosh(N \operatorname{ar}\cosh\lambda), & |\lambda| > 1 \end{cases} \tag{6.1.24}$$

$C_N(\Omega)$也可以通过下面的递推公式得到：

$$C_N(\lambda) = 2\lambda C_{N-1}(\lambda) - C_{N-2}(\lambda), \quad N \geq 2 \tag{6.1.25}$$

$C_0(\lambda) = 1, C_1(\lambda) = \lambda$。

对 3 个不同的阶数 N，取相同的通带波纹幅度参数 ε，切比雪夫 I 型归一化（$\lambda_p=1$）模拟低通滤波器幅频响应特性曲线如图 6.1.4 所示。图中通带最大衰减 $\alpha_p=1$ dB，$\varepsilon=0.5088$。由图中可见，幅频响应特性曲线在通带[0，1]内为等波纹。当 $\lambda>1$ 时，单调下降。而且阶数 N 越大过渡带越窄。

请注意：对不同类型的滤波器，其归一化参数可能不同。巴特沃思归一化低通原型是关于 3dB 截止频率 Ω_c 归一化的；本节中的切比雪夫 I 型和 6.1.4 节将介绍的椭圆滤波器的归一化低通原型是关于通带边界频率 Ω_p 归一化的；而切比雪夫 II 型归一化低通原型是关于阻带截止频率 Ω_s 归一化的。设计分析滤波器时，也可以根据实际需要，自定归一化参数。

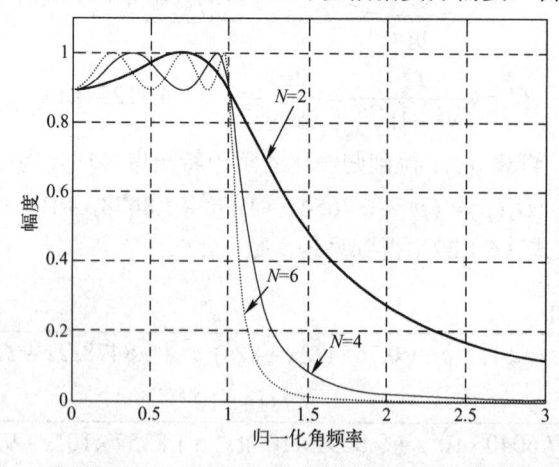

图 6.1.4　典型切比雪夫 I 型归一化低通滤波器的幅频响应特性曲线

切比雪夫 I 型模拟低通滤波器的系统函数的阶数 N 由所给通带边界频率 Ω_p、通带波纹参数 ε、阻带边界频率 Ω_s 和阻带波纹（$1/A$）共同决定。从式（6.1.23）和式（6.1.24）得到

$$|H_a(j\Omega_s)|^2 = \frac{1}{1 + \varepsilon^2 C_N^2(\Omega_s/\Omega_p)}$$

$$= \frac{1}{1 + \varepsilon^2 \{\cosh[N \operatorname{ar}\cosh(\Omega_s/\Omega_p)]\}^2} = \frac{1}{A^2} \tag{6.1.26}$$

求解上式得到

$$N = \frac{\operatorname{ar}\cosh(\sqrt{A^2-1}/\varepsilon)}{\operatorname{ar}\cosh(\Omega_s/\Omega_p)} = \frac{\operatorname{ar}\cosh(1/k_1)}{\operatorname{ar}\cosh(1/k)} \tag{6.1.27}$$

用上式计算 N 时，利用恒等式 $\operatorname{ar}\cosh(x) = \ln(x + \sqrt{x^2-1})$ 较为方便。当然最后 N 取大于等于式（6.1.27）计算结果的最小整数。系统函数为

$$H_a(s) = \frac{C}{D_N(s)} = \frac{\Omega_p^N}{\prod_{k=1}^{N}(s - s_k)}, \quad s_k = \sigma_k + j\Omega_k \tag{6.1.28}$$

$$\sigma_k = -\Omega_\mathrm{p}\xi\sin\left[\frac{(2k-1)\pi}{2N}\right], \quad \Omega_k = \Omega_\mathrm{p}\zeta\cos\left[\frac{(2k-1)\pi}{2N}\right] \tag{6.1.29a}$$

$$\xi = \frac{\gamma^2-1}{2\gamma}, \quad \zeta = \frac{\gamma^2+1}{2\gamma}, \quad \gamma = \left(\frac{1+\sqrt{1+\varepsilon^2}}{\varepsilon}\right)^{1/N} \tag{6.1.29b}$$

2. 切比雪夫Ⅱ型逼近

切比雪夫Ⅱ型模拟低通滤波器的幅频响应在通带呈现单调下降特性，而且在 $\Omega=0$ 点具有最大平坦响应，在阻带呈现等波纹特性。其幅度平方函数为

$$|H_\mathrm{a}(\mathrm{j}\Omega)|^2 = \frac{1}{1+\varepsilon^2\left(\dfrac{C_N(\Omega_\mathrm{s}/\Omega_\mathrm{p})}{C_N(\Omega_\mathrm{s}/\Omega)}\right)^2} \tag{6.1.30}$$

切比雪夫Ⅱ型模拟低通滤波器的阶数 N 由 ε, Ω_p, Ω_s 和 A 决定，计算公式仍用式(6.1.27)。阻带最小衰减为 20 dB，$\lambda_\mathrm{s}=1$，阶数 N 取三种不同值的幅频响应特性曲线如图 6.1.5 所示，图中归一化频率 $\lambda=\Omega/\Omega_\mathrm{s}$。

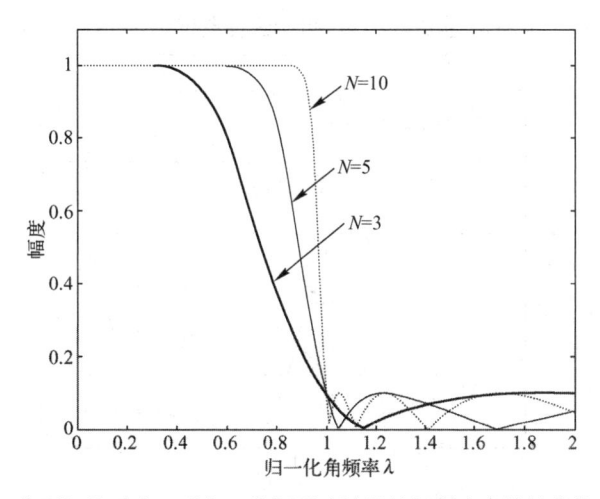

图 6.1.5 典型切比雪夫Ⅱ型归一化低通滤波器的幅频响应特性曲线($\lambda=\Omega/\Omega_\mathrm{s}$)

切比雪夫Ⅱ型模拟低通滤波器的系统函数不再是全极点函数，$H_\mathrm{a}(s)$ 既有极点又有零点。如果将 $H_\mathrm{a}(s)$ 写成如下形式

$$H_\mathrm{a}(s) = C\frac{\prod\limits_{k=1}^{N}(s-z_k)}{\prod\limits_{k=1}^{N}(s-p_k)} \tag{6.1.31}$$

则零点位于虚轴上，计算公式为

$$z_k = \mathrm{j}\frac{\Omega_\mathrm{s}}{\cos\left[\dfrac{(2k-1)\pi}{2N}\right]}, \quad k=1,2,\cdots,N \tag{6.1.32}$$

如果 N 是奇数，则零点 $z_{(N+1)/2}$ 在无穷远处，极点为复数。计算公式如下：

$$p_k = \sigma_k + \mathrm{j}\Omega_k, \quad k=1,2,\cdots,N \tag{6.1.33}$$

$$\sigma_k = \frac{\Omega_s \alpha_k}{\alpha_k^2 + \beta_k^2}, \quad \Omega_k = -\frac{\Omega_s \beta_k}{\alpha_k^2 + \beta_k^2} \qquad (6.1.34\text{a})$$

$$\alpha_k = -\Omega_p \xi \sin\left[\frac{(2k-1)\pi}{2N}\right], \quad \beta_k = \Omega_p \zeta \cos\left[\frac{(2k-1)\pi}{2N}\right] \qquad (6.1.34\text{b})$$

$$\xi = \frac{\gamma^2 - 1}{2\gamma}, \quad \zeta = \frac{\gamma^2 + 1}{2\gamma}, \quad \gamma = \left(A + \sqrt{A^2 - 1}\right)^{1/N} \qquad (6.1.34\text{c})$$

由上述可见，切比雪夫 I 型和切比雪夫 II 型低通滤波器设计的运算过程相当繁杂，所以通常调用 MATLAB 信号处理工具箱函数计算（见 6.1.6 节）。

6.1.4 椭圆滤波器

椭圆（Elliptic）滤波器在通带和阻带内都具有等波纹幅频响应特性。由于其极点位置与经典场论中的椭圆函数有关，所以由此取名为椭圆滤波器。又因为在 1931 年考尔（Cauer）首先对这种滤波器进行了理论证明，所以其另一个通用名字为考尔（Cauer）滤波器。

椭圆滤波器的典型幅频响应特性曲线如图 6.1.6 所示。由图 6.1.6(a)可见，椭圆滤波器通带和阻带波纹固定时，阶数越高过渡带就越窄；由图 6.1.6(b)可见，当椭圆滤波器阶数固定时，通带和阻带波纹越小则过渡带就越宽。所以椭圆滤波器的阶数 N 由通带边界频率 Ω_p、阻带边

(a) $\alpha_p = 1$ dB, $\alpha_s = 20$ dB, $N=3,4,6$

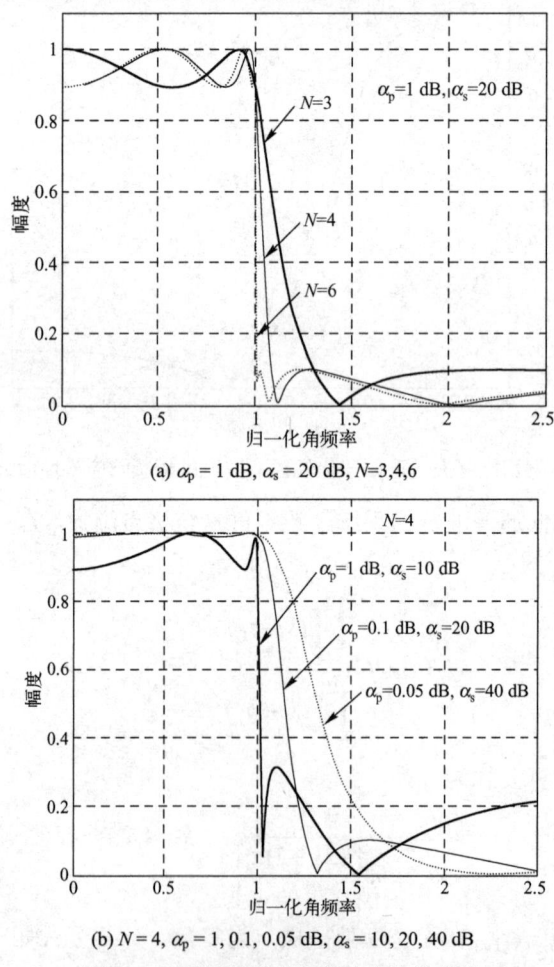

(b) $N = 4$, $\alpha_p = 1, 0.1, 0.05$ dB, $\alpha_s = 10, 20, 40$ dB

图 6.1.6 椭圆滤波器幅频响应特性曲线

界频率Ω_s、通带最大衰减α_p和阻带最小衰减α_s共同决定。6.1.6 节对五种滤波器的比较将说明，阶数相同时，椭圆滤波器可以获得对理想滤波器幅频响应的最好逼近，是一种性能价格比最高的滤波器，所以应用非常广泛。

椭圆滤波器逼近理论是复杂的纯数学问题，该问题的详细推导已超出本书的范围。只要给定滤波器指标，通过调用 MATLAB 信号处理工具箱提供的椭圆滤波器设计函数，就很容易得到椭圆滤波器系统函数和零极点位置（见 6.1.6 节）。

6.1.5 贝塞尔滤波器

前面的三种逼近技术可使所设计的模拟低通滤波器系统函数满足幅频响应指标，而相位响应完全由所选择的典型滤波器的相位特性决定，五种滤波器的相位特性将在 6.1.7 节介绍。在许多应用场合，希望所设计的模拟低通滤波器具有线性相位特性，并能逼近幅度指标。实现这一目标的一种方法是，在满足幅度指标的滤波器后面级联一个全通模拟滤波器来校正相位特性，使级联后的总系统在通带内逼近线性相位特性。但是这种方法增加了模拟滤波器硬件的复杂度，对于设计 A/D 变换器中的抗混叠模拟滤波器和 D/A 变换器中的平滑模拟滤波器，这是不希望的。

贝塞尔（Bessel）滤波器在通带内逼近线性相位特性。贝塞尔低通滤波器的系统函数为

$$H_a(s) = \frac{d_0}{B_N(s)} = \frac{d_0}{b_0 + b_1 s + b_2 s^2 + \cdots + b_{N-1} s^{N-1} + s^N} \quad (6.1.35)$$

$H_a(s)$为全极点型，并在$\Omega=0$点提供对线性相位特性最好的逼近。即在直流频率（$\Omega=0$点）附近有最平坦的群延时特性。将系统函数的分母多项式$B_N(s)$称为贝塞尔多项式。对于直流的标准群延时为 1 时，$B_N(s)$可以通过下面的迭代关系得到：

$$B_N(s) = (2N-1)B_{N-1}(s) + s^2 B_{N-2}(s) \quad (6.1.36)$$

从$B_1(s) = s+1$ 和 $B_2(s) = s^2 + 3s + 3$开始递推。当然，也可以用下式求$B_N(s)$的系数：

$$b_k = \frac{(2N-k)!}{2^{N-k} k!(N-k)!}, \quad k = 0, 1, 2, \cdots, N-1 \quad (6.1.37)$$

图 6.1.7(a)和(b)示出了典型的贝塞尔低通滤波器的幅频响应特性曲线和相频响应特性曲线。应当注意，阶数相同时，贝塞尔滤波器的选择性比上述四种滤波器差。贝塞尔滤波器的其他特性在 6.1.6 节中结合其 MATLAB 设计函数介绍。

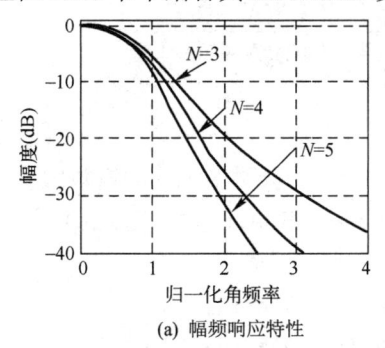

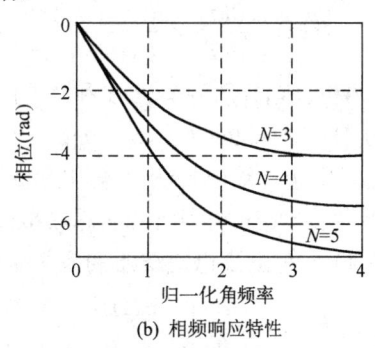

(a) 幅频响应特性

(b) 相频响应特性

图 6.1.7 典型贝塞尔低通滤波器的频响特性曲线

6.1.6 用 MATLAB 设计模拟滤波器

MATLAB 信号处理工具箱中的滤波器设计函数能直接设计上述五种模拟滤波器。这些

函数也可以用于直接设计相应类型的数字滤波器。

1. 巴特沃思滤波器

MATLAB 信号处理工具箱函数 buttap, buttord 和 butter 是巴特沃思滤波器设计函数。其 5 种调用格式如下：

（1）[z, p, G]=buttap(N)

该格式用于计算 N 阶巴特沃思归一化（3 dB 截止频率 $\Omega_c=1$）模拟低通滤波器系统函数的零、极点和增益因子。返回长度为 N 的列向量 z 和 p 分别给出 N 个零点和 N 个极点的位置，G 表示滤波器增益。得到的系统函数如下：

$$H_a(s)=\frac{P_a(s)}{D_a(s)}=G\frac{(s-z(1))(s-z(2))\cdots(s-z(N))}{(s-p(1))(s-p(2))\cdots(s-p(N))} \tag{6.1.38}$$

式中，$z(k)$ 和 $p(k)$ 分别为向量 z 和 p 的第 k 个元素。如果要从计算得到的零、极点得到系统函数的分子和分母多项式系数向量 B 和 A，可以调用结构转换函数[B, A]=zp2tf(z, p, G)。

（2）[N, wc]= buttord(wp, ws, Rp, As)

该格式用于计算巴特沃思数字滤波器的阶数 N 和 3 dB 截止频率 wc。调用参数 wp 和 ws 分别为数字滤波器的通带边界频率和阻带边界频率的归一化值，要求 0≤wp≤1，0≤ws≤1，1 表示数字频率π（对应模拟频率 $F_s/2$，F_s 表示采样频率）。Rp 和 As 分别为通带最大衰减和阻带最小衰减（dB）。当 ws≤wp 时，为高通滤波器；当 wp 和 ws 为二元矢量时，为带通或带阻滤波器，这时 wc 也是二元向量。N 和 wc 作为 butter 函数的调用参数。

（3）[N, wc]= buttord(wp, ws, Rp, As, 's')

该格式用于计算巴特沃思模拟滤波器的阶数 N 和 3 dB 截止频率 wc。wp, ws 和 wc 是实际模拟角频率（rad/s）。其他参数与格式（2）相同。

（4）[B, A]=butter(N, wc,' ftype')

该格式用于计算 N 阶巴特沃思数字滤波器系统函数分子和分母多项式的系数向量 B 和 A。调用参数 N 和 wc 分别为巴特沃思数字滤波器的阶数和 3 dB 截止频率的归一化值（关于π归一化），一般按格式（2）调用函数 buttord 计算 N 和 wc。由系数向量 B 和 A 可以写出数字滤波器系统函数

$$H(z)=\frac{B(z)}{A(z)}=\frac{B(1)+B(2)z^{-1}+\cdots+B(N)z^{-(N-1)}+B(N+1)z^{-N}}{A(1)+A(2)z^{-1}+\cdots+A(N)z^{-(N-1)}+A(N+1)z^{-N}} \tag{6.1.39}$$

式中，$B(k)$ 和 $A(k)$ 分别为向量 B 和 A 的第 k 个元素。

（5）[B, A]=butter(N, wc, 'ftype', 's')

该格式用于计算巴特沃思模拟滤波器系统函数中分子和分母多项式的系数向量 B 和 A。调用参数 N 和 wc 分别为巴特沃思模拟滤波器的阶数和 3 dB 截止频率（实际角频率）。由系数向量 B 和 A 写出模拟滤波器的系统函数为

$$H_a(s)=\frac{B(s)}{A(s)}=\frac{B(1)s^N+B(2)s^{N-1}+\cdots+B(N)s+B(N+1)}{A(1)s^N+A(2)s^{N-1}+\cdots+A(N)s+A(N+1)} \tag{6.1.40}$$

由于高通滤波器和低通滤波器都只有一个 3 dB 截止频率 wc，所以仅由调用参数 wc 不能区别要设计的是高通还是低通滤波器。当然仅由二维向量 wc 也不能区分带通和带阻。所以用参数 ftype 来区分。ftype=high 时，设计 3 dB 截止频率为 wc 的高通滤波器。省略 ftype 时默认设计低通滤波器。ftype=stop 时，设计通带 3 dB 截止频率为 wc 的带阻滤波器，此时

wc 为二元向量[wcl, wcu], wcl 和 wcu 分别为带阻滤波器的通带 3 dB 下截止频率和上截止频率。省略 ftype 时默认设计带通滤波器，通带为频率区间 wcl<ω<wcu。应当注意，设计的带通和带阻滤波器系统函数是 2N 阶的。这是因为带通滤波器相当于 N 阶低通滤波器与 N 阶高通滤波器级联。

例 6.1.2 调用 buttord 和 butter 设计巴特沃思低通模拟滤波器。要求与例 6.1.1 相同。
设计程序 ep612.m 如下：

```
wp=2*pi*1000;ws=2*pi*5000;Rp=1;As=40;    %设置指标参数
[N, wc]=buttord(wp, ws, Rp, As, 's');    %计算巴特沃思模拟低通滤波器阶数和 3 dB 截止频率
  [B, A]=butter(N, wc, 's');             %计算巴特沃思模拟低通滤波器系统函数系数
```

运行结果：

N=4, wc = 9.9347e+003, B = 9.7414*e+015
A =[1   2.5961e+004   3.3698e+008   2.5623e+012   9.7414e+015]

将 B 和 A 代入式（6.1.40）写出系统函数为

$$H_a(s) = \frac{9.7414 \times 10^{15}}{s^4 + 2.5961 \times 10^4 s^3 + 3.3698 \times 10^8 s^2 + 2.5623 \times 10^{12} s + 9.7414 \times 10^{15}}$$

与例 6.1.1 计算结果相同。滤波器的损耗函数曲线如图 6.1.8 所示。由图可以看出，阻带刚好满足指标要求，通带指标有富余。这就说明 buttord 函数使用式（6.1.16）计算 3 dB 截止频率。

2. 切比雪夫 I 型滤波器

MATLAB 信号处理工具箱函数 cheb1ap, cheb1ord 和 cheby1 是切比雪夫 I 型滤波器设计函数。其调用格式如下：

（1）[z, p, G]= cheb1ap(N, Rp)
（2）[N, wpo]= cheb1ord(wp, ws, Rp, As)
（3）[N, wpo]= cheb1ord(wp, ws, Rp, As, 's')
（4）[B, A]= cheby1(N, Rp, wpo, 'ftype')
（5）[B, A]= cheby1(N, Rp, wpo, 'ftype', 's')

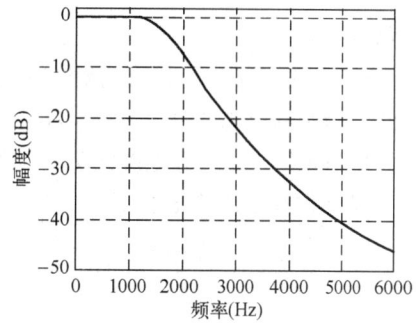

图 6.1.8 四阶巴特沃思模拟低通滤波器损耗函数（例 6.1.2 的设计结果）

切比雪夫 I 型滤波器设计函数与前面的巴特沃思滤波器设计函数比较，只有两点不同。一是这里设计的是切比雪夫 I 型滤波器，二是格式（2）和（3）的返回参数与格式（4）和（5）的调用参数 wpo 是切比雪夫 I 型滤波器的通带截止频率，而不是 3 dB 截止频率。其他参数含义与巴特沃思滤波器设计函数中的参数相同。系数向量 B 和 A 与数字和模拟滤波器系统函数的关系由式（6.1.39）和式（6.1.40）给出。

3. 切比雪夫 II 型滤波器

MATLAB 信号处理工具箱函数 cheb2ap, cheb2ord 和 cheby2 是切比雪夫 II 型滤波器设计函数。其调用格式如下：

（1）[z, p, G]= cheb2ap(N, Rs)

该格式用于计算 N 阶切比雪夫 II 型归一化（阻带截止频率 Ω_s=1）模拟低通滤波器系统函

数的零、极点和增益因子。返回长度为 N 的列向量 z 和 p 分别给出 N 个零点和 N 个极点的位置。G 表示滤波器增益。Rs 是阻带最小衰减（dB）。

（2）[N, wso]= cheb2ord(wp, ws, Rp, As)

该格式用于计算切比雪夫Ⅱ型数字滤波器的阶数 N 和阻带截止频率 wso。调用参数 wp 和 ws 分别为数字滤波器的通带边界频率和阻带边界频率的归一化值，要求 0≤wp≤1，0≤ws≤1，1 表示数字频率π（对应模拟频率 $F_s/2$）。Rp 和 As 分别为通带最大衰减和阻带最小衰减（dB）。当 ws≤wp 时为高通滤波器；当 wp 和 ws 为二元矢量时为带通或带阻滤波器，这时 wso 也是二元向量。N 和 wso 作为 cheby2 的调用参数。

（3）[N, wso]= cheb2ord(wp, ws, Rp, As, 's')

该格式用于计算切比雪夫Ⅱ型模拟滤波器的阶数 N 和阻带截止频率 wso。wp, ws 和 wso 是实际模拟角频率（rad/s）。其他参数与格式（2）相同。

（4）[B, A]= cheby2(N, Rs, wso, 'ftype')

该格式用于计算 N 阶切比雪夫Ⅱ型数字滤波器系统函数的分子和分母多项式系数向量 B 和 A。调用参数 N 和 wso 分别为切比雪夫Ⅱ型数字滤波器的阶数和阻带截止频率的归一化值（关于π归一化），一般调用函数 cheb2ord 计算 N 和 wso。

（5）[B, A]= cheby2(N, Rp, wso, 'ftype', 's')

该格式用于计算 N 阶切比雪夫Ⅱ型模拟滤波器系统函数的分子和分母多项式系数向量 B 和 A。调用参数 N 和 wso 分别为 N 阶切比雪夫Ⅱ型模拟滤波器的阶数和阻带截止频率（实际角频率）。

ftype 的定义与巴特沃思滤波器设计函数中的 ftype 相同。系数向量 B 和 A 与数字和模拟滤波器系统函数的关系由式（6.1.39）和式（6.1.40）给出。

例 6.1.3 设计切比雪夫Ⅰ型和切比雪夫Ⅱ型模拟低通滤波器。要求与例 6.1.1 相同。

设计程序 ep613.m 如下：

```
%例 6.1.3 设计程序: ep613.m
%设计切比雪夫Ⅰ型和切比雪夫Ⅱ型模拟低通滤波器
wp=2*pi*1000;ws=2*pi*5000;Rp=1;As=40;   %设置指标参数
%设计切比雪夫Ⅰ型
[N1, wp1]=cheb1ord(wp, ws, Rp, As, 's');%计算切比雪夫Ⅰ型模拟低通滤波器阶数和通带边界频率
[B1, A1]=cheby1(N1, Rp, wp1, 's');      %计算切比雪夫Ⅰ型模拟低通滤波器系统函数系数
%设计切比雪夫Ⅱ型
[N2, ws2]=cheb2ord(wp, ws, Rp, As, 's');%计算切比雪夫Ⅱ型模拟低通滤波器阶数和阻带边界频率
[B2, A2]=cheby2(N2, As, ws2, 's');      %计算切比雪夫Ⅱ型模拟低通滤波器系统函数系数
```

运行结果：

切比雪夫Ⅰ型模拟低通滤波器阶数: N1= 3
切比雪夫Ⅰ型模拟低通滤波器通带边界频率: wp1 = 6.2832e+003
切比雪夫Ⅰ型模拟低通滤波器系统函数分子分母多项式系数:
B1 = 1.2187e+011，A1 =[1   6.2099e+003   4.8890e+007   1.2187e+011]
切比雪夫Ⅱ型模拟低通滤波器阶数: N2= 3
切比雪夫Ⅱ型模拟低通滤波器阻带边界频率: ws2 = 2.3441e+004
切比雪夫Ⅱ型模拟低通滤波器系统函数分子分母多项式系数:
B2=[0   703.2643   −2.4927e−009   5.1524e+011]，A2=[1   1.5813e+004   1.2478e+008   5.1524e+011]

滤波器损耗函数如图 6.1.9 所示。

(a) 切比雪夫Ⅰ型滤波器　　(b) 切比雪夫Ⅱ型滤波器

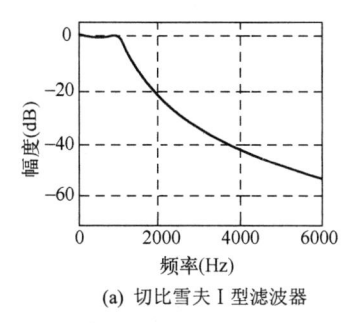

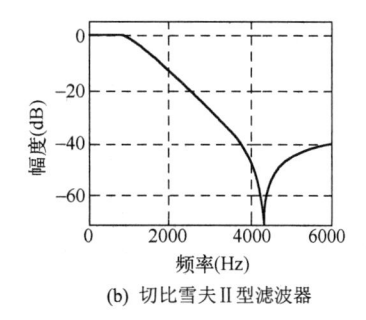

图 6.1.9　3 阶切比雪夫Ⅰ型和Ⅱ型模拟低通滤波器损耗函数（例 6.1.3 的设计结果）

4．椭圆滤波器

MATLAB 信号处理工具箱提供椭圆滤波器设计函数 ellipap, ellipord 和 ellip。其调用格式如下：

（1）[z, p, G]= ellipap(N, Rp, As)

该格式用于计算 N 阶归一化（通带边界频率 wp=1）模拟低通椭圆滤波器的零点向量 z、极点向量 p 和增益因子 G，Rp 和 As 分别为通带最大衰减和阻带最小衰减（dB）。返回长度为 N 的列向量 z 和 p 分别给出 N 个零点和 N 个极点的位置。如果 N 是奇数，则 z 的长度是 N−1。所得到的系统函数由式（6.1.38）给出。

（2）[N, wpo]= ellipord(wp, ws, Rp, As)

该格式用于计算满足指标的椭圆数字滤波器的最低阶数 N 和通带边界频率 wpo，指标由参数(wp, ws, Rp, As)给定。参数(wp, ws, Rp, As)的定义与巴特沃思滤波器设计函数 buttord 中相应参数相同。

（3）[N, wpo]= ellipord(wp, ws, Rp, As, 's')

该格式用于计算满足指标的椭圆模拟滤波器的最低阶数 N 和通带边界频率 wpo。

（4）[B, A]= ellip(N, Rp, As, wpo, 'ftype')

当 wpo 是表示滤波器通带边界频率的标量，而且省略参数 ftype 时，该格式返回 N 阶低通椭圆数字滤波器系统函数的分子和分母多项式系数向量 B 和 A，滤波器通带波纹为 Rp dB；当 ftype=high 时，返回 N 阶高通椭圆数字滤波器系统函数。当 wpo 是表示带通滤波器通带边界频率的二元向量，而且省略参数 ftype 时，该格式返回 2N 阶带通椭圆数字滤波器系统函数的分子和分母多项式系数向量 B 和 A，滤波器通带波纹为 Rp dB；当 ftype=stop 时，返回 2N 阶带阻椭圆数字滤波器系统函数的分子和分母多项式系数向量 B 和 A，二元向量参数 wpo 表示阻带上下边界频率。

（5）[B, A]= ellip(N, Rp, As, wpo, 'ftype', 's')

该格式返回椭圆模拟滤波器系统函数系数向量 B 和 A。当然其中的边界频率均为模拟角频率（rad/s）。

系数向量 B 和 A 与数字和模拟滤波器系统函数的关系由式（6.1.39）和式（6.1.40）给出。

例 6.1.4　设计椭圆模拟低通滤波器。要求与例 6.1.1 相同。

设计程序 ep614.m 如下：

```
%例 6.1.4 设计椭圆滤波器程序: ep614.m
```

```
wp=2*pi*1000;ws=2*pi*5000;Rp=1;As=40;    %设置指标参数
[N, wpo]=ellipord(wp, ws, Rp, As, 's');  %计算椭圆模拟低通滤波器阶数和通带边界频率
[B, A]=ellip(N, Rp, As, wpo, 's');       %计算椭圆模拟滤波器系统函数系数
%省去绘图部分
```

运行结果:

椭圆模拟低通滤波器阶数: N= 3
模拟低通滤波器通带边界频率: wpo = 6.2832e+003
椭圆模拟低通滤波器系统函数分子分母多项式系数:
B=[0   434.8001   2.8831e−009   1.3060e+011]
A=[1   6.1465e+003   4.9087e+007   1.3060e+011]

滤波器损耗函数如图 6.1.10 所示。虽然本例中椭圆滤波器阶数也是 3，但从图 6.1.10 可以看出，3 阶椭圆模拟低通滤波器的过渡带宽度近似为 1500 Hz，比指标要求（4000 Hz）窄 2500 Hz。而例 6.1.3 中用 3 阶切比雪夫模拟低通滤波器的过渡带宽度为 2500 Hz。例 6.1.2 中用 4 阶巴特沃思模拟低通滤波器的过渡带宽度近似为 3800 Hz。

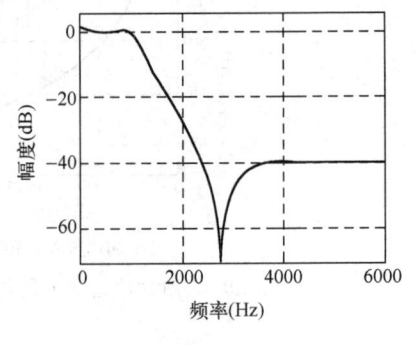

图 6.1.10 3 阶椭圆模拟低通滤波器损耗函数（例 6.1.4 的设计结果）

5. 贝塞尔滤波器

MATLAB 信号处理工具箱函数 besselap, besselord 和 bessel 是贝塞尔滤波器设计函数。其调用格式如下:

（1）[z, p, G]= besselap(N)

该格式用于设计 N 阶 Bessel 模拟低通原型滤波器，返回零点向量 z，极点向量 p 和增益 G。因为贝塞尔滤波器无零点，所以 z 是空向量，p 是长度为 N 的列向量。系统函数由式（6.1.38）给出。当 N=1 时，3 dB 截止频率为 1，而且 3 dB 截止频率随 N 增大而减小。

（2）[B, A]= bessel(N, wp)

该格式用于设计通带截止频率为 wp（rad/s）的 N 阶 Bessel 模拟低通滤波器，返回 N 阶贝塞尔模拟低通滤波器系统函数的分子分母多项式系数向量 B 和 A；当参数 wp 是二元向量（wp=[wpl, wph]）时，返回 2N 阶贝塞尔模拟带通滤波器系统函数的分子分母多项式系数向量 B 和 A。滤波器的通带为 wpl≤Ω≤wph。

（3）[B, A]= bessel(N, wp, 'ftype')

该格式用于设计高通和带阻滤波器。当 wp 是标量，而且 ftype=high 时，返回 N 阶贝塞尔模拟高通滤波器系统函数的分子分母多项式系数向量 B 和 A；当参数 wp 是二元向量，而且 ftype=stop 时，返回 2N 阶贝塞尔模拟带阻滤波器系统函数的分子分母多项式系数向量 B 和 A。

应当注意，只有当 N=1 时 wp 才是 3 dB 截止频率，当 N 增大时，边界频率 wp 点的幅度衰减随之增大。

系数向量 B 和 A 与数字和模拟滤波器系统函数的关系由式（6.1.39）和式（6.1.40）给出。

例 6.1.5 设计 3 阶贝塞尔模拟低通滤波器，通带截止频率 f_p=1 kHz。绘制损耗函数和相频特性曲线。

设计程序 ep615.m 如下:

```
%例 6.1.5 设计贝塞尔滤波器程序: ep615.m
N=3;wp=2*pi*1000;              %设置指标参数
```

```
        [B,A]=besself(N,wp);        %计算模拟低通滤波器系统函数系数
```
运行结果：

贝塞尔模拟低通滤波器系统函数分子分母多项式系数：
B= 2.4805e+011
A=[1   1.5286e+004   9.7362e+007   2.4805e+011]

滤波器损耗函数和相频特性函数分别如图6.1.11(a)和(b)所示。通带内具有近似线性相位特性。

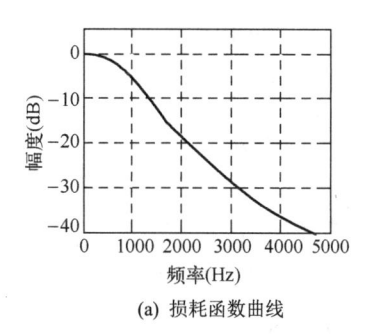

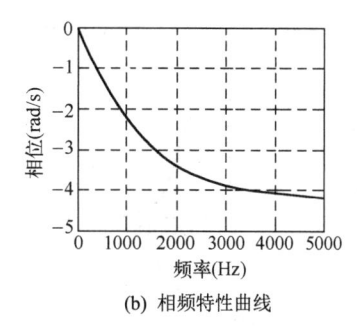

(a) 损耗函数曲线　　　　　　　(b) 相频特性曲线

图6.1.11　3阶贝塞尔模拟低通滤波器频响曲线（例6.1.5的设计结果）

6．用MATLAB设计滤波器时应注意的问题

对于上述五种滤波器的设计，零点、极点、增益形式要比系统函数形式精确。由于当滤波器阶数 $N \geq 15$ 时滤波器设计函数可能产生较大的计算误差，所以滤波器阶数小于15时，可以调用上述MATLAB设计函数设计滤波器。

6.1.7　五种类型模拟滤波器的比较

前面讨论了五种类型的模拟低通滤波器的设计方法，前四种（巴特沃思、切比雪夫Ⅰ型、切比雪夫Ⅱ型和椭圆滤波器）是主要考虑逼近幅度响应指标的滤波器，第五种（贝塞尔滤波器）是主要考虑逼近线性相位特性的滤波器。为了正确地选择滤波器类型以满足给定的幅频响应指标，必须比较四种幅度逼近滤波器的特性。为此，下面比较相同阶数的归一化巴特沃思、切比雪夫Ⅰ型、切比雪夫Ⅱ型和椭圆滤波器的频率响应特性。

调用MATLAB滤波器设计函数，很容易验证：当阶数相同时，对相同的通带最大衰减 α_p 和阻带最小衰减 α_s，巴特沃思滤波器具有单调下降的幅频特性，过渡带最宽。两种类型的切比雪夫滤波器的过渡带宽度相等，比巴特沃思滤波器的过渡带窄，但比椭圆滤波器的过渡带宽。切比雪夫Ⅰ型滤波器在通带具有等波纹幅频特性，过渡带和阻带是单调下降的幅频特性。切比雪夫Ⅱ型滤波器的通带幅频响应几乎与巴特沃思滤波器相同，阻带是等波纹幅频特性。椭圆滤波器的过渡带最窄，通带和阻带均是等波纹幅频特性。

巴特沃思和切比雪夫滤波器在大约四分之三的通带上非常接近线性相位特性，而椭圆滤波器仅在大约半个通带上非常接近线性相位特性。

贝塞尔滤波器在整个通带逼近线性相位特性，而其幅频特性的过渡带比其他四种滤波器宽得多。

另一方面，在满足相同的滤波器幅频响应指标条件下，巴特沃思滤波器阶数最高，椭圆滤波器的阶数最低，而且阶数差别较大。所以，就满足滤波器幅频响应指标而言，椭圆滤波

器的性能价格比最高,应用较广泛。

由上述比较可见,五种滤波器各具特点。工程实际中选择哪种滤波器取决于对滤波器阶数(阶数影响处理速度和实现的复杂性)和相位特性的具体要求。例如,在满足幅频响应指标的条件下希望滤波器阶数最低时,就应当选择椭圆滤波器。

6.1.8 频率变换与高通、带通及带阻滤波器设计

首先介绍高通、带通及带阻滤波器的概念及其指标参数。低通、高通、带通、带阻滤波器的幅频响应曲线及边界频率分别如图 6.1.12(a), (b), (c)和(d)所示。

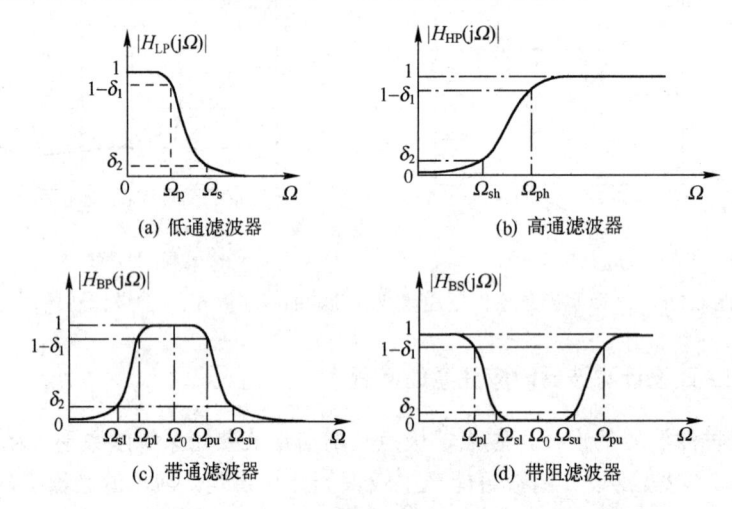

图 6.1.12 各种滤波器幅频特性曲线及边界频率示意图

低通、高通、带通和带阻滤波器的通带最大衰减和阻带最小衰减仍用 α_p 和 α_s 表示。图 6.1.12 中,Ω_p 和 Ω_s 分别表示低通滤波器的通带边界频率和阻带边界频率,Ω_{ph} 和 Ω_{sh} 分别表示高通滤波器的通带边界频率和阻带边界频率,Ω_{pl} 和 Ω_{pu} 分别表示带通和带阻滤波器的通带下边界频率和通带上边界频率,Ω_{sl} 和 Ω_{su} 分别表示带通和带阻滤波器的阻带下边界频率和阻带上边界频率。

从原理上讲,通过频率变换公式,可以将模拟滤波器归一化低通原型系统函数 $Q(p)$ 变换成希望的低通、高通、带通和带阻滤波器系统函数 $H_d(s)$。在模拟滤波器设计手册中,各种经典滤波器的设计公式都是针对低通滤波器的,并提供低通原型到其他各种滤波器的频率变换公式。所以,设计高通、带通和带阻滤波器的一般过程是:

① 通过频率变换公式,先将希望设计的滤波器指标转换为相应的低通原型滤波器指标;
② 设计相应的归一化低通原型系统函数 $Q(p)$;
③ 对 $Q(p)$ 进行频率变换得到希望设计的滤波器系统函数 $H_d(s)$。

设计过程中涉及的频率变换公式和指标转换公式较复杂,其推导更为复杂。为了便于工程设计,一些专家已经开发出根据设计指标直接设计高通、带通和带阻滤波器的 CAD 程序函数,只要根据设计指标直接调用 CAD 程序就可以得到高通、带通和带阻滤波器系统函数 $H_d(s)$。前面所提到的 MATLAB 信号处理工具箱函数 butter, cheby1, cheby2 和 ellip 都具有这样的功能。

本节先简要介绍模拟滤波器的频率变换公式,再举例说明调用 MATLAB 信号处理工具

箱函数直接设计高通、带通和带阻滤波器的方法。对那些繁杂的设计公式推导不做叙述，有兴趣的读者请参阅相关书籍。

为了叙述方便，用 $Q(p)$ 表示模拟低通原型系统函数，$p = \eta + j\lambda$ 为 $Q(p)$ 的复变量，其通带边界频率记为 λ_p，λ 称为归一化频率。用 $H_d(s)$ 表示希望设计的模拟滤波器的系统函数，$s = \sigma + j\Omega$ 表示 $H_d(s)$ 的复变量。例如，一个模拟低通原型系统函数为

$$Q(p) = \frac{\lambda_p}{p + \lambda_p}$$

其 3 dB 截止频率是 λ_p，当 $\lambda_p = 1$ 时，$Q(p)$ 称为归一化低通原型系统函数。模拟滤波器设计手册中给出了各种模拟滤波器归一化低通原型系统函数的参数（零、极点位置，分子、分母多项式系数等）。

应当注意：如 6.1.3 节所述，对于不同类型的滤波器，或根据不同的需要，λ 可以定义为关于各种不同的边界频率（如通带边界频率、阻带边界频率、3dB 截止频率、过渡带中心频率等）的归一化频率。对应的系统函数 $Q(p)$ 统称为归一化低通原型系统函数。但对于不同类型的滤波器，其归一化频率可能不同。例如，对巴特沃思归一化低通原型系统函数记为 $G(p)$，是关于 3 dB 截止频率归一化，即 $Q(p)$ 的 3 dB 截止频率 $\lambda_c = 1$。对椭圆滤波器，则 $Q(p)$ 是关于通带边界频率归一化的低通原型系统函数，即 $Q(p)$ 的通带边界频率 $\lambda_p = 1$。

下面简单介绍各种频率变换公式。从 p 域到 s 域映射的可逆变换记为 $p = F(s)$。系统函数 $G(p)$ 与 $H_d(s)$ 之间的转换关系为

$$H_d(s) = Q(p)\big|_{p=F(s)} \tag{6.1.41}$$

$$Q(p) = H_d(s)\big|_{s=F^{-1}(p)} \tag{6.1.42}$$

1. 模拟高通滤波器设计

低通和高通滤波器的幅频特性曲线如图 6.1.13（a）所示。低通到高通的频率变换公式为

$$p = \lambda_p \Omega_{ph}/s \tag{6.1.43}$$

在虚轴上该映射关系简化为如下频率变换公式

$$\lambda = -\lambda_p \Omega_{ph}/\Omega \tag{6.1.44}$$

式中，Ω_{ph} 为希望设计的高通滤波器 $H_{HP}(s)$ 的通带边界频率。

按照式（6.1.44）画出的频率映射关系曲线如图 6.1.13（b）所示。由图可见，映射关系式（6.1.44）意味着将低通滤波器的通带 $[0, \lambda_p]$ 映射为高通滤波器的通带 $[-\infty, -\Omega_{ph}]$，而将低通滤波器的通带 $[-\lambda_p, 0]$ 映射为高通滤波器的通带 $[\Omega_{ph}, \infty]$。同样，将低通滤波器的阻带 $[\lambda_s, \infty]$ 映射为高通滤波器的阻带 $[-\Omega_{sh}, 0]$，而将低通滤波器的阻带 $[-\infty, -\lambda_s]$ 映射为高通滤波器的阻带 $[0, \Omega_{sh}]$。映射关系式（6.1.43）确保低通滤波器 $Q(p)$ 通带 $[-\lambda_p, \lambda_p]$ 上的幅度值出现在高通滤波器 $H_{HP}(s)$ 的通带 $\Omega_{ph} \leq |\Omega|$ 上。同样，低通滤波器 $Q(p)$ 阻带 $\lambda_s \leq |\lambda|$ 上的幅度值出现在高通滤波器 $H_{HP}(s)$ 的阻带 $[-\Omega_s, \Omega_s]$ 上。

所以只要将式（6.1.43）代入式（6.1.41），就可将通带边界频率为 λ_p 的低通原型滤波器的系统函数 $Q(p)$ 转换成通带边界频率为 Ω_{ph} 的高通滤波器系统函数：

$$H_{HP}(s) = G(p)\big|_{p=\lambda_p \Omega_{ph}/s} \tag{6.1.45}$$

(a)低通和高通的幅频特性曲线　　(b)低通到高通的频率映射关系

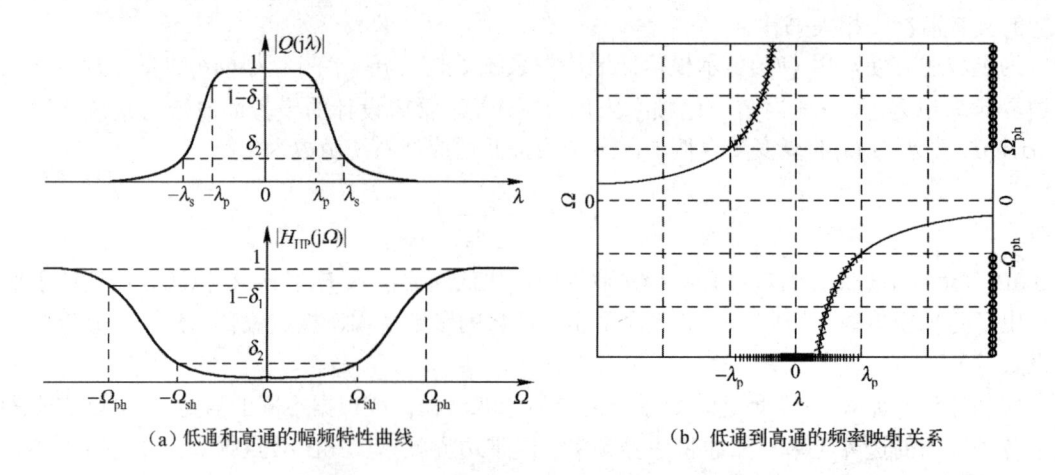

图 6.1.13　低通到高通的变换原理示意图

例 6.1.6　设计巴特沃思模拟高通滤波器，要求通带边界频率为 4 kHz，阻带边界频率为 1 kHz，通带最大衰减为 0.1 dB，阻带最小衰减为 40 dB。

解：（1）通过映射关系式（6.1.44），将希望设计的高通滤波器的指标转换成相应的低通原型滤波器 $Q(p)$ 的指标。为了设计方便，一般选择 $Q(p)$ 为归一化低通原型，即取低通原型滤波器 $Q(p)$ 的通带边界频率 $\lambda_p=1$。则由式（6.1.44）可求得归一化阻带边界频率为

$$\lambda_s = \Omega_{ph}/\Omega_s = 2\pi \times 4000 / 2\pi \times 1000 = 4$$

转换得到低通原型滤波器的指标为：通带边界频率 $\lambda_p=1$，阻带边界频率 $\lambda_s=4$，通带最大衰减 $\alpha_p=0.1$ dB，阻带最小衰减 $\alpha_s=40$ dB。

（2）设计相应的归一化低通原型系统函数 $Q(p)$。本例调用 MATLAB 函数 buttord 和 butter 来设计 $Q(p)$。也可以仿照例 6.1.1 的设计，留作练习。

（3）用式（6.1.43）将 $Q(p)$ 转换成希望设计的高通滤波器的系统函数 $H_{HP}(s)$。本例调用 MATLAB 函数 lp2hp 实现低通到高通的变换。lp2hp 函数的功能可用 help 命令查阅。[BH, AH]=lp2hp(B, A, wph)将系统函数分子和分母系数向量为 B 和 A 的低通滤波器变换成通带边界频率为 whp 的高通滤波器，返回结果 BH 和 AH 是高通滤波器系统函数分子和分母的系数向量。

实现步骤（2）和（3）的程序 ep616.m 如下：

```
%例 6.1.6 设计巴特沃思模拟高通滤波器程序: ep616.m
wp=1;ws=4;Rp=0.1;As=40;              %设置低通原型滤波器指标参数
[N, wc]=buttord(wp, ws, Rp, As, 's');  %计算低通原型滤波器 G(p)的阶数 N 和 3dB 截止频率 wc
[B, A]=butter(N, wc, 's');             %计算低通滤波器系统函数 G(p)的分子分母多项式系数
wph=2*pi*4000;                        %模拟高通滤波器通带边界频率 wph
[BH, AH]=lp2hp(B, A, wph);            %低通到高通转换
```

由系数向量 B 和 A 写出归一化低通系统函数为

$$Q(p) = \frac{10.2405}{p^5 + 5.1533p^4 + 13.278p^3 + 21.1445p^2 + 20.8101p + 10.2405}$$

由系数向量 BH 和 AH 写出希望设计的高通滤波器系统函数为

$$H_{\text{HP}}(s) = \frac{s^5 + 1.94\times 10^{-12}s^4 - 5.5146\times 10^{-5}s^3 + 9.5939s^2 + 4.5607s + 1.9485\times 10^{-3}}{s^5 + 5.1073\times 10^4 s^4 + 1.3042\times 10^9 s^3 + 2.0584\times 10^{13}s^2 + 2.0078\times 10^{17}s + 9.7921\times 10^{20}}$$

$Q(p)$ 和 $H_{\text{HP}}(s)$ 的损耗函数曲线如图 6.1.14 所示。

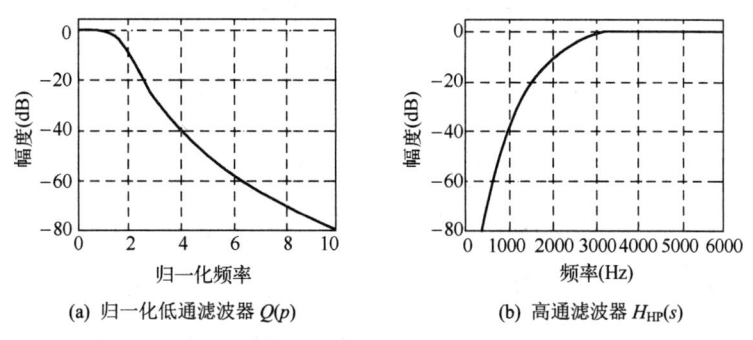

图 6.1.14 例 6.1.6 所得低通、高通滤波器损耗函数曲线

值得注意的是，实际上调用函数 buttord 和 butter 可以直接设计巴特沃思高通滤波器。设计程序 ep616b.m 如下：

```
%例 6.1.6 设计巴特沃思模拟高通滤波器程序: ep616b.m
wp=2*pi*4000;ws=2*pi*1000;Rp=0.1;As=40;    %设置高通滤波器指标参数
[N, wc]=buttord(wp, ws, Rp, As, 's');      %计算高通滤波器阶数 N 和 3 dB 截止频率
[BH, AH]=butter(N, wc, 'high', 's');       %计算高通滤波器系统函数 H_HP(s)分子分母多项式系数
```

程序运行结果：

```
N=5
BH=[1   0   0   0   0   0]
AH=[1   5.1073e+004   1.3042e+009   2.0584e+013   2.0078e+017   9.7921e+020]
```

分母多项式系数向量 AH 与程序 ep616.m 的运行结果相同。但是，分子多项式系数向量 BH 与程序 ep616.m 的运行结果有较大差别，这是由运算误差引起的。由于 butter 函数采用了归一化处理，所以计算误差小。本程序所得分子多项式系数向量 BH 与理论设计结果相同。所以实际中应当用程序 p616b.m 设计高通滤波器。由 BH 和 AH 写出希望设计的高通滤波器系统函数：

$$H_{\text{HP}}(s) = \frac{s^5}{s^5 + 5.1073\times 10^4 s^4 + 1.3042\times 10^9 s^3 + 2.0584\times 10^{13}s^2 + 2.0078\times 10^{17}s + 9.7921\times 10^{20}}$$

2. 低通到带通的频率变换

低通和带通滤波器的幅频特性曲线如图 6.1.15 所示。低通到带通的频率变换公式如下：

$$p = \lambda_p \frac{s^2 + \Omega_0^2}{B_w s} \tag{6.1.46}$$

在 p 平面与 s 平面虚轴上的频率关系为

$$\lambda = \lambda_p \frac{\Omega^2 - \Omega_0^2}{\Omega B_w} \tag{6.1.47a}$$

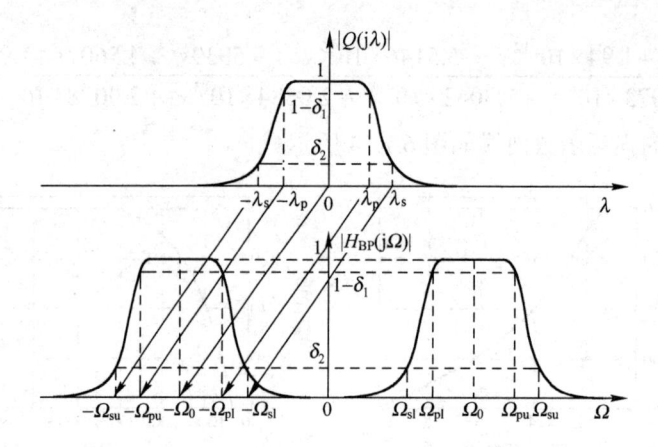

图 6.1.15 低通原型到带通的边界频率及幅频响应特性的映射关系

$$\Omega = \frac{B_w \lambda \pm \sqrt{(\lambda B_w)^2 + 4\lambda_p^2 \Omega_0^2}}{2\lambda_p} \quad (6.1.47b)$$

式中，$B_w = (\Omega_{pu} - \Omega_{pl})$ 表示带通滤波器的通带宽度，Ω_{pl} 和 Ω_{pu} 分别为带通滤波器的通带下截止频率和通带上截止频率，Ω_0 称为带通滤波器的中心频率。

按照式（6.1.47b）画出的频率变换关系曲线如图 6.1.16 所示。由图可见，频率 $\lambda=0$ 映射为频率 $\Omega = \pm \Omega_0$，频率 $\lambda = \lambda_p$ 映射为频率 Ω_{pu} 和 $-\Omega_{pl}$，频率 $\lambda = -\lambda_p$ 映射为频率 $-\Omega_{pu}$ 和 Ω_{pl}。也就是说，将低通滤波器 $G(p)$ 的通带 $[-\lambda_p, \lambda_p]$ 映射为带通滤波器的通带 $[-\Omega_{pu}, -\Omega_{pl}]$ 和 $[\Omega_{pl}, \Omega_{pu}]$。同样道理，频率 $\lambda = \lambda_s$ 映射为频率 Ω_{su} 和 $-\Omega_{sl}$，频率 $\lambda = -\lambda_s$ 映射为频率 $-\Omega_{su}$ 和 Ω_{sl}，确实实现了图 6.1.15 所示的频率变换要求。所以将式（6.1.46）带入式（6.1.41），就将 $Q(p)$ 转换为带通滤波器的系统函数，即

$$H_{BP}(s) = Q(p)\bigg|_{p=\lambda_p \frac{s^2+\Omega_0^2}{B_w s}} \quad (6.1.48)$$

可以证明
$$\Omega_{pl}\Omega_{pu} = \Omega_{sl}\Omega_{su} = \Omega_0^2 \quad (6.1.49)$$

所以，带通滤波器的通带（阻带）边界频率关于中心频率 Ω_0 几何对称。如果原指标给定的边

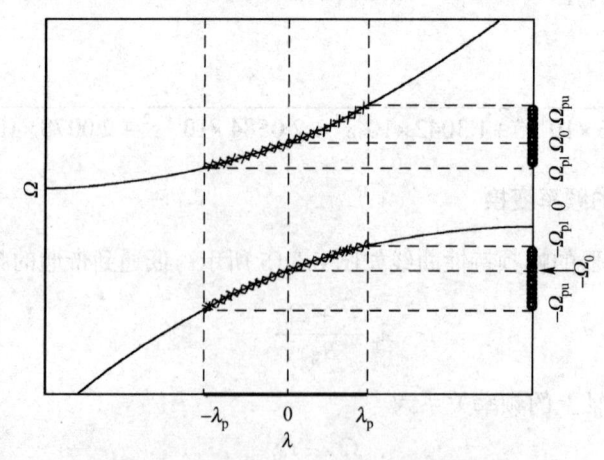

图 6.1.16 低通原型到带通的频率映射关系

界频率不满足式（6.1.49），就要改变其中一个边界频率以便满足式（6.1.49），但要保证改变后的指标高于原始指标。具体方法是，如果 $\Omega_{pl}\Omega_{pu} > \Omega_{sl}\Omega_{su}$，则减小 Ω_{pl}（或增大 Ω_{sl}）使式（6.1.49）得到满足。具体计算公式为

$$\Omega_{pl} = \Omega_{sl}\Omega_{su}/\Omega_{pu} \quad \text{或} \quad \Omega_{sl} = \Omega_{pl}\Omega_{pu}/\Omega_{su} \tag{6.1.50}$$

减小 Ω_{pl} 使通带宽度大于原指标要求的通带宽度，增大 Ω_{sl} 或减小 Ω_{pl} 都使左边的过渡带宽度小于原指标要求的过渡带宽度；反之，如果 $\Omega_{pl}\Omega_{pu} < \Omega_{sl}\Omega_{su}$，则减小 Ω_{su}（或增大 Ω_{pu}）使式（6.1.49）得到满足。而且在关于中心频率 Ω_0 几何对称的两个正频率点上，带通滤波器的幅度值相等。

例 6.1.7 设计巴特沃思模拟带通滤波器，要求通带上、下边界频率分别为 4 kHz 和 7 kHz，阻带上、下边界频率分别为 2 kHz 和 9 kHz，通带最大衰减为 1 dB，阻带最小衰减为 20 dB。

解：所给带通滤波器指标为：

$f_{pl} = 4 \text{ kHz}, f_{pu} = 7 \text{ kHz}, \alpha_p = 1 \text{ dB}; \quad f_{sl} = 2 \text{ kHz}, f_{su} = 9 \text{ kHz}, \alpha_s = 20 \text{ dB}$

$f_{pl}f_{pu} = 4000 \times 7000 = 28 \times 10^6; \quad f_{sl}f_{su} = 2000 \times 9000 = 18 \times 10^6$

因为 $f_{pl}f_{pu} > f_{sl}f_{su}$，所以不满足式（6.1.49）。按照式（6.1.49）增大 f_{sl}，则

$$f_{sl} = \frac{f_{pl}f_{pu}}{f_{su}} = \frac{28 \times 10^6}{9 \times 10^3} = 3.1111 \text{ kHz}$$

采用修正后的 f_{sl}，按如下步骤设计巴特沃思模拟带通滤波器：

① 通过映射关系式（6.1.47），将希望设计的带通滤波器指标转换为相应的低通滤波器 $Q(p)$ 的指标。为了设计方便，一般选择 $Q(p)$ 为归一化低通，即取低通滤波器 $Q(p)$ 的通带边界频率 $\lambda_p=1$。因为 $\lambda = \lambda_s$ 映射为 $-\Omega_{sl}$，所以将 $\lambda_p=1$，$\lambda=\lambda_s$ 和 $\Omega = -\Omega_{sl}$ 代入式（6.1.47）可求得归一化阻带边界频率

$$\lambda_s = \frac{f_0^2 - f_{sl}^2}{f_{sl}B_w} = \frac{28 - 3.1111^2}{3.1111 \times 3} = 1.9630$$

转换得到的归一化低通滤波器指标为：通带边界频率 $\lambda_p=1$，阻带边界频率 $\lambda_s=1.963$，通带最大衰减 $\alpha_p=1$ dB，阻带最小衰减 $\alpha_s=20$ dB。

② 设计相应的归一化低通系统函数 $Q(p)$。设计过程与例 6.1.1 完全相同，留作练习。

③ 用式（6.1.48）将 $Q(p)$ 转换成希望设计的带通滤波器系统函数 $H_{BP}(s)$。

本例调用 MATLAB 函数 buttord 和 butter 直接设计巴特沃思模拟带通滤波器。设计程序 ep617.m 如下：

```
%例 6.1.7 设计巴特沃思模拟带通滤波器程序: ep617.m
wp=2*pi*[4000, 7000];ws=2*pi*[2000, 9000];Rp=1;As=20;   %设置带通滤波器指标参数
[N, wc]=buttord(wp, ws, Rp, As, 's');                    %计算带通滤波器阶数 N 和 3dB 截止频率 wc
[BB, AB]=butter(N, wc, 's');                             %计算带通滤波器系统函数分子分母多项式系数向量 BB 和 AB
```

程序运行结果：

阶数: N=5
系统函数分子多项式系数向量:
BB=1.0e+021 * [0 0 0 0 0 6.9703 0 0 0 0 0]
系统函数分母多项式系数向量:
AB=[1   7.5625e+004   8.3866e+009   4.0121e+014   2.2667e+019   7.0915e+023
     2.5056e+028   4.9024e+032   1.1328e+037   1.1291e+041   1.6504e+045]

由运行结果可知，带通滤波器是 $2N$ 阶的。10 阶巴特沃思带通滤波器损耗函数曲线如图 6.1.17 所示。

3. 低通到带阻的频率变换

低通和带阻滤波器的幅频特性曲线如图 6.1.18 所示。低通到带阻的频率变换公式为

$$p = \lambda_s \frac{B_w s}{s^2 + \Omega_0^2} \tag{6.1.51}$$

在 p 平面与 s 平面虚轴上的频率变换关系为

$$\lambda = \lambda_s \frac{\Omega B_w}{\Omega^2 - \Omega_0^2} \tag{6.1.52a}$$

$$\Omega = \frac{\lambda_s B_w \pm \sqrt{(\lambda_s B_w)^2 + 4\lambda^2 \Omega_0^2}}{2\lambda} \tag{6.1.52b}$$

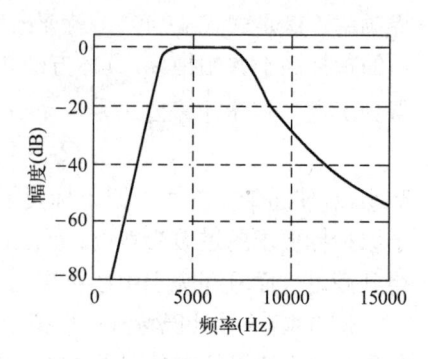

图 6.1.17 例 6.1.7 巴特沃思模拟带通滤波器损耗函数

式中，$B_w = \Omega_{su} - \Omega_{sl}$，表示带阻滤波器的阻带宽度，$\Omega_{sl}$ 和 Ω_{su} 分别为带阻滤波器的阻带下截止频率和阻带上截止频率，Ω_0 称为带阻滤波器的阻带中心频率。

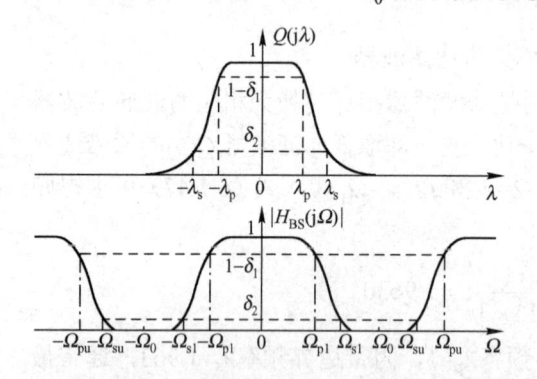

图 6.1.18 低通和带阻滤波器的幅频特性曲线

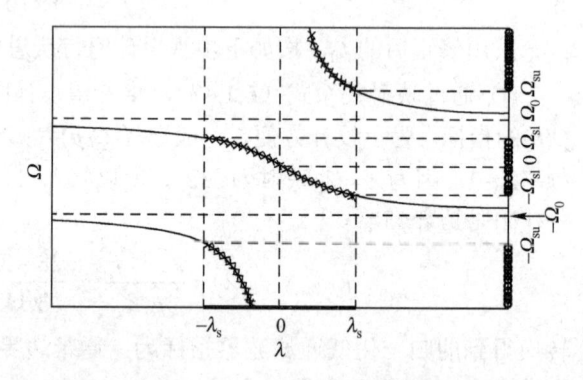

图 6.1.19 低通和带阻滤波器的幅频特性曲线

按照式（6.1.52b）画出的频率映射关系曲线如图 6.1.19 所示。由图可见，将低通滤波器 $Q(p)$ 的频带 $[-\lambda_s, \lambda_s]$ 映射为带阻滤波器的 3 个频带 $(-\infty, -\Omega_{su})$、$[-\Omega_{sl}, \Omega_{sl}]$ 和 $[\Omega_{su}, \infty)$，$Q(p)$ 的阻带映射为带阻滤波器的阻带，$\lambda = \pm\infty$ 均映射为带阻滤波器的阻带中心频率 Ω_0，λ_s 分别映射为带阻滤波器的阻带边界频率 $-\Omega_{sl}$ 和 Ω_{su}，$-\lambda_s$ 分别映射为带阻滤波器的阻带边界频率 $-\Omega_{su}$ 和 Ω_{sl}。所以，将式（6.1.51）带入式（6.1.41），就将阻带边界频率为 λ_s 的低通原型滤波器 $Q(p)$ 转换为所希望的带阻滤波器的系统函数，即

$$H_{BS}(s) = G(p)\bigg|_{p = \lambda_s \frac{B_w s}{s^2 + \Omega_0^2}} \tag{6.1.53}$$

与低通到带通变换情况相同，应当满足

$$\Omega_{pl}\Omega_{ph} = \Omega_{sl}\Omega_{sh} = \Omega_0^2 \tag{6.1.54}$$

由于带阻滤波器的设计与带通滤波器的设计过程相同，所以下面仅举例说明调用 MATLAB 函数直接设计模拟带阻滤波器的设计程序。

例 6.1.8 分别设计巴特沃思、椭圆模拟带阻滤波器，要求阻带上、下边界频率分别为 4 kHz 和 7 kHz，通带上、下边界频率分别为 2 kHz 和 9 kHz，通带最大衰减为 1 dB，阻带最小衰减为 20 dB。

解：所给带阻滤波器指标为

$f_{sl} = 4$ kHz, $f_{su} = 7$ kHz, $\alpha_s = 20$ dB; $f_{pl} = 2$ kHz, $f_{pu} = 9$ kHz, $\alpha_p = 1$ dB

调用 MATLAB 函数 buttord, butter, ellipord 和 ellip 直接设计巴特沃思带阻、椭圆带阻模拟滤波器的设计程序 ep618.m 如下：

```
%例 6.1.8 设计模拟带阻滤波器程序: ep618.m
wp=2*pi*[2000, 9000];ws=2*pi*[4000, 7000];Rp=1;As=20;   %设置带阻滤波器指标参数
%设计巴特沃思模拟带阻滤波器
[Nb, wc]=buttord(wp, ws, Rp, As, 's');          %计算带阻滤波器阶数 N 和 3 dB 截止频率
[BSb, ASb]=butter(Nb, wc, 'stop', 's');         %计算带阻滤波器系统函数分子分母多项式系数
%设计椭圆模拟带阻滤波器
[Ne, wep]=ellipord(wp, ws, Rp, As, 's');        %计算带阻滤波器阶数 N 和 3 dB 截止频率
[BSe, ASe]=ellip(Ne, Rp, As, wep, 'stop', 's'); %计算带阻滤波器系统函数分子分母多项式系数
```

程序运行结果：

巴特沃思模拟带阻滤波器阶数: Nb=5
巴特沃思模拟带阻滤波器系统函数分子多项式系数向量:
   BSb=1.0e+021 * [0 0 0 0 0 6.9703 0 0 0 0 0]
巴特沃思模拟带阻滤波器系统函数分母多项式系数向量:
   ASb=[1   7.5625e+004   8.3866e+009   4.0121e+014   2.2667e+019   7.0915e+023
        2.5056e+028   4.9024e+032   1.1328e+037   1.1291e+041   1.6504e+045]
椭圆模拟带阻滤波器阶数: Ne=3
椭圆模拟带阻滤波器系统函数分子多项式系数向量:
   BSe=[1 -1.9827e-011   3.9765e+009   -0.0918   4.3956e+018   -6.1168e+007   1.3507e+027]
椭圆模拟带阻滤波器系统函数分母多项式系数向量:
   ASe=[1   6.9065e+004   5.3071e+009   2.2890e+014   5.8665e+018   8.4390e+022   1.3507e+027]

由运行结果可知，带阻滤波器也是 2N 阶的。10 阶巴特沃思带阻滤波器和 6 阶椭圆带阻滤波器损耗函数分别如图 6.1.20(a)和(b)所示。

(a) 巴特沃思带阻滤波器   (b) 椭圆带阻滤波器

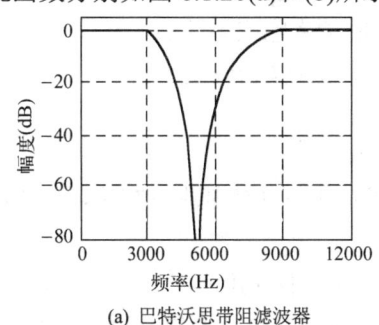

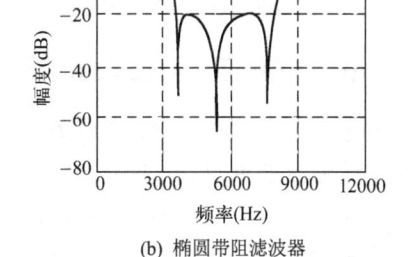

图 6.1.20 例 6.1.8 的巴特沃思、椭圆模拟带阻滤波器损耗函数

6.2 IIR 数字滤波器设计

数字滤波器的设计就是根据设计指标确定一个因果稳定的系统函数 $H(z)$，确保 $H(z)$ 满足给定的频率响应指标。数字滤波器的实现结构将在第 8 章介绍。如前所述，IIR 数字滤波器的设计方法分为间接设计法和直接设计法，本节主要讨论 IIR 数字滤波器的两种间接设计方法。

用间接法设计 IIR 数字滤波器的过程如下：

(1) 确定数字滤波器指标；

(2) 将数字滤波器指标转换成相应的过渡模拟滤波器指标；

(3) 设计满足指标要求的过渡模拟滤波器 $H_a(s)$；

(4) 将过渡模拟滤波器 $H_a(s)$ 转换成数字滤波器 $H(z)$。

前面已经介绍了模拟滤波器的指标和设计模拟滤波器的五种逼近方法。数字滤波器的频率响应函数是以 2π 为周期的，所以其频率响应指标只在数字频率 ω 的主值区 $[-\pi, \pi]$ 上描述。只要将图 6.1.1 中模拟频率 Ω 换成数字频率 ω，将模拟滤波器的幅频特性函数 $|H_a(j\Omega)|$ 换成数字滤波器的幅频特性函数 $|H(e^{j\omega})|$，则图 6.1.1 就变成了低通数字滤波器的归一化指标描述。模拟低通滤波器的指标描述参数都可以简单地套用于数字低通滤波器：通带为 $[0, \omega_p]$，阻带为 $[\omega_s, \pi]$，过渡带为 $[\omega_p, \omega_s]$。这里不再重复叙述。所以，本节的重点就是间接设计法中步骤 (2) 和 (4) 所涉及的问题。

注意，在许多实际应用中，希望用数字滤波器对模拟信号进行滤波处理，这时滤波器的边界频率以模拟频率 $f(Hz)$ 和采样频率 F_s 给出。而数字滤波器的设计方法和设计程序中的指标参数都是以数字边界频率给出的，所以首先要将模拟边界频率转换成数字边界频率。用 F_s 表示采样频率（采样次数/秒），用 f_p 和 f_s 分别表示模拟通带和阻带边界频率（以 Hz 为单位），用 ω_p 和 ω_s 分别表示相应的数字通带和阻带边界频率（以 rad 为单位），则有如下关系式：

$$\omega_p = \Omega_p/F_s = 2\pi f_p/F_s \tag{6.2.1}$$

$$\omega_s = \Omega_s/F_s = 2\pi f_s/F_s \tag{6.2.2}$$

将模拟滤波器转换成数字滤波器的常用方法有两种：脉冲响应不变法和双线性变换法。而步骤 (2) 将数字滤波器指标转换成相应的模拟滤波器指标的公式与所选的转换方法有关。下面分两节讨论脉冲响应不变法和双线性变换法。

将模拟滤波器 $H_a(s)$ 转换成数字滤波器 $H(z)$ 的实质是，用一种从 s 平面到 z 平面的映射函数将 $H_a(s)$ 转换成 $H(z)$。对这种映射函数的要求是：(1) 因果稳定的模拟滤波器 $H_a(s)$ 转换成数字滤波器 $H(z)$ 仍因果稳定；(2) 数字滤波器 $H(z)$ 的频率响应特性能近似模仿 $H_a(s)$ 的片断常数频率响应特性。脉冲响应不变法和双线性变换法都满足如上要求。

6.2.1 用脉冲响应不变法设计 IIRDF

设模拟滤波器的单位冲激响应为 $h_a(t)$，脉冲响应不变法的基本思想是，对 $h_a(t)$ 等间隔采样，得到数字滤波器的单位脉冲响应 $h(n)$：

$$h(n) = h_a(nT), \quad H(z) = ZT[h(n)]$$

这样就可以将模拟滤波器系统函数 $H_a(s)$ 转换成数字滤波器系统函数 $H(z)$。但是，模拟滤波器都是在频域设计的，其设计公式和图表在 s 域表征，设计结果也是 s 域的系统函数 $H_a(s)$。所以下面根据上述设计思想，推导出直接从 $H_a(s)$ 转换成 $H(z)$ 的公式。

为了简化推导，设模拟滤波器 $H_a(s)$ 只有单阶极点 s_k ($k=1, 2, \cdots, N$)，且分母多项式阶次高于分子多项式阶次。则 $H_a(s)$ 可以用如下部分分式表示：

$$H_a(s) = \sum_{k=1}^{N} \frac{A_k}{s - s_k} \tag{6.2.3}$$

直接将 $H_a(s)$ 转换成 $H(z)$ 的公式推导：

（1）对 $H_a(s)$ 取拉普拉斯逆变换，求得模拟滤波器单位冲激响应为

$$h_a(t) = \sum_{k=1}^{N} A_k e^{js_k t} u(t) \qquad (6.2.4)$$

（2）对 $h_a(t)$ 采样得到数字滤波器单位脉冲响应为

$$h(n) = h_a(nT) = \sum_{k=1}^{N} A_k e^{js_k nT} u(nT) \qquad (6.2.5)$$

（3）对 $h(n)$ 进行 Z 变换得到数字滤波器系统函数为

$$H(z) = \sum_{k=1}^{N} \frac{A_k}{1 - e^{s_k T} z^{-1}} \qquad (6.2.6)$$

$H(z)$ 就是转换得到的数字滤波器的系统函数。对比式（6.2.3）和式（6.2.6），容易看出直接将 $H_a(s)$ 转换成 $H(z)$ 的公式。对上面假设的简单情况，只要将 $H_a(s)$ 表示为式（6.2.3）的形式，则将其中的系数 A_k 和极点 S_k 代入式（6.2.6），就可以直接写出 $H(z)$ 的表达式。对于 $H_a(s)$ 有多重极点，以及分子阶次高于分母阶次的复杂情况，其设计公式的推导较为复杂，请有兴趣的读者参考[18]或其他教材。

下面分析脉冲响应不变法的转换性能。

由式（6.2.3）和式（6.2.6）可以看出，s 平面到 z 平面的极点映射关系：$z_k = e^{s_k T}$。可以证明[3]，用脉冲响应不变法将模拟滤波器 $H_a(s)$ 转换成数字滤波器 $H(z)$ 时，整个 s 平面到 z 平面的映射关系为

$$z = e^{sT} \qquad (6.2.7)$$

设 $s = \sigma + j\Omega$，$z = re^{j\omega}$，则 $re^{j\omega} = e^{(\sigma + j\Omega)T} = e^{\sigma T} e^{j\Omega T}$

所以

$$r = e^{\sigma T} \qquad (6.2.8)$$
$$\omega = \Omega T \qquad (6.2.9)$$

式（6.2.9）表明，数字频率与模拟频率之间是线性关系，这是脉冲响应不变法的优点之一。

由式（6.2.8）可知，
● $\sigma=0$ 时，$r=1$，s 平面的虚轴映射为 z 平面的单位圆；
● $\sigma<0$ 时，$r<1$，s 平面的左半平面映射为 z 平面的单位圆内；
● $\sigma>0$ 时，$r>1$，s 平面的右半平面映射为 z 平面的单位圆外。

模拟系统因果稳定，其系统函数 $H_a(s)$ 的所有极点位于 s 平面的左半平面，按照上述结论，这些极点全部映射到 z 平面单位圆内，因此，数字滤波器 $H(z)$ 也因果稳定。

因为 $h(n)=h_a(nT)$，根据时域采样理论（式（4.2.10））得到

$$H(e^{j\Omega T}) = \frac{1}{T} \sum_{k=-\infty}^{\infty} H_a\left[j\left(\Omega - \frac{2\pi k}{T}\right)\right] \qquad (6.2.10)$$

代入 $\omega=\Omega T$ 得到

$$H(e^{j\omega}) = \frac{1}{T} \sum_{k=-\infty}^{\infty} H_a\left(j\frac{\omega - 2\pi k}{T}\right) \qquad (6.2.11)$$

式（6.2.10）和式（6.2.11）说明，数字滤波器频率响应是模拟滤波器频率响应的周期延拓函数。所以，如果模拟滤波器具有带限特性，而且 T 满足采样定理，则数字滤波器频率响应完全模仿了模拟滤波器频率响应。这是脉冲响应不变法的最大优点。但是，一般模拟滤波器不是带限的，所以实际上总是存在频谱混叠失真，如图 6.2.1 所示。

由图 6.2.1 可见，频谱混叠失真会使数字滤波器在 $\omega=\pi$ 附近的频率响应（如图中虚线所示）偏离模拟滤波器频响特性曲线，混叠严重时可使数字滤波器不满足阻带衰减指标。所以，脉冲响应不变法不适合设计高通和带阻滤波器。这是脉冲响应不变法的最大缺点。

为了减小频谱混叠失真，通常采取以下措施：①选用具有锐截止特性的模拟滤波器；②提高采样频率 F_s（$F_s=1/T$）。但是①使滤波器阶数升高，②对处理速度要求更高。

另外，由式（6.2.11）可见，与模拟滤波器频率响应增益相比，数字滤波器的频率响应增益增加了常数因子 $1/T$。所以，数字滤波器的频率响应增益会随采样周期 T 变化，特别是 T 很小时增益很大，容易造成数字滤波器溢出。所以，工程实际中采用以下实用公式

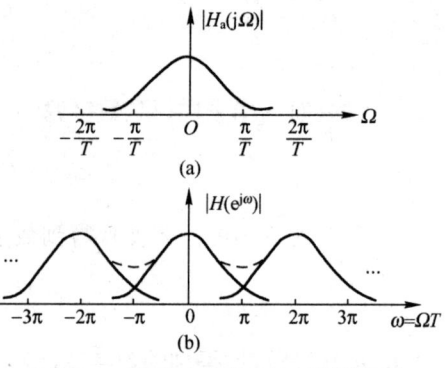

图 6.2.1 脉冲响应不变法的频谱混叠失真示意图

$$h(n) = Th_a(nT), \quad H(z) = \sum_{k=1}^{N} \frac{T A_k}{1 - e^{s_k T} z^{-1}} \tag{6.2.12}$$

这时

$$H(e^{j\omega}) = \sum_{k=-\infty}^{\infty} H_a\left(j\frac{\omega - 2\pi k}{T}\right)$$

使数字滤波器的频率响应增益与模拟滤波器频响增益相同，符合实际应用要求。

与工程实现相关的另一个问题是，式（6.2.12）中的 A_k 和 s_k 一般为复数，由式（6.2.12）得到数字滤波器的差分方程为

$$y(n) = \sum_{k=1}^{N} e^{s_k T} y(n-1) + \sum_{k=1}^{N} T A_k x(n)$$

所以直接实现要用复数乘法器，应避免出现这种情况。一般 $h_a(t)$（或 $h(n)$）是实函数，所以 A_k 和 s_k 除了实数外均以复共轭对出现，这时只要将式（6.2.12）中 A_k 为复共轭对（此时，s_k 必为共轭对）的项两两通分合并，则可以解决该问题。

合并式（6.2.12）中任意一对互为复共轭对的两项得到

$$\frac{TA_k}{s - e^{s_k T} z^{-1}} + \frac{TA_k^*}{s - e^{s_k^* T} z^{-1}} = \frac{b_{0k} + b_{1k} z^{-1}}{1 + a_{1k} z^{-1} + a_{2k} z^{-2}} \tag{6.2.13}$$

式中，$s_k = \sigma_k + j\Omega_k$，$s_k^* = \sigma_k - j\Omega_k$。所以

$$b_{0k} = 2T \operatorname{Re}[A_k], \quad b_{1k} = 2T e^{\sigma_k T} \operatorname{Re}[A_k e^{j\Omega_k T}] \tag{6.2.14a}$$

$$a_{1k} = -2e^{\sigma_k T} \cos(\Omega_k T), \quad a_{2k} = e^{2\sigma_k T} \tag{6.2.14b}$$

这样得到的式（6.2.13）只有实系数。用这种方法得到

$$H(z) = \sum_{k=1}^{\lfloor N/2 \rfloor} \frac{b_{0k} + b_{1k} z^{-1}}{1 + a_{1k} z^{-1} + a_{2k} z^{-2}} \tag{6.2.15}$$

式中，$\lfloor N/2 \rfloor$ 表示取不小于 $N/2$ 的最小整数。式（6.2.15）对应的实现结构只有实数乘法器。

例 6.2.1 二阶巴特沃思模拟低通滤波器的系统函数为

$$H_a(s) = \frac{1}{s^2 + \sqrt{2}s + 1}$$

试用脉冲响应不变法将其转换成数字滤波器 $H(z)$，并对不同的采样周期 T，观察频谱混叠失真现象。

解：采用待定系数法将 $H_a(s)$ 部分分式展开。$H_a(s)$ 的极点为

$$s_1 = -\frac{\sqrt{2}}{2}(1+j), \quad s_2 = -\frac{\sqrt{2}}{2}(1-j) = s_1^*$$

因此

$$H_a(s) = \frac{1}{s^2 + \sqrt{2}s + 1} = \frac{A_1}{s-s_1} + \frac{A_2}{s-s_2}$$

解得

$$A_1 = \frac{\sqrt{2}}{2}j, \quad A_2 = -\frac{\sqrt{2}}{2}j$$

按实用公式，即式（6.2.12）得到数字滤波器的系统函数为

$$H(z) = \frac{TA_1}{1-e^{s_1T}z^{-1}} + \frac{TA_2}{1-e^{s_2T}z^{-1}} = \frac{bz^{-1}}{1+a_1z^{-1}+a_2z^{-2}}$$

式中

$$b = T\sqrt{2}e^{-\sqrt{2}T/2}\sin\frac{\sqrt{2}}{2}T, \quad a_1 = -2e^{-\sqrt{2}T/2}\cos\frac{\sqrt{2}}{2}T, \quad a_2 = e^{-\sqrt{2}T}$$

T 分别取 0.2 s, 0.1 s 和 0.05 s 时，模拟滤波器和数字滤波器的幅频特性曲线如图 6.2.2 所示。显然，采样周期 T 越大，频谱混叠失真越严重，$|H(e^{j\omega})|$ 与 $|H_a(j\Omega)|$ 差别越大。所以，脉冲响应不变法不能用于将模拟高通和带阻滤波器转换成数字高通和带阻滤波器。

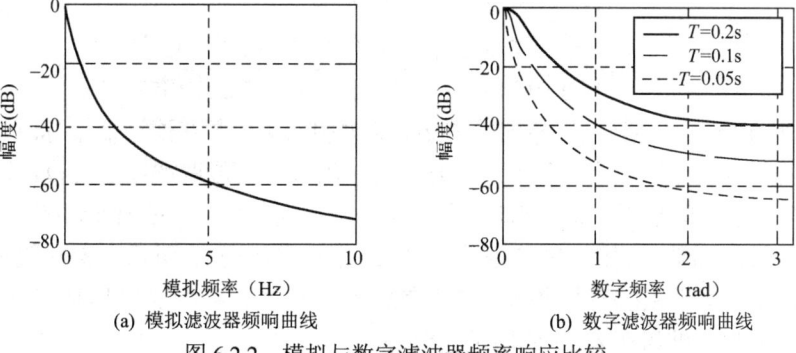

(a) 模拟滤波器频响曲线

(b) 数字滤波器频响曲线

图 6.2.2 模拟与数字滤波器频率响应比较

例 6.2.2 用脉冲响应不变法设计数字低通滤波器，要求通带和阻带具有单调下降特性，指标参数如下：$\omega_p = 0.2\pi$ rad，$\alpha_p = 1$ dB，$\omega_s = 0.35\pi$ rad，$\alpha_s = 10$ dB。

解：根据间接设计法的基本步骤求解。

（1）将数字滤波器设计指标转换为相应模拟滤波器指标。设采样周期为 T，由式（6.2.9）得到

$$\Omega_p = \omega_p/T = 0.2\pi/T\,\text{rad/s}, \quad \alpha_p = 1\,\text{dB}; \quad \Omega_s = \omega_s/T = 0.35\pi/T\,\text{rad/s}, \quad \alpha_s = 10\,\text{dB}$$

（2）设计相应的模拟滤波器，得到模拟系统函数 $H_a(s)$。根据单调下降要求，选择巴特沃思滤波器。首先用式（6.1.5）和式（6.1.6）求出波纹幅度参数为

$$\varepsilon = \sqrt{10^{\alpha_p/10}-1} = \sqrt{10^{1/10}-1} = 0.508847, \quad A = 10^{\alpha_s/20} = 3.1623$$

由式（6.1.8）和式（6.1.9）得到

$$k = \Omega_p/\Omega_s = 4/7, \quad k_1 = \varepsilon/\sqrt{A^2-1} = 0.1696$$

再将 k 和 k_1 代入式（6.1.14）和式（6.1.16）计算得到

$$N = \lg k_1/\lg k = 3.1704, \quad \text{取整数 } N=4$$

取 $T=1$ s 时 $\Omega_c = \dfrac{\Omega_s}{(A^2-1)^{1/2N}} = \dfrac{0.35\pi}{(3.1625^2-1)^{1/8}} = 0.2659\pi$ rad/s

查表 6.1.1 得到归一化 4 阶巴特沃思多项式为
$$D'_4(p) = (p-p_1)(p-p_2)(p-p_3)(p-p_4)$$

将其带入式（6.1.21）得到归一化系统函数为
$$G(p) = \dfrac{1}{(p-p_1)(p-p_2)(p-p_3)(p-p_4)} = \sum_{k=1}^{4}\dfrac{A_k}{p-p_k}$$

其中 $A_1 = 0.3536 + 0.3536\mathrm{j}$, $A_2 = 0.3536 - 0.3536\mathrm{j}$, $A_3 = -0.8536 + 0.8536\mathrm{j}$, $A_4 = -0.8536 - 0.8536\mathrm{j}$

$p_1 = -0.3827 + 0.9239\mathrm{j}$, $p_2 = -0.3827 - 0.9239\mathrm{j}$, $p_3 = -0.9239 + 0.3827\mathrm{j}$, $p_4 = -0.9239 - 0.3827\mathrm{j}$

将 Ω_c 带入式（6.1.22）去归一化，得到希望设计的低通滤波器的系统函数为
$$H_a(s) = G(p)\big|_{p=s/\Omega_c} = \sum_{k=1}^{4}\dfrac{\Omega_c A_k}{s - \Omega_c p_k} = \sum_{k=1}^{4}\dfrac{B_k}{s - s_k}$$

其中 $s_k = \Omega_c p_k$, $B_k = \Omega_c A_k$

（3）将 $T=1$ s 代入式（6.2.6），将模拟滤波器系统函数 $H_a(s)$ 转换成数字滤波器系统函数 $H(z)$，即

$$H(z) = \sum_{k=1}^{4}\dfrac{B_k}{1-\mathrm{e}^{s_k T}z^{-1}} = \sum_{k=1}^{4}\dfrac{B_k}{1-\mathrm{e}^{s_k}z^{-1}}$$
$$= \dfrac{0.0456z^{-1} + 0.1027z^{-2} + 0.0154z^{-3}}{1 - 1.9184z^{-1} + 1.6546z^{-2} - 0.6853z^{-3} + 0.1127z^{-4}}$$

如果取 $T=0.1$ s，可得到近似相同的 $H(z)$。这说明当给定数字滤波器指标时，采样周期的取值对频谱混叠程度影响很小（见 6.2.2 节解释）。所以，一般取 $T=1$ s 使设计运算最简单。$T=1$ s 时，设计的模拟滤波器和数字滤波器损耗函数曲线如图 6.2.3(a)和(c)所示。$T=0.1$ s 时，设计的模拟滤波器和数字滤波器损耗函数曲线如图 6.2.3(b)和(d)所示。图中数字滤波器满足指标要求，但是，由于频谱混叠失真，使数字滤波器在 $\omega=\pi$（对应模拟频率 $F_s/2$ Hz）附近的衰减明显小于模拟滤波器在 $f=F_s/2$ 附近的衰减。

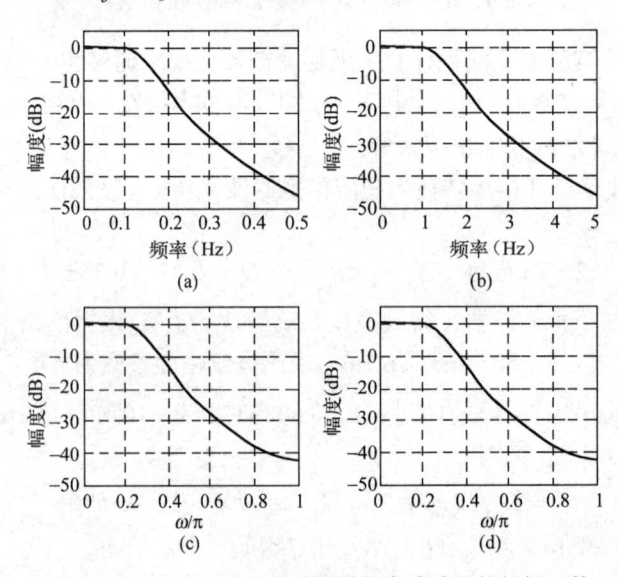

图 6.2.3 例 6.2.2 设计的模拟和数字滤波器的损耗函数

由本例可见，低阶滤波器的设计计算相当麻烦，更高阶的滤波器的设计计算就更加复杂。上面的结果是调用 MATLAB 信号处理工具箱函数计算的。本例的设计程序 ep622.m 如下。读者可以改变程序中的 T 值，验证上述结论。

```
%例 6.2.2 用脉冲响应不变法设计数字滤波器程序: ep622.m
T=1;                                    %T=1s
wp=0.2*pi/T;ws=0.35*pi/T;rp=1;rs=10;    %计算模拟滤波器指标
[N, wc]=buttord(wp, ws, rp, rs, 's');   %计算相应的模拟滤波器阶数 N 和 3 dB 截止频率
[B, A]=butter(N, wc, 's');              %计算相应的模拟滤波器系统函数
[Bz, Az]=impinvar(B, A);                %用脉冲响应不变法将模拟滤波器转换成数字滤波器
省略绘图部分
```

程序中，函数 impinvar 是脉冲响应不变法的转换函数，[Bz, Az]=impinvar(B, A)实现用脉冲响应不变法将分子和分母多项式系数向量为 B 和 A 的模拟滤波器系统函数 $H_a(s)$ 转换成数字滤波器的系统函数 $H(z)$，$H(z)$ 的分子和分母多项式系数向量为 Bz 和 Az。

6.2.2 用双线性变换法设计 IIRDF

上节介绍的脉冲响应不变法的最大缺点是，存在频谱混叠失真。由图 6.2.1 容易看出，如果 $|\Omega| \geq \pi/T$ 时，$|H_a(j\Omega)| \neq 0$，则数字滤波器产生频谱混叠失真。双线性变换法从原理上彻底消除了频谱混叠，所以双线性变换法在 IIR 数字滤波器的设计中得到更广泛的应用。

1. 双线性变换法的设计思想与双线性变换公式

脉冲响应不变法的基本设计思想是波形逼近，而双线性变换法的设计思想是算法逼近。我们知道，一般数字滤波器用线性常系数差分方程描述，模拟滤波器用线性常系数微分方程描述，因此只要能用差分近似微分，就可以将微分方程转换成差分方程，完成从模拟滤波器到数字滤波的转换。下面进行推导。

为了推导简单，但又不失一般性，设模拟滤波器 $H_a(s)$ 只有单阶极点 s_k（$k=1, 2, \cdots, N$），且分母多项式阶次高于分子多项式阶次。则 $H_a(s)$ 可以用如下部分分式表示

$$H_a(s) = \sum_{k=1}^{N} \frac{A_k}{s-s_k} = \sum_{k=1}^{N} H_{ak}(s) \qquad (6.2.16)$$

式中

$$H_{ak}(s) = \frac{A_k}{s-s_k}, \quad k=1,2,\cdots,N \qquad (6.2.17)$$

显然，N 个一阶子系统函数 $H_{ak}(s)$ 各对应一个一阶线性常系数微分方程，只是常数 A_k 和 s_k 不同。所以，只要推导出将 $H_{ak}(s)$ 转换成一阶数字滤波器 $H_k(z)$ 的变换公式，则该变换公式就是将模拟滤波器 $H_a(s)$ 转换成数字滤波器 $H(z)$ 的变换公式。$H_{ak}(s)$ 所对应的微分方程为

$$\frac{dy_a(t)}{dt} - s_k y_a(t) = A_k x_a(t)$$

对微分方程中各项做如下近似：

$$\frac{dy_a(t)}{dt} \Rightarrow [y(n)-y(n-1)]/T, \; y(n) = y_a(nT)$$

$$y_a(t) \Rightarrow [y(n)+y(n-1)]/2$$

$$x_a(t) \Rightarrow [x(n)+x(n-1)]/2, \; x(n) = x_a(nT)$$

则微分方程可用下面的差分方程近似

$$[y(n)-y(n-1)]/T - s_k[y(n)+y(n-1)]/2 = A_k[x(n)+x(n-1)]/2$$

两边取 Z 变换得到逼近微分方程的数字滤波器的系统函数为

$$H_k(z) = \frac{A_k}{\frac{2}{T}\frac{1-z^{-1}}{1+z^{-1}} - s_k} = H_{ak}(s)\bigg|_{s=\frac{2}{T}\frac{1-z^{-1}}{1+z^{-1}}}$$

所以
$$H(z) = H_a(s)\bigg|_{s=\frac{2}{T}\frac{1-z^{-1}}{1+z^{-1}}} \tag{6.2.18}$$

式（6.2.18）就是用双线性变换法直接将模拟滤波器系统函数 $H_a(s)$ 转换成数字滤波器系统函数 $H(z)$ 的变换公式。从 s 域到 z 域的映射变换为双线性变换：

$$s = \frac{2}{T}\frac{1-z^{-1}}{1+z^{-1}} \tag{6.2.19}$$

式（6.2.19）是 s 域到 z 域的单值可逆映射变换，所以不会产生频谱混叠失真。

2. 双线性变换法转换性能分析

先求出式（6.2.19）相应的逆变换如下

$$z = \left(1+\frac{T}{2}s\right)\bigg/\left(1-\frac{T}{2}s\right) \tag{6.2.20}$$

将 $s=\sigma+j\Omega$，代入上式可得

$$z = \left[1+\frac{T}{2}(\sigma+j\Omega)\right]\bigg/\left[1-\frac{T}{2}(\sigma+j\Omega)\right]$$

$$|z|^2 = \frac{(1+\sigma T/2)^2 + (\Omega T/2)^2}{(1-\sigma T/2)^2 + (\Omega T/2)^2} \tag{6.2.21}$$

由式（6.2.21）容易看出，从 s 平面到 z 平面的映射关系：

$$\begin{cases} |z|<1, & \sigma<0 \text{（左半 } s \text{ 平面映射成 } z \text{ 平面单位圆内）} \\ |z|=1, & \sigma=0 \text{（}s \text{ 平面的虚轴映射成 } z \text{ 平面单位圆）} \\ |z|>1, & \sigma>0 \text{（右半 } s \text{ 平面映射成 } z \text{ 平面单位圆外）} \end{cases}$$

所以，双线性变换法将因果稳定的模拟滤波器 $H_a(s)$ 转换成数字滤波器 $H(z)$ 仍因果稳定。

下面推导数字频率与模拟频率之间的映射关系。

将 $s=j\Omega$，$z=e^{j\omega}$ 代入式（6.2.19）得到

$$j\Omega = \frac{2}{T}\frac{1-e^{-j\omega}}{1+e^{-j\omega}} = j\frac{2}{T}\tan\left(\frac{\omega}{2}\right)$$

即
$$\Omega = \frac{2}{T}\tan\frac{\omega}{2} \tag{6.2.22}$$

数字频率 ω 与模拟频率 Ω 之间的映射关系如图 6.2.4 所示。由图看出，s 平面的正（负）虚轴映射成 z 平面单位圆的上（下）半圆。由于 s 平面的整个正虚轴（$\Omega=0\sim\infty$）映射成有限宽的数字频段（$\omega=0\sim\pi$），所以双线性变换引起数字频率与模拟频率之间的严重非线性畸变。正是这种频率非线性

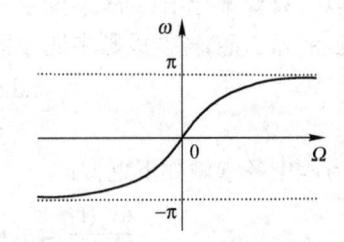

图 6.2.4 双线性变换的数字频率与模拟角频率之间的映射关系

畸变，使整个模拟频率轴映射成数字频率的主值区 $[-\pi, \pi]$，从而消除了频谱混叠失真。这种频率非线性畸变使数字滤波器频率响应曲线不能模仿相应的过渡模拟滤波器频率响应曲线的波形，如图6.2.5所示。由图中可明显看出，由于数字频率与模拟频率之间的非线性映射关系，典型模拟滤波器幅频响应曲线经过双线性变换后，所得数字滤波器幅频响应曲线有较大的失真。但是，将数字滤波器指标转换成相应的过渡模拟滤波器指标时，只要按照非线性关系式（6.2.22）计算模拟滤波器边界频率

$$\Omega_\mathrm{p} = \frac{2}{T}\tan\frac{\omega_\mathrm{p}}{2}, \quad \Omega_\mathrm{s} = \frac{2}{T}\tan\frac{\omega_\mathrm{s}}{2} \quad (6.2.23)$$

则过渡模拟滤波器再经过双线性变换后，所得数字滤波器的边界频率就一定满足所要求的数字边界频率指标，幅频响应特性必然满足所给的数字域片断常数幅频响应特性指标。称式（6.2.23）为"预畸变校正"。

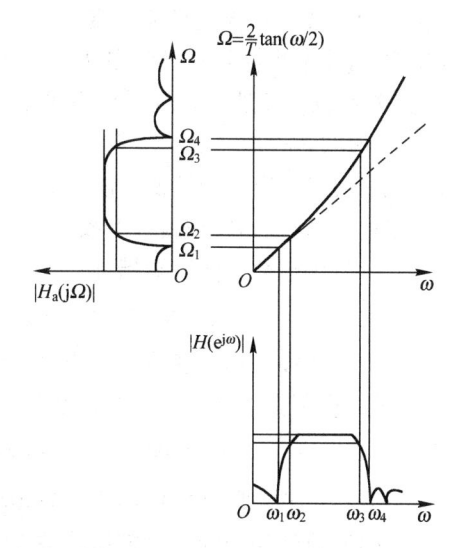

图 6.2.5 频率非线性畸变影响举例

所以，双线性变换法仅仅保持原模拟滤波器的片断常数幅频响应特性。但是，经过双线性变换后，不能保持原模拟滤波器的相频响应特性。因此，双线性变换法仅仅适用于要求片断常数幅频响应指标的数字滤波器的设计。

综上所述可总结出用双线性变换法设计IIR数字滤波器的设计步骤如下：

（1）确定数字滤波器指标：$\omega_\mathrm{p}, \omega_\mathrm{s}, \alpha_\mathrm{p}, \alpha_\mathrm{s}$；

（2）按照式（6.2.23）进行非线性预畸变校正，将数字滤波器指标转换成相应的过渡模拟滤波器指标：

$$\Omega_\mathrm{p} = \frac{2}{T}\tan\frac{\omega_\mathrm{p}}{2}, \quad \Omega_\mathrm{s} = \frac{2}{T}\tan\frac{\omega_\mathrm{s}}{2}$$

通带最大衰减和阻带最小衰减分别为 α_p 和 α_s；

（3）设计满足指标要求的过渡模拟滤波器 $H_\mathrm{a}(s)$；

（4）将模拟滤波器 $H_\mathrm{a}(s)$ 转换成数字滤波器，即 $H(z) = H_\mathrm{a}(s)\Big|_{s=\frac{2}{T}\frac{1-z^{-1}}{1+z^{-1}}}$。

只有通过步骤（2）的非线性预畸变校正，才能保证经过步骤（4）的非线性频率畸变后，数字滤波器才能满足步骤（1）所给定的设计指标。

3．采样间隔 T 的选择

从上述两种间接设计法可见，设计过程都涉及采样间隔 T，那么 T 值大小对设计结果有什么影响？如何选择 T 的值呢？答案如下。

如果是单方向将给定的模拟滤波器 $H_\mathrm{a}(s)$ 转换成数字滤波器 $H(z)$，则 T 的取值对转换结果有很大影响，即 T 不同则 $H(z)$ 不同，频率响应当然也不同。特别是对脉冲响应不变法，T 值越大会使频谱混叠失真越严重。设计低通滤波器时，一般要求 $\pi/T > \Omega_\mathrm{s}$。

但是，如果给定数字滤波器技术指标，则 T 可以任意选取。这是因为数字滤波器最高频率为 π，所以阻带截止频率 $\omega_\mathrm{s} < \pi$。对脉冲响应不变法，相应的过渡模拟滤波器阻带截止频率

$\Omega_s=\omega_s/T<\pi/T$，只要阻带最小衰减$\alpha_s$足够大，则频谱混叠失真足够小，使设计的$H(z)$满足数字滤波器技术指标要求。例6.2.2的设计结果已经验证了该结论。而双线性变换法无频谱混叠，所以T可以任意选取。为了计算简单，对脉冲响应不变法，一般取$T=1$ s；而对双线性变换法，一般取$T=2$ s。

例 6.2.3 用双线性变换法设计数字低通滤波器，指标要求与例6.2.2相同。

解： 根据上述用双线性变换法设计IIR数字滤波器的设计步骤求解。

（1）确定数字滤波器指标。

$$\omega_p = 0.2\pi \text{ rad}, \quad \alpha_p = 1 \text{ dB}, \quad \omega_s = 0.35\pi \text{ rad}, \quad \alpha_s = 10 \text{ dB}$$

（2）非线性预畸变校正，将数字滤波器设计指标转换为相应的过渡模拟滤波器指标。

设采样周期$T=2$ s，由式（6.2.23）得到

$$\Omega_p = \tan(\omega_p/2) = \tan(0.1\pi) = 0.324920 \text{ rad/s}, \quad \alpha_p = 1 \text{ dB}$$

$$\Omega_s = \tan(\omega_s/2) = \tan(0.35\pi/2) = 0.612801 \text{ rad/s}, \quad \alpha_s = 10 \text{ dB}$$

（3）设计相应的过渡模拟滤波器$H_a(s)$。根据单调下降要求，选择巴特沃思滤波器。并仿照例6.2.2计算出$N=3$，$\Omega_c=4.248923$ rad/s。查表6.1.1得到归一化3阶巴特沃思模拟滤波器的系统函数为

$$G(p) = \frac{1}{(p+1)(p^2+p+1)}$$

去归一化得到

$$H_a(s) = G(p)\big|_{p=s/\Omega_c} = \frac{0.076707}{(s+0.424892)(s^2+0.424892s+0.180533)}$$

（4）用双线性变换法将模拟滤波器转换为数字滤波器，即

$$H(z) = H_a(s)\big|_{s=\frac{1-z^{-1}}{1+z^{-1}}} = \frac{0.033532+0.100597z^{-1}+0.100597z^{-2}+0.033532z^{-3}}{1-1.424486z^{-1}+0.882718z^{-2}-0.189973z^{-3}}$$

MATLAB工具箱函数buttord和butter用于设计巴特沃思数字滤波器时就是采用双线性变换法。所以，上述四个设计步骤可以用如下MATLAB程序完成。

```
wp=0.2;ws=0.35;rp=1;rs=10;      %设置数字滤波器指标参数（边界频率关于π归一化）
[N, wc]=buttord(wp, ws, rp, rs); %计算数字滤波器阶数N和3 dB截止频率wc
[B, A]=butter(N, wc);            %设计数字滤波器
```

过渡模拟滤波器和数字滤波器的损耗函数分别如图6.2.6(a)和(b)所示。由该图可见，确实没有频谱混叠，设计结果满足所给的指标。但由于频率非线性畸变，使数字滤波器与模拟滤波器的损耗函数曲线形状有很大差别。

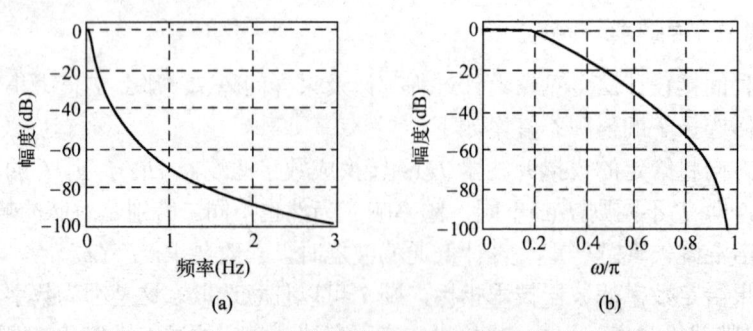

图 6.2.6 例6.2.3设计的模拟和数字滤波器的损耗函数

6.2.3 高通、带通和带阻 IIRDF

前面介绍了 IIR 数字低通滤波器的间接设计方法。下面讨论其他三种（高通、带通和带阻）IIR 数字滤波器的双线性变换设计方法。从低通到高通、带通和带阻的转换是通过频率变换完成的。频率变换可以在模拟域完成，也可在数字域完成。下面分别介绍用这两种频率变换方法设计高通、带通和带阻数字滤波器的设计步骤。

1. 采用模拟域频率变换设计高通、带通和带阻数字滤波器的步骤

（1）用式（6.2.22）对所期望的数字滤波器 $H(z)$ 的数字边界频率预畸变，得到同类型的模拟滤波器 $H_a(s)$ 的边界频率。

（2）用 6.1.8 节所讲的模拟域频率变换公式，将 $H_a(s)$ 设计指标转换成相应的模拟低通原型滤波器 $G(p)$ 的设计指标。

（3）设计模拟低通原型滤波器 $G(p)$。

（4）模拟域频率变换，即将模拟低通原型滤波器 $G(p)$ 转换成所希望的模拟滤波器 $H_a(s)$。

（5）用双线性变换法将 $H_a(s)$ 转换成所希望的 IIR 数字滤波器系统函数 $H(z)$。

如前面所述，可以调用 MATLAB 工具箱函数 buttord, butter, cheb1ord, cheby1, cheb2ord, cheby2, ellipord 和 ellip 直接设计高通、带通和带阻 IIR 数字滤波器，这些函数就是用双线性变换法按照如上途径实现各种滤波器的设计的。

2. 采用数字域频率变换设计高通、带通和带阻数字滤波器的步骤

（1）用式（6.2.22）对希望类型的数字滤波器 $H(z)$ 的数字边界频率预畸变，得到同类型的模拟滤波器 $H_a(s)$ 的边界频率。

（2）用 6.1.8 节所讲的模拟域频率变换公式，将 $H_a(s)$ 设计指标转换成相应的模拟低通原型滤波器 $Q(p)$ 的设计指标。

（3）设计模拟低通原型滤波器 $Q(p)$。

（4）用双线性变换法将 $Q(p)$ 转换成 IIR 数字低通滤波器系统函数 $H_{LP}(z)$。

（5）数字域频率变换，将 $H_{LP}(z)$ 转换成希望设计的 IIR 数字滤波器系统函数 $H(z)$。

下面先举例说明采用模拟域频率变换设计 IIR 数字高通滤波器的过程。带通和带阻滤波器的设计过程与 IIR 数字高通滤波器的设计过程相同，仅频率变换公式不同，只介绍直接调用 MATLAB 工具箱函数进行设计的方法。在下一节介绍数字域频率变换。

例 6.2.4 设计切比雪夫 I 型数字高通滤波器。设计指标：通带边界频率 f_p=700 Hz，阻带边界频率 f_s=500 Hz，通带最大衰减 α_p=1 dB，阻带最小衰减 α_s=32 dB。采样频率 F_s=2 kHz。

解：根据式（6.2.1）和式（6.2.2）求出相应数字滤波器的边界频率：

$$\omega_p = 2\pi f_p / F_s = 2\pi \times 700 / 2000 = 0.7\pi \text{ rad}$$

$$\omega_s = 2\pi f_s / F_s = 2\pi \times 500 / 2000 = 0.5\pi \text{ rad}$$

下面按照采用模拟域频率变换的五个步骤进行设计。

第一步，因为设计高通滤波器，所以必须采用双线性变换法。预畸变校正将数字高通滤波器的边界频率转换成相应的模拟高通滤波器 $H_a(s)$ 的边界频率（令 T=2s）。

$$\Omega_{ph} = \tan(\omega_p / 2) = \tan(0.7\pi / 2) = 1.96261 \text{ rad/s}, \quad \alpha_p = 1 \text{ dB}$$

$$\Omega_{sh} = \tan(\omega_s / 2) = \tan(0.5\pi / 2) = 1.0 \text{ rad/s}, \quad \alpha_s = 32 \text{ dB}$$

第二步，将 $H_a(s)$ 的指标转换成模拟低通归一化原型滤波器 $Q(p)$ 的指标。将 $\lambda_p=1$、Ω_{ph} 和 $\Omega=\Omega_{sh}$ 代入式（6.1.44）得到 $\lambda_s=\Omega_{ph}/\Omega_{sh}=1.96261$。所以，$Q(p)$ 指标为

$$\lambda_p=1,\ \alpha_p=1\ \text{dB};\ \lambda_s=1.96261,\ \alpha_s=32\ \text{dB}$$

由于切比雪夫滤波器设计的运算很复杂，所以第三步调用 MATLAB 工具箱函数 cheb1ord 和 cheby1 来完成，第四步和第五步分别调用 lp2hp 和 bilinear 完成。设计程序 ep624.m 如下：

```
%程序 ep624.m
[N, wp]=cheb1ord(1, 1.9261, 1, 32, 's');    %计算 Q(p)的阶数 N 和通带边界频率 wp
[Bap, Aap]=cheby1(N, 1, wp, 's');            %设计 Q(p)
[BHP, AHP]=lp2hp(Bap, Aap, 1.9261);          %模拟域频率变换，将 Q(p)变换成高通滤波器 H_HP(s)
[Bz, Az]=bilinear(BHP, AHP, 0.5)             %用双线性变换法将 H_HP(s)转换成数字高通滤波器 H(z)
```

程序中，[Bz, Az]=bilinear(BHP, AHP, 1/T)将分子和分母多项式系数向量为 BHP 和 AHP 的高通模拟滤波器 $H_{HP}(s)$ 转换成分子和分母多项式系数向量为 Bz 和 Az 的数字高通滤波器 $H(z)$，T 是双线性变换公式（6.2.19）中的采样间隔。应当注意，这里 T 与数字滤波器系统的信号采样频率 F_s 没有关系。本例取 $T=2$，所以程序中 $1/T=0.5$。由分子和分母多项式系数向量 Bap 和 Aap，得到模拟低通归一化原型滤波器系统函数 $Q(p)$，其损耗函数如图 6.2.7(a) 所示。由分子和分母多项式系数向量 Bz 和 Az，得到数字高通滤波器的系统函数 $H(z)$，其损耗函数如图 6.2.7(b)所示。程序运行结果如下：

```
N=4
Bz=[ 0.0084    -0.0335    0.0502    -0.0335    0.0084 ]
Az=[ 1.0000    2.3741    2.7057    1.5917    0.4103 ]
```

当然，上述设计过程完全可以通过调用函数 cheb1ord 和 cheby1 直接在 z 域设计。设计程序为 ep624b.m。设计结果与程序 ep624.m 完全相同，所以实际中一般都通过调用函数 cheb1ord 和 cheby1 直接在 z 域设计各种数字滤波器。实质上函数 cheb1ord 和 cheby1 内部就是按照上述五个步骤进行设计的。

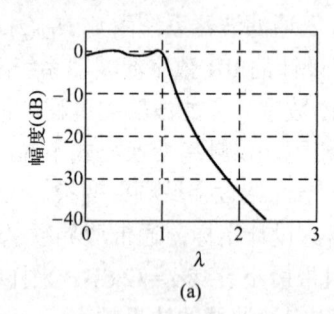

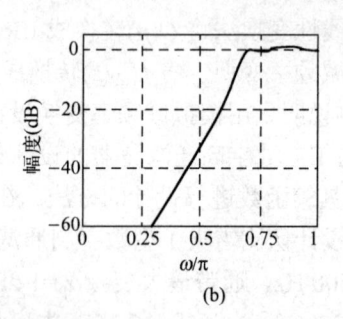

图 6.2.7　例 6.2.4 设计的过渡模拟低通原型和数字高通滤波器的损耗函数

```
%例 6.2.4 用双线性变换法设计数字高通滤波器程序：ep624b.m
fph=700;fsh=500;Fs=2000;rp=1;rs=32;          %设计指标（Hz）
omegaph=2*fph/Fs;omegash=2*fsh/Fs;           %计算归一化数字边界频率
[N, wp]=cheb1ord(omegaph, omegash, rp, rs);  %计算数字高通滤波器的阶数 N 和通带边界频率 wp
[Bz, Az]=cheby1(N, rp, wp, 'high');          %设计数字高通滤波器
```

例 6.2.5　希望对输入模拟信号采样并进行数字带通滤波处理，系统采样频率 F_s=8 kHz，要求保留 2025～2225 Hz 频段的频率成分，幅度失真小于 1 dB；滤除 0～1500 Hz 和 2700 Hz

以上频段的频率成分，衰减大于 40 dB。试设计数字带通滤波器实现上述要求。

解：这是一个用数字滤波器对模拟信号进行带通滤波处理的应用实例（先对模拟信号进行 A/D 变换，再进行数字带通滤波处理）。

首先确定数字滤波器技术指标：

$$\omega_{pl} = 2\pi f_{pl} / F_s = 2\pi \times 2025/8000 = 0.5062\pi, \quad \omega_{pu} = 2\pi f_{pu} / F_s = 2\pi \times 2225/8000 = 0.5563\pi$$

$$\omega_{sl} = 2\pi f_{sl} / F_s = 2\pi \times 1500/8000 = 0.3750\pi, \quad \omega_{su} = 2\pi f_{su} / F_s = 2\pi \times 2700/8000 = 0.6750\pi$$

$$\alpha_p = 1, \quad \alpha_s = 40$$

为了使滤波器阶数最低，选用椭圆滤波器。调用 MATLAB 信号处理工具箱函数（ellipord 和 ellip）直接设计数字带通滤波器的程序为 ep625.m。

```
%例 6.2.5 调用函数 ellipord 和 ellip 直接设计数字椭圆带通滤波器程序：ep625.m
fpl=2025;fpu=2225;fsl=1500;fsu=2700;Fs=8000;
wp=[2*fpl/Fs, 2*fpu/Fs];ws=[2*fsl/Fs, 2*fsu/Fs];rp=1;rs=40;  %滤波器指标（边界频率关于π归一化）
[N, wpo]=ellipord(wp, ws, rp, rs)        %调用 ellipord 计算滤波器阶数 N 和通带截止频率 wpo
[B, A]=ellip(N, rp, rs, wpo);             %调用 ellip 计算带通滤波器系统函数系数向量 B 和 A
```

程序运行结果：

```
N = 3
wpo =[0.5062    0.5563]
ws = [0.3750    0.6750]
B = [0.0053    0.0020    0.0045    0.0000   -0.0045   -0.0020   -0.0053]
A = [1.0000    0.5730    2.9379    1.0917    2.7919    0.5172    0.8576]
```

由系数向量 B 和 A 可知，系统函数分子分母是 2N 阶多项式：

$$H(z) = \frac{b_0 + b_1 z^{-1} + b_2 z^{-2} + b_3 z^{-3} + b_4 z^{-4} + b_5 z^{-5} + b_6 z^{-6}}{a_0 + a_1 z^{-1} + a_2 z^{-2} + a_3 z^{-3} + a_4 z^{-4} + a_5 z^{-5} + a_6 z^{-6}}$$

式中 $b_k = B(k+1), \quad a_k = A(k+1), \quad k = 0,1,2,3,4,5,6$

6 阶椭圆数字带通滤波器损耗函数曲线如图 6.2.8 所示。

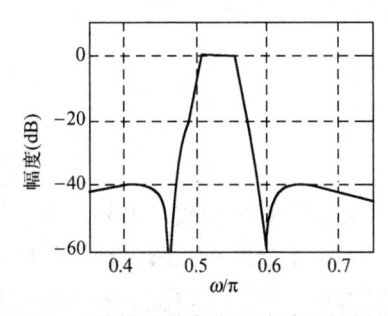

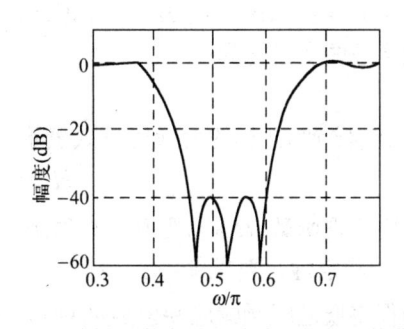

图 6.2.8　6 阶椭圆数字带通滤波器损耗函数曲线　　图 6.2.9　6 阶椭圆数字带阻滤波器损耗函数曲线

例 6.2.6　希望对输入模拟信号采样并进行数字带阻滤波处理，系统采样频率 F_s=8 kHz，要求滤除 2025～2225 Hz 频段的频率成分，衰减大于 40 dB；保留 0～1500 Hz 和 2700 Hz 以上频段的频率成分，幅度失真小于 1 dB。试设计数字带阻滤波器实现上述要求。

解：首先确定数字滤波器技术指标：

$$\omega_{sl} = 2\pi f_{sl} / F_s = 2\pi \times 2025/8000 = 0.5062\pi, \quad \omega_{su} = 2\pi f_{su} / F_s = 2\pi \times 2225/8000 = 0.5563\pi$$

$$\omega_{\text{pl}} = 2\pi f_{\text{pl}}/F_{\text{s}} = 2\pi \times 1500/8000 = 0.3750\pi, \quad \omega_{\text{pu}} = 2\pi f_{\text{pu}}/F_{\text{s}} = 2\pi \times 2700/8000 = 0.6750\pi$$

$$\alpha_{\text{p}} = 1, \quad \alpha_{\text{s}} = 40$$

为了使滤波器阶数最低，选用椭圆滤波器。调用 MATLAB 信号处理工具箱函数（ellipord 和 ellip）直接设计数字带阻滤波器的程序为 ep626.m。

```
%例 6.2.6 调用函数 ellipord 和 ellip 直接设计数字椭圆带阻滤波器程序：ep626.m
fsl=2025;fsu=2225;fpl=1500;fpu=2700;Fs=8000;
ws=[2*fsl/Fs, 2*fsu/Fs];wp=[2*fpl/Fs, 2*fpu/Fs];rp=1;rs=40;   %滤波器指标（边界频率关于π归一化）
[N, wpo]=ellipord(wp, ws, rp, rs)          %调用 ellipord 计算滤波器阶数 N 和通带截止频率 wpo
[B, A]=ellip(N, rp, rs, wpo, 'stop');       %调用 ellip 计算带阻滤波器系统函数系数向量 B 和 A
```

程序运行结果：

N = 3，wpo =[0.3811   0.6750]
B = [0.3600   0.2078   1.0749   0.4094   1.0749   0.2078   0.3600]
A = [1.0000   0.3982   1.1068   0.3508   0.7452   0.0761   0.0178]

根据系统函数系数向量 B 和 A 画出 6 阶数字椭圆带阻滤波器损耗函数曲线如图 6.2.9 所示。

6.2.4　IIRDF 的频率变换

IIR 数字滤波器的频率变换是指，将数字低通滤波器变换成数字低通、高通、带通和带阻滤波器的数字域频率变换。它是采用数字域频率变换设计高通、带通和带阻滤波器的步骤中，第五步所涉及的问题。另外，实际中常常需要修正已经设计好的滤波器的边界频率，以便满足新的指标要求，而不用从头设计滤波器。例如，已经设计好通带边界频率为 2 kHz 的低通滤波器，可能要求将通带边界频率变成 2.1 kHz。IIR 数字滤波器的频率变换也适用于这种滤波器修正。本节简要介绍把数字低通滤波器 $H_{\text{LP}}(z)$ 变换成所希望的各种类型（低通、高通、带通和带阻）的数字滤波器 $H(z)$ 的数字域频率变换公式。

为了不混淆数字低通滤波器系统函数 $H_{\text{LP}}(z)$ 与所希望的数字滤波器系统函数 $H(z)$ 的复变量 z，对二者使用不同的符号。用 z 表示数字低通原型滤波器 $H_{\text{LP}}(z)$ 的复变量，用 $\hat{z}$ 表示希望的数字滤波器系统函数 $H(\hat{z})$ 的复变量。z 平面和 $\hat{z}$ 平面的数字频率分别用 ω 和 $\hat{\omega}$ 表示。从 z 域到 $\hat{z}$ 域的变换记为

$$z = F(\hat{z}) \tag{6.2.24}$$

则从 $H_{\text{LP}}(z)$ 到 $H(\hat{z})$ 的变换用下式表示

$$H(\hat{z}) = H_{\text{LP}}(z)\big|_{z^{-1}=1/F(\hat{z})} \tag{6.2.25}$$

为了将有理函数 $H_{\text{LP}}(z)$ 变换成有理函数 $H(\hat{z})$，$F(\hat{z})$ 必须是 $\hat{z}$ 的有理函数。另外，为了保证 $H(\hat{z})$ 的稳定性，要求变换 $z = F(\hat{z})$ 将 z 平面单位圆内部映射到 $\hat{z}$ 平面单位圆内部。最后，为了确保将低通幅频响应映射成四种基本幅频响应之一，要求将 z 平面单位圆上的点映射到 $\hat{z}$ 平面单位圆上。即要求式（6.2.24）满足

$$|F(\hat{z})| \begin{cases} > 1, & |z| > 1 \\ = 1, & |z| = 1 \\ < 1, & |z| < 1 \end{cases} \tag{6.2.26}$$

下面介绍的四种频率变换函数 $z = F(\hat{z})$ 都满足式（6.2.26）。

1. 低通到低通变换

将通带截止频率为 ω_p 的数字低通滤波器变换成通带截止频率为 $\hat{\omega}_p$ 的数字低通滤波器的变换函数如下：

$$z = F(\hat{z}) = \frac{\hat{z} - \alpha}{1 - \alpha \hat{z}} \tag{6.2.27}$$

式中，α 是实数。在单位圆上，式（6.2.27）变成

$$e^{j\omega} = \frac{e^{j\hat{\omega}} - \alpha}{1 - \alpha e^{j\hat{\omega}}}$$

整理得到

$$\alpha[1 - e^{j(\omega+\hat{\omega})}] = e^{j\hat{\omega}} - e^{j\omega}$$

利用欧拉公式，由上式可得到

$$\alpha \sin\frac{\omega + \hat{\omega}}{2} = \sin\frac{\omega - \hat{\omega}}{2}, \quad \alpha = \frac{\sin\dfrac{\omega - \hat{\omega}}{2}}{\sin\dfrac{\omega + \hat{\omega}}{2}}$$

$$\alpha\left(\sin\frac{\omega}{2}\cos\frac{\hat{\omega}}{2} + \cos\frac{\omega}{2}\sin\frac{\hat{\omega}}{2}\right) = \sin\frac{\omega}{2}\cos\frac{\hat{\omega}}{2} - \cos\frac{\omega}{2}\sin\frac{\hat{\omega}}{2}$$

对上式两边同除以 $\cos\dfrac{\omega}{2}\cos\dfrac{\hat{\omega}}{2}$，并整理得到

$$\tan\frac{\omega}{2} = \frac{1+\alpha}{1-\alpha}\tan\frac{\hat{\omega}}{2} \tag{6.2.28}$$

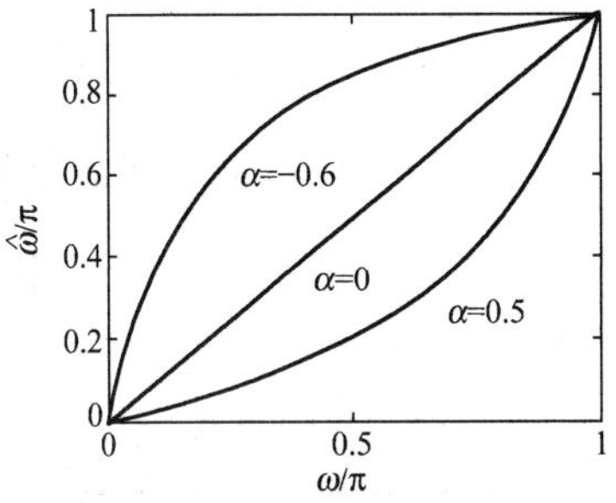

图 6.2.10 低通到低通变换的频率映射关系曲线

ω 与 $\hat{\omega}$ 的关系曲线如图 6.2.10 所示。

由图可见，当 $\alpha=0$ 时，$\omega = \hat{\omega}$，无频率变换作用。当 $\alpha \neq 0$ 时，ω 与 $\hat{\omega}$ 是非线性关系。当 $\alpha<0$ 时，$\omega<\hat{\omega}$，通带变宽；$\alpha>0$ 时，$\omega>\hat{\omega}$，通带变窄。用 ω_p 和 $\hat{\omega}_p$ 分别表示 $H_{LP}[z)]$ 和 $H(\hat{z})$ 的通带截止频率，由式（6.2.28）得到 ω_p 与 $\hat{\omega}_p$ 的关系：

$$\tan\frac{\omega_p}{2} = \frac{1+\alpha}{1-\alpha}\tan\frac{\hat{\omega}_p}{2}$$

由上式求得

$$\alpha = \frac{\tan\dfrac{\omega_p}{2} - \tan\dfrac{\hat{\omega}_p}{2}}{\tan\dfrac{\omega_p}{2} + \tan\dfrac{\hat{\omega}_p}{2}} = \frac{\sin\dfrac{\omega_p - \hat{\omega}_p}{2}}{\sin\dfrac{\omega_p + \hat{\omega}_p}{2}} \tag{6.2.29}$$

所以，将通带截止频率为 ω_p 的数字低通滤波器 $H_{LP}(z)$ 变换成通带截止频率为 $\hat{\omega}_p$ 的数字低通滤波器 $H(\hat{z})$ 的过程是：首先用式（6.2.29）求出式（6.2.27）中 α 的值，再将式（6.2.27）代入式（6.2.25）得到

$$H(\hat{z}) = H_{LP}(z)\bigg|_{z^{-1} = \dfrac{1}{F(\hat{z})} = \dfrac{1-\alpha\hat{z}}{\hat{z}-\alpha}} \tag{6.2.30}$$

例 6.2.7 已知 3 阶数字低通滤波器系统函数为

$$H_{LP}(z) = \frac{0.0662272(1+z^{-1})^3}{(1-0.2593284z^{-1})(1-0.672858z^{-1}+0.3917468z^{-2})}$$

其损耗函数曲线如图 6.2.11 中实线所示，通带截止频率 $\omega_p = 0.25\pi$，通带最大衰减

$\alpha_\mathrm{p} = 0.5$ dB。希望将其变换成通带截止频率为 $\hat{\omega}_\mathrm{p} = 0.35\pi$ 的低通滤波器。

解：将 ω_p 和 $\hat{\omega}_\mathrm{p}$ 代入式（6.2.29）求出

$$\alpha = \frac{\sin\dfrac{\omega_\mathrm{p} - \hat{\omega}_\mathrm{p}}{2}}{\sin\dfrac{\omega_\mathrm{p} + \hat{\omega}_\mathrm{p}}{2}} = \frac{\sin\dfrac{-0.1\pi}{2}}{\sin\dfrac{0.6\pi}{2}} = -0.1933636$$

将 $\alpha = -0.2737912$ 代入式（6.2.30）得到频率变换后低通滤波器的系统函数：

$$H(\hat{z}) = H_\mathrm{LP}(z)\bigg|_{z^{-1}=\frac{1-\alpha\hat{z}}{\hat{z}-\alpha}}$$

$$= \frac{0.2172235(1+\hat{z}^{-1})^3}{(1-0.0694472\hat{z}^{-1})(1-0.1848053\hat{z}^{-1}+0.337566\hat{z}^{-2})}$$

新的低通滤波器损耗函数曲线如图 6.2.11 中虚线所示。

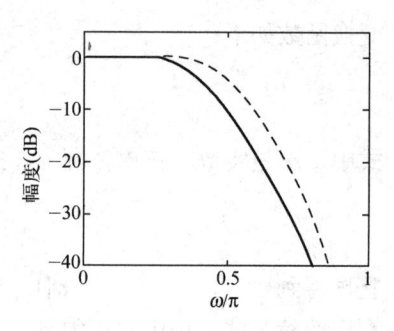

图 6.2.11 低通到低通变换前、后低通滤波器的损耗函数曲线

2. 低通到其他类型滤波器的变换

表 6.2.1 列出了截止频率为 ω_c 的低通到其他各种滤波器（低通、高通、带通和带阻滤波器）的变换公式。

表 6.2.1 截止频率为 ω_c 的低通滤波器到四种滤波器的频率变换公式

滤波器类型	频率变换公式	设计参数
低通	$z^{-1} = \dfrac{\hat{z}^{-1}-\alpha}{1-\alpha\hat{z}^{-1}}$	$\alpha = \dfrac{\sin\dfrac{\omega_\mathrm{c}-\hat{\omega}_\mathrm{c}}{2}}{\sin\dfrac{\omega_\mathrm{c}+\hat{\omega}_\mathrm{c}}{2}}$，$\hat{\omega}_\mathrm{c}$ 为期望的截止频率
高通	$z^{-1} = -\dfrac{\hat{z}^{-1}+\alpha}{1+\alpha\hat{z}^{-1}}$	$\alpha = -\dfrac{\cos\dfrac{\omega_\mathrm{c}+\hat{\omega}_\mathrm{c}}{2}}{\cos\dfrac{\omega_\mathrm{c}-\hat{\omega}_\mathrm{c}}{2}}$，$\hat{\omega}_\mathrm{c}$ 为期望的截止频率
带通	$z^{-1} = \dfrac{\hat{z}^{-2} - \dfrac{2\alpha\beta}{\beta+1}\hat{z}^{-1} + \dfrac{\beta-1}{\beta+1}}{\dfrac{\beta-1}{\beta+1}\hat{z}^{-2} - \dfrac{2\alpha\beta}{\beta+1}\hat{z}^{-1} + 1}$	$\alpha = \dfrac{\cos\dfrac{\hat{\omega}_\mathrm{cu}+\hat{\omega}_\mathrm{cl}}{2}}{\cos\dfrac{\hat{\omega}_\mathrm{cu}-\hat{\omega}_\mathrm{cl}}{2}}$，$\beta = \cot\dfrac{\hat{\omega}_\mathrm{cu}-\hat{\omega}_\mathrm{cl}}{2}\tan\dfrac{\omega_\mathrm{c}}{2}$ $\hat{\omega}_\mathrm{cu}, \hat{\omega}_\mathrm{cl}$ 为期望的上截止频率和下截止频率
带阻	$z^{-1} = \dfrac{\hat{z}^{-2} - \dfrac{2\alpha}{1+\beta}\hat{z}^{-1} + \dfrac{1-\beta}{1+\beta}}{\dfrac{1-\beta}{1+\beta}\hat{z}^{-2} - \dfrac{2\alpha}{1+\beta}\hat{z}^{-1} + 1}$	$\alpha = \dfrac{\cos\dfrac{\hat{\omega}_\mathrm{cu}+\hat{\omega}_\mathrm{cl}}{2}}{\cos\dfrac{\hat{\omega}_\mathrm{cu}-\hat{\omega}_\mathrm{cl}}{2}}$，$\beta = \tan\dfrac{\hat{\omega}_\mathrm{cu}-\hat{\omega}_\mathrm{cl}}{2}\tan\dfrac{\omega_\mathrm{c}}{2}$ $\hat{\omega}_\mathrm{cu}, \hat{\omega}_\mathrm{cl}$ 为期望的上截止频率和下截止频率

应当注意，从低通到低通和高通滤波器的频率变换公式只能保证将原低通滤波器 $H_\mathrm{LP}(z)$ 幅频响应的一个频率点 ω_p 映射为一个给定的新的频率点 $\hat{\omega}_\mathrm{p}$，而且保持新的滤波器 $H(\hat{z})$ 满足 $\left|H(\mathrm{e}^{\mathrm{j}\hat{\omega}_\mathrm{p}})\right| = \left|H_\mathrm{LP}(\mathrm{e}^{\mathrm{j}\omega_\mathrm{p}})\right|$。而从低通到带通和带阻滤波器的频率变换公式只能保证将原低通滤波器 $H_\mathrm{LP}(z)$ 幅频响应的一个频率点 ω_p 映射为两个新的频率点 $\hat{\omega}_\mathrm{pl}$ 和 $\hat{\omega}_\mathrm{pu}$，而且保持新的滤波器 $H(\hat{z})$ 满足

$$\left|H(\mathrm{e}^{\mathrm{j}\hat{\omega}_\mathrm{pl}})\right| = \left|H(\mathrm{e}^{\mathrm{j}\hat{\omega}_\mathrm{pu}})\right| = \left|H_\mathrm{LP}(\mathrm{e}^{\mathrm{j}\omega_\mathrm{p}})\right|$$

因此，表 6.2.1 列出的频率变换公式只能够保证将原低通滤波器的通带边界频率或阻带边界频率之一映射成期望的边界频率点，但不能同时将二者映射成期望的频率点。对于带阻滤波器，一般将阻带边界频率 ω_s 映射成 $\hat{\omega}_{sl}$ 和 $\hat{\omega}_{su}$。

例 6.2.8 已知一阶数字低通滤波器的系统函数 $H_{LP}(z) = (1+z^{-1})/2$，用表 6.2.1 中的频率变换公式将其变换成高通滤波器，要求高通滤波器的 3 dB 截止频率 $\hat{\omega}_c = 0.5\pi$ rad。

解：容易求出原低通滤波器的 3 dB 截止频率 $\omega_c = 0.5\pi$ rad，将 ω_c 和 $\hat{\omega}_c$ 代入低通到高通的频率变换公式得到

$$\alpha = -\frac{\cos\dfrac{\omega_c + \hat{\omega}_c}{2}}{\cos\dfrac{\omega_c - \hat{\omega}_c}{2}} = -\frac{\cos\dfrac{\pi}{2}}{\cos 0} = 0$$

$$z^{-1} = -\frac{\hat{z}^{-1} + \alpha}{1 + \alpha \hat{z}^{-1}} = -\hat{z}^{-1}$$

$$H(\hat{z}) = H_{LP}(z)\big|_{z^{-1}=-\hat{z}^{-1}} = (1-\hat{z}^{-1})/2$$

原低通滤波器和变换得到的高通滤波器的幅频特性曲线分别如图 6.2.12(a)和(b)所示。

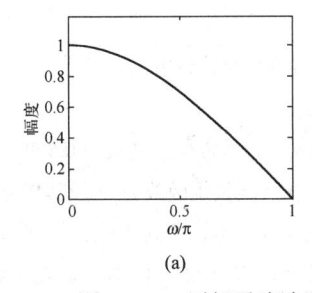

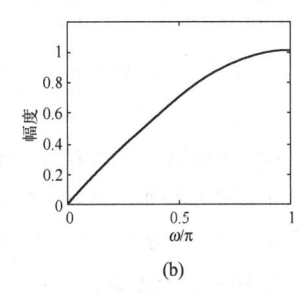

图 6.2.12 原低通滤波器和变换得到的高通滤波器幅频特性曲线

从表 6.2.1 可以看出，从低通到带通和带阻数字域频率变换公式较复杂，特别是阶数较高时计算非常繁杂，可以利用 MATLAB 方便地实现数字域频率变换[10]。工程实际中可以调用 MATLAB 信号处理工具箱函数直接设计各种类型的数字滤波器。

习题与上机题

6.1 给定三组所希望的模拟低通滤波器通带最大衰减 α_p 和阻带最小衰减 α_s 如下，确定对应的通带波纹幅度参数 ε 和阻带波纹幅度参数 A。

（1）$\alpha_p = 0.15$ dB, $\alpha_s = 43$ dB； （2）$\alpha_p = 0.04$ dB, $\alpha_s = 57$ dB； （3）$\alpha_p = 0.23$ dB, $\alpha_s = 60$ dB。

6.2 已知模拟滤波器的系统函数为

$$H_l(s) = \frac{a}{s+a}, \quad a>0 \tag{P6.2}$$

证明该滤波器具有单调下降的低通幅频响应特性，且 $|H_l(j0)| = 1, |H_l(j\infty)| = 0$。并求其 3 dB 截止频率 Ω_c。

6.3 已知模拟滤波器系统函数为

$$H_h(s) = \frac{s}{s+a}, \quad a>0 \tag{P6.3}$$

证明该滤波器具有单调上升的高通幅频响应特性，且 $|H_h(j0)| = 0, |H_h(j\infty)| = 1$。并求其 3 dB 截止频率 Ω_c。

6.4 式（P6.2）表示的低通滤波器系统函数 $H_l(s)$ 和式（P6.3）表示的高通滤波器系统函数 $H_h(s)$ 也可以

表示成如下形式：
$$H_1(s) = [A_1(s) - A_2(s)]/2, \quad H_h(s) = [A_1(s) + A_2(s)]/2$$
其中，$A_1(s)$和$A_2(s)$是模拟全通滤波器系统函数。求出$A_1(s)$和$A_2(s)$。

6.5* 上机验证式（P6.5）给出的模拟滤波器系统函数表示带通滤波器：
$$|H_{bp}(j0)| = |H_{bp}(j\infty)| = 0, \quad |H_{bp}(j\Omega_0)| = 1$$
并观察确定上、下 3 dB 截止频率 Ω_{cl} 和 Ω_{cu}，验证关系式：$\Omega_{cl}\Omega_{cu} = \Omega_0^2$，3 dB 带宽为：$\Omega_{cu} - \Omega_{cl} = b$。
$$H_{bp}(s) = \frac{bs}{s^2 + bs + \Omega_0^2}, \quad b>0 \tag{P6.5}$$

6.6* 上机验证式（P6.6）给出的模拟滤波器系统函数表示带阻滤波器：
$$|H_{bs}(j0)| = |H_{bs}(j\infty)| = 1, \quad |H_{bs}(j\Omega_0)| = 0$$
并观察确定上、下 3 dB 截止频率 Ω_{cl} 和 Ω_{cu}，验证关系式：$\Omega_{cl}\Omega_{cu} = \Omega_0^2$。

根据带阻滤波器的幅频响应形状，通常又将带阻滤波器称为凹口滤波器，将 $\Omega_{cu} - \Omega_{cl}$ 称为带阻滤波器的 3 dB 凹口带宽，观察验证：$\Omega_{cu} - \Omega_{cl} = b$。
$$H_{bs}(s) = \frac{s^2 + \Omega_0^2}{s^2 + bs + \Omega_0^2}, \quad b>0 \tag{P6.6}$$

6.7 式（P6.5）表示的带通滤波器的系统函数 $H_{bp}(s)$ 和式（P6.6）表示的带阻滤波器系统函数 $H_{bs}(s)$ 也可以表示成如下形式：
$$H_{bp}(s) = [B_1(s) - B_2(s)]/2, \quad H_{bs}(s) = [B_1(s) + B_2(s)]/2$$
其中，$B_1(s)$和$B_2(s)$是模拟全通滤波器系统函数。求出$B_1(s)$和$B_2(s)$。

6.8 要求巴特沃思模拟低通滤波器的通带边界频率为 2.1 kHz，通带最大衰减为 0.5 dB，阻带截止频率为 8 kHz，阻带最小衰减为 30 dB。求满足要求的最低阶数 N、滤波器系统函数 $H_a(s)$ 及其极点位置。

6.9 滤波器指标要求与习题 6.8 相同，但改用切比雪夫 I 型滤波器，用式（6.1.27）求出最低阶数 N。

6.10* 滤波器指标要求与习题 6.8 相同，但改用椭圆滤波器，调用 MATLAB 工具箱函数 ellipord 求出最低阶数 N。

6.11 二阶巴特沃思模拟低通滤波器的系统函数为
$$H_{lp}(s) = \frac{4.52}{s^2 + 3s + 4.52}$$
其通带边界频率为 0.2 Hz，通带最大衰减为 0.5 dB。用频率变换公式，即式（6.1.41）将 $H_{lp}(s)$ 转换成高通滤波器 $H_{hp}(s)$，要求高通滤波器通带边界频率为 2 Hz，通带最大衰减为 0.5 dB。

6.12 设计巴特沃思模拟低通滤波器，要求通带边界频率为 6 kHz，通带最大衰减为 3 dB，阻带边界频率为 12 kHz，阻带最小衰减为 25 dB。

6.13 设计巴特沃思模拟高通滤波器，要求通带边界频率为 5 MHz，通带最大衰减为 0.5 dB，阻带边界频率为 0.5 MHz，阻带最小衰减为 40 dB。

6.14 设计一个切比雪夫模拟低通滤波器，要求通带边界频率为 3 kHz，通带最大衰减为 0.2 dB，阻带边界频率为 12 kHz，阻带最小衰减为 50 dB。

6.15 设模拟滤波器的系统函数为
$$H_a(s) = \frac{A}{s + \alpha}$$
用脉冲响应不变法将 $H_a(s)$ 变换成数字滤波器的系统函数 $H(z)$，并确定数字滤波器在 $\omega = \pi$ 处的频谱混叠失真幅度与采样间隔 T 的关系。

6.16 设模拟滤波器的系统函数为

$$H_a(s) = \frac{\Omega_1}{(s+\sigma_1)^2 + \Omega_1^2}$$

证明用脉冲响应不变法将 $H_a(s)$ 变换成数字滤波器的系统函数为

$$H(z) = \frac{z^{-1}\mathrm{e}^{-\sigma_1 T} \sin \Omega_1 T}{1 - 2z^{-1}\mathrm{e}^{-\sigma_1 T} \cos \Omega_1 T + z^{-2}\mathrm{e}^{-2\sigma_1 T}}$$

6.17 设模拟滤波器的系统函数为

$$H_a(s) = \frac{s + \Omega_1}{(s+\sigma_1)^2 + \Omega_1^2}$$

证明用脉冲响应不变法将 $H_a(s)$ 变换成数字滤波器的系统函数为

$$H(z) = \frac{1 - z^{-1}\mathrm{e}^{-\sigma_1 T} \cos \Omega_1 T}{1 - 2z^{-1}\mathrm{e}^{-\sigma_1 T} \cos \Omega_1 T + z^{-2}\mathrm{e}^{-2\sigma_1 T}}$$

6.18 理想模拟积分器的系统函数 $H_a(s) = 1/s$，用双线性变换法将其变换成数字积分器为

$$H(z) = H_a(s)\bigg|_{s=\frac{2}{T}\frac{1-z^{-1}}{1+z^{-1}}} = \frac{T}{2}\frac{1+z^{-1}}{1-z^{-1}}$$

（1）写出数字积分器的差分方程；
（2）求出模拟积分器和数字积分器的频率响应函数 $H_a(\mathrm{j}\Omega)$ 和 $H(\mathrm{e}^{\mathrm{j}\omega})$，并画出其幅频特性和相频特性曲线，比较数字积分器的逼近误差。
（3）数字积分器在 $z=1$ 处有一个极点，如果在通用计算机上编程实现数字积分器，为了避免计算的困难，应该对输入信号 $x(n)$ 加什么限制？

6.19 已知模拟滤波器的系统函数如下：

（1） $H_a(s) = \dfrac{1}{s^2 + 2s + 1}$ （2） $H_a(s) = \dfrac{1}{2s^2 + 3s + 1}$

用脉冲响应不变法和双线性变换法将其变换成数字滤波器 $H(z)$，设采样间隔 $T=2$ s。

6.20 已知模拟低通滤波器的通带边界频率为 0.5 kHz，用脉冲响应不变法将其变换成数字滤波器 $H(z)$，采样间隔 $T=0.5$ ms，求数字滤波器的通带边界频率是多少？如果改用双线性变换法，采样间隔 $T=0.5$ ms，数字滤波器的通带边界频率是多少？

6.21 $H_a(s)$ 表示模拟低通滤波器，数字滤波器 $H(z) = H_a(s)\bigg|_{s=\frac{2}{T}\frac{1-z^{-1}}{1+z^{-1}}}$，判断数字滤波器的通带中心位于下面哪种情况，并说明缘由。

（1） $\omega = 0$（低通）；（2） $\omega = \pi$（高通）；（3）除了 0 和 π 以外的某一频率（带通）。

6.22 分别用脉冲响应不变法和双线性变换法设计巴特沃思数字低通滤波器，要求通带边界频率为 0.2 rad，通带最大衰减为 1 dB，阻带边界频率为 0.3 rad，阻带最小衰减为 10 dB。

6.23 用双线性变换法设计巴特沃思数字高通滤波器，要求通带边界频率为 0.8 rad，通带最大衰减为 3 dB，阻带边界频率为 0.5 rad，阻带最小衰减为 18 dB。

6.24* 设计巴特沃思数字带通滤波器，要求通带范围为 0.25π rad $\leq \omega \leq 0.45\pi$ rad，通带最大衰减为 3 dB，阻带范围为 $0 \leq \omega \leq 0.15\pi$ rad 和 0.55π rad $\leq \omega \leq \pi$ rad，阻带最小衰减为 15 dB。

6.25 已知巴特沃思模拟滤波器的归一化低通原型系统函数为

$$H_a(s) = \frac{1}{s^2 + \sqrt{2}s + 1}$$

希望用双线性变换法将其变换成数字带通滤波器 $H(z)$，要求通带中心为 $\omega = \pi/2$，3 dB 带宽为 $\pi/6$。

（1）求出数字带通滤波器的系统函数 $H(z)$。
（2）如果用双线性变换法直接将二阶模拟带通滤波器变换成本题所要求的数字带通滤波器 $H(z)$，判断

下面四个二阶模拟带通滤波器中哪个满足要求？并求出满足要求的采样间隔 T。

① 3 dB 通带为 200 rad/s<Ω<285 rad/s；② 3 dB 通带为 111 rad/s<Ω<200 rad/s；

③ 3 dB 通带为 300 rad/s<Ω<547 rad/s；④ 3 dB 通带为 600 rad/s<Ω<1019 rad/s。

6.26* 设计一个工作于采样频率 80 kHz 的巴特沃思数字低通滤波器，要求通带边界频率为 4 kHz，通带最大衰减为 0.5 dB，阻带边界频率为 20 kHz，阻带最小衰减为 45 dB。调用 MATLAB 工具箱函数 buttord 和 butter 进行设计，并显示数字滤波器系统函数 $H(z)$ 的系数，绘制损耗函数和相频特性曲线。这种设计对应于脉冲响应不变法还是双线性变换法？

6.27* 设计一个工作于采样频率 80 kHz 的切比雪夫Ⅰ型数字低通滤波器，要求通带边界频率为 4 kHz，通带最大衰减为 0.5 dB，阻带边界频率为 20 kHz，阻带最小衰减为 45 dB。调用 MATLAB 工具箱函数 cheb1ord 和 cheby1 进行设计，并显示数字滤波器系统函数 $H(z)$ 的系数，绘制损耗函数和相频特性曲线。

6.28* 设计一个工作于采样频率 2500 kHz 的椭圆数字高通滤波器，要求通带边界频率为 325 kHz，通带最大衰减为 1.2 dB，阻带边界频率为 225 kHz，阻带最小衰减为 25 dB。调用 MATLAB 工具箱函数 ellipord 和 ellip 进行设计，并显示数字滤波器系统函数 $H(z)$ 的系数，绘制损耗函数和相频特性曲线。

6.29* 设计一个工作于采样频率 10 kHz 的椭圆数字带通滤波器，要求通带边界频率为 560 Hz 和 780 Hz，通带最大衰减为 0.5 dB，阻带边界频率为 375 Hz 和 1000 Hz，阻带最小衰减为 50 dB。调用 MATLAB 工具箱函数 ellipord 和 ellip 进行设计，并显示数字滤波器系统函数 $H(z)$ 的系数，绘制损耗函数和相频特性曲线。

6.30* 设计一个工作于采样频率 5 kHz 的椭圆数字带阻滤波器，要求通带边界频率为 500 Hz 和 2125 Hz，通带最大衰减为 2 dB，阻带边界频率为 1050 kHz 和 1400 Hz，阻带最小衰减为 40 dB。调用 MATLAB 工具箱函数 ellipord 和 ellip 进行设计，并显示数字滤波器系统函数 $H(z)$ 的系数，绘制损耗函数和相频特性曲线。

6.31* 用脉冲响应不变法设计一个巴特沃思数字低通滤波器，要求与习题 6.26 相同。先计算相应的模拟低通原型的阶数 N，然后调用 MATLAB 工具箱函数 buttap 设计相应的模拟低通滤波器原型，最后再调用脉冲响应不变法设计函数 impinvar 将模拟低通滤波器原型转换成数字低通滤波器 $H(z)$，并显示数字滤波器系统函数 $H(z)$ 的系数，绘制损耗函数和相频特性曲线。希望归纳本题的设计步骤和所用的计算公式，并比较本题与习题 6.26 的设计结果，观察双线性变换法的频率非线性失真和脉冲响应不变法的频谱混叠失真。

第 7 章 FIR 数字滤波器（FIRDF）设计

有限长单位脉冲响应数字滤波器（FIRDF，Finite Impulse Response Digital Filter）的最大优点是，可以实现线性相位滤波。而 IIR 数字滤波器（IIRDF）主要对幅频特性进行逼近，相频特性会存在不同程度的非线性。我们知道，无失真传输与滤波处理的条件是，在信号的有效频谱范围内系统幅频响应为常数，相频响应为频率的线性函数（即具有线性相位）。在数字通信和图像传输与处理等应用场合都要求滤波器具有线性相位特性。另外，FIRDF 是全零点滤波器，硬件和软件实现结构简单，不用考虑稳定性问题。所以，FIRDF 是一种很重要的滤波器，在数字信号处理领域得到广泛应用。当幅频特性指标相同（不考虑相位特性）时，FIRDF 的阶数比 IIRDF 高得多。但是同时考虑幅频特性指标和线性相位要求时，IIFDF 要附加复杂的相位校正网络，而且难以实现严格线性相位特性。所以，在要求线性相位滤波的应用场合，一般都用 FIRDF。

FIRDF 的设计方法主要分为两类：第一类是基于逼近理想滤波器特性的方法，包括窗函数法、频率采样法和等波纹最佳逼近法；第二类是最优设计法。本章主要讨论线性相位 FIRDF 及其特点，以及第一类设计方法，侧重于滤波器的设计方法和相应的 MATLAB 工具箱函数的介绍。

7.1 线性相位 FIRDF 及其特点

1. 线性相位 FIRDF

设 FIRDF 的单位脉冲响应 $h(n)$ 的长度为 N，则其频率响应函数为

$$H(e^{j\omega}) = \sum_{n=0}^{N-1} h(n) e^{-j\omega n} \tag{7.1.1}$$

一般将 $H(e^{j\omega})$ 表示成如下形式：

$$H(e^{j\omega}) = H_g(\omega) e^{j\theta(\omega)} \tag{7.1.2}$$

式中，$H_g(\omega)$ 是 ω 的实函数（可以取负值）。与前面的表示形式，即 $H(e^{j\omega}) = |H(e^{j\omega})| e^{j\varphi(\omega)}$ 相比，$H_g(\omega)$ 与 $|H(e^{j\omega})|$ 不同。$\theta(\omega)$ 也与 $\varphi(\omega)$ 不同。为了区别于幅频响应函数 $|H(e^{j\omega})|$ 和相频响应函数 $\varphi(\omega)$，称 $H_g(\omega)$ 为幅度特性函数，称 $\theta(\omega)$ 称为相位特性函数。

第一类线性相位 FIRDF 的相位特性函数是 ω 的严格线性函数：

$$\theta(\omega) = -\omega \tau \tag{7.1.3}$$

第二类线性相位 FIRDF 的相位特性函数如下式：

$$\theta(\omega) = \theta_0 - \omega \tau \tag{7.1.4}$$

式中，τ 是常数，θ_0 是起始相位。$\theta_0 = -\pi/2$ 在信号处理中很有实用价值（如希尔伯特变换器），这时 FIRDF 除了线性相位滤波外，还具有正交变换作用。所以第二类线性相位 FIRDF 只讨论 $\theta_0 = -\pi/2$ 的情况。

定义系统的群延时为 $\tau(\omega) = -\mathrm{d}\theta(\omega)/\mathrm{d}\omega$。上面定义的两类线性相位 FIRDF 的群时延都是常数 τ，因此又称线性相位滤波器为恒定群延时滤波器。

2. 线性相位条件对 FIRDF 时域和频域的约束

（1）时域约束（对 $h(n)$ 的约束）

设线性相位 FIRDF 的单位脉冲响应为 $h(n)$，$h(n)$ 的长度为 N，下面推导线性相位 FIRDF 的 $h(n)$ 所满足的条件。

① 第一类线性相位 FIRDF，$\theta(\omega) = -\omega\tau$，则由式（7.1.1）和式（7.1.2）得到

$$H(\mathrm{e}^{\mathrm{j}\omega}) = \sum_{n=0}^{N-1} h(n)\mathrm{e}^{-\mathrm{j}\omega n} = H_g(\omega)\mathrm{e}^{-\mathrm{j}\omega\tau}$$

$$\sum_{n=0}^{N-1} h(n)(\cos\omega n - \mathrm{j}\sin\omega n) = H_g(\omega)(\cos\omega\tau - \mathrm{j}\sin\omega\tau) \tag{7.1.5}$$

由式（7.1.5）得到

$$H_g(\omega)\cos\omega\tau = \sum_{n=0}^{N-1} h(n)\cos\omega n, \quad H_g(\omega)\sin\omega\tau = \sum_{n=0}^{N-1} h(n)\sin\omega n \tag{7.1.6}$$

将式（7.1.6）中两式相除得 $\dfrac{\cos\omega\tau}{\sin\omega\tau} = \dfrac{\sum_{n=0}^{N-1} h(n)\cos\omega n}{\sum_{n=0}^{N-1} h(n)\sin\omega n}$，即

$$\sum_{n=0}^{N-1} h(n)\cos\omega n \sin\omega\tau = \sum_{n=0}^{N-1} h(n)\sin\omega n \cos\omega\tau$$

移项并用三角公式化简得到

$$\sum_{n=0}^{N-1} h(n)\sin[\omega(n-\tau)] = 0 \tag{7.1.7}$$

函数 $h(n)\sin\omega(n-\tau)$ 关于求和区间的中心 $(N-1)/2$ 奇对称，是满足式（7.1.7）的一组解。因为 $\sin\omega(n-\tau)$ 关于 $n = \tau$ 奇对称，如果取 $\tau = (N-1)/2$，则要求 $h(n)$ 关于 $(N-1)/2$ 偶对称，所以要求 τ 和 $h(n)$ 满足如下条件：

$$\begin{cases} \theta(\omega) = -\omega\tau, \ \tau = \dfrac{N-1}{2} \\ h(n) = h(N-1-n), \ 0 \leqslant n \leqslant N-1 \end{cases} \tag{7.1.8}$$

由以上推导结论可知，如果要求单位脉冲响应为 $h(n)$、长度为 N 的 FIRDF 具有第一类线性相位特性（严格线性相位特性），则 $h(n)$ 应当关于 $n=(N-1)/2$ 点偶对称。当 N 确定时，FIRDF 的相位特性是一个确知的线性函数，即 $\theta(\omega) = -\omega(N-1)/2$。

N 为奇数和偶数时 $h(n)$ 的对称情况分别如表 7.1.1 中的情况 1 和情况 2 所示。

② 第二类线性相位 FIRDF，$\theta(\omega) = -\pi/2 - \omega\tau$，则由式（7.1.1）和式（7.1.2）有

$$H(\mathrm{e}^{\mathrm{j}\omega}) = \sum_{n=0}^{N-1} h(n)\mathrm{e}^{-\mathrm{j}\omega n} = H_g(\omega)\mathrm{e}^{-\mathrm{j}(\pi/2 + \omega\tau)}$$

经过同样的推导过程可得到

$$\sum_{n=0}^{N-1} h(n)\cos[\omega(n-\tau)] = 0 \tag{7.1.9}$$

表 7.1.1　线性相位 FIRDF 的时域和频域特性一览表

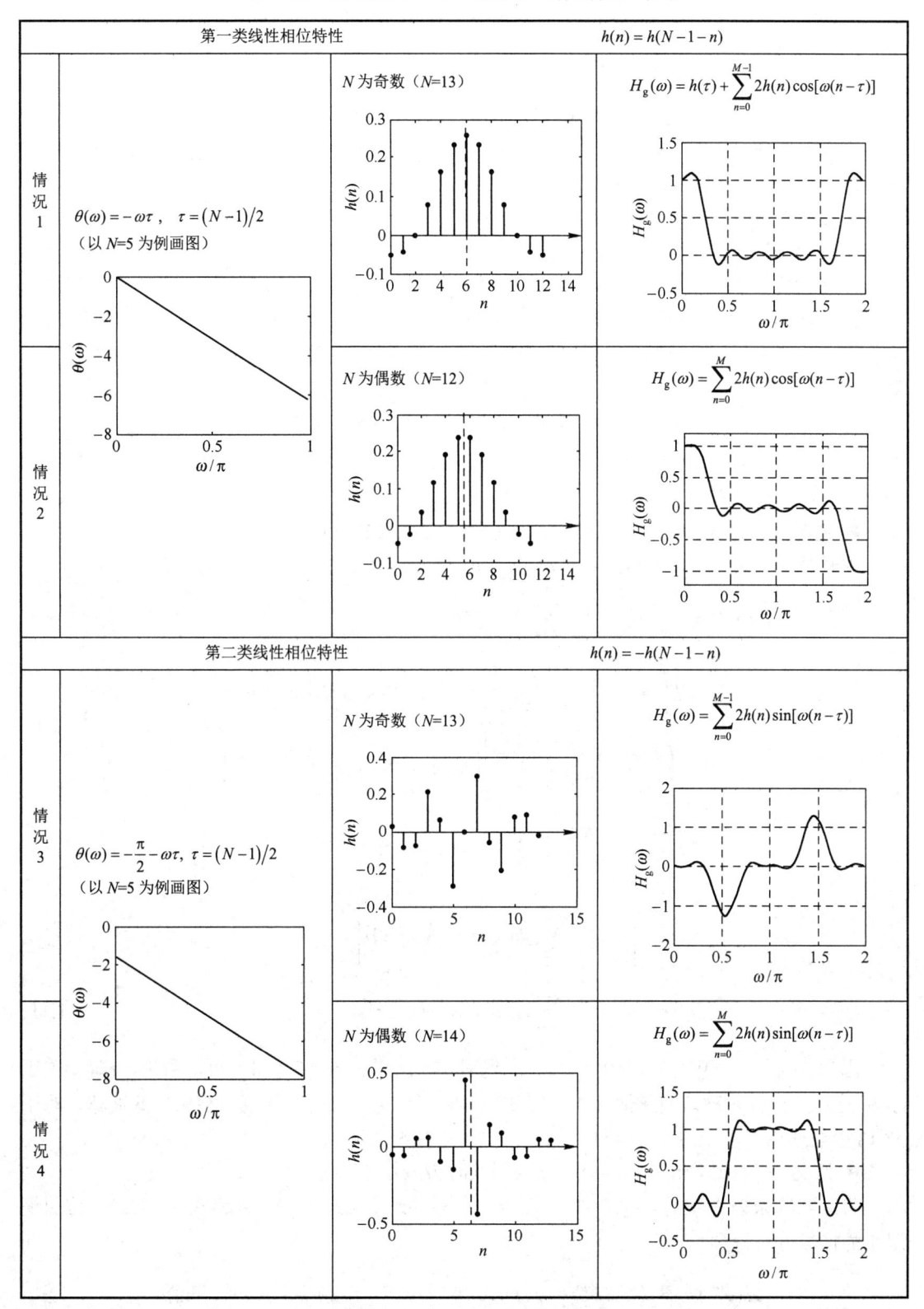

	第一类线性相位特性		$h(n)=h(N-1-n)$
情况 1	$\theta(\omega)=-\omega\tau$，$\tau=(N-1)/2$ （以 N=5 为例画图）	N 为奇数（N=13）	$H_g(\omega)=h(\tau)+\sum_{n=0}^{M-1}2h(n)\cos[\omega(n-\tau)]$
情况 2		N 为偶数（N=12）	$H_g(\omega)=\sum_{n=0}^{M}2h(n)\cos[\omega(n-\tau)]$
	第二类线性相位特性		$h(n)=-h(N-1-n)$
情况 3	$\theta(\omega)=-\dfrac{\pi}{2}-\omega\tau$, $\tau=(N-1)/2$ （以 N=5 为例画图）	N 为奇数（N=13）	$H_g(\omega)=\sum_{n=0}^{M-1}2h(n)\sin[\omega(n-\tau)]$
情况 4		N 为偶数（N=14）	$H_g(\omega)=\sum_{n=0}^{M}2h(n)\sin[\omega(n-\tau)]$

函数$h(n)\cos[\omega(n-\tau)]$关于求和区间的中心$(N-1)/2$奇对称,是满足式(7.1.9)的一组解,因为$\cos[\omega(n-\tau)]$关于$n=\tau$点偶对称,所以要求τ和$h(n)$满足如下条件

$$\begin{cases} \theta(\omega)=-\dfrac{\pi}{2}-\omega\tau, & \tau=\dfrac{N-1}{2} \\ h(n)=-h(N-1-n), & 0\leqslant n\leqslant N-1 \end{cases} \quad (7.1.10)$$

由以上推导结论可知,如果要求单位脉冲响应为$h(n)$、长度为N的FIRDF具有第二类线性相位特性,则$h(n)$应当关于$n=(N-1)/2$点奇对称。

N为奇数和偶数时$h(n)$的对称情况分别如表7.1.1中情况3和情况4所示。

(2)频域约束(对幅度特性$H_g(\omega)$的约束)

将时域约束条件$h(n)=\pm h(N-1-n)$代入式(7.1.1),设$h(n)$为实序列,即可推导出线性相位条件对FIRDF的幅度特性$H_g(\omega)$的约束条件。当N取奇数和偶数时对$H_g(\omega)$的约束不同。这些约束条件对正确设计线性相位FIRDF具有重要的指导作用。为了推导方便,引入两个参数符号:

$$\tau=(N-1)/2, \quad M=\lceil(N-1)/2\rceil$$

式中,$\lceil(N-1)/2\rceil$表示取不大于$(N-1)/2$的最大整数。显然,仅当N为奇数时,$M=\tau=(N-1)/2$。

● 情况1:$h(n)=h(N-1-n)$,N为奇数时$H_g(\omega)$的特点

将时域约束条件$h(n)=h(N-1-n)$和$\theta(\omega)=-\omega\tau$代入式(7.1.1)和式(7.1.2)得到

$$H(\mathrm{e}^{\mathrm{j}\omega})=H_g(\omega)\mathrm{e}^{-\mathrm{j}\omega\tau}=\sum_{n=0}^{N-1}h(n)\mathrm{e}^{-\mathrm{j}\omega n}$$

$$=h\left(\frac{N-1}{2}\right)\mathrm{e}^{-\mathrm{j}\omega\frac{N-1}{2}}+\sum_{n=0}^{M-1}\left[h(n)\mathrm{e}^{-\mathrm{j}\omega n}+h(N-1-n)\mathrm{e}^{-\mathrm{j}\omega(N-1-n)}\right]$$

$$=h\left(\frac{N-1}{2}\right)\mathrm{e}^{-\mathrm{j}\omega\frac{N-1}{2}}+\sum_{n=0}^{M-1}\left[h(n)\mathrm{e}^{-\mathrm{j}\omega n}+h(n)\mathrm{e}^{-\mathrm{j}\omega(N-1-n)}\right]$$

$$=\mathrm{e}^{-\mathrm{j}\omega\frac{N-1}{2}}\left\{h\left(\frac{N-1}{2}\right)+\sum_{n=0}^{M-1}h(n)\left[\mathrm{e}^{-\mathrm{j}\omega\left(n-\frac{N-1}{2}\right)}+\mathrm{e}^{\mathrm{j}\omega\left(n-\frac{N-1}{2}\right)}\right]\right\}$$

$$=\mathrm{e}^{-\mathrm{j}\omega\tau}\left\{h(\tau)+\sum_{n=0}^{M-1}2h(n)\cos[\omega(n-\tau)]\right\}$$

所以
$$H_g(\omega)=h(\tau)+\sum_{n=0}^{M-1}2h(n)\cos[\omega(n-\tau)] \quad (7.1.11)$$

因为$\cos[\omega(n-\tau)]$关于$\omega=0,\pi,2\pi$三点偶对称,所以由式(7.1.11)可以看出,$H_g(\omega)$关于$\omega=0,\pi,2\pi$三点偶对称。因此情况1可以实现各种(低通、高通、带通、带阻)滤波器。对于$N=13$的低通情况,$H_g(\omega)$的一种例图如表7.1.1中情况1所示。

● 情况2:$h(n)=h(N-1-n)$,N为偶数时$H_g(\omega)$的特点

将时域约束条件$h(n)=h(N-1-n)$和$\theta(\omega)=-\omega\tau$代入式(7.1.1)和式(7.1.2),仿照情况1的推导方法得到

$$H(\mathrm{e}^{\mathrm{j}\omega})=H_g(\omega)\mathrm{e}^{-\mathrm{j}\omega\tau}=\sum_{n=0}^{N-1}h(n)\mathrm{e}^{-\mathrm{j}\omega n}=\mathrm{e}^{-\mathrm{j}\omega\tau}\sum_{n=0}^{M}2h(n)\cos(\omega(n-\tau))$$

$$H_g(\omega) = \sum_{n=0}^{M} 2h(n)\cos[\omega(n-\tau)] \tag{7.1.12}$$

式中，$\tau = (N-1)/2 = N/2 - 1/2$。因为 N 是偶数，所以当 $\omega = \pi$ 时

$$\cos[\omega(n-\tau)] = \cos[\pi(n-N/2) + \pi/2)] = -\sin[\pi(n-N/2)] = 0$$

而且 $\cos[\omega(n-\tau)]$ 关于过零点奇对称，关于 $\omega=0$ 和 2π 偶对称。所以 $H_g(\pi)=0$，$H_g(\omega)$ 关于 $\omega=\pi$ 奇对称，关于 $\omega=0$ 和 2π 偶对称。因此，情况 2 不能实现高通和带阻滤波器。对 $N=12$ 的低通滤波器，$H_g(\omega)$ 如表 7.1.1 中情况 2 所示。

● 情况 3：$h(n) = -h(N-1-n)$，N 为奇数时 $H_g(\omega)$ 的特点

将时域约束条件 $h(n) = -h(N-1-n)$ 和 $\theta(\omega) = -\pi/2 - \omega\tau$ 代入式（7.1.1）和式（7.1.2），并考虑 $h\left(\dfrac{N-1}{2}\right) = 0$，得到

$$\begin{aligned}
H(e^{j\omega}) &= H_g(\omega)e^{-j\theta(\omega)} = \sum_{n=0}^{N-1} h(n)e^{-j\omega n} \\
&= \sum_{n=0}^{M-1}\left[h(n)e^{-j\omega n} + h(N-1-n)e^{-j\omega(N-1-n)}\right] \\
&= \sum_{n=0}^{M-1}\left[h(n)e^{-j\omega n} - h(n)e^{-j\omega(N-1-n)}\right] \\
&= e^{-j\omega\frac{N-1}{2}} \sum_{n=0}^{M-1} h(n)\left[e^{-j\omega\left(n-\frac{N-1}{2}\right)} - e^{j\omega\left(n-\frac{N-1}{2}\right)}\right] \\
&= -je^{-j\omega\tau} \sum_{n=0}^{M-1} 2h(n)\sin[\omega(n-\tau)] \\
&= e^{-j(\pi/2 + \omega\tau)} \sum_{n=0}^{M-1} 2h(n)\sin[\omega(n-\tau)]
\end{aligned}$$

$$H_g(\omega) = \sum_{n=0}^{M-1} 2h(n)\sin[\omega(n-\tau)]$$

式中，N 是奇数，$\tau = (N-1)/2$ 是整数。所以，当 $\omega = 0, \pi, 2\pi$ 时，$\sin[\omega(n-\tau)] = 0$，而且 $\sin[\omega(n-\tau)]$ 关于 $\omega = 0, \pi, 2\pi$ 三点奇对称。因此 $H_g(\omega)$ 关于 $\omega = 0, \pi, 2\pi$ 三点奇对称。由此可见，情况 3 只能实现带通滤波器。对 $N=13$ 的带通滤波器举例，$H_g(\omega)$ 如表 7.1.1 中情况 3 所示。

● 情况 4：$h(n) = -h(N-1-n)$，N 为偶数时，$H_g(\omega)$ 的特点

用情况 3 的推导过程可以得到

$$H_g(\omega) = \sum_{n=0}^{M} 2h(n)\sin[\omega(n-\tau)] \tag{7.1.13}$$

式中，N 是偶数，$\tau = (N-1)/2 = N/2 - 1/2$。所以，当 $\omega = 0, 2\pi$ 时，$\sin[\omega(n-\tau)] = 0$；当 $\omega = \pi$ 时，$\sin[\omega(n-\tau)] = (-1)^{n-N/2}$ 为峰值点。而且 $\sin[\omega(n-\tau)]$ 关于过零点 $\omega = 0$ 和 2π 两点奇对称，关于峰值点 $\omega = \pi$ 偶对称。因此 $H_g(\omega)$ 关于 $\omega = 0$ 和 2π 两点奇对称，关于 $\omega = \pi$ 偶对称。由此可见，情况 4 不能实现低通和带阻滤波器。对 $N=12$ 的高通滤波器举例，$H_g(\omega)$ 如表 7.1.1 中情况 4 所示。

为了便于比较，将上面四种情况的 $h(n)$ 及其幅度特性需要满足的条件列于表 7.1.1 中。应

当注意，对每一种情况仅画出满足幅度特性约束条件的一种例图。例如，情况 1 仅以低通的幅度特性曲线为例。当然也可以画出满足情况 1 的幅度约束条件（$H_g(\omega)$关于$\omega=0, \pi, 2\pi$三点偶对称）的高通、带通和带阻滤波器的幅度特性曲线。所以，仅从表 7.1.1 就认为情况 1 只能设计低通滤波器是错误的。

（3）线性相位 FIRDF 的零点分布特点

$$H(z) = \sum_{n=0}^{N-1} h(n)z^{-n}$$

将 $h(n) = \pm h(N-1-n)$ 代入上式得到

$$H(z) = \sum_{n=0}^{N-1} h(n)z^{-n} = \pm \sum_{n=0}^{N-1} h(N-1-n)z^{-n}$$

$$= \pm \sum_{m=0}^{N-1} h(m)z^{-(N-1-m)}$$

$$= \pm z^{-(N-1)} H(z^{-1}) \qquad (7.1.14)$$

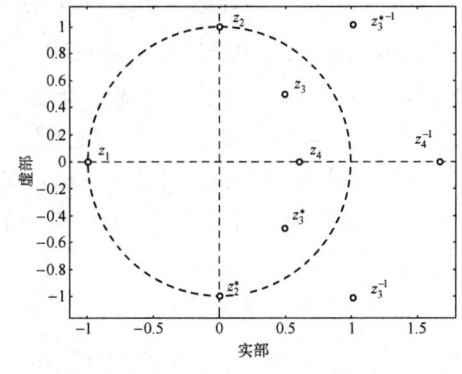

图 7.1.1 线性相位 FIRDF 的零点分布示意图

由式（7.1.14）可以看出，如果 z_k 是 $H(z)$ 的零点，则 z_k^{-1} 也是 $H(z)$ 的零点。通常 $h(n)$ 是实序列，$H(z)$ 的零点呈复共轭对出现，因此 z_k^* 和 z_k^{*-1} 也是 $H(z)$ 的零点。所以 $H(z)$ 的零点一般按上述约束关系四个为一组出现，只要确定其中一个，其他三个也就随之确定了。对一些特殊情况应具体问题具体处理。例如，单位圆上的复数零点以共轭对出现，单位圆上的实数零点单独出现。线性相位 FIRDF 的零点分布规律如图 7.1.1 所示。

7.2 用窗函数法设计 FIRDF

窗函数设计法的基本思想是，用 FIRDF 逼近希望的滤波特性。设希望逼近的滤波器的频率响应函数为 $H_d(e^{j\omega})$，其单位脉冲响应用 $h_d(n)$ 表示。为了设计简单方便，通常选择 $H_d(e^{j\omega})$ 为具有片段常数特性的理想滤波器。因此 $h_d(n)$ 是无限长非因果序列，不能直接作为 FIRDF 的单位脉冲响应。窗函数设计法就是截取 $h_d(n)$ 有限长的一段因果序列，并用合适的窗函数进行加权作为 FIRDF 的单位脉冲响应 $h(n)$。后面会看到，截取的长度和加权窗函数的类型都直接影响逼近精度（滤波器指标）。下面介绍窗函数设计法的基本设计过程、设计性能分析和各种常用窗函数。

7.2.1 用窗函数法设计 FIRDF 的基本方法

具体设计步骤：

（1）构造希望逼近的频率响应函数 $H_d(e^{j\omega})$。以低通线性相位 FIRDF 设计为例，一般选择 $H_d(e^{j\omega})$ 为线性相位理想低通滤波器，即

$$H_d(e^{j\omega}) = \begin{cases} e^{-j\omega\tau}, & |\omega| \leq \omega_c \\ 0, & \omega_c < |\omega| \leq \pi \end{cases} \qquad (7.2.1)$$

（2）求出 $h_d(n)$。对 $H_d(e^{j\omega})$ 进行 IFT 得到

$$h_d(n) = \frac{1}{2\pi} \int_{-\pi}^{\pi} H_d(e^{j\omega}) e^{j\omega n} d\omega = \frac{1}{2\pi} \int_{-\omega_c}^{\omega_c} e^{-j\omega\tau} e^{j\omega n} d\omega = \frac{\sin[\omega_c(n-\tau)]}{\pi(n-\tau)} \qquad (7.2.2)$$

（3）加窗得到 FIRDF 的单位脉冲响应 $h(n)$。

$$h(n) = h_d(n)w(n) \tag{7.2.3}$$

式中，$w(n)$称为窗函数，其长度为 N。如果要求设计第一类线性相位 FIRDF，则要求 $h(n)$关于$(N-1)/2$ 点偶对称。而 $h_d(n)$关于 $n=\tau$ 点偶对称，所以要求 $\tau=(N-1)/2$。同时要求 $w(n)$关于$(N-1)/2$ 点偶对称。后面会看到，各种常用窗函数都满足这种偶对称要求。

如果构造 $H_d(e^{j\omega})$为如式（7.2.1）表示的线性相位理想低通频率响应函数，其中 $\omega_c = \pi/4$。对矩形窗函数 $w_R(n) = R_N(n)$，当 $N=31$ 时，有

$$h(n) = h_d(n)w_R(n) = \frac{\sin[\omega_c(n-\tau)]}{\pi(n-\tau)} \cdot R_{31}(n), \quad H(e^{j\omega}) = \text{FT}[h(n)] = H_g(\omega)e^{-j\omega\tau}$$

$h(n)$及其损耗函数曲线分别如图 7.2.1(a)和(b)所示。

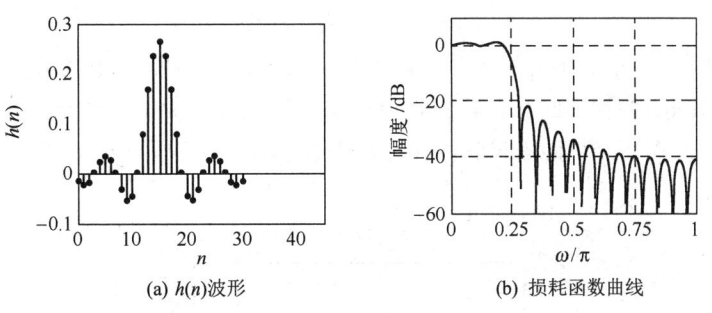

(a) $h(n)$波形　　　(b) 损耗函数曲线

图 7.2.1　用矩形窗函数设计的 FIRDF 的时域和频域波形

由上图可见，由于加窗截断使 $h(n) \neq h_d(n)$，所以 $H(e^{j\omega}) \neq H_d(e^{j\omega})$，存在误差。下面讨论引起误差的因素和逼近误差的定量估计，介绍几种常用窗函数，并归纳用窗函数法设计 FIRDF 的步骤。

7.2.2　窗函数法的设计性能分析

式（7.2.3）表明，$h(n)$与窗函数 $w(n)$直接相关，因此 $H(e^{j\omega})$的逼近误差必然与窗函数 $w(n)$直接相关。所以逼近误差实质上就是加窗的影响，窗函数的类型（形状）和长度都会影响逼近误差。

设 $w(n)$为矩形窗函数，用 $w_R(n)$表示，即 $w_R(n) = R_N(n)$。

因为 $h(n) = h_d(n)w_R(n)$，所以

$$H(e^{j\omega}) = \text{FT}[h(n)] = \frac{1}{2\pi}H_d(e^{j\omega}) * W_R(e^{j\omega}) \tag{7.2.4}$$

$$W_R(e^{j\omega}) = \text{FT}[w_R(n)] = \frac{\sin(\omega N/2)}{\sin(\omega/2)}e^{-j\omega(N-1)/2}$$

$$= W_{Rg}(\omega)e^{-j\omega\tau}, \quad \tau = (N-1)/2 \tag{7.2.5}$$

式中，$W_{Rg}(\omega) = \sin(\omega N/2)/\sin(\omega/2)$，称为矩形窗函数的幅度特性函数，如图 7.2.2(b)所示。将 $W_{Rg}(\omega)$在 $\omega=0$ 附近两个零点之间的部分称为主瓣，矩形窗函数的幅度特性函数的主瓣宽度为 $4\pi/N$。其余振荡部分称为旁瓣，每个旁瓣宽度均为 $2\pi/N$。将 $H_d(e^{j\omega})$也表示成幅度函数与相位因子的乘积，即

$$H_d(e^{j\omega}) = H_{dg}(\omega)e^{-j\omega\tau}, \quad \tau = (N-1)/2 \tag{7.2.6}$$

将式（7.2.5）和式（7.2.6）代入式（7.2.4）得到

$$H(e^{j\omega}) = \frac{1}{2\pi}\int_{-\pi}^{\pi} H_d(e^{j\theta})W_R[e^{j(\omega-\theta)}]d\theta$$

$$= \frac{1}{2\pi}\int_{-\pi}^{\pi} H_{dg}(\theta)e^{-j\theta\tau}W_{Rg}(\omega-\theta)e^{-j(\omega-\theta)\tau}d\theta$$

$$= e^{-j\omega\tau}\frac{1}{2\pi}\int_{-\pi}^{\pi} H_{dg}(\theta)W_{Rg}(\omega-\theta)d\theta$$

$$= e^{-j\omega\tau}\frac{1}{2\pi}H_{dg}(\omega)*W_{Rg}(\omega)$$

$$= e^{j\theta(\omega)}H_g(\omega)$$

$$H_g(\omega) = \frac{1}{2\pi}H_{dg}(\omega)*W_{Rg}(\omega) \tag{7.2.7}$$

$$\theta(\omega) = -\omega(N-1)/2$$

以上推导结果说明，$H_g(\omega)$等于希望逼近的滤波器的幅度特性函数 $H_{dg}(\omega)$ 与窗函数的幅度特性函数 $W_{Rg}(\omega)$的卷积，而相位特性保持严格线性相位。所以，只需要分析幅度逼近误差就可以了。当 $H_{dg}(\omega)$ 为理想低通滤波特性时，$H_{dg}(\omega)$、$W_{Rg}(\omega)$ 和 $H_g(\omega)$，以及卷积过程的波形如图 7.2.2 所示。

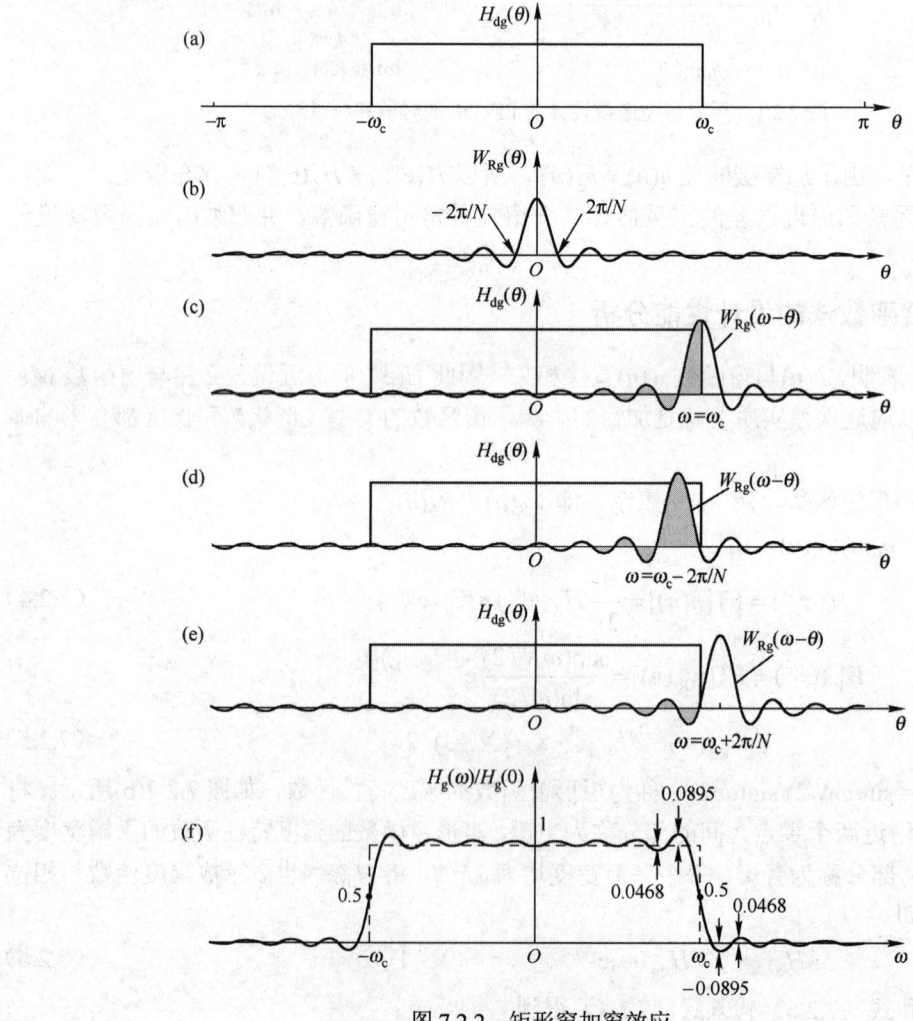

图 7.2.2 矩形窗加窗效应

由图 7.2.1 和图 7.2.2 可以看出，加矩形窗引起的幅度误差有以下两点。

（1）理想低通滤波器过渡带宽度为零，但是 $H_g(\omega)$ 以 $\omega=\omega_c$ 为中心形成过渡带，过渡带宽度近似等于 $W_{Rg}(\omega)$ 的主瓣宽度，记为 $\Delta B=4\pi/N$。在 $\omega=\omega_c$ 频率点幅度衰减 6 dB（等价于幅度下降 1/2）。

（2）理想低通滤波器通带和阻带幅度分别为常数 1 和 0，而 $H_g(\omega)$ 在通带和阻带均有波纹（通常称为吉普斯效应）。这些波纹是由 $W_{Rg}(\omega)$ 的旁瓣引起的，旁瓣幅度越大，$H_g(\omega)$ 波动幅度就越大。

以上两点误差是由于对 $h_d(n)$ 加矩形窗直接截断而引起的频域反映，所以称为加窗效应。显然加窗效应与窗函数 $w(n)$ 的幅度特性函数 $W_g(\omega)$ 直接相关。而 $W_g(\omega)$ 与窗函数 $w(n)$ 的形状（类型）和长度 N 有关。一般的设计指标给出过渡带宽度 ΔB、通带最大衰减 α_p 及阻带最小衰减 α_s。由图 7.2.1 可见，用矩形窗函数设计的 FIRDF 的阻带最小衰减只有 21 dB，过渡带宽度近似为 $4\pi/N$（其精确值小于 $4\pi/N$，见表 7.2.2）。通过加大窗函数长度 N，可以使过渡带宽度变窄；而通带最大衰减 α_p 及阻带最小衰减 α_s 只能通过改进窗函数 $w(n)$ 的形状才能得到改善。因此，研究各种典型的窗函数是窗函数设计法的重要内容。下面会看到时域波形较平滑的窗函数，其幅度特性函数的主瓣所包含的能量较多，旁瓣较小，但是当窗函数长度 N 固定时，其主瓣宽度也较宽。所以时域较平滑的窗函数使 $H_g(\omega)$ 通带和阻带的波纹变小（即通带最大衰减变小，阻带最小衰减变大），但是其过渡带宽度也变宽。因此说，在窗函数设计法中，通带和阻带波纹的改善是以加宽过渡带为代价的。下面分别介绍几种典型的窗函数及其幅度特性，并给出用这些窗函数设计的 FIRDF 的性能指标，以便指导选择窗函数类型和长度。

7.2.3 典型窗函数介绍

本节主要介绍几种常用窗函数的时域表达式、时域波形、幅度特性函数（衰减 dB）曲线，以及用各种窗函数设计的 FIRDF 的单位脉冲响应和损耗函数曲线。为了叙述简单，我们把这组波形图简称为"四种波形"。下面均以低通为例，$H_d(e^{j\omega})$ 取理想低通，$\omega_c=\pi/2$，窗函数长度 $N=31$。

1. 矩形窗（Rectangle Window）

$$w_R(n) = R_N(n)$$

前面式（7.2.5）已经求得

$$W_R(e^{j\omega}) = FT[w_R(n)] = W_{Rg}(\omega)e^{-j\omega\tau}, \quad \tau = (N-1)/2 \tag{7.2.8}$$

$$W_{Rg}(\omega) = \frac{\sin(\omega N/2)}{\sin(\omega/2)} \tag{7.2.9}$$

矩形窗的四种波形如图 7.2.3 所示。

为了描述方便，定义窗函数的几个参数：

旁瓣峰值 α_n——窗函数的幅频函数 $|W_g(\omega)|$ 的最大旁瓣的最大值相对主瓣最大值的衰减（dB）；

过渡带宽度 ΔB——用该窗函数设计的 FIRDF 的过渡带宽度；

阻带最小衰减 α_s——用该窗函数设计的 FIRDF 的阻带最小衰减。

图 7.2.3 所示矩形窗的参数为：$\alpha_n = -13$ dB；$\Delta B = 4\pi/N$；$\alpha_s = -21$ dB。当 $N=21, 31, 63$

时，矩形窗函数的损耗函数曲线分别如图 7.2.4(a)、(b)和(c)所示。由该图可以看出主瓣宽度与 N 成反比，即滤波器过渡带宽度与 N 成反比（后面将看到，不同类型的窗函数比例常数不同），但是旁瓣峰值并不随 N 增大而变化，所以要改善阻带衰减特性，必须选择其他类型（形状）的窗函数。这就是我们选择窗函数类型和长度的依据，而且这一结论对各种窗函数都成立。

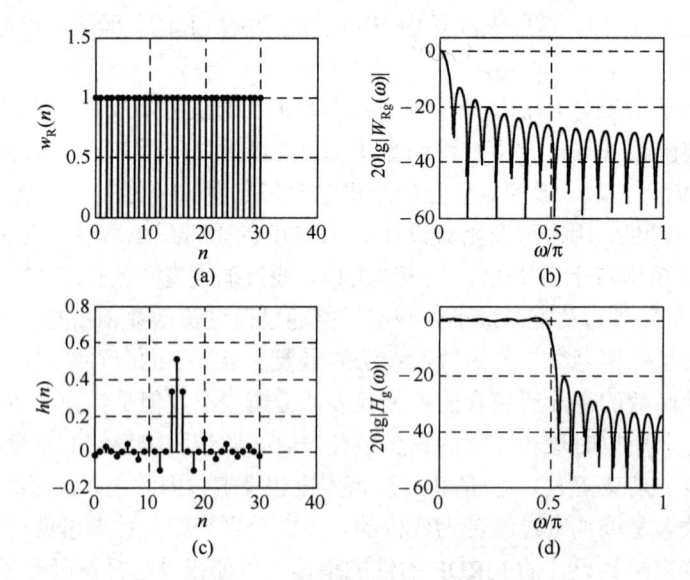

图 7.2.3　矩形窗的四种波形

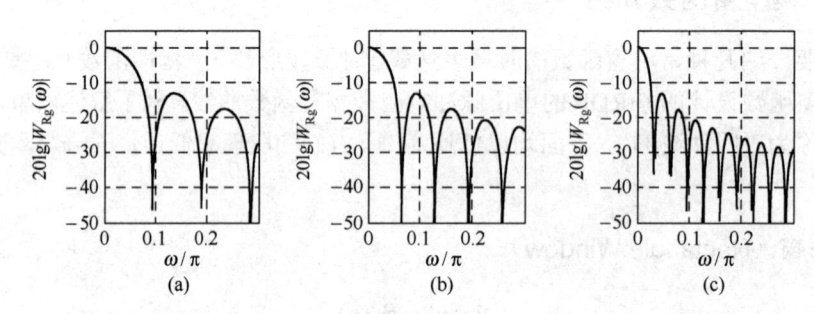

图 7.2.4　窗函数长度 N 对幅度特性主瓣宽度的影响（矩形窗）

2. 三角窗（Bartlett Window）

$$w_{\mathrm{B}}(n) = \begin{cases} \dfrac{2n}{N-1}, & 0 \leqslant n \leqslant \dfrac{N-1}{2} \\ 2 - \dfrac{2n}{N-1}, & \dfrac{N-1}{2} < n \leqslant N-1 \end{cases} \tag{7.2.10}$$

$$W_{\mathrm{B}}(\mathrm{e}^{\mathrm{j}\omega}) = \mathrm{FT}[w_{\mathrm{B}}(n)] = \frac{2}{N}\left[\frac{\sin(\omega N/4)}{\sin(\omega/2)}\right]^2 \mathrm{e}^{-\mathrm{j}\omega(N-1)/2} \tag{7.2.11}$$

$$W_{\mathrm{Bg}}(\omega) = \frac{2}{N}\left[\frac{\sin(\omega N/4)}{\sin(\omega/2)}\right]^2 \tag{7.2.12}$$

三角窗的四种波形如图 7.2.5 所示，参数为：　$\alpha_n = -25$ dB；　$\Delta B = 8\pi/N$；　$\alpha_s = -25$ dB。

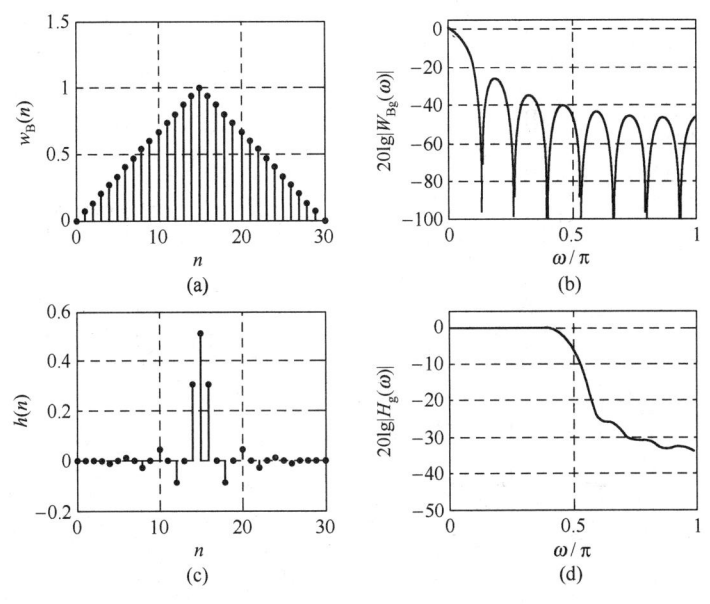

图 7.2.5 三角窗的四种波形

3. 升余弦窗（汉宁窗：Hanning Window）

$$w_{hn}(n) = 0.5\left[1 - \cos\left(\frac{2\pi n}{N-1}\right)\right]R_N(n) = 0.5\left[R_N(n) - R_N(n)\cos\left(\frac{2\pi n}{N-1}\right)\right] \quad (7.2.13)$$

根据傅里叶变换的线性性质和调制定理得到

$$\begin{aligned}W_{hn}(e^{j\omega}) &= \mathrm{FT}[w_{hn}(n)] = W_{hng}(\omega)e^{-j\omega(N-1)/2}\\ &= 0.5W_R(e^{j\omega}) - 0.25W_R\left[e^{j\left(\omega+\frac{2\pi}{N-1}\right)}\right] - 0.25W_R\left[e^{j\left(\omega-\frac{2\pi}{N-1}\right)}\right]\\ &= \left[0.5W_{Rg}(\omega) + 0.25W_{Rg}\left(\omega+\frac{2\pi}{N-1}\right) + 0.25W_{Rg}\left(\omega-\frac{2\pi}{N-1}\right)\right]e^{-j\omega(N-1)/2}\end{aligned}$$

当 $N \gg 1$ 时，$N-1 \approx N$，则

$$W_{hng}(\omega) = 0.5W_{Rg}(\omega) + 0.25W_{Rg}\left(\omega+\frac{2\pi}{N}\right) + 0.25W_{Rg}\left(\omega-\frac{2\pi}{N}\right) \quad (7.2.14)$$

汉宁窗的四种波形如图 7.2.6 所示，参数为：$\alpha_n = -31$ dB；$\Delta B = 8\pi/N$；$\alpha_s = -44$ dB。

请读者直接根据式（7.2.14）中的三项叠加画出汉宁窗的幅度响应函数 $W_{hng}(\omega)$ 的曲线，并与矩形窗比较，进一步理解其旁瓣减小，而主瓣宽度扩大一倍的频域解释。

4. 改进升余弦窗（哈明窗：Hamming Window）

$$w_{hm}(n) = \left[0.54 - 0.46\cos\left(\frac{2\pi n}{N-1}\right)\right]R_N(n) \quad (7.2.15)$$

$$W_{hm}(e^{j\omega}) = \mathrm{FT}[w_{hm}(n)] = W_{hmg}(\omega)e^{-j\omega(N-1)/2}$$

$$W_{hmg}(\omega) = 0.54W_{Rg}(\omega) + 0.23W_{Rg}\left(\omega+\frac{2\pi}{N}\right) + 0.23W_{Rg}\left(\omega-\frac{2\pi}{N}\right) \quad (7.2.16)$$

哈明窗的四种波形如图 7.2.7 所示，参数为：$\alpha_n = -41$ dB；$\Delta B = 8\pi/N$；$\alpha_s = -53$ dB。

图 7.2.6 汉宁窗的四种波形

图 7.2.7 哈明窗的四种波形

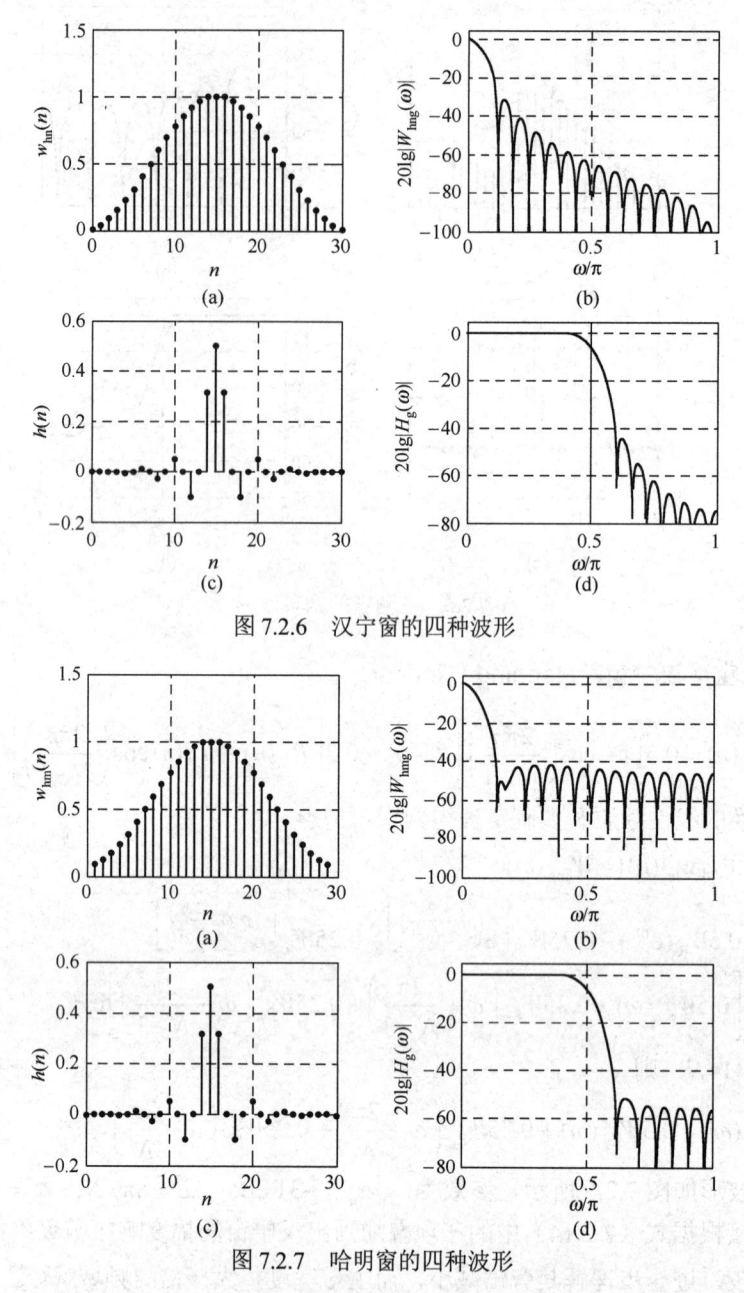

由上可知，用三角窗、汉宁窗和哈明窗设计的 FIRDF 的过渡带宽度均为 $\Delta B = 8\pi/N$，但是用哈明窗时的阻带衰减最大（53 dB），所以一般都选择哈明窗。MATLAB 的窗函数法设计函数 fir1 默认使用哈明窗。三角窗的 α_s 最小，所以在 FIRDF 设计中一般不采用。但三角窗的频谱函数是一个非负函数，这一独特优点使其在功率谱估计中很有用。功率谱估计属于随机信号处理研究的内容。

5. 布莱克曼窗（Blackman Window）

$$w_{bl}(n) = \left[0.42 - 0.5\cos\left(\frac{2\pi n}{N-1}\right) + 0.08\cos\left(\frac{4\pi n}{N-1}\right) \right] R_N(n) \quad (7.2.17)$$

布莱克曼窗的四种波形如图 7.2.8 所示，参数为：　$\alpha_n = -57$ dB；　$\Delta B = 12\pi/N$；　$\alpha_s = -74$ dB。

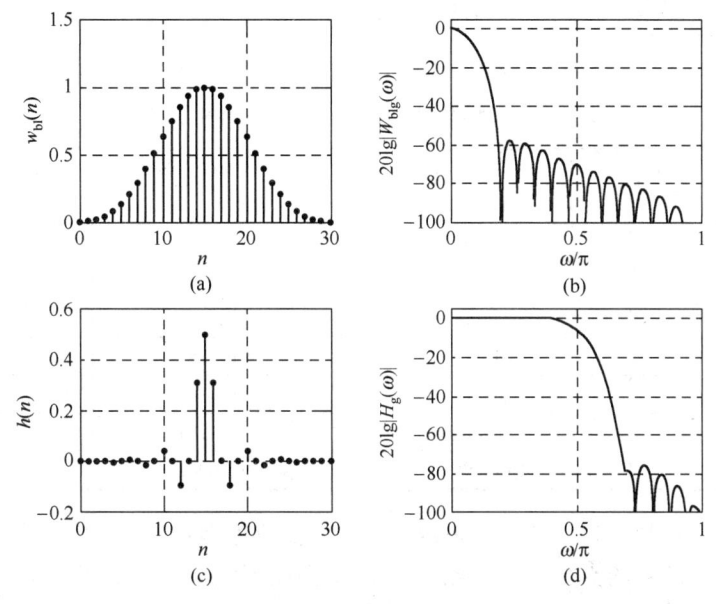

图 7.2.8　布莱克曼窗的四种波形

布莱克曼窗阻带衰减比哈明窗大 21 dB，但过渡带宽度增加 $4\pi/N$。

6. 凯塞窗（Kaiser Window）

上面所介绍的五种窗函数都称为固定窗函数，用每种窗函数设计的滤波器的阻带最小衰减 α_s 都是固定的。凯塞窗函数是一种可调整的窗函数，是最有用且最优的窗函数之一。通过调整控制参数可以达到不同的阻带最小衰减 α_s，并提供最小的主瓣宽度，也就是最窄的过渡带。反之，对给定的指标，凯塞窗函数可以使滤波器阶数最小。凯塞窗函数由下式给出：

$$w_k(n) = \frac{I_0\left[\beta\sqrt{1-\left(1-\frac{2n}{N-1}\right)^2}\right]}{I_0(\beta)} R_N(n) \quad (7.2.18)$$

式中，β 是调整参数，$I_0(\beta)$ 表示零阶第一类修正贝塞尔函数，可以用下式计算：

$$I_0(\beta) = 1 + \sum_{k=1}^{\infty}\left[\frac{1}{k!}\left(\frac{\beta}{2}\right)^k\right]^2 \quad (7.2.19)$$

实际中取前 20 项就可以满足精度要求。

参数 β 控制加窗设计滤波器的阻带最小衰减 α_s。凯塞（Kaiser）给出的估算 β 和滤波器阶数 N 的公式如下：

$$\beta = \begin{cases} 0.112(\alpha_s - 8.7), & \alpha_s > 50 \text{ dB} \\ 0.5842(\alpha_s - 21)^{0.4} + 0.07886(\alpha_s - 21), & 21 \leqslant \alpha_s \leqslant 50 \text{ dB} \\ 0, & \alpha_s < 21 \end{cases} \quad (7.2.20)$$

$$N = \frac{\alpha_s - 8}{2.285\Delta B} \quad (7.2.21)$$

式中，$\Delta B = |\omega_s - \omega_p|$ 是数字滤波器过渡带宽度。应当注意，因为式（7.2.21）为阶数估算，

所以必须对设计结果进行检验。另外，凯塞窗函数没有独立控制通带波纹幅度，实际中通带波纹幅度近似等于阻带波纹幅度。对 β 的八种典型值，将凯塞窗函数的性能列于表 7.2.1 中，供设计者参考。

表 7.2.1 凯塞窗控制参数对滤波器性能的影响

β	过渡带宽度（rad）	通带最大波纹（dB）	阻带最小衰减（dB）
2.120	$3.00\pi/N$	±0.27	30
3.384	$4.46\pi/N$	±0.0864	40
4.538	$5.86\pi/N$	±0.0274	50
5.568	$7.24\pi/N$	±0.00868	60
6.764	$8.64\pi/N$	±0.00275	70
7.865	$10.0\pi/N$	±0.000868	80
8.960	$11.4\pi/N$	±0.000275	90
10.056	$10.8\pi/N$	±0.000087	100

为了便于比较选择，将上述六种窗函数的基本参数列于表 7.2.2 中。设计过程中根据阻带最小衰减选择窗函数的类型，再根据过渡带宽度确定所选窗函数的长度 N。表 7.2.2 中前五种窗函数，矩形窗过渡带最窄，阻带最小衰减最小；布莱克曼窗的过渡带最宽，但是阻带最小衰减最大。为了达到相同的过渡带宽度，布莱克曼窗的长度是矩形窗的 3 倍。

表 7.2.2 六种窗函数基本参数

窗函数类型	旁瓣峰值 α_n（dB）	过渡带宽度 ΔB		阻带最小衰减 α_s（dB）
		近似值	精确值	
矩形窗	−13	$4\pi/N$	$1.8\pi/N$	−21
三角窗	−25	$8\pi/N$	$6.1\pi/N$	−25
汉宁窗	−31	$8\pi/N$	$6.2\pi/N$	−44
哈明窗	−41	$8\pi/N$	$6.6\pi/N$	−53
布莱克曼窗	−57	$12\pi/N$	$11\pi/N$	−74
凯塞窗(β=7.865)	−57		$10\pi/N$	−80

例如，技术指标为：阻带最小衰减 $\alpha_s \geq 60$ dB，过渡带宽度 $\Delta B \leq 0.1\pi$ rad，则根据表 7.2.2，必须选取布莱克曼窗或凯塞窗，表中给出布莱克曼窗的过渡带宽度 $\Delta B=12\pi/N$，所以 $\Delta B=12\pi/N \leq 0.1\pi$，解得 $N=120$。但是，如果选用凯塞窗，$\beta=5.568$，则 $\Delta B=7.24\pi/N \leq 0.1\pi$，解得 $N=73$。所以用凯塞窗使滤波器阶数大大下降。

随着数字信号处理的不断发展，学者们提出的窗函数已多达几十种，除了上述六种窗函数外，比较有名的还有 Chebyshev 窗，Gaussian 窗[5][6]。MATLAB 信号处理工具箱函数提供了 14 种窗函数的产生函数，下面列出上述六种窗函数的产生函数：

```
wn=boxcar(N)        %列向量 wn 中返回长度为 N 的矩形窗函数 w(n)
wn=bartlett(N)      %列向量 wn 中返回长度为 N 的三角窗函数 w(n)
wn=hanning(N)       %列向量 wn 中返回长度为 N 的汉宁窗函数 w(n)
wn=hamming(N)       %列向量 wn 中返回长度为 N 的哈明窗函数 w(n)
wn=blackman(N)      %列向量 wn 中返回长度为 N 的布莱克曼窗函数 w(n)
wn=kaiser(N, beta)  %列向量 wn 中返回长度为 N 的凯塞窗函数 w(n)
```

例如，whn=hanning(N)产生长度为 N 的汉宁窗函数列向量 hn。运行下面程序即可产生并图示汉宁窗函数，如图 7.2.9 所示。

```
whn=hanning(31);
stem(0:30, whn, '.')
```

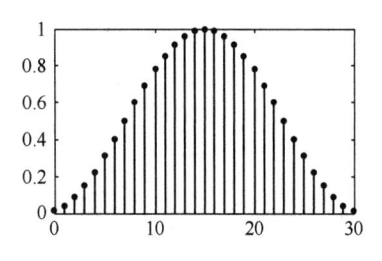

图 7.2.9 Hanning 窗函数（N=31）

7.2.4 用窗函数法设计 FIRDF 的步骤及 MATLAB 设计函数

综上所述，可以归纳出用窗函数法设计第一类线性相位 FIRDF 的步骤：

（1）选择窗函数类型和长度，写出窗函数 $w(n)$ 的表达式。

根据阻带最小衰减选择窗函数 $w(n)$ 的类型，再根据过渡带宽度确定所选窗函数的长度 N。应当说明，用窗函数法设计的 FIRDF 通带波纹幅度近似等于阻带波纹幅度。一般阻带最小衰减达到 40 dB 以上，则通带最大衰减就小于 0.1 dB。所以用窗函数法设计 FIRDF 时，通常只考虑阻带最小衰减就可以了。

（2）构造希望逼近的频率响应函数 $H_d(e^{j\omega}) = H_{dg}(\omega)e^{-j\omega(N-1)/2}$。

根据设计需要，一般选择线性相位理想滤波器（理想低通、理想高通、理想带通、理想带阻）。由图 7.2.2 知道，理想滤波器的截止频率 ω_c 近似为最终设计的 FIRDF 的过渡带中心频率，幅度函数衰减一半（约–6 dB）。所以一般取 $\omega_c = (\omega_p + \omega_s)/2$，$\omega_p$ 和 ω_s 分别为通带边界频率和阻带边界频率。

（3）计算 $h_d(n) = \dfrac{1}{2\pi}\int_{-\pi}^{\pi} H_d(e^{j\omega})e^{j\omega n}d\omega$。

（4）加窗得到设计结果：$h(n) = h_d(n)w(n)$。

例 7.2.1 用窗函数法设计线性相位高通 FIRDF，要求通带截止频率 $\omega_p = \pi/2$ rad，阻带截止频率 $\omega_s = \pi/4$ rad，通带最大衰减 $\alpha_p = 1$ dB，阻带最小衰减 $\alpha_s = 40$ dB。

解：（1）选择窗函数 $w(n)$，计算窗函数长度 N。

已知阻带最小衰减 $\alpha_s = 40$ dB，由表（7.2.2）可知汉宁窗和哈明窗均满足要求，我们选择汉宁窗。本例中过渡带宽度 $\Delta B \leqslant \omega_p - \omega_s = \pi/4$，汉宁窗的精确过渡带宽度 $\Delta B = 6.2\pi/N$，所以要求 $\Delta B = 6.2\pi/N \leqslant \pi/4$，解之得 $N \geqslant 24.8$。

对高通滤波器 N 必须取奇数，取 $N=25$。由式（7.2.13）有

$$w(n) = 0.5\left[1 - \cos\left(\dfrac{\pi n}{12}\right)\right]R_{25}(n)$$

（2）
$$H_d(e^{j\omega}) = \begin{cases} e^{-j\omega\tau}, & \omega_c \leqslant |\omega| \leqslant \pi \\ 0, & 0 \leqslant |\omega| < \omega_c \end{cases}$$

式中，$\tau = (N-1)/2 = 12$，$\omega_c = (\omega_s + \omega_p)/2 = 3\pi/8$。

（3）求出
$$h_d(n) = \dfrac{1}{2\pi}\int_{-\pi}^{\pi} H_d(e^{j\omega})e^{j\omega n}d\omega$$
$$= \dfrac{1}{2\pi}\left(\int_{-\pi}^{-\omega_c} e^{-j\omega\tau}e^{j\omega n}d\omega + \int_{\omega_c}^{\pi} e^{-j\omega\tau}e^{j\omega n}d\omega\right)$$

$$= \frac{\sin\pi(n-\tau)}{\pi(n-\tau)} - \frac{\sin\omega_c(n-\tau)}{\pi(n-\tau)}$$

将 $\tau=12$ 代入得
$$h_d(n) = \delta(n-12) - \frac{\sin[3\pi(n-12)/8]}{\pi(n-12)}$$

$\delta(n-12)$ 对应全通滤波器，$\frac{\sin[3\pi(n-12)/8]}{\pi(n-12)}$ 是截止频率为 $3\pi/8$ 的理想低通滤波器的单位脉冲响应，二者之差就是理想高通滤波器的单位脉冲响应。这就是求理想高通滤波器的单位脉冲响应的另一个公式。

（4）加窗　　$h(n) = h_d(n)w(n)$
$$= \left\{\delta(n-12) - \frac{\sin[3\pi(n-12)/8]}{\pi(n-12)}\right\}\left[0.5 - 0.5\cos\left(\frac{\pi n}{12}\right)\right]R_{25}(n)$$

实际设计时一般用 MATLAB 工具箱函数。以上步骤（2）～（4）的解题过程可调用工具箱函数 fir1 实现。

1）fir1 是用窗函数法设计线性相位 FIRDF 的工具箱函数，以实现线性相位 FIRDF 的标准窗函数法设计。"标准" 指在设计低通、高通、带通和带阻 FIR 滤波器时，$H_d(e^{j\omega})$ 分别表示相应的线性相位理想低通、高通、带通和带阻滤波器的频率响应函数，所以，将所设计的滤波器的频率响应称为标准频率响应。

- hn=fir1(M, wc)，返回 6 dB 截止频率为 wc 的 M 阶（单位脉冲响应 $h(n)$ 长度 $N=M+1$）FIR 低通（wc 为标量）滤波器系数向量 hn，默认选用哈明窗。滤波器单位脉冲响应 $h(n)$ 与向量 hn 的关系为

$$h(n)=\text{hn}(n+1), \quad n=0, 1, 2, \cdots, M$$

而且满足线性相位条件：$h(n)=h(N-1-n)$。其中 wc 为对 π 归一化的数字频率，$0\leq\text{wc}\leq1$。
当 wc=[wcl, wcu]时，得到的是带通滤波器，其 -6 dB 通带为 wcl$\leq\omega\leq$wcu。

- hn=fir1(M, wc, 'ftype')，可设计高通和带阻 FIR 滤波器。

当 ftype=high 时，设计高通 FIR 滤波器；

当 ftype=stop，且 wc=[wcl, wcu]时，设计带阻 FIR 滤波器。

应当注意，在设计高通和带阻 FIR 滤波器时，阶数 M 只能取偶数（$h(n)$长度 $N=M+1$ 为奇数）。

不过，当用户将 M 设置为奇数时，fir1 会自动对 M 加 1。

- hn=fir1(M, wc, window)，可以指定窗函数向量 window。如果默认 window 参数，则 fir1 默认为哈明窗。例如

hn = fir1(M, wc, bartlett(M+1))，使用 Bartlett 窗设计。

hn =fir1(M, wc, blackman(M+1))，使用 blackman 窗设计。

hn=fir1(M, wc, 'ftype', window)，通过选择 wc、ftype 和 window 参数（含义同上），可以设计各种加窗滤波器。

2）用 fir2 函数设计时，可以指定任意形状的 $H_d(e^{j\omega})$，所以称之为**任意形状幅度特性窗函数法设计函数**，它实质是一种频率采样法（见 7.3 节）与窗函数法的综合设计函数。主要用于设计幅度特性形状特殊的滤波器（如数字微分器和多带滤波器等）。用 help 命令查阅其调用格式及调用参数的含义。

例 7.2.1 的设计程序 ep721.m 如下：

```
%ep721.m: 例 7.2.1 用窗函数法设计线性相位高通 FIRDF
wp=pi/2;ws=pi/4;
DB=wp-ws;                      %计算过渡带宽度
N0=ceil(6.2*pi/DB); %根据表 7.2.2 汉宁窗计算所需 h(n)长度 N0,ceil(x)取大于等于 x 的最小整数
N=N0+mod(N0+1, 2);             %确保 h(n)长度 N 是奇数
wc=(wp+ws)/2/pi;               %计算理想高通滤波器通带截止频率(关于π归一化)
hn=fir1(N-1, wc, 'high', hanning(N));  %调用 fir1 计算高通 FIRDF 的 h(n)
%略去绘图部分
```

运行程序得到 $h(n)$ 的 25 个值：

h(n)=[-0.0004   -0.0006   0.0028   0.0071   -0.0000   -0.0185   -0.0210   0.0165   0.0624
       0.0355   -0.1061   -0.2898   0.6249   -0.2898   -0.1061   0.0355   0.0624   0.0165
      -0.0210   -0.0185   -0.0000   0.0071   0.0028   -0.0006   -0.0004]

高通 FIRDF 的 $h(n)$ 及损耗函数如图 7.2.10 所示。

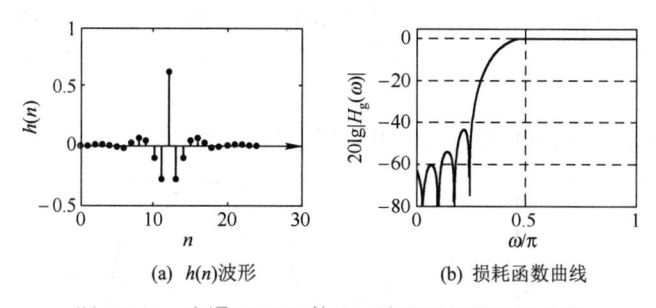

(a) $h(n)$ 波形　　(b) 损耗函数曲线

图 7.2.10　高通 FIRDF 的 $h(n)$ 波形及损耗函数曲线

例 7.2.2　对模拟信号进行低通滤波处理，要求通带 $0 \leq f \leq 1.5$ kHz 内衰减小于 1 dB，阻带 2.5 kHz $\leq f \leq \infty$ 上衰减大于 40 dB。希望对模拟信号采样后用线性相位 FIR 数字滤波器实现上述滤波要求，采样频率 $F_s=10$ kHz。用窗函数法设计满足要求的 FIR 数字低通滤波器，求出 $h(n)$，并画出损耗函数曲线和相频特性曲线。为了降低运算量，希望滤波器阶数尽量低。

解：（1）确定相应的数字滤波器指标：

通带截止频率为　　　　$\omega_p = 2\pi f_p / F_s = 2\pi \times 1500/10000 = 0.3\pi$
阻带截止频率为　　　　$\omega_s = 2\pi f_s / F_s = 2\pi \times 2500/10000 = 0.5\pi$
阻带最小衰减为　　　　$\alpha_s = 40$ dB

（2）用窗函数法设计 FIR 数字低通滤波器，为了降低阶数选择凯塞窗。根据式（7.2.20）计算凯塞窗的控制参数为

$$\beta = 0.5842(\alpha_s - 21)^{0.4} + 0.07886(\alpha_s - 21) = 3.3953$$

指标要求过渡带宽度 $\Delta B = \omega_s - \omega_p = 0.2\pi$，根据式（7.2.21）计算滤波器阶数为

$$M = \frac{\alpha_s - 8}{2.285 \Delta B} = \frac{40 - 8}{2.285 \times 0.2\pi} = 22.2887$$

取满足要求的最小整数 $M=23$。所以 $h(n)$ 长度为 $N=M+1=24$。但是，如果用汉宁窗，$h(n)$ 长度为 $N=40$。

理想低通滤波器的通带截止频率 $\omega_c = (\omega_s + \omega_p)/2 = 0.4\pi$，所以由式（7.2.2）和式（7.2.3）得到

$$h(n) = h_d(n)w(n) = \frac{\sin[0.4\pi(n-\tau)]}{\pi(n-\tau)}w(n) , \quad \tau = \frac{N-1}{2} = 11.5$$

式中,$w(n)$是长度为 24 (β=3.384) 的凯塞窗函数。

实现本例设计的 MATLAB 程序为 ep722.m。

```
%ep722.m: 例 7.2.2 用凯塞窗函数设计线性相位低通 FIRDF
wp=0.3*pi;ws=0.5*pi;rs=40;
DB=ws-wp;                              %计算过渡带宽度
beta=0.5842*(rs-21)^0.4+0.07886*(rs-21);  %根据式(7.2.20)计算凯塞窗的控制参数β
M=ceil((rs-8)/2.285/DB);               %根据式(7.2.21)计算凯塞窗所需阶数 M
wc=(wp+ws)/2/pi;                       %计算理想低通滤波器通带截止频率(关于π归一化)
hn=fir1(M, wc, kaiser(M+1, beta));     %调用 fir1 计算低通 FIRDF 的 h(n)
%以下绘图部分省去
```

运行程序得到 $h(n)$ 的 24 个值:

$h(n)$=[0.0039   0.0041 $-$0.0062 $-$0.0147   0.0000   0.0286   0.0242 $-$0.0332 $-$0.0755   0.0000
0.1966   0.3724   0.3724   0.1966   0.0000 $-$0.0755 $-$0.0332   0.0242   0.0286   0.0000
$-$0.0147 $-$0.0062   0.0041   0.0039]

低通 FIRDF 的 $h(n)$ 波形和损耗函数曲线如图 7.2.11 所示。

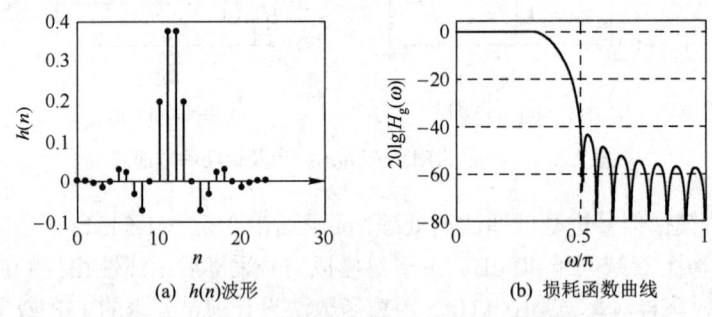

(a) $h(n)$ 波形   (b) 损耗函数曲线

图 7.2.11 低通 FIRDF 的 $h(n)$ 波形及损耗函数曲线

例 7.2.3 用窗函数法设计一个线性相位 FIR 带通滤波器。要求阻带下截止频率 $\omega_{ls}=0.2\pi$,通带下截止频率 $\omega_{lp}=0.35\pi$,通带上截止频率 $\omega_{up}=0.65\pi$,阻带上截止频率:$\omega_{us}=0.8\pi$,通带最大衰减 $\alpha_p=1$ dB,阻带最小衰减 $\alpha_s=60$ dB。

解:本例直接调用 fir1 函数设计。因为阻带最小衰减 $\alpha_s=60$ dB,所以选择布莱克曼窗,再根据过渡带宽度选择滤波器长度 N,布莱克曼窗的过渡带宽度 $\Delta B=12\pi/N$,所以

$$12\pi/N \leq \omega_{lp}-\omega_{ls}=0.35\pi-0.2\pi=0.15\pi$$

解之得 N=80。调用参数 wc $=[(\omega_{ls}+\omega_{lp})/2 , (\omega_{up}+\omega_{us})/2]/\pi$。设计程序为 ep23.m,参数计算也由程序完成。

```
%ep723.m: 例 7.2.3 用窗函数法设计线性相位带通 FIRDF
wls=0.2*pi;wlp=0.35*pi;wup=0.65*pi;wus=0.8*pi;   %设计指标参数赋值
DB=wlp-wls;                                %过渡带宽度
N=ceil(12*pi/DB);                          %计算滤波器长度 N, ceil(x)取大于等于 x 的最小整数
wc=[(wls+wlp)/2/pi, (wus+wup)/2/pi];        %设置理想带通截止频率
hn=fir1(N-1, wc, blackman(N));
%省略绘图部分
```

程序运行结果：N=80。

由于 h(n)数据量太大，所以仅给出 h(n)的波形及损耗函数曲线，如图 7.2.12 所示。由图可见，阻带衰减有较大的富裕。如果选用凯塞窗设计，滤波器长度 N=50 就可以满足设计指标。

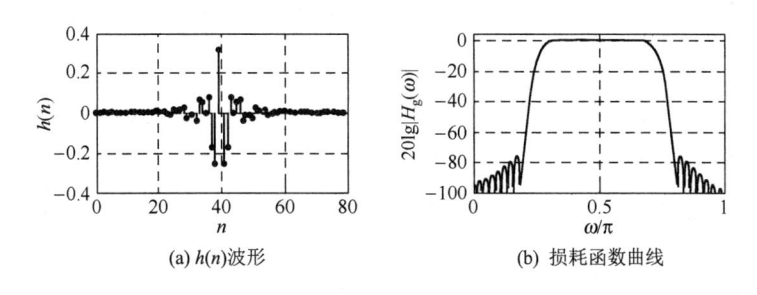

(a) h(n)波形　　(b) 损耗函数曲线

图 7.2.12　带通 FIRDF 的 h(n)波形及损耗函数曲线

7.3　利用频率采样法设计 FIRDF

窗函数设计法是根据设计要求，从相应的理想频率响应特性出发，求出它的单位脉冲响应，并选择合适的窗函数加窗后作为 FIRDF 的单位脉冲响应。所以窗函数法适合设计片段常数特性的标准型频率响应特性滤波器。本节介绍的频率采样设计法可以设计任意形状频率响应特性的 FIRDF。采用这种方法可以方便地设计某些特殊滤波器（如数字微分器和具有特殊频谱的波形形成器）。

7.3.1　频率采样设计法的基本概念

与窗函数设计法相同，首先构造一个希望逼近的频率响应函数

$$H_d(e^{j\omega}) = H_{dg}(\omega)e^{j\theta_d(\omega)}$$

然后对 $H_d(e^{j\omega})$ 在[0, 2π]上采样 N 点得到

$$H(k) = H_d(e^{j\omega})\Big|_{\omega=\frac{2\pi}{N}k}, \quad k = 0, 1, 2, \cdots, N-1 \tag{7.3.1}$$

$$h(n) = \text{IDFT}[H(k)] = \frac{1}{N}\sum_{k=0}^{N-1}H(k)W_N^{-kn}, \quad n = 0, 1, 2, \cdots, N-1 \tag{7.3.2}$$

将 h(n)作为所设计的 FIRDF 的单位脉冲响应，其系统函数为

$$H(z) = \text{ZT}[h(n)] = \sum_{n=0}^{N-1}h(n)z^{-n} \tag{7.3.3}$$

根据第 3 章导出的 z 域内插公式可以直接由频域采样 H(k)表示系统函数

$$H(z) = \frac{1-z^{-N}}{N}\sum_{k=0}^{N-1}\frac{H(k)}{1-W_N^{-k}z^{-1}} \tag{7.3.4}$$

第 8 章将看到，直接由 h(n)可以画出 FIRDF 的直接型实现网络结构，而式（7.3.4）提供 FIRDF 的频率采样实现网络结构。

以上所述仅是频率采样设计法的基本思想。但是按照上述方法设计的滤波器的频率响应

特性 $H(e^{j\omega}) = FT[h(n)]$ 与希望逼近的频率响应函数 $H_d(e^{j\omega})$ 的差别有多大？逼近误差与哪些因素有关？如何设计满足给定指标的线性相位 FIRDF 是本节的核心问题，下面分别讨论这些问题。

7.3.2 设计线性相位特性 FIRDF 时，频域采样 $H(k)$ 的设置原则

为了使最终设计结果 $h(n)$ 是实序列，且满足线性相位 FIRDF 的时域对称条件 $h(n) = \pm h(N-1-n)$，频域采样 $H(k)$ 必须满足一定的设置原则。为了叙述方便，将频域采样 $H(k)$ 表示为如下形式：

$$H(k) = H_d(e^{j\omega})\big|_{\omega = \frac{2\pi}{N}k} = A(k)e^{j\theta(k)}, \quad k = 0,1,2,\cdots,N-1 \tag{7.3.5}$$

式中，$A(k)$ 为幅度采样，$\theta(k)$ 为相位采样。即

$$A(k) = H_{dg}\left(\frac{2\pi}{N}k\right), \quad k = 0,1,2,\cdots,N-1 \tag{7.3.6}$$

对第一类线性相位 FIRDF，要求单位脉冲响应满足 $h(n) = h(N-1-n)$。要求

$$\theta(k) = -\omega\frac{N-1}{2}\bigg|_{\omega = \frac{2\pi}{N}k} = -\frac{(N-1)}{N}\pi k, \quad k = 0,1,2,\cdots,N-1 \tag{7.3.7}$$

所以 $\theta(k)$ 是一个确知函数。从表 7.1.1 可以查得 $A(k)$ 的设置原则：

N 为奇数（情况 1）： $\quad A(k) = A(N-k)$ （7.3.8）

N 为偶数（情况 2）： $\quad A(k) = -A(N-k)$ （7.3.9）

对第二类线性相位 FIRDF，要求单位脉冲响应 $h(n) = -h(N-1-n)$。要求

$$\theta(k) = -\frac{\pi}{2} - \omega\frac{N-1}{2}\bigg|_{\omega = \frac{2\pi}{N}k} = -\frac{\pi}{2} - \frac{(N-1)}{N}\pi k, \quad k = 0,1,2,\cdots,N-1 \tag{7.3.10}$$

$\theta(k)$ 也是一个确知函数。从表 7.1.1 可以查得 $A(k)$ 的设置原则：

N 为奇数（情况 3）： $\quad A(k) = -A(N-k)$ （7.3.11）

N 为偶数（情况 4）： $\quad A(k) = A(N-k)$ （7.3.12）

7.3.3 逼近误差及改进措施

1. 频率采样基本设计法的逼近误差分析

为了对逼近误差及其起因建立感性认识，首先采用上述频率采样的基本设计法设计一个低通滤波器。观察逼近误差的特点，寻找减小逼近误差的有效措施。

例 7.3.1 用频率采样法设计第一类线性相位低通 FIRDF，要求截止频率 $\omega_c = \pi/3$，频域采样点数分别取 $N=15$ 和 $N=75$。绘制 $h(n)$ 及其频率响应波形，观察逼近误差的特点。

解：用理想低通特性作为希望逼近的频率响应函数 $H_d(e^{j\omega}) = H_{dg}(\omega)e^{-j\omega(N-1)/2}$，$H_{dg}(\omega)$ 如图 7.3.1(a) 中实线所示。然后对 $H_{dg}(\omega)$ 在 $[0,2\pi]$ 上采样 15 点，得到幅度采样 $A(k)$ 如图 7.3.1(a) 中圆点所示。$N=15$ 时的相位采样为

$$\theta(k) = -\omega\frac{N-1}{2}\bigg|_{\omega = \frac{2\pi}{N}k} = -\frac{14}{15}\pi k, \quad k = 0, 1, 2, \cdots, 14$$

频域采样为
$$H(k)=A(k)\mathrm{e}^{\mathrm{j}\theta(k)}=\begin{cases}\mathrm{e}^{-\mathrm{j}14\pi k/15}, & k=0,1,2,13,14 \\ 0, & k=3,4,\cdots,12\end{cases}$$

对 $H(k)$ 进行 N 点 IDFT 得到第一类线性相位低通 FIRDF 的单位脉冲响应为
$$h(n)=\text{IDFT}[H(k)]=\frac{1}{N}\sum_{k=0}^{14}H(k)W_N^{-kn}, \quad n=0,1,2,\cdots,14$$

根据频域内插公式，即式（3.3.12）和式（3.3.13）得到频率响应函数为
$$H(\mathrm{e}^{\mathrm{j}\omega})=\text{FT}[h(n)]=\sum_{k=0}^{N-1}H(k)\varphi\left(\omega-\frac{2\pi}{N}k\right)=H_g(\omega)\mathrm{e}^{-\mathrm{j}\omega(N-1)/2} \quad (7.3.13)$$

$$\varphi(\omega)=\frac{1}{N}\frac{\sin(\omega N/2)}{\sin(\omega/2)}\mathrm{e}^{-\mathrm{j}\omega(N-1)/2} \quad (7.3.14)$$

由于我们设置的频域采样 $H(k)$ 满足情况 1 的设置原则，所以 $H(\mathrm{e}^{\mathrm{j}\omega})$ 必然有线性相位特性。$h(n)$ 如图 7.3.1(b)所示，$H_g(\omega)$ 及其损耗函数分别如图 7.3.1(c)和(d)所示。

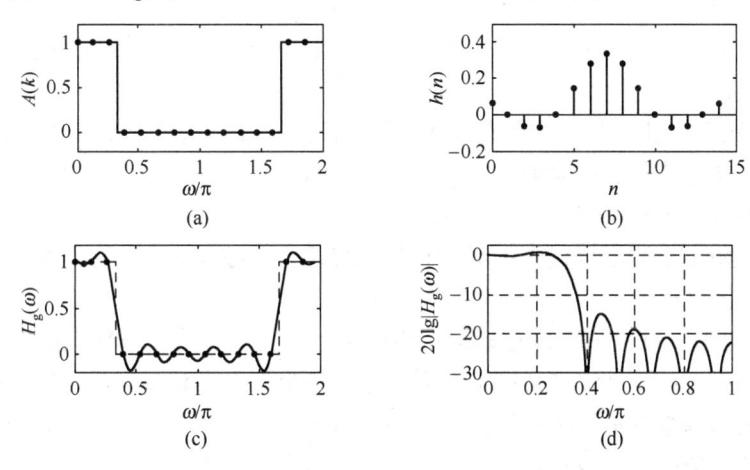

图 7.3.1 频率采样法设计过程中的波形（$N=15$）

$N=15$ 和 $N=75$ 两种情况下的幅度响应如图 7.3.2 所示，图中的空心圆和实心圆点分别表示 $N=15$ 和 $N=75$ 时的频域幅度采样。运行本书程序集程序 ep731.m，即可绘制出图 7.3.1 和图 7.3.2，并分别输出两种采样点数（$N=15$ 和 $N=75$）的通带最大衰减 α_p 和阻带最小衰减 α_s。

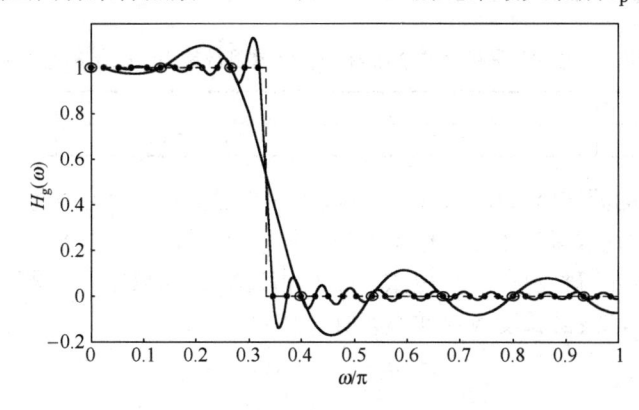

图 7.3.2 采样点数 N 不同时的逼近误差比较（$N=15, 75$）

由图 7.3.2 中可以看出，频率采样基本设计法的逼近误差具有如下特点：

(1) 在采样频率点上逼近误差为零。

(2) 其余频率上幅度响应值等于式（7.3.13）给出的 N 项叠加值。逼近误差与希望逼近的幅度响应 $H_{dg}(\omega)$ 的形状密切相关，$H_{dg}(\omega)$ 越平坦的区域逼近误差越小，而 $H_{dg}(\omega)$ 越陡峭的区域逼近误差越大。

(3) 在 $H_{dg}(\omega)$ 的阶跃边缘两侧附近误差最大，形成过渡带，过渡带宽度近似为 $2\pi/N$（精确值小于 $2\pi/N$）。通带和阻带均形成波纹（称为吉布斯效应），阶跃边缘的通带一侧形成最大的肩峰（对应通带最大波纹幅度），阻带一侧形成最大的余振峰（对应阻带最小衰减 α_s）。

(4) 由图 7.3.2 可见，N 越大，通带和阻带波纹变化越快，平坦区域的逼近误差越小，形成的过渡带越窄。但是通带最大衰减和阻带最小衰减随 N 的增大并无明显改善。$N=15$ 时，通带最大衰减 $\alpha_p = 0.8340$ dB，阻带最小衰减 $\alpha_s = -15.0788$ dB；$N=75$ 时，通带最大衰减 $\alpha_p = 1.0880$ dB，阻带最小衰减 $\alpha_s = -16.5815$ dB。

2. 降低逼近误差的措施

从以上分析可见，频率采样基本设计法的逼近误差一般不能满足工程指标要求，通常采用以下改进措施：

(1) 设置适当的过渡带，使希望逼近的幅度特性 $H_{dg}(\omega)$ 从通带比较平滑地过渡到阻带，消除阶跃突变，从而使逼近误差减小。其实质是对幅度采样 $A(k)$ 增加过渡带采样点，以加宽过渡带为代价换取通带和阻带内波纹幅度的减小。

(2) 采用优化设计法，以便根据设计指标选择优化参数（过渡带采样点的个数 m 和 $h(n)$ 的长度 N）进行优化设计。

措施（1）提出加过渡带采样点来减小逼近误差，那么过渡带采样点的个数与阻带最小衰减 α_s 是什么关系？每个过渡带采样值取多大才会使阻带最小衰减 α_s 最大？这种问题要用优化算法解决。其基本思想是将过渡带采样设为自由量，用一种优化算法（如线性规划算法）改变它，最终使阻带最小衰减 α_s 最大。该内容已超出本书要求。为了说明这种优化的有效性和上述改进措施的正确性，例 7.3.2 中，运行程序时，采用累试法得到满足指标要求的过渡带采样值。

将过渡带采样点的个数 m 与滤波器阻带最小衰减 α_s 的经验数据列于表 7.3.1 中，我们可以根据给定的阻带最小衰减 α_s 选择过渡带采样点的个数 m。

表 7.3.1 过渡带采样点的个数 m 与滤波器阻带最小衰减 α_s 的经验数据

m	1	2	3
α_s	44～54 dB	65～75 dB	85～95 dB

(3) 选择合适的滤波器长度 N，以满足过渡带宽度要求。如上所述，增加过渡带采样点可以使通带和阻带内波纹幅度变小。但是如果增加 m 个过渡带采样点，则过渡带宽度近似变成 $(m+1)2\pi/N$。当 N 确定时，m 越大，过渡带越宽。如果给定过渡带宽度 ΔB，则要求 $(m+1)2\pi/N \leq \Delta B$，滤波器长度 N 必须满足如下估算公式：

$$N \geq (m+1)2\pi/\Delta B \qquad (7.3.15)$$

3. 频率采样法设计步骤

综上所述，可归纳出频率采样法的设计步骤：

（1）根据阻带最小衰减 α_s 选择过渡带采样点的个数 m。

（2）确定过渡带宽度 ΔB，按照式（7.3.15）估算滤波器长度 N。

（3）构造一个希望逼近的频率响应函数：

$$H_d(e^{j\omega}) = H_{dg}(\omega)e^{-j\omega(N-1)/2}$$

设计标准型片断常数特性的 FIRDF 时，一般构造 $H_{dg}(\omega)$ 为相应的理想频响特性，且满足表 7.1.1 要求的对称性。

（4）按照式（7.3.5）、式（7.3.6）及式（7.3.7）进行频域采样：

$$H(k) = H_d(e^{j\omega})\Big|_{\omega=\frac{2\pi}{N}k} = A(k)e^{-j\frac{(N-1)}{N}\pi k}, \quad k = 0, 1, 2, \cdots, N-1 \quad (7.3.16)$$

$$A(k) = H_{dg}\left(\frac{2\pi}{N}k\right), \quad k = 0, 1, 2, \cdots, N-1 \quad (7.3.17)$$

并加入过渡带采样。过渡带采样值可以设置为经验值，或用累试法确定，也可以采用优化算法估算。

（5）对 $H(k)$ 进行 N 点 IDFT 得到第一类线性相位 FIRDF 的单位脉冲响应为

$$h(n) = \text{IDFT}[H(k)] = \frac{1}{N}\sum_{k=0}^{N-1} H(k)W_N^{-kn}, \quad n = 0,1,2,\cdots,N-1 \quad (7.3.18)$$

（6）检验设计结果。如果阻带最小衰减未达到指标要求，则要改变过渡带采样值，直到满足指标要求为止。如果滤波器边界频率未达到指标要求，则要微调 $H_{dg}(\omega)$ 的边界频率。

上述设计过程中的计算相当烦琐，所以通常借助计算机设计。MATLAB 就是一种很有效的语言。

例 7.3.2 用频率采样法设计第一类线性相位低通 FIRDF，要求通带截止频率 $\omega_p = \pi/3$，阻带最小衰减大于 40 dB，过渡带宽度 $\Delta B \leq \pi/16$。

解：查表 7.3.1，$\alpha_s = 40$ dB 时，过渡带采样点数 $m=1$。将 $m=1$ 和 $\Delta B \leq \pi/16$ 代入式（7.3.15）估算滤波器长度：$N \geq (m+1)2\pi/\Delta B = 64$，留一点富裕量，取 $N=65$。与例 7.3.1 相同，构造 $H_d(e^{j\omega}) = H_{dg}(\omega)e^{-j\omega(N-1)/2}$ 为理想低通特性，其幅度响应函数 $H_{dg}(\omega)$ 如图 7.3.3 所示。设计由程序 ep732.m 完成。

```
%ep732.m: 用频率采样法设计 FIR 低通滤波器
T=input('T= ')                          %输入过渡带采样值 T
datB=pi/16;wc=pi/3;                     %过渡带宽度为 pi/16，通带截止频率为 pi/3
m=1;N=(m+1)*2*pi/datB+1;                %按式（7.3.15）估算采样点数 N
N=N+mod(N+1, 2);                        %确保 h(n)长度 N 为奇数
Np=fix(wc/(2*pi/N));                    %Np+1 为通带[0, wc]上采样点数
Ns=N−2*Np−1;                            %Ns 为阻带[wc, 2*pi−wc]上采样点数
Ak=[ones(1, Np+1), zeros(1, Ns), ones(1, Np)];%N 为奇数，幅度采样向量偶对称 A(k)=A(N−k)
Ak(Np+2)=T;Ak(N−Np)=T;                  %加一个过渡采样
thetak=−pi*(N−1)*(0:N−1)/N;             %相位采样向量θ(k)
Hk=Ak.*exp(j*thetak);                   %构造频域采样向量 H(k)
hn=real(ifft(Hk));                      %h(n)=IDFT[H(k)]
Hw=fft(hn, 1024);                       %计算频率响应函数:DFT[h(n)]
wk=2*pi* [0:1023]/1024;
Hgw=Hw.*exp(j*wk*(N−1)/2);              %计算幅度响应函数 Hg(ω)
```

```
%计算通带最大衰减 Rp 和阻带最小衰减 Rs
Rp=max(20*log10(abs(Hgw)))
hgmin=min(real(Hgw));Rs=20*log10(abs(hgmin))
%以下绘图部分略去
```

运行程序，输入 $T=0.38$，得到设计结果如图 7.3.3 所示，并输出通带最大衰减 Rp = 0.4767 dB，阻带最小衰减 Rs = − 43.4411 dB。但是，如果过渡带采样值 $T=0.5$ 和 0.6 时，则得到阻带最小衰减 Rs = − 29.6896 dB 和−25.0690 dB。由此可见，当过渡带采样点数给定时，过渡带采样值不同，则逼近误差不同。所以，对过渡带采样值进行优化设计才是有效的方法。

窗函数设计法和频率采样法简单方便，易于实现。但它们存在以下缺点：①滤波器边界频率不易精确控制。②窗函数设计法总使通带和阻带波纹幅度相等，频率采样法只能控制阻带波纹幅度，所以两种方法都不能分别控制通带和阻带波纹幅度。但是工程上对二者的要求是不同的，希望能分别控制。③所设计的滤波器在阻带边界频率附近的衰减最小，距阻带边界频率越远，衰减越大。所以，如果在阻带边界频率附近的衰减刚好达到设计指标要求，则阻带中其他频段的衰减就有很大富裕量。这就说明这两种设计法存在较大的资源浪费，或者说所设计滤波器的性能价格比低。下面介绍一种能克服上述缺点的设计方法。

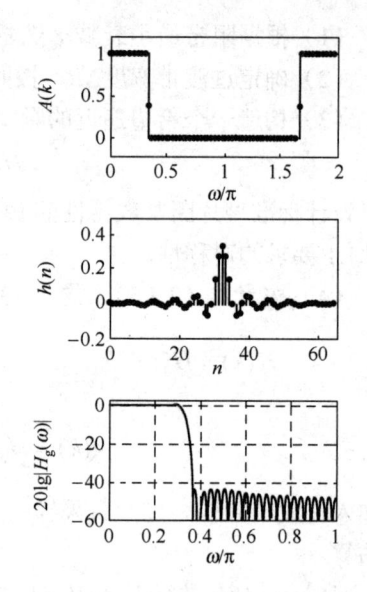

图 7.3.3 一个过渡点的设计结果（$T=0.38$）

7.4 利用等波纹最佳逼近法设计 FIRDF

等波纹最佳逼近法是一种优化设计法，它克服了窗函数设计法和频率采样法的缺点，使最大误差最小化，并在整个逼近频段上均匀分布。用等波纹最佳逼近法设计的 FIRDF 的幅频响应在通带和阻带都是等波纹的，而且可以分别控制通带和阻带波纹幅度。这就是等波纹的含义。最佳逼近指在滤波器长度给定的条件下使加权误差波纹幅度最小化。与窗函数设计法和频率采样法比较，由于这种设计法使最大误差均匀分布，所以设计的滤波器性能价格比最高。阶数相同时，这种设计法使滤波器的最大逼近误差最小，即通带最大衰减最小，阻带最小衰减最大；指标相同时，这种设计法使滤波器阶数最低。如图 7.4.1 所示，实线表示用等波纹最佳逼近法设计的滤波器的损耗函数，虚线表示用窗函数法（用汉宁窗）设计的滤波器的损耗函数。图(a)中滤波器的单位脉冲响应 $h(n)$的长度 $N=31$，通带宽度为 0.4π，过渡带宽度为 0.2π时，实线的阻带最小衰减比虚线大 13 dB；图(b)中滤波器长度 $N=31$，通带宽度为 0.4π，阻带最小衰减为 44 dB 时，实线的过渡带宽度比虚线窄 0.05π。为了达到虚线所示的指标，用窗函数法（汉宁窗）设计时 $N=31$，而用等波纹最佳逼近法设计时 $N=24$ 即可。

等波纹最佳逼近法设计的数学证明复杂，已超出本科生的数学基础。所以本节略去等波纹最佳逼近法复杂的数学推导，只介绍其基本思想和实现线性相位 FIRDF 的等波纹最佳逼近设计的 MATLAB 信号处理工具箱函数 remez 和 remezord。remez 函数采用数值分析中的 remez 多重交换迭代算法求解等波纹最佳逼近问题，求得满足等波纹最佳逼近准则的 FIRDF 的单位脉冲响应 $h(n)$。由于切比雪夫（Chebyshev）和雷米兹（Remez）对解决该问题做出了贡献，所以又称之为切比雪夫逼近法，或雷米兹逼近法。

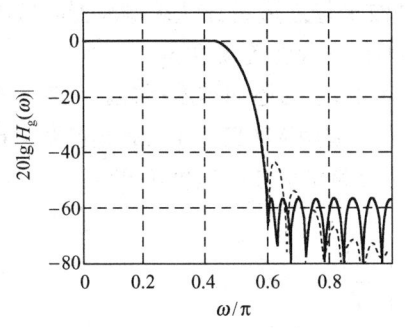

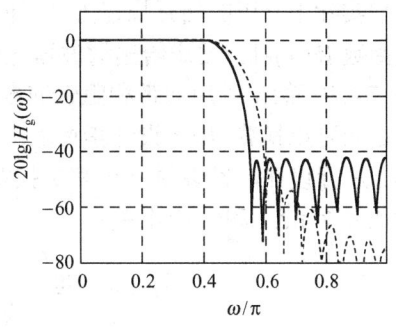

(a) 阻带最小衰减比较（阶数 N 和过渡带宽度相同）　　(b) 过渡带宽度比较（阶数 N 和阻带最小衰减相同）

图 7.4.1　等波纹逼近法与窗函数法设计的滤波器损耗函数比较

7.4.1　等波纹最佳逼近法的基本思想

用 $H_d(\omega)$ 表示希望逼近的幅度特性函数，要求设计线性相位 FIRDF 时，$H_d(\omega)$ 必须满足线性相位约束条件。用 $H_g(\omega)$ 表示实际设计的滤波器幅度特性函数。定义加权误差函数为

$$E(\omega) = W(\omega)[H_d(\omega) - H_g(\omega)] \tag{7.4.1}$$

$W(\omega)$ 称为误差加权函数，用来控制不同频段（一般指通带和阻带）的逼近精度。等波纹最佳逼近基于切比雪夫逼近，在通带和阻带以 $|E(\omega)|$ 的最大值最小化为准则，采用 Remez 多重交换迭代算法求解滤波器系数 $h(n)$[12]。所以 $W(\omega)$ 取值越大的频段逼近精度越高，开始设计时应根据逼近精度要求确定 $W(\omega)$，在 Remez 多重交换迭代过程中 $W(\omega)$ 是确知函数。

等波纹最佳逼近设计中，把数字频段分为"逼近（或研究）区域"和"无关区域"。逼近区域一般指通带和阻带，而无关区域一般指过渡带。设计过程中只考虑对逼近区域的最佳逼近。应当注意，无关区宽度不能为零，即 $H_d(\omega)$ 不能是理想滤波特性。

利用等波纹最佳逼近准则设计线性相位 FIRDF 数学模型的建立及其求解算法的推导复杂，求解计算必须借助计算机，幸好滤波器设计专家已经开发出 MATLAB 工具箱函数 remezord 和 remez，只要简单地调用这两个函数就可以完成线性相位 FIRDF 的等波纹最佳逼近设计。

在介绍 MATLAB 工具箱函数 remezord 和 remez 之前，先介绍等波纹滤波器的技术指标及其描述参数。等波纹滤波器的幅频特性函数曲线如图 7.4.2 所示。

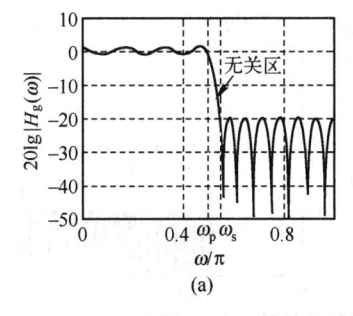

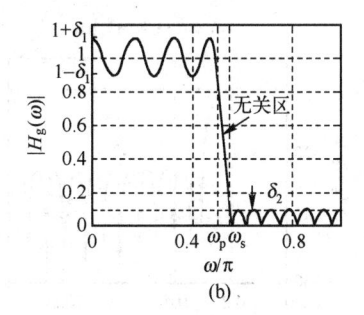

图 7.4.2　等波纹滤波器的幅频特性函数曲线

图 7.4.2 给出了等波纹滤波器技术指标的两种描述参数。

图 7.4.2(a)用衰减的 dB 数描述，即 $\omega_p = \pi/2$，$\alpha_p = 2$ dB，$\omega_s = 11\pi/20$，$\alpha_s = 20$ dB。这是工程实际中常用的指标描述方法。但是，用等波纹最佳逼近设计法求滤波器阶数 N 和误差加权函数 $W(\omega)$ 时，要求给出滤波器通带和阻带的振荡波纹幅度 δ_1 和 δ_2。

图 7.4.2(b)给出了用通带和阻带的振荡波纹幅度 δ_1 和 δ_2 描述的技术指标。显然，两种描述参数之间可以换算。如果设计指标以 α_p 和 α_s 给出，为了调用 MATLAB 工具箱函数 remezord 和 remez 进行设计，就必须由 α_p 和 α_s 换算出通带和阻带的振荡波纹幅度 δ_1 和 δ_2。

对比图 7.4.2(a)和(b)得出关系式：

$$\alpha_p = -20\lg\left(\frac{1-\delta_1}{1+\delta_1}\right) = 20\lg\left(\frac{1+\delta_1}{1-\delta_1}\right) \quad (7.4.2)$$

$$\alpha_s = -20\lg\left(\frac{\delta_2}{1+\delta_1}\right) \approx -20\lg\delta_2 \quad (7.4.3)$$

由式（7.4.2）和式（7.4.3）得到

$$\delta_1 = \frac{10^{\alpha_p/20}-1}{10^{\alpha_p/20}+1} \quad (7.4.4)$$

$$\delta_2 = 10^{-\alpha_s/20} \quad (7.4.5)$$

按照式（7.4.4）和式（7.4.5）计算得到图 7.4.1(b)中的参数：$\delta_1 = 0.1146$，$\delta_2 = 0.1$。实际中 δ_1 和 δ_2 一般很小，这里是为了观察等波纹特性及参数 δ_1 和 δ_2 的含义，特意取较大值。

下面举例说明误差加权函数 $W(\omega)$ 的作用，滤波器阶数 N 和波纹幅度 δ_1 和 δ_2 的制约关系。

设期望逼近的通带和阻带分别为[0, $\pi/4$]和[$5\pi/16$, π]，对下面四种不同的控制参数，等波纹最佳逼近的损耗函数曲线分别如图 7.4.3(a)、(b)、(c)和(d)所示。

图中，$W=[a, b]$ 表示第一个逼近区[0, $\pi/4$]上的误差加权函数 $W(\omega) = a$，第二个逼近区[$5\pi/16$, π]上的误差加权函数 $W(\omega) = b$。图 7.4.3(a)中通带频段[0, $\pi/4$]上 $W(\omega) = 1$，阻带频段[$5\pi/16$, π]上 $W(\omega) = 10$。

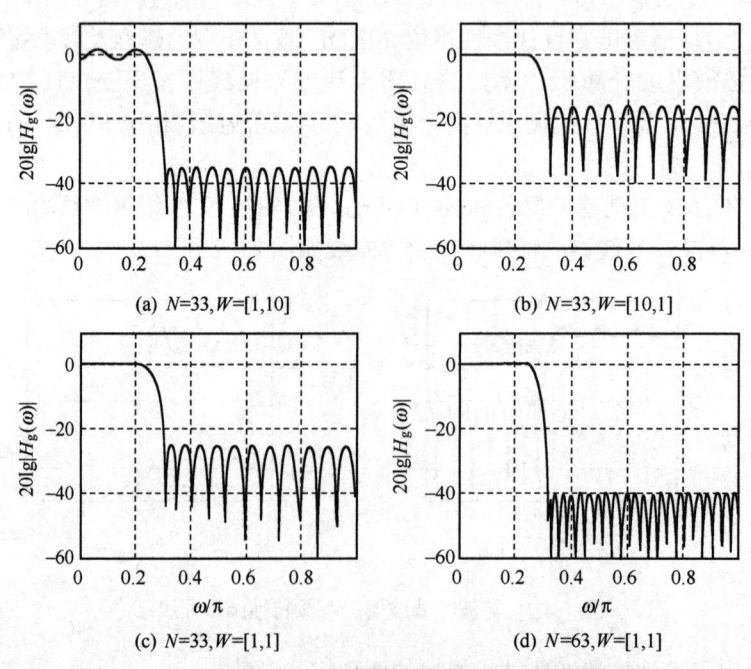

(a) $N=33, W=[1,10]$

(b) $N=33, W=[10,1]$

(c) $N=33, W=[1,1]$

(d) $N=63, W=[1,1]$

图 7.4.3 误差加权函数 $W(\omega)$ 和滤波器阶数 N 对逼近精度的影响

比较图 7.4.3(a)、(b)、(c)和(d)可以得出结论：当 N 一定时，误差加权函数 $W(\omega)$ 较大的频带逼近精度较高，$W(\omega)$ 较小的频带逼近精度较低，如果改变 $W(\omega)$ 使通（阻）带逼近精度提高，则必然使阻（通）带逼近精度降低。滤波器阶数 N 增大才能使通带和阻带逼近精度同时提高。所以，$W(\omega)$ 和 N 由滤波器设计指标（即 α_p 和 α_s，以及过渡带宽度）确定。

所以用等波纹最佳逼近法设计 FIRDF 的过程是：

（1）根据给定的逼近指标估算滤波器阶数 N 和误差加权函数 $W(\omega)$；

（2）采用 remez 算法得到滤波器单位脉冲响应 $h(n)$。

MATLAB 工具箱函数 remez 和 remezord 就是完成以上设计过程的有效函数。

7.4.2 remez 和 remezord 函数介绍

1. remez

采用 remez 算法实现线性相位 FIR 数字滤波器的等波纹最佳逼近设计。其调用格式为：

　　hn=remez(M, f, m, w)

返回单位脉冲响应向量 hn。调用参数含义如下：

M：FIRDF 阶数，hn 长度为 N=M+1。

f 和 m：给出希望逼近的幅度特性。

f 为边界频率向量，$0 \leqslant f \leqslant 1$，要求 f 为单调增向量（即 f(k)<f(k+1)），而且从 0 开始，以 1 结束，1 对应数字频率 $\omega=\pi$（或模拟频率 $F_s/2$，F_s 表示时域采样频率）。

m 是与 f 对应的幅度向量，m 与 f 长度相等，m(k)表示频点 f(k)的幅频响应值。如果用命令 Plot(f, m)画出幅频响应曲线，则 k 为奇数时，频段[f(k), f(k+1)]上的幅频响应就是期望逼近的幅频响应值，频段[f(k+1), f(k+2)]为无关区。简言之，Plot(f, m)命令画出的幅频响应曲线中，起始频段为第一段，奇数频段为逼近区，偶数频段为无关区。

例如，对图 7.4.3，f=[0, 1/4, 5/16, 1]；m=[1, 1, 0, 0]；plot(f, m)画出的幅度特性曲线如图 7.4.4 所示，图中奇数段（第一、三段）的水平幅度为希望逼近的幅度特性，偶数段（第二段）的下降斜线为无关部分，逼近时形成过渡带，并不考虑该频段的幅频响应形状。

w：为误差加权向量，其长度为 f 的一半。w(i)表示对 m 中第 i 个逼近频段幅度逼近精度的加权值。图 7.4.3(a)中 w=[1, 10]。缺省 w 时，默认 w 为全 1（即每个逼近频段的误差加权值相同）。

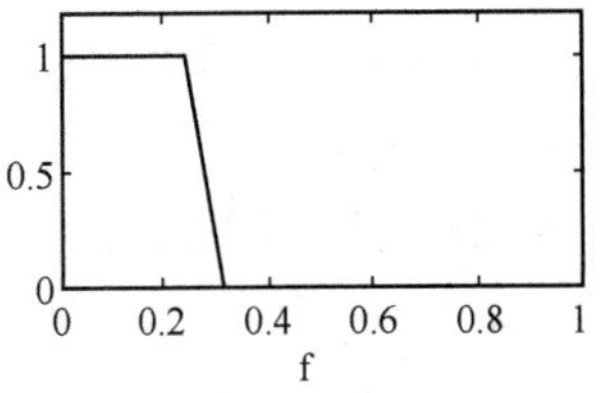

除了设计选频 FIRDF，remez 函数还可以设计两种特殊滤波器，调用格式如下。

设计希尔伯特变换器的调用格式为：

　　hn=remez(M, f, m, w, 'hilbert')

hn 具有奇对称特性：hn(n)= −hn(M+1−n)。在边界频率向量 f 给定的通带上希望幅度逼近常数 1。一般 f=[a, b], m=[1, 1]，且 f 中第一个边界频率 a 不能为 0，必须满足 $0<a<b<1$。这是因为希尔伯特变换器属于第二类线性相位滤波器，且滤波器长度 N 为奇数，所以只能实现带通滤波器。

图 7.4.4　幅度特性曲线

设计数字微分器调用格式为：

  hn=remez(M, f, m, w, 'defferentiator')

下一节将介绍希尔伯特变换器和数字微分器的设计和应用。

remez 函数的调用参数（M, f, m, w），一般通过调用 remezord 函数来计算。

2. remezord

功能：根据逼近指标估算等波纹最佳逼近 FIRDF 的最低阶数 M、误差加权向量 w 和归一化边界频率向量 f，从而使滤波器在满足指标的前提下造价最低。其返回参数作为 remez 函数的调用参数。其调用格式为：

  [M, fo, mo, w]=remezord(f, m, rip, Fs)

参数说明如下。

返回参数作为 remez 函数的调用参数，设计的滤波器可以满足由参数 f, m, rip 和 Fs 描述的指标。f 与 remez 中类似，这里 f 可以是模拟频率（Hz）或归一化数字频率，但必须以 0 开始，以 Fs/2（用归一化频率时对应 1）结束，而且其中省略了 0 和 Fs/2 两个频点。Fs 为采样频率，缺省时默认 Fs=2 Hz。但是这里 f 的长度（包括省略的 0 和 Fs/2 两个频点）是 m 的两倍，即 m 中的每个元素表示 f 给定的一个逼近频段上希望逼近的幅度值。例如，对图 7.4.4，f=[1/4, 5/16]；m=[1, 0]。

注意：①省略 Fs 时，f 中必须为归一化频率。②有时估算的阶数 M 略小，使设计结果达不到指标要求，这时要取 M+1 或 M+2（必须注意对滤波器长度 N=M+1 的奇偶性要求）。所以必须检验设计结果。③如果无关区（过渡带）太窄，或截止频率接近零频率和 Fs/2 时，设计结果不正确。

rip 表示 f 和 m 描述的各逼近频段允许的波纹振幅（幅频响应最大偏差），f 的长度是 rip 的两倍。

一般以[N, fo, mo, w]=remezord(f, m, rip, Fs)返回的参数作为 remez 的调用参数，计算单位脉冲响应：hn=remez(N, fo, mo, w)，对比前面介绍的 remez 调用参数，可清楚地看出 remezord 返回参数 N, fo, mo 和 w 的含义。

综上所述，调用 remez 和 remezord 函数设计线性相位 FIRDF，关键是根据设计指标求出 remezord 函数的调用参数 f, m, rip 和 Fs，其中 Fs 一般是题目给定的，或根据实际信号处理要求（按照采样定理）确定。

下面给出由给定的各种滤波器设计指标确定 remezord 调用参数 f, m 和 rip 的公式，编程时直接套用即可。

● 低通滤波器设计指标

逼近通带：$[0, \omega_p]$，通带最大衰减：α_p dB；逼近阻带：$[\omega_s, \pi]$，阻带最小衰减：α_s dB。

remezord 调用参数：

$$f = [\omega_p/\pi, \omega_s/\pi], \quad m = [1, 0], \quad rip = [\delta_1, \delta_2] \qquad (7.4.6)$$

其中，f 向量省去了起点频率 0 和终点频率 1，δ_1 和 δ_2 分别为通带和阻带波纹幅度，由式（7.4.4）和式（7.4.5）计算得到，下面相同。

● 高通滤波器设计指标

逼近通带：$[\omega_p, \pi]$，通带最大衰减：α_p dB；逼近阻带：$[0, \omega_s]$，阻带最小衰减：α_s dB。

remezord 调用参数：

$$f = [\omega_s/\pi,\ \omega_p/\pi],\quad m = [0,\ 1],\quad \text{rip} = [\delta_2,\ \delta_1] \tag{7.4.7}$$

● 带通滤波器设计指标

逼近通带：$[\omega_{pl},\ \omega_{pu}]$，通带最大衰减：$\alpha_p$ dB；逼近阻带：$[0,\ \omega_{sl}]$，$[\omega_{su},\ \pi]$，阻带最小衰减：α_s dB。

remezord 调用参数：

$$f = [\omega_{sl}/\pi,\ \omega_{pl}/\pi,\ \omega_{pu}/\pi,\ \omega_{us}/\pi],\quad m = [0,\ 1,\ 0],\quad \text{rip} = [\delta_2,\ \delta_1,\ \delta_2] \tag{7.4.8}$$

● 带阻滤波器设计指标

逼近阻带：$[\omega_{sl},\ \omega_{su}]$，阻带最大衰减：$\alpha_s$ dB；逼近通带：$[0,\ \omega_{pl}]$，$[\omega_{pu},\ \pi]$，通带最小衰减：α_p dB。

remezord 调用参数：

$$f = [\omega_{pl}/\pi,\ \omega_{sl}/\pi,\ \omega_{su}/\pi,\ \omega_{pu}/\pi],\quad m = [1,\ 0,\ 1],\quad \text{rip} = [\delta_1,\ \delta_2,\ \delta_1] \tag{7.4.9}$$

工程实际中常常给出对模拟信号的滤波指标要求，设计数字滤波器，对输入模拟信号采样后进行数字滤波。这时，调用参数 f 可以用模拟频率表示。但是，调用 remezord 时一定要加入采样频率参数 Fs。这种情况的调用参数及调用格式见例 7.4.3。

例 7.4.1 利用等波纹最佳逼近法重新设计 FIR 带通滤波器。指标与例 7.2.3 相同，即：

逼近通带：$[0.35\pi,\ 0.65\pi]$，通带最大衰减：$\alpha_p = 1$ dB。

逼近阻带：$[0,\ 0.2\pi]$，$[0.8\pi,\ \pi]$，阻带最小衰减：$\alpha_s = 60$ dB。

解：调用 remezord 和 remez 函数求解。由调用格式知道，首先要根据设计指标确定 remezord 函数的调用参数，再直接编写程序调用 remezord 和 remez 函数设计得到 $h(n)$。

将设计指标带入式（7.4.8）得到 remezord 函数的调用参数。本例设计程序为 ep741.m。

```
%ep741.m: 例 7.4.1 用 remez 函数设计带通滤波器
f=[0.2, 0.35, 0.65, 0.8];        %省去了 0, 1
m=[0, 1, 0];
rp=1;rs=60;
%由式（7.4.4）和式（7.4.5）求通带和阻带波纹幅度 dat1 和 dat2
dat1=(10^(rp/20) – 1)/(10^(rp/20)+1);dat2=10^(－rs/20);
rip=[dat2, dat1, dat2];
[M, fo, mo, w]=remezord(f, m, rip);M=M+2;    %remezord 估算的阶数偏小，加 2 才满足要求
hn=remez(M, fo, mo, w);
以下绘图部分略去
```

程序运行结果：$M=28$。即 $h(n)$ 的长度 $N=29$。$h(n)$ 及其损耗函数曲线如图 7.4.5 所示。例 7.2.3 中 $N=80$。由此例可见，等波纹最佳逼近设计方法可以使滤波器阶数大大降低。

注意：设计结果应当是单位脉冲响应 $h(n)$ 的数据序列，但是一般 N 较大，$h(n)$ 的数据序列所占篇幅太大，而且从一大堆数据中看不出 $h(n)$ 的变化规律，所以每道例题只给出其波形。读者运行程序就可以得到 $h(n)$ 的数据。

例 7.4.2 利用等波纹最佳逼近法设计 FIR 带阻滤波器。设计指标是将例 7.4.1 中的通带与阻带交换，即：

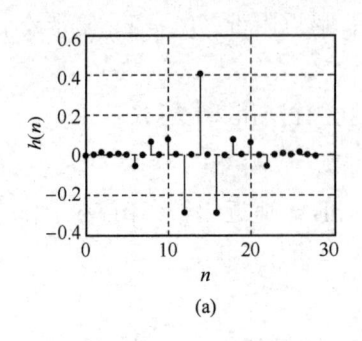

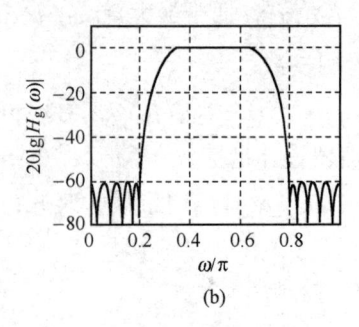

图 7.4.5 调用 remez 函数设计的带通 FIRDF 的 $h(n)$ 及损耗函数曲线

逼近通带：$[0, 0.2\pi], [0.8\pi, \pi]$，通带最大衰减：$\alpha_p = 1$ dB。

逼近阻带：$[0.35\pi, 0.65\pi]$，阻带最小衰减：$\alpha_s = 60$ dB。

解：调用 remezord 和 remez 函数进行设计。设计程序为 ep742.m。

```
%ep742.m: 例 7.4.2 用 remez 函数设计带阻滤波器
f=[0.2, 0.35, 0.65, 0.8];
m=[1, 0, 1];
rp=1;rs=60;
dat1=(10^(rp/20) − 1)/(10^(rp/20)+1);dat2=10^(−rs/20);
rip=[dat1, dat2, dat1];
[M, fo, mo, w]=remezord(f, m, rip);
hn=remez(M, fo, mo, w);
%以下绘图检验部分略去
```

与例 7.4.1 程序比较，程序中仅 m 和 rip 向量有相应改变，其他行完全相同。

程序运行结果：$M=28$。即 $h(n)$ 的长度 $N=29$。$h(n)$ 及损耗函数曲线如图 7.4.6 所示。这次计算的阶数 N 刚好满足指标。

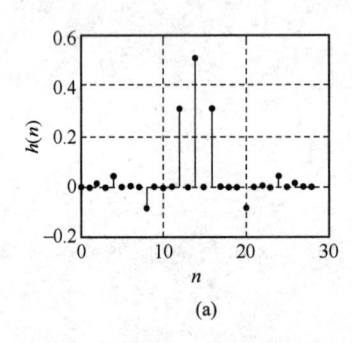

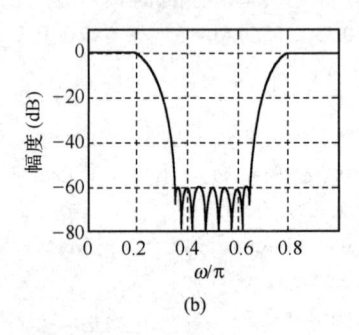

图 7.4.6 调用 remez 函数设计的带阻 FIRDF 的 $h(n)$ 及损耗函数曲线

例 7.4.3 利用等波纹最佳逼近法设计 FIR 数字低通滤波器，实现对模拟信号的数字滤波处理。要求与例 7.2.2 相同。求出 $h(n)$，并画出损耗函数曲线和相频特性曲线。

解：将例 7.2.2 中所给指标重写如下：

通带截止频率：$f_p=1500$ Hz；通带最大衰减：$\alpha_p = 1$ dB；

阻带截止频率：$f_s=2500$ Hz；阻带最小衰减：$\alpha_s = 40$ dB；

对模拟信号的采样频率：$F_s=10$ kHz。

调用 remezord 和 remez 函数设计的程序为 ep743.m。

```
%ep743.m: 例 7.4.3 用 remez 函数设计低通滤波器
Fs=10000;        %对模拟信号采样的频率为 1 kHz
f=[1500, 2500];  %边界频率为模拟频率(Hz)
m=[1, 0];
rp=1;rs=40;
dat1=(10^(rp/20)−1)/(10^(rp/20)+1);dat2=10^(−rs/20);
rip=[dat1, dat2];
[M, fo, mo, w]=remezord(f, m, rip, Fs);M=M+1;  %边界频率为模拟频率(Hz)时必须加入采样频率 Fs
hn=remez(M, fo, mo, w);
%以下绘图检验部分省略
```

运行结果：滤波器阶数 $M=15$。$h(n)$ 及损耗函数曲线如图 7.4.7 所示。请读者注意，例 7.2.2 中用窗函数设计的滤波器阶数为 23。

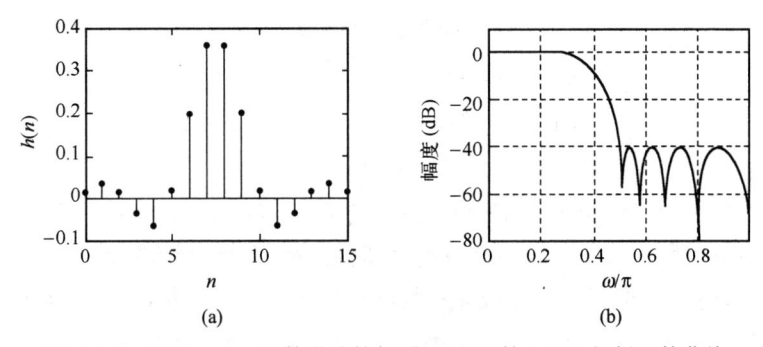

图 7.4.7 调用 remez 函数设计的低通 FIRDF 的 $h(n)$ 及损耗函数曲线

7.4.3 FIR 希尔伯特变换器和 FIR 数字微分器设计

到目前为止，我们所设计的滤波器都属于选频型滤波器，包括低通、高通、带通和带阻滤波器。其共同特点是希望逼近的幅度特性为片断常数特性（通带逼近 1，阻带逼近 0）。本节介绍具有特殊用途的 FIR 希尔伯特变换器和 FIR 数字微分器的设计，并简要介绍其用途。

1．FIR 希尔伯特变换器

理想希尔伯特变换器（又称 90°移相器）的频率响应函数为

$$H_d(e^{j\omega}) = \begin{cases} j, & -\pi < \omega < 0 \\ -j, & 0 < \omega < \pi \end{cases} \tag{7.4.10}$$

$$h_d(n) = \text{IFT}[H_d(e^{j\omega})] = \frac{2\sin^2(n\pi/2)}{n\pi} = \begin{cases} 2/n\pi, & n \text{ 为奇数} \\ 0, & n \text{ 为偶数} \end{cases} \tag{7.4.11}$$

理想希尔伯特变换器可以用于生成时域离散解析信号。时域离散解析信号的特点是其负频率成分为零，所以可以用于单边带通信系统和频分复用系统，使信道容量提高一倍。我们知道，实信号的频谱是共轭对称的，其中的负频率部分的频谱可以由正频率部分的频谱表示。因此从信息角度考虑，实信号的负频率部分的频谱是冗余的。所以从实信号产生只保留其正频率部分频谱的解析信号是很有价值的。它使实信号频带宽度减小一半，又不丢失任何信息。用希尔伯特变换器就可以实现这种功能。

设 $x(n)$ 是实信号，$X(\mathrm{e}^{\mathrm{j}\omega}) = \mathrm{FT}[x(n)]$，则 $X(\mathrm{e}^{\mathrm{j}\omega})$ 具有共轭对称性：$X(\mathrm{e}^{\mathrm{j}\omega}) = X^*(\mathrm{e}^{-\mathrm{j}\omega})$。所以实信号包含分布在正频率轴和负频率轴上的双边频带频谱，两个边带关于 $\omega=0$ 共轭对称。用 $y(n)$ 表示只保留 $X(\mathrm{e}^{\mathrm{j}\omega})$ 正频率频带频谱的复解析信号，下面证明可以用希尔伯特变换器从 $x(n)$ 产生 $y(n)$。

设 $y(n)$ 和 $x(n)$ 的关系为

$$y(n) = x(n) + \mathrm{j}\hat{x}(n) \tag{7.4.12}$$

$$Y(\mathrm{e}^{\mathrm{j}\omega}) = \mathrm{FT}[y(n)] = X(\mathrm{e}^{\mathrm{j}\omega}) + \mathrm{j}\hat{X}(\mathrm{e}^{\mathrm{j}\omega}) \tag{7.4.13}$$

式中，$\hat{X}(\mathrm{e}^{\mathrm{j}\omega}) = \mathrm{FT}[\hat{x}(n)]$，$\hat{x}(n)$ 是 $x(n)$ 经过希尔伯特变换器处理后的输出信号，称为 $x(n)$ 的希尔伯特变换。

$$\hat{X}(\mathrm{e}^{\mathrm{j}\omega}) = \mathrm{FT}[\hat{x}(n)] = H_\mathrm{d}(\mathrm{e}^{\mathrm{j}\omega})X(\mathrm{e}^{\mathrm{j}\omega}) = \begin{cases} -\mathrm{j}X(\mathrm{e}^{\mathrm{j}\omega}), & 0 < \omega < \pi \\ \mathrm{j}X(\mathrm{e}^{\mathrm{j}\omega}), & -\pi < \omega < 0 \end{cases} \tag{7.4.14}$$

将式（7.4.14）代入式（7.4.13）得到

$$Y(\mathrm{e}^{\mathrm{j}\omega}) = X(\mathrm{e}^{\mathrm{j}\omega}) + \begin{cases} X(\mathrm{e}^{\mathrm{j}\omega}), & 0 < \omega < \pi \\ -X(\mathrm{e}^{\mathrm{j}\omega}), & -\pi < \omega < 0 \end{cases}$$

$$= \begin{cases} 2X(\mathrm{e}^{\mathrm{j}\omega}), & 0 < \omega < \pi \\ 0, & -\pi < \omega < 0 \end{cases} \tag{7.4.15}$$

式（7.4.15）说明 $Y(\mathrm{e}^{\mathrm{j}\omega})$ 只保留了 $X(\mathrm{e}^{\mathrm{j}\omega})$ 中 $\omega>0$ 的频谱，使频带宽度减小了一半。式（7.4.12）就是从实信号 $x(n)$ 产生其解析信号 $y(n)$ 的数学模型。对 $x(n)$ 进行希尔伯特变换得到 $\hat{x}(n)$，以 $x(n)$ 作为实部，$\hat{x}(n)$ 作为虚部，则构成 $x(n)$ 的解析信号 $y(n)$。但是，式（7.4.11）表明理想希尔伯特变换器是一个非因果 IIR 系统，是不可实现的。所以实际中一般用 M 阶 FIR 滤波器逼近理想希尔伯特变换器。具体实现方法如下。

将式（7.4.11）给出的 $h_\mathrm{d}(n)$ 向后移 $M/2$ 个单位，再截取长度为 $M+1$ 的一段，作为 M 阶 FIR 希尔伯特变换器的单位脉冲响应，即

$$h(n) = h_\mathrm{d}\left(n - \frac{M}{2}\right)R_N(n) = \frac{2\sin^2[(n-M/2)\pi/2]}{(n-M/2)\pi}R_N(n) \tag{7.4.16}$$

式中，$N=M+1$，为 $h(n)$ 的长度。容易看出，$h(n)$ 关于 $n=(N-1)/2$ 点奇对称，属于第二类线性相位特性 FIR 滤波器。现在可以用图 7.4.8 所示的模型产生实信号 $x(n)$ 的解析信号 $y(n)$。图 7.4.8 中 M 为偶数（$M/2$ 为整数）时才容易实现 $y(n) = x(n-M/2) + \mathrm{j}\hat{x}(n-M/2)$ 的运算，而且只有表 7.1.1 中情况 3 所对应的相位特性和幅度特性才能满足式（7.4.10）要求的奇对称 90°移相特性。所以实际上 M 只取偶数，滤波器长度 N 只取奇数。即 FIR 希尔伯特变换器只能用表 7.1.1 中情况 3 实现。

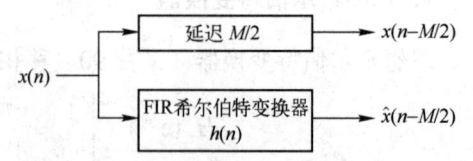

图 7.4.8 用 M 阶 FIR 希尔伯特变换器产生实信号 $x(n)$ 的解析信号 $y(n)$

FIR 希尔伯特变换器可以用窗函数法设计，也可以用等波纹最佳逼近法设计。式（7.4.16）给出的 $h(n)$ 实质上就是采用矩形窗的设计结果。如果选用其他窗函数，则用所选窗函数乘以式（7.4.16），即可得到 FIR 希尔伯特变换器的单位脉冲响应 $h(n)$。希尔伯特变换器的长度 N 与希尔伯特变换器带宽、过渡带宽度和所选窗函数类型有关。下面介绍直接调用 remez 函数设计 FIR 希尔伯特变换器的方法。

例 7.4.4 利用等波纹最佳逼近法设计 14 阶 FIR 希尔伯特变换器，要求通带为[0.1π, 0.9π]。调用 remez 函数的设计程序为 ep744.m。

```
%ep744.m: 例 7.4.4 调用 remez 函数设计 FIR 希尔伯特变换器
M=14;f=[0.1, 0.9];m=[1, 1];
hn=remez(M, f, m, 'hilbert');    %调用 remez 函数设计 FIR 希尔伯特变换器
%以下绘图部分略去
```

运行程序得到的 $h(n)$、幅频特性和相频特性如图 7.4.9 所示。图(a)说明 $h(n)$ 满足奇对称特性；图(b)显示 FIR 希尔伯特变换器的幅频特性 $|H_g(\omega)|$ 在通带内以等波纹逼近常数 1；图(d)中的实线为 FIR 希尔伯特变换器的相频特性 $\theta(\omega)$；图(c)放大显示零频率附近的相频特性，表明相频特性 $\theta(\omega)$（如式（7.4.17））满足希尔伯特变换器的要求。$\theta(\omega)$ 中的线性部分是采用因果的 FIR 滤波器逼近理想希尔伯特变换器的时延 $M/2$ 所引入的相移。图(c)和图(d)中的虚线表示 $\theta(\omega)$ 中的线性部分的波形。与理想希尔伯特变换器相比较，FIR 希尔伯特变换器存在幅频失真，其输出延时了 $(N–1)/2$ 个采样间隔。当通带波纹很小时可以满足希尔伯特变换的工程要求。

$$\theta(\omega) = \begin{cases} \pi/2 - \omega(N-1)/2, & -\pi < \omega < 0 \\ -\pi/2 - \omega(N-1)/2, & 0 < \omega < \pi \end{cases} \tag{7.4.17}$$

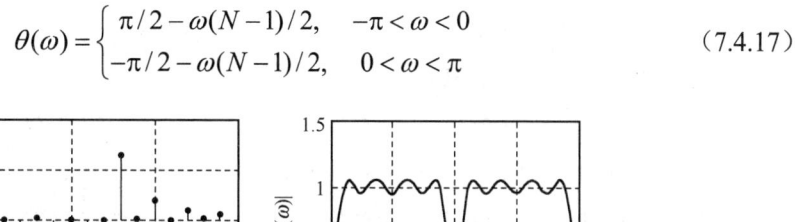

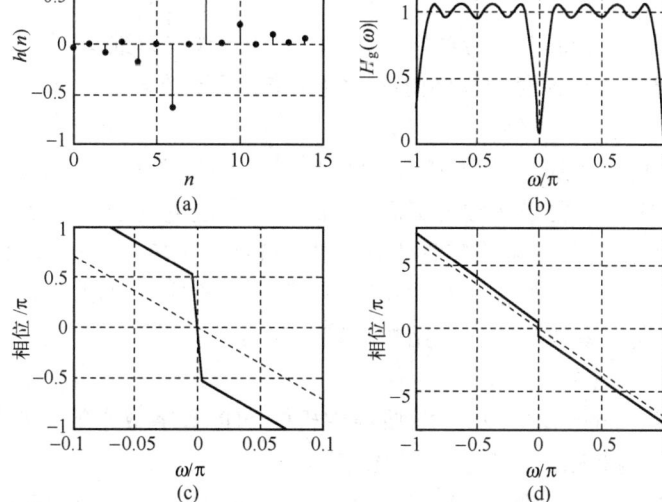

图 7.4.9 例 7.4.4 的图

2. FIR 数字微分器设计

在许多模拟和数字系统中，常常利用微分器求信号的导数。理想数字微分器频率响应为

$$H_d(e^{j\omega}) = j\omega, \quad -\pi \leqslant \omega \leqslant \pi \tag{7.4.18}$$

相应的单位脉冲响应为

$$h_d(n) = \text{IFT}[H_d(e^{j\omega})] = \frac{1}{2\pi}\int_{-\pi}^{\pi} j\omega e^{j\omega n}d\omega = \frac{1}{2\pi n}\int_{-\pi}^{\pi} \omega de^{j\omega n}$$

用分部积分法得到

$$h_d(n) = \frac{\cos n\pi}{n} - \frac{\sin n\pi}{\pi n^2}, \ n \neq 0 \tag{7.4.19}$$

式（7.4.19）说明 $h_d(n)$ 是一个无限长的非因果奇对称序列。工程实际中一般用长度为 N 的 FIR 数字微分器逼近理想数字微分器。为此，根据窗函数法设计思想，将 $h_d(n)$ 向后延迟 $\tau = (N-1)/2$，再加窗 $w(n)$ 截取长度为 N 的一段作为 FIR 数字微分器的单位脉冲响应 $h(n)$。

$$h(n) = h_d(n-\tau)w(n) = \left[\frac{\cos(n-\tau)\pi}{n-\tau} - \frac{\sin(n-\tau)\pi}{\pi(n-\tau)^2}\right]w(n)$$

我们知道，微分器的幅度响应随频率增大线性上升，当频率 $\omega=\pi$ 时达到最大值，所以只有 N 为偶数时（情况 4）才能满足全频带微分器的时域和频域要求。因为 N 是偶数，$\tau = N/2 - 1/2 =$ 正整数 $-1/2$，上式方括号中的第一项为零，所以

$$h(n) = -\frac{\sin(n-\tau)\pi}{\pi(n-\tau)^2}w(n) \tag{7.4.20}$$

式（7.4.20）就是用窗函数法设计的 FIR 数字微分器的单位脉冲响应，且具有奇对称特性，即 $h(n) = -h(N-1-n)$。选定滤波器长度 N 和窗函数类型，就可以直接按式（7.4.20）得到设计结果。当然，也可以用频率采样法和等波纹最佳逼近法设计。下面举例说明用等波纹最佳逼近法设计函数 remez 设计 FIR 数字微分器的方法。

用 remez 函数设计 $M = N-1$ 阶 FIR 数字微分器的调用格式为

    hn=remez(N−1, f, m, w, 'defferentiator')

返回的单位脉冲响应向量 hn 具有奇对称特性。缺省误差加权参数 w 时，默认 w 为全 1。设计 FIR 数字微分器时，remez 函数程序内部规定误差加权函数为

$$W(\omega) = w/\omega, \ 0 \leqslant \omega \leqslant \omega_p \tag{7.4.21}$$

通常缺省参数 w，使误差加权函数 $W(\omega)=1/\omega$。式（7.4.21）中，ω_p 称为微分器的带宽。在大多数工程实际中，仅要求在频率区间 $0 \leqslant \omega \leqslant \omega_p$ 上逼近理想微分器的频率响应特性，而对在区间 $\omega_p < \omega < \pi$ 上的频率响应特性不作要求，或要求为零。remez 函数使用式（7.4.21）给定的与频率成反比的误差加权函数 $W(\omega)$，使微分器通带中的相对波纹不变，即相对逼近误差不变。其他调用参数与前面介绍的相同。对微分器设计，参数 f 和 m 的特殊设置在例 7.4.5 中介绍。

例 7.4.5　调用 remez 函数设计 39 阶线性相位 FIR 数字微分器。要求通带截止频率为 0.2π，阻带截止频率为 0.3π，并希望阻带逼近零。

解：由题意设置 remez 函数的调用参数：M=39; f=[0, 0.2, 0.3, 1]; m=[0, 0.2, 0, 0]。用 plot(f, m) 画出希望逼近的幅频特性如图 7.4.10(a) 所示。设计程序为 ep745.m。运行程序输出的幅频响应曲线如图 7.4.10(b) 所示。

    %ep745.m: 例 7.4.5 调用 remez 函数设计 FIR 微分器
    M=39;f=[0, 0.2, 0.3, 1];m=[0, 0.2, 0, 0];
    hn=remez(M, f, m, 'defferentiator');　　%调用 remez 函数设计 FIR 微分器
    %以下绘图部分略去

可以验证，本例中 $N=39$, 40 和 41 时，逼近误差非常接近。实际上，当通带截止频率 $\omega_p < 4.5\pi$ 时，滤波器长度 N 取奇数和偶数时的逼近效果差别很小。但是，当 $\omega_p \geqslant 4.5\pi$，$N$ 取

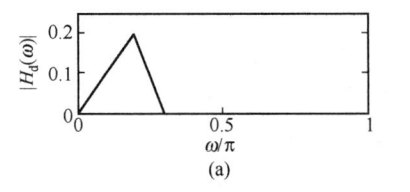

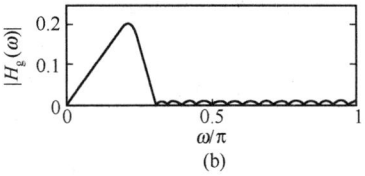

图 7.4.10 39 阶线性相位 FIR 数字微分器幅频响应曲线

奇数时，设计效果特别差。所以，实际中一般取微分器长度 N 为偶数。请读者根据表 7.1.1 解释上述结论。另外值得注意的是，微分器的延迟为 $\tau=(N-1)/2$，当 N 取偶数时延迟 τ 不是整数。所以，如果要求微分器输出延迟 τ 为整数时，长度 N 就必须取奇数。

当然，N 越大，逼近误差越小。那么对给定的设计指标如何确定所需的最小长度 N 呢？参考文献[12]给出了微分器长度 N、带宽（通带截止频率）ω_p 和逼近最大相对误差之间的关系曲线图，利用它可以估计微分器的长度 N。

7.5 FIRDF 与 IIRDF 的比较

前面我们讨论了 IIR 和 FIR 两种滤波器的设计方法。这两种滤波器究竟各有什么特点？在实际运用时应该怎样去选择它们呢？下面我们对这两种滤波器作一简单的比较，并回答这些问题。

首先，从性能上来说，IIR 滤波器系统函数的极点可以位于单位圆内的任何地方，因此可用较低的阶数获得好的选择性，所用的存储单元少，运算量小，所以经济高效。但是这个高效率是以相位的非线性为代价的。选择性越好，则相位非线性越严重。相反，FIR 滤波器却可以得到严格的线性相位特性。然而由于 FIR 滤波器系统函数的极点固定在原点，所以只能用较高的阶数达到高的选择性；对于同样的滤波器幅频响应指标，FIR 滤波器所要求的阶数可以比 IIR 滤波器高 5～10 倍，成本较高，运算量大，信号延时也较大；对相同的选择性和相同的线性相位要求来说，则 IIR 滤波器必须加全通网络进行相位校正，同样要大大增加滤波器的阶数和复杂性。

从结构上看，IIR 滤波器必须采用递归结构，极点位置必须在单位圆内，否则系统将不稳定。另外，在这种结构中，由于运算过程中对序列的舍入处理，所产生的有限字长效应有时会引起寄生振荡。相反，FIR 滤波器主要采用非递归结构，不论在理论上还是在实际的有限精度运算中都不存在稳定性问题。此外，FIR 滤波器可以采用快速傅里叶变换算法实现，在相同阶数的条件下，运算速度可以大大提高。

从设计工具看，IIR 滤波器可以借助于模拟滤波器的成果，因此一般都提供有效的封闭形式的设计公式进行准确计算，计算工作量比较小，对计算工具的要求不高。FIR 滤波器设计则一般没有封闭形式的设计公式。窗口法虽然可以对窗口函数给出计算公式，但计算通带、阻带衰减等仍无显式表达式。一般 FIR 滤波器的设计只有计算程序可循，因此对计算工具要求较高。现在计算机已非常普及，而且已经开发出各种滤波器的设计程序，所以工程上的设计计算都非常简单。

另外，也应看到，IIR 滤波器虽然设计简单，但主要用于设计具有片段常数特性的滤波器，如低通、高通、带通及带阻滤波器等，往往脱离不了模拟滤波器的局限性。而

FIR 滤波器则要灵活得多，尤其他能适应某些特殊的应用，如构成微分器或积分器，或用于巴特沃思、切比雪夫等逼近不可能达到预定指标的情况，例如，由于某些原因要求三角形幅频响应或一些更复杂的幅频响应。因而 FIR 滤波器有更大的适应性和更广阔的应用天地。

从上面的简单比较可以看到，IIR 与 FIR 滤波器各有所长，所以在实际应用时应该全面考虑来选择。例如，从使用要求上来看，在对相位要求不敏感的场合，如语言通信等，选用 IIR 滤波器较为合适，这样可以充分发挥其经济高效的特点；而对于图像信号处理、数据传输等以波形携带信息的系统，则对线性相位要求较高，采用 FIR 滤波器较好。

习题与上机题

7.1 FIRDF 的差分方程如下
$$y(n)=0.1x(n)+0.5x(n-1)+0.9x(n-2)+0.5x(n-3)+0.1x(n-4)$$
求该滤波器的单位脉冲响应长度 N，说明长度 N 与差分方程阶数（差分方程中的最大延迟）的关系。

7.2 设 FIRDF 的系统函数为
$$H(z)=(1+0.9z^{-1}+2.2z^{-2}+0.9z^{-3}+z^{-4})/6$$
求其单位脉冲响应 $h(n)$，判断该滤波器是否具有线性相位特性，求幅度特性函数和相位特性函数。

7.3 设理想低通滤波器的频率响应函数 $H_d(e^{j\omega})=R_\pi(\omega+\pi/2)$，画出其单位脉冲响应 $h_d(n)$ 在区间 $[-8,8]$ 上的波形。

7.4 考虑一个长度 $N=4$ 的线性相位 FIRDF，已知在 $\omega=0$ 和 $\omega=\pi/2$ 两个频点的幅度采样为 $H_g(0)=1$，$H_g(\pi/2)=0.5$，求该滤波器的单位脉冲响应 $h(n)$。

7.5 已知长度 $N=15$ 的第一类线性相位 FIRDF 的前 8 个幅度采样值为
$$H_g\left(\frac{2\pi}{15}k\right)=\begin{cases}1, & k=0,1,2,3 \\ 0, & k=4,5,6,7\end{cases}$$
求该滤波器的单位脉冲响应 $h(n)$。

7.6 已知长度 $N=15$ 的第二类线性相位 FIRDF 的前 8 个幅度采样值为
$$H_g\left(\frac{2\pi}{15}k\right)=\begin{cases}0, & k=0 \\ 1, & k=1,2,3 \\ 0.4, & k=4 \\ 0, & k=5,6,7\end{cases}$$
求该滤波器的单位脉冲响应 $h(n)$。

7.7* 分别画出长度为 9 的矩形窗、Hanning 窗、Hamming 窗和 Blackman 窗的时域波形。

7.8* 分别画出长度为 9 的矩形窗、Hanning 窗、Hamming 窗和 Blackman 窗的幅频特性（dB）曲线，观察它们的各种参数（主瓣宽度，旁瓣峰值幅度）的差别。

7.9 对下面的每一种滤波器指标，选择满足 FIRDF 设计要求的窗函数类型和长度。

（1）阻带衰减 20 dB，过渡带宽度 1 kHz，采样频率 12 kHz；

（2）阻带衰减 50 dB，过渡带宽度 2 kHz，采样频率 5 kHz；

（3）阻带衰减 50 dB，过渡带宽度 500 Hz，采样频率 5 kHz。

7.10 分别用矩形窗和升余弦窗设计一个线性相位低通 FIRDF，逼近理想低通滤波器 $H_d(e^{j\omega})$，要求过渡带宽度不超过 $\pi/8$ rad。已知

$$H_d(e^{j\omega})=\begin{cases}e^{-j\omega\alpha}, & 0\leqslant|\omega|\leqslant\omega_c \\ 0, & \omega_c<|\omega|\leqslant\pi\end{cases}$$

(1) 求出所设计的单位脉冲响应 $h(n)$ 的表达式，确定 α 与 $h(n)$ 的长度 N 的关系式；

(2) 对 $N=31$，$\omega_c=\pi/4$ rad，用 MATLAB 画出 FIRDF 的损耗函数曲线和相频特性曲线。

7.11 用窗函数法设计一个线性相位低通 FIRDF，要求通带截止频率为 $\pi/4$ rad，过渡带宽度为 $8\pi/51$ rad，阻带最小衰减为 45 dB。选择合适的窗函数及其长度，求出 $h(n)$，并用 MATLAB 画出损耗函数曲线和相频特性曲线。

7.12 要求用数字低通滤波器对模拟信号进行滤波，要求如下：通带截止频率为 10 kHz，阻带截止频率为 22 kHz，阻带最小衰减为 75 dB，采样频率为 50 kHz。用窗函数法设计数字低通滤波器，选择合适的窗函数及其长度，求出 $h(n)$，并用 MATLAB 画出损耗函数曲线和相频特性曲线。

7.13 用矩形窗设计一个线性相位高通 FIRDF，逼近理想高通滤波器 $H_d(e^{j\omega})$，要求过渡带宽度不超过 $\pi/8$ rad。已知

$$H_d(e^{j\omega}) = \begin{cases} e^{-j\omega\alpha}, & \omega_c \leqslant |\omega| \leqslant \pi \\ 0, & 0 < |\omega| < \omega_c \end{cases}$$

(1) 求出所设计的单位脉冲响应 $h(n)$ 的表达式，确定 α 与 $h(n)$ 的长度 N 的关系式；

(2) 对 N 的取值有什么限制？为什么？

7.14 用矩形窗设计一个线性相位带通 FIRDF，逼近理想带通滤波器 $H_d(e^{j\omega})$，要求过渡带宽度不超过 $\pi/8$ rad。已知

$$H_d(e^{j\omega}) = \begin{cases} e^{-j\omega\alpha}, & \omega_c \leqslant |\omega| \leqslant \omega_c + B \\ 0, & 0 < |\omega| < \omega_c, \omega_c + B < |\omega| < \pi \end{cases}$$

(1) 求出所设计的单位脉冲响应 $h(n)$ 的表达式，确定 α 与 $h(n)$ 的长度 N 的关系式；

(2) 对 N 的取值有什么限制？为什么？

7.15 一个用频率采样法设计的 FIRDF 的系统函数为

$$H(z) = \frac{(1-z^{-12})}{12}\left[\frac{2}{1+z^{-1}} + \frac{1-0.5z^{-1}}{1-z^{-1}+z^{-2}} + \frac{1+0.5z^{-1}}{1+z^{-1}+z^{-2}}\right]$$

(1) 判断该滤波器是低通、高通、带通还是带阻滤波器？

(2) 求出滤波器幅频响应函数在频率区间 $[0, \pi]$ 上的 6 点等间隔采样值。

(3)* 调用 MATLAB 函数 freqz 画出滤波器的幅频特性和相频特性曲线，验证（1）中的判断。

7.16* 用频率采样法设计一个线性相位低通 FIRDF，逼近通带截止频率为 $\omega_c=\pi/4$ rad 的理想低通滤波器，要求过渡带宽度为 $\pi/8$ rad，阻带最小衰减为 45 dB。确定过渡带采样点个数 m 和滤波器长度 N，求出频域采样序列 $H(k)$ 和单位脉冲响应 $h(n)$，并绘制所设计的单位脉冲响应 $h(n)$ 及其幅频特性曲线草图。如果将技术指标改为过渡带宽度为 $\pi/32$ rad，阻带最小衰减为 60 dB，试确定过渡带采样点个数 m 和滤波器长度 N。

7.17 设 $h(n)$ 表示一个低通 FIRDF 的单位脉冲响应，$h_1(n)=(-1)^n h(n)$，$h_2(n)=h(n)\cos(\omega_0 n)$，$0<\omega_0<\pi$。证明 $h_1(n)$ 是一个高通滤波器，而 $h_2(n)$ 是一个带通滤波器。

7.18* 调用 MATLAB 工具箱函数 fir1 设计线性相位低通 FIRDF，要求希望逼近的理想低通滤波器通带截止频率 $\omega_c=\pi/4$ rad，滤波器长度 $N=21$。分别选用矩形窗、Hanning 窗、Hamming 窗和 Blackman 窗进行设计，绘制用每种窗函数设计的单位脉冲响应 $h(n)$ 及其幅频特性曲线，并进行比较，观察各种窗函数的设计性能。

7.19* 将要求改成设计线性相位高通 FIRDF，重作习题 7.18。

7.20* 调用 MATLAB 工具箱函数 remezord 和 remez 设计线性相位低通 FIRDF，实现对模拟信号的采样序列 $x(n)$ 的数字低通滤波处理。指标要求：采样频率为 16 kHz；通带截止频率为 4.5 kHz，通带最小衰减为 1 dB；阻带截止频率为 6 kHz，阻带最小衰减为 75 dB。

列出 $h(n)$ 的序列数据，并画出损耗函数曲线和相频特性曲线。

7.21* 调用 MATLAB 工具箱函数 remezord 和 remez 设计线性相位高通 FIRDF，实现对模拟信号的采样序列 $x(n)$ 的数字高通滤波处理。指标要求如下：采样频率为 16 kHz；通带截止频率为 5.5 kHz，通带最小衰减为 1dB；过渡带宽度小于等于 3.5 kHz，阻带最小衰减为 75 dB。

列出 $h(n)$ 的序列数据，并画出损耗函数曲线和相频特性曲线。

7.22* 调用 remez 函数设计 30 阶 FIR 希尔伯特变换器，要求通带为 $[0.2\pi, 0.8\pi]$。绘制 $h(n)$ 及其幅频特性和相频特性曲线。

7.23* 用窗函数法设计数字微分器，希望逼近的理想微分器幅度特性如图 P7.23 所示，要求采用长度为 20 的 Hamming 窗函数。求出微分器的单位脉冲响应 $h(n)$，并用 MATLAB 画出 $h(n)$ 及其幅频特性和相频特性曲线。

7.24* 调用 remez 函数设计 19 阶线性相位 FIR 数字微分器，逼近如图 P7.23 所示的理想微分器幅度特性。显示微分器的单位脉冲响应 $h(n)$ 数据，并画出 $h(n)$ 及其幅频特性和相频特性曲线。

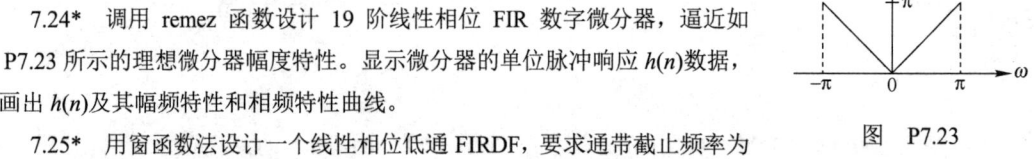

图 P7.23

7.25* 用窗函数法设计一个线性相位低通 FIRDF，要求通带截止频率为 0.3π，阻带截止频率为 0.5π，阻带最小衰减为 40 dB。选择合适的窗函数及其长度，求出并显示所设计的单位脉冲响应 $h(n)$ 的数据，并画出损耗函数曲线和相频特性曲线，请检验设计结果。试不用 fir1 函数，直接按照窗函数设计法编程设计。

7.26* 改用 Blackman 窗函数，重作习题 7.25。修改习题 7.25 中所编程序进行设计。

7.27* 调用 MATLAB 工具箱函数 fir1 设计线性相位低通 FIRDF。要求通带截止频率为 2 Hz，阻带截止频率为 4 Hz，通带最大衰减为 0.1 dB，阻带最小衰减为 40 dB，采样频率为 20 Hz。分别用 Hanning 窗、Hamming 窗、Blackman 窗和 Kaiser 窗进行设计，显示所设计的单位脉冲响应 $h(n)$ 的数据，并画出损耗函数曲线和相频特性曲线，请对每种窗函数的设计结果进行比较。

7.28* 调用 MATLAB 工具箱函数 fir1 设计线性相位高通 FIRDF。要求通带截止频率为 0.6π，阻带截止频率为 0.45π，通带最大衰减为 0.2 dB，阻带最小衰减为 45 dB。分别用 Hanning 窗、Hamming 窗、Blackman 窗和 Kaiser 窗进行设计，显示所设计的单位脉冲响应 $h(n)$ 的数据，并画出损耗函数曲线和相频特性曲线，请对每种窗函数的设计结果进行比较。

7.29* 调用 MATLAB 工具箱函数 fir1 设计线性相位带通 FIRDF。要求通带截止频率为 0.55π 和 0.7π，阻带截止频率为 0.45π 和 0.8π，通带最大衰减为 0.15 dB，阻带最小衰减为 40 dB。分别用 Hanning 窗、Hamming 窗、Blackman 窗和 Kaiser 窗进行设计，显示所设计的单位脉冲响应 $h(n)$ 的数据，并画出损耗函数曲线和相频特性曲线，请对每种窗函数的设计结果进行比较。

7.30* 调用 remezord 和 remez 函数完成习题 7.27、7.28 和 7.29 所给技术指标的滤波器的设计，并比较设计结果（主要比较滤波器阶数的高低和幅频特性）。

第8章 时域离散系统的实现

8.1 引　　言

绪论中已介绍过，时域离散系统的实现方法有两种，即软件实现方法和硬件实现方法。软件实现方法就是按照所设计的软件在通用计算机上实现。硬件实现方法则是按照所设计的运算结构，利用加法器、乘法器和延时器等组成专用的设备，完成特定的信号处理算法。利用数字信号处理专用芯片实现，无疑是一种好的实现方法。一般理论设计完成后，只得到系统的系统函数或者差分方程，还必须再具体设计一种算法，予以实现。

描述时域离散系统的差分方程为

$$y(n) = -\sum_{k=1}^{N} a_k y(n-k) + \sum_{k=0}^{M} b_k x(n-k) \tag{8.1.1}$$

或者将上式进行 Z 变换，得到它的系统函数为

$$H(z) = \frac{\sum_{k=0}^{M} b_k z^{-k}}{1 + \sum_{k=1}^{N} a_k z^{-k}} \tag{8.1.2}$$

本章重点是分析和研究式（8.1.1）和式（8.1.2）的实现方法。当然按照式（8.1.1），可以计算出输出信号。然而用不同的方法可以将式（8.1.1）排列成不同的等效差分方程组，每组方程都有具体的计算过程或者说具体的算法，每一种具体的算法都可以由延时器、乘法器和加法器等组成方框图，予以实现。将这种方框图称为运算结构或者网络结构。因此一般数字信号处理中的网络结构指的是运算结构。对于同一个差分方程或系统函数，可能有若干不同的网络结构。从理论上讲，只要是同一个差分方程，对不同的网络结构应该有相同的计算结果。但是实际中不同的网络结构可能有不同的计算误差，计算中要求的存储量不同，计算的复杂性和计算速度不同，设备成本也不同。所以数字信号处理实现中要分析和考虑选择什么样的网络结构才合适。

这里，计算的复杂性指的是乘法次数、加法次数、来回取数存数的次数，以及两数之间的比较次数等。存储量指的是为存储系统参数、中间计算结果，以及输入输出信号值等所要求的存储量。运算速度除了和硬件本身的速度有关以外，主要和计算的复杂性有关。

运算误差主要指的是有限字长效应，它是数字信号处理实现中特有的重要问题。数字计算机用二进制编码进行运算，而二进制编码的长度有限，这样就带来了各种量化误差，形成有限精度的运算。因此需要研究各种网络结构对有限字长效应的敏感程度，以及为达到运算精度要求需要多少位的计算机等。

下面先按照 IIR 网络结构和 FIR 网络结构进行介绍，然后介绍格型网络结构，再介绍按照不同的结构如何用软件实现，最后介绍有限字长效应。

8.2　FIR 网络结构

FIR 系统的单位脉冲响应是一个有限长的序列，它的差分方程和系统函数分别为

$$y(n) = \sum_{k=0}^{N-1} h(k)x(n-k) \tag{8.2.1}$$

$$H(z) = \sum_{n=0}^{N-1} h(n)z^{-n} \tag{8.2.2}$$

式中，$H(z)$ 是系统函数，$h(n)$ 是单位脉冲响应。

令

$$h(n) = \begin{cases} b_n & 0 \leqslant n \leqslant N-1 \\ 0 & \text{其他} \end{cases} \tag{8.2.3}$$

则式（8.2.2）还可以写成

$$H(z) = \sum_{n=0}^{N-1} b_n z^{-n} \tag{8.2.4}$$

对于上面各式，一般称 N 为 FIR 滤波器的长度，$N-1$ 为阶数。下面将介绍 FIR 滤波器的五种实现方法，即直接型、级联型、线性相位结构、频率采样型和快速卷积法。

8.2.1　FIR 直接型结构和级联型结构

1. FIR 直接型结构

按照式（8.2.1）或者式（8.2.2）直接画出直接型结构如图 8.2.1 所示。

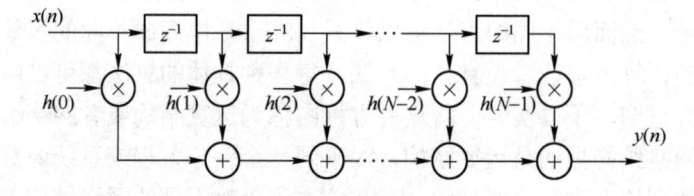

图 8.2.1　FIR 直接型结构

图 8.2.1 表明，长度为 N 的 FIR 滤波器直接型结构需要 $N-1$ 个单位延时器、N 个乘法器、$N-1$ 个加法器。这种直接型结构也可以称为卷积型结构或者横截型结构。直接型结构的延时部分呈现出串联，并进行抽头的结构，统称为延时线。

为了作图简明，下面都用流图表示实现结构。图 8.2.2 所示的就是图 8.2.1 FIR 直接型结构的流图。

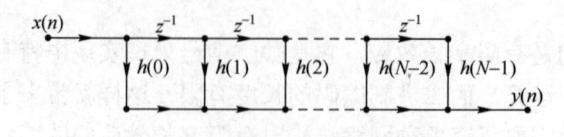

图 8.2.2　FIR 直接型结构的流图

流图中支路箭头旁边的 z^{-1} 表示单位延时器，箭头旁边的常数表示这里的乘法器乘上的常数，如果是 1 则不需要乘法器。结点处如果有两个以上的输入支路，则该结点是加法器。

但一般加法器只执行两个常数的加法，因此有三个输入支路则表示要用两个加法器，执行两次加法。

2．FIR 级联型结构

将 H(z)进行因式分解，并将共轭成对的零点放在一起，形成系数为实数的二阶网络。这样把系数为实数的一阶或者二阶网络级联起来，形成 FIR 的级联结构。其中每一个二阶网络都用直接型结构实现。下面用例题说明。

例 8.2.1 设 FIR 网络系统函数如下式
$$H(z) = 0.96 + 2z^{-1} + 2.8z^{-2} + 1.5z^{-3}$$
画出它的直接型结构和级联型结构。

解：将 H(z)进行因式分解，得到
$$H(z) = (0.6 + 0.5z^{-1})(1.6 + 2z^{-1} + 3z^{-2})$$
它的直接型结构和级联型结构分别用图 8.2.3（a）和（b）表示。

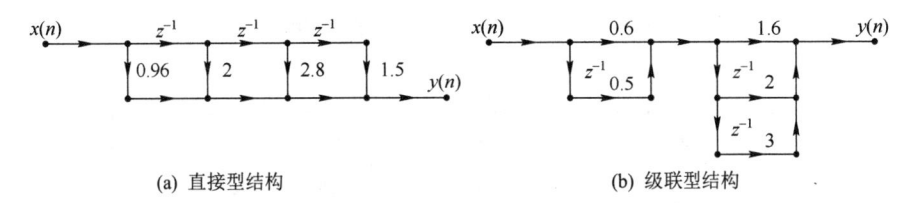

(a) 直接型结构   (b) 级联型结构

图 8.2.3 例题 8.2.1 图

级联型结构中，每一个一阶网络控制一个零点，调整零点只需调整该因式的两个系数；二阶网络控制一对零点，调整它也只需调整该二阶网络的三个系数。因此相对直接型结构来说，级联型结构调整方便。但级联型结构需要的乘法器比直接型多，在例 8.2.1 中，图 8.2.3（a）所示的直接型结构只需四个乘法器，而图 8.2.3（b）所示的级联型结构则需要五个乘法器。如果阶数比较高，级联型结构的乘法运算次数比直接型结构会多很多。

MATLAB 信号处理工具箱函数 tf2sos 可以实现从直接型结构到级联型结构的转换，函数 sos2tf 实现从级联型到直接型的转换。

8.2.2 线性相位结构

如果系统具有线性相位，它的单位脉冲响应满足下式
$$h(n) = \pm h(N - n - 1) \tag{8.2.5}$$
上式中"+"代表第一类线性相位滤波器，"−"号代表第二类线性相位滤波器。利用上式可以推导出系统函数满足下面两式

当 N 为偶数时
$$H(z) = \sum_{n=0}^{N/2-1} h(n) \left[z^{-n} \pm z^{-(N-n-1)} \right] \tag{8.2.6}$$

当 N 为奇数时
$$H(z) = \sum_{n=0}^{(N-1)/2-1} h(n) \left[z^{-n} \pm z^{-(N-n-1)} \right] + h\left(\frac{N-1}{2}\right) z^{-\frac{N-1}{2}} \tag{8.2.7}$$

式（8.2.6）和式（8.2.7）的推导，留作习题请读者自己证明。按照这两个公式，第一类线性相位网络结构的流图如图 8.2.4 所示，第二类线性相位网络结构的流图如图 8.2.5 所示。和直接型结构比较，如果 N 取偶数，直接型结构需要 N 个乘法器，而线性相位结构减少到

$N/2$ 个乘法器，节约了一半的乘法器。如果 N 取奇数，则乘法器减少到 $(N+1)/2$ 个，也节约了近一半的乘法器。

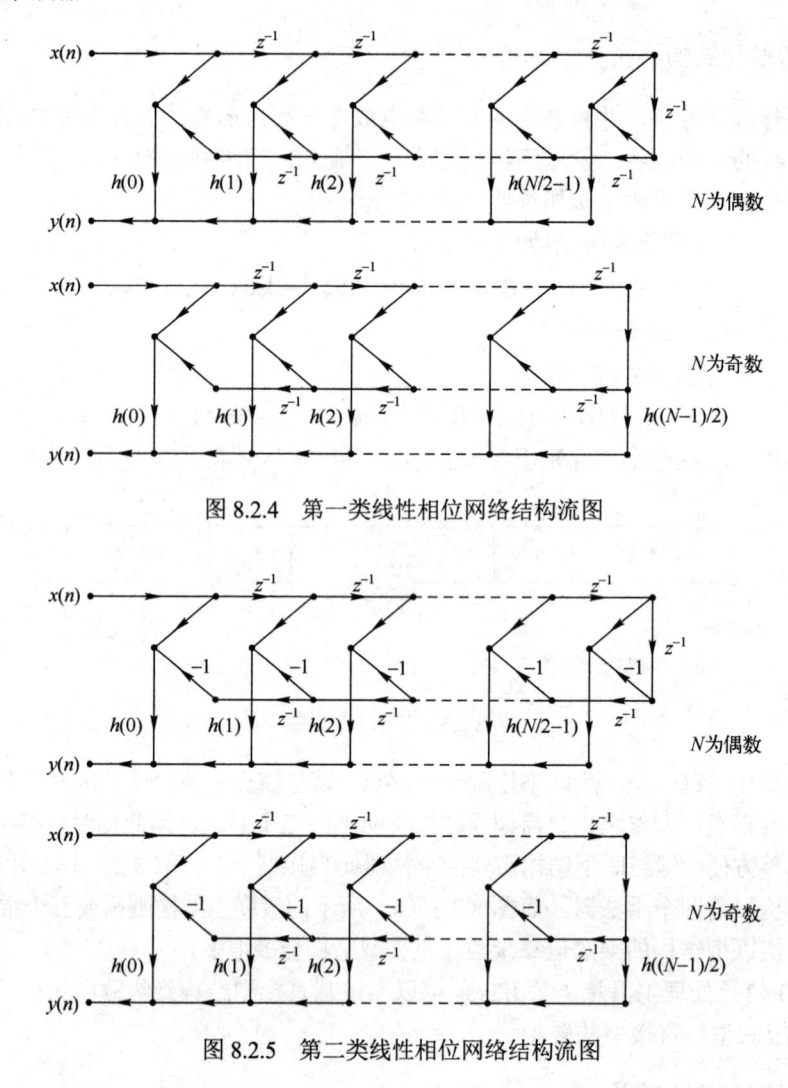

图 8.2.4　第一类线性相位网络结构流图

图 8.2.5　第二类线性相位网络结构流图

8.2.3　FIR 频率采样结构

由频率域采样定理知道，如果在频率的 $0\sim 2\pi$ 区间，对系统的传输函数采样 N 点，且 N 大于等于系统单位脉冲响应的长度 M，那么系统函数和采样值之间服从下面的内插关系式：

$$H(z) = \frac{1-z^{-N}}{N} \sum_{k=0}^{N-1} \frac{H(k)}{1-W_N^{-k}z^{-1}} \tag{8.2.8}$$

式中

$$H(k) = H(z)\Big|_{z=e^{j\frac{2\pi}{N}k}} \qquad k=0,1,2,\cdots,N-1$$

式（8.2.8）提供了一种实现结构。将式（8.2.8）重写如下

$$H(z) = \frac{1}{N} H_c(z) \sum_{k=0}^{N-1} H_k(z) \tag{8.2.9}$$

式中
$$H_c(z) = 1 - z^{-N} \quad (8.2.10)$$
$$H_k(z) = \frac{H(k)}{1 - W_N^{-k} z^{-1}} \quad (8.2.11)$$

$H_c(z)$ 是一个梳状滤波器，它的零点在 $z_k = W_N^{-k}$ 处，$k = 0, 1, 2, 3, \cdots, N-1$；$H_k(z)$ 是一个一阶网络，极点在 $z_k = W_N^{-k}$ 处，$k = 0, 1, 2, 3, \cdots, N-1$。因此频率采样结构由一个 N 阶梳状滤波器和 N 个一阶网络的并联网络级联而成。其结构如图 8.2.6 所示。

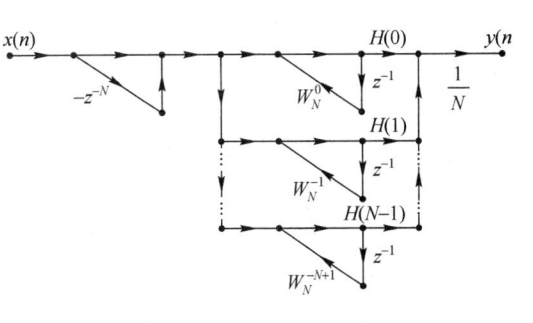

图 8.2.6 频率采样结构

这里 N 个一阶网络的极点和梳状滤波器的零点刚好相互抵消，虽然极点在单位圆上，但理论上仍然稳定。网络中虽然有反馈环路，但仍然属 FIR 网络结构。实际中，因为系数存在量化误差，会使零、极点不能刚好抵消，结果使系统不稳定。为此将零、极点缩小到一个半径为 r 的圆上，取 $r < 1$ 但 r 很接近于1，此时将系统函数表示成

$$H(z) = \frac{1 - r^N z^{-N}}{N} \sum_{k=0}^{N-1} \frac{H_r(k)}{1 - r W_N^{-k} z^{-1}} \quad (8.2.12)$$

上式中的零、极点均为 $z_k = r W_N^{-k}$，$k = 0, 1, 2, 3, \cdots, N-1$。$H_r(k)$ 则是半径为 r 的圆上的采样值，因为 r 很接近于 1，$H_r(k)$ 近似为单位圆上的采样值，因此实际中采用 $H_r(k) = H(k)$。

另外在图 8.2.6 中，$H(k)$ 和 W_N^{-k} 是复数，要求用复数乘法器，为了克服用硬件实现的不方便，需要进行改进，使用实数乘法器。一般 $h(n)$ 是实数，在单位圆上等间隔采样，得到的 $H(k)$ 是对 $k=N/2$ 共轭对称的，即 $H(k) = H^*(N-k)$。W_N^{-k} 也具有这种性质，即 $W_N^{-k} = W_N^{(N-k)}$。这样将共轭成对的两个一阶网络 $H_k(z)$ 和 $H_{N-K}(z)$ 合并，形成一个二阶网络，用 $\hat{H}_k(z)$ 表示，则

$$\hat{H}_k(z) = H_k(z) + H_{N-K}(z) = \frac{H(k)}{1 - r W_N^{-k} z^{-1}} + \frac{H(N-k)}{1 - r W_N^{-(N-k)} z^{-1}}$$
$$= \frac{H(k)}{1 - r W_N^{-k} z^{-1}} + \frac{H^*(k)}{1 - r(W_N^{-k})^* z^{-1}}$$
$$= \frac{\alpha_{0k} + \alpha_{1k} z^{-1}}{1 - 2r \cos\left(\frac{2\pi}{N} k\right) z^{-1} + r^2 z^{-2}} \quad (8.2.13)$$

式中
$$\alpha_{0k} = 2\operatorname{Re}[H(k)] \quad (8.2.14)$$
$$\alpha_{1k} = -2\operatorname{Re}[r H(k) W_N^{-k}] \quad (8.2.15)$$

显然二阶网络的系数是实数，二阶网络的结构如图 8.2.7（a）所示。这样得到：
当 N 为偶数时，则

$$H(z) = (1 - r^N z^{-N}) \frac{1}{N} \left[\frac{H(0)}{1 - r z^{-1}} + \frac{H(N/2)}{1 + r z^{-1}} + \sum_{k=1}^{N/2-1} \frac{\alpha_{0k} + \alpha_{1k} z^{-1}}{1 - 2r \cos\left(\frac{2\pi}{N} k\right) z^{-1} + r^2 z^{-2}} \right] \quad (8.2.16)$$

当 N 为奇数时，则

$$H(z) = (1 - r^N z^{-N}) \frac{1}{N} \left[\frac{H(0)}{1 - r z^{-1}} + \sum_{k=1}^{(N-1)/2} \frac{\alpha_{0k} + \alpha_{1k} z^{-1}}{1 - 2r \cos\left(\frac{2\pi}{N} k\right) z^{-1} + r^2 z^{-2}} \right] \quad (8.2.17)$$

为了区别于式（8.2.12）所描述的频率采样结构，将式（8.2.16）和式（8.2.17）所描述的频率采样结构称为频率采样修正结构。当 N 为偶数时，画出式（8.2.16）的结构图，如图 8.2.7（b）所示，图中二阶网络 $\hat{H}_i(z)$ 结构如图 8.2.7（a）所示。

频率采样法的优点是：（1）在频率采样点 ω_k，$H(e^{j\omega_k}) = H(k)$，这正是乘法器的系数，调整该系数能直接调整频率特性。（2）对于任意滤波器，只要 $h(n)$ 的长度 N 相等，除乘法器的系数 $H(k)$ 不同外，其他结构包括梳状滤波器和并联一阶或二阶网络均一样，因此便于实现标准化、模块化的可编程 FIR 滤波器，其中的可编程单元写入所希望的乘法器系数 $H(k)$。缺点是当 N 较大时，二阶网络很多，使乘法器、延时器很多，造成结构复杂。因此频率采样法结构适合于窄带滤波器，因为窄带滤波器的频率采样值中，很多是零值，非零值较少，这样结构可以简单一些，其乘法器个数比直接型少得多。

例 8.2.2 假设滤波器是具有线性相位的 FIR 滤波器，$N=32$，频率采样值为

$$H\left(\frac{2\pi}{32}k\right) = \begin{cases} 1, & k=0,1,2 \\ 1/2, & k=3 \\ 0, & k=4,5,\cdots,15 \end{cases}$$

画出系统的线性相位结构和频率采样修正结构。

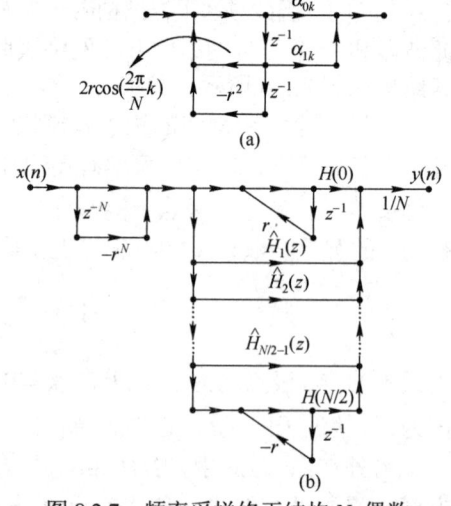

图 8.2.7 频率采样修正结构 $N=$偶数

解：因为滤波器具有线性相位，它的线性相位结构如图 8.2.8 所示。$N=32$，由图可以计算出需要 16 个乘法器，31 个加法器。系数 $h(n)$ 用下式计算

$$h(n) = \text{IDFT}\left[H\left(\frac{2\pi}{32}k\right)\right] \quad n=0,1,2,\cdots,31$$

$$H(z) = (1-r^{32}z^{-32})\frac{1}{N}\left[\frac{H(0)}{1-rz^{-1}} + \sum_{k=1}^{3}\frac{\alpha_{0k}+\alpha_{1k}z^{-1}}{1-2r\cos\left(\frac{2\pi}{32}k\right)z^{-1}+r^2z^{-2}}\right]$$

图 8.2.8 例 8.2.2 的线性相位结构

显然该例是一个窄带滤波器，只有当 $k=0,1,2,3$ 时，频率采样值才为非零值。为了使用实数乘法器，将 $H(k)$（$k=1,2,3$）和 $H(N-k)$（$k=1,2,3$）配成一对，共 3 对，形成三个二阶网络，按照式（8.2.16）系统函数为

$$H(z) = (1-r^{32}z^{-32})\frac{1}{N}\left[\frac{H(0)}{1-rz^{-1}} + \sum_{k=1}^{3}\frac{\alpha_{0k}+\alpha_{1k}z^{-1}}{1-2\cos\left(\frac{2\pi}{32}k\right)z^{-1}+r^2z^{-2}}\right]$$

式中，α_{0k} 和 α_{1k} 用式（8.2.14）和式（8.2.15）计算。画出频率采样修正结构如图 8.2.9 所示。

观察图 8.2.9，频率采样修正结构需要 12 个乘法器，14 个加法器，比相应的线性相位结构简单。

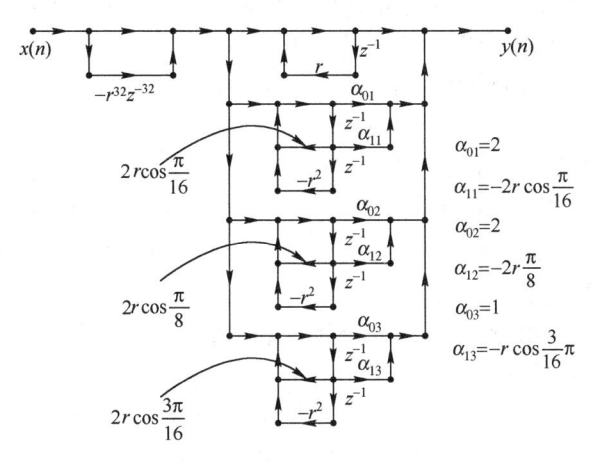

图 8.2.9　例 8.2.2 的频率采样修正结构

8.2.4　FIR 滤波器的递归实现

我们知道，IIR 数字滤波器必须用递归结构实现，而 FIR 数字滤波器都可以用非递归结构实现。任何 FIR 滤波器也可以用递归结构实现，上节介绍的频率采样结构就是 FIR 滤波器的递归实现。有些 FIR 滤波器具有特殊形式的单位脉冲响应，采用递归结构可以使结构简化，运算量也明显减小，下面举例说明。

滑动平均滤波器的差分方程为

$$y(n) = \frac{1}{N} \sum_{m=0}^{N-1} x(n-m) \tag{8.2.18}$$

显然，该滤波器是 FIR 系统，其单位脉冲响应为

$$h(n) = \frac{1}{N} R_N(n)$$

其非递归结构如图 8.2.10 所示，共有 N 个加法器。为了导出其递归型结构，将式（8.2.18）表示为

$$y(n) = \frac{1}{N} \sum_{m=0}^{N-1} x(n-1-m) + \frac{1}{N}[x(n) - x(n-N)]$$
$$= y(n-1) + \frac{1}{N}[x(n) - x(n-N)] \tag{8.2.19}$$

式（8.2.19）代表 FIR 滤波器的一个递归实现结构，如图 8.2.11 所示。图 8.2.11 中只有 2 个加法器，当 N 较大时，可以节省很多加法器，从而使处理速度大大提高。

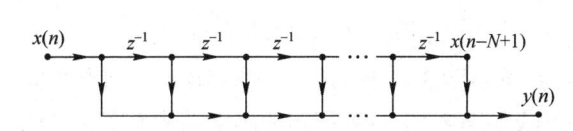

图 8.2.10　FIR 滑动平均滤波器的非递归结构 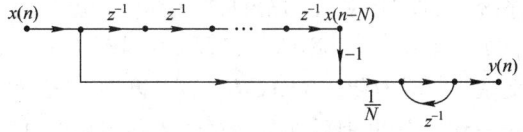　　图 8.2.11　FIR 滑动平均滤波器的递归结构

8.2.5 快速卷积法

FIR 网络（或者 FIR 滤波器）除了前面介绍的实现方法以外，还可以用快速卷积法实现。我们知道 FIR 网络的单位脉冲响应是一个有限长序列，用 $h(n)$ 表示，长度为 N，如果输入信号 $x(n)$ 也是有限长序列，长度为 M，输出信号 $y(n)$ 用下面的线性卷积计算。

$$y(n) = x(n) * h(n)$$

由第 3 章知道两个有限长序列的线性卷积可以用 DFT（FFT）计算，这种实现方法的主要优点是采用 FFT 快速算法，使运算速度加快。如何用 FFT 计算请参考第 3 章。

如果输入序列是无限长序列，仍然可以用 FFT 计算线性卷积，但需要应用第 3 章介绍的重叠相加法，或者重叠保留法。

对于 IIR 网络（或者 IIR 滤波器），因为单位脉冲响应是无限长的，则无法使用上述方法实现。因此能用快速卷积法实现是 FIR 滤波器的一个优点。

8.3 IIR 网络结构

IIR 网络结构的特点是信号流图中含有反馈支路，即含有环路，其单位脉冲响应是无限长的。网络结构有直接型、级联型和并联型等。

8.3.1 IIR 直接型网络结构

由 N 阶差分方程，即式（8.1.1）描述的系统函数如下式

$$H(z) = \frac{\sum_{k=0}^{M} b_k z^{-k}}{1 + \sum_{k=1}^{N} a_k z^{-k}} \qquad (8.3.1)$$

将上式看成两个系统的级联，即

$$H(z) = H_1(z) H_2(z) \qquad (8.3.2)$$

式中，$H_1(z)$ 由 $H(z)$ 的零点组成，$H_2(z)$ 由 $H(z)$ 的极点组成，分别表示为

$$H_1(z) = \sum_{k=0}^{M} b_k z^{-k} \qquad (8.3.3)$$

$$H_2(z) = \frac{1}{1 + \sum_{k=1}^{N} a_k z^{-k}} \qquad (8.3.4)$$

$H_1(z)$ 是 FIR 系统，$H_2(z)$ 是一个全极点 IIR 系统，假设 $M=N=2$，$H(z)$ 的实现结构如图 8.3.1（a）所示。如果将式（8.3.2）中 $H_1(z)$ 和 $H_2(z)$ 的位置交换，形成 $H(z) = H_2(z) H_1(z)$，再画出它的结构，如图 8.3.1（b）所示。观察该图，结点变量 $w_1 = w_2$，因此前后部分的延时支路可以合并，形成如图 8.3.1（c）所示的网络结构流图。这种结构是由差分方程或者系统函数直接得到的，其中没有经过任何的重排，因此图 8.3.1（c）称

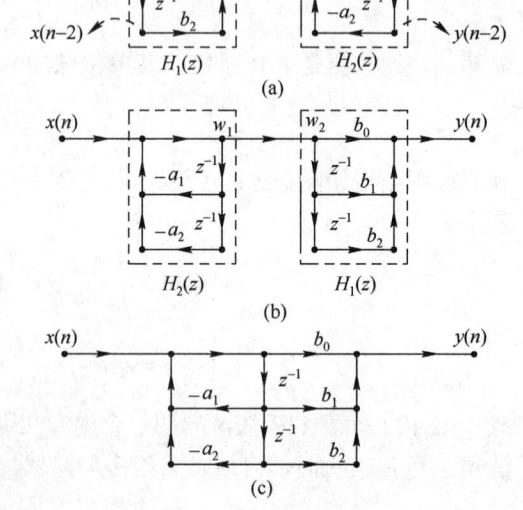

图 8.3.1 IIR 直接型网络结构

为 IIR 直接型结构。

由式（8.3.1）描述的 IIR 直接型网络结构需要 $M+N+1$ 次乘法，$M+N$ 次加法，延时单元数为 M 和 N 中最大的数。

IIR 直接型结构最大的缺点是对参数的量化非常敏感，当 N 较大时由于参数量化将会导致系统的零极点位置有较大的位移，如果极点移到单位圆上或单位圆外，会引起系统不稳定。另外，相对于后面介绍的级联型和并联型调整麻烦，因此经常用的是一阶、二阶的 IIR 直接型结构。

已知系统函数，设计直接型结构时，注意分子多项式决定前向通路，分母多项式决定反馈回路，将前向通路需用的延时器和反馈回路需用的延时器作为公用。最好熟悉 Masson 公式，用该公式，无论由系统函数设计网络结构还是按照网络结构求系统函数都很直接，不熟悉的请见参考文献[15]。

例 8.3.1 设 IIR 数字滤波器的系统函数为

$$H(z) = \frac{8 - 4z^{-1} + 11z^{-2} - 2z^{-3}}{1 - \frac{5}{4}z^{-1} + \frac{3}{4}z^{-2} - \frac{1}{8}z^{-3}}$$

试写出系统的差分方程，并画出该滤波器的直接型网络结构。

解：由系统函数写出差分方程如下式

$$y(n) = \frac{5}{4}y(n-1) - \frac{3}{4}y(n-2) + \frac{1}{8}y(n-3) + 8x(n) - 4x(n-1) + 11x(n-2) - 2x(n-3)$$

按照系统函数或者差分方程画出直接型结构如图 8.3.2 所示。

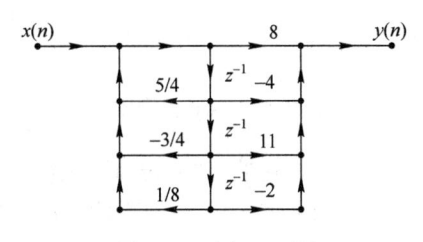

图 8.3.2 例 8.3.1 图

8.3.2 IIR 级联型网络结构

如果将式（8.3.1）的分子、分母多项式分别进行因式分解，因为系数都是实数，除实数极、零点外，其他都是共轭成对出现的，将共轭成对的零点放在一起，共轭成对的极点放在一起，形成具有实系数的二阶因式，最后分子和分母均形成一阶和二阶因式的连乘形式，系数均是实数。再将分子的一个因式和分母的一个因式组成一个网络，这里当然有很多组合形式，为节约延时器，应尽量使分子的二阶因式和分母的二阶因式组合成一个二阶网络，其他的一阶因式组成一阶网络。其中二阶网络的表达式为

$$H_k(z) = \frac{b_{k0} + b_{k1}z^{-1} + b_{k2}z^{-2}}{1 + a_{k1}z^{-1} + a_{k2}z^{-2}} \tag{8.3.5}$$

式中的系数均为实数。因为分子、分母均有多个二阶因式，所以组成二阶网络时可能有多种组合。从理论上说每种组合的实现效果一样，但实际中由于量化效应可能会有不同的运算精度。实现时每个一阶或者二阶网络均用前面介绍的直接型实现。下面举例说明。

例 8.3.2 设系统函数如下式

$$H(z) = \frac{8 - 4z^{-1} + 11z^{-2} - 2z^{-3}}{1 - \frac{5}{4}z^{-1} + \frac{3}{4}z^{-2} - \frac{1}{8}z^{-3}}$$

试画出系统的级联型结构。

解： 将 $H(z)$ 的分子多项式和分母多项式分别因式分解，得到

$$H(z) = \frac{(2-0.379z^{-1})(4-1.24z^{-1}+5.264z^{-2})}{(1-0.25z^{-1})(1-z^{-1}+0.5z^{-2})}$$

用分子和分母的各一个因式组成一个网络，这里可能有两种组合形式，为节约延时器，一般让分子、分母的一阶因式组合成一个一阶网络，分子、分母的二阶因式组合成一个二阶网络。形成下面的表达式

$$H(z) = \frac{(2-0.379z^{-1})}{(1-0.25z^{-1})} \frac{(4-1.24z^{-1}+5.264z^{-2})}{(1-z^{-1}+0.5z^{-2})} = H_1(z)H_2(z)$$

式中，$H_1(z)$ 是一阶网络，$H_2(z)$ 是二阶网络，将 $H_1(z)$ 和 $H_2(z)$ 进行级联，得到 $H(z)$。$H_1(z)$ 和 $H_2(z)$ 均用直接型实现，画出它的网络结构如图 8.3.3 所示。

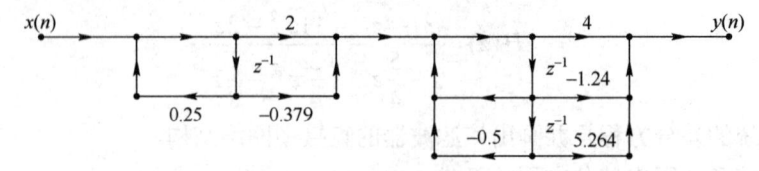

图 8.3.3 例 8.3.2 图

如果将 $H(z)$ 写成

$$H(z) = \frac{2-0.379z^{-1}}{1-z^{-1}+0.5z^{-2}} \frac{4-1.24z^{-1}+5.264z^{-2}}{1-0.25z^{-1}}$$

请读者画出它的级联型结构，并与图 8.3.3 进行比较。可知比图 8.3.3 多用了一个延时器。级联型结构中每一个一阶网络决定一个零点和一个极点，每一个二阶网络决定一对共轭零点（也可能是一个实数零点）和一对共轭极点，调整相应的系数，可以很方便地调整零、极点的位置，这是级联型结构相对直接型结构的优点。MATLAB 函数 tf2sos 和 sos2tf 可以实现 IIRDF 的直接型与级联型结构的互相转换，请用 help 命令查看调用格式。

8.3.3 IIR 并联型网络结构

对 $H(z)$ 作部分分式展开，得到

$$H(z) = C + \sum_{k=1}^{N} \frac{A_k}{1-p_k z^{-1}} \quad (8.3.6)$$

式中，p_k 是极点，C 是常数，A_k 是展开式中的系数。一般 p_k，A_k 都是复数，为了用实数乘法，将共轭成对的极点项合并，形成一个二阶网络，即

$$H_k(z) = \frac{b_{k0} + b_{k1}z^{-1}}{1 + a_{k1}z^{-1} + a_{k2}z^{-2}} \quad (8.3.7)$$

上式中的系数均是实数。

总的系统函数为

$$H(z) = C + \sum_{k=1}^{L} H_k(z) \quad (8.3.8)$$

式中，L 是 $(N+1)/2$ 的整数部分。当 N 为奇数时，$H_k(z)$ 中有一个是实数极点。按照式 (8.3.8) 形成 IIR 的并联型结构，其中每一个分系统均是一阶网络或者是二阶网络。每个分系统均采用直接型结构。下面举例说明。

例 8.3.3 假设系统函数如下式

$$H(z) = \frac{(2-0.379z^{-1})(4-1.24z^{-1}+5.264z^{-2})}{(1-0.5z^{-1})(1-z^{-1}+0.5z^{-2})}$$

画出它的并联型结构。

解：将系统函数进行部分分式展开，得到

$$H(z) = 16 + \frac{8}{1-0.5z^{-1}} + \frac{-16+20z^{-1}}{1-z^{-1}+0.5z^{-2}}$$

将上式中的每一部分画成直接型结构，再进行并联，最后得到 IIR 并联型结构如图 8.3.4 所示。

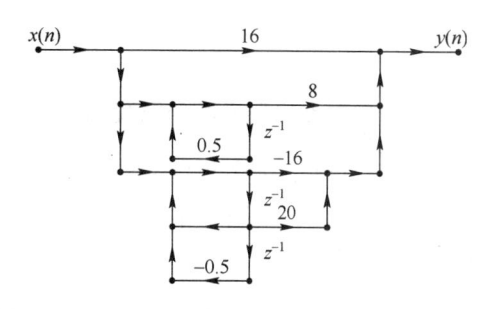

图 8.3.4 例 8.3.3 图

在并联结构中，一阶网络决定一个实数极点，二阶网络决定一对共轭极点，改变相应的系数，可以很方便地改变极点的位置。说明并联结构相对直接型结构调整方便，但调整零点不如级联型方便。由于各个基本网络是并联的，各个基本网络产生的误差不会相互影响，所以不会增加积累误差。另外观察流图，信号是同时加到各个基本网络上的，相对直接型和级联型结构，并联型结构的运算速度最快。

8.3.4 转置型网络结构

如果将一个实系数线性时不变系统流图中的所有支路方向翻转，支路增益不变，将输入与输出交换位置，则形成原网络的转置型结构，而且系统的传输函数不变。利用该结论可以将所有介绍过的流图进行转置，形成相应的转置型结构。

例 8.3.4 已知系统函数如下式

$$H_k(z) = \frac{b_0 + b_1 z^{-1}}{1 + a_1 z^{-1} + a_2 z^{-2}}$$

试画出它的直接型结构及其转置型结构。

解：直接画出直接型结构如图 8.3.5（a）所示。按照转置原则画出转置型结构如图 8.3.5（b）所示。一般习惯将输入端画在左边，输出端画在右边，因此将支路转变方向，输入、输出交换位置后，再将整个结构左、右翻转一下，即得到图 8.3.5（b）。

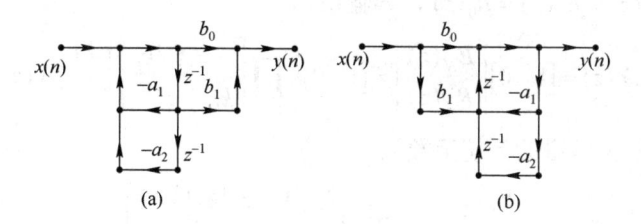

图 8.3.5 例 8.3.4 图

8.4 格型网络结构

前面介绍了 FIR 和 IIR 的各种网络结构，本节介绍格型网络结构，它可用于 FIR 系统，也可用于 IIR 系统。这种结构的优点是，对有限字长效应的敏感度低，且适合递推算法。它在一般数字滤波器、自适应滤波器、线性预测、数字语音处理及谱估计中都有广泛的应用。

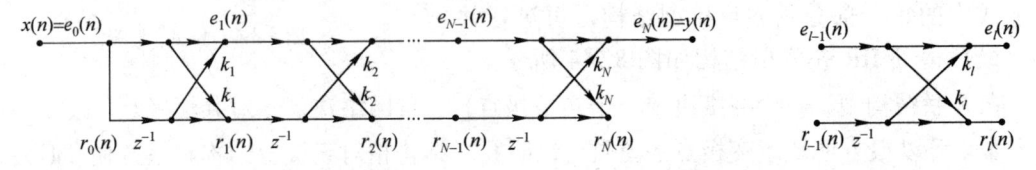

8.4.1 全零点格型网络结构

1. 全零点格型网络的系统函数

全零点格型网络结构的流图如图 8.4.1 所示。该流图只有直通通路，没有反馈回路，因此称为 FIR 格型网络结构。观察该图，它可以看成是由图 8.4.2 所示的基本单元级联而成的。

图 8.4.1　全零点格型网络结构流图　　　　图 8.4.2　基本单元

按照图 8.4.2 写出差分方程如下

$$e_l(n) = e_{l-1}(n) + r_{l-1}(n-1)k_l \tag{8.4.1}$$

$$r_l(n) = e_{l-1}(n)k_l + r_{l-1}(n-1) \tag{8.4.2}$$

将上式进行 Z 变换，得到

$$E_l(z) = E_{l-1}(z) + z^{-1}R_{l-1}(z)k_l \tag{8.4.3}$$

$$R_l(z) = E_{l-1}(z)k_l + z^{-1}R_{l-1}(z) \tag{8.4.4}$$

再将上式写成矩阵形式

$$\begin{bmatrix} E_l(z) \\ R_l(z) \end{bmatrix} = \begin{bmatrix} 1 & z^{-1}k_l \\ k_l & z^{-1} \end{bmatrix} \begin{bmatrix} E_{l-1}(z) \\ R_{l-1}(z) \end{bmatrix} \tag{8.4.5}$$

将 N 个基本单元级联后，得到

$$\begin{bmatrix} E_N(z) \\ R_N(z) \end{bmatrix} = \begin{bmatrix} 1 & z^{-1}k_N \\ k_N & z^{-1} \end{bmatrix} \begin{bmatrix} 1 & z^{-1}k_{N-1} \\ k_{N-1} & z^{-1} \end{bmatrix} \cdots \begin{bmatrix} 1 & z^{-1}k_1 \\ k_1 & z^{-1} \end{bmatrix} \begin{bmatrix} E_0(z) \\ R_0(z) \end{bmatrix} \tag{8.4.6}$$

令 $Y(z) = E_N(z)$，$X(z) = E_0(z) = R_0(z)$，其输出为

$$Y(z) = \begin{bmatrix} 1 & 0 \end{bmatrix} \begin{bmatrix} E_N(z) \\ R_N(z) \end{bmatrix} = \begin{bmatrix} 1 & 0 \end{bmatrix} \left(\prod_{l=N}^{1} \begin{bmatrix} 1 & z^{-1}k_l \\ k_l & z^{-1} \end{bmatrix} \right) \begin{bmatrix} 1 \\ 1 \end{bmatrix} X(z) \tag{8.4.7}$$

由上式得到全零点格型网络的系统函数为

$$H(z) = \frac{Y(z)}{X(z)} = \begin{bmatrix} 1 & 0 \end{bmatrix} \left(\prod_{l=N}^{1} \begin{bmatrix} 1 & z^{-1}k_l \\ k_l & z^{-1} \end{bmatrix} \right) \begin{bmatrix} 1 \\ 1 \end{bmatrix} \tag{8.4.8}$$

只要知道格型网络的系数 k_l，$l = 1, 2, 3, \cdots, N$，即可由上式直接求出该网络的系统函数。

2. 由 FIR 直接型网络结构转换到全零点格型网络结构

假设 N 阶 FIR 型网络结构的系统函数为

$$H(z) = \sum_{n=0}^{N} h(n)z^{-n} \tag{8.4.9}$$

式中，$h(n)$ 是 FIR 网络的单位脉冲响应，$h(0)=1$。令 $a_k = h(k)$，得到

$$H(z) = \sum_{k=0}^{N} a_k z^{-k} \tag{8.4.10}$$

式中，$a_0 = h(0) = 1$。

下面讨论由系数 $a_k = h(k)$ 求解全零点格型网络的系数 k_l，$l = 1, 2, 3, \cdots, N$。

由图 8.4.1 可得

$$H_1(z) = \frac{E_1(z)}{E_0(z)} = 1 + k_1 z^{-1} \tag{8.4.11a}$$

$$G_1(z) = \frac{R_1(z)}{E_0(z)} = k_1 + z^{-1} \tag{8.4.11b}$$

$$G_1(z) = z^{-1} H_1(z^{-1}) \tag{8.4.11c}$$

由式（8.4.3）和式（8.4.4）得到

$$E_2(z) = E_1(z) + z^{-1} R_1(z) k_2$$

$$R_2(z) = E_1(z) k_2 + z^{-1} R_1(z)$$

这样得到

$$H_2(z) = \frac{E_2(z)}{E_0(z)} = H_1(z) + k_2 z^{-1} G_1(z) \tag{8.4.12a}$$

$$G_2(z) = \frac{R_2(z)}{E_0(z)} = H_1(z) k_2 + z^{-1} G_1(z) \tag{8.4.12b}$$

$$G_2(z) = z^{-2} H_2(z^{-1}) \tag{8.4.12c}$$

如果将式（8.4.11）代入上面两式，可得到一个二阶格型网络的系统函数，再和二阶 FIR 网络系统函数对照，便可以得到二阶 FIR 网络系数和二阶格型网络系数之间的关系。对于 l 阶的格型网络，按照式（8.4.3）和式（8.4.4），可得到

$$H_l(z) = \frac{E_l(z)}{E_0(z)} = H_{l-1}(z) + k_l z^{-1} G_{l-1}(z) \tag{8.4.13a}$$

$$G_l(z) = \frac{R_l(z)}{E_0(z)} = H_{l-1}(z) k_l + z^{-1} G_{l-1}(z) \tag{8.4.13b}$$

$$G_l(z) = z^{-l} H_l(z^{-1}) \tag{8.4.13c}$$

上面三个公式对于 $l = 1, 2, 3, \cdots, N$ 均成立。对 $l=N$，得到

$$H_{N-1}(z) = \frac{1}{1 - k_N^2 z^{-1}} \left[H_N(z) - k_N z^{-1} G_N(z) \right] \tag{8.4.14a}$$

$$G_{N-1}(z) = \frac{1}{1 - k_N^2 z^{-1}} \left[-k_N H_N(z) + G_N(z) \right] \tag{8.4.14b}$$

式中

$$H_N(z) = \frac{E_N(z)}{E_0(z)} = 1 + \sum_{k=1}^{N} a_k z^{-k} \tag{8.4.15}$$

将式（8.4.15）和式（8.4.13c）代入式（8.4.14a），并令 $a_k = a_k^{(N)}$，$k_N = a_N^{(N)}$，得到 $N-1$ 阶系统函数为

$$H_{N-1}(z) = 1 + \sum_{k=1}^{N-1} a_k^{(N-1)} z^{-1} \tag{8.4.16}$$

式中

$$a_k^{(N-1)} = \frac{a_k^{(N)} - k_N a_{N-k}^{(N)}}{1 - k_N^2} \tag{8.4.17}$$

重复以上迭代过程，对于 $l = N, N-1, \cdots, 1$，得到下面递推公式

$$a_k = a_k^{(N)} \tag{8.4.18a}$$

$$a_l^{(l)} = k_l \tag{8.4.18b}$$

$$a_k^{(l-1)} = \frac{a_k^{(l)} - k_l a_{l-k}^{(l)}}{1 - k_l^2} \quad k = 1, 2, 3, \cdots, l-1 \tag{8.4.18c}$$

例 8.4.1 将下面三阶 FIR 的系统函数 $H_3(z)$ 转换成格型网络，要求画出该 FIR 直接型结构和相应的格型网络结构流图。

$$H_3(z) = 1 - 0.9z^{-1} + 0.64z^{-2} - 0.576z^{-3}$$

解：按照式（8.4.18a）和给出的系统函数，可得 $a_1^{(3)} = -0.9$，$a_2^{(3)} = 0.64$，$a_3^{(3)} = -0.576$。
由式（8.4.18b），得到 $k_3 = a_3^{(3)} = -0.576$。
按照式（8.4.18c），得到

$l=3$，$k=1$ $\quad a_1^{(2)} = \dfrac{a_1^{(3)} - k_3 a_2^{(3)}}{1 - k_3^2} = \dfrac{-0.9 + 0.576 \times 0.64}{1 - 0.576^2} = -0.79518245$

$l=3$，$k=2$ $\quad a_2^{(2)} = \dfrac{a_2^{(3)} - k_3 a_1^{(3)}}{1 - k_3^2} = \dfrac{0.64 - 0.576 \times 0.9}{1 - 0.576^2} = 0.18197491$

$$k_2 = a_2^{(2)} = 0.18197491$$

$l=2$，$k=1$ $\quad a_1^{(1)} = \dfrac{a_1^{(2)} - k_2 a_1^{(2)}}{1 - k_2^2} = \dfrac{-0.79518245 \times (1 - 0.18197491)}{1 - 0.18197491^2} = -0.67275747$

$$k_1 = -0.67275747$$

最后画出三阶 FIR 直接型结构和三阶格型网络结构流图如图 8.4.3 所示。

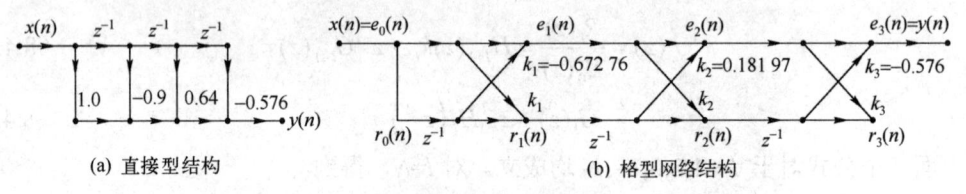

图 8.4.3 例 8.4.1 图

3. 由全零点格型网络结构转换到 FIR 直接型网络结构

若已知全零点格型网络结构的系数，可以将其系数转换成 FIR 直接型网络结构的系数。下面直接给出转换公式，并举例说明，推导过程请见参考文献[4]。

$$a_0^{(l)} = 1 \tag{8.4.19a}$$

$$a_l^{(l)} = k_l \tag{8.4.19b}$$

$$a_k^{(l)} = a_k^{(l-1)} + a_l^{(l)} a_{l-k}^{(l-1)} \quad 1 \leqslant k \leqslant l-1, \ l = 1, 2, \cdots, N \tag{8.4.19c}$$

例 8.4.2 假设三阶全零点格型网络结构的系数为：$k_1 = 1/4, k_2 = 1/2, k_3 = 1/3$，试求出相应的 FIR 直接型网络结构的系数。

解： $N=3$，按照式（8.4.19b），得到 $a_3^{(3)}=k_3, a_2^{(2)}=k_2, a_1^{(1)}=k_1$。

按照式（8.4.19c），得到

$l=2, k=1$ $\qquad a_1^{(2)} = a_1^{(1)} + a_2^{(2)}a_1^{(1)} = k_1 + k_2k_1 = 3/8$

$l=3, k=2$ $\qquad a_2^{(3)} = a_2^{(2)} + a_3^{(3)}a_1^{(2)} = k_2 + k_3a_1^{(2)} = 5/8$

$l=3, k=1$ $\qquad a_1^{(3)} = a_1^{(2)} + a_3^{(3)}a_2^{(2)} = a_1^{(2)} + k_3k_2 = 13/24$

最后得到 $\quad a_0=1 \quad a_1=a_1^{(3)}=13/24 \quad a_2=a_2^{(3)}=5/8 \quad a_3=a_3^{(3)}=1/3$

8.4.2 全极点格型网络结构

全极点 IIR 系统的系统函数用下式表示

$$H(z) = \frac{1}{1+\sum_{k=1}^{N} a_k z^{-k}} = \frac{1}{A(z)} \tag{8.4.20}$$

$$A(z) = 1 + \sum_{k=1}^{N} a_k z^{-k} \tag{8.4.21}$$

式中，$A(z)$ 是 FIR 系统，因此全极点 IIR 系统 $H(z)$ 是 FIR 系统 $A(z)$ 的逆系统。下面先介绍如何将 $H(z)$ 变成 $A(z)$。

假设系统的输入和输出分别用 $x(n)$ 和 $y(n)$ 表示，由式（8.4.20）得到全极点 IIR 滤波器的差分方程为

$$y(n) = -\sum_{k=1}^{N} a_k y(n-k) + x(n) \tag{8.4.22}$$

如果将 $x(n)$、$y(n)$ 的作用相互交换，则差分方程变成下式

$$x(n) = -\sum_{k=1}^{N} a_k x(n-k) + y(n)$$

则

$$y(n) = x(n) + \sum_{k=1}^{N} a_k x(n-k) \tag{8.4.23}$$

观察上式，它描述的是具有系统函数 $H(z)=A(z)$ 的FIR系统；而式（8.4.22）描述的是 $H(z)=1/A(z)$ 的 IIR 系统。按照式（8.4.22）的全极点 IIR 系统的直接型结构如图 8.4.4 所示。

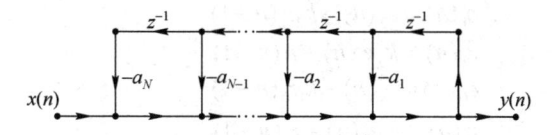

图 8.4.4 全极点 IIR 系统的直接型结构

基于上面的事实，我们将 FIR 格型结构通过交换公式中输入和输出的作用，形成它的逆系统，即全极点 IIR 系统。

重新定义输入和输出为

$$x(n) = e_N(n), \quad y(n) = e_0(n)$$

再将 FIR 格型结构的基本单元表达式，即式（8.4.1）和式（8.4.2）重写如下

$$e_l(n) = e_{l-1}(n) + r_{l-1}(n-1)k_l \tag{8.4.24a}$$

$$r_l(n) = e_{l-1}(n)k_l + r_{l-1}(n-1) \tag{8.4.24b}$$

由于重新定义了输入和输出，将 $e_l(n)$ 按降序运算，$r_l(n)$ 不变，即

$$x(n) = e_N(n) \tag{8.4.25a}$$

$$e_{l-1}(n) = e_l(n) - r_{l-1}(n-1)k_l \quad l = N, N-1, \cdots, 1 \tag{8.4.25b}$$

$$r_l(n) = e_{l-1}(n)k_l + r_{l-1}(n-1) \quad l = N, N-1, \cdots, 1 \tag{8.4.25c}$$

$$y(n) = e_0(n) = r_0(n) \tag{8.4.25d}$$

按照上面四个方程画出它的结构如图 8.4.5 所示。

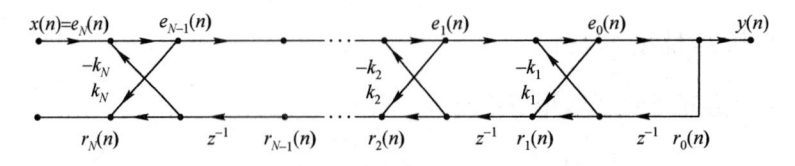

图 8.4.5 全极点 IIR 格型结构

为了说明这是一个全极点 IIR 系统，令 $N=1$，得到方程为

$$x(n) = e_1(n) \tag{8.4.26a}$$

$$e_0(n) = e_1(n) - r_0(n-1)k_l \tag{8.4.26b}$$

$$r_1(n) = e_0(n)k_l + r_0(n-1) \tag{8.4.26c}$$

$$y(n) = e_0(n) = x(n) - k_1 y(n-1) \tag{8.4.26d}$$

当 $x(n)$ 和 $y(n)$ 分别作为输入和输出时，观察式（8.4.26d），就是一个全极点的差分方程，用式（8.4.26）形成的结构就是一阶单极点格型网络，如图 8.4.6（a）所示。

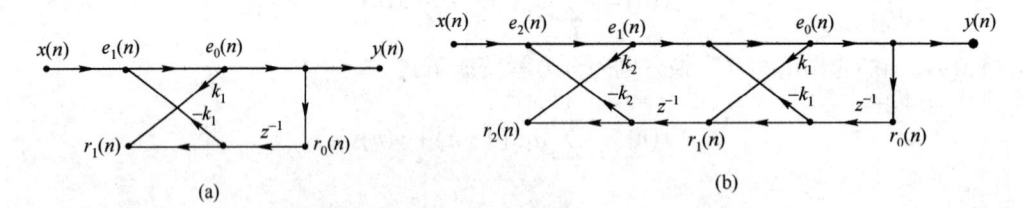

图 8.4.6 单极点和双极点 IIR 格型网络结构

如果 $N=2$，可得到如下方程组

$$x(n) = e_2(n) \tag{8.4.27a}$$

$$e_1(n) = e_2(n) - k_2 r_1(n-1) \tag{8.4.27b}$$

$$r_2(n) = k_2 e_1(n) + r_1(n-1) \tag{8.4.27c}$$

$$e_0(n) = e_1(n) - k_1 r_0(n-1) \tag{8.4.27d}$$

$$r_1(n) = k_1 e_0(n) + r_0(n-1) \tag{8.4.27e}$$

$$y(n) = e_0(n) = r_0(n) \tag{8.4.27f}$$

经过化简，得到

$$y(n) = -k_1(1+k_2)y(n-1) - k_2 y(n-2) + x(n) \tag{8.4.28}$$

$$r_2(n) = k_2 y(n) + k_1(1+k_2)y(n-1) + y(n-2) \tag{8.4.29}$$

显然式（8.4.28）的差分方程表示的就是双极点 IIR 系统。按照上面两式构成的双极点 IIR 格型结构如图 8.4.6（b）所示。

由上面的分析可知，全极点网络可以由全零点格型网络形成，这是一个求逆的问题。对比全零点格型结构和全极点结构，可以归纳出下面的一般求逆准则：（1）将输入到输出的无

延时通路全部反向，并将该通路的常数支路增益变成原常数的倒数（此处为1）；（2）将指向这条新通路的各结点的其他结点的支路增益乘以–1；（3）将输入、输出交换位置。

下面再推导全极点网络结构的传输函数，将式（8.4.25）进行 Z 变换，得到

$$E_{l-1}(z) = E_l(z) - z^{-1} R_{l-1}(z) k_l \tag{8.4.30a}$$

$$R_l(z) = E_{l-1}(z) k_l + z^{-1} R_{l-1}(z) \tag{8.4.30b}$$

写成矩阵形式

$$\begin{bmatrix} E_l(z) \\ R_l(z) \end{bmatrix} = \begin{bmatrix} 1 & z^{-1} k_l \\ k_l & z^{-1} \end{bmatrix} \begin{bmatrix} E_{l-1}(z) \\ R_{l-1}(z) \end{bmatrix} \tag{8.4.31}$$

将 N 级进行级联，得到

$$X(z) = E_N(z) \qquad Y(z) = E_0(z) = R_0(z)$$

$$X(z) = \begin{bmatrix} 1 & 0 \end{bmatrix} \begin{bmatrix} E_N(z) \\ R_N(z) \end{bmatrix} = \begin{bmatrix} 1 & 0 \end{bmatrix} \left(\prod_{l=N}^{1} \begin{bmatrix} 1 & z^{-1} k_l \\ k_l & z^{-1} \end{bmatrix} \right) \begin{bmatrix} 1 \\ 1 \end{bmatrix} Y(z) \tag{8.4.32}$$

$$H(z) = \frac{Y(z)}{X(z)} = 1 \bigg/ \left\{ \begin{bmatrix} 1 & 0 \end{bmatrix} \left(\prod_{l=N}^{1} \begin{bmatrix} 1 & z^{-1} k_l \\ k_l & z^{-1} \end{bmatrix} \right) \begin{bmatrix} 1 \\ 1 \end{bmatrix} \right\} \tag{8.4.33}$$

与全零点格型网络的系统函数，即式（8.4.8）比较可知，全极点格型网络的系统函数正好是式（8.4.8）的倒数。

全极点格型网络同样存在稳定问题，可以证明稳定的充分必要条件是 $|k_l| \leqslant 1$，$l = 1, 2, \cdots, N$。

具有零点和极点的 IIR 格型网络称为格梯形网络结构，这部分内容请见参考文献[4]。

MATLAB 信号处理工具箱函数 tf2latc 实现从直接型到格型结构的转换，latc2tf 实现相反的转换。请用 help 命令查看调用格式。

8.5 用软件实现各种网络结构

网络结构可以用硬件实现，也可以用软件实现，本节介绍软件实现方法。已知差分方程及输入信号和初始条件，可以用递推法求出输出。已知系统的单位脉冲响应和输入信号，可用线性卷积求出输出。但这些都没有考虑具体的网络结构，并且延时较大，误差积累大，也要求存储量大。下面介绍如何根据设计好的网络结构，设计运算程序，这些运算程序可以在通用计算机上运行，也可以用 DSP 芯片实现。

首先将网络结构中的结点进行排序。延时支路的输出结点变量是前一时刻已存储的数据，它和输入结点都作为起始结点，认为结点变量是已知的，那么输入结点和延时支路的输出结点都排序为 $k=0$。但如果延时支路的输出结点还有一输入支路，应该给延时支路的输出结点专门分配一个结点，如图 8.5.1 所示。然后由 $k=0$ 的结点开始，凡是能用 $k=0$ 结点计算出的结点都排序为 $k=1$；由 $k=0$，$k=1$ 的结点可以计算出的结点排序为 $k=2$；依此类推，直到全部结点排完。最后根据由低到高的次序，写出运算和操作步骤，注意写出的运算都是简单的一次方程。下面用例题说明。

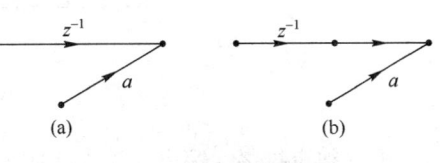

图 8.5.1 给延时支路分配结点

例 8.5.1 写出图 8.5.2（a）所示流图的运算次序。

解：根据上面的原则，将延时支路输出结点 v_1, v_2, v_3，以及输入结点排序为 $k=0$，如图 8.5.2（b）所示（用圆圈中的 0 表示）。v_4 结点变量可以由 v_2, v_3 计算出来，将 v_4 结点排序为

$k=1$，同样 v_{10} 结点也排序为 $k=1$。v_5 结点由 v_1，v_4 结点计算出来，排序为 $k=2$，同样 v_9 也排序为 $k=2$。v_6 结点由 v_5 结点和输入变量计算出来，排序为 $k=3$，相应的 v_7 排序为 $k=4$，v_8 排序为 $k=5$。再根据排序由低到高写出运算次序如下。

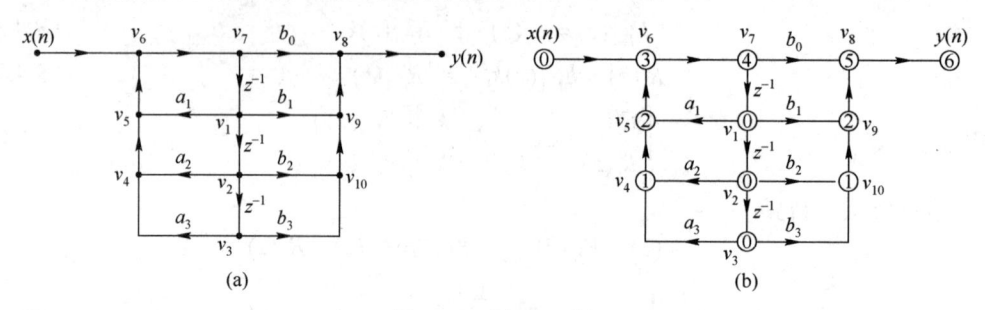

图 8.5.2 例 8.5.1 图

起始数据为 $x(n)$，v_1，v_2，v_3，则

（1）$v_4 = a_2 v_2 + a_3 v_3$，$v_{10} = b_2 v_2 + b_3 v_3$

（2）$v_5 = a_1 v_1 + v_4$，$v_9 = b_1 v_1 + v_{10}$

（3）$v_6 = x(n) + v_5$

（4）$v_7 = v_6$

（5）$v_8 = b_0 v_7 + v_9$

（6）$y(n) = v_8$

（7）数据更新：$v_2 \to v_3$，$v_1 \to v_2$，$v_7 \to v_1$

（8）循环运行以上（1）～（7）。

注意起始数据中 $x(n)$ 是输入信号，如没有特殊规定，v_1，v_2 和 v_3 的初始值一般假设为 0。另外，计算过程中（3）和（4），以及（5）和（6）可以合并为一步。

例 8.5.2 已知网络系统函数为

$$H(z) = \frac{\left(2 - 0.379 z^{-1}\right)\left(4 - 1.24 z^{-1} + 5.264 z^{-2}\right)}{\left(1 - 0.25 z^{-1}\right)\left(1 - z^{-1} + 0.5 z^{-2}\right)}$$

要求画出它的级联型结构流图，并设计运算次序。

解：画出直接型流图如图 8.5.3（a）所示。结点排序如图 8.5.3（b）所示。

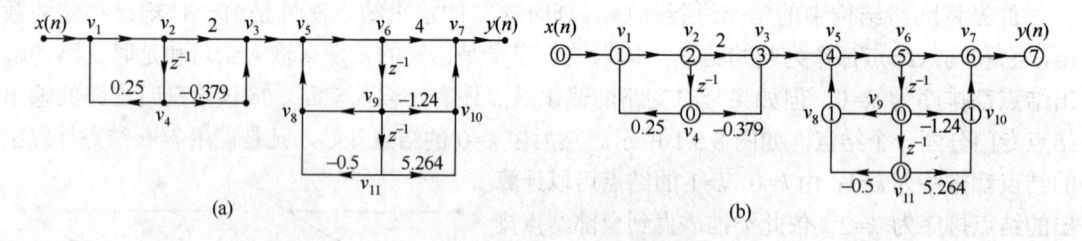

图 8.5.3 例 8.5.2 图

根据结点排序，写出运算次序如下。

起始数据为 $x(n)$，$v_4=0$，$v_9=0$，$v_{11}=0$，则

（1）$v_1 = x(n) + 0.25 v_4$，$v_8 = v_9 - 0.5 v_{11}$，$v_{10} = 5.264 v_{11} - 1.24 v_9$

（2）$v_2 = v_1$

(3) $v_3 = 2v_2$
(4) $v_5 = v_3 + v_8$
(5) $v_6 = v_5$
(6) $v_7 = v_6 + v_{10}$
(7) $y(n) = v_7$
(8) 数据更新：$v_2 \to v_4$，$v_9 \to v_{11}$，$v_6 \to v_9$
(9) 重复（1）～（8）。

以上运算中，（2）和（5）不需要运算，可以省略。

例 8.5.3 用软件实现图 8.5.4（a）所示的双极点格型网络，要求写出运算次序。

解：首先进行排序，如图 8.5.4（b）所示。运算次序如下。

起始数据：$x(n), v_5 = 0, v_7 = 0$，则

(1) $v_1 = x(n) + v_5$
(2) $v_2 = v_1$
(3) $v_3 = v_2 - k_1 v_7$
(4) $v_4 = v_3$
(5) $y(n) = v_4$
(6) $v_6 = v_7 + k_1 v_4$
(7) 数据更新：$v_6 \to v_5$，$y(n) \to v_7$
(8) 重复（1）～（7）。

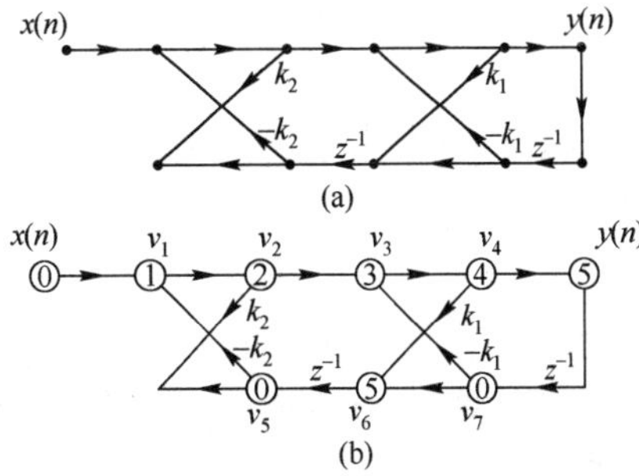

图 8.5.4 双极点格型网络结构及其排序

运算中（2）和（4）不需要运算，可以分别和它们的上一步合并。

8.6 数字信号处理中的量化效应

数字信号处理系统对信号处理的方法是数值运算方法，信号均用二进制编码表示，但是存放二进制编码的寄存器均为有限位，因此所有的数字信号的值、系统的参数、运算中的中间变量，以及运算结果均需用有限位的二进制编码表示。这样就带来了许多误差，使系统处理结果偏离原来的设计效果，甚至使理论上的稳定系统变成实际不稳定系统。这些误差均是因数值量化引起的，故称量化误差。一般量化误差表现在三个方面：（1）A/D 变换器中的量化效应；（2）系数量化效应；（3）运算中的量化效应。这些量化效应均是因计算机中寄存器的有限位而引起的，统称为有限寄存器长度效应（或有限字长效应）。

数的表示方法有定点制和浮点制，二进制编码形式有原码、补码和反码。二进制编码长度比寄存器长度长时，要进行尾数处理，处理的方法有舍入法和截尾法。量化误差的大小及性质与以上数的表示方法、二进制编码形式及具体尾数处理方法有关，更与寄存器长度有关。另外系统的结构不同，将明显影响系统输出的量化误差。要详细而全面地分析这些问题比较复杂，本节仅介绍基本原理和概念，详细的分析请参考有关资料。

8.6.1 量化及量化误差

序列值用有限长的二进制数表示称为量化编码。例如序列值 0.8012，用二进制数表示为 $(.110011010\cdots)_2$，如果限制用六位二进制数表示，则为 $(.110011)_2$，而 $(.110011)_2 = 0.796875$，

引起的误差为：0.8012−0.796875=0.004325，该误差称为量化误差。假设用 $b+1$ 位二进制数表示，1 位表示符号，尾数用 b 位表示，能表示的最小单位称为量化阶，用 q 表示，$q=2^{-b}$。如果二进制编码的尾数长于 b，必须进行尾数处理，处理成 b 位，称为量化。尾数处理有两种方法，即舍入法和截尾法。截尾法是将尾数的第 $b+1$ 位，以及后面的二进制数码全部略去。舍入法是将第 $b+1$ 位按逢 1 进位，逢 0 不进位，然后将 $b+1$ 位以后略去。显然这两种处理方法的误差会不同。

对于定点舍入法，原码、补码和反码的量化误差 e_i 的范围均为：$-q/2 < e_i < q/2$。对于截尾法，对不同的编码其量化误差 e_i 的范围会不相同。定点补码的量化误差 e_i 的范围为：$-q < e_i \leqslant 0$。定点正数原码的量化误差 e_i 的范围为：$-q < e_i \leqslant 0$，而定点负数原码的量化误差 e_i 的范围为：$0 \leqslant e_i < q$。以上的分析推导过程请见参考文献[3]。

一般要处理的信号 $x(n)$ 都是随机序列，因此量化误差 $e(n)$ 也是随机序列，关系为

$$e(n) = Q[x(n)] - x(n)$$

式中 $Q[x(n)]$ 表示量化后的值。为了简单地进行统计分析，假设 $e(n)$ 是一个平稳随机序列，且是均匀分布的白噪声，并与输入信号不相关。这种假设对于比较复杂、变化激烈的信号，例如语音信号，比较符合实际。如果信号变化很缓慢，则不适合。按照对 $e(n)$ 的假设，画出它的概率密度曲线如图 8.6.1 所示。

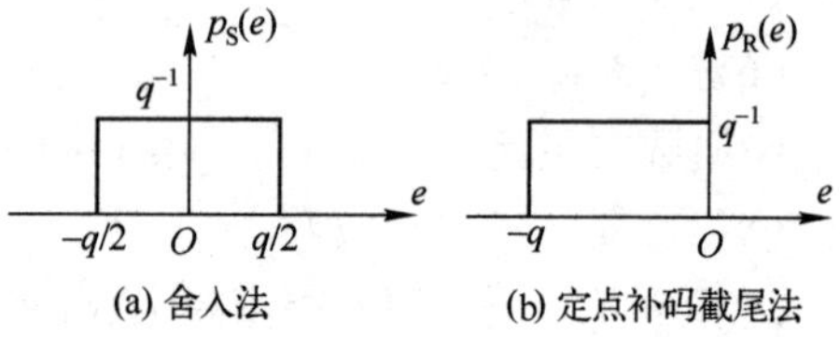

可以计算出 $e(n)$ 的统计平均值和方差如下。

● 舍入法

$$m_e = \int_{-q/2}^{q/2} e p_S(e) \mathrm{d}e = 0 \tag{8.6.1}$$

$$\sigma_e^2 = \int_{-q/2}^{q/2} (e - m_e)^2 p_S(e) \mathrm{d}e = \frac{1}{12} q^2 \tag{8.6.2}$$

● 定点补码截尾法

图 8.6.1　量化误差的概率密度曲线

$$m_e = \int_{-q}^{0} e p_R(e) \mathrm{d}e = -\frac{1}{2} q \tag{8.6.3}$$

$$\sigma_e^2 = \int_{-q}^{0} (e - m_e)^2 p_R(e) \mathrm{d}e = \frac{1}{12} q^2 \tag{8.6.4}$$

一般称量化误差 $e(n)$ 为量化噪声。由以上推导知道，定点补码截尾法量化噪声的统计平均值为 $-q/2$，相当于给信号增加了一个直流分量，从而改变了信号的频谱结构；而舍入法的统计平均值为 0，这一点比定点补码截尾法好。另外噪声的方差（即功率）和量化的位数有关，如要求量化噪声小，必然要求量化的位数要多。

8.6.2　A/D 变换器中的量化效应

A/D 变换器具体完成将模拟信号转换成数字信号的作用，它的位数是有限长的，因此存在量化误差。假设量化误差用 $e(n)$ 表示，用 $x(n)$ 表示没有量化误差的数字信号（即无限精度），量化编码以后的信号用 $\hat{x}(n)$ 表示，这样得到

$$\hat{x}(n) = x(n) + e(n) \tag{8.6.5}$$

一般 A/D 变换器的输入信号 $x_a(t)$ 是随机信号，那么 $x(n)$ 和 $e(n)$ 也都是随机信号，$x(n)$ 是有用信号，$e(n)$ 呈现出噪声的特点，相当于在 A/D 变换器中引入一个噪声源。这样 A/D 变换器的输出 $\hat{x}(n)$ 中除了有用信号以外，还增加了一个噪声信号。将 A/D 变换器用统计模型表示，如图 8.6.2 所示。

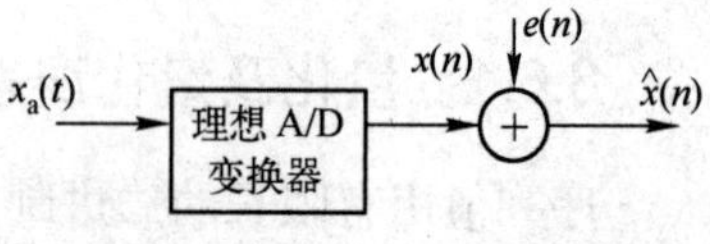

图 8.6.2　A/D 变换器的统计模型

图中理想 A/D 变换器表示没有量化误差,实际中的量化误差等效为噪声源 $e(n)$。如果 $x_a(t)$ 中有一定的噪声,通过 A/D 变换器以后又增加一部分噪声,会使信号的信噪比降低。下面分析信噪比降低和哪些因素有关。

一般 A/D 变换器采用定点制,尾数采用舍入法。假设有 $b+1$ 位数,符号占 1 位,尾数长为 b 位,量化阶为 $q=2^{-b}$。为分析简单,假设 $x_a(t)$ 中没有噪声,且 $e(n)$ 是一个与信号无关的平稳随机噪声,具有白噪声的性质,且服从均匀分布,概率密度用 $p(e)$ 表示,如图 8.6.1(a) 所示。按照式(8.6.1)和式(8.6.2),$e(n)$ 的统计平均值为 $m_e=0$,平均功率(即均方差)为 $\sigma_e^2=q^2/12$。A/D 变换器的输出信噪比 S/N 用信号的平均功率 σ_x^2 与噪声功率 σ_e^2 之比表示,即

$$\frac{S}{N}=\frac{\sigma_x^2}{\sigma_e^2}=\frac{\sigma_x^2}{q^2/12}$$

或者用 dB 表示成

$$\frac{S}{N}=10\lg\frac{\sigma_x^2}{\sigma_e^2}=6.02b+10.79+10\lg\sigma_x^2 \tag{8.6.6}$$

上式表明 A/D 变换器输出的信噪比和 A/D 变换器的字长 b 及输入信号的平均功率有关。A/D 变换器的字长每增加 1 位,输出信噪比约增加 6 dB。输入信号越大越出信噪比越高。但是一般 A/D 变换器的输入都规定了一定的动态范围,例如限定动态范围为 0~1 V。如果输入信号超出规定的动态范围,会发生限幅,产生更大的失真。如给定需求的信噪比,式(8.6.6)可用来估计所需 A/D 变换器的位数,当然需要预先确定信号的平均功率。下面举例说明。

例 8.6.1 设输入信号属随机信号,服从标准正态分布 $N(0,1)$,概率密度函数为

$$p(x)=\frac{1}{\sqrt{2\pi}}e^{-x^2/2}$$

A/D 变换器的动态范围为 ±1 V,要求输出信噪比 $S/N\geqslant 60$ dB,试估计所需 A/D 变换器的位数。

解: 因为输入信号服从正态分布,输入信号落入 $\pm 3\sigma_x$ 之外的概率很小,可以忽略,为提高信噪比,充分利用 A/D 变换器的动态范围,取 $\sigma_x=1/3$ V,代入式(8.6.6)得到

$$S/N=6.02b+1.29$$

如要求 $S/N\geqslant 60$ dB,则要求 $b\geqslant 10$;如要求 $S/N\geqslant 80$ dB,则要求 $b\geqslant 13$。显然增加 A/D 变换器的位数,可以增加输出信噪比。如果实际中给定输入信号幅度,明显超出所要求的动态范围,则应在 A/D 变换器之前加一个压缩器,把输入信号压缩在规定的范围内。另外不要过分追求太高的信噪比,这样 A/D 变换器的位数很高,使成本大幅度增加,只要满足系统需要即可。

8.6.3 系数量化效应

系统对输入信号进行处理时需要若干参数或者叫系数,这些系数都要存储在有限位数的寄存器中,因此存在系数的量化效应。系数的量化误差直接影响系统函数的零、极点位置,如果发生了偏移,会使系统的频率响应偏离理论设计的频率响应,不满足实际需要。量化误差严重时,极点移到单位圆上或者单位圆外,造成系统不稳定。

系数量化效应直接和寄存器的长度有关,但也和系统的结构有关,有的结构对系数的量化误差不敏感,有的却很敏感。采用何种结构对系数量化误差不敏感,也是本节要研究的内容之一。

1. 系数量化对系统频率特性的影响

N 阶系统函数用下式表示

$$H(z) = \frac{\sum_{r=0}^{M} b_r z^{-r}}{1 - \sum_{r=1}^{N} a_r z^{-r}} = \frac{B(z)}{A(z)} \tag{8.6.7}$$

由于系数 a_r 和 b_r 量化而产生的量化误差为 Δa_r 和 Δb_r，量化后的系数用 $\hat{a}_r$ 和 $\hat{b}_r$ 表示，则

$$\hat{a}_r = a_r + \Delta a_r \tag{8.6.8}$$

$$\hat{b}_r = b_r + \Delta b_r \tag{8.6.9}$$

实际的系统函数用 $\hat{H}(z)$ 表示，即

$$\hat{H}(z) = \frac{\sum_{r=0}^{M} \hat{b}_r z^{-r}}{1 - \sum_{r=1}^{N} \hat{a}_r z^{-r}} \tag{8.6.10}$$

显然，系数量化后的频率响应不同于原来设计的频率响应。

例 8.6.2 假设窄带滤波器的系统函数为

$$H(z) = \frac{1}{1 - 0.17 z^{-1} + 0.965 z^{-2}}$$

如果用 $b+1$ 位二进制数表示上式中的系数，$b=4$，采用舍入法处理尾数，得到

$$\hat{H}(z) = \frac{1}{1 - 0.1875 z^{-1} + 0.9375 z^{-2}}$$

按照 $H(z)$ 算出的极点为$\qquad p_{1,2} = 0.08500 \pm j0.97866$

按照 $\hat{H}(z)$ 算出的极点为$\qquad \hat{p}_{1,2} = 0.09375 \pm j0.96370$

显然，因为系数的量化，使极点位置发生变化，如图 8.6.3（a）所示。算出极点的模为：$|p_{1,2}| = 0.98234$，$|\hat{p}_{1,2}| = 0.96235$，说明量化后的极点离单位圆稍远一些，会使带通滤波器的幅度特性的峰值减小，中心频率有所偏移。画出 $H(z)$ 和 $\hat{H}(z)$ 的幅度特性如图 8.6.3（b）所示。

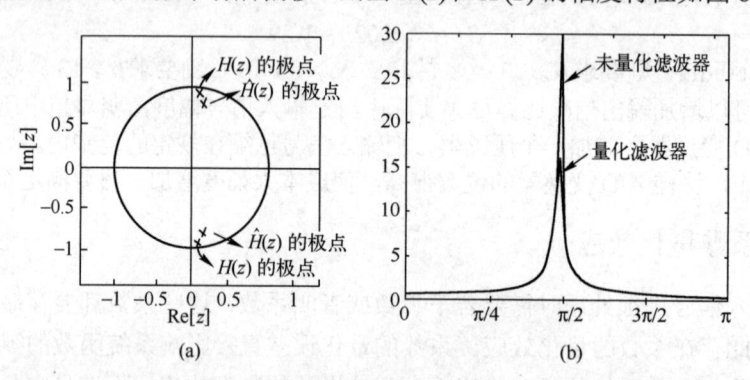

图 8.6.3 例 8.6.2 图

该例题说明，由于系数量化效应，使极点位置发生了变化，从而改变了原来设计的频率特性。

2. 极点位置灵敏度

下面分析系数量化误差对零、极点位置的影响，零、极点位置如果改变了，IIR 系统的

频率响应会发生变化。尤其是极点位置的改变，不仅仅影响频率特性，严重时会引起系统不稳定。因此研究极点位置的改变更加重要。

为了表示系数量化对极点位置的影响，引入极点位置灵敏度的概念。所谓极点灵敏度，是指每个极点对系数偏差的敏感程度。相应的还有零点位置灵敏度，分析方法相同。下面讨论系数量化对极点位置的影响。

式（8.6.7）中，分母多项式 $A(z)$ 有 N 个根，$H(z)$ 有 N 个极点，用 p_k ($k=1,2,\cdots,N$) 表示，系数量化后的极点用 $\hat{p}_k$ ($k=1,2,3,\cdots,N$) 表示，那么

$$\hat{p}_k = p_k + \Delta p_k \tag{8.6.11}$$

式中，Δp_k 表示第 k 个极点的偏差，它应该和各个系数偏差都有关，即

$$\Delta p_k = \sum_{i=1}^{N} \frac{\partial p_k}{\partial a_i} \Delta a_i \tag{8.6.12}$$

上式中，$\dfrac{\partial p_k}{\partial a_i}$ 的大小直接影响第 i 个系数偏差 Δa_i 所引起的第 k 个极点偏差 Δp_k 的大小：$\dfrac{\partial p_k}{\partial a_i}$ 越大，Δp_k 越大；$\dfrac{\partial p_k}{\partial a_i}$ 越小，Δp_k 越小。称 $\dfrac{\partial p_k}{\partial a_i}$ 为极点 p_k 对系数 a_i 变化的灵敏度。下面推导该灵敏度和极点的关系。

$$\left.\frac{\partial A(z)}{\partial p_k}\right|_{z=p_k} \frac{\partial p_k}{\partial a_i} = \left.\frac{\partial A(z)}{\partial a_i}\right|_{z=p_k}$$

$$\frac{\partial p_k}{\partial a_i} = \left.\frac{\partial A(z)/\partial a_i}{\partial A(z)/\partial p_k}\right|_{z=p_k} \tag{8.6.13}$$

式中

$$A(z) = 1 - \sum_{i=1}^{N} a_i z^{-i} = \prod_{k=1}^{N} \left(1 - p_k z^{-1}\right) \tag{8.6.14}$$

$$\frac{\partial A(z)}{\partial a_i} = -z^{-i} \tag{8.6.15}$$

$$\frac{\partial A(z)}{\partial p_k} = -z^{-1} \prod_{\substack{l=1 \\ l \neq k}}^{N} \left(1 - p_l z^{-1}\right) = z^{-N} \prod_{\substack{l=1 \\ l \neq k}}^{N} (z - p_l) \tag{8.6.16}$$

将式（8.6.15）和式（8.6.16）代入式（8.6.13），得到

$$\frac{\partial p_k}{\partial a_i} = \frac{p_k^{N-i}}{\prod_{\substack{l=1 \\ l \neq k}}^{N} (p_k - p_l)} \tag{8.6.17}$$

上式即是第 k 个极点对系数 a_i 的极点位置灵敏度。将上式代入式（8.6.12），得到

$$\Delta p_k = \sum_{i=1}^{N} \frac{p_k^{N-i}}{\prod_{\substack{l=1 \\ l \neq k}}^{N} (p_k - p_l)} \Delta a_i \tag{8.6.18}$$

上式即是系数量化偏差引起的第 k 个极点的偏差。由该式可以得到两点结论：

（1）分母多项式中，$(p_k - p_l)$ 是极点 p_l 指向极点 p_k 的矢量，整个分母是所有极点（不包括 p_k 极点）指向极点 p_k 的矢量之积。如果极点密集在一起，即极点间距离短，那么极点位置灵敏度高，相应的极点偏差就大。

（2）极点偏差与系统函数的阶数 N 有关，阶数越高，极点灵敏度越高，极点偏差也越大。这样对于一些窄带滤波器，因为要求选择性高，势必要求阶数高，极点的偏差会很大，使滤波器频响特性严重偏离设计要求。严重时使极点移到单位圆上或者单位圆外，引起系统不稳定。

考虑以上因素，系统的结构最好不采用高阶的直接型结构，而将其分解成一阶或者二阶系统，再将它们进行并联或者串联，这样可避免较多的零、极点集中在一起。

例 8.6.3 假设低通滤波器的系统函数为

$$H(z) = \frac{1}{1 - 2.9425z^{-1} + 2.8934z^{-2} - 0.9508z^{-3}}$$

试分析系数量化对极点位置的影响。

解：令 $a_1 = 2.9425$，$a_2 = -2.8934$，$a_3 = 0.9508$，则

$$H(z) = \frac{1}{1 - a_1 z^{-1} - a_2 z^{-2} - a_3 z^{-3}}$$

将上式的分母多项式因式分解，得到

$$H(z) = \frac{1}{(1 - 0.99z^{-1})(1 - 0.98e^{j}z^{-1})(1 - 0.98e^{-j}z^{-1})}$$

极点分别是 $p_1 = 0.99$，$p_2 = 0.98e^{j0.087}$，$p_3 = 0.98e^{-j0.087}$。为了简化分析，仅仅讨论实数极点因系数量化而引起的变化，并假设 $a_1 = 2.9425$ 和 $a_3 = 0.9508$ 没有量化误差，即假设 $\Delta a_1 = \Delta a_3 = 0$。按照式（8.6.18），得到

$$\Delta p_1 = \frac{p_1 \Delta a_2}{(p_1 - p_2)(p_1 - p_3)} = \frac{0.99 \Delta a_2}{(0.99 - 0.98e^{j0.087})(0.99 - 0.98e^{-j0.087})} \tag{8.6.19}$$

如果采用 8 位二进制数舍入法进行量化，则系数最大量化误差为 $q/2 = 2^{-9} = 0.0019531$，即 $\Delta a_2 = 0.0015931$，代入上式得到 $\Delta p_1 = 0.2773$，那么系数量化以后，有

$$\hat{p}_1 = p_1 + \Delta p_1 = 0.99 + 0.2773 = 1.2673$$

显然极点移到了单位圆外。这里仅考虑了一个系数的量化误差，如果三个系数的量化误差全考虑，会更严重。原因是三个极点密集在一起，量化编码的位数仅 8 位，使极点偏移太大。

下面研究如果让极点 p_1 因量化效应刚好移到单位圆上，需要几位二进制编码。因为 $p_1 = 0.99$，则 $\Delta p_1 = 0.01$ 时，p_1 刚好移到单位圆上。将 $\Delta p_1 = 0.01$ 代入式（8.6.19）中，得到 $\Delta a_2 = 0.00007475$，Δa_2 的最大值为 $q/2$，得到 $q = 0.00014949$，则 $2^{-13} < q < 2^{-12}$，因此要求量化位数最少是 13 位。这只是计算了一个系数的量化效应，如果三个系数都考虑，则要求的量化位数还要高。这里最好是将 3 阶系统用一个 1 阶系统和一个 2 阶系统（由 1 对共轭极点构成）进行并联或者串联实现。

8.6.4 运算中的量化效应

数字信号处理的实际运算包括乘法和加法。在定点制运算中，乘法运算会使位数增多，如果超出计算机的寄存器长度，则需要进行尾数处理。尾数处理有截尾法和舍入法两种，但不管哪一种方法都会引起误差，称为运算量化误差。在浮点制运算中，无论加法还是乘法都会引起尾数增长，同样需要进行尾数处理，引起运算量化误差。

由于输入信号是随机信号，这种运算量化误差同样是随机的，需要进行统计分析。它在系统中起噪声作用，会使系统的输出信噪比降低。为了分析计算简单，假定运算量化误差具有以下统计特性：（1）系统中所有的运算量化噪声都是平稳的白噪声；（2）所有的运算量化噪声之间，以及和信号之间均不相关；（3）这些噪声的概率密度都是均匀分布的。

假设定点乘法运算按 b 位进行量化,量化误差用 $e(n)$ 表示。对于一个乘法支路,如图 8.6.4（a）所示,图中结点变量 $v_2(n) = av_1(n)$,经过量化后用 $\hat{v}_2(n) = Q[av_1(n)]$ 表示,则

$$e(n) = Q[av_1(n)] - v_2(n)$$
$$\hat{v}_2(n) = Q[av_1(n)] = v_2(n) + e(n)$$

这样量化以后乘法支路的统计模型如图 8.6.4（b）所示。因此系统中所有的乘法支路都和图 8.6.4（b）一样引入一个噪声源。下面分析不同的结构因乘法量化效应而导致系统输出噪声的大小。

图 8.6.4 乘法支路及其量化模型

首先采用直接型结构,分析求解系统输出噪声的方法。假设二阶直接型网络结构如图 8.6.5（a）所示。图中在每一个乘法支路的输出端引入一个噪声源,有五个乘法支路,因此引入五个噪声源,如图 8.6.5（b）所示。但五个噪声源经过不同的路径到达输出端,其中 $e_0(n), e_1(n)$ 经过整个网络到达输出端,而 $e_2(n), e_3(n), e_4(n)$ 直接连到输出端。输出噪声用 $e_f(n)$ 表示,它和以上各个噪声源的关系为

$$e_f(n) = [e_0(n) + e_1(n)] * h(n) + [e_2(n) + e_3(n) + e_4(n)]$$

式中,$h(n)$ 是系统的单位脉冲响应。

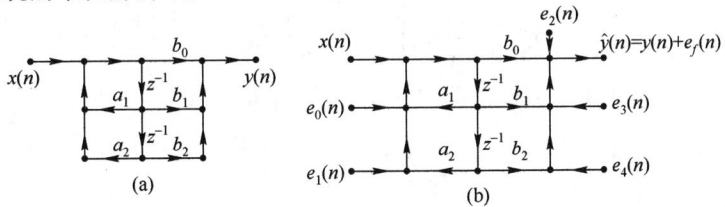

图 8.6.5 二阶直接型结构及其乘法量化效应统计模型

令
$$e'(n) = e_0(n) + e_1(n)$$
$$e''(n) = e_2(n) + e_3(n) + e_4(n)$$

那么
$$e_f(n) = e'(n) * h(n) + e''(n)$$

按照上式,可以画出二阶直接型结构的乘法量化效应简化统计模型如图 8.6.6 所示。由该图可以看出噪声 $e'(n) = e_0(n) + e_1(n)$ 经过整个系统,由于有反馈回路,具有噪声的积累作用;而 $e''(n) = e_2(n) + e_3(n) + e_4(n)$ 直接输出没有噪声的积累作用。

图 8.6.6 二阶直接型结构的乘法量化效应的简化统计模型

下面推导输出端的噪声均值 m_f 及噪声输出功率 σ_f^2。

$$m_f = E[e_f(n)] = E[e'(n) * h(n)] + E[e''(n)] = E\left[\sum_{m=0}^{\infty} h(m)e'(n-m)\right] + E[e''(n)]$$

假设系统采用定点舍入法进行处理,因此均值为零,得到

$$m_f = m_e E\left[\sum_{m=0}^{\infty} h(m)\right] = 0$$

输出方差为
$$\sigma_f^2 = E\left[(e_f - m_f)^2\right] = E\left[e_f^2\right]$$

由于各个噪声源互不相关，可以先求一个噪声源通过系统的输出方差。假设 $e_0(n)$ 通过系统的方差为

$$\sigma_{0f}^2 = E\left[\sum_{m=0}^{\infty} h(m)e_0(n-m) \sum_{l=0}^{\infty} h(l)e_0(n-l)\right]$$

$$= \sum_{m=0}^{\infty}\sum_{l=0}^{\infty} h(m)h(l) E\left[e_0(n-m)e_0(n-l)\right]$$

$$= \sigma_0^2 \sum_{m=0}^{\infty} h^2(m) \tag{8.6.20}$$

按照假设，每一个乘法量化噪声源的方差都一样，均用 σ_0^2 表示，即 $\sigma_0^2 = q^2/12$。共有两个乘法量化噪声源通过系统，这两个噪声源在系统的输出方差便为 $2\sigma_{0f}^2$，再考虑有三个噪声源直接输出，因此输出噪声方差为

$$\sigma_f^2 = 2\sigma_0^2 \sum_{m=0}^{\infty} h^2(m) + 3\sigma_0^2 \tag{8.6.21}$$

根据傅里叶变换中的巴塞伐尔定理，式（8.6.20）可以用下式计算

$$\sigma_{0f}^2 = \frac{1}{2\pi}\sigma_0^2 \int_{-\pi}^{\pi} |H(e^{j\omega})|^2 d\omega \tag{8.6.22}$$

也可以用 Z 变换中的巴塞伐尔定理，即式（2.3.18）计算，有

$$\sigma_{0f}^2 = \frac{\sigma_0^2}{2\pi j} \oint_c H(z)H(z^{-1}) \frac{dz}{z} \tag{8.6.23}$$

下面以二阶网络为例，进一步说明输出端乘法量化噪声的计算方法，以及不同结构对输出噪声的影响。

例 8.6.4 假设系统函数为

$$H(z) = \frac{0.4 + 0.2z^{-1}}{1 - 1.7z^{-1} + 0.72z^{-2}}, \quad |z| > 0.9$$

系统运算采用定点舍入法，试分别计算直接型结构、级联型结构和并联型结构的输出噪声功率，并进行比较。

解：（1）直接型结构。考虑乘法量化噪声，直接型结构统计模型如图 8.6.7 所示。

图中有两个噪声源通过整个系统，有两个直接输出，因此

$$e_f(n) = [e_0(n) + e_1(n)] * h(n) + e_2(n) + e_3(n)$$

$$\sigma_f^2 = 2\sigma_0^2 \frac{1}{2\pi j} \oint_c H(z)H(z^{-1}) \frac{dz}{z} + 2\sigma_0^2$$

式中
$$H(z) = \frac{0.4 + 0.2z^{-1}}{1 - 1.7z^{-1} + 0.72z^{-2}}$$

$$= \frac{0.4 + 0.2z^{-1}}{(1 - 0.9z^{-1})(1 - 0.8z^{-1})}$$

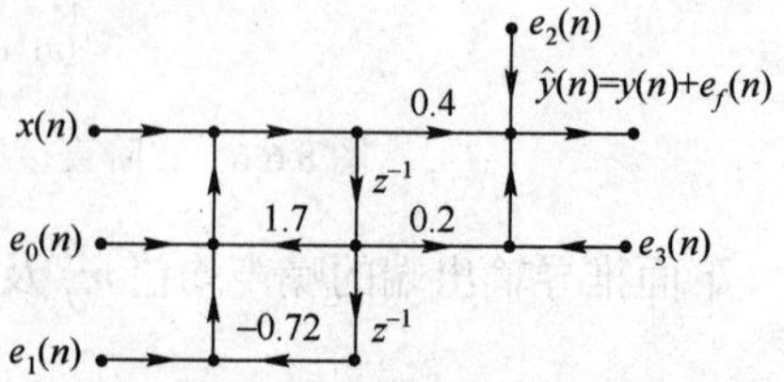

图 8.6.7 例 8.6.4 二阶网络直接型统计模型

$$\frac{1}{2\pi\mathrm{j}}\oint_c H(z)H(z^{-1})\frac{\mathrm{d}z}{z} = \frac{1}{2\pi\mathrm{j}}\oint_c \frac{0.4+0.2z^{-1}}{(1-0.9z^{-1})(1-0.8z^{-1})}\frac{0.4+0.2z}{(1-0.9z)(1-0.8z)}$$

$$= \mathrm{Res}\left[H(z)H(z^{-1})z^{-1}, 0.9\right] + \mathrm{Res}\left[H(z)H(z^{-1})z^{-1}, 0.8\right]$$

$$= 61.053 - 28.899 = 32.164$$

得到 $\sigma_f^2 = \frac{1}{6}q^2 + \frac{1}{6}q^2 \times 32.164 = 5.527q^2$

（2）级联型结构。有

$$H(z) = \frac{0.4+0.2z^{-1}}{(1-0.9z^{-1})(1-0.8z^{-1})}$$

$$= \frac{0.4+0.2z^{-1}}{1-0.9z^{-1}} \cdot \frac{1}{1-0.8z^{-1}}$$

$$= H_1(z)H_2(z)$$

其中 $H_1(z) = \frac{0.4+0.2z^{-1}}{1-0.9z^{-1}}$ $H_2(z) = \frac{1}{1-0.8z^{-1}}$

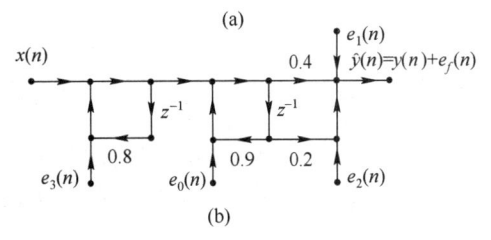

图 8.6.8 例 8.6.4 二阶网络级联型统计模型

它的统计模型如图 8.6.8（a）所示。

输出噪声为 $e_f(n) = e_o(n) * h(n) + [e_1(n) + e_2(n) + e_3(n)] * h_2(n)$

式中，$h(n)$ 是整个系统 $H(z)$ 的单位脉冲响应，$h_2(n)$ 是 $H_2(z)$ 的单位脉冲响应。输出噪声功率为

$$\sigma_f^2 = \sigma_0^2 \frac{1}{2\pi\mathrm{j}}\oint_c H(z)H(z^{-1})\frac{\mathrm{d}z}{z} + 3\sigma_0^2 \frac{1}{2\pi\mathrm{j}}\oint_c H_2(z)H_2(z^{-1})\frac{\mathrm{d}z}{z}$$

式中 $$\frac{1}{2\pi\mathrm{j}}\oint_c H(z)H(z^{-1})\frac{\mathrm{d}z}{z} = 32.164$$

$$\frac{1}{2\pi\mathrm{j}}\oint_c H_2(z)H_2(z^{-1})\frac{\mathrm{d}z}{z} = \frac{1}{2\pi\mathrm{j}}\oint_c \frac{1}{(1-0.8z^{-1})(1-0.8z)}\frac{\mathrm{d}z}{z}$$

$$= \mathrm{Res}[H_2(z)H_2(z^{-1})z^{-1}, 0.8] = 2.778$$

最后得到 $\sigma_f^2 = \frac{1}{12}q^2 \times 32.164 + \frac{1}{4}q^2 \times 2.778 = 3.375q^2$

如果将 $H_1(z)$ 和 $H_2(z)$ 交换位置，有 $H(z)=H_2(z)H_1(z)$，则统计模型如图 8.6.8（b）所示。下面计算模型的输出噪声功率。

$$e_f(n) = e_3(n) * h(n) + e_0(n) * h_1(n) + e_1(n) + e_2(n)$$

$$\sigma_f^2 = \sigma_0^2 \frac{1}{2\pi\mathrm{j}}\oint_c H(z)H(z^{-1})\frac{\mathrm{d}z}{z} + \sigma_0^2 \frac{1}{2\pi\mathrm{j}}\oint_c H_1(z)H_1(z^{-1})\frac{\mathrm{d}z}{z} + 2\sigma_0^2$$

式中 $$\frac{1}{2\pi\mathrm{j}}\oint_c H(z)H(z^{-1})\frac{\mathrm{d}z}{z} = 32.164$$

$$\frac{1}{2\pi\mathrm{j}}\oint_c H_1(z)H_1(z^{-1})\frac{\mathrm{d}z}{z} = 12$$

最后得到 $$\sigma_f^2 = \frac{1}{12}q^2 \times 32.164 + \frac{1}{12}q^2 \times 12 + \frac{1}{12}q^2 \times 2 = 3.849q^2$$

即将 $H_1(z)$ 和 $H_2(z)$ 交换位置后，得到的输出噪声功率略大于交换以前的输出噪声功率。如果有更多的分系统级联，不同的交换模型可能有若干个，它们的输出噪声功率不会相同，可以从中选择输出噪声功率最小的网络结构。

（3）二阶网络并联型结构。将 $H(z)$ 进行部分分式展开，即

$$H(z) = \frac{0.4 + 0.2z^{-1}}{(1 - 0.9z^{-1})(1 - 0.8z^{-1})}$$
$$= \frac{5.6}{1 - 0.9z^{-1}} - \frac{5.2}{1 - 0.8z^{-1}}$$
$$= H_1(z) + H_2(z)$$

式中 $H_1(z) = \dfrac{1}{1 - 0.9z^{-1}}$ $H_2(z) = \dfrac{1}{1 - 0.8z^{-1}}$

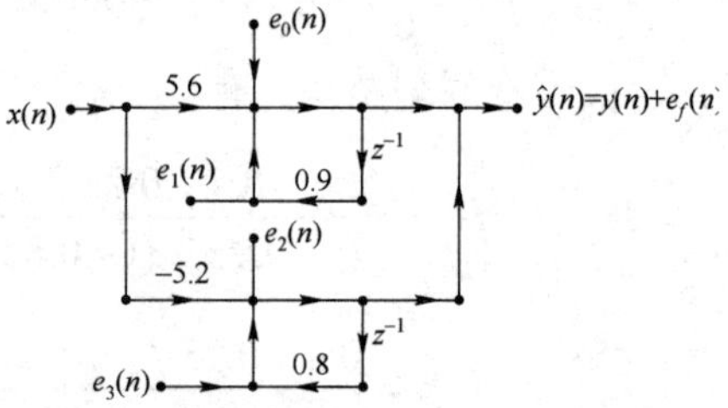

图 8.6.9 例 8.6.4 二阶网络并联型结构的统计模型

二阶网络并联型结构的统计模型如图 8.6.9 所示。

输出噪声 $e_f(n) = [e_0(n) + e_1(n)] * h_1(n) + [e_2(n) + e_3(n)] * h_2(n)$

式中，$h_1(n)$ 和 $h_2(n)$ 分别是 $H_1(z)$ 和 $H_2(z)$ 的单位脉冲响应，有 $h_1(n) = 0.9^n u(n)$，$h_2(n) = 0.8^n u(n)$。

输出噪声功率为 $$\sigma_f^2 = 2\sigma_0^2 \sum_{n=0}^{\infty} h_1^2(n) + 2\sigma_0^2 \sum_{n=0}^{\infty} h_2^2(n)$$
$$= \frac{1}{6}q^2 \frac{1}{1 - 0.9^2} + \frac{1}{6}q^2 \frac{1}{1 - 0.8^2} = 1.34q^2$$

比较本例中三种结构的输出噪声功率可知，直接型结构的输出噪声功率最大，或者说输出运算误差最大，级联型结构较小，并联型结构最小。直接型结构有两个噪声源通过整个系统，但主要是因为有两个反馈回路套在一起，使噪声发生积累造成的，可以推想直接型阶数越高，积累作用越大，因此直接型结构一般限制用一阶和二阶的。级联型结构有一个噪声源通过整个系统，而且是通过一个一阶网络后再通过一个一阶网络，积累作用相对小一些。并联型结构每个分系统都是一阶的，而且分系统的噪声直接输出，不会进入其他系统，因此它的运算量化噪声最小。

在定点舍入法的 IIR 系统中，如果采用的位数太少，会发生一种不稳定现象，称为极限环振荡，当输入信号去掉后，系统仍有输出，一般输出幅度不很大，但不希望产生。另外在定点制中，还存在一种溢出极限环振荡。一般如果输入信号幅度太大，会产生溢出，产生较大误差。但在一定条件下，输入为零，输出却为常数或者为某些振荡波形，称为产生了溢出极限环振荡。因此定点制中要对输入信号的幅度进行限制。浮点制中不容易产生溢出，但也有另外的问题。有关这些问题限于篇幅，不再介绍，可以参考有关资料。

8.7 滤波器设计与分析工具

在工程实际中常常遇到滤波器设计和分析问题，而它的设计与分析过程，以及计算都相当繁杂，涉及到第 6,7,8 章的所有内容。MATLAB 中的滤波器设计分析工具很好地解决了这个问题，它使滤波器设计直观化，设计过程中可以随时观察设计结果，调整设计指标参数，改变实现网络结构，选择合适的量化字长。在 MATLAB 环境下，利用已有的大量滤

波器设计函数,加上日益成熟且方便的界面技术,已经开发出集成所有设计方法和过程的滤波器综合设计工具。在信号处理工具箱中,这个工具的名称为 fdatool (filter design and analysis tool 的缩写)。这个工具把数字滤波器设计的内容进行了概括,通过它有助于读者系统归纳第 6,7,8 章的知识,仿真各种设计方法,验证所学的设计理论。显然,这类工程工具对工程人员是很有帮助的。这里简单介绍 MATLAB6-1 的 fdatool 函数的主要功能和使用概要,更详细的内容请读者进一步查找参考资料自学。

在 MATLAB 命令窗中,键入 fdatool,就得到如图 8.7.1 所示的界面。

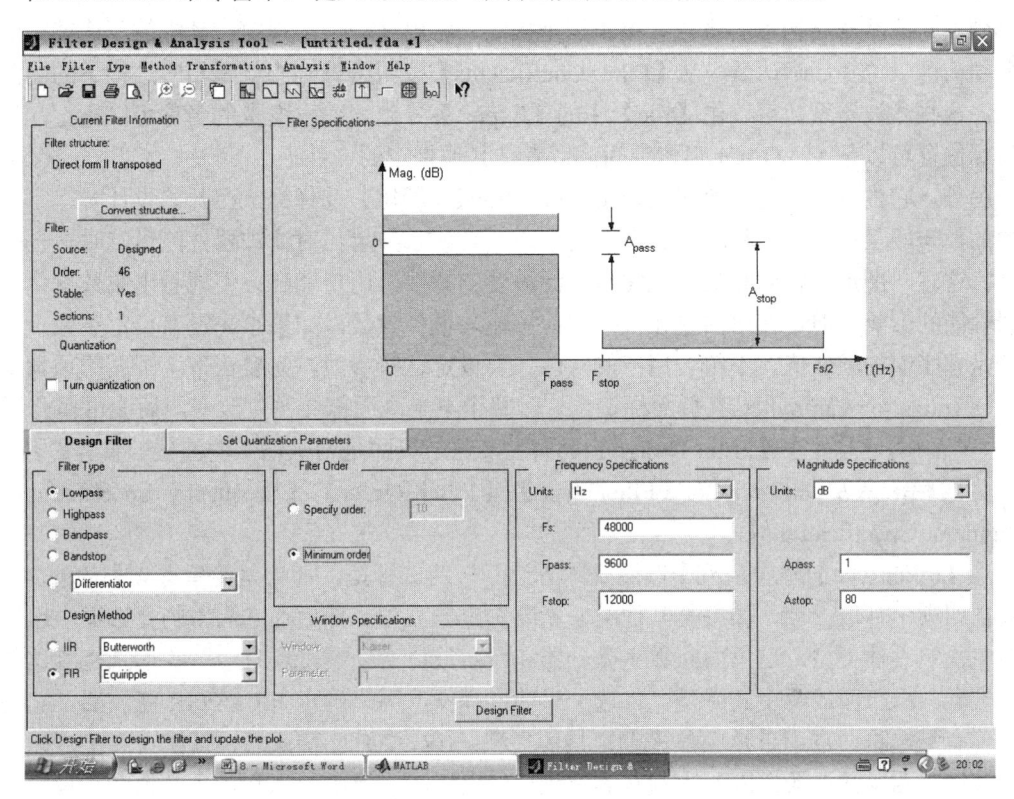

图 8.7.1 滤波器设计工具的启动界面

这个工具的界面包含了滤波器设计的全部功能,简单介绍如下。

界面最上面的一行是文字菜单,第二行是图标按钮菜单;下面是主画面菜单区,它大体分为上下两部分,为了方便,我们分别称之为上半画面和下半画面菜单区;最下面正中有一个【design filter】按钮,为在菜单中设定全部参数后,指挥计算机进行设计的确认按钮。

文字菜单各项都有下拉式的二级菜单,比如【file】的二级菜单有【new session】、【open session】、【save session】、…、【print】、【print preview】等,主要用来对本次设计过程命名、建档、存储和输出打印等;其他各菜单项的二级菜单不一一叙述,只要掌握了滤波器设计理论的读者,都可以理解各项文字菜单及其二级菜单。例如【Type】的二级菜单【Lowpass】、【Highpass】、【Bandpass】、【Bandstop】、【Other】用于选择滤波器类型。

把文字菜单中常用的二级菜单项突显出来就构成了图标按钮菜单,目的是为了更快捷地操作。例如最左边的五个按钮就是【file】项下的五个二级菜单项;接着往右的两个按钮是放大和缩小,它们只对图形画面起作用;再往右的十个按钮都是【analysis】项下的二级菜单项，从左向右，第一项为【full view analysis】，它可以把界面中的图形部分取出，单独组成一个视窗，再向右的九个按钮则用来确定图形的内容，依次为【Filter Specifications】、【Magnitude Response】、【Phase Response】、【Magnitude & Phase Response】、【Group Delay】、【Impulse response】、【Step response】、【Zero/Pole Plot】、【Filter Coefficients】；最右边是【Help】按钮。

上半画面是用来显示设计结果的。其中，右半部是图形画面，它的大小和显示内容受上述按钮的控制。左半部显示当前滤波器的结构。它还设有一个【Convert Structure】按钮，用于得到不同滤波器结构下的系数。单击这个按钮，将出现一个小视窗，其中的复选框提供了八种结构可以选择，确认后，从【Filter Coefficients】按钮所得到的就是相应结构下的滤波器系数。这些滤波器系数可以由【file】中的【Export】导出，输出变量的名称可以指定，导出的目标位置可以是 MATLAB 工作空间，或者是其他指定的文件夹。

另外，它的下部还有一个【Turn Quantization】（量化）选择框，在开始设计时，它总是空白的，一般是在滤波器初步设计已经完成，要考察系数量化对滤波器性能影响时，再把它打开。这时，图形中将同时显示量化前后滤波器的特性，用户能够方便地看出系数量化对滤波器性能的影响。但是在单击量化按钮前应该输入很多参数，如果事先没有设定参数，那么用的是程序中的默认值，不符合用户的实际。要设定这些参数，先要在下半画面的顶部单击【Set Quantization Parameters】页面标签，这时整个下半画面都会发生改变，后面再作介绍。

下半画面当前处在【Filter Design】页面上，这个页面是用来输入滤波器的设计参数的，它分为四栏，从左到右依次为【Filter type】、【Filter Order】、【Frequency Specifications】、【Magnitude Specifications】。

在【Filter type】栏中，五个圆圈是"五选一"的选择框，如果是简单选频类的滤波器，则在前四项中任取一项，如果是其他类，就要选定第五项。然后在它右方的复选框中用下拉菜单来决定具体类型，这里面有数字微分器和希尔波特变换器，还有一些我们未接触过的其他滤波器。再下面的两个圆圈是"二选一"的选择框，用来确定 IIR 或 FIR 滤波器。它们的右方都有复选框，也用下拉菜单来选定具体类型。IIR 中有巴特沃思、切比雪夫Ⅰ、切比雪夫Ⅱ和椭圆四类滤波器；FIR 中则有等波纹最佳逼近法、窗函数法和最小二乘法三种，其中前两种在本课程中已详细介绍。如果又选了窗函数项，则在它的右方（已进入了第二栏的位置），窗函数选择的复选框将会生效，由灰色变成白色。单击它就可出现下拉菜单，它含有十多种窗函数可供选择，有些窗函数（如 Kaiser 窗）还有可调参数，应将适当的参数输入它下方的参数框中。

在【Filter Order】栏中，只有"二选一"的两个选择圆圈。一种由用户强制选择，另一种则由计算机在设计过程中自动计算出最小阶数。

在【Frequency Specifications】栏中，第一个复选项是选择频率的单位【Units】，其中有四个下拉菜单项，分别为 Hz, kHz, MHz 和归一化频率单位。其归一化单位是 π，对应于模拟频率 $F_s/2$。以下各框则填入滤波器的边界频率。框的数目会根据选定的滤波器类别自动变化。

在【Magnitude Specifications】栏中，第一个复选项是选择幅度的单位，其中只有两个下拉菜单项，分别为分贝单位和线性单位。以下各框则填入通带最大衰减和阻带最小衰减的值。对于多通带和多阻带滤波器，边界频率指标和对应的幅度指标都应分段标明，因此它们应按 MATLAB 数组格式输入。

实际设计的过程非常简单，先在下半画面的各栏中，正确填写滤波器的要求和指标，然后单击最下方正中的【Design Filter】按钮启动设计，结果就会在上半画面中显示出来。需要看何种图形，就单击相应的按钮。取【Full view Analysis】时，图形的曲线被放在单独的视窗内，就可以以图形方式存储。需要滤波器系数时，可以如前所述，用【Export】方式，把它导出到适当的地方。

现在举一个例子来说明其用法。

例 8.7.1 设计低通数字滤波器，要求通带边界频率为 12 Hz，通带内衰减不超过 1 dB，阻带边界频率为 14 Hz。阻带衰减要求达到 40 dB 以上。信号的采样频率为 100 Hz，请用 fdatool 工具设计此滤波器，滤波器的类型不限，可比较选择。

解： 先选定低通滤波器，在其频率指标项中填入 $F_s = 100$ Hz，$F_{pass} = 12$ Hz，$F_{stop} = 14$ Hz，幅度栏中填入 $A_{pass}=1$，$A_{stop}=40$。

在下半画面左边两栏中，先选 FIR 等波纹滤波器，指定自动取最小阶数，单击【Design】按钮，在界面上左上方得到的滤波器阶数是 71 阶，同时给出它的幅频响应特性曲线，可以检验它满足给定的指标要求。

仍在下半界面左边两栏中，选 IIR 椭圆滤波器，指定自动取最小阶数，单击【Design】按钮，得到的滤波器阶数是 6 阶，同时给出它的幅频响应特性曲线，可以用放大图形的方法检验它是否满足给定的指标要求。做法是先单击【Zoom In】按钮，再在画面上所关心的位置附近单击一下，系统就会把该点附近的画面放大。如果分别选 IIR 切比雪夫II型和巴特沃思滤波器，得到的滤波器阶数分别是 10 和 31。

在设计完成以后，可以把量化开关【Turn guantization】激活，图形框中就会出现两条曲线，其中绿色的就是滤波器系数量化后的幅频特性。可以发现，在 FIR 设计中，量化前后的幅频特性误差较小，说明系数按系统的默认设置（系数用 16 位量化）进行量化对 FIR 设计结果影响较小。但对 IIR 设计，两条曲线就"差之千里"了。对 6 阶椭圆滤波器，单击【full view analysis】按钮，得到单独窗口显示的量化前和量化后的幅频响应特性曲线如图 8.7.2 中的实线和虚线所示。本应该是通带的区域，量化后的滤波器在频率 $f=0$ 处的衰减达到了 26 dB，在通带边界频率 $F_{pass} = 12$ Hz 处的衰减达到了 56 dB。而在阻带中的 34.67 Hz 附近，衰减仅有 2.6 dB。这样的滤波器是根本不能用的。

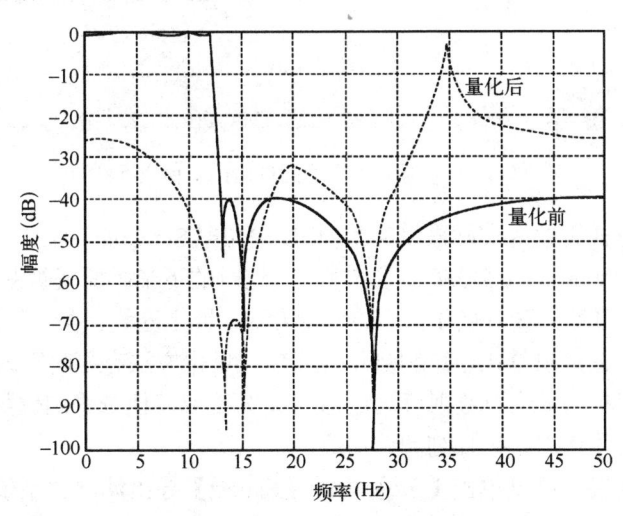

图 8.7.2 直接II型结构的 6 阶椭圆滤波器系数量化效应分析结果

问题的关键在于滤波器的结构设定，单击【Convert Structure】按钮，弹出一个小窗口，列表框给出 8 种结构，常用的 2 种为直接Ⅱ型和格型结构，在默认状态下的滤波器取的是直接Ⅱ型转置结构。对于 6 阶椭圆滤波器，分子和分母都为一个 6 次多项式。从高等代数中知道，高次多项式系数的微小变化会带来根的很大误差，所以系统函数的分母系数的量化误差，将对系统函数的极点带来很大误差，将对系统的幅频响应影响很大。如果再选中对话框中间的【Use second Sections】（使用二阶级联），则可得到级联型结构。对本例而言，把结构改成二阶级联形式，重新计算，系数量化前后的幅频特性就基本相同了，如图 8.7.3 所示。这也说明了系数量化对二阶环节影响很小。所以数字滤波器实现时，特别是 IIR 滤波器，应该采用二阶级联形式或并联形式。

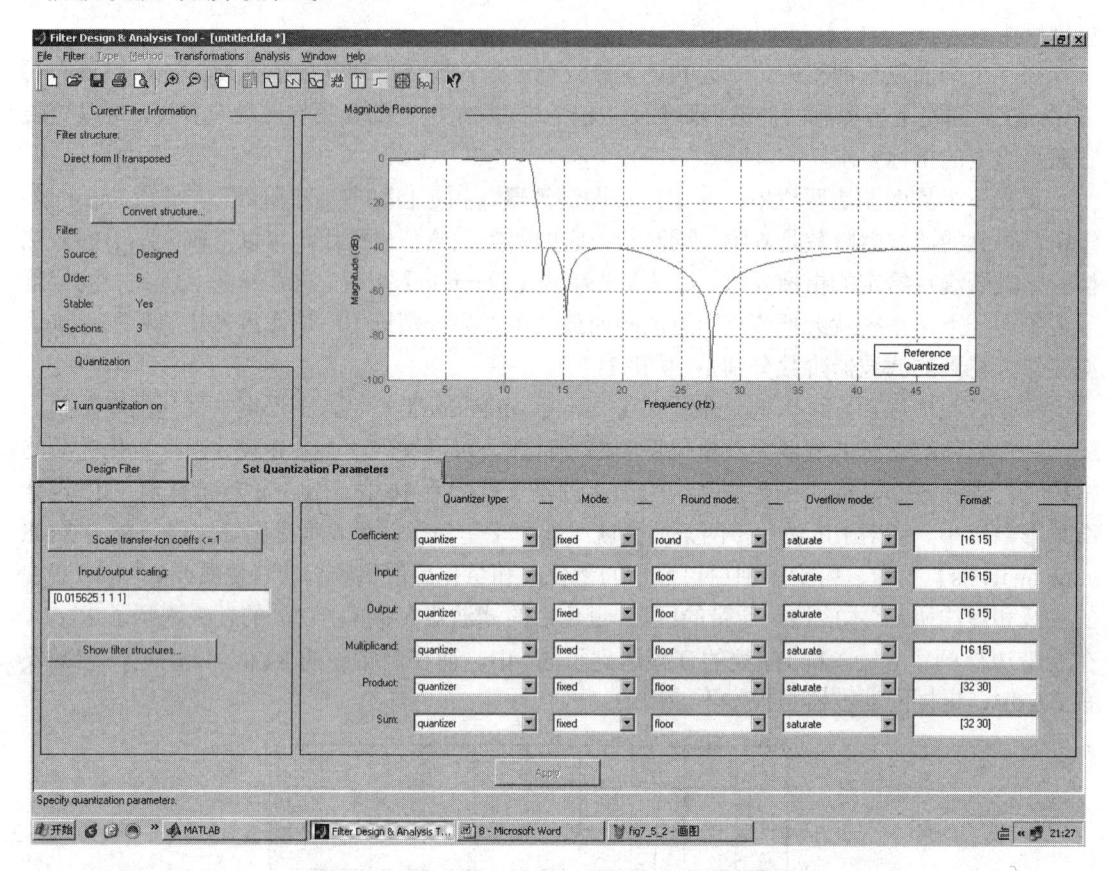

图 8.7.3　滤波器设计工具的量化设置和分析界面

当需要把量化方式设置为实际系统的状况时，单击【Set Quantization Parameters】界面标签，并使【Turn Quantization On】框处于选定状态，这时的下半画面就被激活而成为如图 8.7.3 所示的形式。其中的可变因素有量化内容、量化方法、量化位数三类。量化内容有系数量化、输入量化、输出量化、乘积量化、总和量化等六项，量化方法有四舍五入、向下取整、向上取整和饱和取值等四种，量化位数则可设定 16 位、8 位或其他二进制位数。这方面的问题只给读者提一个头，具体运用必须仔细阅读手册。

对满意的设计结果，可以单击【file】中的【Export】导出滤波器系数，此时会弹出一个小视窗，其中给出待存储的设计结果变量的默认名称，用户可以把它修改为任何名字。本例题最后决定采用椭圆滤波器，取三个二阶基本节级联的结构，并取量化后的设计结果，导出变量命名取 LPSOS，单击【OK】按钮确认后，就将 LPSOS 变量导出到默认的 MATLAB 工作空间中。然后在命令窗中输入变量名 LPSOS，就可以得到三个二阶系统函数的分子和分母系数的具体值。

MATLAB 还提供了各种结构类型的滤波器实现函数。例如
- filter 函数：用来计算直接型滤波器的输出 y=filter(B,A,X)。
- filtic 函数：用来把过去的 x,y 数据转化为初始条件。
- sosfilt 函数：用来计算二阶级联型滤波器的输出 y=sosfilt(sos,x)。
- latcfilt 函数：用来计算格型滤波器的输出 $[F,G]$=latcfilt(K,x)，其中 F 为前向格型滤波的输出，G 为后向格型滤波的输出。

其中的参数含义用 help 查看。

习题与上机题

8.1 已知系统用下面差分方程描述

$$y(n) = \frac{3}{4}y(n-1) - \frac{1}{8}y(n-2) + x(n) + \frac{1}{3}x(n-1)$$

试分别画出系统的直接型、级联型和并联型结构。差分方程中 $x(n)$ 和 $y(n)$ 分别表示系统的输入和输出信号。

8.2 设系统的差分方程为

$$y(n) = (a+b)y(n-1) - aby(n-2) + x(n-2) + (a+b)x(n-1) + ab$$

式中，$|a|<1$，$|b|<1$。试画出系统的直接型、级联型结构。$x(n)$ 和 $y(n)$ 分别表示系统的输入和输出信号。

8.3 设系统的系统函数为

$$H(z) = 4\frac{\left(1+z^{-1}\right)\left(1-1.414z^{-1}+z^{-2}\right)}{\left(1-0.5z^{-1}\right)\left(1+0.9z^{-1}+0.81z^{-2}\right)}$$

试画出采用单位延时器最少的一种级联型结构。

8.4 令
$$H_1(z) = 1 - 0.6z^{-1} - 1.414z^{-2} + 0.864z^{-3}$$
$$H_2(z) = 1 - 0.98z^{-1} + 0.9z^{-2} - 0.898z^{-3}$$
$$H_3(z) = H_1(z)/H_2(z)$$

分别画出它们的直接型结构。

8.5 假设滤波器的单位脉冲响应为

$$h(n) = a^n R_5(n) \qquad 0 < a < 1$$

求出滤波器的系统函数，并画出它的直接型结构。

8.6 已知系统的单位脉冲响应为

$$h(n) = \delta(n) + 2\delta(n-1) + 0.3\delta(n-2) + 2.5\delta(n-3) + 0.5\delta(n-5)$$

试写出系统的系统函数，并画出它的直接型结构。

8.7 已知 FIR 滤波器的系统函数为

$$H(z) = \frac{1}{10}(1 + 0.9z^{-1} + 2.1z^{-2} + 0.9z^{-3} + z^{-4})$$

试画出该滤波器的直接型结构和线性相位结构。

8.8 图 P8.8 中画出了 10 种不同的流图，试分别写出它们的系统函数。

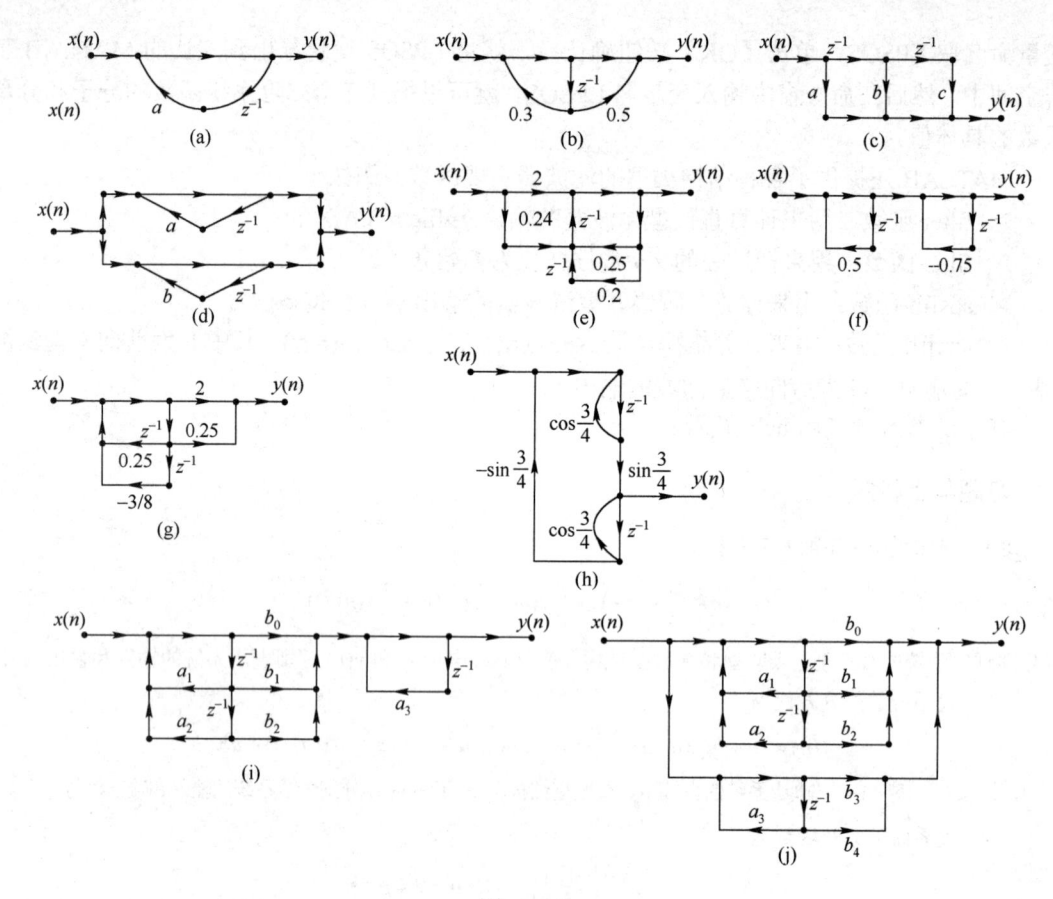

图 P8.8

8.9 写出图 P8.9 所示系统的系统函数和单位脉冲响应。

8.10 画出图 P8.9 所示系统的转置型结构，并验证两者具有相同的系统函数。

8.11 用 b_1 和 b_2 确定 a_1, a_2, c_1 和 c_0，使图 P8.11 中的两个系统等效。

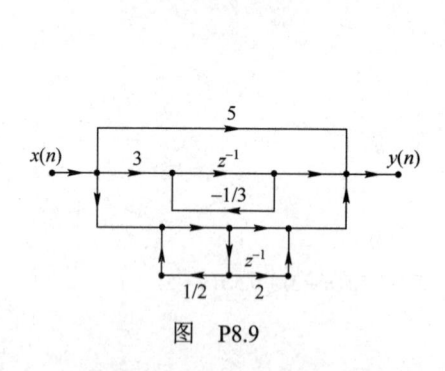

图 P8.9

图 P8.11

8.12 对于图 P8.12 所示的系统，要求：

（1）确定它的系统函数。

（2）如果系统参数为：

(a) $b_0 = b_2 = 1, b_1 = 2, a_1 = 1.5, a_2 = -0.9$；

(b) $b_0 = b_2 = 1, b_1 = 2, a_1 = 1, a_2 = -2$。

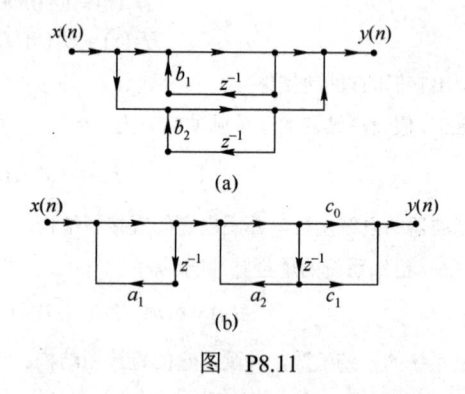

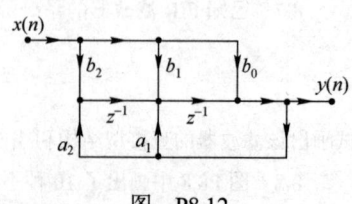

图 P8.12

画出系统的零极点分布，并检验系统的稳定性。

8.13 画出下面所给系统的直接型、级联型和并联型结构，并确定哪一个系统是稳定的。

（1）$y(n) = \frac{3}{4}y(n-1) - \frac{1}{8}y(n-2) + x(n) + \frac{1}{3}x(n-1)$

（2）$y(n) = -0.1y(n-1) + 0.72y(n-2) + 0.7x(n) - 0.252x(n-2)$

（3）$y(n) = -0.1y(n-1) + 0.2y(n-2) + 3x(n) + 3.6x(n-1) + 0.6x(n-2)$

（4）$H(z) = \frac{2(1-z^{-1})(1+\sqrt{2}z^{-1}+z^{-2})}{(1+0.5z^{-1})(1-0.9z^{-1}+0.81z^{-2})}$

（5）$y(n) = \frac{1}{2}y(n-1) + \frac{1}{4}y(n-2) + x(n) + x(n-1)$

（6）$y(n) = y(n-1) - \frac{1}{2}y(n-2) + x(n) - x(n-1) + x(n-2)$

8.14 证明图 P8.14 所示的两个系统是等效的。

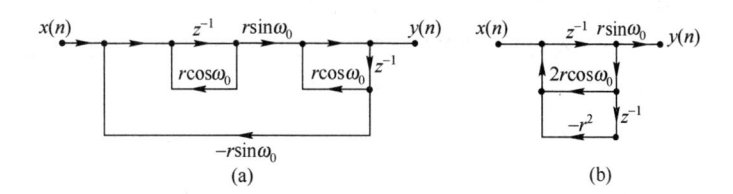

图 P8.14

8.15 已知 FIR 滤波器系统函数在单位圆上的 16 个等间隔采样点为

$H(0) = 12$ $H(1) = -3 - j\sqrt{3}$ $H(2) = 1 + j$
$H(3) \sim H(13) = 0$ $H(14) = 1 - j$ $H(15) = -3 + j\sqrt{3}$

试画出它的频率采样结构。

8.16* 假设滤波器的系统函数为

$$H(z) = \frac{5 - 2z^{-3} - 3z^{-6}}{1 - z^{-1}}$$

在单位圆上采样 6 点，选择 $r = 0.95$，试画出它的频率采样结构，并在计算机上用 DFT 求出频率采样结构中的有关系数。

8.17 已知 FIR 滤波器的系统函数为

（1）$H(z) = 1 + 0.8z^{-1} + 0.65z^{-2}$

（2）$H(z) = 1 - 0.6z^{-1} + 0.825z^{-2} - 0.9z^{-3}$

试分别画出它们的直接型结构和格型结构，并求出格型结构的有关参数。

8.18 假设 FIR 格型网络结构的参数 $k_1 = -0.08$，$k_2 = 0.217$，$k_3 = 1.0$，$k_4 = 0.5$，求系统的系统函数并画出它的直接型结构。

8.19 假设系统的系统函数为

$$H(z) = 1 + 2.88z^{-1} + 3.4048z^{-2} + 1.74z^{-3} + 0.4z^{-4}$$

要求：（1）画出系统的直接型结构及描述系统的差分方程；

（2）画出相应的格型结构，并求出它的系数；

（3）系统是最小相位吗？

8.20 假设 FIR 格型滤波器的参数为 $k_1 = 0.6$，$k_2 = 0.3$，$k_3 = 0.5$，$k_4 = 0.9$，试求出它的单位脉冲响应。

8.21 对于系统 $y(n) = \frac{1}{2}y(n-1) + x(n)$

(1) 假定算术运算是无限精度的,计算当输入 $x(n) = (1/4)^n u(n)$ 时的输出 $y(n)$。

(2) 假定用 5 位原码运算(即符号位加 4 位小数位),并按截尾方式实现量化,计算当输入 $x(n) = (1/4)^n u(n)$ 时的输出 $y(n)$,并和 (1) 进行比较。

8.22 如果系统为 $y(n) = 0.999y(n-1) + x(n)$,输入信号按 8 位舍入法量化,那么输出因量化而产生的噪声功率是多少。

8.23 假设系统用下式描述

$$H(z) = \frac{1 - \frac{1}{2}z^{-1}}{\left(1 - \frac{1}{4}z^{-1}\right)\left(1 + \frac{1}{4}z^{-1}\right)}$$

(1) 画出系统的直接型结构、级联型结构和并联型结构。

(2) 用 (b+1) 位 (1 位表示符号) 定点补码运算,针对上面三种结构,计算由乘法器产生的输出噪声功率。

8.24 已知 $H_1(z) = \dfrac{1}{1 - \frac{1}{2}z^{-1}}$ $H_2(z) = \dfrac{1}{1 - \frac{1}{4}z^{-1}}$

系统 $H(z)$ 用 $H_1(z)$ 和 $H_2(z)$ 进行级联,有两种方式,即 $H(z) = H_1(z)H_2(z)$ 和 $H(z) = H_2(z)H_1(z)$。试计算在两种不同的实现方式中,输出端的乘法舍入量化噪声。

8.25 系统具有线性相位,它的单位脉冲响应一定满足下式

$$h(n) = \pm h(N - n - 1)$$

式中,"+"是代表第一类线性相位滤波器,"−"号代表第二类线性相位滤波器。试利用上式证明下面公式成立:

(1) 当 N 为偶数时 $H(z) = \sum\limits_{n=0}^{N/2-1} h(n)\left[z^{-n} \pm z^{-(N-n-1)}\right]$

(2) 当 N 为奇数时 $H(z) = \sum\limits_{n=0}^{(N-1)/2-1} h(n)\left[z^{-n} \pm z^{-(N-n-1)}\right] + h\left(\dfrac{N-1}{2}\right)z^{-\frac{N-1}{2}}$

第9章 多采样率数字信号处理

9.1 引 言

前面所讨论的信号处理的各种方法都是把采样率 F_s 视为固定值,即在一个数字系统中只有一种采样频率。但在实际系统中,经常会遇到采样率的转换问题,即要求一个数字系统能工作在"多采样率"状态。例如:

(1) 在数字电视系统中,图像采集系统一般按 4∶4∶4 标准或 4∶2∶2 标准采集数字电视信号,再根据不同的电视质量要求,将其转换成其他标准的数字电视信号(如 4∶2∶2,4∶1∶1,2∶1∶1 等标准)进行处理、传输[①]。这就要求数字电视演播室系统工作在多采样率状态。

(2) 在数字电话系统中,传输的信号既有语音信号,又有传真信号,甚至有视频信号,这些信号的带宽相差甚远。所以,该系统应具有多种采样率,并根据所传输的信号自动完成采样率转换。

(3) 对一个非平稳随机信号(如语音信号)作谱分析或编码时,对不同的信号段,可根据其频率成分的不同而采用不同的采样率,以达到既满足采样定理,又最大限度地减少数据量的目的。

(4) 在数字音响系统中,目前就有三种不同的采样频率。广播中采样率为 32 kHz,声音光盘(CD)中采用 44.1 kHz,数字音频磁带中采用 48 kHz。

(5) 因为高采样率采集的数据存在冗余,希望降低采样速率。

以上所列举的几个方面都是希望能对采样率进行变换,或要求数字系统工作在多采样率状态。近年来,建立在采样率变换基础上的"多采样率数字信号处理"已成为数字信号处理学科中的主要内容之一。

一般认为,在满足采样定理的前提下,首先将以采样率 F_{s1} 采集的数字信号进行 D/A 变换,变成模拟信号,再按采样率 F_{s2} 进行 A/D 变换,来实现从 F_{s1} 到 F_{s2} 的采样率转换。但这样较麻烦,且易使信号受到损伤。所以实际中直接在数字域解决这个问题。

采样率转换模型如图 9.1.1 所示。用 $F_x=1/T_x$ 表示输入信号 $x(n)$ 的采样频率,用 $F_y=1/T_y$ 表示输出信号 $y(m)$ 的采样频率。根据 F_y 与 F_x 的比率将采样率转换分为如下四种。

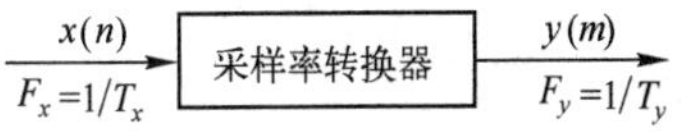

(1) 整数因子 D 抽取:$F_y=T_x/D$,D 为正整数,表示对 $x(n)$ 每隔 D–1 个样值抽取 1 个,使采样率降低为原采样率的 $1/D$;

(2) 整数因子 I 插值:$F_y=IF_x$,I 为正整数,表示对 $x(n)$ 的两个相邻样值之间插入 I–1 个新的样值,使采样率提高为原采样率的 I 倍;

图 9.1.1 采样率转换模型

[①] (4∶2∶2)标准的含义是"亮度信号采样率∶R–Y 信号采样率∶B–Y 信号采样率=4∶2∶2",即亮度信号采样率为色差信号采样率的 2 倍,其他标准依此类推。

(3) 有理数因子采样率转换：$F_y/F_x = I/D$，D 和 I 是互素整数，这种采样率转换使采样率变为原采样率的 I/D 倍；

(4) 任意因子采样率转换：F_y/F_x 为任意有限数。

本章主要讨论整数因子抽取、整数因子插值和有理数因子采样率转换的基本原理及其高效实现方案。

9.2 整数因子抽取

假设 $x(n)$ 是对模拟信号 $x_a(t)$ 以奈奎斯特速率 F_x 采样得到的信号，其频谱为 $X(\mathrm{e}^{\mathrm{j}\omega})$，那么在频率区间 $0 \leqslant |\omega| \leqslant \pi$（对应的模拟频率区间为 $|f| \leqslant F_x/2$）上 $X(\mathrm{e}^{\mathrm{j}\omega})$ 是非零的。现在按整数因子 D 对 $x(n)$ 抽取。显然，如果简单地对 $x(n)$ 每隔 $D-1$ 个样值抽取 1 个，使采样率降低为 F_x/D，那么必然产生严重的频谱混叠。为了避免频谱混叠，必须先对 $x(n)$ 进行抗混叠低通滤波得到 $v(n)$，将 $v(n)$ 的有效频带限制在折叠频率（$F_x/2D$ Hz）以内，等效的数字频率为 π/D 弧度以内，然后再按整数因子 D 对 $v(n)$ 进行抽取，得到信号 $y(m)$。这时，$y(m)$ 保留了 $x(n)$ 的 $0 \leqslant |\omega| \leqslant \pi/D$ 频谱成分，不存在频谱混叠。$y(m)$ 的采样频率为 $F_y = F_x/D$。按整数因子 D 对 $x(n)$ 抽取的原理方框图如图 9.2.1 所示。

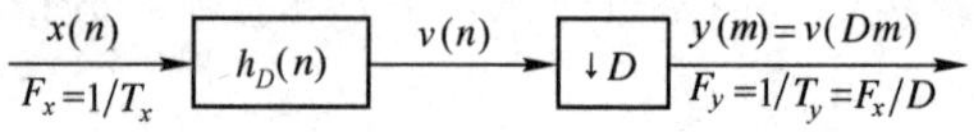

$$\frac{x(n)}{F_x=1/T_x} \longrightarrow \boxed{h_D(n)} \xrightarrow{v(n)} \boxed{\downarrow D} \xrightarrow{y(m)=v(Dm)}_{F_y=1/T_y=F_x/D}$$

图 9.2.1 整数因子 D 抽取的原理方框图

上图中，符号 $\boxed{\downarrow D}$ 表示按整数因子 D 抽取，D 称为"抽取因子"。$F_x = 1/T_x$ 为 $x(n)$ 的采样频率，T_x 为 $x(n)$ 的采样周期；$F_y = 1/T_y$ 为 $y(n)$ 的采样频率，T_y 为 $y(n)$ 的采样周期。

在理想情况下，抗混叠低通滤波器 $h_D(n)$ 的频率响应 $H_D(\mathrm{e}^{\mathrm{j}\omega})$ 由下式给出。

$$H_D(\mathrm{e}^{\mathrm{j}\omega}) = \begin{cases} 1, & |\omega| < \pi/D \\ 0, & \pi/D \leqslant |\omega| \leqslant \pi \end{cases} \tag{9.2.1}$$

下面讨论按整数因子 D 抽取的时域关系和频域关系。$x(n)$ 经过抗混叠低通滤波器后的输出为

$$v(n) = h(n) * x(n) = \sum_{k=0}^{\infty} h_D(k) x(n-k) \tag{9.2.2}$$

考虑到 $h_D(n)$ 为因果稳定系统，所以式（9.2.2）中卷积求和从 0 开始。按整数因子 D 对 $v(n)$ 抽取得到

$$y(m) = v(Dm) = \sum_{k=0}^{\infty} h_D(k) x(Dm-k) \tag{9.2.3}$$

下面推导 $y(m)$ 与 $x(n)$ 的频谱关系。为此，先定义序列

$$s(n) = \begin{cases} v(n), & n=0, \pm D, \pm 2D, \cdots \\ 0, & \text{其他} \end{cases} \tag{9.2.4}$$

将 $s(n)$ 看作 $v(n)$ 与以 D 为周期的周期序列 $p(n)$ 的乘积，如图 9.2.2 所示。所以

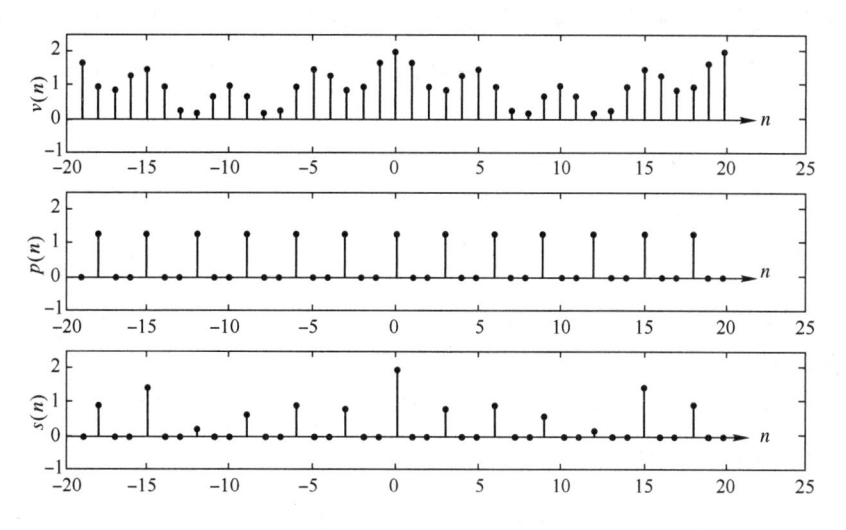

图 9.2.2　$v(n)$与$s(n)$波形（$D=3$）

$$s(n) = v(n)p(n) \tag{9.2.5}$$
$$y(m) = s(Dm) = v(Dm)p(Dm) = v(Dm) \tag{9.2.6}$$

根据上式容易求出$y(m)$与$x(n)$的频谱关系。$y(m)$的Z变换为

$$Y(z) = \sum_{m=-\infty}^{\infty} y(m)z^{-m} = \sum_{m=-\infty}^{\infty} s(Dm)z^{-m} = \sum_{m=-\infty}^{\infty} s(m)z^{-m/D}$$

上式最后一步是根据除了m等于D的整数倍以外，$s(m)=0$的特点得出的。将式（9.2.5）代入上式得到

$$Y(z) = \sum_{m=-\infty}^{\infty} v(m)p(m)z^{-m/D} \tag{9.2.7}$$

$p(m)$的DFS展开式为
$$p(m) = \frac{1}{D}\sum_{k=0}^{D-1} e^{j2\pi km/D} \tag{9.2.8}$$

将式（9.2.8）代入式（9.2.7）得到

$$Y(z) = \sum_{m=-\infty}^{\infty} v(m)\left[\frac{1}{D}\sum_{k=0}^{D-1} e^{j2\pi k\,m/D}\right]z^{-m/D} = \frac{1}{D}\sum_{k=0}^{D-1}\sum_{m=-\infty}^{\infty} v(m)(e^{-j2\pi k/D}z^{1/D})^{-m}$$
$$= \frac{1}{D}\sum_{k=0}^{D-1} V(e^{-j2\pi k/D}z^{1/D})$$

因为$V(z) = \text{ZT}[v(m)] = H_D(z)X(z)$，所以

$$Y(z) = \frac{1}{D}\sum_{k=0}^{D-1} H_D(e^{-j2\pi k/D}z^{1/D})X(e^{-j2\pi k/D}z^{1/D}) \tag{9.2.9}$$

计算单位圆上的$Y(z)$就可得到$y(m)$的频谱。用ω_x和ω_y分别表示$x(n)$和$y(m)$数字频率，则$\omega_x = 2\pi f T_x = 2\pi f/F_x$，$\omega_y = 2\pi f T_y = 2\pi f/F_y$。因为$F_y = F_x/D$，所以

$$\omega_y = 2\pi f/F_y = 2\pi f D/F_x = D\omega_x \tag{9.2.10}$$

式（9.2.10）说明，经过按整数因子D抽取，使数字频率区间$0 \leqslant |\omega_x| \leqslant \pi/D$扩展成相

应的频率区间 $0 \leqslant |\omega_y| \leqslant \pi$。所以经过整数因子 D 抽取，$X(\mathrm{e}^{\mathrm{j}\omega})$ 中 $\pi/D < |\omega_x|$ 的非零频谱就会在 $\omega_y = \pi$ 附近形成混叠。所以必须设计抗混叠滤波器来滤除频段 $\pi/D \leqslant |\omega_x| \leqslant \pi$ 上的频谱。

将 $z = \mathrm{e}^{\mathrm{j}\omega_y}$ 代入式（9.2.9），计算单位圆上的 $Y(z)$ 就得到 $y(m)$ 的频谱为

$$Y(\mathrm{e}^{\mathrm{j}\omega_y}) = \frac{1}{D}\sum_{k=0}^{D-1} H_D\left\{\exp\left[\mathrm{j}\left(\frac{\omega_y - 2\pi k}{D}\right)\right]\right\} X\left\{\exp\left[\mathrm{j}\left(\frac{\omega_y - 2\pi k}{D}\right)\right]\right\} \qquad (9.2.11)$$

如果采用式（9.2.1）定义的理想滤波器 $H_D(\mathrm{e}^{\mathrm{j}\omega})$，就可以消除频谱混叠。因此，对于主值频率区间 $-\pi \leqslant |\omega_y| \leqslant \pi$，式（9.2.11）中，只有 $k=0$ 的一项有非零值，其余项全为零。所以，在频段 $0 \leqslant |\omega_y| \leqslant \pi$ 上有

$$Y(\mathrm{e}^{\mathrm{j}\omega_y}) = \frac{1}{D} H_D\left[\exp\left(\mathrm{j}\frac{\omega_y}{D}\right)\right] X\left[\exp\left(\mathrm{j}\frac{\omega_y}{D}\right)\right] \qquad (9.2.12)$$

式（9.2.12）说明，经过对 $x(n)$ 按整数因子 D 抽取，所得到的 $y(m)$ 使数据量降为 $x(n)$ 数据量的 $1/D$，无失真地保留了 $x(n)$ 中感兴趣的 $0 \leqslant |f| < F_x/2D$ 频段的低频成分，丢掉了 $|f| \geqslant F_x/2D$ 频段的高频成分。$x(n)$、$h_D(n)$ 和 $y(m)$ 的频谱如图 9.2.3 所示。显然，当原信号 $x(n)$ 的带宽不超过 π/D 时，则按整数因子 D 直接抽取，只是去掉了 $x(n)$ 中的冗余信息，不会产生频谱混叠，所以不需要抗混叠滤波器。

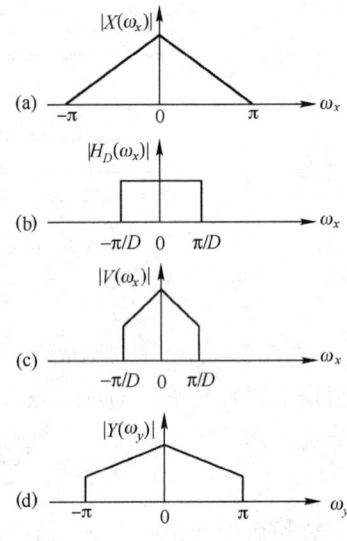

图 9.2.3 图 9.2.1 中各点的频谱

9.3 整数因子内插

按整数因子 I 内插的目的是将原信号采样频率提高 I 倍。假设 $x(n)$ 是对模拟信号 $x_\mathrm{a}(t)$ 采样得到的时域离散信号，即 $x(n) = x_\mathrm{a}(nT_x)$，采样频率 $F_x = 1/T_x$，满足采样定理。按整数因子 I 内插就是在 $x(n)$ 的两个相邻样值之间插入 $I-1$ 个新的样值，得到一个新的序列 $y(m) = x_\mathrm{a}(mT_y)$，$y(m)$ 的采样周期 $T_y = T_x/I$，采样频率 $F_y = 1/T_y = IF_x$。现在的问题是希望插入的 $I-1$ 个样值是未知的，要由已知的 $x(n)$ 的若干个样值求得希望插入的新样值。根据时域采样定理知道，由 $x(n)$ 完全可以无失真地恢复模拟信号 $x_\mathrm{a}(t)$，因此上述问题的解肯定是存在的。下面介绍按整数因子 I 内插的一种方案。

按整数因子 I 内插的过程是：首先在 $x(n)$ 的两个相邻样值之间插入 $I-1$ 个零样值，称之为"零值内插"，用符号 $\boxed{\uparrow I}$ 表示。然后再进行滤波，则得到按整数因子 I 内插的序列 $y(m) = x_\mathrm{a}(mT_y)$。这种内插方案的原理方框图如图 9.3.1 所示。

图 9.3.1 整数因子内插原理方框图

图 9.3.1 中

$$v(m) = \begin{cases} x(m/I), & m = 0, \pm I, \pm 2I, \pm 3I, \cdots \\ 0, & 其他 \end{cases} \qquad (9.3.1)$$

· 258 ·

$v(m)$ 的采样频率与 $y(m)$ 的采样频率相同。现在通过分析 $v(m)$ 的频谱，找出为了从 $v(m)$ 得到 $y(m)$，对滤波器 $h_I(n)$ 的要求。$v(m)$ 的 Z 变换为

$$V(z) = \sum_{m=-\infty}^{\infty} v(m)z^{-m} = \sum_{m=-\infty}^{\infty} v(Im)z^{-Im} = \sum_{m=-\infty}^{\infty} x(m)z^{-Im} = X(z^I) \quad (9.3.2)$$

计算单位圆上的 $V(z)$ 得到 $v(m)$ 的频谱为

$$V(\mathrm{e}^{\mathrm{j}\omega_y}) = V(z)\big|_{z=\mathrm{e}^{\mathrm{j}\omega_y}} = X(\mathrm{e}^{\mathrm{j}I\omega_y}) \quad (9.3.3)$$

式中，ω_y 表示相应于新采样频率 F_y 的数字频率，$\omega_y = 2\pi f T_y = 2\pi f/F_y$。用 ω_x 表示相应于原采样频率 F_x 的数字频率，$\omega_x = 2\pi f/F_x$。由于 $F_y = IF_x$，所以

$$\omega_y = \omega_x/I \quad (9.3.4)$$

$x(n)$ 及其频谱 $X(\mathrm{e}^{\mathrm{j}\omega_x})$ 和 $v(m)$ 及其频谱 $V(\mathrm{e}^{\mathrm{j}\omega_y})$ 分别如图 9.3.2（a）和（b）所示。由此可见，$V(\mathrm{e}^{\mathrm{j}\omega_y})$ 是原输入信号频谱 $X(\mathrm{e}^{\mathrm{j}\omega_x})$ 的 I 次镜像周期重复，周期为 $2\pi/I$。我们把 $V(\mathrm{e}^{\mathrm{j}\omega_y})$ 在频段 $\pi/I \leqslant |\omega_y| \leqslant \pi$ 上的周期重复谱称为"镜像谱"。根据时域采样理论知道，按整数因子 I 内插的输出序列 $y(m)$ 的频谱 $Y(\mathrm{e}^{\mathrm{j}\omega_y})$ 应当以 2π 为周期（对模拟频率以 $2\pi/T_y$ 为周期），如图 9.3.2(c)所示。所以，在零值内插之后的滤波器 $h_I(m)$ 的作用就是滤除 $V(\mathrm{e}^{\mathrm{j}\omega_y})$ 中的镜像谱，输出所期望的内插结果 $y(m)$。为此称 $h_I(n)$ 为镜像滤波器。理想情况下，镜像滤波器 $h_I(n)$ 的频率响应特性为

$$H_I(\mathrm{e}^{\mathrm{j}\omega_y}) = \begin{cases} C, & 0 \leqslant |\omega_y| < \pi/I \\ 0, & \pi/I \leqslant |\omega_y| \leqslant \pi \end{cases} \quad (9.3.5)$$

式中，C 为定标系数。因此输出频谱为

$$Y(\mathrm{e}^{\mathrm{j}\omega_y}) = \begin{cases} CX(\mathrm{e}^{\mathrm{j}\omega_y}), & 0 \leqslant |\omega_y| < \pi/I \\ 0, & \pi/I \leqslant |\omega_y| \leqslant \pi \end{cases} \quad (9.3.6)$$

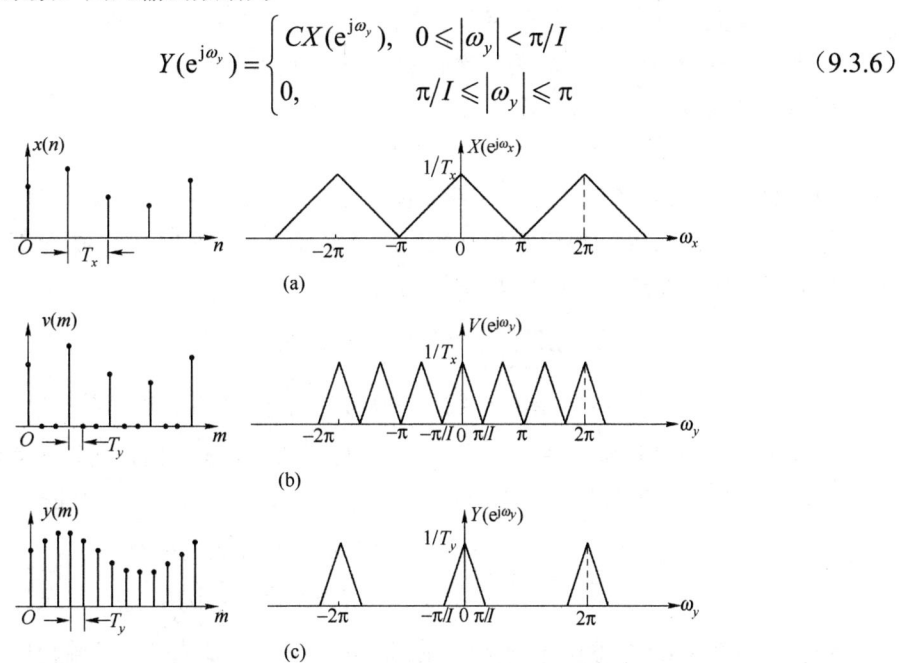

图 9.3.2 按整数因子 I 内插过程中的时域和频域示意图（$I=3$）

定标系数 C 的作用是，在 $m = 0, \pm I, \pm 2I, \pm 3I, \cdots$ 时，确保输出序列 $y(m) = x(m/I)$。为了计

算简单，取 $m=0$ 来求解 C 的值。

$$y(0) = \frac{1}{2\pi}\int_{-\pi}^{\pi} Y\left(e^{j\omega_y}\right)d\omega_y = \frac{C}{2\pi}\int_{-\pi/I}^{\pi/I} X\left(e^{jI\omega_y}\right)d\omega_y$$

因为 $\omega_y = \omega_x/I$，所以 $\quad y(0) = \frac{C}{I}\frac{1}{2\pi}\int_{-\pi}^{\pi} X(e^{j\omega_x})d\omega_x = \frac{C}{I}x(0) = x(0)$

由此得出，定标系数 $C=I$。

最后，根据上述原理，给出输出序列 $y(m)$ 与输入序列 $x(n)$ 的时域关系式。由图 9.3.1 可知

$$y(m) = v(m) * h_I(m) = \sum_{k=-\infty}^{\infty} h_I(m-k)v(k) \tag{9.3.7}$$

因为除了在 I 的整数倍点 $v(kI) = x(k)$ 以外，$v(k) = 0$，所以

$$y(m) = \sum_{k=-\infty}^{\infty} h_I(m-kI)x(k) \tag{9.3.8}$$

9.4 按有理数因子 I/D 的采样率转换

在前两节所述按整数因子 I 内插和整数因子 D 抽取的基础上，本节介绍按有理数因子 I/D 采样率转换的一般原理。显然，可以用图 9.4.1 所示方案实现有理数因子 I/D 采样率转换。

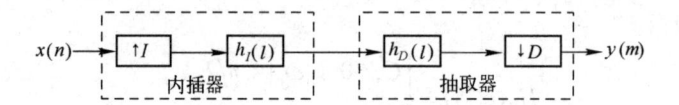

图 9.4.1 按有理数因子 I/D 的采样率转换方法

首先对输入序列 $x(n)$ 按整数因子 I 内插，然后再对内插器的输出序列按整数因子 D 抽取，达到按有理数因子 I/D 的采样率转换。应当注意，先内插后抽取才能最大限度地保留输入序列的频谱成分。

仍用 $F_x = 1/T_x$ 和 $F_y = 1/T_y$ 分别表示输入序列 $x(n)$ 和输出序列 $y(m)$ 的采样频率，则 $F_y = (I/D)F_x$。另外，图中镜像滤波器 $h_I(l)$ 和抗混叠滤波器 $h_D(l)$ 级联，而且工作在相同的采样频率 IF_x，因此完全可以将它们合成为一个等效滤波器 $h(l)$，得到按有理数因子 I/D 采样率转换的实用原理方框图，如图 9.4.2 所示。

图 9.4.2 按有理数因子 I/D 采样率转换的实用原理方框图

如前所述，理想情况下，$h_I(l)$ 和 $h_D(l)$ 均为理想低通滤波器，所以等效滤波器 $h(l)$ 仍是理想低通滤波器，其等效带宽应当是 $h_I(l)$ 和 $h_D(l)$ 中最小的带宽。$h(l)$ 的频率响应为

$$H(e^{j\omega_y}) = \begin{cases} I, & 0 \leqslant |\omega_y| < \min[\pi/I, \pi/D] \\ 0, & \min[\pi/I, \pi/D] \leqslant |\omega_y| \leqslant \pi \end{cases} \tag{9.4.1}$$

现在推导图 9.4.2 中输出序列 $y(m)$ 的时域表达式。零值内插器的输出序列为

$$v(l) = \begin{cases} x(l/I), & l = 0, \pm I, \pm 2I, \pm 3I, \cdots \\ 0, & \text{其他} \end{cases} \tag{9.4.2}$$

线性滤波器输出序列为

$$w(l) = \sum_{k=-\infty}^{\infty} h(l-k)v(k) = \sum_{k=-\infty}^{\infty} h(l-kI)x(k) \tag{9.4.3}$$

整数因子 D 抽取器最后输出序列为 $y(m)$，其时域表达式为

$$y(m) = w(Dm) = \sum_{k=-\infty}^{\infty} h(Dm-kI)x(k) \tag{9.4.4}$$

如果线性滤波器用 FIR 滤波器实现，则可以根据式（9.4.4）计算输出序列 $y(m)$。

9.5 采样率转换滤波器的高效实现方法

本节针对上述三种采样率转换器，介绍采样率转换系统中滤波器的高效实现方法，这里的高效指的是运算量小，处理效率高。

用 FIR 滤波器实现采样率转换系统中的滤波器具有很大的优点。因为 FIR 滤波器绝对稳定，容易实现线性相位特性，特别是容易实现高效结构。所以采样率转换系统大多采用 FIR 滤波器实现。FIR 滤波器的设计可以采用第 7 章所讲的各种设计方法。下面分别介绍直接型 FIR 滤波器的高效实现结构、多相滤波器结构和多级实现结构。

9.5.1 直接型 FIR 滤波器结构

根据图 9.4.2 画出采样率转换系统的实现结构如图 9.5.1 所示，采样率转换因子为有理数 I/D，其中的滤波器采用直接型 FIR 滤波器实现。

图 9.5.1 所示的直接型 FIR 滤波器结构概念清楚，实现简单。但是，滤波器的所有乘法和加法运算都是在系统中采样率最高处完成的，由于零值内插过程中在输入序列 $x(n)$ 的相邻样值之间插入 $I-1$ 个零样值，如果 I 比较大，则进入 FIR 滤波器的信号大部分为零，因此乘法运算的结果也大部分为零，即多数乘法是无效运算。而且，最后的抽取过程使 FIR 滤波器的每 D 个输出样值中只有一个有用，也就是说，有 $D-1$ 个输出样值的计算是无用的。因此图 9.5.1 所示的直接型 FIR 滤波器结构的效率很低。

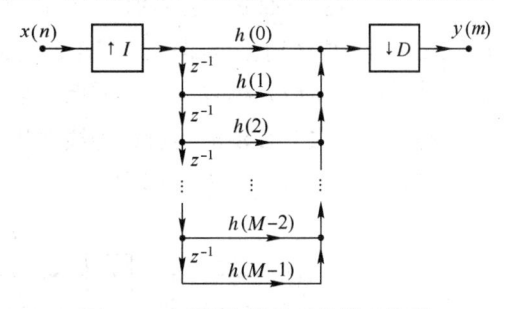

图 9.5.1 采样率转换系统的直接型 FIR 滤波器结构

导出高效实现结构的基本思想是，将 FIR 滤波器的乘法和加法运算移到系统中采样率最低处。为此，下面分别讨论基本的整数因子抽取系统和整数因子内插系统的高效实现结构。

1. 整数因子 D 抽取系统的直接型 FIR 滤波器结构

根据图 9.2.1 画出整数因子 D 抽取系统的直接型 FIR 滤波器结构如图 9.5.2（a）所示。该结构中，FIR 滤波器以高采样率 F_x 运行，但其输出的每 D 个样值中只抽取一个作为最终的输出，丢弃了其中的 $D-1$ 个样值。所以该结构效率很低。

为了得到相应的高效直接型 FIR 滤波器结构，将抽取操作 $\downarrow D$ 嵌入 FIR 滤波器结构中，如图 9.5.2（b）所示。图 9.5.2（a）中抽取器 $\downarrow D$ 在 $n=Dm$ 时刻开通，选通 FIR 滤波器的一个输出作为抽取系统输出序列的一个样值 $y(m)$。

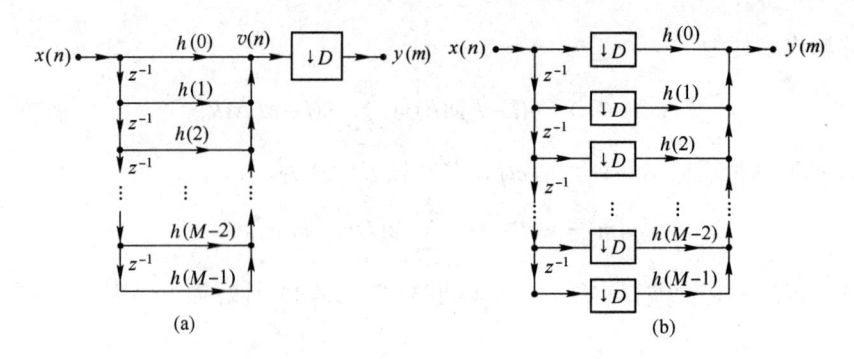

图 9.5.2 按整数因子 D 抽取系统的直接型 FIR 滤波器结构

$$y(m) = \sum_{k=0}^{M-1} h(k)x(Dm-k) \quad (9.5.1)$$

而图 9.5.2（b）中抽取器 $\downarrow D$ 在 $n=Dm$ 时刻同时开通，选通 FIR 滤波器输入信号 $x(n)$ 的一组延时：$x(Dm), x(Dm-1), x(Dm-2), \cdots, x(Dm-M+1)$，再进行乘法、加法运算，得到抽取系统输出序列的一个样值 $y(m) = \sum_{k=0}^{M-1} h(k)x(Dm-k)$，它与式（9.5.1）给出的 $y(m)$ 完全相同。因此，图 9.5.2（a）和图 9.5.2（b）的功能完全等效，但图 9.5.2（b）的运算量仅是图 9.5.2（a）的 $1/D$。故称图 9.5.2（b）为高效实现结构。

应当说明，图 9.5.2（b）将抽取器 $\downarrow D$ 移到 M 个乘法器之前，但这并不是把抽取移到滤波之前，而仍然是先滤波后抽取。对此解释如下：

滤波与抽取作用次序在 FIR 滤波器的结构中体现在滤波器的输入端及延迟链上所加的信号，如果所加的是抽取以前的信号 $x(n)$，则是先滤波后抽取，反之则是先抽取后滤波。显然，图 9.5.2（b）中所有抽取器 $\downarrow D$ 都在延迟链之后，即滤波器的输入端及延迟链上所加的信号仍然是原信号 $x(n)$，所以满足先滤波后抽取的要求。

另外，如果 FIR 滤波器设计为线性相位滤波器，则根据 $h(n)$ 的对称性，可以进一步减小计算量。其高效结构如图 9.5.3 所示。

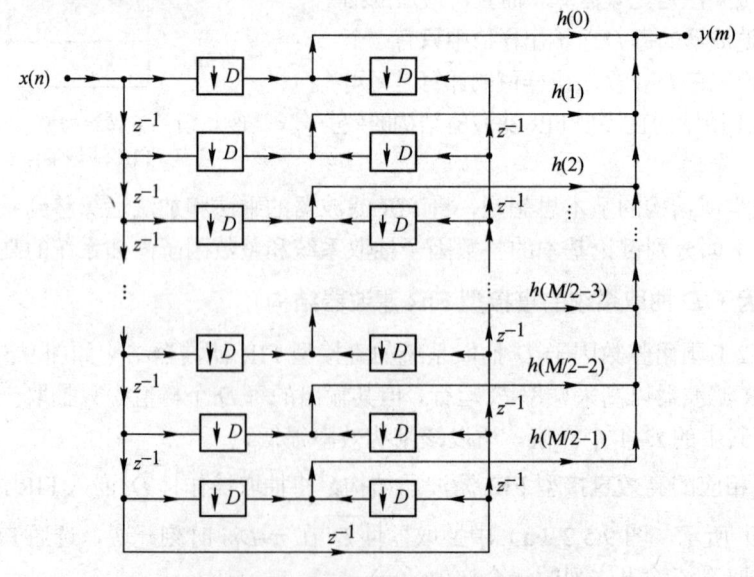

图 9.5.3 采用线性相位 FIR 滤波器的高效抽取结构

2. 整数因子 I 内插系统的直接型 FIR 滤波器结构

根据图 9.3.1 画出整数因子 I 内插系统的直接型 FIR 滤波器结构如图 9.5.4 所示。该结构中，FIR 滤波器以高采样率 IF_x 运行。如前面所述，该结构效率很低。

显然，不能直接将图 9.5.4 中的零值内插器 $\uparrow I$ 移到 FIR 滤波器结构中的 M 个乘法器之后，因为那样就会变成先滤波后零值内插。所以必须通过下述等效变换，得出相应的高效直接型 FIR 滤波器结构。

先对图 9.5.4 中的直接型 FIR 滤波器结构部分进行转置变换，得到如图 9.5.5（a）所示的等效结构。现在可以将零值内插器 $\uparrow I$ 移到 FIR 滤波器结构中的 M 个乘法器之后，得到如图 9.5.5（b）所示的结构。由于图 9.5.5（a）和图 9.5.5（b）加到延迟链上的信号完全相同，所以二者的功能完全等效。但图 9.5.5（b）中的所有乘法运算在低采样率 F_x 下实现，仅是图 9.5.5（a）中乘法器运行速度的 $1/I$。所以图 9.5.5（b）给出的是一种高效结构。

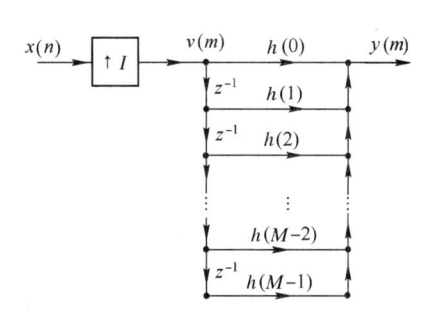

图 9.5.4 按整数因子 I 内插系统的直接型 FIR 滤波器结构

观察图 9.5.5（b）和图 9.5.2（b）可发现一个有趣的规律：图 9.5.5（b）所示的按整数因子 I 内插系统的高效 FIR 滤波器结构与图 9.5.2（b）所示的按整数因子 D 抽取系统的高效 FIR 滤波器结构互为转置关系。所以将图 9.5.3 转置，则得出采用线性相位 FIR 滤波器的高效内插结构，该结构留给读者绘制。

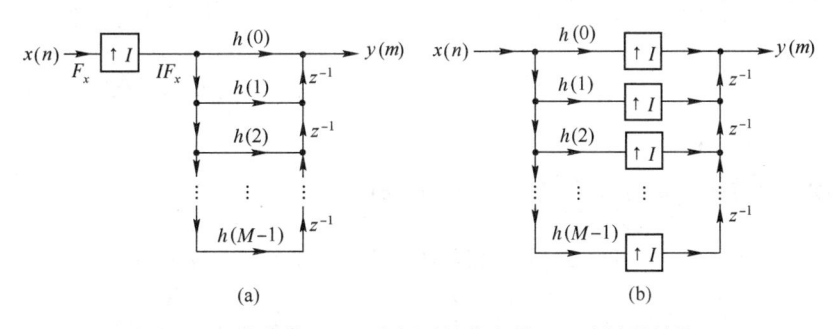

图 9.5.5 按整数因子 I 内插系统的高效 FIR 滤波器结构

3. 按有理数因子 I/D 的采样率转换系统的高效 FIR 滤波器结构

该结构基于内插系统的高效 FIR 滤波器结构与抽取系统的高效 FIR 滤波器结构进行设计。其指导思想是，使 FIR 滤波器运行于最低采样速率。为此，当 $I > D$ 时，$F_y > F_x$，将图 9.5.1 中的直接型 FIR 结构与前面的 $\uparrow I$ 用图 9.5.5（b）所示的整数因子 I 内插系统的高效 FIR 滤波器结构代替即可。当 $I < D$ 时，$F_y < F_x$，将图 9.5.1 中的直接型 FIR 结构与后面的 $\downarrow D$ 用图 9.5.2（b）所示的整数因子 D 抽取系统的高效 FIR 滤波器结构代替即可。如果采用线性相位 FIR 滤波器，则应当用相应的线性相位 FIR 滤波器的高效内插结构或高效抽取结构实现。

9.5.2 多相滤波器结构

可以证明，图 9.5.5（b）所示的按整数因子 I 内插系统的高效 FIR 滤波器结构可以用一组较短的多相滤波器组实现。如果 FIR 滤波器总长度为 $M=NI$，则多相滤波器组由 I 个长度为 $N=M/I$ 的短滤波器构成，且 I 个短滤波器轮流分时工作。

为了证明上述结论，观察图 9.5.4 给出的整数因子 I 内插系统的直接型 FIR 滤波器结构，其输出序列为

$$y(m) = \sum_{n=0}^{M-1} h(n)v(m-n) \tag{9.5.2}$$

零值内插器的输出序列 $v(m)$ 是在输入序列 $x(n)$ 的两个相邻样值之间插入 $I-1$ 个零样值得到的，因此 $v(m)$ 进入 FIR 滤波器的 M 个样值中只有 $N=M/I$ 个非零值。所以在任意 m 时刻，计算 $y(m) = h(m)*v(m)$ 时只有 N 个非零值与 $h(m)$ 中的 N 个系数相乘。由式（9.3.1）知道

$$v(m) = \begin{cases} x(m/I), & m = 0, \pm I, \pm 2I, \pm 3I, \cdots \\ 0, & \text{其他} \end{cases}$$

所以，当 $m=jI$ 时，有

$$\begin{aligned} y(m) &= \sum_{i=0}^{M-1} h(i)v(m-i) = \sum_{n=0}^{N-1} h(nI)x(j-n) \\ &= h(0)x(j) + h(I)x(j-1) + h(2I)x(j-2) + \cdots + h(N-I)x(j-(N-1)) \end{aligned} \tag{9.5.3}$$

当 $m=jI+1$ 时，式（9.5.3）中 $v(jI-n)$ 右移 1 位，N 个 $x(n)$ 的非零值与 $h(n)$ 的对应关系也右移 1 位，所以

$$\begin{aligned} y(m) &= \sum_{i=0}^{M-1} h(i)v(m-i) = \sum_{n=0}^{N-1} h(1+nI)x(j-n) \\ &= h(1)x(j) + h(1+I)x(j-1) + h(1+2I)x(j-2) + \cdots + h(1+N-I)x(j-(N-1)) \end{aligned} \tag{9.5.4}$$

$\vdots$

当 $m=jI+I=(j+1)I$ 时，N 个 $x(n)$ 的值与 $h(n)$ 的对应关系又重复式（9.5.3），只是 $x(n)$ 又移进 1 位，所以

$$\begin{aligned} y(m) &= \sum_{i=0}^{M-1} h(i)v(m-i) = \sum_{n=0}^{N-1} h(nI)x(j+1-n) \\ &= h(0)x(j+1) + h(I)x(j) + h(2I)x(j-1) + \cdots + h(N-I)x(j+1-(N-1)) \end{aligned} \tag{9.5.5}$$

综上所述，当 $m = jI + k$，$k = 0,1,2,\cdots,I-1$，$j = 0,1,2,\cdots$ 时，有

$$y(m) = \sum_{i=0}^{M-1} h(i)v(m-i) = \sum_{n=0}^{N-1} h(k+nI)x(j-n) \tag{9.5.6}$$

把式（9.5.6）中的 $h(k+nI)$ 看作长度 $N=M/I$ 的子滤波器的单位脉冲响应，并用 $p_k(n)$ 表示：

$$p_k(n) = h(k+nI) \qquad k = 0,1,2,\cdots,I-1;\ n = 0,1,2,\cdots,N-1 \tag{9.5.7}$$

这样，从 $m=0$ 开始，整数因子 I 内插系统的输出序列 $y(m)$ 计算如下：

$$y(m) = \sum_{n=0}^{N-1} p_k(n)x(j-n) = p_k(n) * x(n) \tag{9.5.8}$$

式中，$m = jI + k$，$k = 0,1,2,\cdots,I-1$，$j = 0,1,2,\cdots$。显然，当 $m = jI + k$ 从 0 开始增大时，k 从 0 开始以 I 为周期循环取值；j 表示循环周期数。所以，实现式（9.5.8）的多相滤波器结构如图 9.5.6 所示。I 个子滤波器均运行于低采样率 F_x 下，且系数少，计算量小，所以多相滤波器结构是一种高效结构。输入端的 $x(n)$ 每移入一个样值，I 个子滤波器分别计算出 $y(m)$ 的 I 个样值，选择电子开关以高采样率 $F_y=IF_x$，依次逆时针循环选取 I 个子滤波器的输出，形成

输出序列 $y(m)$。实现了整数因子 I 内插功能。

从 I 个子滤波器的频响特性可以解释"多相滤波器"的含义。对低通滤波器 $h(n)$ 按整数因子 I 抽取得到子滤波器 $p_k(n)$。$h(n)$ 是截止频率为 π/I 的理想低通滤波器，所以 $p_k(n)$ 的截止频率必然是 π。即 I 个子滤波器都是全通滤波器，幅度特性相同，它们的唯一区别是相位特性不同，故称为"多相滤波器"结构。正是由 $h(n)$ 的 I 个不同的起始点抽取得到 I 个子滤波器，形成了这种多相特性。

根据整数因子 I 内插器的实现结构与整数因子 $D=I$ 抽取器的实现结构互为转置关系的规律，将图 9.5.6 给出的整数因子 I 内插系统的多相滤波器结构进行转置，则得到如图 9.5.7 所示的整数因子 D 抽取系统的多相滤波器结构。

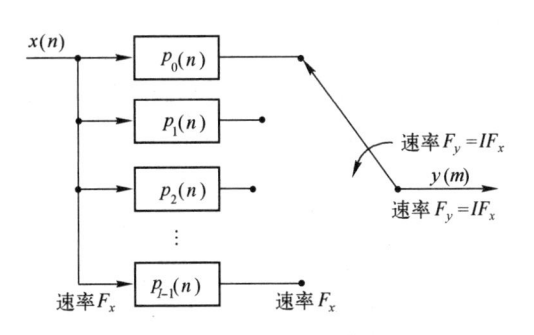

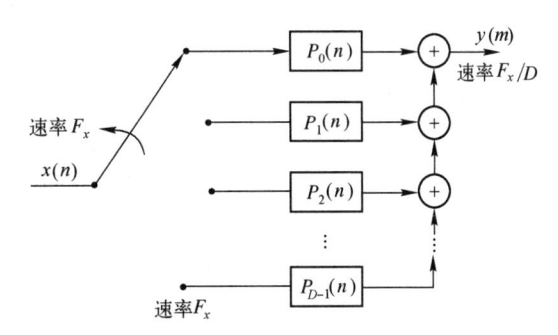

图 9.5.6 整数因子 I 内插系统的多相滤波器结构　　图 9.5.7 整数因子 D 抽取系统的多相滤波器结构

定义多相滤波器的单位脉冲响应为

$$p_k(n) = h(k+nD) \quad k=0,1,2,\cdots,D-1; \ n=0,1,2,\cdots,N-1 \tag{9.5.9}$$

式中，N 为 $p_k(n)$ 的长度。一般选择原抗混叠 FIR 滤波器总长度 $M=DN$，$N=M/D$。电子开关以速率 F_x 逆时针旋转，从子滤波器 $p_0(n)$ 在 $m=0$ 时刻开始，并输出 $y(0)$；然后电子开关以速率 F_x 逆时针每旋转一周，即每次转到子滤波器 $p_0(n)$ 时，输出端就以速率 $F_y=F_x/D$ 送出一个 $y(m)$ 样值。

下面以 $N=D=2$，$M=DN=4$ 为例，验证图 9.5.7 所示的抽取系统多相结构的正确性。首先根据图 9.5.2（a）计算出抽取器的正确输出 $y(m)$：

$$v(n) = h(n)*x(n) = \sum_{\ell=0}^{3} h(\ell)x(n-\ell)$$

$$y(m) = v(Dm) = v(2m)$$

假设 $x(n)$ 为因果信号，则

$$\left. \begin{array}{l} y(0) = v(0) = h(0)x(0) \\ y(1) = v(2) = h(0)x(2) + h(1)x(1) + h(2)x(0) \\ y(2) = v(4) = h(0)x(4) + h(1)x(3) + h(2)x(2) + h(3)x(1) \end{array} \right\} \tag{9.5.10}$$

现在根据图 9.5.7 计算多相实现结构的输出 $y(m)$。图 9.5.7 中，多相子滤波器 $p_0(n) = \{h(0),h(2)\}$，$p_1(n) = \{h(1),h(3)\}$，开始时 $k=0,n=0$，只有 $x(0)$ 进入 $p_0(n)$，$p_1(n)$ 中无信号，所以总输出 $y(0)=p_0(0)x(0)=h(0)x(0)$。

逆时针旋转开始下一周期：$k=D-1=1$ 时，电子开关转到 $p_1(n)$，$x(1)$ 进入 $p_1(n)$，$p_1(n)$ 的输出为 $p_1(0)x(1)=h(1)x(1)$；$k=0$ 时，电子开关又转到 $p_0(n)$，此时 $x(2)$ 进入 $p_0(n)$ 第一节，上一周期中进入 $p_0(n)$ 的 $x(0)$ 移位到 $p_0(n)$ 的第二节，所以 $p_0(n)$ 的输出为

$$p_0(0)\,x(2) + p_0(1)\,x(0) = h(0)\,x(2) + h(2)\,x(0)$$

总的输出 $y(1)$ 为 $p_0(n)$ 与 $p_1(n)$ 输出之和，即

$$y(1) = h(1)x(1) + h(0)x(2) + h(2)x(0)$$

同样道理，可求出下一旋转周期得到的输出

$$y(2) = p_1(0)x(3) + p_1(1)x(1) + p_0(0)x(4) + p_0(1)x(2)$$
$$= h(1)x(3) + h(3)x(1) + h(0)x(4) + h(2)x(2)$$

所求 $y(0), y(1)$ 和 $y(2)$ 与式（9.5.10）相同，所以，图 9.5.7 所给结构是正确的。

例 9.5.1 设计一个按因子 $I=5$ 的内插器，要求镜像滤波器通带最大衰减为 0.1 dB，阻带最小衰减为 30 dB，过渡带宽度不大于 $\pi/20$。设计 FIR 滤波器系数 $h(n)$，并求出多相滤波器实现结构中的 5 个多相滤波器系数。

解：由式（9.3.5）知道 FIR 滤波器 $h(n)$ 的阻带截止频率为 $\pi/5$，根据题意可知滤波器其他指标参数：通带截止频率为 $\pi/5-\pi/20=3\pi/20$，通带最大衰减为 0.1 dB，阻带最小衰减为 30 dB。调用 remezord 函数求得 $h(n)$ 长度 $M=47$，为了满足 5 的整数倍，取 $M=50$。调用 remez 函数求得 $h(n)$ 如下

$h(0) = 6.684246e-002 = h(49)$
$h(1) = -3.073256e-002 = h(48)$
$h(2) = -4.303671e-002 = h(47)$
$h(3) = -5.803096e-002 = h(46)$
$h(4) = -6.759203e-002 = h(45)$
$h(5) = -6.493009e-002 = h(44)$
$h(6) = -4.657608e-002 = h(43)$
$h(7) = -1.386252e-002 = h(42)$
$h(8) = 2.674276e-002 = h(41)$
$h(9) = 6.463158e-002 = h(40)$
$h(10) = 8.776083e-002 = h(39)$
$h(11) = 8.607506e-002 = h(38)$
$h(12) = 5.500303e-002 = h(37)$
$h(13) = -1.800562e-003 = h(36)$
$h(14) = -7.220485e-002 = h(35)$
$h(15) = -1.370181e-001 = h(34)$
$h(16) = -1.740193e-001 = h(33)$
$h(17) = -1.631924e-001 = h(32)$
$h(18) = -9.215300e-002 = h(31)$
$h(19) = 4.004513e-002 = h(30)$
$h(20) = 2.202029e-001 = h(29)$
$h(21) = 4.239994e-001 = h(28)$
$h(22) = 6.191918e-001 = h(27)$
$h(23) = 7.725483e-001 = h(26)$
$h(24) = 8.568808e-001 = h(25)$

根据式（9.5.7）确定多相滤波器实现结构中的 5 个多相滤波器系数如下

$$p_0(n) = h(nI) = \{h(0), h(5), h(10), h(15), h(20), h(25), h(30), h(35), h(40), h(45)\}$$
$$p_1(n) = h(1+nI) = \{h(1), h(6), h(11), h(16), h(21), h(26), h(31), h(36), h(41), h(46)\}$$
$$p_2(n) = h(2+nI) = \{h(2), h(7), h(12), h(17), h(22), h(27), h(32), h(37), h(42), h(47)\}$$
$$p_3(n) = h(3+nI) = \{h(3), h(8), h(13), h(18), h(23), h(28), h(33), h(38), h(43), h(48)\}$$
$$p_4(n) = h(4+nI) = \{h(4), h(9), h(14), h(19), h(24), h(29), h(34), h(39), h(44), h(49)\}$$

9.6 采样率转换系统的多级实现

在实际采样率转换系统中，常常会遇到抽取因子和内插因子很大的情况。例如，按有理数因子 $I/D=150/61$ 的采样率转换系统，从理论上讲，可以准确地实现这种采样率转换，但是实现结构中将需要 150 个多相滤波器，而且其工作效率很低。下面分别介绍针对 $D \gg 1$ 或

$I\gg1$情况的多级实现方法。

对内插因子 $I\gg1$ 的情况,如果 I 可以分解为 L 个正整数的乘积

$$I = \prod_{i=1}^{L} I_i \tag{9.6.1}$$

则按整数因子 I 的内插系统可用图 9.6.1 所示的 L 级整数因子内插系统级联来实现。

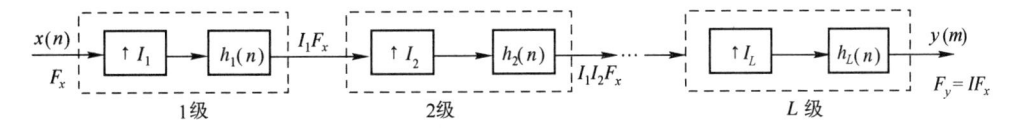

图 9.6.1 按整数因子 I 内插系统的多级实现

图 9.6.1 中,$h_i(n)$ 是第 i 级整数因子 I_i 内插系统的镜像滤波器,第 i 级输出的采样频率

$$F_i = I_i F_{i-1}, \quad i = 1, 2, \cdots, L \tag{9.6.2}$$

同样道理,如果 D 可以分解为 J 个正整数的乘积

$$D = \prod_{i=1}^{J} D_i \tag{9.6.3}$$

则按整数因子 D 的抽取系统可用图 9.6.2 所示的 J 级整数因子抽取系统级联来实现。

第 i 级输出序列的采样频率为

$$F_i = F_{i-1}/D_i, \quad i = 1, 2, \cdots, J \tag{9.6.4}$$

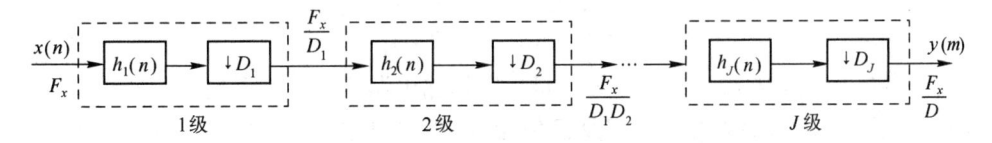

图 9.6.2 按整数因子 D 的抽取系统的多级实现

式中,$F_1 = F_0/D_1 = F_x/D_1$。图 9.6.2 中,$h_i(n)$ 是第 i 级整数因子 D_i 抽取系统的抗混叠滤波器,其阻带截止频率应满足

$$\omega_{si} = \pi/D_i \tag{9.6.5}$$

相应的模拟截止频率为

$$f_{si} = F_i/2 = F_{i-1}/2D_i \tag{9.6.6}$$

按照式(9.6.5)或式(9.6.6)设计每一级抗混叠滤波器,可以保证各级抽取后无频谱混叠。但这不是最有效的滤波器指标。通过下面的分析可以证明,各级滤波器的过渡带可以更宽,从而使滤波器阶数降低,并能保证总抽取系统输出的频谱混叠满足要求。

我们知道,按整数因子 D 抽取后,只能保留输入信号 $x(n)$ 中 $0 \leqslant |f| \leqslant F_x/2D$ Hz 的频谱成分。因此用多级实现时,只要设计每级滤波器,保证在该频段上无频谱混叠就可以了。下面分析为满足上述要求,如何设置各级滤波器的边界频率。

为了叙述方便,先定义总抽取系统感兴趣的无失真通带和过渡带,为了便于理解与比较,以模拟频率(Hz)给出如下

通带 $\qquad\qquad\qquad 0 \leqslant |f| \leqslant f_p$ Hz $\qquad(9.6.7)$

过渡带 $\qquad\qquad\qquad f_p \leqslant f \leqslant f_s$ Hz $\qquad(9.6.8)$

式中，阻带截止频率 $f_s \leqslant F_x/2D$。只要按照下式给出的边界频率设计第 i 级滤波器 $h_i(n)$，就能保证在感兴趣的频带 $0 \leqslant |f| \leqslant f_s$ 上无频谱混叠。

通带截止频率 $\qquad f_{pi} = f_p \text{ Hz}, \qquad i = 1,2,\cdots,J \qquad$ （9.6.9）

阻带截止频率 $\qquad \begin{cases} f_{si} = F_i - f_s \text{ Hz}, & i = 1,2,\cdots,J-1 \\ f_{sJ} = f_s \text{ Hz} \end{cases} \qquad$ （9.6.10）

用数字频率表示：

通带截止频率 $\qquad \omega_{pi} = 2\pi f_p / F_{i-1} \text{ rad} \qquad$ （9.6.11）

阻带截止频率 $\qquad \omega_{si} = \dfrac{2\pi f_{si}}{F_{i-1}} = \dfrac{2\pi(F_i - f_s)}{F_{i-1}} = \dfrac{2\pi}{D_i} - \dfrac{2\pi f_s}{F_{i-1}} \text{ rad} \qquad$ （9.6.12）

抽取系统总的频率响应特性 $H(f)$ 如图 9.6.3（a）所示。由式（9.6.9）和式（9.6.10）定义的第 i 级滤波器 $h_i(n)$ 的频率响应特性 $H_i(f)$ 如图 9.6.3（b）所示。图 9.6.2 中第 i 级抽取器输出端的频谱 $Y_i(f)$ 示意图如图 9.6.3（c）所示。由该图可见，确实在感兴趣的频带 $0 \leqslant |f| \leqslant f_s$ 上无频谱混叠。虽然在频带 $f_s < f < F_i - f_s$ 中存在频谱混叠，但这些混叠的频谱逐步被后面各级滤波器滤掉，而不会使最终输出 $y(m)$ 在频带 $0 \leqslant |f| \leqslant f_s$ 上存在频谱混叠失真。

用式（9.6.6）确定 $h_i(n)$ 的阻带截止频率时，过渡带宽度为

$$\Delta B_1 = f_{si} - f_p = F_i/2 - f_p$$

用式（9.6.10）确定 $h_i(n)$ 的阻带截止频率时，过渡带宽度为

$$\Delta B_2 = f_{si} - f_p = F_i - f_s - f_p$$

$$\Delta B_2 - \Delta B_1 = F_i/2 - f_s$$

可见过渡带宽度加宽了 $F_i/2 - f_s$，使第 i 级抽取器输出端存在频谱混叠。正是利用了过渡带宽度加宽，使滤波器 $h_i(n)$ 阶数变小，从而使计算效率大大提高。

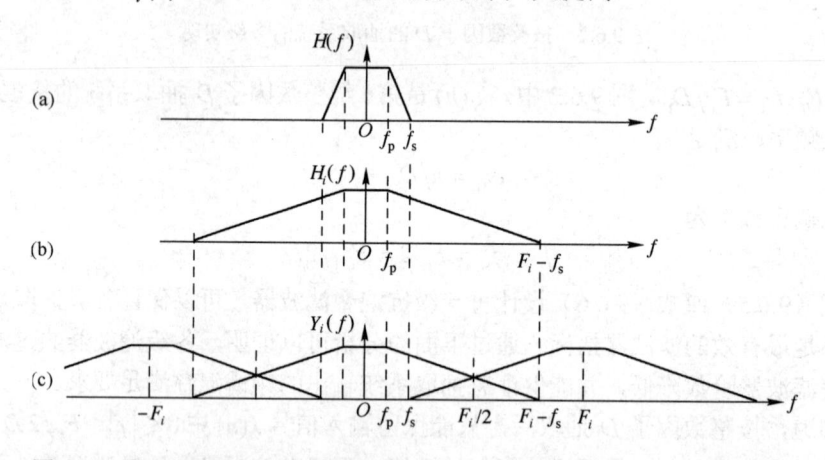

图 9.6.3 第 i 级滤波器 $h_i(n)$ 频率响应特性及第 i 级抽取器输出端频谱示意图

例 9.6.1 设音频信号的额定带宽为 4 kHz，$x(n)$ 是对音频信号的采样序列，采样频率 F_x =8 kHz。现在希望用低通滤波器分离出 80 Hz 以下的频率成分，要求低通滤波器通带截止频率为 75 Hz，阻带截止频率为 80 Hz，并规定通带波纹 $\delta_1 = 10^{-2}$，阻带波纹 $\delta_2 = 10^{-4}$。最后按整数因子抽取，最大限度地降低数据量。

解：首先采用一级直接抽取。根据题意知道，输入信号采样频率 F_x =8 kHz，输出信号采样频率 $F_y = 2 \times 80 = 160$ Hz，所以抽取因子 $D = F_x/F_y = 50$。抗混叠滤波器通带截止频率 $f_p = 75$ Hz，阻带截止频率 $f_s = 80$ Hz，通带波纹 $\delta_1 = 10^{-2}$，阻带波纹 $\delta_2 = 10^{-4}$。用等波纹最佳逼近法设计，调用函数 remezord 计算出滤波器长度为 N=5023。由图 9.5.2（b）知道滤波器乘法和加法运算工作于采样频率 $F_y = 160$ Hz，所以每秒乘法次数为

$$\text{MPS} = NF_y = 5023 \times 160 = 803\ 680$$

所以采用 1 级抽取时，滤波器阶数太高，计算量太大。

下面采用 2 级抽取方案。$D = 50 = 25 \times 2$，所以取 $D_1 = 25, D_2 = 2$。根据式（9.6.9）和式（9.6.10）得到第 1 级滤波器指标为

$$F_1 = F_x/D_1 = 8000/25 = 320$$

通带截止频率 $\qquad f_{p1} = f_p = 75$ Hz

阻带截止频率 $\qquad f_{s1} = F_1 - f_s = 320 - 80 = 240$ Hz

用式（9.6.10）和式（9.6.11）可以计算出对应的数字边界频率（后面类同）为

通带截止频率 $\qquad \omega_{p1} = 2\pi f_{p1}/F_x = 0.0187\pi$ rad

阻带截止频率 $\qquad \omega_{s1} = \dfrac{2\pi}{D_1} - \dfrac{2\pi f_s}{F_x} = 0.06\pi$ rad

通带波纹 $\qquad \delta_{11} = \delta_1/2 = 10^{-2}/2$

阻带波纹 $\qquad \delta_{12} = \delta_2 = 10^{-4}$

请注意，两级实现时，要将通带波纹减小一半来保证级联后总的通带波纹不会超过 δ_1。所以 J 级实现时，每级滤波器的通带波纹 $\delta_{i1} = \delta_1/J$。调用函数 remezord 计算出第 1 级滤波器 $h_1(n)$ 的长度为 N_1=173。

用同样的方法得到第 2 级滤波器的指标为：$F_2 = F_y = 160$ Hz，通带截止频率 $f_{p2} = f_p = 75$ Hz，阻带截止频率 $f_{s2} = 80$ Hz，通带波纹 $\delta_{21} = \delta_1/2 = 10^{-2}/2$，阻带波纹 $\delta_{22} = \delta_2 = 10^{-4}$。

调用函数 remezord 计算得到第 2 级滤波器 $h_2(n)$ 的长度约为 N_2=217。两个滤波器的总长度 $N_1 + N_2$=390，降为原来 1 级直接抽取时滤波器长度的 7.76%。每秒乘法次数为

$$\text{MPS2} = N_1 \dfrac{F_x}{D_1} + N_2 \dfrac{F_x}{D} = 173 \times 320 + 217 \times 160 = 90\ 080$$

乘法运算速率降低为单级实现的 11.21%。所以，多级抽取实现的效率远高于单级直接抽取实现方法。以上滤波器长度计算由程序 ep961.m 实现，$h_1(n)$ 和 $h_2(n)$ 的幅频特性分别如图 9.6.4（a）和（b）所示。

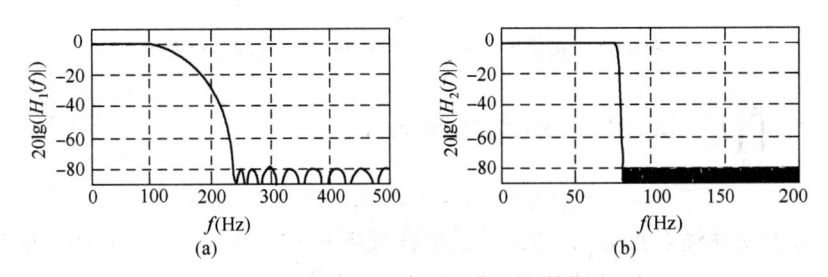

图 9.6.4 $h_1(n)$ 和 $h_2(n)$ 的幅频特性

%ep961.m：例 9.6.1 按整数因子抽取的 1 级直接抽取与多级抽取方案的效率比较

```
%D=50,1 级直接抽取
fp=75;fs=80;d1=0.01;d2=0.0001;Fs=8000;
f=[fp,fs];a=[1,0];dat=[d1,d2];
[N,Fo,Ao,W] = remezord(f,a,dat,Fs);N        %1 级直接抽取滤波器长度 N
%D1=25;D2=2 的 2 级实现情况:
D1=25;F1=Fs/D1;fs1=F1−fs
f=[75,fs1];a=[1,0];dat=[d1/2,d2];           %第 1 级滤波器指标
[N1,Fo,Ao,W] = remezord(f,a,dat,Fs);N1=N1+8 %第 1 级滤波器长度 N1
h1n=remez(N1,Fo,Ao,W);                      %计算第 1 级滤波器单位脉冲响应 h1(n)
f=[75,80];a=[1,0];dat=[d1/2,d2];            %第 2 级滤波器指标
[N2,Fo,Ao,W] = remezord(f,a,dat,F1);N2      %第 2 级滤波器长度 N2
h2n=remez(N2,Fo,Ao,W);                      %计算第 2 级滤波器单位脉冲响应 h2(n)
SUM1=N1+N2;                                 %两级滤波器总长度
绘图及其他三种分级情况计算程序略去
```

运行程序 ep961.m 可以估算出四种情况下的各级抽取因子和滤波器长度如表 9.6.1 所示。

表 9.6.1 抽取因子与滤波器长度

D_1	D_2	D_3	N_1	N_2	N_3	$N_1+N_2+N_3$	乘法次数/秒 (计算复杂度)
25	2	×	173	217		390	90 080
2	25	×	3	2699		2702	123 840
10	5	×	42	541		583	120 160
5	5	2	18	165	217	400	116 320

从上表可以看出，取 $D_1=25, D_2=2$ 的 2 级抽取方案效率最高，$D_1=2, D_2=25$ 的 2 级抽取方案效率最低。而且级数越多并不一定效率越高。对 J 级实现的一般情况，抽取因数是 $D=D_1D_2\cdots D_J$。按整数因子 D 抽取器的最佳多级实现取决于级数 J 和 $D_1, D_2, \cdots, D_J$ 的选择和排列。对 D 作不同的因数分解，就可能得到几种不同的组合 $D_1 D_2 \cdots D_J$，所对应的多级实现效率也不同。

因为内插器与抽取器的实现结构互为转置关系，所以对图 9.6.2 转置得到如图 9.6.5 所示的按整数因子 I 内插系统的 J 级实现方框图。

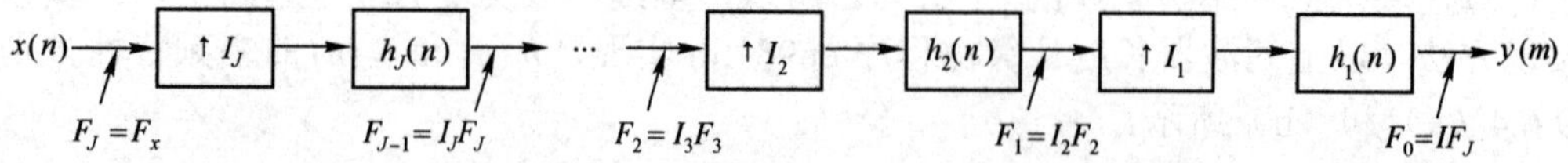

图 9.6.5 按整数因子 I 内插系统的 J 级实现方框图

其中，$I=\prod_{i=1}^{J} I_i$，第 i 级输出的采样频率为

$$F_{i-1}=I_iF_i \quad i=J,J-1,\cdots,1 \tag{9.6.13}$$

输入信号的采样频率 $F_J=F_x$，输出端的采样频率 $F_0=F_y=IF_J$。式（9.6.10）说明，第 i 级整数因子 D_i 抽取系统的抗混叠滤波器的阻带截止频率为

$$f_{si}=F_i-f_s=\frac{h_i(n)\text{ 的工作采样频率}}{D_i}-f_s$$

由于滤波器的转置型结构与原结构的频率响应相同，第 i 级整数因子 I_i 内插系统的镜像滤波器 $h_i(n)$ 的工作采样频率 $F_{i-1}=I_iF_i$，所以其边界频率为

通带截止频率 $\qquad f_{pi}=f_p \qquad i=J,J-1,\cdots,1 \qquad$ (9.6.14)

阻带截止频率 $\qquad f_{si}=F_{i-1}/I_i-f_s=F_i-f_s \qquad i=J,J-1,\cdots,1 \qquad$ (9.6.15)

9.7 采样率转换器的 MATLAB 实现

MATLAB 信号处理工具箱提供的采样率转换函数有 upfirdn, interp, decimate, resample，其功能简述如下。

Y=upfirdn(X,H,I,D)——先对输入信号向量 X 进行 I 倍零值内插，再用 H 提供的 FIRDF 对内插结果滤波，其中 H 为 FIRDF 的单位脉冲向量，FIRDF 采用高效的多相实现结构。最后按因子 D 抽取得到输出信号向量 Y。

Y = interp(X,I)——采用低通滤波插值法实现对序列向量 X 的 I 倍插值，其中的插值滤波器让原序列无失真通过，并在 X 的两个相邻样值之间按照最小均方误差准则插入 I−1 个序列值。得到的输出信号向量 Y 的长度为 X 长度的 I 倍。

Y =decimate(X,D)——先对序列 X 抗混叠滤波，再按整数因子 D 对序列 X 抽取。输出序列 Y 的长度是 X 长度的 1/D。抗混叠滤波用 8 阶切比雪夫 I 型低通滤波器，阻带截止频率为 $0.8F_s/(2D)$。Y = decimate(X,D,N,'FIR')用长度为 N 的 FIR 滤波器。

Y=resample(X,I,D)——采用多相滤波器结构实现按有理数因子 I/ D 的采样率转换。如果原序列向量 X 的采样频率为 F_x，长度为 L_x，则序列 Y 的采样频率为 F_y=(I/D) F_x，长度为(I/D) L_x（当(I/D) L_x 不是整数时，Y 的长度取不小于(I/D) L_x 的最小整数）。该函数具有默认的抗混叠滤波器设计功能，按照最小均方误差准则调用函数 firls 设计。

[Y,B] =resample(X,I,D)——返回输出信号向量 Y 和抗混叠滤波器的单位脉冲序列向量 B。

Y=resample (X,I,D,B)——允许用户提供抗混叠滤波器的单位脉冲序列向量 B。

这些函数的其他调用方法请用 help 命令查阅。

例 9.7.1 编写程序产生长度为 32 的序列 $x(n)$，再调用 resample 函数对 $x(n)$按因子 3/8 进行采样率变换，并绘制采样率变换器的输出序列 $y(n)$和采样率变换器中的 FIRDF 的单位脉冲响应 $h(n)$及其频率响应特性曲线。

本例题的实现程序 ep971.m 如下。

```
%例 9.7.1 实现程序 ep971.m: 调用 resample 函数实现按因子 3/8 进行采样率变换
n=0:31;xn=sin(0.1*pi*n)+1.5;      %产生长度为 32 的序列向量 xn
%对 xn 按因子 3/8 进行采样率变换,yn 为转换器输出序列, hn 是 FIRDF 的单位脉冲响应
[yn,hn]=resample(xn,3,8);
%以下是绘图部分
subplot(3,2,1);stem(n,xn,'.');axis([0,31,0,3]);title('(a)');xlabel('n');ylabel('x(n)')
ny=0:length(yn) −1;
subplot(3,2,5);stem(ny,yn,'.');axis([0,12,0,3]);title('(b)');xlabel('m');ylabel('y(m)')
subplot(3,2,2);stem(hn,'.');axis([0,160, −0.1,0.5]);title('(c)');xlabel('n');ylabel('h(n)')
w=(0:1023)*2/1024;
subplot(3,2,6);plot(w,20*log10(abs(fft(hn,1024))));axis([0,1/4, −80,20]);grid on
title('(d)');xlabel('\omega/\pi');ylabel('20lg(|Hg(\omega)|')
```

运行程序得到采样率转换器的输入信号 $x(n)$、输出信号 $y(m)$、FIRDF 的单位脉冲响应 $h(n)$ 及其频率响应的波形分别如图 9.7.1（a）、（b）、（c）和（d）所示。$x(n)$ 的长度为 32，$y(m)$ 的长度为 32×3/8=12，$h(n)$ 的长度为 161。

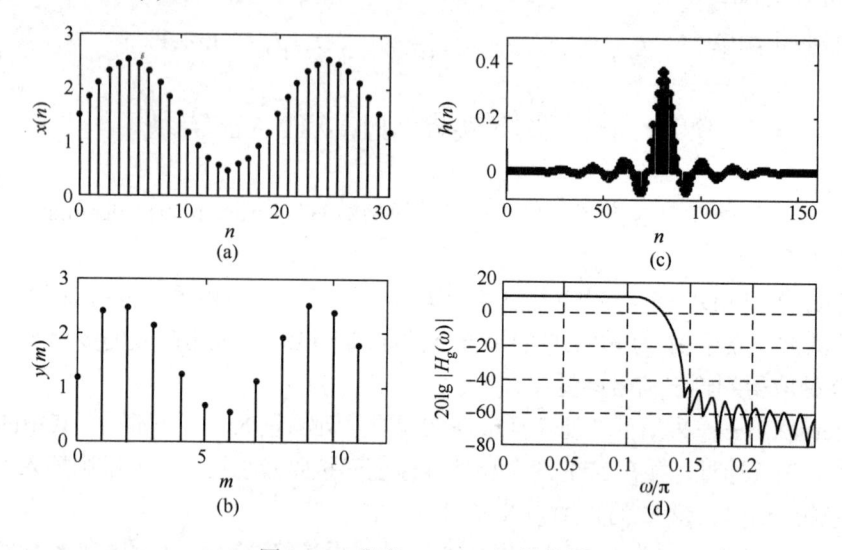

图 9.7.1 程序 ep971.m 运行结果

9.8 采样率转换在数字语音系统中的应用

为了下面叙述方便，首先说明本节对信号时域和频域的表示方法和描述符号。

设 $x(t)$ 为模拟信号，$x(nT_1)$ 表示对 $x(t)$ 的采样序列，$y(mT_2)$ 是对 $x(nT_1)$ 进行采样率转换（内插或抽取）后的序列。并定义

$$X(j\Omega) = \text{FT}[x(t)]$$
$$X(e^{j\omega_1}) = X(e^{j\Omega T_1}) = \text{FT}[x(nT_1)]$$
$$Y(e^{j\omega_2}) = X(e^{j\Omega T_2}) = \text{FT}[y(mT_2)]$$

式中，数字频率与模拟频率的关系为 $\omega_1 = \Omega T_1$，$\omega_2 = \Omega T_2$。$x(nT_1)$ 的采样频率记为 $F_{sa1} = 1/T_1$ Hz，$y(nT_2)$ 的采样频率记为 $F_{sa2} = 1/T_2$ Hz，相应的采样角频率为 $\Omega_{sa1} = 2\pi F_{sa1} = 2\pi/T_1$ rad/s，$\Omega_{sa2} = 2\pi F_{sa2} = 2\pi/T_2$ rad/s。

为了通过观察比较 $x(t)$、$x(nT_1)$ 和 $y(mT_2)$ 的频谱关系，理解采样率转换在数字语音系统中的应用原理，本节全部以模拟角频率 Ω 为自变量（横坐标），并采用上面定义的符号，来绘制应用系统中各信号的频谱曲线。

9.8.1 数字语音系统中的信号采样过程及其存在的问题

在数字语音系统中，语音信号的采样过程如图 9.8.1 所示。图中，$x(t)$ 为模拟信号，其有用频谱分布范围为 $[-f_h, f_h]$，f_h 表示 $x(t)$ 中有用频率成分的最高频率。信号中一般含有干扰噪声，其频带宽度远大于 f_h。$x(t)$ 及其幅频特性 $|X(j\Omega)|$ 如图 9.8.1（b）所示。下面以电话系统中的数字语音系统为例，讨论图 9.8.1（a）所示的基本采集系统中存在的技术问题。

在电话系统中，一般要保证 4 kHz 的音频带宽，即取 f_h=4 kHz。但送话器发出的信号 $x(t)$

的带宽比 f_h 大很多。因此，在 A/D 变换之前要对其进行模拟预滤波，以防止采样后发生频谱混叠失真。为了使信号采集数据量尽量小，取采样频率 $F_s=2f_h=8$ kHz。这时要求低通模拟滤波器 $h(t)$ 的幅频响应特性 $|H(j\Omega)|$ 如图 9.8.1（c）所示。预滤波后的信号 $v(t)$ 及其采样序列 $v(nT)$ 和相应的频谱分别如图 9.8.1（d）、（e）所示。

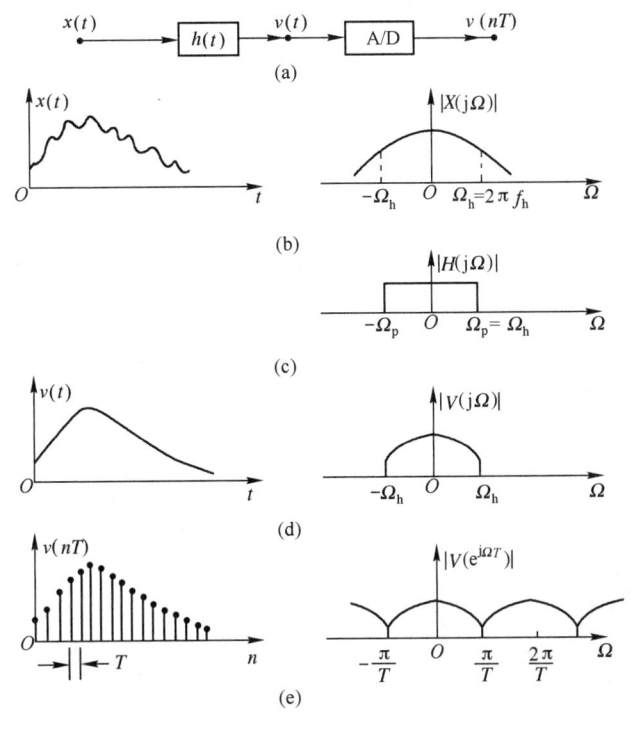

图 9.8.1 语音信号的一般采样过程示意图

上述基本采集系统对 $x(t)$ 进行 A/D 变换的困难在于对预滤波器 $h(t)$ 的技术要求太高（要求过渡带宽度为 0，用理想低通特性），因而是难以设计与实现的。显然，在接收端 D/A 变换过程中同样会遇到此问题。如果简单地将采样率提高，如取 $F_s=16$ kHz，则预滤波器就容易实现（允许有 4 kHz 的过渡带），但使采集信号的数据量加大一倍，传输带宽也加大一倍。下面讨论如何采用整数因子抽取与整数因子内插来解决该问题，而不增加数据量。

9.8.2 数字语音系统中改进的 A/D 转换方案

为了降低对模拟预滤波器的技术要求，采用如图 9.8.2（a）所示的改进方案。先用较高的采样率进行采样，如采样率 $F_{sa1}=1/T_1=16$ kHz，经过 A/D 后，再按因子 $D=2$ 抽取，把采样率降至 8 kHz。这时，模拟预滤波器 $g(t)$ 的过渡带为 4 kHz $\leq f \leq$ 12 kHz，如图 9.8.2（c）所示。这样的预滤波器会导致采样信号 $w(nT_1)$ 的频谱 $W(e^{j\Omega T_1})$ 在 4～12 kHz 的频带中发生混叠，如图 9.8.2（e）所示。但这部分混叠在抽取前用数字滤波器 $h(nT_1)$ 滤掉了。数字滤波器 $h(nT_1)$ 的幅频特性 $|H(e^{j\Omega T_1})|$ 如图 9.8.2（f）所示。这样，模拟预滤波器就容易设计和实现了。现在把问题转移到设计和实现技术要求很高的数字滤波器 $h(nT_1)$ 上了，这就是解决问题的关键。数字滤波器可用 FIR 结构，容易设计成线性相位和陡峭的通带边缘特性。这种方案最终并未增加信号数据量。

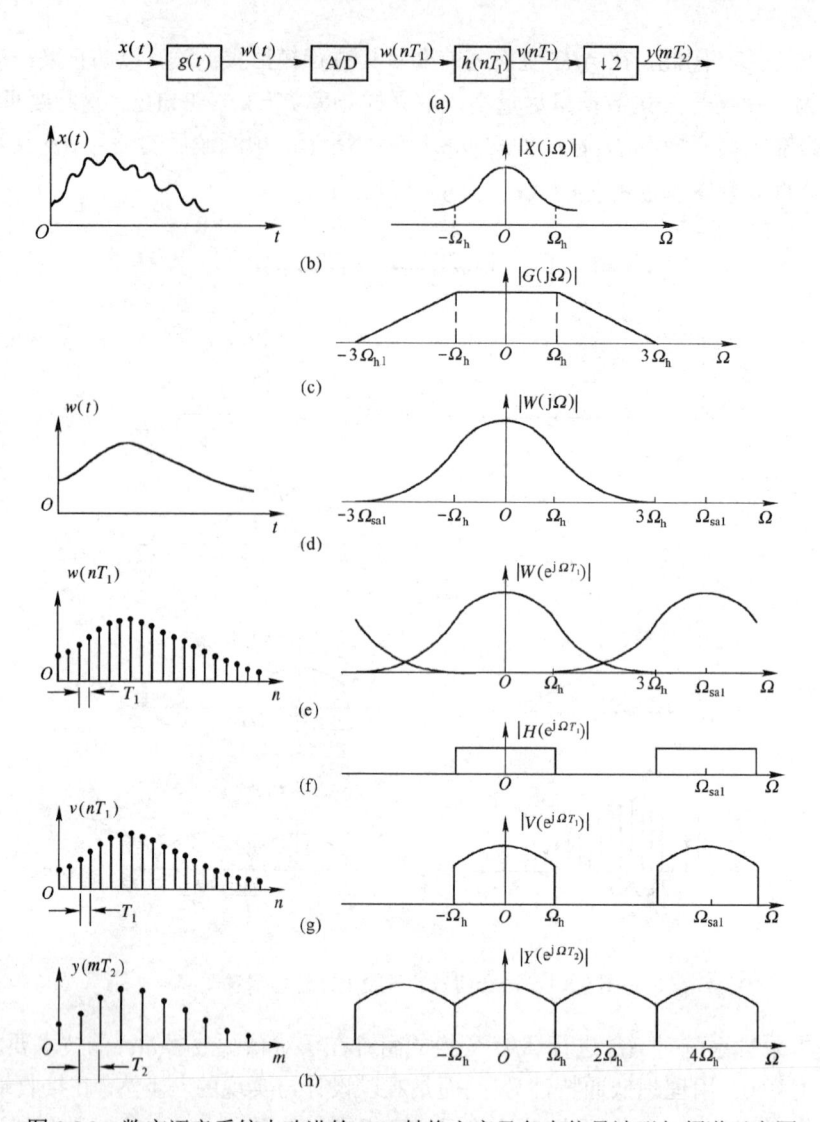

图 9.8.2 数字语音系统中改进的 A/D 转换方案及各点信号波形与频谱示意图

9.8.3 接收端 D/A 转换器的改进方案

设数字信号序列 $y(mT_2)$ 传送到接收端后变成 $\hat{y}(mT_2)$，若不考虑信道噪声，则其频谱与图 9.8.2（h）相同。要将 $\hat{y}(mT_2)$ 恢复为模拟信号 $\hat{x}(t)$，若采用基本方案，先将 $\hat{y}(mT_2)$ 经 D/A 转换器，再进行模拟低通滤波，得到 $\hat{x}(t)$。这种方案同样会对模拟恢复低通滤波器 $\hat{g}(t)$ 提出难以实现的技术要求。为了解决这一难题，可采用如图 9.8.3 所示 D/A 转换器的改进方案。

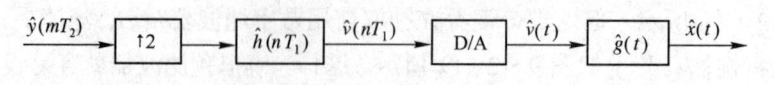

图 9.8.3 D/A 转换器的改进方案

该方案的思路是，采用整数因子内插，将模拟恢复低通滤波器 $\hat{g}(t)$ 的设计与实现的困难转移到设计滤除镜像频谱的高性能数字滤波器 $\hat{h}(nT_1)$ 来解决。具体实现原理如下。

设输入数字信号 $\hat{y}(mT_2)$ 如图 9.8.4（a）所示（与图 9.8.2（h）相同）。经内插后将采样率提高 2 倍，滤波器 $\hat{h}(nT_1)$ 的输出为 $\hat{v}(nT_1)$，假定 $\hat{h}(nT_1)$ 可设计成陡峭通带边缘特性，则 $\hat{v}(nT_1)$ 的时域和频域波形如图 9.8.4（b）所示。对 $\hat{v}(nT_1)$ 进行 D/A 变换，得到

$$\hat{v}(t) = \begin{cases} \hat{v}(nT_1), & t = nT_1 \\ 0, & t \neq nT_1 \end{cases} \tag{9.8.1}$$

$\hat{v}(t)$ 及其幅频特性 $|\hat{V}(j\Omega)|$ 如图 9.8.5 所示。应当说明，这种 D/A 转换器特性难以实现，实际中常用零阶保持型 D/A 转换器代替，但其频响特性不理想，会引入幅频失真。这种失真可在数字域进行预处理补偿。

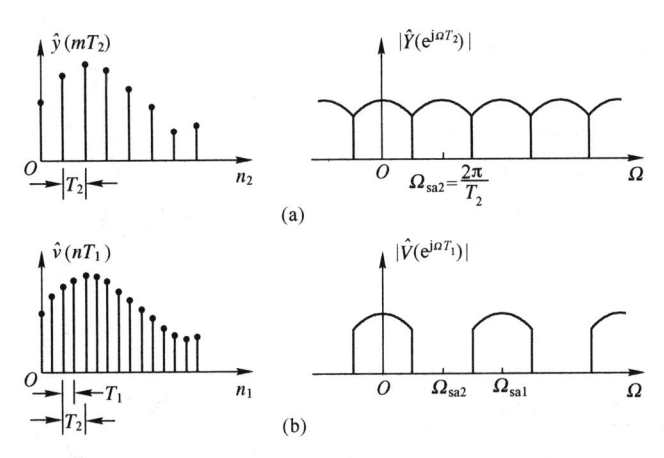

图 9.8.4　$\hat{y}(mT_2)$ 和 $\hat{v}(nT_1)$ 时域和频域示意图

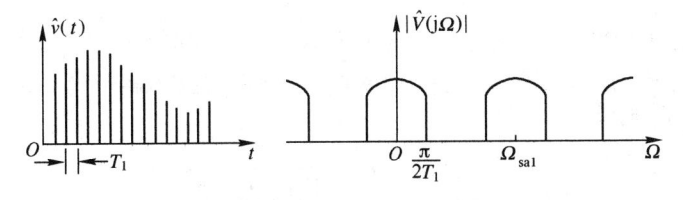

图 9.8.5　$\hat{v}(t)$ 时域和频域示意图

对 $\hat{v}(t)$ 进行模拟低通滤波，这时要求模拟低通滤波器 $\hat{g}(t)$ 的通带边缘频率为 $\Omega_p = \pi/2T_1$，过渡带为 $\pi/2T_1 \leqslant |\Omega| \leqslant 3\pi/2T_1$，阻带为 $3\pi/2T_1 \leqslant |\Omega|$。$\hat{g}(t)$ 的幅频特性曲线如图 9.8.6 所示，当然，过渡带上的频响曲线可以不是直线。$\hat{g}(t)$ 的输出则为模拟信号 $\hat{x}(t)$。由于过渡带较宽，所以模拟低通滤波器 $\hat{g}(t)$ 的设计与实现较容易。我们希望恢复的信号就是 $\hat{x}(t)$，其时域和频域示意图如图 9.8.7 所示。

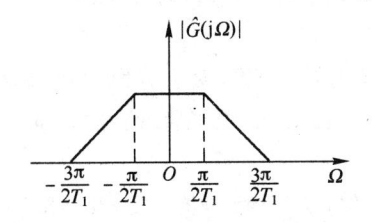

图 9.8.6　$\hat{g}(t)$ 的幅频特性曲线 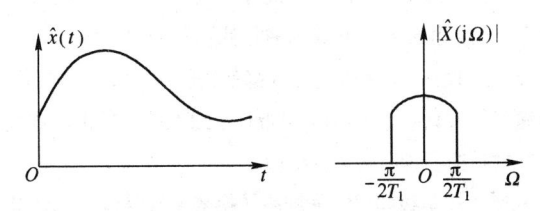　　　图 9.8.7　恢复的模拟信号 $\hat{x}(t)$ 及其频谱示意图

习题与上机题

9.1 已知信号 $x(n) = a^n u(n)$，$|a| < 1$。

（1）求信号 $x(n)$ 的频谱函数 $X(e^{j\omega}) = FT[x(n)]$；

（2）按因子 $D=2$ 对 $x(n)$ 抽取得到 $y(m)$，试求 $y(m)$ 的频谱函数。

（3）证明：$y(m)$ 的频谱函数就是 $x(2n)$ 的频谱函数。

9.2 假设信号 $x(n)$ 及其频谱 $X(e^{j\omega})$ 如图 P9.2 所示。

（1）构造信号 $x_s(n)$ 如下式：

$$x_s(n) = \begin{cases} x(n), & n = 0, \pm 2, \pm 4, \cdots \\ 0, & n = \pm 1, \pm 3, \pm 5, \cdots \end{cases}$$

计算并图示 $x_s(n)$ 的傅里叶变换，并判断是否能由 $x_s(n)$ 恢复 $x(n)$，给出恢复的方法。

（2）按因子 $D=2$ 对 $x(n)$ 抽取，得到信号 $y(m) = x(2m)$。说明抽取过程中是否丢失了信息。

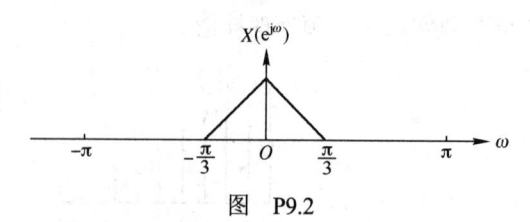

图 P9.2

9.3 按整数因子 D 抽取器原理方框图如图 P9.3（a）所示。其中 $F_x = 1$ kHz，$F_y = 250$ Hz，输入序列 $x(n)$ 的频谱如图 P9.3（b）所示。确定抽取因子 D，并画出图 P9.3（a）中理想低通滤波器 $h_D(n)$ 的频率响应特性曲线和序列 $v(n)$、$y(m)$ 的频谱特性曲线。

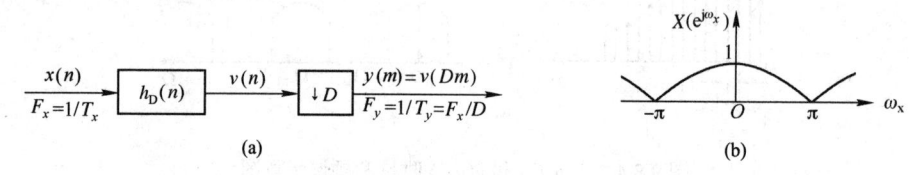

图 P9.3

9.4 按整数因子 I 内插器原理方框图如图 P9.4 所示。图中 $F_x = 200$ Hz，$F_y = 1$ kHz，输入序列 $x(n)$ 的频谱如图 P9.3（b）所示。确定内插因子 I，并画出图 P9.4 中理想低通滤波器 $h_I(n)$ 的频率响应特性曲线和序列 $v(n)$、$y(m)$ 频谱特性曲线。

图 P9.4

9.5* 设计一个抽取器，要求抽取因子 $D=5$。用 remez 函数设计抗混叠 FIR 滤波器，图示滤波器的单位脉冲响应和损耗函数。要求通带最大衰减为 1 dB，阻带最小衰减为 30 dB，过渡带宽度为 0.06π。并确定实现抽取器的多相结构和相应的多相滤波器的单位脉冲响应。

9.6* 设计一个内插器，要求内插因子 $I=2$。用 remez 函数设计镜像 FIR 滤波器，图示滤波器的单位脉冲响应和损耗函数。要求通带最大衰减为 0.1 dB，阻带最小衰减为 30 dB，过渡带宽度为 0.05π。并确定实现内插器的多相结构和相应的多相滤波器的单位脉冲响应。

9.7* 设计一个按因子 2/5 降低采样率的采样率转换器，画出系统原理方框图。要求其中的 FIR 低通滤波器通带最大衰减为 1 dB，阻带最小衰减为 30 dB，过渡带宽度为 0.04π。设计 FIR 低通滤波器的单位脉冲响应，并画出一种高效实现结构。

9.8* 按单级和双级采样率转换器实现结构，设计其中的线性相位 FIR 低通滤波器。技术指标如下：

输入信号 $x(n)$ 采样频率：$F_s = 10$ kHz；

通频带：$0 \leqslant f \leqslant 60$ Hz，通带波纹：$\delta_1 = 0.1$；

过渡带：$60 \leqslant f \leqslant 65$ Hz，阻带波纹：$\delta_2 = 10^{-3}$。

要求尽可能降低采样率，试确定采样率转换因子，并设计 FIR 低通滤波器的单位脉冲响应。

9.9* 设计一个两级抽取器中的线性相位 FIR 低通滤波器，并画出一种高效实现结构图。技术要求如下：

输入信号采样频率：F_s=10 kHz；

抽取因子：D=100；

通频带：$0 \leqslant f \leqslant 45$ Hz，通带波纹：$\delta_1 = 0.1$；

过渡带：$45 \leqslant f \leqslant 50$ Hz，阻带波纹：$\delta_2 = 10^{-3}$。

9.10 假设信号 $x(n)$ 是以奈奎斯特采样频率对模拟信号 $x_a(t)$ 的采样序列，采样频率 F_x=10 kHz。现在为了减少数据量，只保留 $0 \leqslant f \leqslant 3$ kHz 的低频信息，希望尽可能降低采样频率，请设计采样率转换器。要求经过采样率转换器后，在频带 $0 \leqslant f \leqslant 2.9$ kHz 中频谱失真不大于 1 dB，频谱混叠不超过 1%。

（1）确定满足要求的最低采样频率 F_y 和相应的采样率转换因子。

（2）画出采样率转换器原理方框图。

（3）确定采样率转换器中 FIR 低通滤波器的技术指标，假设用等波纹最佳逼近法设计 FIR 低通滤波器，试画出滤波器的损耗函数曲线草图，并标出指标参数（通带截止频率，阻带截止频率，通带最大衰减和阻带最小衰减）。

9.11* 设计一个单级抽取器将采样率从 60 kHz 降到 3 kHz，抗混叠 FIR 滤波器采用等波纹最佳逼近法设计，要求通带截止频率为 1.25 kHz，通带波纹为 2%，阻带波纹为 1%。如果分别以滤波器总长度和每秒所需的乘法次数作为计算复杂度的度量，试计算该抽取器的计算复杂度。

9.12* 用两极实现结构设计习题 9.11 中的抽取器，请开发出具有最小计算复杂度的设计方案，比较两级实现与单级实现的计算复杂度。最后给出两级滤波器单位脉冲响应及其损耗函数曲线。

第 10 章 数字信号处理应用举例

10.1 引　　言

数字信号处理技术灵活、精确、抗干扰性能强，数字信号处理设备体积小、功耗低、造价便宜，因此数字信号处理技术正在得到越来越广泛的应用。正如绪论中所述，它的发展与新器件的出现，微计算机技术的进步，以及实际中对信息处理越来越高的要求密不可分。而且随着新理论和新算法的不断出现和发展，数字信号处理技术将开拓出更多新的应用领域。例如语音信号、雷达信号、声呐信号、地震信号、图像等信号的数字处理均获得成功后，这些数字信号处理技术在通信系统、生物医学、遥感遥测、地质勘探、机械振动、交通运输、宇宙航行、产品检验、自动测量等方面得到了广泛的应用。

数字信号处理在各领域的应用内容非常多，每一部分应用都可以写一本书，例如数字语音信号处理、数字图像信号处理等的科技用书。本书是一本专业基础课的教材或者参考书，限于篇幅，不可能详细地介绍这些内容，而且这门课一般安排在大学 3 年级进行，学生的专业知识较少，只能选择和本书基础理论密切相关，而又不需要太多的专业知识的内容，既适合教也适合学习的部分。经过选择，本章介绍数字信号处理的两种典型应用举例，一种是数字信号处理在双音多频系统中的应用，另一种是在音乐信号处理中的应用。通过应用举例可以说明书中的基本理论和基本分析方法也是其他专业课程的重要基础。

10.2 数字信号处理在双音多频拨号系统中的应用

双音多频（Dual Tone Multi Frequency, DTMF）信号是音频电话中的拨号信号，由美国 AT&T 贝尔公司实验室研制，并用于电话网络中。这种信号制式具有很高的拨号速度，且便于自动检测识别和电话业务扩展，很快就代替了原有的用脉冲计数方式的拨号制式。这种双音多频信号制式不仅用在电话网络中，还可以用于传输十进制数据的其他通信系统中，用于电子邮件和银行系统中。这些系统中用户可以用电话发送 DTMF 信号选择语音菜单进行操作。

DTMF 信号的产生与检测识别系统是一个典型的小型信号处理系统，它要用数字方法产生模拟信号并进行传输，其中还用到了 D/A 变换器；在接收端用 A/D 变换器将其转换成数字信号，并进行数字信号处理，包括 DFT 的应用。为了提高系统的检测速度并降低成本，还开发出一种特殊的 DFT 算法，称为戈泽尔（Goertzel）算法，这种算法既可以用硬件（专用芯片）实现，也可以用软件实现。下面分别介绍双音多频信号及其产生方法和检测方法，包括戈泽尔（Goertzel）算法，最后进行模拟实验。

1. 电话系统中的双音多频信号

过去的电话拨号是靠脉冲计数确定 0~9 这 10 个数字的，拨号速度慢，也不能扩展电话的其他服务功能。现在均采用双音拨号。它的原理是：每一位号码由两个不同的单音频组成，所有的频率可分成高频带和低频带两组,低频带有四个频率,即 679 Hz,770 Hz,852 Hz 和 941 Hz;高频带也有四个频率,即 1209 Hz,1336 Hz,1477 Hz 和 1633 Hz。每一位号码均由一个低频带频率和一个高频带频率叠加形成,例如十进制数字 1 用 697 Hz 和 1209 Hz 两个频率,对应的 DTMF 信号用 $\sin(2\pi f_1 t) + \sin(2\pi f_2 t)$ 表示,其中 $f_1 = 679$ Hz,$f_2 = 1209$ Hz。这样 8 个频率形成 16 种不同的 DTMF 信号。具体 DTMF 拨号的频率分配见表 10.2.1。表中最后一列在电话中暂时没用。

表 10.2.1 DTMF 拨号的频率分配

高频带 低频带	1209 Hz	1336 Hz	1477 Hz	633 Hz
697 Hz	1	2	3	A
770 Hz	4	5	6	B
852 Hz	7	8	9	C
942 Hz	*	0	#	D

电话中的双音多频信号有两个作用:用拨号信号去控制交换机接通被叫的用户电话机;控制电话机的各种动作,如播放留言、语音信箱等。

2. 双音多频信号的产生与检测

(1) 双音多频信号的产生

假设时间连续的 DTMF 信号用 $x(t) = \sin(2\pi f_1 t) + \sin(2\pi f_2 t)$ 表示,式中 f_1 和 f_2 是按照表 10.2.1 选择的两个频率,f_1 代表低频带频率中的一个,f_2 代表高频带频率中的一个。显然采用数字方法产生 DTMF 信号,方便而且体积小。下面介绍采用数字方法产生 DTMF 信号。

规定用 8 kHz 对 DTMF 信号进行采样,采样后得到时域离散信号为

$$x(n) = \sin(2\pi f_1 n/8000) + \sin(2\pi f_2 n/8000)$$

形成上面序列有两种方法,一种是计算法,另一种是查表法。用计算法求正弦波的序列值容易,但实际中要占用一些计算时间,影响运行速度。查表法是预先将正弦波的各序列值计算出来,存放在存储器中,运行时只要按顺序和一定的速度取出即可。这种方法要占用一定的存储空间,但是速度快。

因为采样频率是 8000 Hz,因此要求每 125 ms 输出一个样本,得到的序列再送到 D/A 变换器,它的输出经过平滑滤波便是连续时间的 DTMF 信号。DTMF 信号通过电话线路再送到交换机。

(2) 双音多频信号的检测

在接收端,要对收到的双音多频信号进行检测,即检测两个正弦波的频率,以判断其对应的十进制数字或者符号。显然这里可以用数字方法进行检测,因此要将收到的时间连续 DTMF 信号经过 A/D 变换,变成数字信号再进行检测。检测的方法有两种,一种是用一组滤波器提取所关心的频率,判断对应的数字或符号;另一种是用 DFT(FFT)对双音多频信号进行频谱分析,由信号的幅度谱,判断信号的两个频率,最后确定对应的数字或符号。当检测的频率数目较少时,用滤波器组实现更合适。FFT 是 DFT 的快速算法,但当需要计算的频率点数目远小于 DFT 的变换区间长度时,用 FFT 快速算法的效果并不明显,而且还要占用很多内存,因此不如直接用 DFT 合适。下面介绍戈泽尔(Goertzel)算法,这种算法的实质是直接计算 DFT 的一种线性滤波方法。

3. 戈泽尔算法

戈泽尔算法利用 DFT 中的旋转因子 W_N^k 的周期性,将 DFT 的运算转换成一种线性滤波

运算。下面推导戈泽尔算法的计算公式和实现结构。

假设长度为 N 的序列 $x(n)$ 的 N 点 DFT 用 $X(k)$ 表示，因为 $W_N^{-kN}=1$，因此

$$X(k) = W_N^{-kN} X(k) = W_N^{-kN} \sum_{m=0}^{N-1} x(m) W_N^{km}$$

$$= \sum_{m=0}^{N-1} x(m) W_N^{-k(N-m)} \qquad k=0,1,2,\cdots,N-1 \qquad (10.2.1)$$

注意上式中 $x(m)$ 的区间是 $0 \sim N-1$。按照上式定义序列

$$y_k(n) = \sum_{m=0}^{N-1} x(m) W_N^{-k(n-m)} \qquad (10.2.2\text{a})$$

观察上式，这是序列 $x(n)$ 和 W_N^{-kn} 的卷积运算，因此表示为

$$y_k(n) = x(n) * W_N^{-kn} \qquad (10.2.2\text{b})$$

令

$$h_k(n) = W_N^{-kn} \qquad (10.2.3)$$

则

$$y_k(n) = x(n) * h_k(n) \qquad (10.2.4)$$

由上式，将 $y_k(n)$ 看成是序列 $x(n)$ 通过单位脉冲响应为 $h_k(n) = W_N^{-kn}$ 的滤波器的输出，对比式（10.2.1）和式（10.2.2a），得到

$$X(k) = y_k(n)|_{n=N} \qquad (10.2.5)$$

那么，$x(n)$ 的 DFT 的第 k 点就是序列 $x(n)$ 通过滤波器 $h_k(n)$ 输出的第 $n=N$ 点样值。这里 $k=0,1,2,\cdots,N-1$，那么 N 点 DFT 就是这 N 个滤波器分别对序列 $x(n)$ 的响应序列的第 N 点输出。下面分析这些滤波器的特点。

对式（10.2.3）进行 Z 变换，得到滤波器的系统函数

$$H_k(z) = \frac{1}{1-W_N^{-k}z^{-1}} \qquad (10.2.6)$$

该滤波器是一个一阶纯极点滤波器，极点为 $W_N^{-k} = \mathrm{e}^{\mathrm{j}2\pi k/N}$，极点频率为 $\omega_k = 2\pi k/N$。该一阶滤波器的结构图如图 10.2.1（a）所示，戈泽尔算法的原理方框图如图 10.2.1（c）所示。

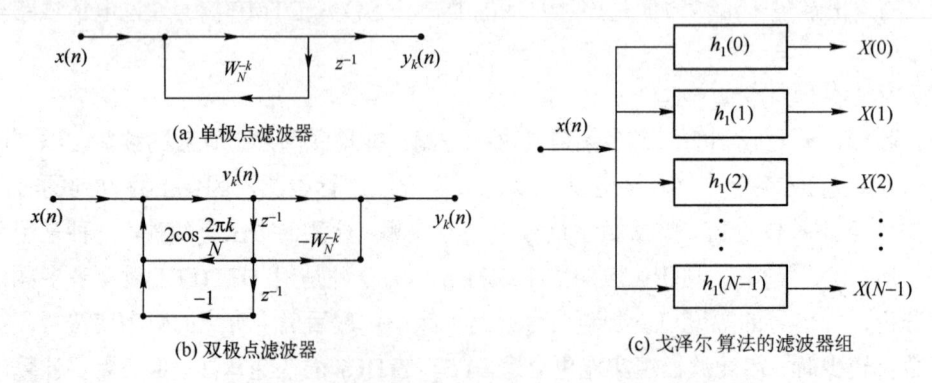

图 10.2.1 用戈泽尔算法实现 DFT 的滤波器结构

在图 10.2.1（a）中存在一次复数乘法，为了避免复数乘法，将一阶纯极点滤波器变为二阶滤波器，推导如下

$$H_k(z) = \frac{1}{1-W_N^{-k}z^{-1}} = \frac{1-W_N^k z^{-1}}{\left(1-W_N^{-k}z^{-1}\right)\left(1-W_N^k z^{-1}\right)} = \frac{1-W_N^k z^{-1}}{1-2\cos\left(\dfrac{2\pi k}{N}\right)z^{-1}+z^{-2}} \qquad (10.2.7)$$

按照上式画出的结构图如图 10.2.1（b）所示。再按照该结构图，可以用两个差分方程表示该二阶滤波器，即

$$v_k(n) = 2\cos\left(\frac{2\pi k}{N}\right)v_k(n-1) - v_k(n-2) + x(n) \tag{10.2.8}$$

$$y_k(n) = v_k(n) - W_N^k v_k(n-1) \tag{10.2.9}$$

式（10.2.8）是一个实系数的差分方程，且适合递推求解。式（10.2.9）中具有一个复数乘法器，但因为检测信号的两个频率时，只用它的幅度谱就够了，不需要相位信息，因此只计算式（10.2.9）模的平方，得到

$$|y_k(N)|^2 = v_k^2(N) + v_k^2(N-1) - 2\cos\left(\frac{2\pi k}{N}\right)v_k(N)v_k(N-1) \tag{10.2.10}$$

这样输入信号是实序列，用式（10.2.8）计算中间变量和用式（10.2.10）计算输出信号的幅度，这两个公式中完全是实数乘法。由此得到 $|X(k)|^2 = |y_k(N)|^2$。

因为有 8 种音频要检测，所以需要 8 个式（10.2.6）表示的滤波器，或者 8 个式（10.2.7）表示的滤波器。8 个滤波器的中心频率分别对应 8 种音频。

按照图 10.2.1 所示的结构图，可以用软件实现，也可以用硬件实现。按照图 10.2.1（a）用软件实现时，可以用递推法进行，按照式（10.2.6）写出它的递推方程为

$$y_k(n) = W_N^{-k} y_k(n-1) + x(n)$$

递推时设定初始条件为 $y_k(-1) = 0$。按照图 10.2.1(b)用软件实现，即用式（10.2.8）、式（10.2.10）进行递推运算，也要设定初始条件为零状态，即 $v_k(-1) = v_k(-2) = 0$。

MATLAB 信号处理工具箱提供了采用二阶戈泽尔算法的函数 Goertzel，其功能及其调用格式在 10.2.5 节介绍。

4. 检测 DTMF 信号的 DFT 参数选择

用 DFT 检测模拟 DTMF 信号所含有的两个音频频率，即为用 DFT 对模拟信号进行频谱分析的问题。根据第 4 章用数字方法对模拟信号进行处理的理论，要确定三个参数：采样频率 F_s，DFT 的变换点数 N，需要对信号的观察时间的长度 T_p。这三个参数不能随意选取，要根据对信号频谱分析要求确定。这里对信号频谱分析有以下三个要求。

（1）频谱分析的分辨率

观察要检测的 8 个频率，相邻间隔最小的是第一和第二个频率，间隔是 73 Hz，要求 DFT 至少能够分辨相隔 73 Hz 的两个信号，即要求 $F_{min} = 73$ Hz。DFT 的分辨率和对信号的观察时间 T_p 有关，$T_{p\min} = 1/F = 1/73 = 13.7$ ms。考虑到可靠性，应留有富裕量，要求按键的时间在 40 ms 以上。

（2）频谱分析的频率范围

要检测信号的频率范围为 697～1633 Hz，但考虑到存在语音干扰，除了检测这 8 个频率外，还要检测它们的二次倍频的幅度大小。波形正常且干扰小的正弦波的二次倍频是很小的。如果发现二次谐波很大，则认为不是 DTMF 信号。这样频谱分析的频率范围为 697～3266 Hz。按照采样定理，信号的最高频率不能超过折叠频率，即 $0.5F_s \geqslant 3266$ Hz，由此要求最小采样频率应为 6.53 kHz。这里总系统已经规定 F_s=8 kHz，因此一定满足对频谱分析范围的要求。按照 $T_{p\min} =13.7$ ms, F_s=8 kHz，算出对信号最少的采样点数为 $N_{\min} = T_{p\min} F_s \approx 110$。

（3）检测频率的准确性

这是一个用 DFT 检测正弦波频率是否准确的问题。序列的 DFT 是序列频域函数在 $0 \sim 2\pi$ 区间的等间隔采样，如果是一个周期序列，截取周期序列的整数个周期，进行 DFT，其采样点刚好在周期信号的频率上，DFT 的幅度最大处准确地是信号频率。分析这些 DTMF 信号，不可能经过采样得到周期序列，因此存在一个检测频率的准确性问题。

DFT 的频率采样点频率为 $\omega_k = 2\pi k/N$ ($k=0,1,2,\cdots,N-1$)，相应地在模拟域的采样点频率为 $f_k = F_s k/N$ ($k=0,1,2,\cdots,N-1$)，希望选择一个合适的 N，用该公式算出的 f_k 能接近要检测的频率，或者 f_k 用 8 个频率中的任一个频率代入 $f_k = F_s k/N$ 中时，得到的 k 值最接近整数值。这样根据最大幅度检测的频率虽有误差，但由此可以正确判断 DTMF 信号所表示的数值。经过分析研究，发现 $N=205$ 是最好的。按照 $F_s=8$ kHz，$N=205$，算出 8 个频率及其二次谐波对应的 k 值，和 k 取整数时的频率误差如表 10.2.2 所示。

表 10.2.2　频率误差表

8 个基频 (Hz)	对应的 k 值	最接近的整数 k 值	绝对误差	二次谐波 (Hz)	对应的 k 值	最接近的整数 k 值	绝对误差
697	17.861	18	0.139	1394	35.024	35	0.024
770	19.531	20	0.269	1540	38.692	39	0.308
852	21.833	22	0.167	1704	42.813	43	0.187
941	24.113	24	0.113	1882	47.285	47	0.285
1209	30.981	31	0.019	2418	60.752	61	0.248
1336	34.235	34	0.235	2672	67.134	67	0.134
1477	37.848	38	0.152	2954	74.219	74	0.219
1633	41.846	42	0.154	3266	82.058	82	0.058

通过以上分析，确定 $F_s=8$ kHz，$N=205$，$T_p \geqslant 40$ ms。

5. DTMF 信号系统的模拟实验

下面先介绍工具箱函数 goertzel，然后给出 DTMF 信号系统的模拟实验程序及其运行结果。Goerztel 的调用格式为

```
Xgk=goertzel(xn,K+1)
```

xn 是被变换的时域序列，用于 DTMF 信号检测时，xn 就是 DTMF 信号的 205 个采样值。K 是要求计算的 DFT 频点的序号向量，用 N 表示 xn 的长度，则要求 $0 \leqslant K \leqslant N-1$。由表 10.2.2 可知，如果只计算 DTMF 信号 8 个基频时

$$K=[18,20,22,24,31,34,38,42]$$

如果同时计算 8 个基频及其二次谐波时

$$K=[18,20,22,24,31,34,35,38,39,42,43,47,61,67,74,82]$$

Xgk 是变换结果向量，其中存放的是由 K 指定的频率点的 DFT[x(n)]的值。设 $X(k)$= DFT[x(n)]，则 Xgk(i)=X(K(i)), $i=1,2,\cdots$,length(K)。

下面用 MATLAB 程序对该系统进行模拟。程序名为 ep1021。程序分四段：第一段（第

2~7行）设置参数，并读入6位电话号码；第二段（第9~20行）根据输入的6位电话号码产生时域离散DTMF信号，并连续发出6位号码对应的双音频声音；第三段（第22~25行）对时域离散DTMF信号进行频率检测，画出幅度谱；第四段（第26~33行）根据幅度谱的两个峰值，分别查找并确定所输入的6位电话号码。根据程序中的注释很容易分析编程思想和处理算法。程序清单如下：

```
% DTMF双音频拨号信号的生成和检测程序：ep1021.m
tm=[1,2,3,65;4,5,6,66;7,8,9,67;42,0,35,68];          %DTMF信号代表的16个数
N=205;K=[18,20,22,24,31,34,38,42];                    %8个基频对应的8个k值
f1=[697,770,852,941];                                 %行频率向量
f2=[1209,1336,1477,1633];                             %列频率向量
TN=input('输入6位电话号码= ');                         %输入6位数字
TNr=0;                                                %接收端电话号码初值为零
for m=1:6;                                            %分别对每位号码数字处理：产生信号,发声,检测
    d=fix(TN/10^(6-m));                               %计算出第m位号码数字
    TN=TN-d*10^(6-m);
    for p=1:4;
        for q=1:4;
            if tm(p,q)==abs(d); break,end             %检测与第m位号码相符的列号q
        end
        if tm(p,q)==abs(d); break,end                 %检测与第m位号码相符的行号p
    end
    n=0:1023;                                         %为了发声，加长序列
    x = sin(2*pi*n*f1(p)/8000) + sin(2*pi*n*f2(q)/8000); %构成双音频信号,2个频率为f1(p)和f2(q)
    sound(x,8000);                                    %发出声音
    pause(0.1)                                        %相邻号码响声之间加0.1s停顿
    %接收检测端的程序
    X=goertzel(x(1:N),K+1);                           %用Goertzel算法计算8点DFT样本
    val = abs(X);                                     %列出8点DFT的模
    subplot(3,2,l); stem(K,val,'.');grid;xlabel('k');ylabel('|X(k)|')  %画出8点DFT的幅度
    axis([10 50 0 120])
    limit = 80;                                       %基频检测门限为80
    for s=5:8;
        if val(s) > limit, break, end                 %查找列号
    end
    for r=1:4;
        if val(r) > limit, break, end                 %查找行号
    end
    TNr=TNr+tm(r,s-4)*10^(6-m);                       %将6位电话号码表示成一个6位数,以便显示
end
disp('接收端检测到的号码为： ')
disp(TNr)                                             %显示接收到的6位电话号码
```

运行程序，根据提示输入6位电话号码123456，回车后可以听见6位电话号码对应的DTMF信号的声音，并输出响应的6幅频谱图，如图10.2.2所示，图（a）在 $k=18$ 和 $k=31$ 两点出现峰值，所以对应第一位号码数字1，依次类推，图（b）～（f）分别表示数字2，3，4，5，6对应的DTMF信号DFT的8点采样的幅度谱。最后显示检测到的电话号码123456。请读者运行程序，输入各种不同的号码，观察程序运行结果。

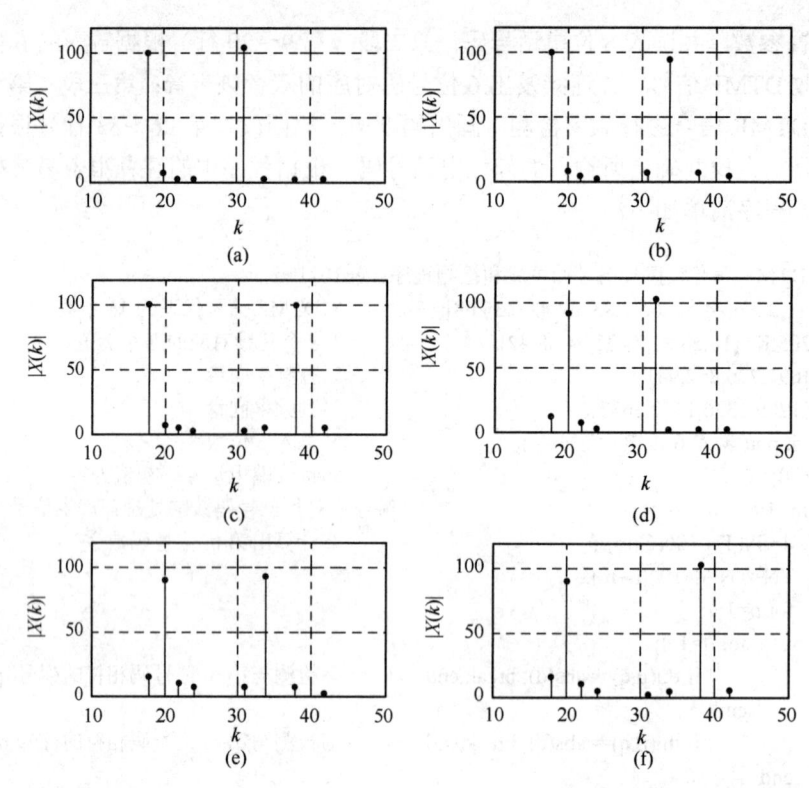

图 10.2.2　6 位电话号码 123456 的 DTMF 信号在 8 个近似基频点的 DFT 幅度

10.3　数字信号处理在音乐信号处理中的应用

随着视听技术的发展，数字信号处理技术在音乐信号处理中的应用日益增多。我们知道音乐信号处理中，经常需要音乐的录制和加工，应用数字信号处理技术进行这方面的工作显得灵活又方便。

大多数音乐节目的录制是在一间隔音的录音室中进行的。来自每一种乐器的声音由离乐器非常近的专用麦克风采集，再被录制到多达 48 个轨道的多轨磁带录音机的一个轨道上。录音师通过各种信号处理改变各种乐器的声音，包括改变音色、各乐器声音的相互平衡等。最后进行混音，并加入室内的自然效果及其他特殊效果。

下面介绍两方面内容，一是如何在时域用数字信号处理方法将录制信号加入延时和混响，二是如何在频域对所录制的信号进行均衡处理。

10.3.1　时域处理

在隔音录音室里产生的音乐和在音乐厅中演奏的音乐是不一样的，主要是听起来不自然、声音发干。为此下面首先介绍音乐厅中听众听到的音乐信号的特点。

在音乐厅中，音乐信号的声波向各个方向传播，而且从各个方向在不同的时间传给听众。听众接收到的声音信号有三种。直接传播到听众的称为直达声。接下来收到是一些比较近的回音，称为早期反射，早期反射通过房间各方向进行反射，到达听众的时间是不定的。早期反射以后，由于多次反复反射，越来越多的密集反射波传给听众，这部分反射群被称为混响。混响的振幅随时间呈指数衰减。另外，因为不同物质的吸收特性对不同频率不一样,因此混响时间的长短和反射的强度在不同频率上不一样。上面的概念可以用图 10.3.1 描述。

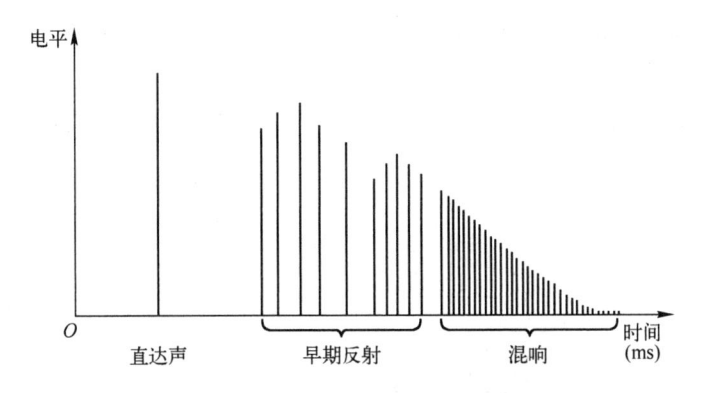

图 10.3.1 房间内一个单声源产生的各种混响

早期反射基本上是直达声的延时和衰减,时间波形和直达声一样,然而混响由密集的回声组成,可以用数字滤波器实现这种回声。假设直接声音信号用 $x(n)$ 表示,直接声音碰到墙壁等障碍物的一次反射波形和直接声音的波形一样,仅存在幅度衰减和时间延迟,收到的信号 $y(n)$ 用下面差分方程表示

$$y(n) = x(n) + \alpha x(n-R) \qquad |\alpha| < 1 \qquad (10.3.1)$$

式中,R 表示相对直接声音的延迟时间。将上式进行 Z 变换,得到

$$H(z) = Y(z)/X(z) = 1 + \alpha z^{-R} \qquad (10.3.2)$$

上式中,$H(z)$ 是一个 FIR 滤波器,也是一个 R 阶的梳状滤波器,$x(n)$ 经过这样一个滤波器便得到了它和它的一次反射音的合成声音,该滤波器称为单回声滤波器。单回声滤波器的结构、单位脉冲响应及幅度特性如图 10.3.2 所示。

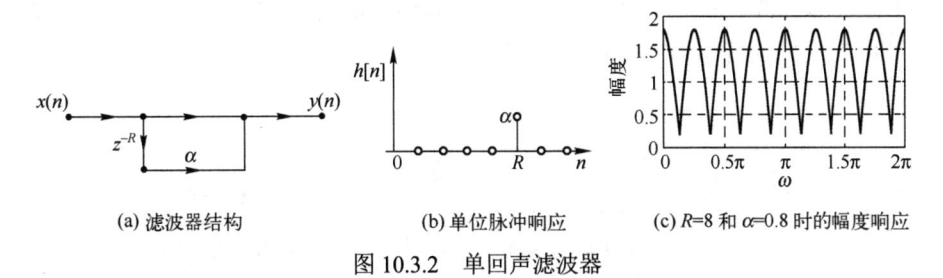

(a) 滤波器结构 (b) 单位脉冲响应 (c) $R=8$ 和 $\alpha=0.8$ 时的幅度响应

图 10.3.2 单回声滤波器

如果一次反射信号又经过这样一次反射,形成二次反射信号,该信号用 $\alpha^2 x(n-2R)$ 表示,如果有 $N-1$ 次这样的反射,形成多重回声,这种多重回声滤波器的系统函数可表示为

$$H(z) = 1 + \alpha z^{-R} + \alpha^2 z^{-2R} + \alpha^3 z^{-3R} + \cdots + \alpha^{N-1} z^{-(N-1)R}$$
$$= \frac{1 - \alpha^N z^{-NR}}{1 - \alpha z^{-R}} \qquad (10.3.3)$$

上式是一个 IIR 滤波器,设 $\alpha = 0.8$,$N=6$,$R=4$,多重回声滤波器的结构、单位脉冲响应如图 10.3.3 所示。

当产生无穷个回声时,式(10.3.3)中 $\alpha^N \to 0$,同时再延时 R,此时 IIR 滤波器的系统函数为

$$H(z) = \frac{z^{-R}}{1 - \alpha z^{-R}} \qquad |\alpha| < 1 \qquad (10.3.4)$$

设 $R=4$，其结构图、单位脉冲响应和幅度特性如图 10.3.4 所示。

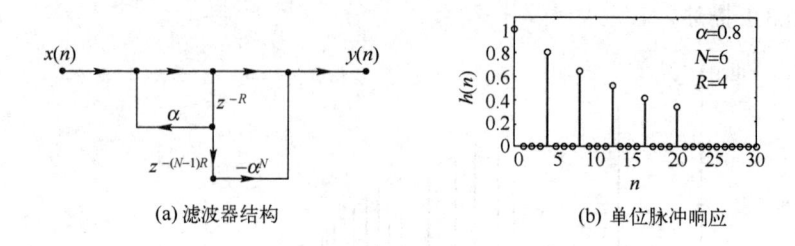

(a) 滤波器结构

(b) 单位脉冲响应

图 10.3.3 多重回声滤波器

(a) 滤波器结构

(b) 单位脉冲响应（$\alpha=0.8$，$R=4$）

(c) 幅度响应（$\alpha=0.8$，$R=7$）

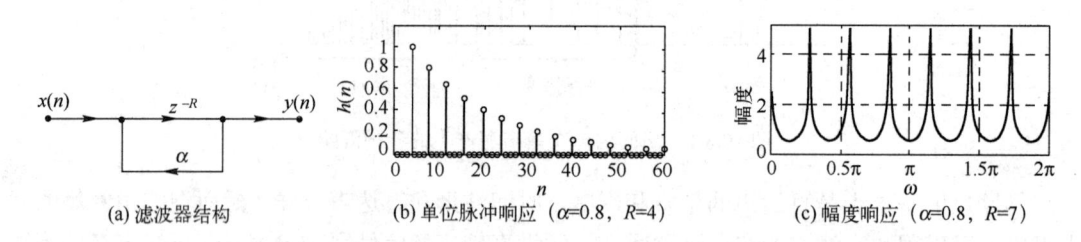

图 10.3.4 产生无限个回声的 IIR 滤波器

由图 10.3.4（c）可见，该幅度特性不够平稳，且回波也不够密集，会引起回声颤动。为得到一种比较接近实际的混响，已经提出一种有全通结构的混响器[22]，它的系统函数为

$$H(z) = \frac{\alpha + z^{-R}}{1 + \alpha z^{-R}} \qquad |\alpha| < 1$$

这种全通混响器的结构及单位脉冲响应($\alpha=0.8$，$R=4$)如图 10.3.5 所示，这种结构的特点是只用了一个乘法器和一个延时器，推导过程见参考文献[7]。将图 10.3.4（a）和全通混响器进行组合，可以达到令人满意的一种声音混响器，如图 10.3.6 所示。图中用了 4 个产生无限个回声的 IIR 滤波器并联，再和 2 个级联全通混响器进行级联，这种方案得到了令人满意的声音混响，可以产生如同音乐厅中的声音。

(a) 结构

(b) 单位脉冲响应（$\alpha=0.8$，$R=4$）

图 10.3.5 全通混响器

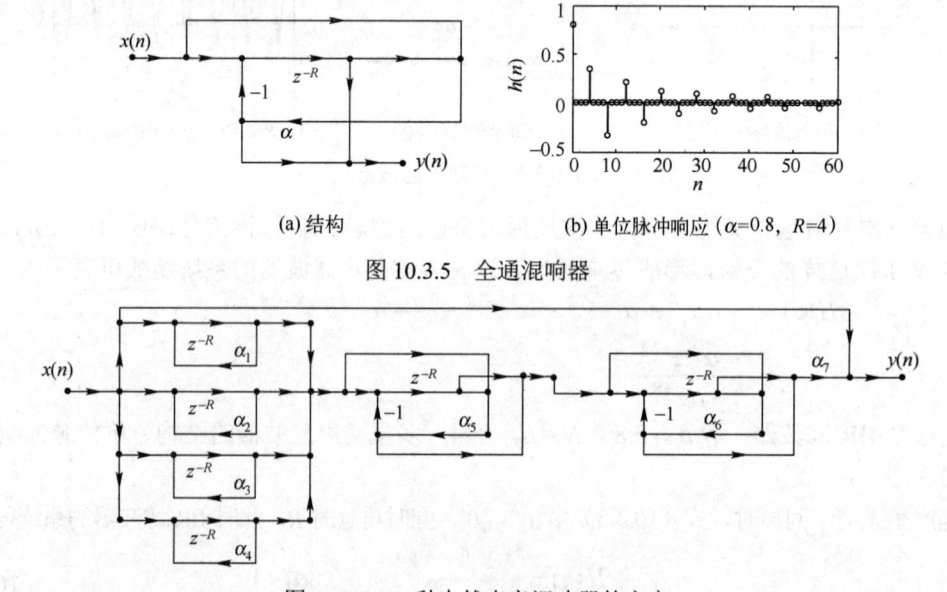

图 10.3.6 一种自然声音混响器的方案

如果用一个低通 FIR 滤波器或者 IIR 滤波器 $G(z)$ 函数替换式（10.3.4）中的 α，形成系统函数为

$$H(z) = \frac{z^{-R}}{1 - G(z)z^{-R}} \qquad |\alpha| < 1 \qquad (10.3.5)$$

该滤波器称为齿状滤波器，可以用于人为地产生自然音调[19, 20]。

10.3.2 频域处理

录音师在混音过程中，常常需要对单独录制的乐器声或者表演者的音乐声进行频率修改，例如通过提升 100～300 Hz 的频率成分，可以使弱乐器（如吉他）具有丰满的效果；通过提升 2～4 kHz 的频率成分，可使手指弹拨吉他弦的声音瞬变效果更加明显；对于 1～2 kHz 的频段用高频斜坡方式进行提升，可以增加如手鼓、军乐鼓这样的打击乐器的脆性等。不同频段的修改，用不同类型的滤波器，高频段和低频段的修改用斜坡滤波器，中频带的均衡（修改）用峰化滤波器。在录音和传输过程中还会用到其他类型的滤波器，例如低通滤波器、高通滤波器及陷波器等。以上提到的滤波器均可使用数字滤波器，针对不同的要求，选择已学过的设计方法。下面主要介绍斜坡滤波器和峰化滤波器。

1. 一阶滤波器和斜坡滤波器

在 5.3.1 节和 5.3.2 节中曾介绍了一个一阶低通数字滤波器（用式（5.3.2）表示），它的系统函数重写如下

$$H_{\text{LP}}(z) = \frac{1-\alpha}{2} \frac{1+z^{-1}}{1-\alpha z^{-1}} \qquad (10.3.6)$$

相应的一阶高通数字滤波器用下式表示

$$H_{\text{HP}}(z) = \frac{1+\alpha}{2} \frac{1-z^{-1}}{1-\alpha z^{-1}} \qquad (10.3.7)$$

它们的 3 dB 截止频率 ω_c 用下式计算

$$\omega_c = \arccos\left(\frac{2\alpha}{1+\alpha^2}\right) \qquad (10.3.8)$$

式（10.3.6）和式（10.3.7）也可以写成下面两式

$$H_{\text{LP}}(z) = \frac{1}{2}[1 - A_1(z)] \qquad (10.3.9)$$

$$H_{\text{HP}}(z) = \frac{1}{2}[1 + A_1(z)] \qquad (10.3.10)$$

式中

$$A_1(z) = \frac{\alpha - z^{-1}}{1 - \alpha z^{-1}} \qquad (10.3.11)$$

请读者自己证明式（10.3.6）和式（10.3.7）分别与式（10.3.9）和式（10.3.10）是一样的。注意到 $A_1(z)$ 是一个一阶全通函数。利用式（10.3.9）和式（10.3.10）进行组合，形成如图 10.3.7 所示的滤波器。该滤波器有一个输入和两个输出，上端是高通输出，下端是低通输出，而且 3 dB 截止频率 ω_c 可以用全通滤波器的系数 α 进行调整。

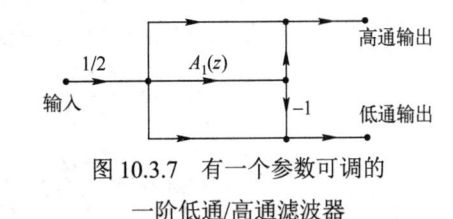

图 10.3.7　有一个参数可调的一阶低通/高通滤波器

如果将图 10.3.7 中的两个输出进行组合，形成下面的系统函数

$$G_{\mathrm{LP}}(z) = \frac{K}{2}[1 - A_1(z)] + \frac{1}{2}[1 + A_1(z)]$$

式中，K 是一个常数。其结构图如图 10.3.8 所示，增益特性（用 dB 表示）如图 10.3.9 所示。该滤波器称为低频斜坡滤波器。相应地有高频斜坡滤波器，系统函数为

$$G_{\mathrm{HP}}(z) = \frac{1}{2}[1 - A_1(z)] + \frac{K}{2}[1 + A_1(z)]$$

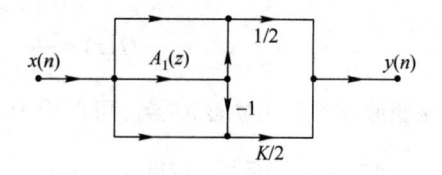

图 10.3.8　低频斜坡滤波器结构

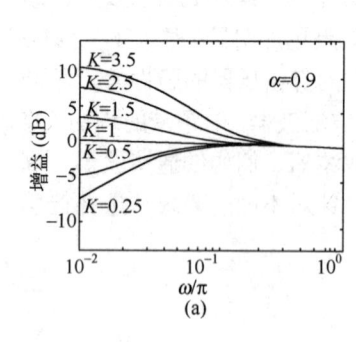

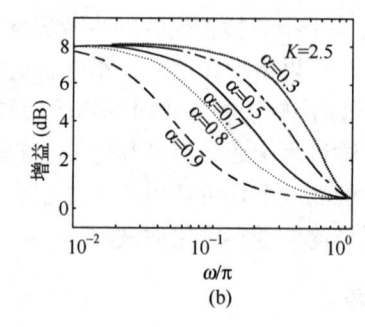

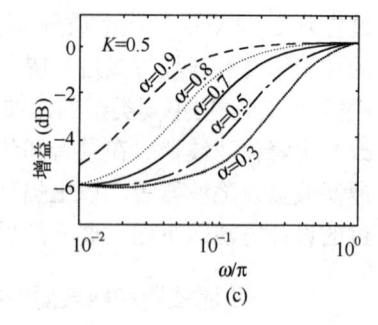

图 10.3.9　低频斜坡滤波器增益特性

其结构图如图 10.3.10 所示，增益特性如图 10.3.11 所示。高、低频斜坡滤波器都可以通过调整参数 K 控制通带的强弱，$K>1$ 通带增强，$K<1$ 通带减弱，$K=1$ 通带保持原幅度。通过调整 α 控制带宽。

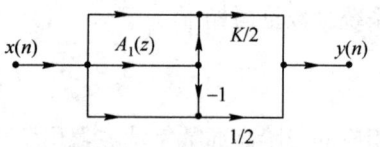

图 10.3.10　高频斜坡滤波器结构

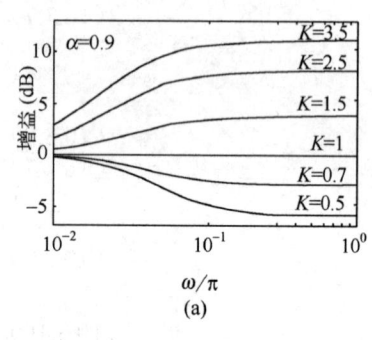

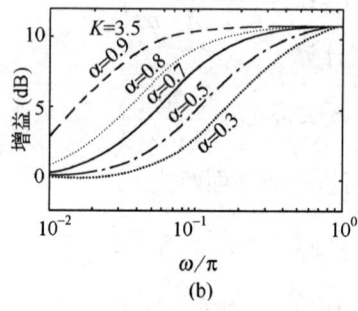

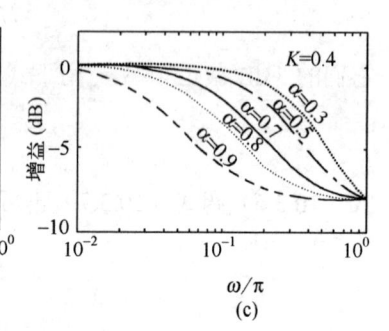

图 10.3.11　高频斜坡滤波器增益特性

2．二阶滤波器和均衡器

下面介绍用二阶滤波器形成的峰化滤波器（二阶均衡器）。
二阶带通和二阶带阻滤波器的系统函数分别为

$$H_{\mathrm{BP}}(z) = \frac{1-\alpha}{2} \frac{1 - z^{-2}}{1 - \beta(1+\alpha)z^{-1} + \alpha z^{-2}} \tag{10.3.12}$$

$$H_{\mathrm{BS}}(z) = \frac{1+\alpha}{2} \frac{1 - 2\beta z^{-1} + z^{-2}}{1 - \beta(1+\alpha)z^{-1} + \alpha z^{-2}} \tag{10.3.13}$$

带通滤波器的中心频率 ω_0 和带阻滤波器的陷波频率 ω_0 用下式计算

$$\omega_0 = \arccos\beta \tag{10.3.14}$$

它们的 3 dB 带宽用下式计算

$$B_W = \arccos\left(\frac{2\alpha}{1+\alpha^2}\right) \tag{10.3.15}$$

令

$$A_2(z) = \frac{\alpha - \beta(1+\alpha)z^{-1} + z^{-2}}{1 - \beta(1+\alpha)z^{-1} + \alpha z^{-2}} \tag{10.3.16}$$

得到

$$H_{BP}(z) = \frac{1}{2}[1 - A_2(z)] \tag{10.3.17}$$

$$H_{BS}(z) = \frac{1}{2}[1 + A_2(z)] \tag{10.3.18}$$

注意 $A_2(z)$ 是全通函数。和前面方法类似，将上面两式组合成一个系统，其结构图如图 10.3.12（a）所示，图中上臂是带阻输出，下臂是带通输出。全通部分 $A_2(z)$ 用如图 10.3.12（b）所示的格型结构实现，特点是可以独立地调谐中心频率 ω_0 及 3dB 带宽 B_W。

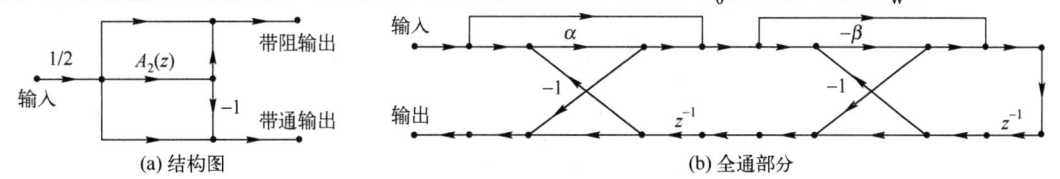

图 10.3.12 二阶带通/带阻滤波器

和一阶的情况一样，用二阶带通/带阻滤波器上臂和下臂组合成下面的二阶均衡器 $G_2(z)$，即

$$G_2(z) = \frac{K}{2}[1 - A_2(z)] + \frac{1}{2}[1 + A_2(z)] \tag{10.3.19}$$

式中，K 是一个正常数[21]。二阶均衡器的结构图如图 10.3.13 所示，中心频率 ω_0 可用 β 参数独立调整，3 dB 带宽 B_W 由参数 α 单独决定。幅度响应的峰值或者谷值由 $K = G_2(e^{j\omega_0})$ 给出。通过改变 K, α 和 β 得到的增益响应（用 dB 表示）如图 10.3.14～图 10.3.16 所示。

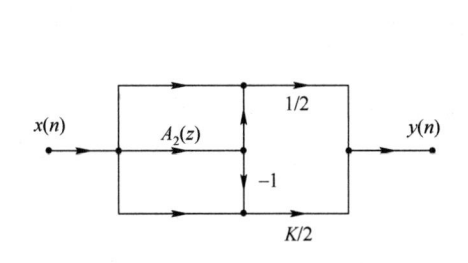

图 10.3.13 二阶均衡器结构

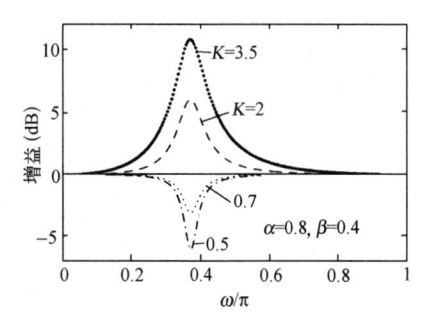

图 10.3.14 二阶均衡器增益响应

3. 图形均衡器

用一阶和二阶均衡器进行级联，形成一个图形均衡器，它是个高阶均衡器，特点是每一部分的最大增益可由外部进行控制。图 10.3.17（a）所示为一个一阶和三个二阶均衡器的级

联方框图，图 10.3.17（b）所示为在典型参数下的增益特性。

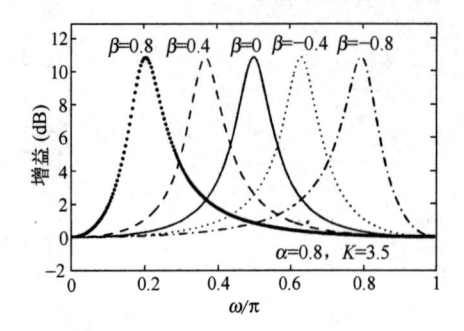

图 10.3.15　二阶均衡器增益响应

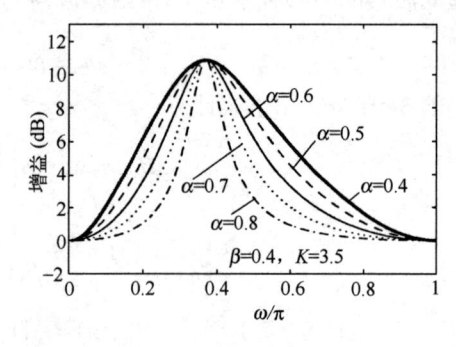

图 10.3.16　二阶均衡器增益响应

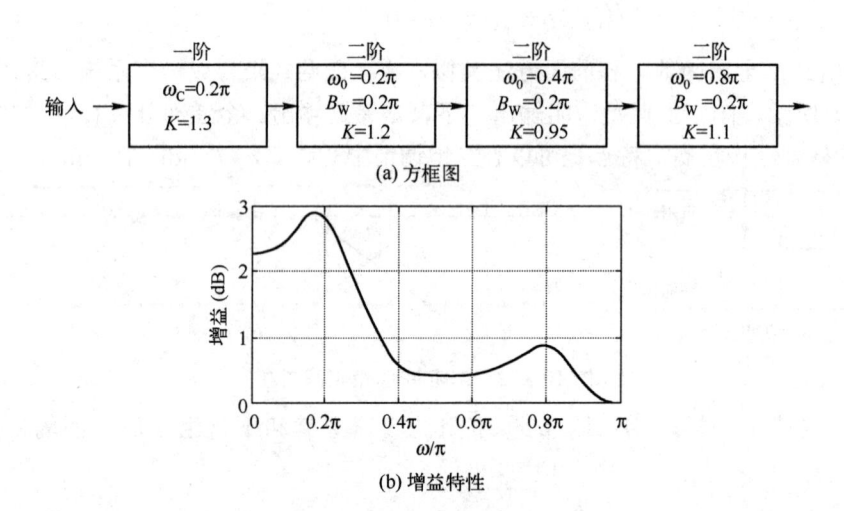

图 10.3.17　图形均衡器

附录 A MATLAB 信号处理工具箱函数表

版本 5.1（R12.1）06-04-2001

分　类	函 数 名	功 能 说 明	首次在本书中出现的章节号
滤波器分析	abs	幅值	2.4.5 节
	angle	相角	2.4.5 节
	freqs	模拟系统频率响应	—
	freqspace	为频率响应设定频率间隔	—
	freqz	数字滤波器频率响应	2.4.5 节
	freqzplot	频率响应绘制	—
	fvtool	滤波器可视化工具	—
	grpdelay	群时延	—
	impz	脉冲响应（离散的）	—
	unwrap	修正相位，使其范围不限于主角 ±π	—
	zplane	画出离散的零极点增益	2.4.5 节
滤波器实现	conv	卷积计算	1.3.2 节例 1.3.2
	conv2	二维卷积	—
	deconv	解卷积	—
	fftfilt	重叠相加滤波器实现	3.5.2 节例 3.5.2
	filter	滤波器实现	1.4.3 节例 1.4.1
	filter2	二维滤波器实现	—
	filtfilt	零相位滤波	—
	filtic	确定滤波器原始条件	1.4.3 节
	latcfilt	格形滤波器实现	—
	medfilt1	一维中值滤波	—
	sgolayfilt	Savitzky Golay 滤波器实现	—
	sosfilt	二阶环节（biquad）滤波器实现	—
	upfirdn	先高采样，后 FIP 滤波，再低采样	—
FIR 滤波器设计	convmtx	卷积矩阵	—
	cremez	复非线性相位等波动 FIR 滤波器设计	—
	fir1	基于窗函数 FIR 滤波器设计	7.2.4 节例 7.2.1
	fir2	基于窗函数的任意响应 FIR 滤波器设计	7.2.4 节例 7.2.1
	fircls	约束最小二乘法任意响应滤波器设计	—
	fircls1	约束最小二乘法低通和高通滤波器设计	—
	firls	最小二乘法 FIR 滤波器设计	—
	firrcos	上升余弦 FIR 滤波器设计	—
	intfilt	插值 FIR 滤波器设计	—
	kaiserord	基于窗函数的 Kaiser 滤波器阶数选择	—
	remez	Parks McClellan 最适合 FIR 滤波器设计	7.4.2 节例 7.4.4
	remezord	Parks McClellan 滤波器阶数估计	7.4.2 节
	sgolay	Savitzky Golay FIR 平滑滤波器设计	—
IIR 数字滤波器设计	butter	巴特沃思滤波器设计	6.1.6 节
	cheby1	切比雪夫思 I 型滤波器设计	6.1.6 节
	cheby2	切比雪夫思 II 型滤波器设计	6.1.6 节
	ellip	椭圆型滤波器设计	6.1.6 节
	maxflat	归一化的巴特沃思低通滤波器设计	—
	yulewalk	耶鲁-沃克滤波器设计	—

续表

分 类	函 数 名	功 能 说 明	首次在本书中出现的章节号
IIR 滤波器阶数估算	buttord	巴特沃思滤波器阶数选择	6.1.6 节
	Cheblord	切比雪夫 I 型滤波器阶数选择	6.1.6 节
	cheb2ord	切比雪夫 II 型滤波器阶数选择	6.1.6 节
	ellipord	椭圆型滤波器阶数选择	6.1.6 节
模拟低通滤波器原型	besselap	贝塞尔滤波器原型	6.1.6 节
	buttap	巴特沃思滤波器原型	6.1.6 节
	cheb1ap	切比雪夫 I 型滤波器原型(带通波动)	6.1.6 节
	cheb2ap	切比雪夫 II 型滤波器原型(带阻波动)	6.1.6 节
	ellipap	椭圆型滤波器原型	6.1.6 节
模拟低通滤波器设计	besself	贝塞尔模拟滤波器设计	—
	butter	巴特沃思滤波器设计	
	cheby1	切比雪夫 I 型滤波设计	
	cheby2	切比雪夫 II 型滤波器设计	
	ellip	椭圆滤波器设计	
模拟滤波器频带变换	lp2bp	低通向带通模拟滤波器变换	6.1.8 节例 6.1.6
	lp2bs	低通向带阻模拟滤波器变换	
	lp2hp	低通向高通模拟滤波器变换	6.2.3 节例 6.2.4
	lp2lp	低通向低通模拟滤波器变换	
滤波器离散化	bilinear	有预先修正选项的双线性变换	6.2.3 节例 6.2.4
	impinvar	脉冲响应不变法模拟向数字的转换	6.2.1 节例 6.2.2
线性系统变换	latc2tf	格形或者格形梯形向传递函数转换	
	polystab	使多项式稳定	—
	polyscale	多项式根乘以倍率	—
	residuez	Z 变换部分分式展开	
	sos2ss	级联二阶环节向状态空间转换	
	sos2tf	级联二阶环节向传递函数转换	
	sos2zp	级联二阶环节向零极增益转换	
	ss2sos	状态空间转换为二阶环节级联	
	ss2tf	状态空间向传递函数转换	
	ss2zp	状态空间向零极增益转换	
	tf2latc	传递函数向格形或者格形梯形转换	
	tf2sos	传递函数向级联二阶环节转换	
	Tf2ss	状态空间向传递函数转换	
	Tf2zp	传递函数向零极增益转换	
	zp2sos	零极增益向级联二阶环节转换	
	zp2ss	零极增益向状态空间转换	
	zp2tf	零极增益向传递函数转换	
窗函数	bartlett	Bartlett 窗函数	7.2.3 节
	barthannwin	修正巴特利特-汉宁窗	—
	blackman	布莱克曼窗函数	7.2.3 节
	blackmanharris	最小四项 Blackman-Harris 窗函数	—
	bohmanwin	Bohman 窗函数	—
	chebwin	切比雪夫窗函数	—
	gausswin	高斯窗函数	—
	hamming	哈明窗函数	7.2.3 节
	hanning	汉宁窗函数	7.2.3 节
	kaiser	凯泽窗函数	7.2.3 节
	nutallwin	Nuttall 最小四项 Blackman-Harris 窗函数	—
	boxcar	矩形窗函数	7.2.3 节
	triang	三角窗函数	
	tukeywin	Tukey 窗函数	—
	window	窗函数引入	—

续表

分类	函数名	功能说明	首次在本书中出现的章节号
变换	bitrevorder	将输入变换成倒序排列	
	czt	线性调频 Z 变换	
	dct	离散的余弦变换	—
	dftmtx	离散傅里叶变换矩阵	
	fft	快速傅里叶变换	
	fft2	二维快速傅里叶变换	3.1.4 节
	fftshift	交换矢量的一半	
	goertzel	计算 DFT 的 Goertzel 算法	10.2.5 节
	hilbert	Hilbert 变换	
	idct	离散的逆余弦变换	—
	ifft	快速傅里叶逆变换	3.1.4 节
	ifft2	二维快速傅里叶逆变换	—
倒谱分析	cceps	复倒谱	—
	lcceps	逆复倒谱	—
	rceps	实例谱和最小相位重建	—
统计信号处理和谱分析	cohere	相干函数	—
	corrcoef	相关系数	—
	corrmtx	自相关矩阵	—
	cov	协方差矩阵	—
	csd	互相关谱密度	—
	pburg	用 Burg 方法功率谱估计	—
	pcov	用协方差方法功率谱估计	—
	peig	用特征向量方法功率谱估计	—
	periodogram	周期图方法功率谱估计	—
	pmcov	用修改协方差方法的功率谱估计	—
	pmtm	用 Thomson 多带方法功率谱估计	—
	pmusic	用 MUSIC 方法的功率谱估计	—
	psdplot	绘制功率谱密度数据	—
	pwelch	用 Welch 方法功率谱估计	—
	pyulear	用耶鲁-沃克 AR 方法的功率谱估计	—
	rooteig	用特征向量法作正弦频率功率谱估计	—
	rootmusic	用 MUSIC 法作正弦频率功率谱估计	—
	tfe	传递函数估计	—
	xcorr	互相关函数	—
	xcorr2	二维互相关	—
	xcov	协方差函数	—
参数建模	arburg	用 Burg 方法 AR 参数的建模	—
	arcov	用协方差方法 AR 参数的建模	—
	armcov	用修改协方差方法 AR 参数的建模	—
	aryule	用耶鲁-沃克方法 AR 参数的建模	—
	ident	参看系统辨识工具箱	
	invfreqs	模拟滤波器向频率响应拟合	—
	invfreqz	离散滤波器向频率响应拟合	—
	prony	Prony 离散滤波器拟合时间响应	—
	stmcb	Steiglitz McBride 迭代的 ARMA 建模	—
线性预测	ac2rc	自相关序列向反射系数转换	—
	ac2poly	自相关序列向预测多项式安排转换	—
	is2rc	反正弦参数向反射系数转换	—
	lar2rc	对数区域的比向反射系数转换	—
	levinson	Levinson Durbin 递归	—
	lpc	使用自相关方法的线性预测系数	—
	lsf2poly	线谱频率向预测多项式转换	—
	poly2ac	预测多项式向自相关序列转换	—
	poly2lsf	预测多项式向线谱频率转换	—
	poly2rc	预测多项式向反射系数转换	—
	rc2ac	反射系数向自相关序列转换	—

续表

分　　类	函 数 名	功 能 说 明	首次在本书中出现的章节号
线性预测	rc2is	反射系数向反正弦参数转换	—
	rc2lar	反射系数向对数区域比转换	—
	rc2poly	反射系数向预测多项式转换	—
	rlevinson	逆 Levinson Durbin 递归	—
	schurrc	Schur 算法	—
多采样率信号处理	decimate	整数因子抽取	9.7 节
	downsample	抽取输入信号	—
	interp	整数因子内插	9.7 节
	interp1	通用一维插值透入（MATLAB 实现箱）	—
	resample	用新取样速度再抽样	9.7 节
	spline	三次样条内插	—
	upfirdn	先内插，后 FIR 滤波，再抽取	9.7 节
	upsample	对输入信号内插	—
波形产生	chirp	扫频的频率余弦发生器	—
	driic	Dirichlet（周期性 sinc）函数	—
	gauspuls	高斯高频脉冲发生器	—
	gmonopuls	高斯单脉冲发生器	—
	pulstran	脉冲序列发生器	—
	rectpuls	采样的非周期性的方波发生器	—
	sawtooth	锯齿函数	—
	sinc	Sinc 或者 sin（pi∗x）/pi∗x 函数	—
	square	方波函数	—
	tripuls	采样的非周期性的三角形发生器	—
	vco	压控振荡器	—
专门的运算	buffer	把一个矢量缓冲到数据帧的矩阵中去	—
	cell2sos	将单元阵列转换为二阶级联矩阵	—
	cplxpair	把矢量变为复共轭对	—
	demod	解调	—
	dpss	离散的扩展球形序列（Slepian 序列）	—
	dpssclear	从数据库去除离散的扩展球形序列	—
	dpssdir	离散的扩展球形序列数据库子目录	—
	dpssload	从数据库下载离散的扩展球形序列	—
	dpsssave	向数据库写入离散的扩展球形序列	—
	eqtflength	使离散时间传递函数分子、分母系数等长	—
	modulate	为通信仿真调制	—
	seqperiod	在一个矢量中找到最小长度重复序列	—
	sos2cell	将二阶级联矩阵转换为单元阵列	—
	specgram	语言信号谱图	—
	stem	画出离散数据序列	1.1 节
	strips	画出条形图	—
	udecode	使输入二进制码均匀解码	—
	uencode	使输入信号均匀编码为 N 位二进制码	—
图形用户界面工具	fdatool	滤波器分析设计工具	8.7 节
	sptool	信号处理工具	—
音频支持（这些函数不是工具箱函数，属于 MATLAB 基本部分）	sound	重放矢量成为声音	10.2.5 节
	soundsc	声音自动定标和重放矢量数	—
	wavplay	使用视窗音频的输出装置重放声音	—
	wavread	读微软.wav 声音文件	1.3 节
	wavrecord	使用视窗音频的输入装置记录声音	—
	wavwrite	写微软.wav 声音文件	—

参 考 文 献

1. Joyec Van de Vegte. Fundamentals of Digital Signal Processing. 北京：电子工业出版社，2003.8
2. Chi-Tsong Chen. Digital Signal Processing Spectral Computation and Filter Design. 北京：电子工业出版社，2002.9
3. 丁玉美，高西全编著. 数字信号处理. 第2版. 西安：西安电子科技大学出版社，2001.1
4. 胡广书编著. 数字信号处理——理论、算法与实现. 北京：清华大学出版社，1998.7
5. A.V.奥本海姆等著. 刘树棠译. 信号与系统. 西安：西安交通大学出版社，1985.11
6. 刘益成，孙祥娥编著. 数字信号处理. 北京：电子工业出版社，2004.3
7. Sanjit K. Mitra. 数字信号处理——基于计算机的方法. 第2版. 北京：清华大学出版社，2001.9
8. A.C.constantinides. Spectral transformations for digital filters.proc. IEE,117:1585~1590,August 1970
9. Harry Y-F Lam 著. 冯橘云等译. 模拟和数字滤波器设计与实现. 北京：人民邮电出版社，1985
10. 陈怀琛. 数字信号处理教程——MATLAB释疑与实现. 北京：电子工业出版社，2004.12
11. 刘顺兰，吴杰. 数字信号处理. 西安：西安电子科技大学出版社，2003.8
12. John G. Proakis, Dimitris G. Manolakis 著. 张晓林译. 数字信号处理：原理、算法与应用. 北京：电子工业出版社，2004.5
13. Richard G. Lyons. Understanding Digital Signal Processing. 北京：科学出版社，2003.3
14. 丁玉美，高西全编著. 数字信号处理. 西安：西安电子科技大学出版社，2005.1
15. 丁玉美，高西全，彭学愚编著. 数字信号处理. 西安：西安电子科技大学出版社，1994.6
16. Pavel Zahradník and Miroslav Vlˇcek. Analytical Design Method for Optimal Equiripple Comb FIR Filters. IEEE TRANSACTIONS ON CIRCUITS AND SYSTEMS—II: EXPRESS BRIEFS, VOL. 52, NO. 2, FEBRUARY 200
17. Sanjit K. Mitra. Digital Signal Processing a Computer-based approach (third edition). McGraw Hill higher education
18. 高西全，丁玉美编著. 数字信号处理（第2版）学习指导. 西安：西安电子科技大学出版社，2001.11
19. L.D.J.Eggermont and P.J. Berkhout. Digital audio circuits: computer simulations and listening tests. Philips Technical Review,41(3):99 ~103,1983/84
20. J.A.About thes rverberation business.Computer Music Journal,3(2):13-28,1979
21. P.A.Regalia and S.K Mitra.Tunabie digital frequency response equalization filters.IEEE Trans. Acoustics,Speech and signal Processing ASSP-35:118-120,February 1987
22. M.R Schroeder. Natural Sonding articial reverberation. Journal of the autio Engineering Society, 10:219-223,1962
23. 丛玉良等编著. 数字信号处理原理及其MATLAB实现（第3版）. 北京：电子工业出版社，2015.10
24. 胡广书编著. 数字信号处理导论（第二版）. 北京：清华大学出版社，2013.5
25. 张峰，石现峰，张学智. 数字信号处理原理及应用. 北京：电子工业出版社，2012.8

反侵权盗版声明

电子工业出版社依法对本作品享有专有出版权。任何未经权利人书面许可，复制、销售或通过信息网络传播本作品的行为；歪曲、篡改、剽窃本作品的行为，均违反《中华人民共和国著作权法》，其行为人应承担相应的民事责任和行政责任，构成犯罪的，将被依法追究刑事责任。

为了维护市场秩序，保护权利人的合法权益，本社将依法查处和打击侵权盗版的单位和个人。欢迎社会各界人士积极举报侵权盗版行为，本社将奖励举报有功人员，并保证举报人的信息不被泄露。

举报电话：（010）88254396；（010）88258888
传　　真：（010）88254397
E-mail：dbqq@phei.com.cn
通信地址：北京市海淀区万寿路 173 信箱
　　　　　电子工业出版社总编办公室
邮　　编：100036